湖南天气预报

主 编 姚 蓉
副主编 胡爱军 蔡荣辉

气象出版社
China Meteorological Press

内容简介

本书针对湖南省暴雨、强对流天气、暴雪、冰冻、大雾五类灾害性天气预报预警中的疑难问题，采用历史个例复盘方式，结合湖南省气象专家数十年业务工作经验，系统总结各类灾害性天气预报着眼点，凝练定量预报预警指标和概念模型。全书共分四章，分别介绍湖南省暴雨、强对流天气、暴雪冰冻、大雾预报方法。本书旨在分享成功预报案例的经验，探究偏差预报案例的解决方法，强化五类灾害性天气的落区、强度、极端性等精细化预报，突出新资料的应用，可成为湖南省及周边省份气象预报业务人员的工具书，而且对从事大气科学研究和教学人员也有重要的参考价值，也可为相关政府部门防灾减灾、科学调度提供参考。

图书在版编目（CIP）数据

湖南天气预报 / 姚蓉主编 ； 胡爱军， 蔡荣辉副主编. 北京 ： 气象出版社， 2024. 12. -- ISBN 978-7-5029-8397-0

Ⅰ. P45

中国国家版本馆 CIP 数据核字第 2024RW2221 号

湖南天气预报

HUNAN TIANQI YUBAO

出版发行：气象出版社

地　　址：北京市海淀区中关村南大街 46 号　　邮政编码：100081

电　　话：010-68407112（总编室）　010-68408042（发行部）

网　　址：http://www.qxcbs.com　　E-mail：qxcbs@cma.gov.cn

责任编辑：颜娇珑　　终　　审：张　斌

责任校对：张硕杰　　责任技编：赵相宁

封面设计：艺点设计

印　　刷：北京建宏印刷有限公司

开　　本：787 mm×1092 mm　1/16　　印　　张：21

字　　数：555 千字

版　　次：2024 年 12 月第 1 版　　印　　次：2024 年 12 月第 1 次印刷

定　　价：168.00 元

本书编委会

主　　编　姚　蓉

副 主 编　胡爱军　蔡荣辉

编　　委　第一章：王青霞　许　霖　陈静静　刘红武　胡　媚

陈红专　苏　涛　卢　姝　潘筱龙

第二章：唐　佳　桑友伟　刘剑科　龙晴柔　罗　源

王晓雷　付小霞

第三章：胡　燕　赵恩榕　谭可欣　张成成　黄骄文

尹亮彬　黎燚隆

第四章：陈　龙　蔡瑾婕　傅承浩　陈　鹤　何正阳

陶雅琴

指导单位　湖南省气象台

湖南省气候中心

中国气象局气象干部培训学院湖南分院

前言

近年来极端灾害性天气频发重发，严重威胁着人民生命和财产安全。湖南位于亚热带季风区，四季分明，境内以山地和丘陵地貌为主，三面环山，主要水系是“四水一湖”，湘、资、沅、澧四水自南向北纵穿全省，汇经洞庭湖流入长江。受地理和气候因素影响，湖南春夏季强对流天气、极端暴雨频发，秋季多大雾天气，冬季常有阶段性极端低温雨雪冰冻天气，是气象灾害最为严重的省份之一。2006 年强热带风暴“碧利斯”湘东南特大暴雨事件、2008 年湖南持续性低温雨雪冰冻事件、2010 年 1 月大雾事件、2021 年 5 月 15 日洞庭湖区域极端大风事件、2022 年湖南极端“端午水”事件，都给湖南带来巨大的灾害损失。

防灾减灾救灾是系统工程，气象是第一道防线。为贯彻习近平总书记关于防灾减灾和气象工作的重要指示精神，对照《气象高质量发展纲要(2022—2035 年)》要求，落实中国气象局关于加强复盘总结的决策部署，湖南省气象局组织以国家级首席预报员姚蓉为代表的预报员专家团队聚焦对湖南影响最大的暴雨、强对流、暴雪、冰冻、大雾五类灾害性天气，结合业务实际进行复盘总结，凝练预报方法和策略，进一步加强预报员对重大灾害性天气事件的机理认识和预报重点难点技术把握，强化新技术、新产品的理解及应用，提升天气预报技术能力。

本书以实际业务预报实例为基础，利用常规观测资料、大尺度和中尺度数值模式资料，结合 S 波段双偏振雷达、X 波段雷达、风廓线雷达、GPS 水汽观测等新资料，开展灾害性天气气候特征分析，探讨灾害性天气的时空分布规律；选取典型个例进行复盘分析，总结成功案例预报经验，查找失败案例预报原因，完善不同种类灾害性天气的预报方法和模式订正思路，提炼适用于实际业务的预报技巧和预警指标，构建各类灾害性天气典型系统配置概念模型。

本书聚焦五类对湖南影响较大的灾害性天气，通过提出问题、解决问题构建各类天气预报技术路线，是一本可操作性强的湖南天气预报参考书籍。全书共分四章：第一章介绍湖南暴雨天气气候特征，分型暴雨预报案例解析及预报方法，及对比国家站和区域站暴雨差异的评估特点；第二章总结不同种类强对流性天气特征，凝练分型强对流天气预报指标，针对不同类型强对流天气的预报关键难点提出预报方法；第三章归纳湖南暴雪、冰冻天气气候特征，凝练关键的温度预报指标，针对极端性暴雪、持续性冰冻天气的温度层结、降水量与降雪量预报疑难点，提出关键预报技术路线；第四章给出湖南大雾气候特征，基于不同类型大雾天气提出大雾预报中气象要素的定量化指标，并明确天气概念模型。

本书既是对湖南历史灾害性天气的技术复盘，又是对预报高质量发展科技成果的检验；既从气候角度归纳了五类灾害性天气的气候特点，又从天气角度客观提出了实际预报业务面临的技术难题，促进预报技术发展，提升气象科技内涵，并且从一线预报员和科研工作者的角度，提出实操性强的预报技术方案。因此，出版本书极具现实意义。

本书的编写得到了湖南省气象局党组的高度重视和湖南省气象台、湖南省气候中心、中国气象局气象干部培训学院湖南分院、湖南省气象信息中心及各市(州)气象局等部门专家的指导，在此，编委会谨向为编写和出版本书付出辛勤劳动的各位专家和科技工作者表示衷心的感谢！

由于水平有限，我们虽经多次校改，不足和疏漏之处仍在所难免，深望读者指正。

本书编委会

2024年11月于长沙

目　录

第 1 章

湖南暴雨预报方法

1.1 湖南暴雨气候特征

暴雨是湖南省的主要灾害性天气之一，一年四季都有可能发生，那么湖南省暴雨有什么样的气候特征？选取 1961—2021 年湖南省 97 个国家气象站日降水数据来分析湖南省暴雨、大暴雨的时空分布特征。

1.1.1 湖南暴雨时空分布特征

从图 1.1 湖南省年平均暴雨日空间分布上看，呈“北多南少”的特点。湘西州、张家界、怀化中北部、常德西部、益阳西部、岳阳东部、长沙东部、永州南部等地年平均暴雨日超过 4.0 d，

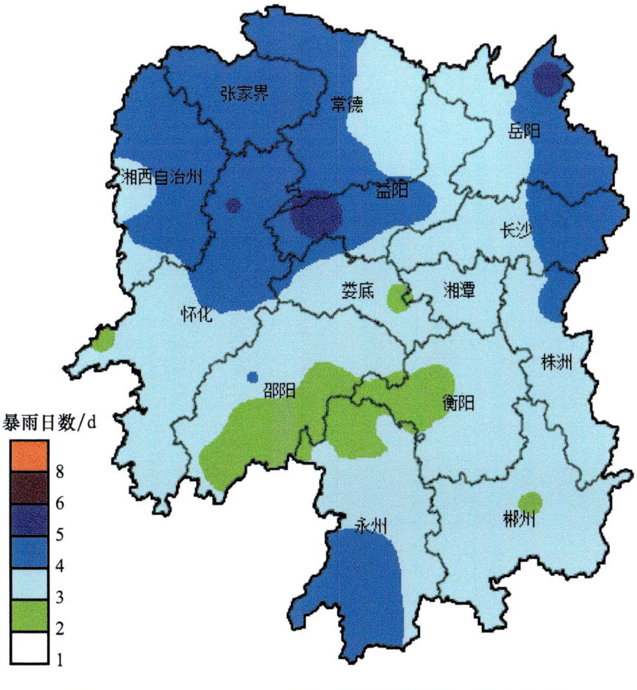

图 1.1 1961—2021 年湖南平均暴雨日数分布图

最多为安化 5.9 d,其次为临湘 5.4 d。邵阳南部、永州北部、衡阳西部等地年平均暴雨日数不足 3.0 d,最少为冷水滩 2.0 d。

从平均暴雨日数的年际变化来看(图 1.2),湖南省暴雨日数呈逐年增多趋势,平均每 10 a 增加 0.17 d。湖南省多年平均暴雨日数为 3.71 d,2002 年最多达 6.65 d,1963 年最少为 2.07 d。

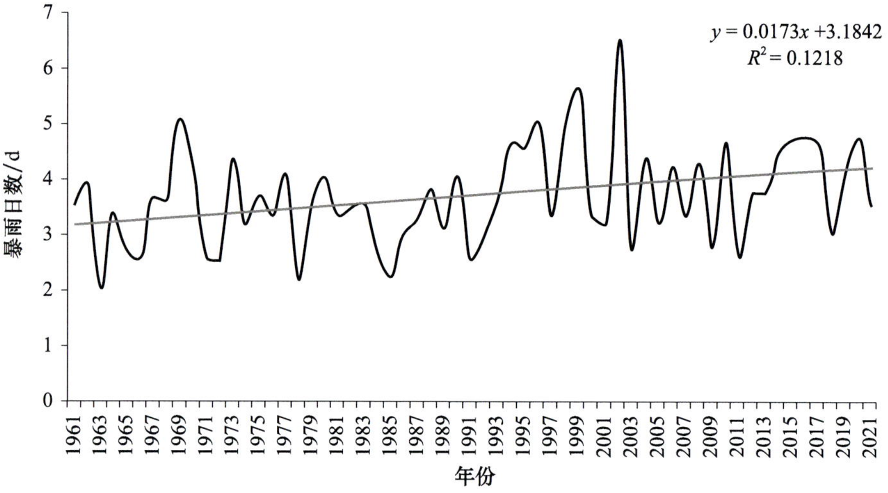

图 1.2 1961—2021 年湖南平均暴雨日数年际变化图

从平均暴雨日数的月变化来看(图 1.3),湖南省暴雨主要集中出现在 4—9 月,占比达 91.98%,其中 6 月最多为 0.96 d,其次为 5 月和 7 月,分别为 0.67 d、0.65 d,1 月最少仅为 0.01 d。

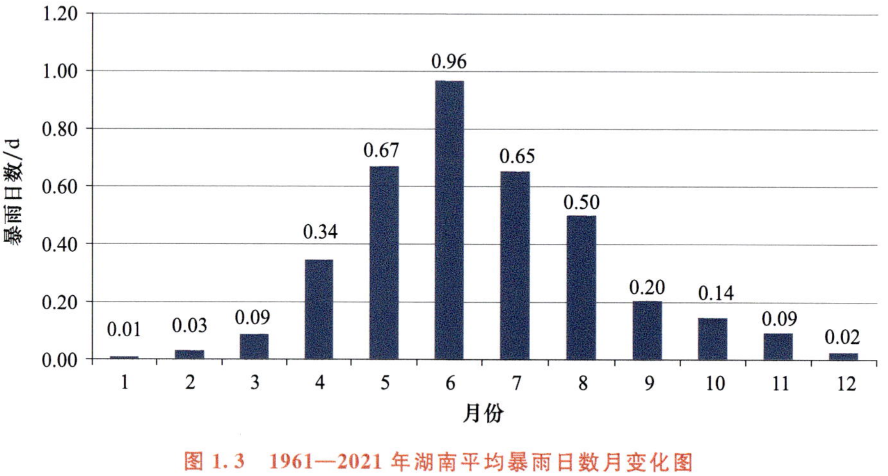

图 1.3 1961—2021 年湖南平均暴雨日数月变化图

1.1.2 湖南大暴雨时空分布特征

利用同样的方法提取了大暴雨日资料来进行分析。从大暴雨日数的空间分布图上看(图 1.4),也呈“北多南少”的特点。湘西州东部、张家界、怀化中北部、常德西部、益阳西部、岳阳北部等地年平均暴雨日超过 0.40 d,最多为安化 0.60 d,其次为沅陵 0.57 d;邵阳大部、永州北部、衡阳西部等地年平均暴雨日数不足 0.20 d,最少为城步 0.06 d。

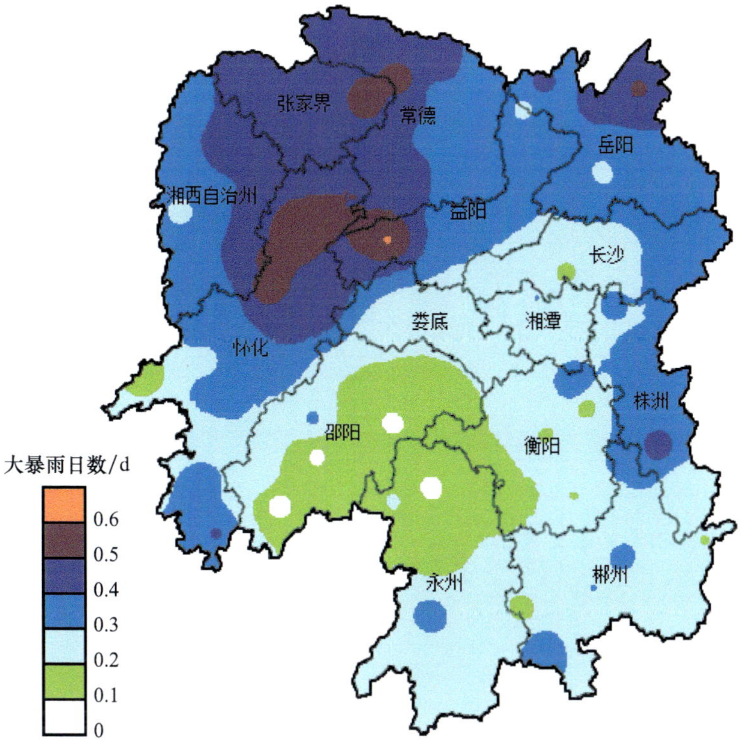

图 1.4　1961—2021 年湖南平均大暴雨日数分布图

从大暴雨日数的年际变化来看(图 1.5),1961 年以来湖南省大暴雨日数呈增加趋势,大约每 10 a 增加 0.05 d,但与暴雨日数演变不同,1993 年前后大暴雨日数有明显跃增,平均大暴雨日数从 1961—1992 年的 0.36 d 增加到 1993—2021 年的 0.59 d,最多为 2002 年 1.04 d,最少为 1991 年 0.13 d。

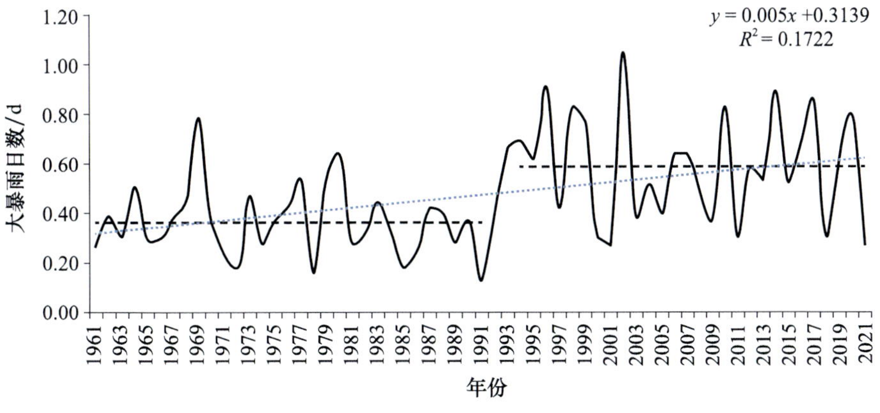

图 1.5　1961—2021 年湖南平均大暴雨日数年际变化图

从大暴雨日数的月变化来看(图 1.6),湖南省大暴雨主要集中出现在 5—8 月,与暴雨类似,6 月大暴雨出现频次最多,平均日数为 0.16 d,其次为 7 月 0.13 d,1 月、2 月、12 月未出现大暴雨日。

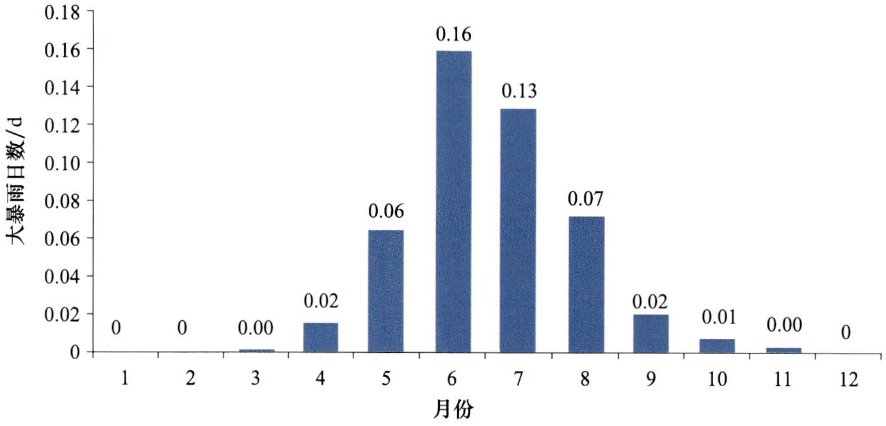

图 1.6　湖南省 1961—2021 年平均大暴雨日月变化图

1.2 湖南暴雨预报思路及策略

1.2.1　一般预报思路

暴雨的形成需要同时满足充分的水汽、强烈的上升运动和较长的持续时间三个条件(朱乾根 等,1992)。随着数值模式的发展,业务工作中暴雨预报的关键在于如何对模式预报进行有效订正。一般预报思路如下:

① 关注上游实况,特别是暴雨落区与天气系统的配置,利用实况对模式偏差进行系统性订正,并在预报中加以应用。

② 关注形势预报与暴雨落区预报是否匹配。若不匹配,重点参考形势预报,加强天气系统演变分析,将暴雨落区预报向天气形势配置较好的区域进行订正。

③ 关注各数值模式的稳定性和模式间差异。若模式不稳定且差异大,则要加强实况偏差分析、关注模式调整趋势;若模式稳定且各模式一致性高,则模式暴雨落区预报可参考性强。

④ 关注暴雨的季节性差异特征。暖季在 850 hPa 以下水汽和热力条件充足时,重点关注高层冷平流和地面辐合线等触发因子;冷季当 500～700 hPa 西南气流明显加强,且 850 hPa 以下为偏北风时,重点在垂直风切变大的区域考虑暴雨。

⑤ 关注天气系统的相互配置。若天气系统位相差大,则暴雨区较分散,可能出现多雨带;若 6—8 月多个天气系统在某地重叠,湖南省出现极端暴雨可能性大。

陈静静等(2016)通过分析 2006—2014 年 4—9 月湖南省 117 例强降雨天气过程,依据主客观分型,将湖南省强降雨天气过程分为低涡冷槽型、地面暖倒槽锋生型、西太平洋副热带高压(以下简称"副高")边缘型、台风型、梅雨锋切变型和华南准静止锋型 6 种类型,以上分型较为客观地反映了湖南省汛期暴雨的天气形势和降雨特点。在此基础上,本节主要结合目前业务预报难点，采用预报实例复盘的方式，对湖南省低涡冷槽型、地面暖倒槽锋生型、副高边缘型、梅雨锋切变型、华南准静止锋型、台风型暴雨及暖区暴雨、多雨带暴雨、极端暴雨的预报思路及策略进行探讨。

1.2.2　低涡冷槽型暴雨

低涡冷槽型暴雨是湖南省出现最多的暴雨类型，通常发生在 5—8 月。天气系统特征：500 hPa 中高纬地区为深厚的高空槽系统，有时伴有东北冷涡，槽前正涡度平流较强，大尺度的动力强迫有利于上升运动较长时间的维持。西太平洋副热带高压大多已经登陆我国大陆或位于我国东南沿海一带，强大而稳定维持的副高使得中低纬系统移动缓慢或受阻，有利于强降水长时间维持。低层受冷式切变线的影响，切变线南侧通常伴有西南急流。此类过程降雨影响范围广、局地雨强大，强降雨区呈移动性特点，并常伴有强对流天气(图 1.7)。

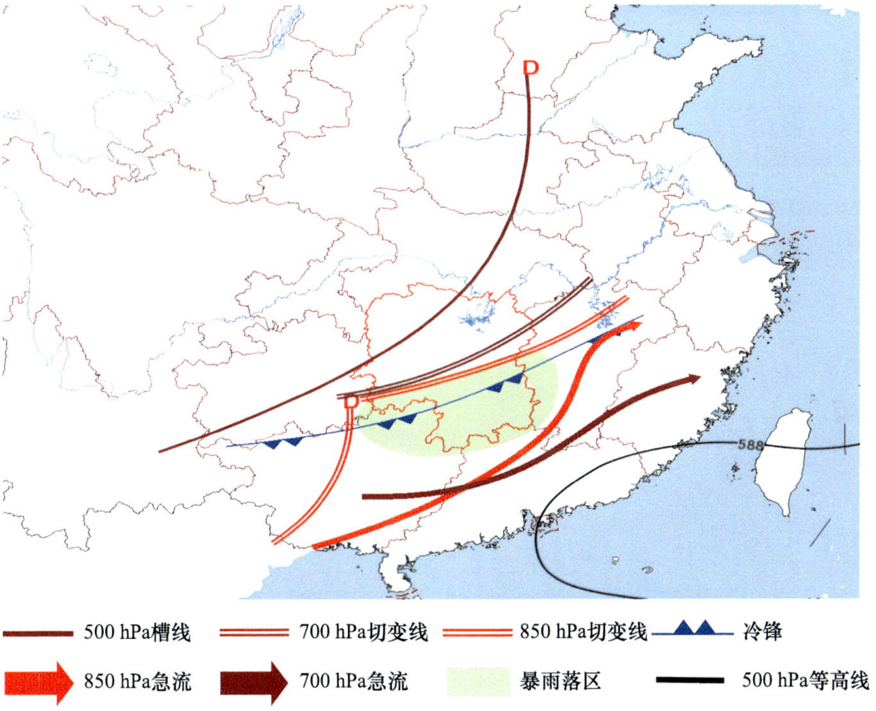

图 1.7　湖南低涡冷槽型暴雨概念模型

1.2.2.1　2021 年 6 月 2—3 日湘中湘北暴雨预报个例

(1)过程概况

2021 年 6 月 2 日 20 时—3 日 20 时，湖南省出现一次大范围的区域性暴雨过程，暴雨带呈东北—西南向带状分布，主要位于岳阳、益阳、娄底北部、怀化、邵阳地区，大暴雨集中在益阳北部和邵阳北部(图 1.8a)。6 月 3 日的天气系统配置显示，此次过程属于后倾槽形势(图 1.8b)：200 hPa 高空急流轴位于华北，湖南省处于其南侧的辐散气流中，500 hPa 西南地区有小槽东移；中低层 700 hPa 的西南低涡位于川渝交界处，切变线呈南北向，850 hPa 的低涡位于贵州一带，“人”字切变线的东段延伸至湘北，其南侧有急流轴相配合；地面上湘北的辐合线为对流的发展提供了触发条件。此外，湘西、湘北处于高湿区，为暴雨的形成提供了充沛的水汽条件。

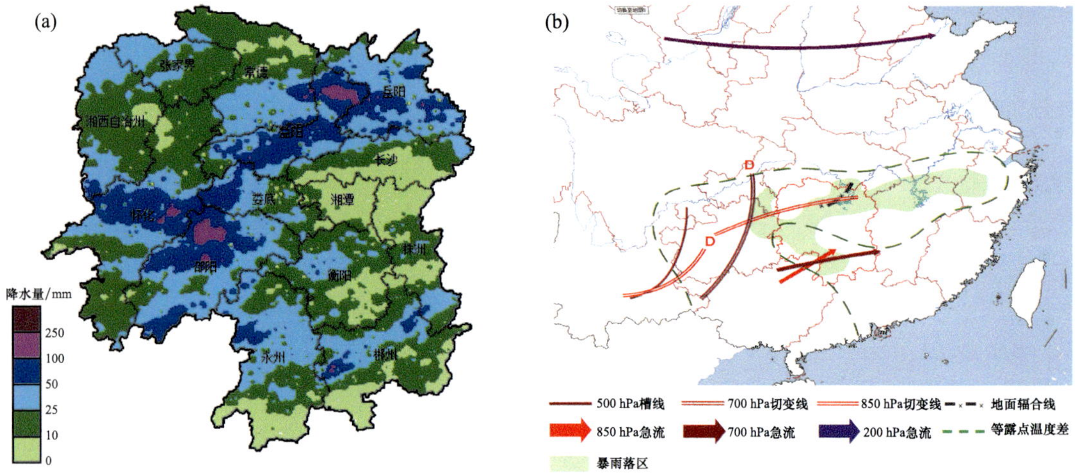

图 1.8　2021 年 6 月 2 日 20 时—3 日 20 时湖南降水量(a)和 6 月 3 日 08 时天气系统分析(b)

(2)预报分析

从 ECMWF 模式 1 日 20 时起报的形势预报来看，此次过程属于典型的低涡冷槽型暴雨形势：3 日 08 时，500 hPa 东北冷涡东移南下带动低层低涡东出，槽后冷空气随之南下，850 hPa 切变线由暖式切变转为冷式切变，位于怀化中部—益阳—岳阳一带，西南急流建立，最强为 18 $m \cdot s^{-1}$，怀化中部、邵阳北部、岳阳等地处于急流出口区，比湿超过 16 $g \cdot kg^{-1}$(图 1.9a)。925 hPa 低涡

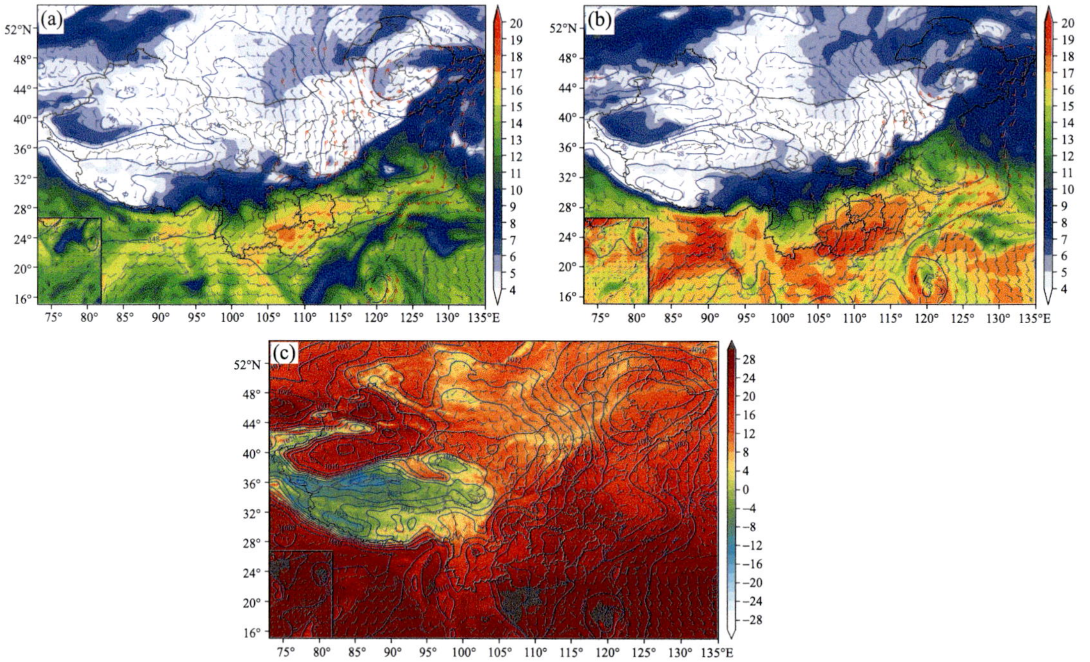

图 1.9　ECMWF 模式 6 月 1 日 20 时起报的 3 日 08 时 850 hPa(a)、925 hPa(b)高度场(实线，单位：dagpm)、风场(单位：$m \cdot s^{-1}$)、比湿(填色，单位：$g \cdot kg^{-1}$)叠加图及海平面气压场(实线，单位：hPa)、2 m 气温(填色，单位：℃)、10 m 风场(单位：$m \cdot s^{-1}$)叠加图(c)

位于湘西，切变位于怀化—益阳—岳阳南部（图 1.9b），湘东北处于地面气旋波尾部（图 1.9c），均有利于触发不稳定能量释放。

结合 2 日 08 时起报的形势场来看，模式整体比较稳定，但仍有两个方面的调整：一是 850 hPa冷式切变线位置略有南压，位于怀化中部—邵阳北部—岳阳，急流出口区位于邵阳南部、岳阳南部、长沙（图 1.10a）；二是 925 hPa 低涡分裂为两个，一个东移至岳阳、长沙地区，另一个仍然位于怀化西部，冷式切变线位于湘中一带（图 1.10b）。另外，从物理量预报看，湖南省大部分地区 K 指数在 38 ℃以上，湘中、湘北有较强的上升运动（图 1.11）。

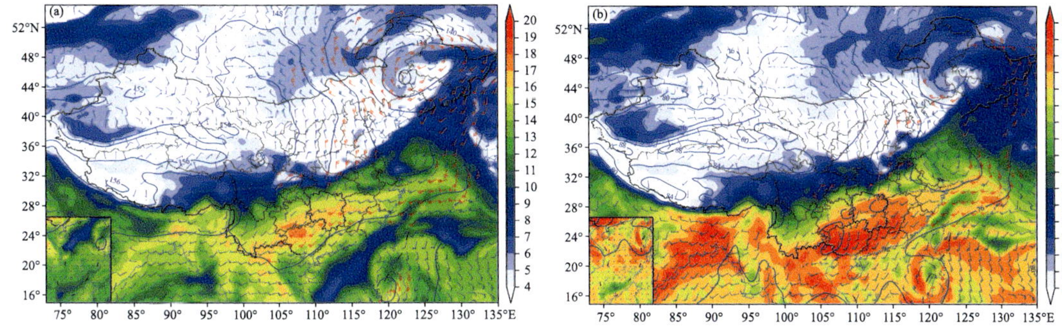

图 1.10 ECMWF 模式 6 月 2 日 08 时起报的 3 日 08 时 850 hPa(a)、925 hPa(b) 高度场（实线，单位：dagpm）、风场（单位：m·s^{-1}）、比湿（填色，单位：g·kg^{-1}）叠加图

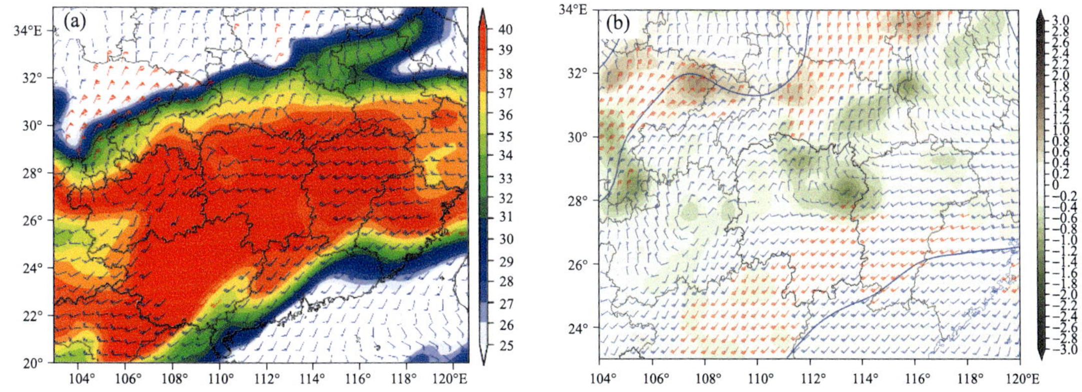

图 1.11 CMA-GFS 模式 6 月 2 日 08 时起报的 3 日 08 时 K 指数（填色，单位：℃）、850 hPa 风场（单位：m·s^{-1}）叠加图(a)和 ECMWF 模式预报的 3 日 08 时 850 hPa 垂直速度（填色，单位：Pa·s^{-1}）、高度场（实线，单位：dagpm）、风场（单位：m·s^{-1}）叠加图(b)

再从各家模式 2 日 08 时起报的 24 h 降水落区预报来看：ECMWF 模式预报有两条暴雨带，一条位于切变线附近，一条位于急流附近，且较 1 日 20 时起报略有南压；CMA-GFS、CMA-MESO 和 CMA-SH9 模式均将强降水带预报在湘中地区，有大范围的暴雨、大暴雨，而 CMA-GD 模式除湘中外，在湘南地区也报了成片暴雨大暴雨（图 1.12）。

因此，结合形势和降水落区预报，考虑 2 日晚至 3 日白天，暴雨落区主要位于切变线附近及南侧西南急流出口区，在中低层切变线重合区预报了局地大暴雨。

预报偏差：对比实况和当天预报来看（图 1.13），暴雨落区预报存在较大偏差，主要表现在东段预报较实况偏南，长株潭地区出现空报，岳阳、益阳北部漏报；西段预报较实况偏北，对邵阳北部的暴雨和大暴雨漏报。

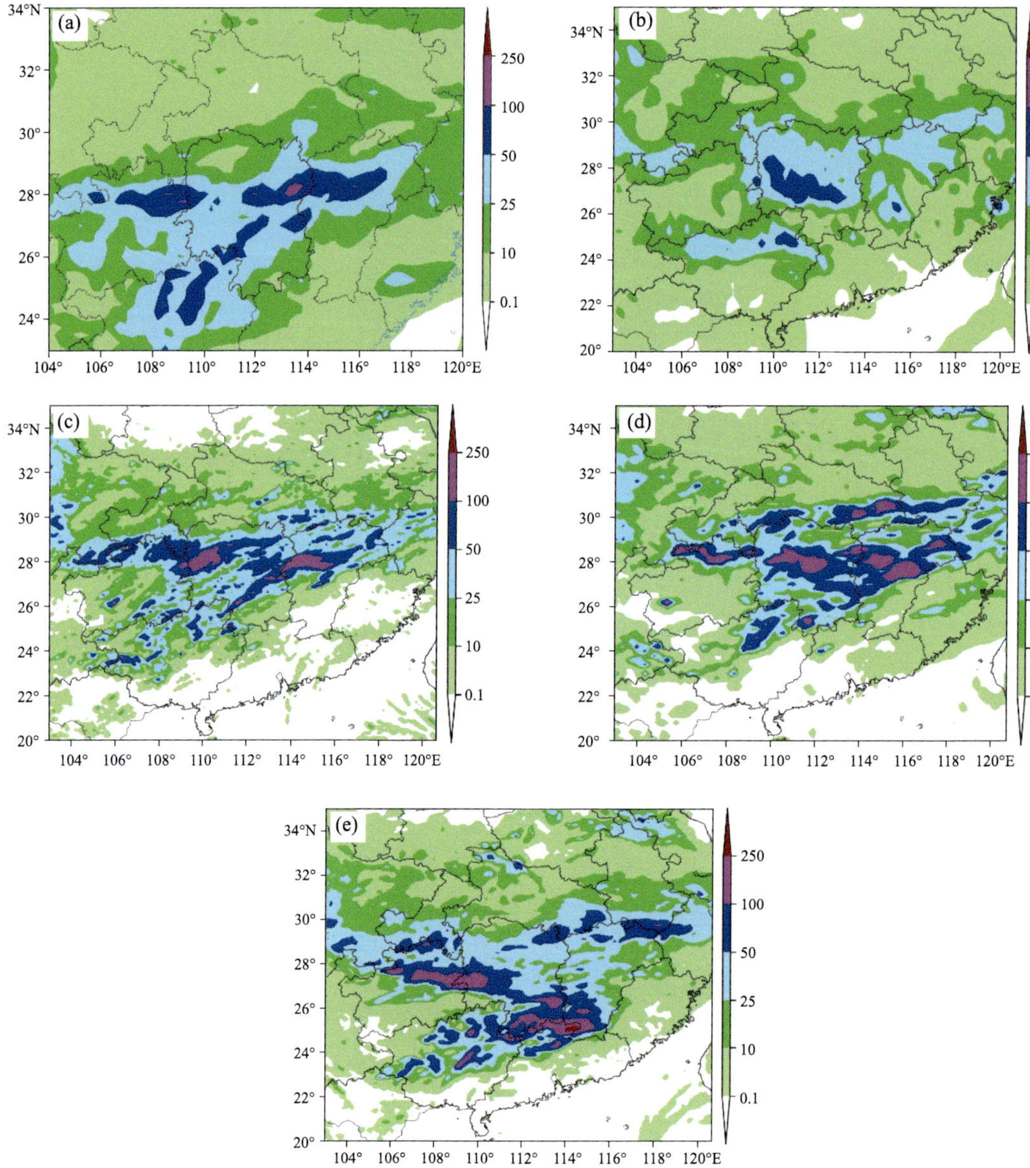

图 1.12　各家模式 2021 年 6 月 2 日 08 时起报的 2 日 20 时—3 日 20 时降水量(单位:mm)预报图

(a)ECMWF;(b)CMA-GFS;(c)CMA-MESO;(d)CMA-SH9;(e)CMA-GD

(3)预报难点及预报策略

预报难点:各家模式暴雨落区预报差异较大时,如何综合确定雨带位置?

预报策略:一是关注临近时次模式形势预报调整,该次过程临近时次切变线向南调整,并且低涡分裂,因此预报时要及时捕捉模式预报形势的调整信息,做好预报的补充订正;二是形势预报与降水要素预报不一致时,主要参考形势预报;三是暖季需重点分析 925 hPa 切变线及地面辐合线,如本次过程中,地面有气旋波影响,辐合线呈东北—西南向,在预报时应将“东—西向雨带”订正为“东北—西南向雨带”;四是在降水强度上,系统重叠区需考虑大暴雨出现的可能性，比如本次过程，大暴雨主要出现在 850 hPa 及 925 hPa 切变线、地面辐合线、急流出口的多系统重叠区。

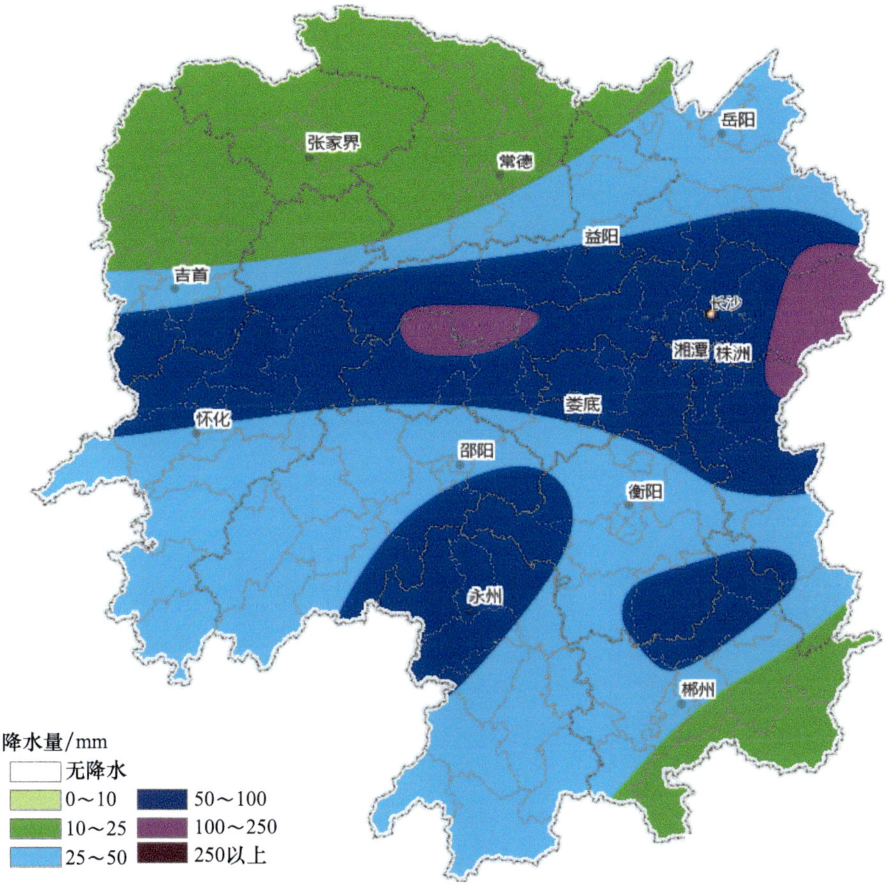

图 1.13　2021 年 6 月 2 日 20 时—3 日 20 时湖南降水量主观预报图

1.2.2.2　2019 年 6 月 8 日湘中暴雨预报个例

(1)过程概况

2019 年 6 月 6—10 日，省内出现了入汛以来首个强降水集中时段，本次过程具有持续时间长、影响范围广、累计降水量大、降水强度强等特点，其中 8 日为低涡切变线影响，为最强降水日，湘西、湘中、湘东北部分地区出现了暴雨，局地大暴雨(图 1.14a)。8 日 08 时—9 日 08 时逐 3 h 资料显示，8 日 11—14 时暴雨出现在湘西、湘中以北；17—20 时暴雨落区东移，主要出现在湘中及偏北地区；8 日 23 时—9 日 02 时暴雨出现在湘中偏南地区，呈东西向带状分布，9 日 02—05 时，东西向暴雨雨带略有南压，强度增大，3 h 降水超过 100 mm(图 1.14b)；9 日 05—08 时，强降水区仍在湘西南，并略有南压，3 h 降水量达 127.2 mm，落区重叠(图 1.14c)。

(2)预报分析

从形势场分析：8 日 20 时中高纬槽脊加强发展，东北低涡加强，低压槽向西侧倾斜使环流经向度加大，槽尾部旋转南下的东北气流引导低层冷空气分裂南下。副高南撤至洋面上，中低

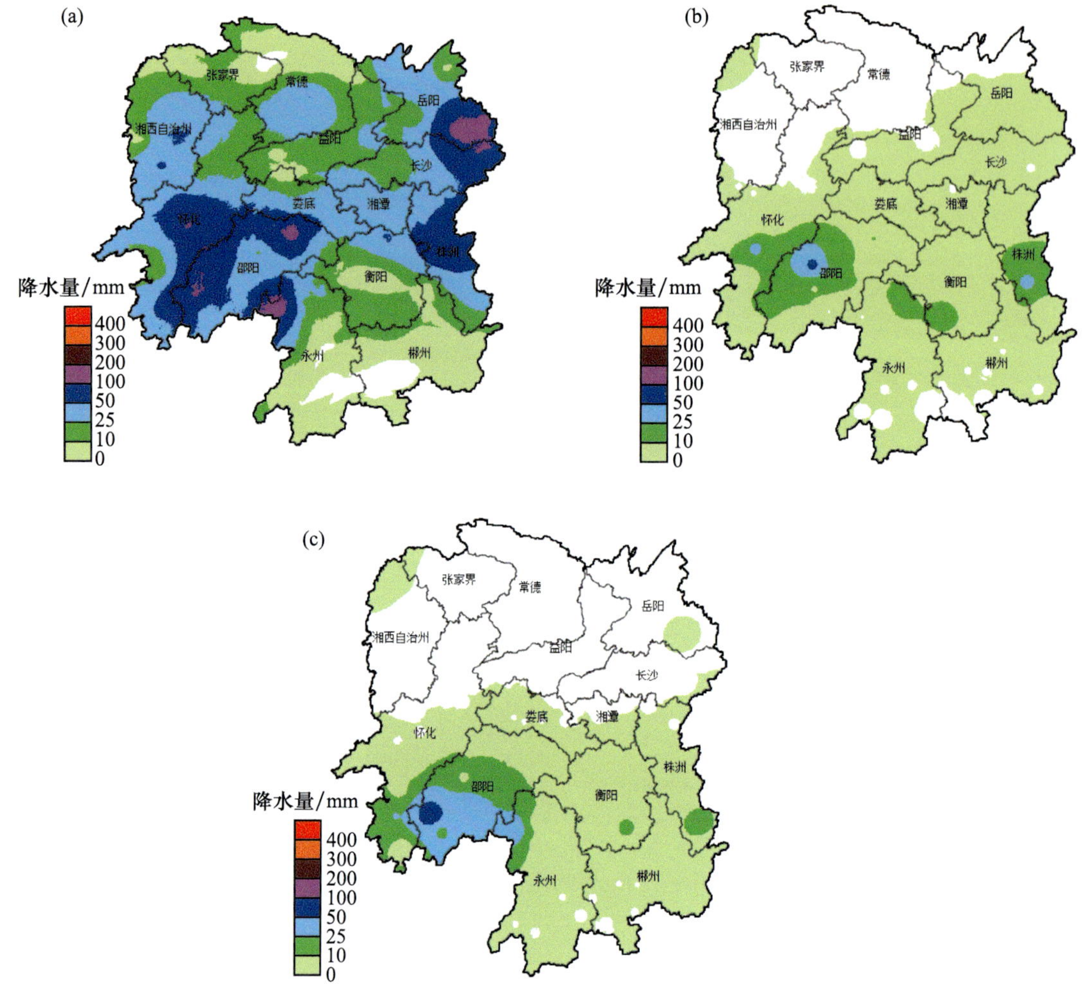

图 1.14　2019 年 6 月湖南降水量实况图

(a)8 日 08 时—9 日 08 时；(b)9 日 02—05 时；(c)9 日 05—08 时

纬低压槽逐渐东出，槽前正涡度平流使湘中及以南辐合上升运动加强，700 hPa 西南急流处于湘南，急流带狭窄，最大风速 12 m·s^{-1}，850 hPa 从 08—20 时维持双低涡切变，位置少动，其南侧暖湿气流加大热力不稳定度，而北侧又有偏东北冷平流从洞庭湖侵入，动力、热力条件配合有利于强降水出现(图 1.15)。925 hPa 边界层切变线与地面辐合线位置接近重合，维持在湘东—湘西南，略有摆动。地面图动态分析可见，湘中及以南地区正变压中心呈逐渐东移南压趋势，夜间系统缓慢东移南压，东安、邵阳降水量达到 100 mm 以上。8 日 20 时最大正变压中心位于湘西一带，9 日 02 时南移至湘西南，9 日 08 时东移至湘东南地区，最大值超过 2.4 hPa，与强降水落区十分吻合，对预报强降水中心具有较好指示意义。

从各家模式降水落区预报来看：各家模式均存在较大的偏差(图 1.16)，模式预报分歧也较大。ECMWF 模式、CMA-GFS 模式和日本模式这三家全球模式对这段时间的降水预报，均表现为强降水区位置偏北，其中 ECMWF 模式预报还表现为强降水区范围偏小的特点；CMA-SH9 和 WRF 模式这两家区域模式，预报的强降水区表现为位置偏南，强度偏强的特点。可见，大尺度模式和区域模式对该时段内出现的强降水预报分歧较大，跟实况存在较大偏差，预报指示意义不强。

预报偏差：结合实况和当天主观预报来看(图 1.17)，这是一次偏差较大的预报，预报整体偏北，主要两方面：一是预报湘中以北的区域性暴雨、大暴雨天气，实况只出现了分散性暴雨；二是湘南实况出现了暴雨、大暴雨天气，预报仅仅报了中雨。

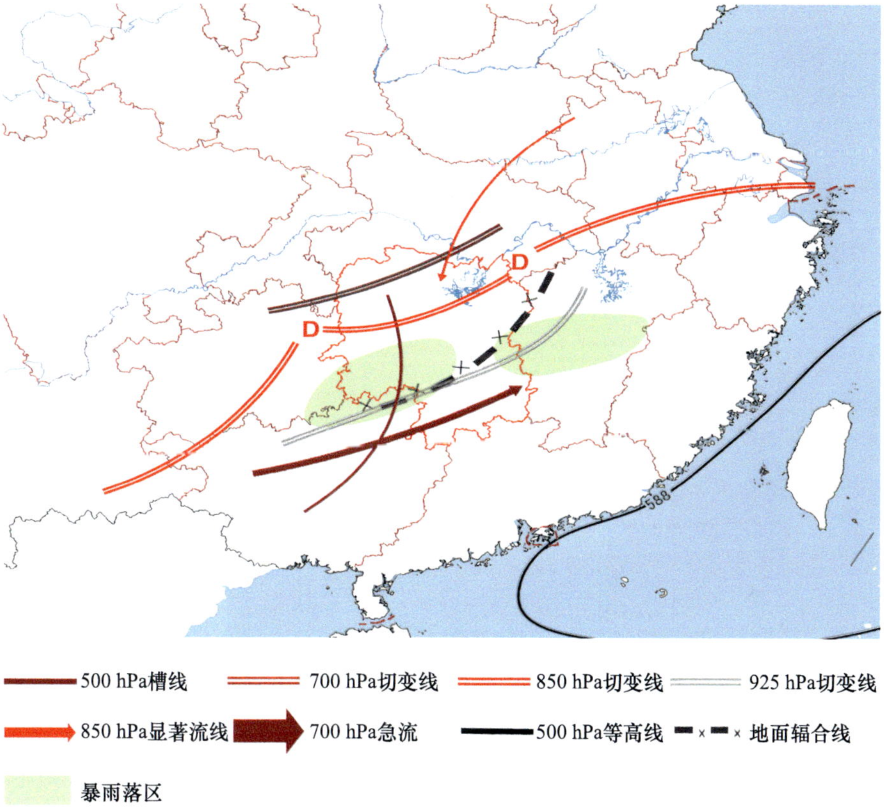

图 1.15　2019 年 6 月 8 日 20 时天气系统分析

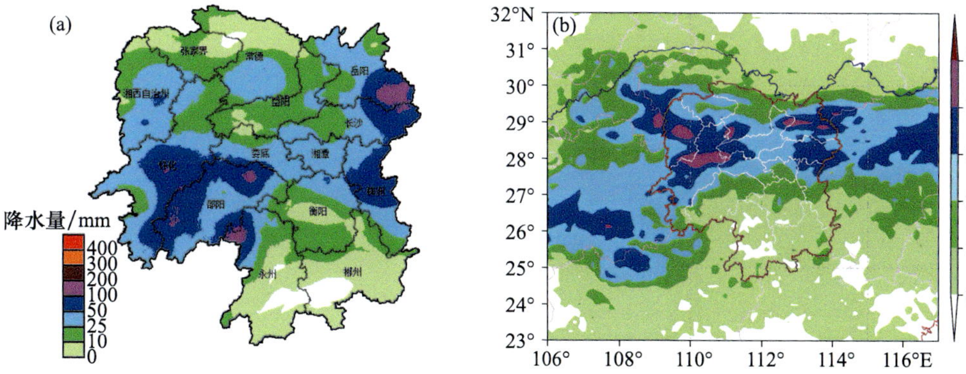

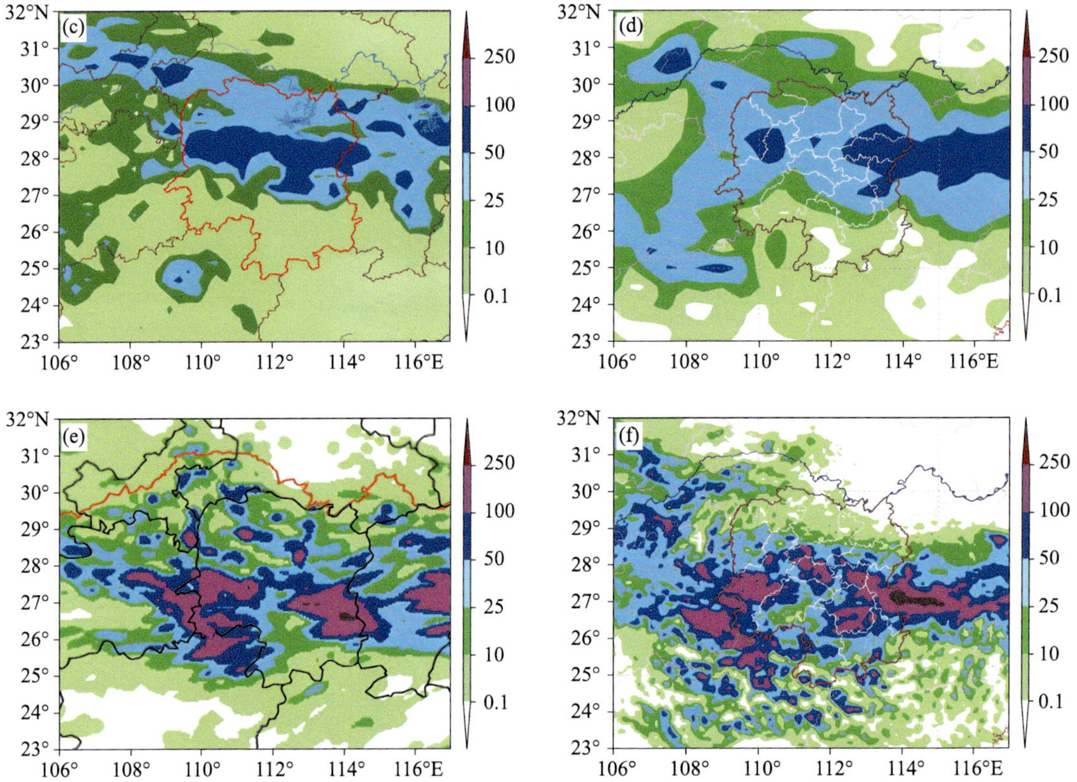

图 1.16　2019 年 6 月 8 日 08 时—9 日 08 时降水实况(a)及 6 月 7 日 20 时起报的 ECMWF(b)、CMA-GFS(c)、日本(d)、CMA-SH9(e)和 WRF(f)模式 24 h 累计降水预报(单位:mm)

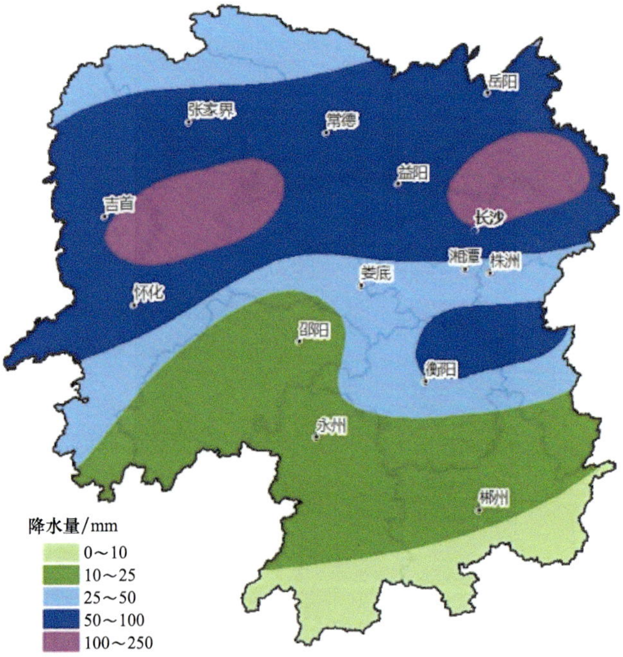

图 1.17　2019 年 6 月 8 日 08 时—9 日 08 时湖南降水量主观预报图

(3)预报难点及预报策略

预报难点：各家模式对暴雨预报分歧大时，如何确定雨带位置与强度？

预报策略：一是关注形势场的预报，高空冷涡的大尺度背景条件下，天气尺度强迫、中小尺度低涡切变线系统活动共同影响，是强降水的原因之一，高低空系统耦合及次级环流的动力作用、较高的不稳定能量条件导致了极端强降水的发生。因此，冷空气影响前，强降水预报在850 hPa急流轴上或风速辐合区与925 hPa切变线上。二是南部暖区降水，量级与落区预报可更多参考中尺度模式。

1.2.2.3　1997 年 6 月 6—7 日湘中、湘北暴雨个例

1997 年 6 月 6 日 08 时—7 日 08 时，湖南省出现一次区域性暴雨过程，雨带整体呈现“东—西”走向的带状分布，岳阳、长沙、怀化中部、益阳西部、娄底北部出现暴雨、大暴雨天气，湖南省平均降水量 26.5 mm，共出现 15 站（国家级地面气象观测站）暴雨，6 站大暴雨（图 1.18a）。长沙浏阳站最大降水量 273.5 mm。亚洲中高纬地区表现为“两槽一脊”型，极涡分裂南下，冷涡位于贝加尔湖东部，冷空气沿槽后西北气流南下，影响长江以南大部分地区；低涡位于华中地区，带动低压槽向东移动；588 dagpm 线（以下简称“588 线”）位于华南沿岸；中低层存在西南低涡和“人”字形切变，南侧有西南急流配合；槽后冷空气与西南暖湿气流在湘中以北地区交汇；地面有辐合线发展（图 1.18b）。随着时间的推移，系统和雨带逐步东南压，局地降水强度大，属于典型的低涡冷槽型暴雨。

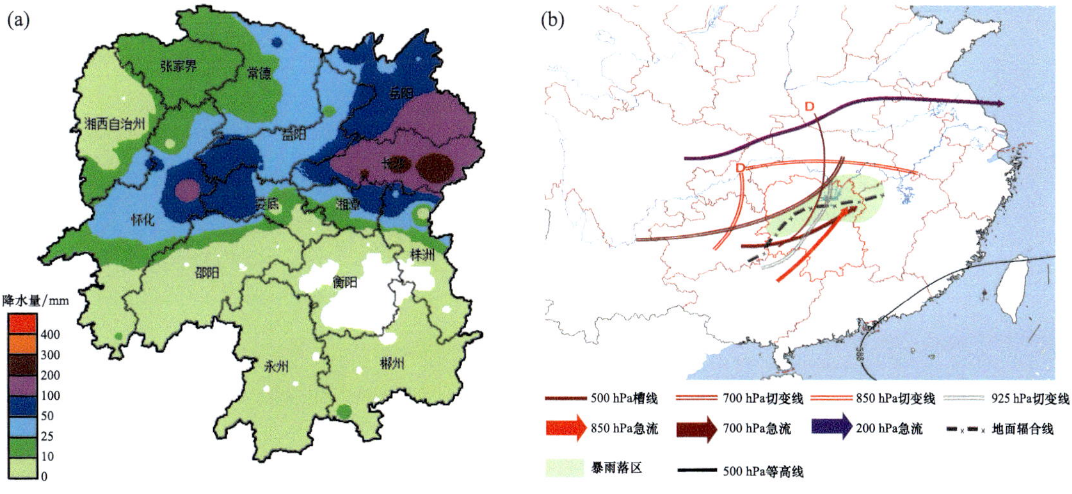

图 1.18　1997 年 6 月 6 日 08 时—7 日 08 时湖南降水量实况(a)和6 日 20 时天气系统分析(b)

1.2.3　地面暖倒槽锋生型暴雨

地面暖倒槽锋生型暴雨发生频次仅次于低涡冷槽型，通常发生在春末夏初(4—6 月)。天气系统特征(图 1.19)：500 hPa 低压槽东移，中低层西南急流强盛，槽前正涡度平流和暖平流使得地面倒槽迅速发展。当冷空气南下侵入地面倒槽时，导致倒槽锋生，易形成“两湖波动”下

的强对流天气。此类降水通常自北向南发展，雨区移动速度快，局地雨强大，对流性明显。

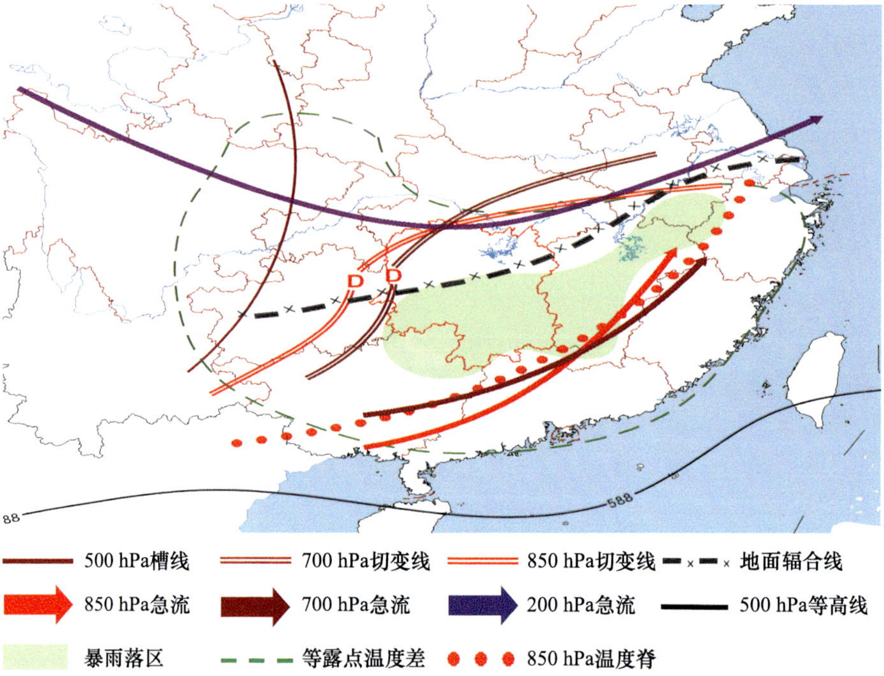

图 1.19　地面暖倒槽锋生型暴雨天气系统概念模型

1.2.3.1　2021 年 5 月 15 日湘中湘北暴雨预报个例

(1)过程概况

2021 年 5 月 15 日 08 时—16 日 08 时，湘中、湘北地区出现一次较大范围的区域性暴雨过程，其中岳阳北部、怀化中北部、邵阳北部等地出现了大暴雨，强降水主要出现在夜间，白天降水较弱，暴雨点分散，以强对流天气为主(图 1.20a)。5 月 15 日 20 时形势场显示(图 1.20b)：

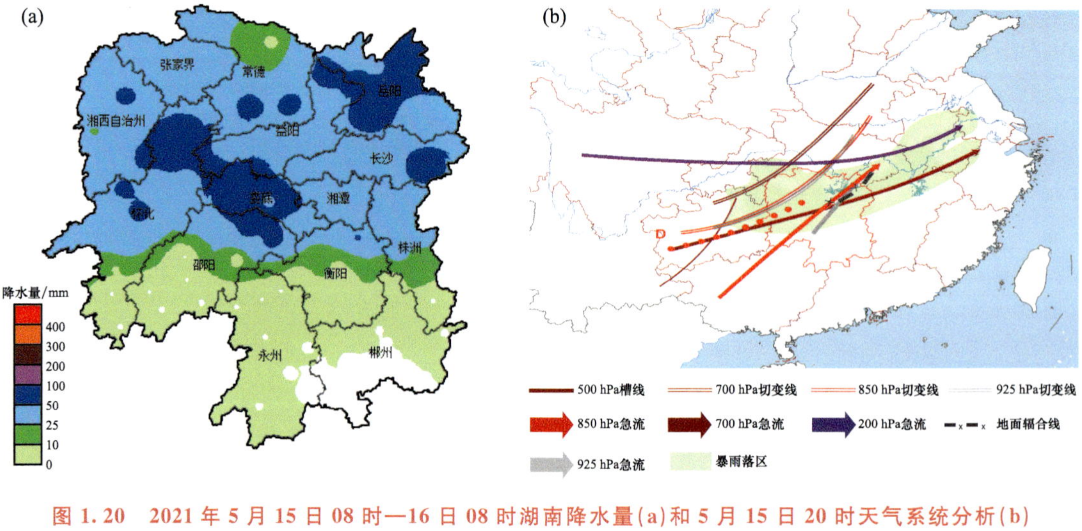

图 1.20　2021 年 5 月 15 日 08 时—16 日 08 时湖南降水量(a)和 5 月 15 日 20 时天气系统分析(b)

200 hPa 急流轴宽广，从青藏高原延绵至华东地区，湖南省处在其南侧的辐散气流中；500 hPa 有小槽东出；700 hPa、850 hPa 与 925 hPa 的切变线位相差小，位于湘西北地区，系统相对深厚，其南侧的三层急流轴在湘中重叠，700 hPa 与 850 hPa 急流中心均达到 20 m · s^{-1}以上，925 hPa 的超低空急流达 16 m · s^{-1}。此外，湘北的干区明显可见，暖脊位于贵州至湘西一带。因此，在此刻(15 日 20 时)前主要以雷暴大风为主的强对流天气，16 日凌晨随着冷空气入暖区辐合线锋生，暴雨加强成片。

(2)预报分析

从 ECMWF 模式 14 日 20 时起报的形势来看(图 1.21)，15 日 17 时，500 hPa 低压槽东移，槽前强盛的正涡度平流有利于大规模的上升运动，同时引导 850 hPa 低涡东移，湘西北位于低涡"人"字形切变南侧和急流左侧，急流强度最强达 20 m · s^{-1}，925 hPa 处于风速辐合区。湘北、湘中 CAPE 值普遍在 2000 J · kg^{-1}以上，局地超过 3000 J · kg^{-1}，不稳定能量高，地面倒槽也在该地区发展，辐合线附近容易触发对流，使不稳定能量释放。由于中低层低涡切变系统尚未进入湖南省，湖南省整体上还处于西南气流影响下，因此主要考虑在地面辐合线附近会出现雷暴大风、短时强降水等强对流天气，暴雨不会成片。

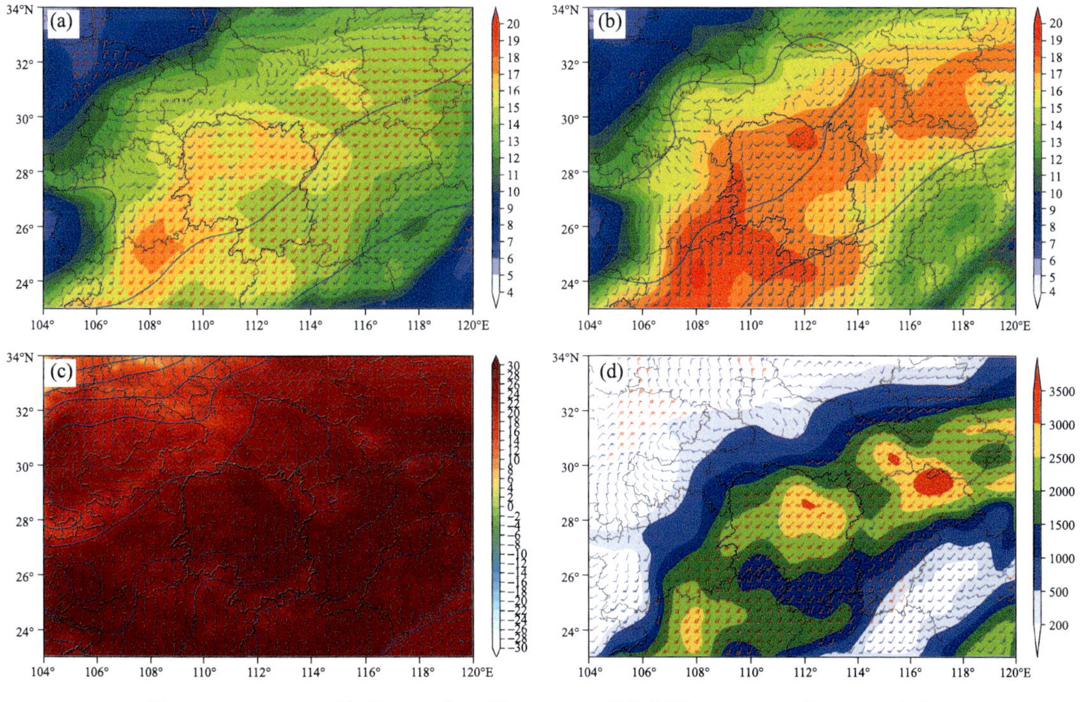

图 1.21 ECMWF 模式 2021 年 5 月 14 日 20 时起报的 15 日 17 时 850 hPa(a)、925 hPa(b)高度场(实线，单位:dagpm)、风场(单位:m · s^{-1})、比湿(填色，单位:g · kg^{-1})叠加图，海平面气压场(实线，单位:hPa)、2 m 气温(填色，单位: ℃)、10 m 风场(单位:m · s^{-1})叠加图(c)，对流有效位能(填色，单位:J · kg^{-1})、850 hPa 风场(单位:m · s^{-1})叠加图(d)

从图 1.22 来看，夜间随着低压槽东移，中低层低涡切变南压至湘中地区，且 850 hPa 与 925 hPa低涡较为重合，系统深厚，地面有冷空气渗透南下侵入倒槽，导致斜压锋生。湘中地区处于切变线南侧和西南急流出口区，CAPE 值仍有 1000 J · kg^{-1}，有利于对流性降水发展，出现暴雨、大暴雨可能性大。

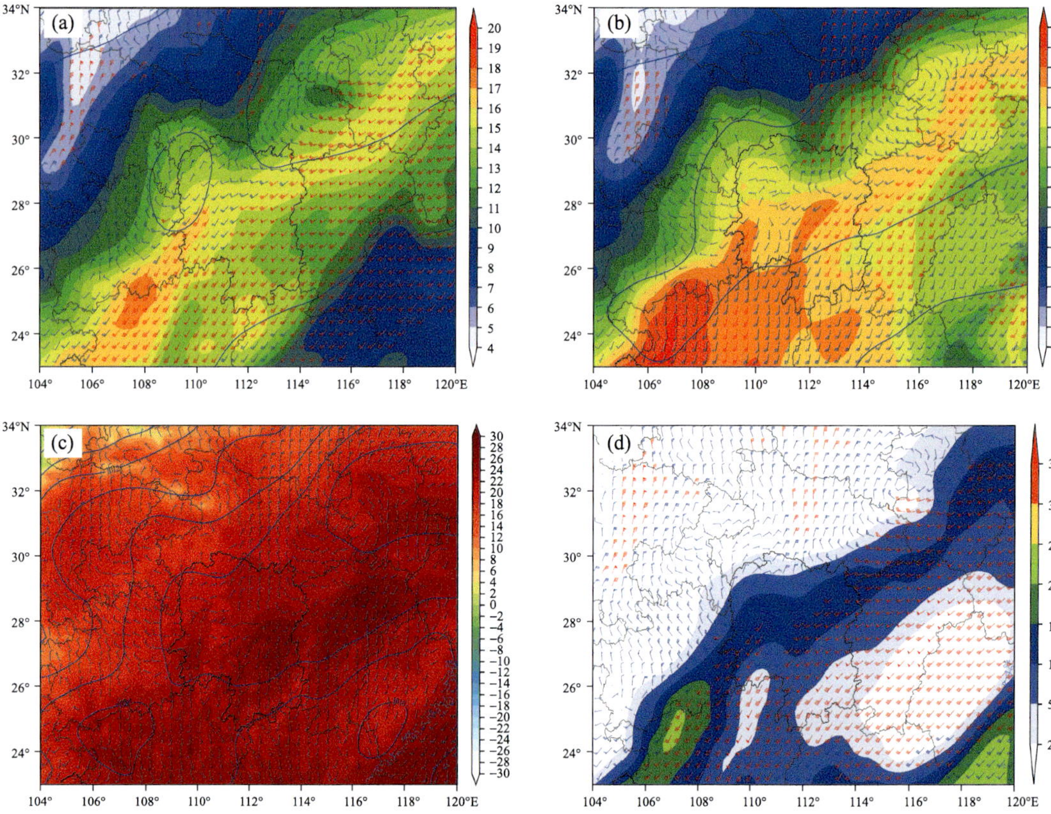

图 1.22　ECMWF 模式 2021 年 5 月 14 日 20 时起报的 16 日 05 时 850 hPa(a)、925 hPa(b)高度场(实线,单位:dagpm)、风场(单位:m·s^{-1})、比湿(填色,单位:g·kg^{-1})叠加图,海平面气压场(实线,单位:hPa)、2 m 气温(填色,单位:℃)、10 m 风场(单位:m·s^{-1})叠加图(c),对流有效位能(填色,单位:J·kg^{-1})、850 hPa 风场(单位:m·s^{-1})叠加图(d)

从各家模式降水落区预报来看(图 1.23):各家模式预报较为一致,强降水均预报在湘中、湘北地区,但强度略有偏差,其中 CMA-GFS 以大雨为主,局地暴雨,其他模式均预报了局地有大暴雨。

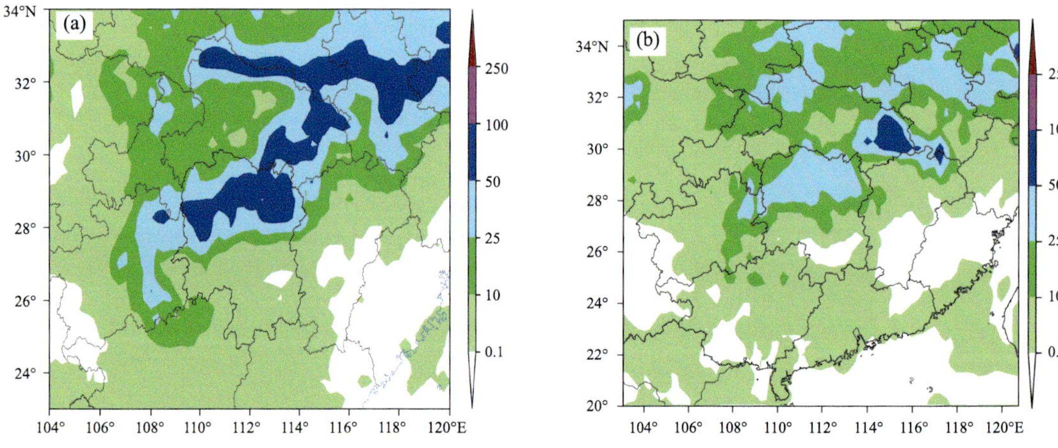

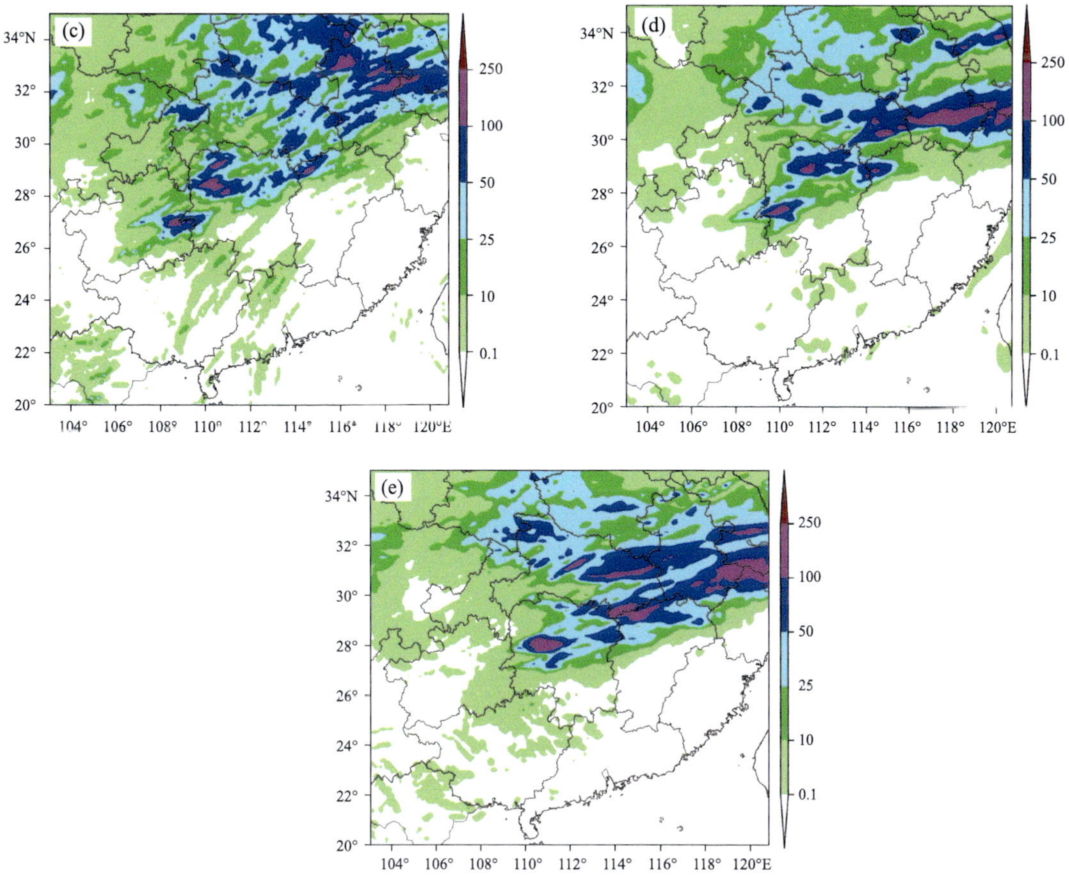

图 1.23　各家模式 2021 年 5 月 14 日 20 时起报的 15 日 08 时—16 日 08 时降水量(单位:mm)预报

(a)ECMWF;(b)CMA-GFS;(c)CMA-MESO;(d)CMA-SH9;(e)CMA-GD

因此,结合形势和各家降水预报,考虑 15 日降水将在夜间发展,落区主要位于湘中、湘北地区。

预报偏差:结合实况和当天主观预报来看(图 1.24),这是一次较为成功的预报,预报偏差在于预报的暴雨区南边界较实况偏北,导致暴雨区范围较实况偏小,大暴雨落区位置略有偏差。

(3)预报难点及预报策略

预报难点:如何准确预报暴雨落区?是否会出现成片大暴雨?

预报策略:本次过程全球模式和中尺度模式的预报一致性较好,暴雨落区和强度预报的可参考性强。成片暴雨一般出现在 850 hPa 切变线南侧、925 hPa 切变线附近和

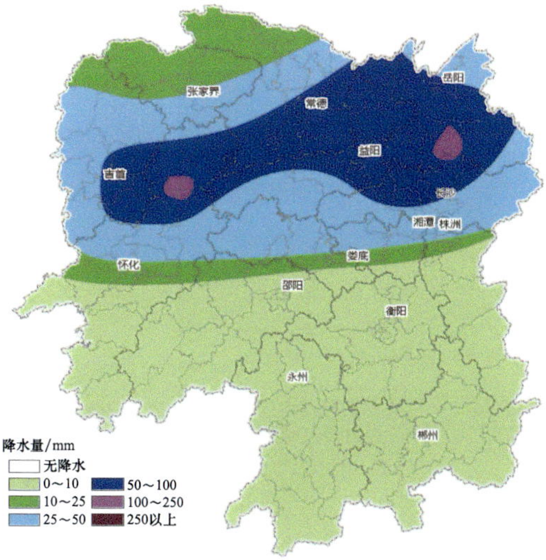

图 1.24　2021 年 5 月 15 日 08 时—16 日 08 时湖南降水量主观预报图

地面辐合线北侧。受冷空气推进影响，系统移动速度快，出现大范围大暴雨可能性小；但不稳定能量高，开始阶段降水对流性强，需考虑分散性大暴雨。

1.2.3.2　2019 年 7 月 7 日湘中偏南暴雨预报个例

2019 年 7 月 6—9 日，湖南出现了一次大范围持续性强降水天气过程，湖南省平均过程降水量为 110.8 mm，强降水主要落区集中在湘中及以南地区，部分地区出现了暴雨，其中湘中偏南局地出现了大暴雨和特大暴雨。7 日为降水最强时段，湘中以南出现大范围暴雨大暴雨天气，湖南省平均降水量 35.8 mm，共出现 24 站（国家级地面气象观测站）暴雨，5 站大暴雨，株洲茶陵站最大降水量 185 mm（图 1.25a）。7 日 500 hPa 有低压槽加深发展东移，850 hPa 低涡发展深厚，对流层低层至 200 hPa 上均有低涡存在，低涡沿中低层切变线向东移动，与此同时，中低空西南急流从华南地区向江南中部延伸，急流的增强也为强降水提供有利的水汽和不稳定能量的输送。低压倒槽自西南地区东部向江南地区发展，地面辐合线在湖南省中部稳定少动，中低层西南风逐渐增强，形成暖式切变线，强降水与低空及地面的动力系统基本吻合（图 1.25b）。8 日随着低压槽东出引导低层冷空气分裂南下，850 hPa 可分析出一条明显的东北气流带从洞庭湖侵入湘东地区，导致倒槽锋生，对流不稳定加强，出现较强的锋面降水，属于典型的地面暖倒槽锋生型暴雨。

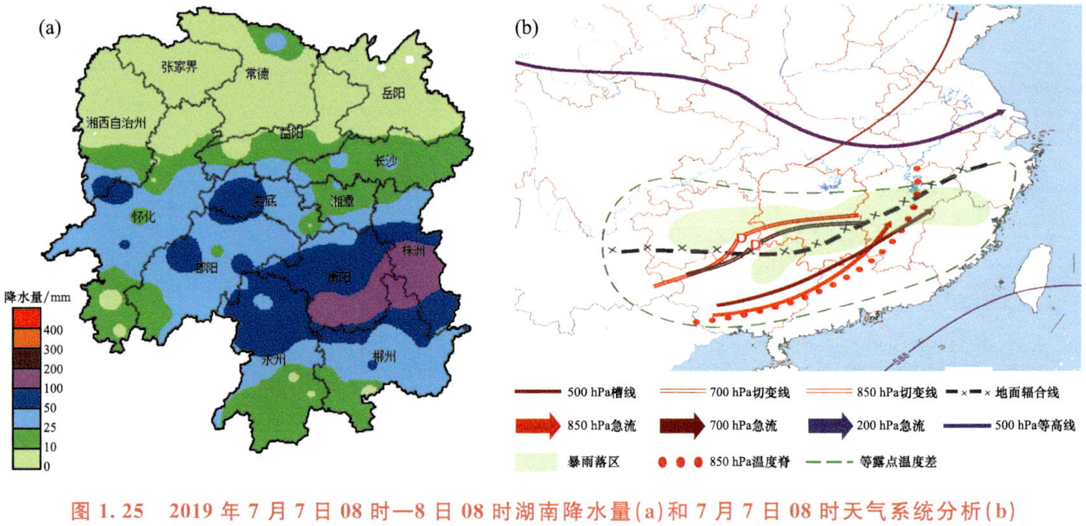

图 1.25　2019 年 7 月 7 日 08 时—8 日 08 时湖南降水量(a)和 7 月 7 日 08 时天气系统分析(b)

1.2.4　副高边缘型暴雨

副高边缘型暴雨通常发生在盛夏（7—9 月），此时，副高发展强盛，已完成第二次季节性北跳，其脊线位于 30 °N 附近，控制江南大部；当副高东退南落或西进北抬时，特别是在其西北侧有西风带冷槽和切变线活动时，低压槽与副高之间的强锋区附近常有暴雨或大暴雨发生。强降水区主要位于湘西北和湘北，降水强度大，强雨区呈带状分布且稳定少动，常伴有强对流天气（图 1.26）。

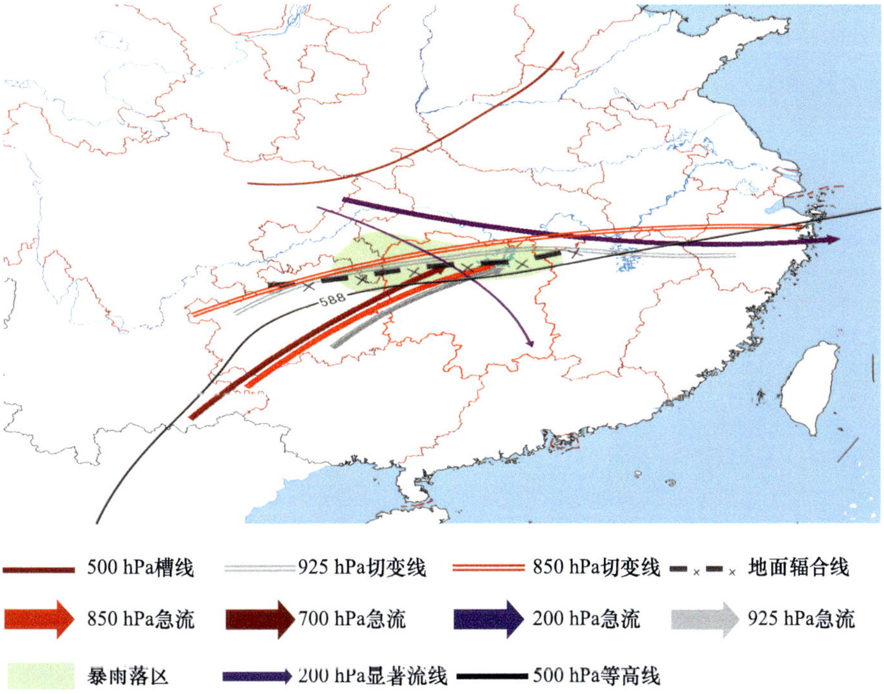

图 1.26　副高边缘型暴雨天气系统概念模型

1.2.4.1　2021 年 8 月 12 日湘北暴雨预报个例

(1)过程概况

2021 年 8 月 12 日 08 时—13 日 08 时，湘北地区出现一次较大范围的区域性暴雨过程，强降水呈东西向带状分布(图 1.27)。

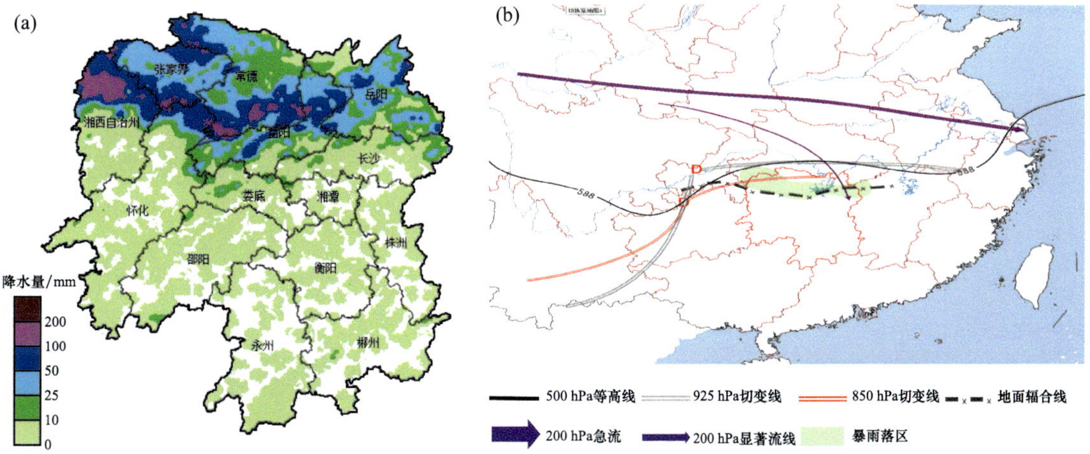

图 1.27　2021 年 8 月 12 日 08 时—13 日 08 时湖南降水量实况(a)
和 12 日 20 时天气系统配置图(b)

(2)预报分析

从 ECMWF 模式 11 日 20 时起报的形势场来看，属于典型的副高边缘型暴雨形势：500 hPa 副高逐步南落，湘北地区处于 588 线边缘；中低层 850 hPa、925 hPa 低涡位于渝贵交界处，切变线在湘北地区重合，切变线南侧风速较小，未达到急流标准，但风速上有辐合；地面湘北处于暖倒槽内(图 1.28)。结合模式探空来看，12 日午后到傍晚张家界、岳阳等湘北地区湿层较为深厚，CAPE 均在 1000 J·kg^{-1}以上，K 指数均为 39 ℃以上，能量较高，此时大气处于高温高湿不稳定状态(图 1.29)。

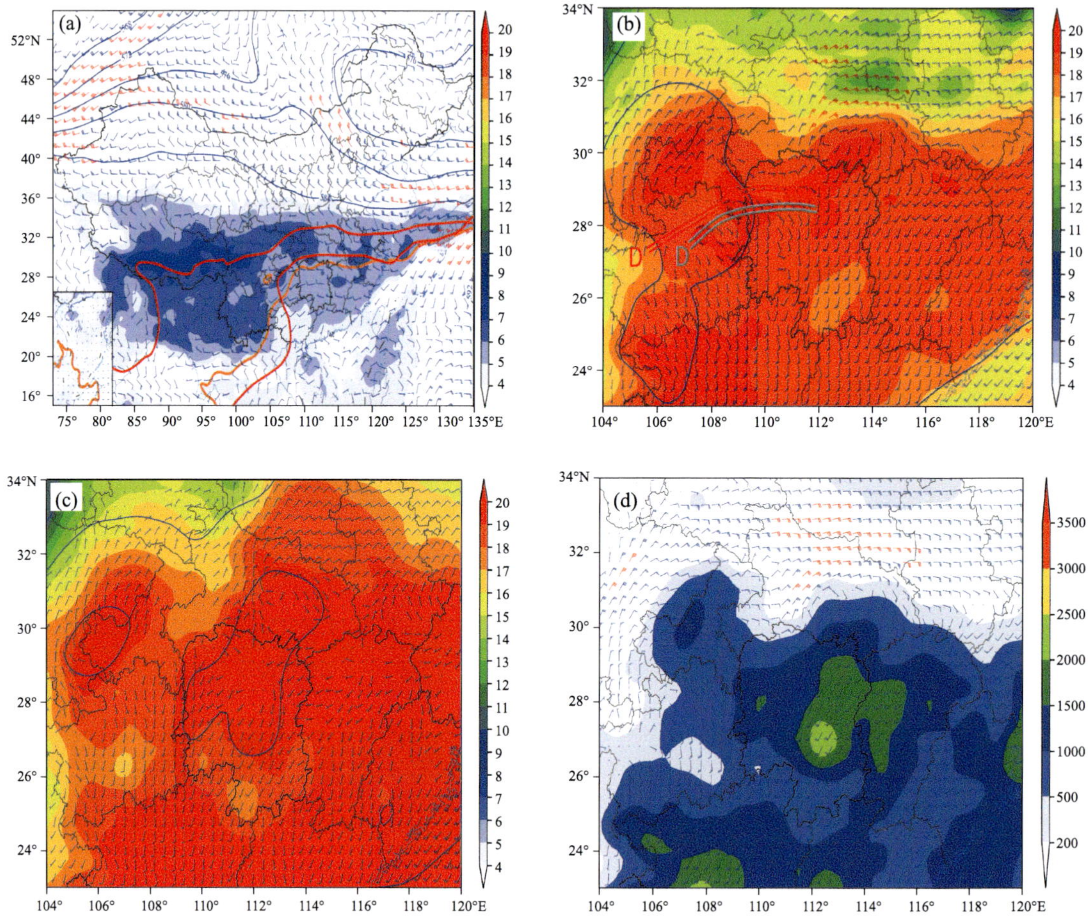

图 1.28　2021 年 8 月 11 日 20 时起报的 12 日 20 时 500 hPa(a)、850 hPa(b)高度场(实线，单位：dagpm)、风场(单位：m·s^{-1})、比湿(填色，单位：g·kg^{-1})叠加图，海平面气压场(实线，单位：hPa)、2 m 温度(填色，单位：℃)、10 米风场(单位：m·s^{-1})叠加图(c)，850 hPa 风场和对流有效位能(单位：J·kg^{-1})叠加图(d)

结合模式降水预报来看，全球模式强降水落区分歧大，ECMWF 预报在湘北地区，CMA-GFS 预报在湘中地区，均以大雨为主，局地暴雨；CMA-SH9、CMA-GD 中尺度模式强降水落区与 ECMWF 模式基本一致，但降水量级较全球模式提高了 1～2 个等级，预报湘北有成片暴雨，湘西北局地大暴雨，CMA-MESO 预报的强降水落区较 ECMWF 略偏南，但暴雨、大暴雨较为分散(图 1.30)。

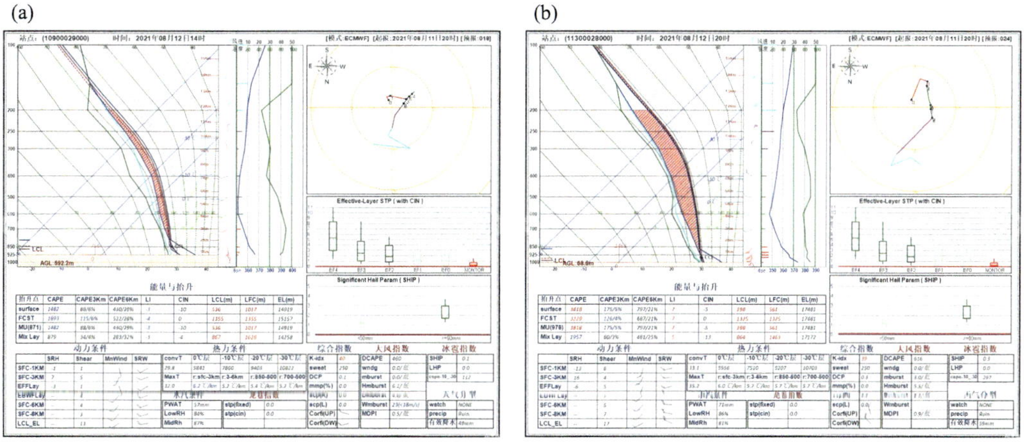

图 1.29　2021 年 8 月 11 日 20 时起报的 12 日 14 时张家界(a)和 12 日 20 时岳阳(b)模式探空预报图

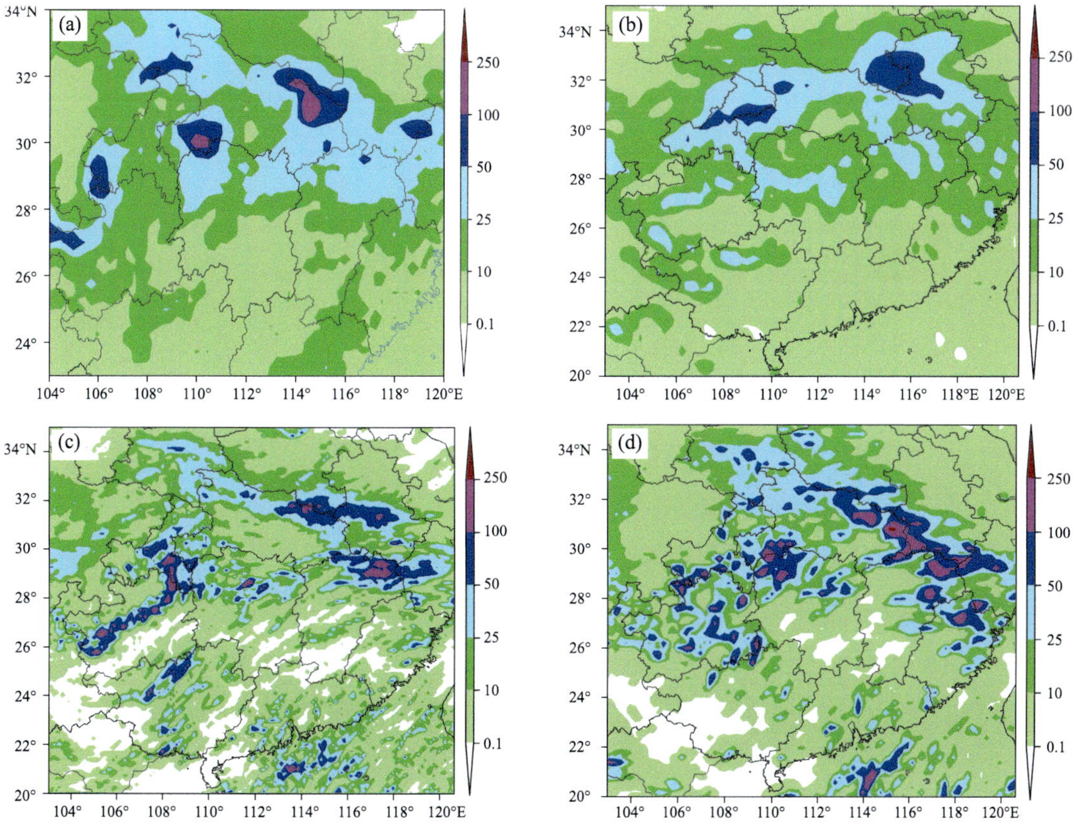

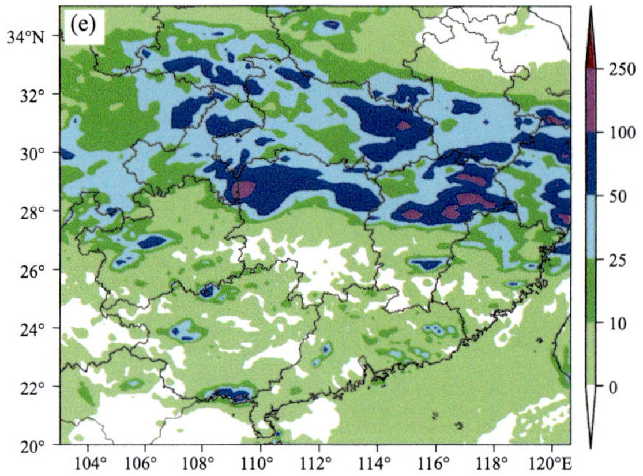

图 1.30　各家模式 2021 年 8 月 11 日 20 时起报的 12 日 08 时—13 日 08 时降水量预报(单位:mm)
(a)ECMWF;(b)CMA-GFS;(c)CMA-MESO;(d)CMA-SH9;(e)CMA-GD

综合以上形势和降水分析,预报湘北有一次暴雨过程,其中湘西北有大暴雨。

偏差分析:结合实况和当天主观预报来看,本次过程预报整体效果较好,大雨和大暴雨落区基本准确,但漏报了常德南部的暴雨(图 1.31)。

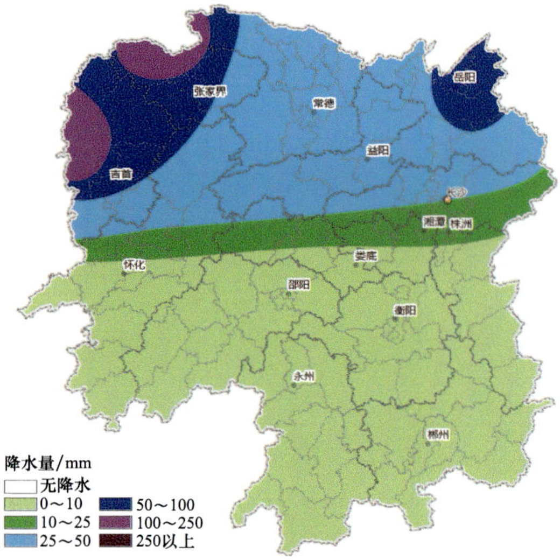

图 1.31　2021 年 8 月 12 日 08 时—13 日 08 时湖南降水量主观预报图

(3)预报难点及预报策略

预报难点:该次过程模式降水预报差异大,且无西南急流相伴,是否可能出现成片暴雨大暴雨?

预报策略:副高边缘型暴雨一般出现盛夏季节,能量高,水汽充沛,若有中低层切变和地面辐合线等动力系统配合,虽无西南急流建立,但仍需在系统重叠区考虑成片暴雨;降水的对流性质明显,大暴雨落区较分散,中尺度模式有参考性。常德地区暴雨漏报主要是对低层系统考虑不足,若中尺度模式有体现,则要加强低层系统分析。

1.2.4.2　2007 年 7 月 24 日湘西北暴雨个例

2007 年 7 月 24 日 08 时—25 日 08 时,湖南省出现一次区域性暴雨过程,雨带整体呈现“东北—西南”走向的带状分布,湘西州、怀化北部、张家界、常德西部出现暴雨、大暴雨天气,湖南省平均降水量 16.5 mm。湘西州、怀化、张家界、常德等地共出现 17 站(国家级地面气象观测站)暴雨,4 站大暴雨。湘西州古丈站最大降水量 149.3 mm。亚洲中高纬地区表现为“两槽一脊”型,冷涡位于鄂霍茨克海,冷空气沿槽后西北气流南下,影响长江以南大部分地区;低压槽位于华中地区,588 线位于湘中以北,控制江南大部;湘西北中低层存在明显切变线,南侧有西南急流配合;槽后冷空气与副高外侧西南暖湿气流在湘西北地区交汇;地面有辐合线发展。

强降水区主要位于湘西北，降水强度大，强雨区呈带状分布且稳定少动，常伴有强对流天气发生发展，属于典型的副高边缘型暴雨(图 1.32)。

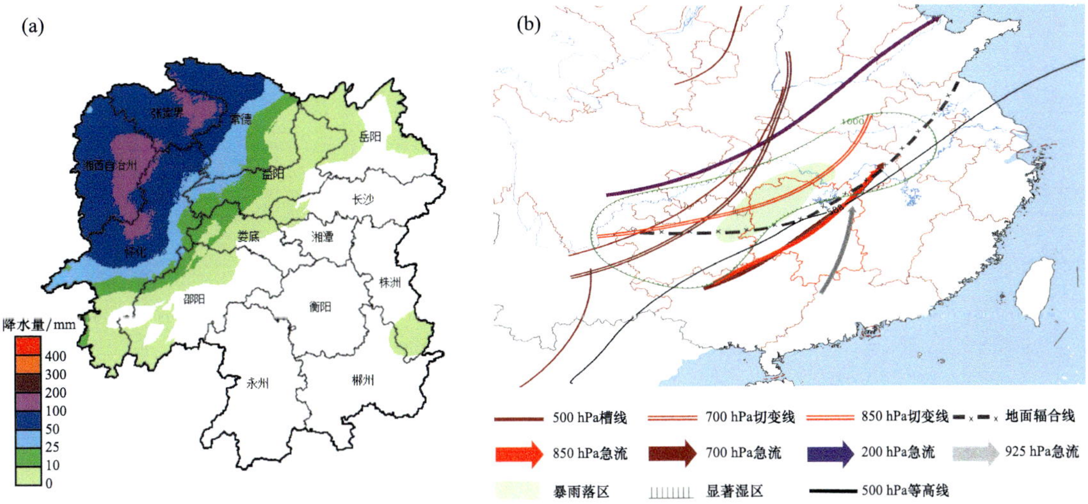

图 1.32　2007 年 7 月 24 日 08 时—25 日 08 时湖南降水量实况图(a)和 24 日 08 时天气系统分析(b)

1.2.5　梅雨锋切变型暴雨

梅雨锋切变型暴雨通常发生在 6 月中旬到 7 月中旬，此时，副高出现第一次北跳，呈带状并控制华南地区，脊线位于 22°—24°N，长江中下游地区通常位于副高西北侧西南暖湿气流或西南侧的东南急流中；中高纬地区西风带环流以长波系统或阻塞系统为主，鄂霍茨克海阻塞高压常与乌拉尔山阻塞高压或贝加尔湖大槽同时建立，构成稳定的纬向型暴雨环流形势；河套地区有低压槽东移，引导西南低涡沿江淮切变线东出；冷暖空气在湘北交汇，长江中下游地区有准东西向梅雨锋雨带形成(图 1.33)。此类强降水区主要位于湘中以北，以稳定性或混合性降水为主，降水持续时间长，累计降水量大，强降水区呈带状分布且稳定少动。梅雨锋引发的暴雨是造成湖南省夏季洪涝的主要灾害之一(陈静静 等，2016)。

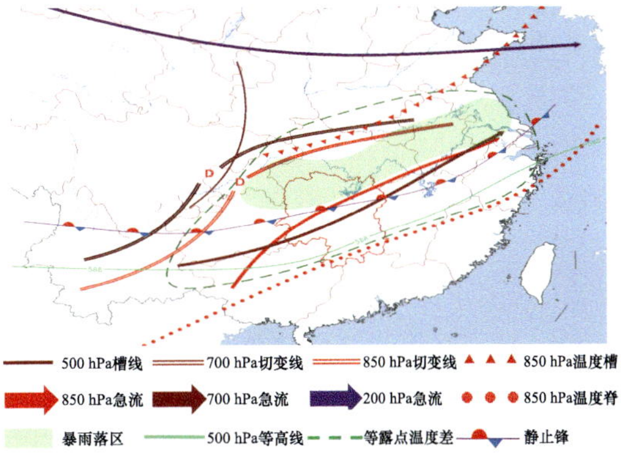

图 1.33　梅雨锋切变型暴雨天气系统分析

1.2.5.1　2021 年 6 月 27 日湘北暴雨预报个例

(1)过程概况

6 月 27 日 08 时—28 日 08 时，湘中以北出现暴雨大暴雨天气，湘西州古丈县高峰镇最大降水量 193.3 mm，花垣县下水湾尾砂库最大小时雨强 95.8 mm(28 日 02—03 时)。高空有低压槽东移，副高较为强盛；中低层存在低涡和“人”字形切变，南侧有西南急流配合；冷暖空气在长江中下游地区交汇，形成梅雨锋雨带；随着时间的推移，系统和雨带稳定少动，属于典型的梅雨锋切变型暴雨(图 1.34)。

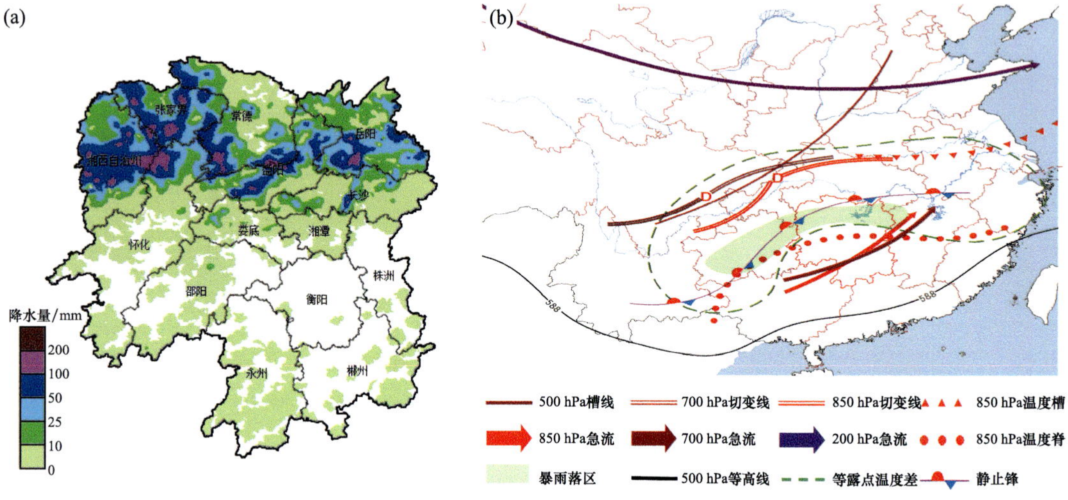

图 1.34　2021 年 6 月 27 日 08 时—28 日 08 时湖南降水量实况(a)和 6 月 27 日 08 时天气系统分析(b)

(2)预报分析

从 ECMWF 模式 26 日 20 时起报的形势场来看(图 1.35)：27 日 08 时，500 hPa 中高纬为两槽一脊，湘北位于槽底，588 线位于华南沿海，700 hPa 切变线位于四川东部至湖北北部，850 hPa 低涡切变位于重庆至湖北中部，西南急流建立，最大风速为 14 m・s^{-1}，925 hPa 切变线位于湘西北，广东地区超低空急流建立，最大风速为 14 m・s^{-1}，地面梅雨锋位于湘鄂交界处。27 日 20 时，500 hPa 湖南省处于槽后偏北气流控制，西南急流减弱，700 hPa、850 hPa 和 925 hPa 切变线均南压至湘北地区，与地面梅雨锋基本重合，28 日 08 时，天气形势与 27 日 20 时基本一致，各层切变线在湘北重合，并且西南急流重新建立。结合物理量场预报来看，湘北 CAPE 值普遍为 1000～1500 J・kg^{-1}，局地超过 2000 J・kg^{-1}，K 指数 40 ℃以上，不稳定能量高；整层可降水量达 60 mm，局地超过 70 mm，水汽条件充沛。因此综合考虑湘北有一次暴雨过程。

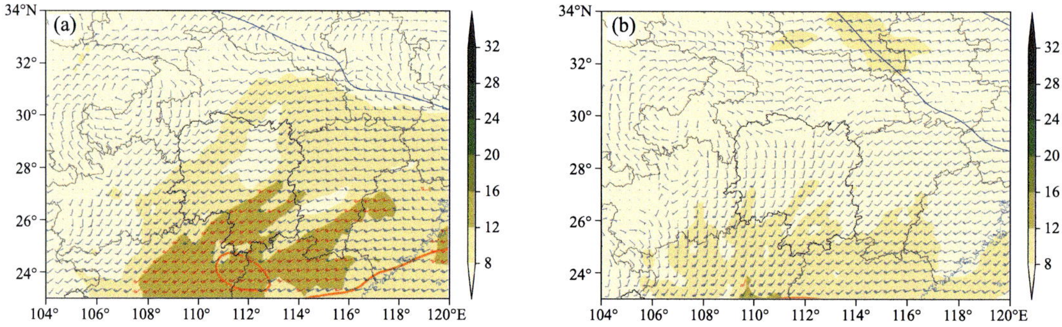

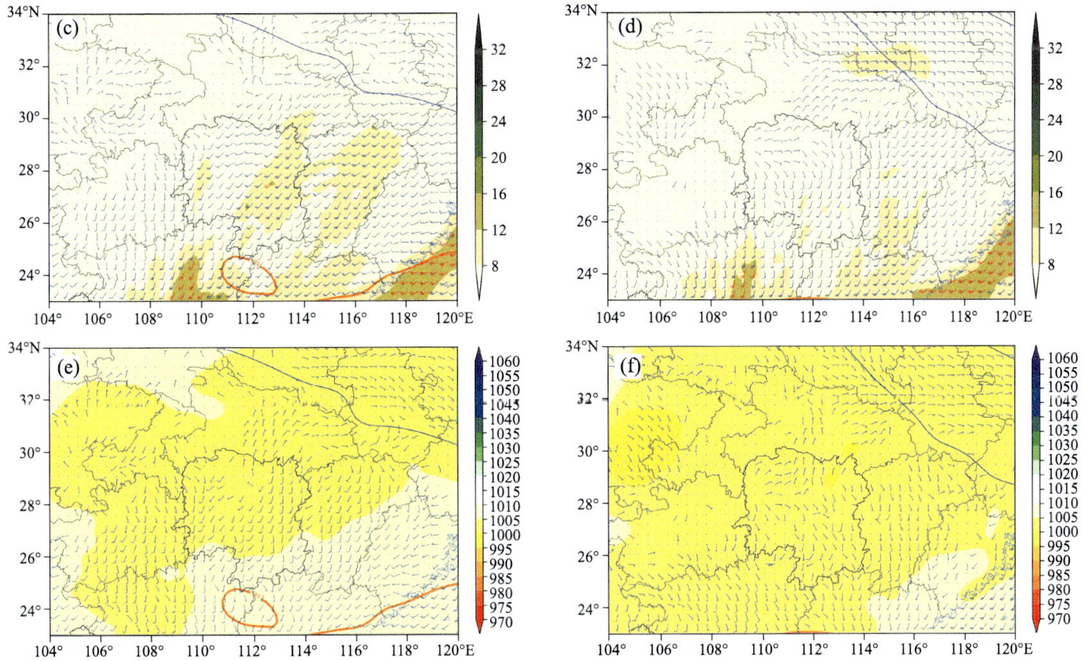

图 1.35 模式预报的 2021 年 6 月 27 日 08 时(a、c、e)和 27 日 20 时(b、d、f)的 850 hPa、925 hPa 10 m 风场(单位:m · s^{-1})和 500 hPa 高度场(单位:dagpm)叠加图

从 27 日 08 时起报的形势预报来看,整体模式预报比较稳定,形势无较大调整。湘北位于中低层切变线附近,地面有梅雨锋维持,此种配置下考虑在中低层切变线及梅雨锋之间预报有暴雨。

从 26 日 20 时起报各家模式降水落区预报来看(图 1.36):各家模式分歧较大。落区上看,CMA-GD 模式将强降水区预报在湘中、湘北,其他模式均将强降水区预报在湘北地区;量级来看,全球模式均未预报暴雨,其中 ECMWF 模式预报湘北大雨,CMA-GFS 模式预报湘北为中雨,局地大雨;CMA-MESO、CMA-SH9 两家区域模式较为一致,都在湘西北预报了成片的暴雨大暴雨。

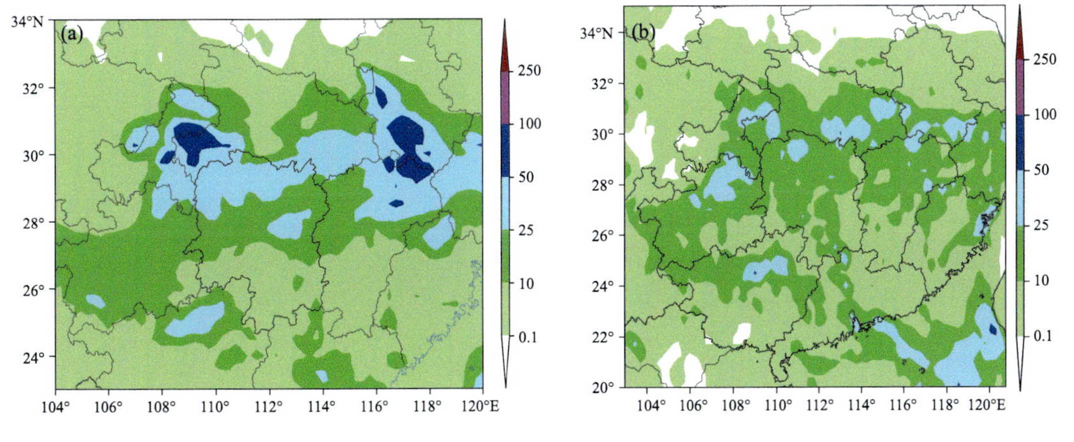

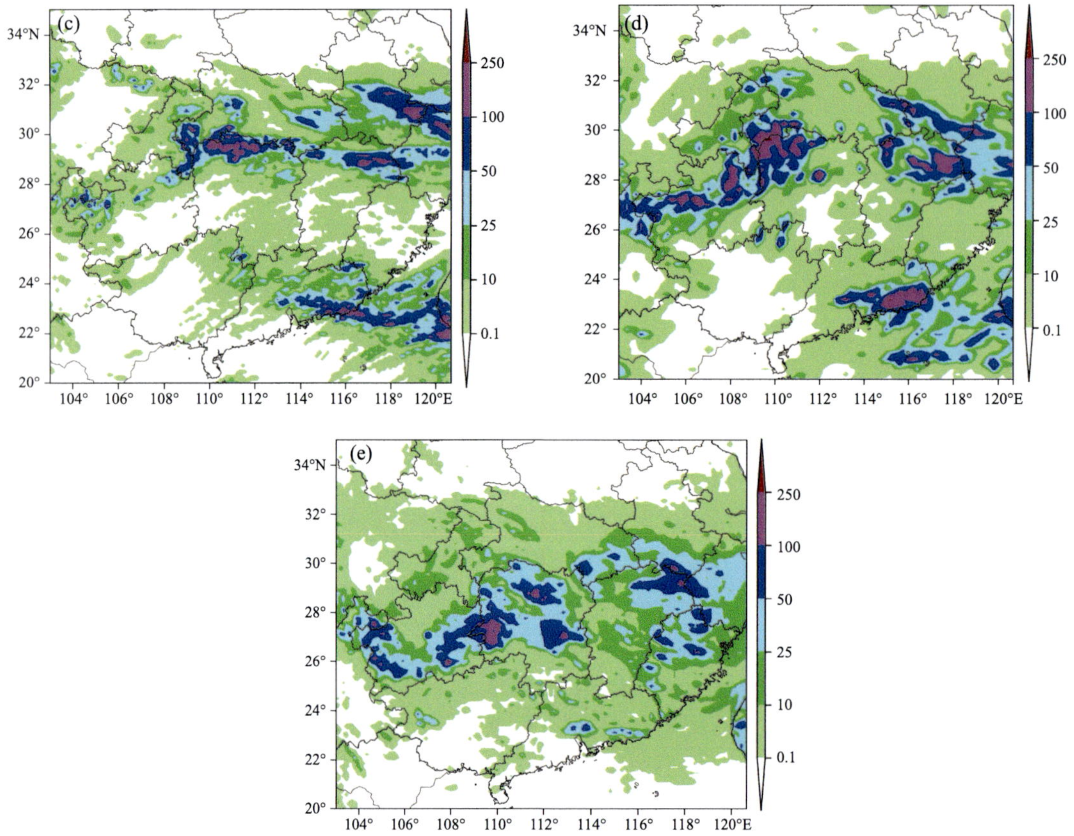

图 1.36　各家模式 2021 年 6 月 26 日 20 时起报的 27 日 08 时—28 日 08 时降水量(单位:mm)预报

(a)ECMWF;(b)CMA-GFS;(c)CMA-MESO;(d)CMA-SH9;(e)CMA-GD

因此,根据形势、物理量和各种模式的降水预报综合分析,湘北地区有暴雨,其中湘西北局地大暴雨。

预报偏差:对比实况来看(图 1.37),主观预报整体效果较好,暴雨落区基本准确,是一次成功的预报。

(3)预报难点及预报策略

预报策略:模式对于该类暴雨的预报能力整体较好,但降水量级上,中尺度模式在高能环境下易出现过报,全球模式预报易偏小,需加强订正。需特别关注高低层系统的位相差,当系统重合度高且维持时间较长时,动力作用增强,有利于出现暴雨以上量级的降水。

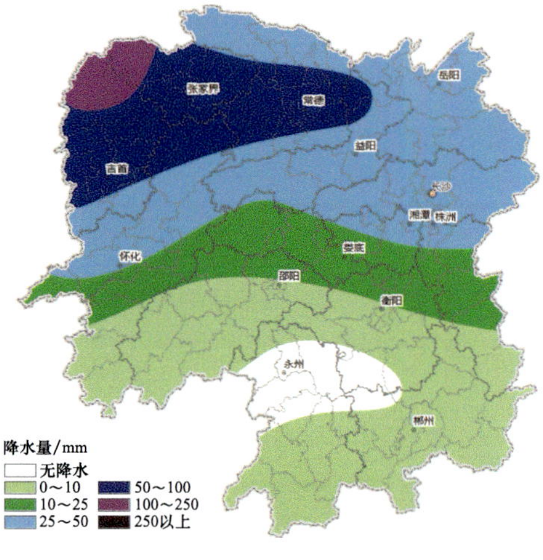

图 1.37　2021 年 6 月 27 日 08 时—28 日 08 时湖南降水量主观预报图

1.2.5.2　1996 年 7 月 13—17 日“二度梅”致洪暴雨个例

1996 年 7 月 13—17 日湖南省出现一次罕见的“二度梅”致洪暴雨过程，属于典型的梅雨锋切变型暴雨，该过程降水强度大、持续时间长、降水落区集中。强降水带从湘西南到湘东北呈“东北—西南”向分布，长达 5 d 之久，累计降水量大，湖南省 99 个国家站中，共 71 个国家站超过 50 mm，61 个国家站超过 100 mm，27 个国家站超过 200 mm，11 个国家站达 300 mm 以上，最大为怀化溆浦 379.2 mm（图 1.38a），其中 15 日降水最强，湘西北 66 个国家站超过 100 mm，怀化（麻阳、溆浦、鹤城区）3 个国家站超过 200 mm，最大为怀化麻阳 253 mm（图 1.38b）。这次持续性暴雨导致的洪峰水位之高超当时的历史纪录，资水干流的罗家庙、邵阳、渣洋滩、桃江、益阳站和洪峰水位均超过当时的历年最高水位 0.13～3.89m，沅江流域干流的安江、浦市、桃源、常德站洪峰水位均超过历年最高水位 0.99～2.95m。湖南省 14 个地州市、108 个县（市）受灾，其中常德 9 个区（县、市）211 个乡镇 3224 个村 291.44 万人受灾，因灾造成直接经济损失 69.86 亿元。

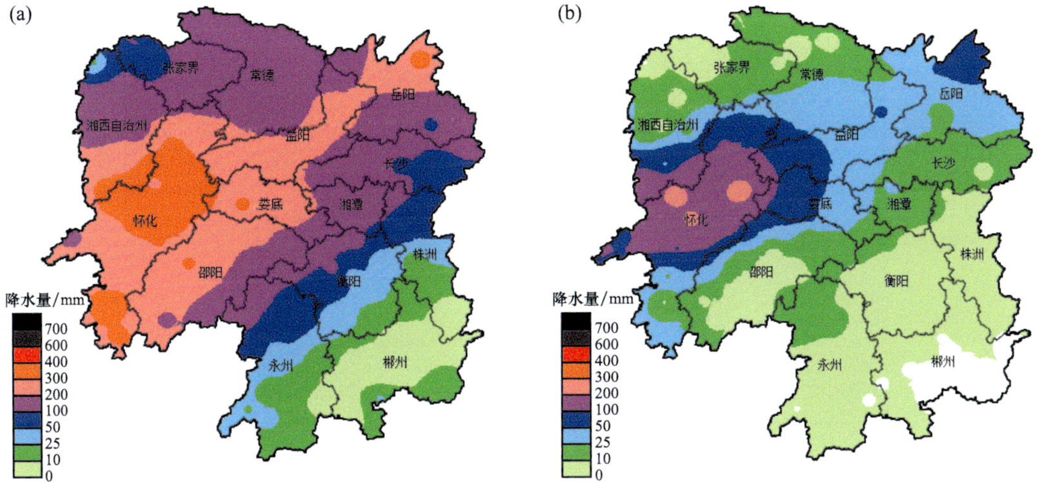

图 1.38　1996 年 7 月 13 日 08 时—18 日 08 时(a)和 7 月 15 日 08 时—16 日 08 时(b)湖南降水量实况

从 15 日 08 时的形势场进行分析（图 1.39），500 hPa 中高纬西风环流为两槽一脊型，位于蒙古高原西部的高压脊加强并缓慢东移，脊前偏北气流增强并南扩，同时由于台风的影响导致西太平洋副热带高压脊北抬，进而形成了阻塞高压形势，槽线移动至北京—济南—武汉—长沙—贵阳—南宁一线，维持少变，且槽后冷平流明显；低层配合低涡切变，切变线位于湖北南部—湖南西北部—贵州一带，切变线以南存在较强的西南急流，急流中心最大风速达 18～20 $m \cdot s^{-1}$，700 hPa 最大风速达 20 $m \cdot s^{-1}$（郴州站），850 hPa 最大风速达 22 $m \cdot s^{-1}$（长沙站），925 hPa 最大风速为 16 $m \cdot s^{-1}$（郴州站）；同时低空有暖中心或向偏北伸出的暖舌区与之相吻合，并且水汽含量较高（温度露点差较小），这样就形成了一支偏北向的高温高湿水汽通道，保证了水汽的输送机制，因此低空西南急流的维持不但输送大量的热量和水汽，增加位势不稳定，而且还诱发强烈的辐合上升运动、触发了不稳定能量的释放（张小玲 等，2004）。地面不断有冷空气南下，冷暖空气在长江中下游地区交汇，梅雨静止锋在湘中稳定少变。强降水基本位于低涡东南区域，急流左侧区域和静止锋附近，稳定少动(袁雅鸣 等，1997)。

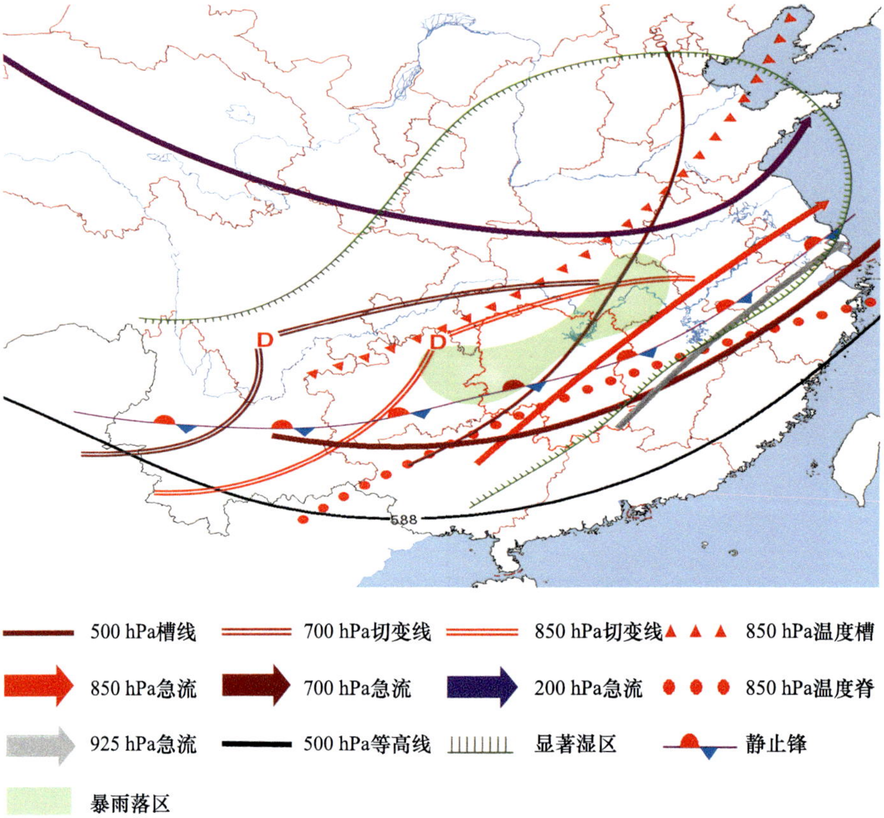

图 1.39　1996 年 7 月 15 日 08 时天气系统配置图

1.2.5.3　1998 年长江流域致洪暴雨个例

1998 年为超强厄尔尼诺事件衰减年，夏季长江中下游地区出现阶段性持续性强降水，分别为 1998 年 6 月 12—27 日(简称“1998 年第Ⅰ段”)，强降水带位于 26.5°—29.0°N 江南中北部，以及 7 月 17 日—8 月 2 日(简称“1998 年第Ⅱ段”)，强降水带位于 28.0°—30.5°N 江南北部，给国家防汛工作带来很大挑战(王建捷 等，2002)。其中，1998 年暴雨引发的灾害性洪水给湖南省造成了巨大损失。湖南省 14 个地州市、108 个县(市)受灾，其中以常德、张家界、长沙、岳阳、益阳 5 个地市受灾最为严重。湖南省受灾人口 2878.98 万人，倒塌房屋 68.86 万间，农作物受灾面积 194.28 万 hm^2，农作物成灾面积 124.89 万 hm^2，耕地毁坏 15.56 万 hm^2，水灾死亡 616 人，直接经济损失达 329 亿元。

长江中下游地区出现阶段性持续性强降水的主要原因与梅雨锋上扰动频繁密切相关。1998 年 5 月下旬夏季风全面爆发，随着季风涌一次次北进，梅雨锋在我国东部引起降水雨带由南向北推进。5 月下旬从孟加拉湾、中南半岛至南海地区，盛行的偏东风迅速转为偏西风，表明夏季风爆发，西南气流沿副高外围向我国东部输送水汽。6 月上旬，副高东退，季风涌北进。带来大量的暖湿气流。与北面的干冷气流在华南地区交汇，导致 6 月 1—10 日梅雨锋一直维持在我国华南沿海，在华南一带出现持续性降水；6 月中下旬，副高北跳到 25 °N 以北，季风涌再度北进，梅雨锋也相应北移到长江以南地区，主要影响湖北南部、湖南省等地的降水。7 月上旬，夏季风减弱，副高北跳到 30 °N 以北，控制我国东部大部分地区，以西南气流为表现形式的季风涌向更高纬度推进，影响华北和朝鲜半岛降水；7 月中旬，副高南落到 30 °N 以南，季风涌加强；7 月下旬，季风涌进一步加强，同时副高主体东退到 140 °E 以东，只有断裂的小高压还残存在 25 °N 以南地区，梅雨锋再度出现在我国长江流域，200 mm 以上的降水区向西扩展至嘉陵江、金沙江等地，但主雨带仍然位于湖南、湖北地区(王建捷 等，2002)。

1998 年 6 月 13 日 08 时—14 日 08 时，湘中偏北出现暴雨、大暴雨天气，雨带整体呈现“东—西”走向的带状分布，怀化沅陵站最大降水量 207.6 mm(图 1.40a)。从环流形势来看(图 1.40b)，500 hPa 中高纬贝加尔湖以东为一宽广的低压槽区，华北—长江流域以北受低压槽底锋区偏西气流控制，有短波槽沿西北气流向南移动，南北气流交汇于长江中下游，中低空四川盆地东部低涡东段切变线延伸至湖南省中北部地区，切变线南侧有强盛的西南暖湿急流往北输送充沛的水汽，同时，副热带高压脊线位于 25 °N 附近，湖南省中北部暴雨区位于副高西北侧高能高湿区域，属于典型的梅雨锋切变型暴雨。

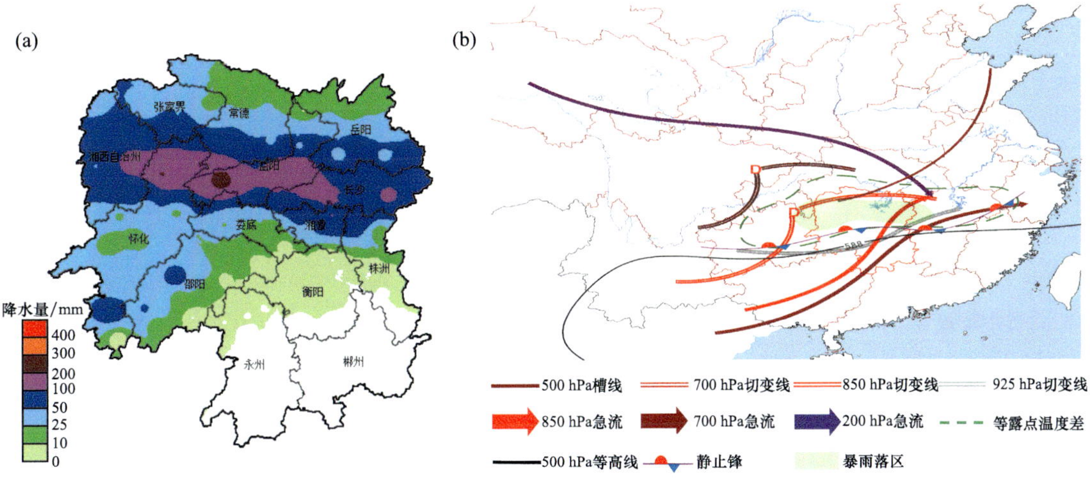

图 1.40 1998 年 6 月 13 日 08 时—14 日 08 时湖南降水量实况(a)和 6 月 13 日 20 时天气系统分析(b)

1.2.5.4 2016 年 7 月 3 日湘中偏北暴雨个例

2016 年 7 月 3 日 08 时—4 日 08 时，湘中偏北出现暴雨、大暴雨天气，雨带整体呈现“东北—西南”走向的带状分布，湖南省平均降水量 38.8 mm。怀化、邵阳、娄底、湘潭、益阳、岳阳、长沙、株洲等地共出现 30 站(国家级地面气象观测站)暴雨，12 站大暴雨，怀化溆浦站最大降水量 217.3 mm(图 1.41a)。中高纬地区呈“两槽一脊”型，东北到河套地区有低压槽东移；副高较为强盛，呈“东北—西南”走向，588 线位于华南一带；中低层存在西南低涡和“人”字形切变，南侧有西南急流配合；北部温度槽延伸至湖北境内，位于湘南地区的温度脊与西南暖湿气流相对应，冷暖空气在长江中下游地区交汇，并伴有梅雨锋雨带的形成；随着时间的推移，系统和雨带稳定少动，属于典型的梅雨锋切变型暴雨(图 1.41b)。

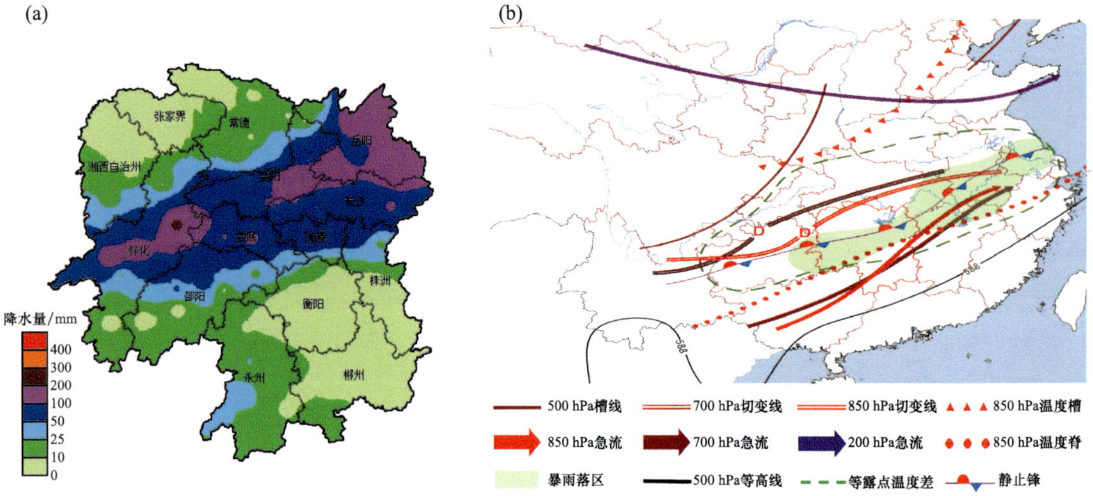

图 1.41　2016 年 7 月 3 日 08 时—4 日 08 时湖南降水量实况(a)和 7 月 3 日 08 时天气系统分析(b)

1.2.5.5　2020 年 6 月 13 日湘北暴雨个例

2020 年 6 月 13 日 08 时—14 日 08 时，张家界、常德、益阳、岳阳出现暴雨、大暴雨天气，雨带整体呈现东北—西南走向的带状分布，强降水具有明显的局地性，主要集中在湘北地区，其他地区表现为弱降水或者无降水，湖南省平均降水量 10.3 mm。湖南省共出现 10 站暴雨，2 站大暴雨。常德安乡站最大降水量 148.6 mm(图 1.42a)。中高纬地区西风带环流以长波系统为主，表现为“三槽两脊”型，东北地区和青藏高原东部有低压槽东移；副高较为强盛，西南侧热带气旋影响，呈团块状分布，588 线位于东南沿海；中低层存在西南低涡和“人”字形切变，南侧有西南急流配合；北部有温度槽，长江中下游地区位于温度槽与温度脊之间，冷暖空气在此交汇，并伴有梅雨锋雨带的形成；随着时间的推移，系统和雨带稳定少动，属于典型的梅雨锋切变型暴雨(图 1.42b)。

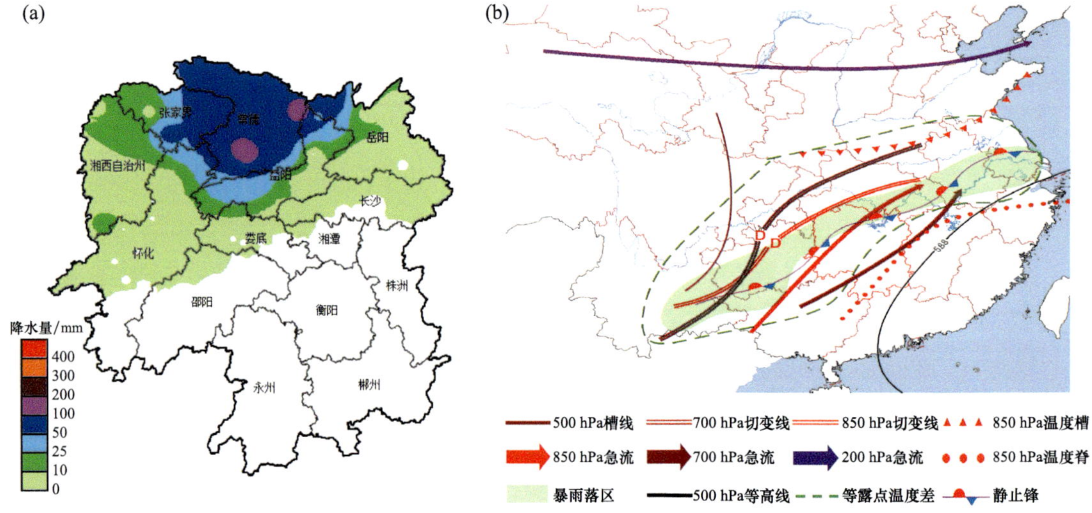

图 1.42　2020 年 6 月 13 日 08 时—14 日 08 时湖南降水量实况(a)和 6 月 13 日 08 时天气系统分析(b)

1.2.5.6 2021 年 6 月 30 日湘中暴雨个例

2021 年 6 月 30 日 08 时—7 月 1 日 08 时，湘中偏北出现暴雨、大暴雨天气，雨带整体呈现“东北—西南”走向的带状分布，湖南省平均降水量 24.65 mm。湘西州、怀化、益阳、岳阳、长沙、株洲等地共出现 19 站暴雨，3 站大暴雨。怀化辰溪站最大降水量 229.2 mm(图 1.43a)。中高纬地区西风带环流以长波系统为主，表现为“二槽一脊”型，青藏高原东部有低压槽东移；副高相对较弱，588 线位置偏南；中低层存在西南低涡和“人”字形切变，南侧有西南急流配合；北部有温度槽，冷暖空气在此交汇，并伴有梅雨锋雨带的形成；随着时间的推移，系统和雨带稳定少动，属于典型的梅雨锋切变型暴雨(图 1.43b)。

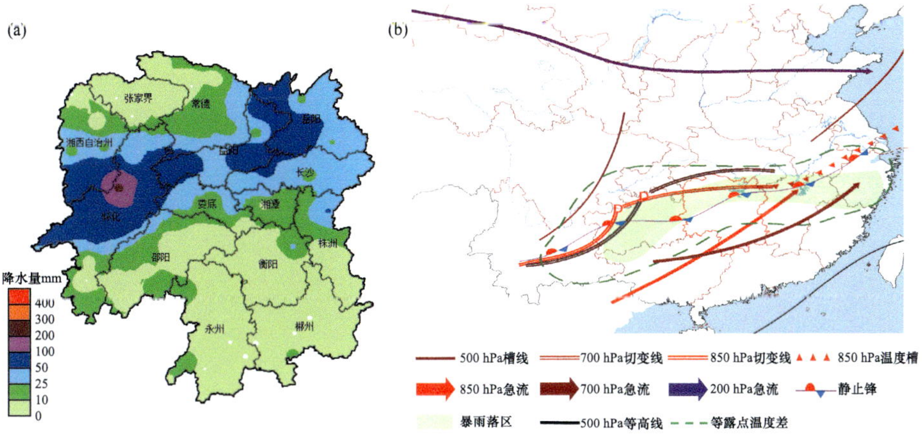

图 1.43 2021 年 6 月 30 日 08 时—7 月 1 日 08 时湖南降水量实况(a)和 6 月 30 日 08 时天气系统分析(b)

1.2.6 华南准静止锋型暴雨

华南准静止锋型暴雨通常发生在 4—6 月，此时，副高脊线平均位置约为 20°N，相对偏南，强度较大且稳定少动，华南地区位于 500 hPa 高度场 584 dagpm 线(以下简称“584 线”)边缘；高空环流平直，青藏高原东部多短波槽东移；850 hPa 切变线位于湘南；地面有弱冷空气从东路不断补充南下，受南岭山脉阻挡，形成华南准静止锋(徐碧裕 等，2023；宫宇 等，2022)。过程特点是降水范围较小，强度偏弱，持续时间较长且雨带少动，强降水主要位于湘南地区(图 1.44)。

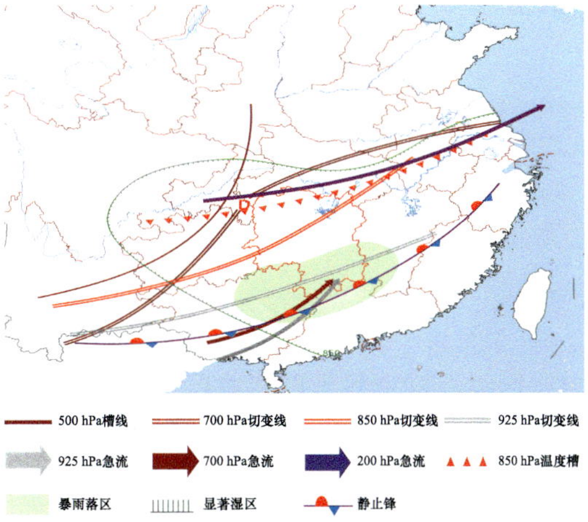

图 1.44 华南静止锋型暴雨天气系统概念模型

1.2.6.1　2020 年 3 月 18 日湘南暴雨预报个例

2020 年 3 月 18 日发生的一次强降水天气过程就是在上述环流背景下产生的。2020 年 3 月 18 日 08 时—19 日 08 时，湘东南出现暴雨，局地大暴雨天气，雨带整体呈现“东—西”走向的带状分布，湖南省平均降水量 11.6 mm。永州、郴州等地共 6 个县(市、区)15 个乡(镇)22 站累计降水量超过 100 mm，最大为永州江永洪洞水库站 141.8 mm(图 1.45a)。中高纬地区西风带环流表现为“两槽一脊”型，青藏高原东部多短波槽东移；副高位置偏南，588 线位于海上，584 线位于广东沿海一带；中低层存在低涡切变，850 hPa 切变线位于湘南，南侧西南急流输送水汽和热量；同时，湘中地区有温度槽，地面有弱冷空气从东路不断补充南下，冷暖空气在华南地区交汇；随着时间的推移，系统和雨带稳定少动，属于典型的华南静止锋切变型暴雨(图 1.45b)。

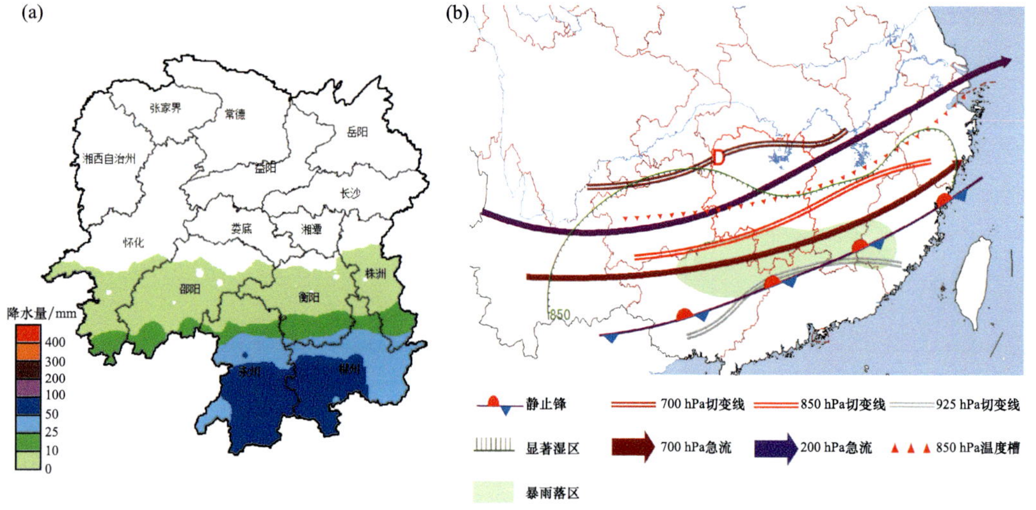

图 1.45　2020 年 3 月 18 日 08 时—19 日 08 时湖南降水量实况(a)和 3 月 18 日 08 时天气系统分析(b)

1.2.6.2　2021 年 6 月 20 日湘南暴雨预报个例

(1)过程概况

2021 年 6 月 20 日 08 时—21 日 08 时(图 1.46)，永州南部、郴州等地出现暴雨、大暴雨天气，降水主要集中在 20 日傍晚—21 日凌晨，最大为江永铜山岭农场 225.5 mm，小时雨强达 125.2 mm，接近湖南省国家气象站历史极值(泸溪，125.4 mm，2020 年 8 月 10 日 03—04 时)。

(2)预报分析

从 ECMWF 模式 19 日 20 时起报的天气形势和物理量场来看：20 日 08 时，500 hPa 中高纬为脊控制，584 线位于湘北地区，广西—贵州一带有小槽，湘南处于槽前(图 1.47a)；700 hPa 为偏西风；850 hPa 切变线位于湘北，西南急流建立，最大风速为 12 $m \cdot s^{-1}$(图 1.47b)；925 hPa 切变线位于湘中偏南；地面华南准静止锋位于湘南地区(图 1.47c)，各层系统位相差大。20 时，500 hPa湘南地区小槽东移，850 hPa 切变线南压，925 hPa 切变线及地面静止锋在湘南地区基本重合(图 1.47d)。结合物理量场来看(图 1.48)，湘南 CAPE 为 1000 $J \cdot kg^{-1}$，K 指数为 36 ℃，不稳定能量较高，整层可降水量为 55 mm，水汽条件充沛，700 hPa 垂直速度较大，所以在湘南地区考虑有暴雨。

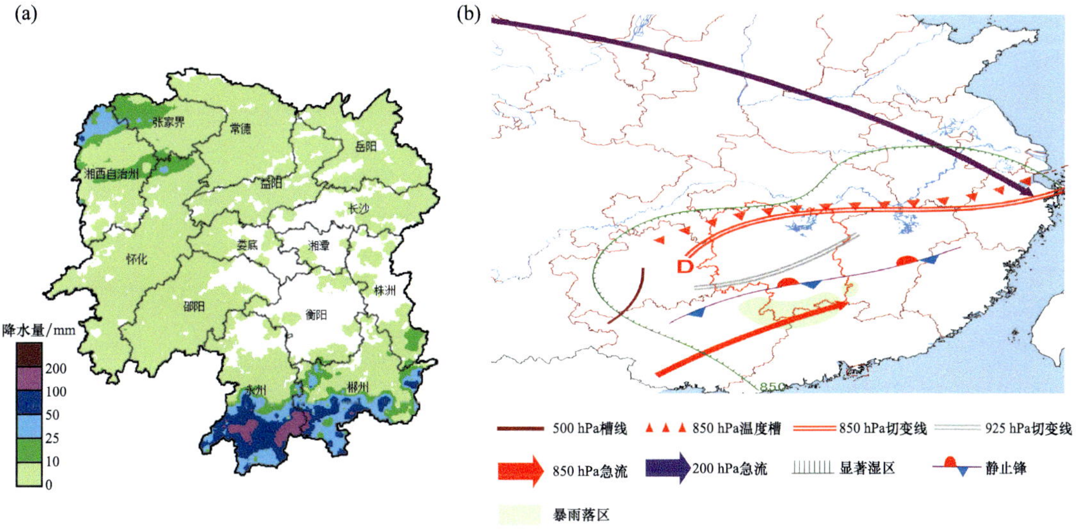

图 1.46　2021 年 6 月 20 日 08 时—21 日 08 时湖南降水量实况(a)和 20 日 08 时天气系统分析(b)

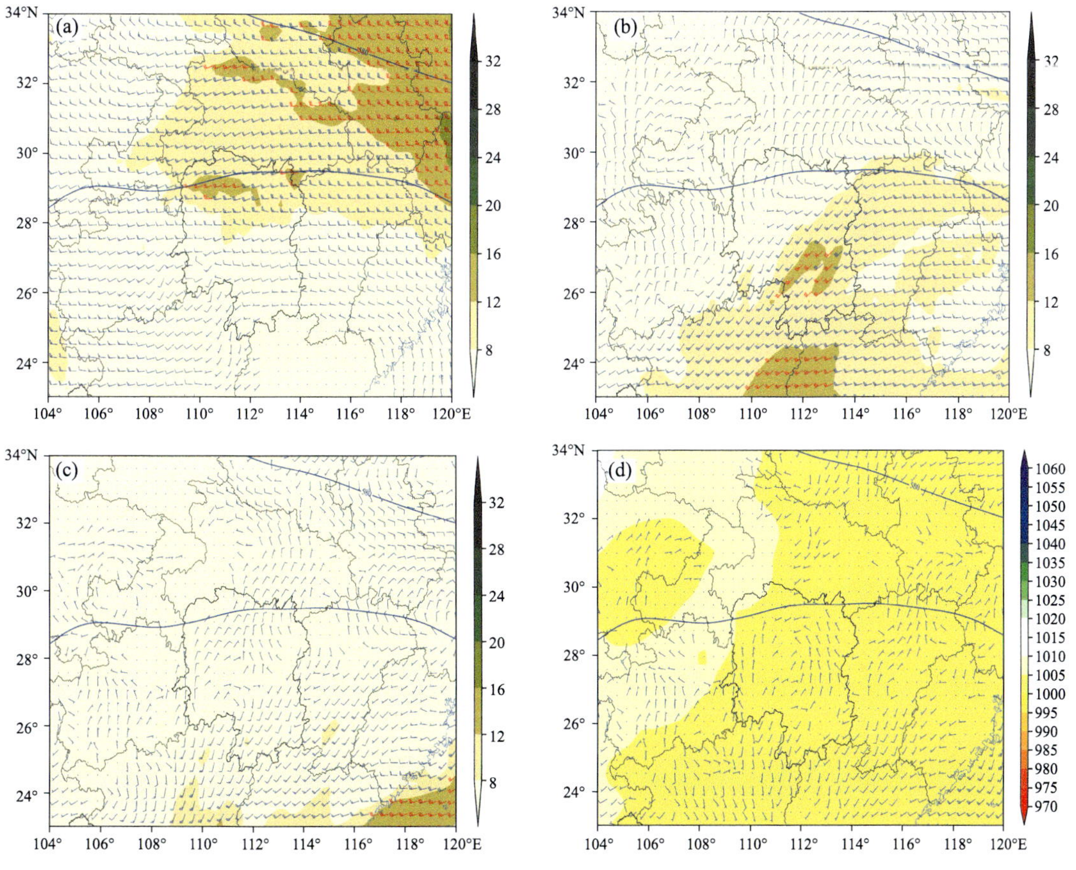

图 1.47　ECMWF 模式 2021 年 6 月 19 日 20 时起报的 20 日 08 时 500 hPa 高度场(实线,单位:dagpm)和 500 hPa 风场(填色,单位:m・s^{-1})叠加图(a),500 hPa 高度场和 850 hPa 风场叠加图(b),500 hPa 高度场和 925 hPa 风场叠加图(c),10 m 风场、海平面气压场(填色,单位:hPa)和 500 hPa 高度场叠加图(d)

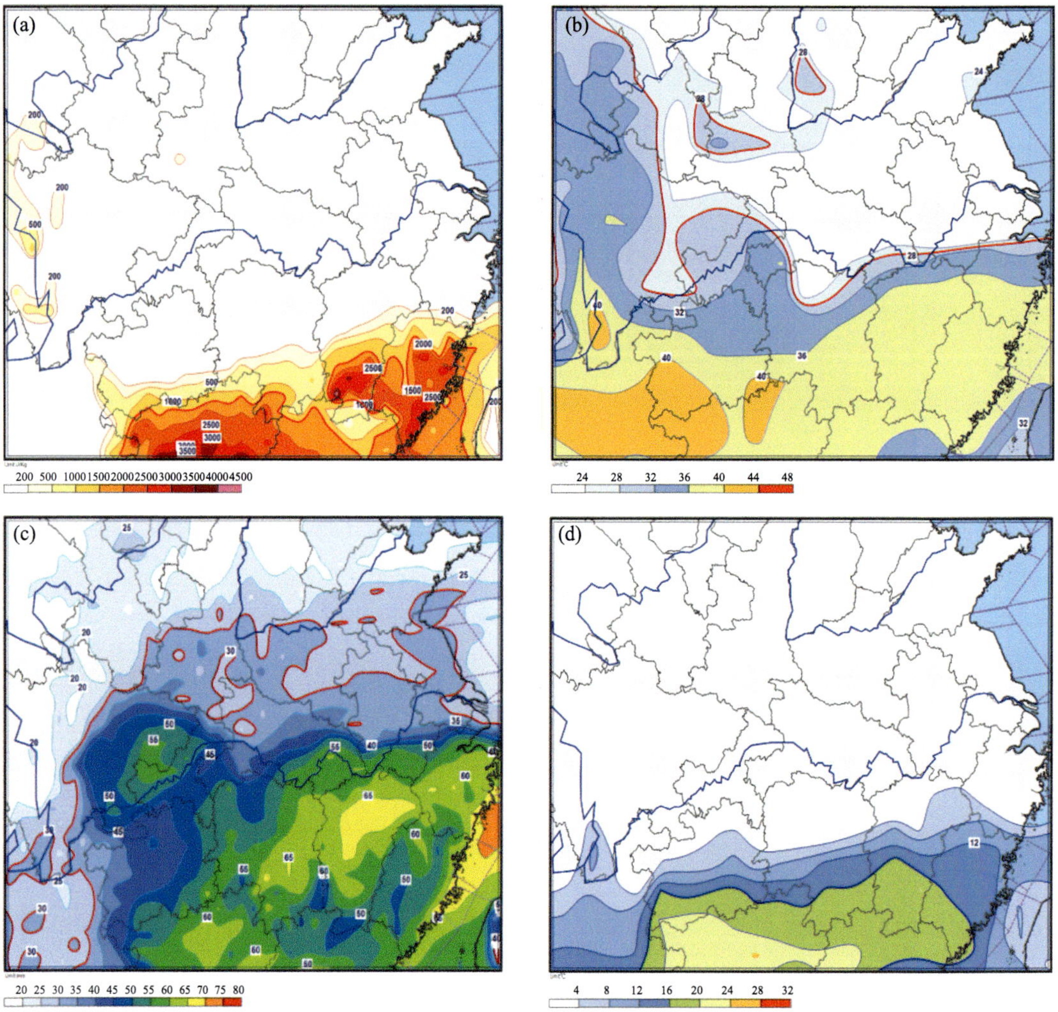

图 1.48 ECMWF 模式预报 2021 年 6 月 19 日 20 时起报的 20 日 20 时的 CAPE 值(单位:J·kg^{-1})(a)、K 指数(单位:℃)(b)、整层可降水量(单位:mm)(c)和两层假相当位温差(单位:K)(d)

结合各家模式降水落区预报来看(图 1.49),大部分模式都把强降水落区预报在怀化南部、邵阳南部和永州地区,但是量级上,全球模式以中到大雨为主,中尺度模式预报有分散性暴雨、大暴雨。

主观预报主要参考了模式降水预报结果(图 1.50),将大雨带预报在怀化南部、邵阳南部和永州地区,其中怀化南部局地有暴雨。

预报偏差:结合实况来看,暴雨落区预报偏差较大,主观预报和模式都漏报了永州南部、郴州南部的暴雨、大暴雨,空报了怀化南部的暴雨,是一次失败的预报案例。

(3)预报难点及预报策略

预报难点:当形势预报和降水要素预报不一致时,如何确定暴雨、大暴雨落区?

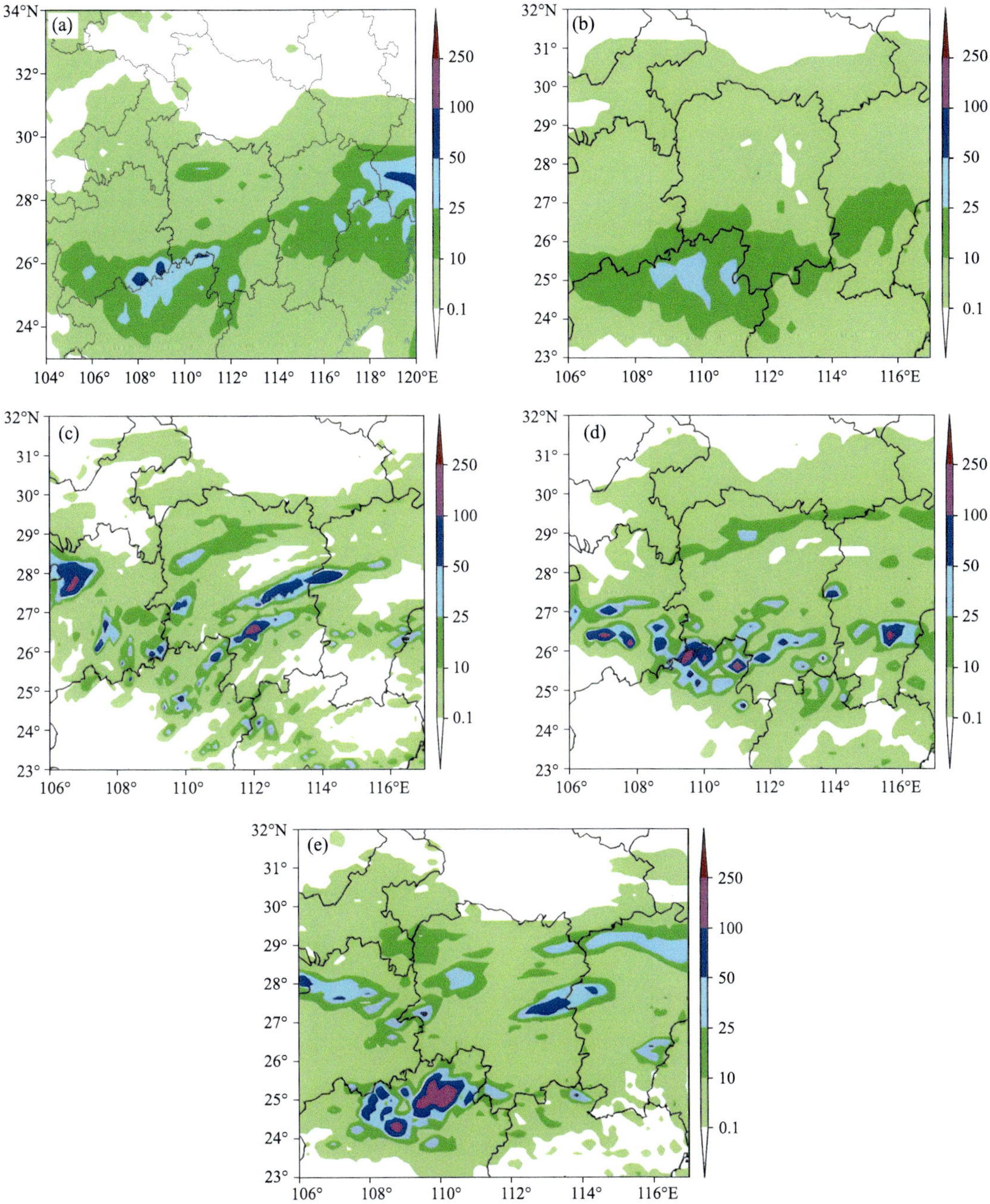

图 1.49 各家模式 2021 年 6 月 19 日 20 时起报的 20 日 08 时—21 日 08 时降水量预报(单位:mm)

(a)ECMWF;(b)CMA-GFS;(c)CMA-MESO;(d)CMA-SH9;(e)CMA-GD

预报策略:

① 当形势预报与降水要素预报不一致时,应重点参考形势预报,即使模式未预报暴雨,也应根据形势预报进行调整。

② 若湘南地区处于华南静止锋影响下，高空有短波槽移过，925 hPa 以下系统重叠，能量和水汽条件较好，并考虑南岭山脉地形对降水的增幅作用，应在湘南地区考虑暴雨。

③ 临近预报中注意新资料的应用。常规高空观测资料每天仅有 08 时、20 时 2 次，而500 hPa雷达 VWP 风场反演资料资料时间分辨率可达 1 h。在本次过程中（图 1.51），18 时开始湘南上空就有低压槽影响，较常规 20 时才能观测到的小槽实况提前 2 h。且结合小时降水演变来看，对强降水有一定预报性。因此可利用雷达 VWP 风场反演资料作为高空加密观测的补充，及时订正模式偏差，做好递进式预警服务。

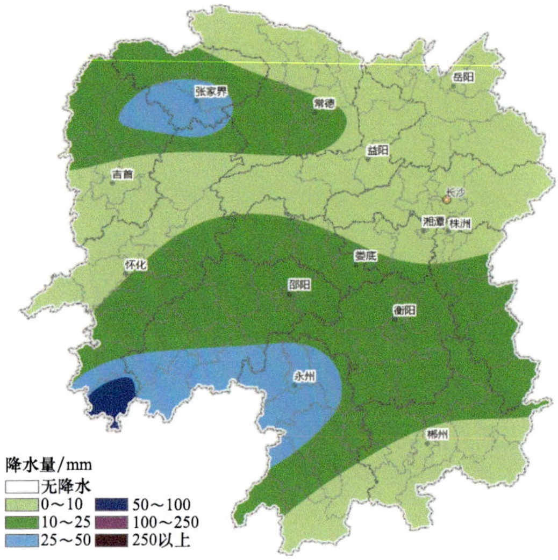

图 1.50　2021 年 6 月 20 日 08 时—21 日 08 时湖南降水量主观预报

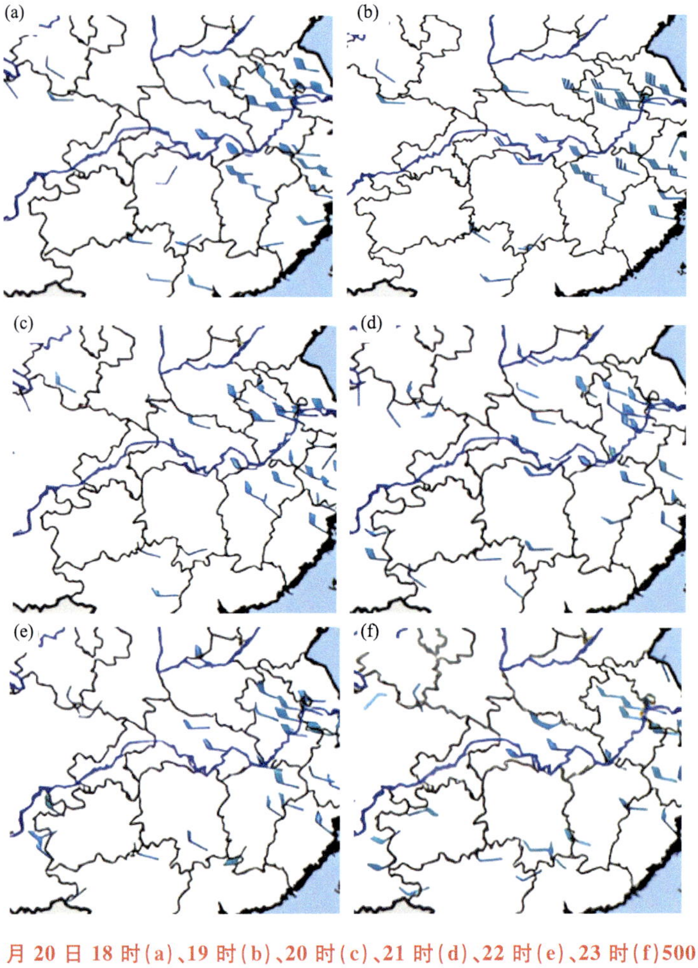

图 1.51　2021 年 6 月 20 日 18 时(a)、19 时(b)、20 时(c)、21 时(d)、22 时(e)、23 时(f)500 hPa 雷达 VWP 图

1.2.7 台风型暴雨

湖南省是受台风影响最严重的内陆省份之一，台风带来的风雨影响主要发生在夏秋季。一方面台风带来的降水将有利于干旱缓解或解除，另一方面连续的暴雨或大风会造成涝灾、风灾及诱发山洪、地质灾害等。按照台风登陆前和登陆后的路径划分，影响湖南省的台风主要分为西北行、南海北上和西行路径，其中西北行路径最多，其次为南海北上路径，西行路径最少。

西北行型台风一般发生在 7—9 月，此时，西北太平洋上有台风生成并登陆福建或粤闽交界；中高纬地区环流平直，冷空气势力较弱、位置偏北；副高西伸加强，与大陆高压打通，在台风北侧形成一个高压坝，减弱后的台风低压环流受其阻挡，以西行为主。南海北部西南季风发展强盛，来自南海北部与副高西南侧的西南风急流及台风低压环流西北侧的东北风急流所产生的两支主要水汽通道在台风低压外围长时间交汇，形成深厚湿层和强水汽辐合。根据潘志祥等(1992)、陈静静等(2016)的研究，西北行路径台风又可分为两类。一类简称为“西北行Ⅰ型”(图 1.52a)，其特点是台风在广东和粤闽交界处登陆，可造成湖南省东部和南部地区局地大暴雨，其低压中心是否越过南岭及越过南岭后的移动路径与强降水落区密切相关。若低压中心在南岭南侧减弱消失，暴雨落区在湘东南；若中心越过南岭西西北行，暴雨落区在湘西南；若中心越过南岭北行，暴雨落区在湘东；若在南岭南侧继续向西西北行，有西风带系统配合时，暴雨落区在湘西，如 2013 年第 19 号台风“天兔”。另一类简称为“西北行Ⅱ型”(图 1.52b)，其特点是台风穿过台湾海峡或从台湾海峡附近擦过，在福建登陆。若登陆后低压中心在向西北方向移动的过程中与西风带低压槽结合，可造成湖南区域性暴雨或大暴雨，例如 2007 年第 9 号“圣帕”台风；若登陆后西行又转为西南行，暴雨落区主要在湘南地区，例如 2006 年第 4 号“碧利斯”台风。

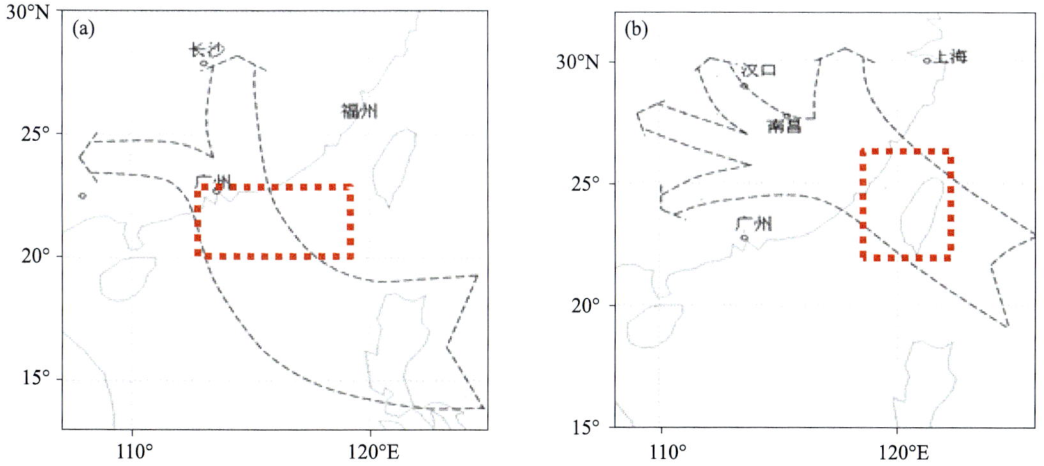

图 1.52 西北型台风路径示意图(红色区域为 24 h 预报关键区)

(a)西北行Ⅰ型；(b)西北行Ⅱ型

南海北上型台风一般在 6—8 月影响湖南省，此时，南海有台风生成或西太平洋台风西行穿过菲律宾中部进入南海后北翘，在广东沿海登陆，台风倒槽位于湘赣交界；或南海有热带低值系统活动，东风波扰动影响湘东、湘南地区。降水特点是强降水范围小，影响位置偏南，持续时间较短，强降水区一般位于湘东南。若台风登陆后，向西北移动，进入广西，并在广西境内转向北上，低压中心进入湖南省，且洋面上有季风云团卷入，则可造成湖南省较大范围强降水，如2013年第11号台风“尤特”和2022年第3号台风“暹芭”(图1.53)。该类台风暴雨预报在遵循一般台风预报思路基础上，需重点关注台风登陆前后是否会出现台前飑线，低压中心是否进入湖南，何时进入，移动路径以及移出后是否有残留影响等。

西行型台风的天气形势特点表现为存在强的带状副热带高压(图1.54)，副高西伸到110°E以西，与青藏高压合并成一个整体，呈东西向，脊线稳定在28°N以北，台风受副高南侧一致的偏东气流引导。台风登陆后其路径向西西北行或西西南行，通常在湘南擦边而过，这时亚洲中纬度维持纬向环流，西风带小槽偏弱，并在东移过程中减弱，对内陆台风没有直接影响。近几年影响湖南省的西行台风较少，2006年后仅有2010年11号台风“凡亚比”和2023年第11号台风“海葵”为此路径。

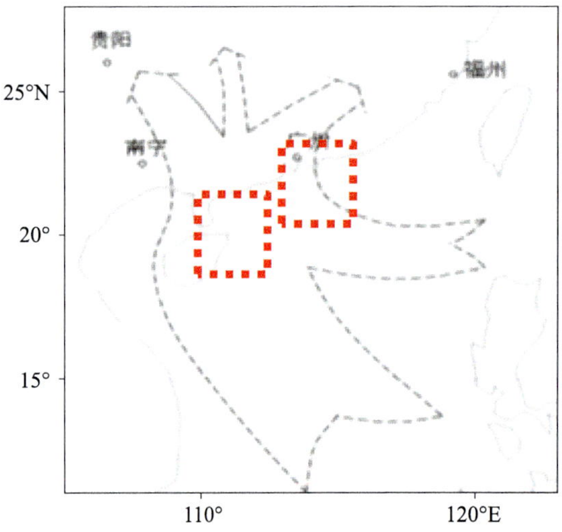

图1.53　南海北上型台风路径示意图
(红色区域为24 h预报关键区)

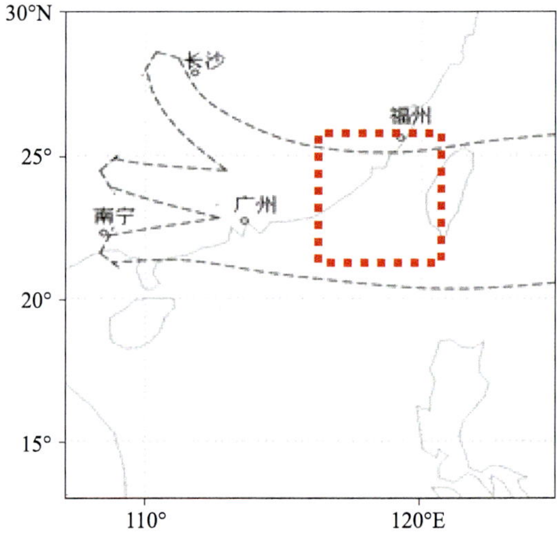

图1.54　西行型台风路径示意图
(红色区域为24 h预报关键区)

1.2.7.1　西北行Ⅰ型：2013年第19号台风“天兔”暴雨预报个例

(1)过程概况

2013年第19号超强台风“天兔”于9月16日在吕宋岛以东洋面生成，9月19日11时加强为强台风，17时加强为超强台风并向西北方向移动(图1.55a)。9月22日19时40分，在广东省汕尾市南部沿海登陆，登陆时中心附近最大风力14级(45 m·s^{-1}，达强台风级)，中心最低气压为940 hPa。登陆后继续西北行深入内陆，强度迅速减弱，9月23日11时中央气象台停止编号，仅在陆上维持了15 h。但残余的低压环流继续向西北方向移动，9月24日14时减弱为低压区，最后消失在广西北部(图1.55b)。

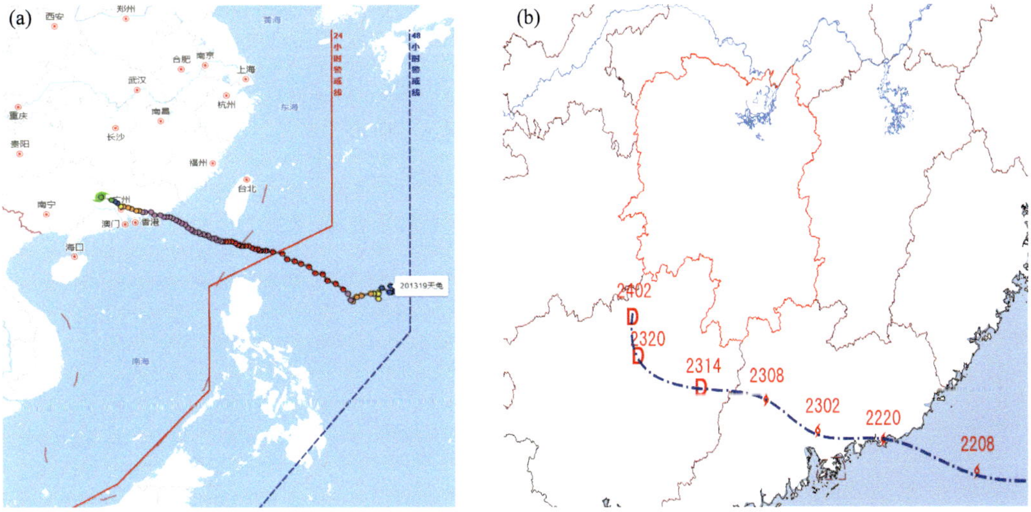

图 1.55　2013 年“天兔”台风移动路径(a)及台风低压环流移动路径(b)

受“天兔”台风低压倒槽影响，9 月 23 日 08 时—25 日 08 时湖南省共 680 个乡镇累计降水量为 50～99.9 mm，857 个乡镇为 100～199.9 mm，385 个乡镇大于 200 mm，最大累计降水量 381.7 mm(常德鼎城区老屋坪)，强降水主要出现在湖南省西部和北部的张家界、常德、湘西州、吉首、怀化、益阳和娄底，主要降水时段是 23—24 日(图 1.56)。

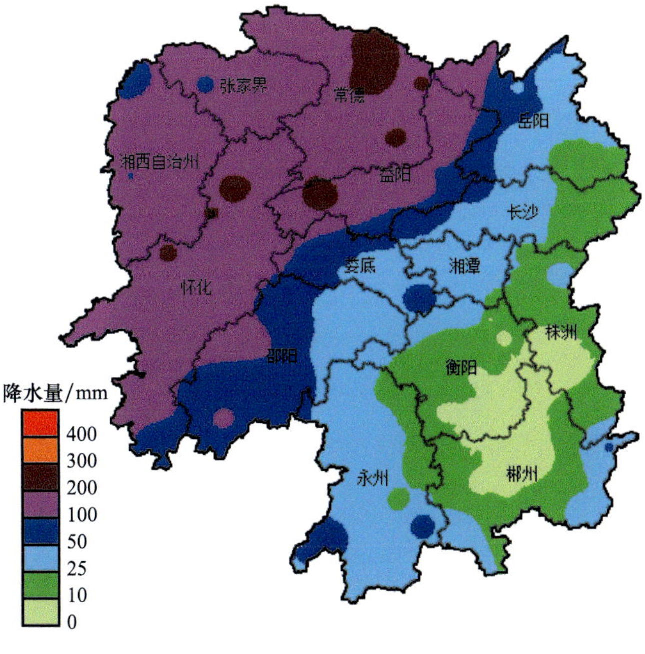

图 1.56　2013 年 9 月 23 日 08 时—25 日 08 时湖南降水量实况

(2)预报分析

结合天气形势来看(图 1.57)，9 月 22 日 20 时，亚欧大陆中高纬为二脊一槽形势，贝加尔湖地区为低压槽区，槽后有明显冷平流，带动地面冷空气南下，副高呈闭合高压形势控制我国华东沿海。"天兔"登陆后不久迅速减弱为低压环流，但低压环流北侧的倒槽自东向西扫过湖南省。24 日 08 时，低压环流移到广西北部，此时 500 hPa 高空槽位于西北地区东南部，副高控制我国东南沿海。地面冷空气则迅速南下，前锋移到湖南省西北部，而台风低压倒槽往北伸到湖北南部，倒槽东侧东南急流携带暖湿气流北上，恰好与冷空气交汇于倒槽北部，使得该地对流迅速发展产生大暴雨，强辐合区和强降水区位于倒槽附近，尤其是倒槽北部与冷空气接合部降水最强(陈红专 等，2016)。

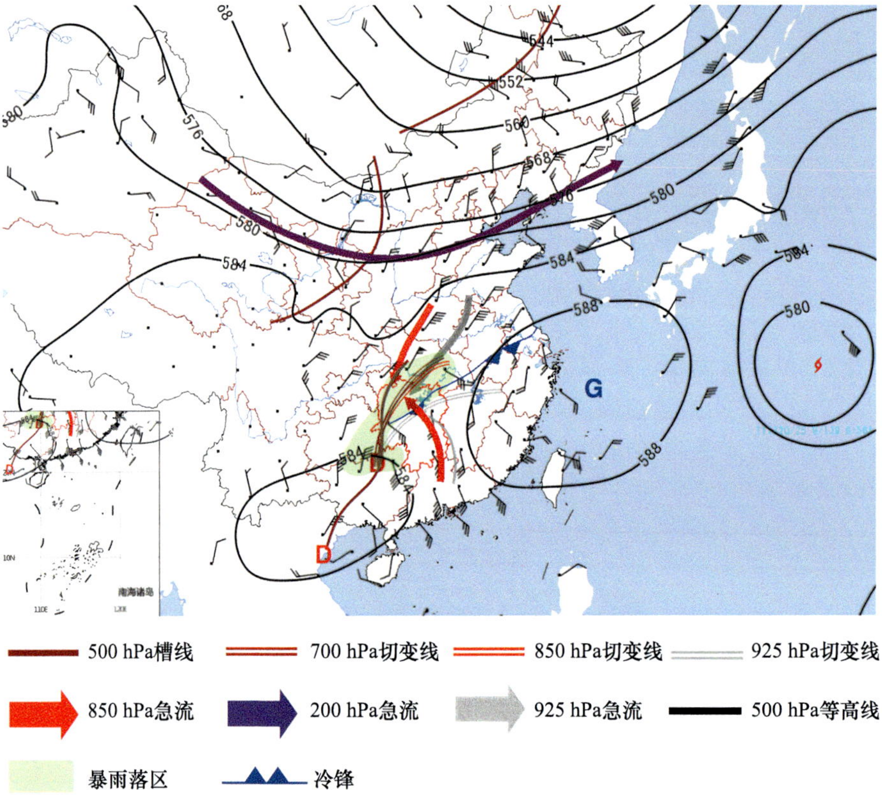

图 1.57　2013 年 9 月 24 日 08 时天气系统分析

(3)预报难点及预报策略

"天兔"台风暴雨由台风低压倒槽与西风带天气系统相互作用引起，强降水沿倒槽分布。"天兔"登陆后南海季风位置偏南，台风的水汽输送通道被切断，不利于"天兔"的长时间维持以及向暴雨区的水汽输送。中低层冷空气入侵导致的锋生强迫和高低空急流耦合形成的次级环流，加强了"天兔"低压倒槽内冷暖气流的辐合，是触发倒槽内中尺度对流发展和暴雨产生的重要动力机制。另外，东北—西南向武陵山脉地形也是湘西北出现强降水的重要原因之一，在台风作用下大量暖湿气流越过南岭后堆积在武陵山脉迎风坡，加之西北路冷空气南下，强烈冷暖交汇形成触发了大暴雨(郑福维 等，2014)。

1.2.7.2　西北行Ⅱ型:2006 年第 4 号台风"碧利斯"暴雨预报个例

(1)过程概况

2006 年第 4 号台风"碧利斯"7 月 9 日 06 时在菲律宾以东洋面上生成，11 日凌晨增强为强热带风暴，13 日 15 时登陆我国台湾省，14 日 04 时 50 分在福建省北部的霞浦附近再次登陆，登陆时中心气压为 975 hPa，中心附近最大风力达 11 级(最大风速 30 m · s^{-1})。随后继续向西北偏西方向移动，强度逐渐减弱，先后穿过福建、江西、湖南、广西等地，于 17 日晚在越南北部地区减弱消失(图 1.58)。

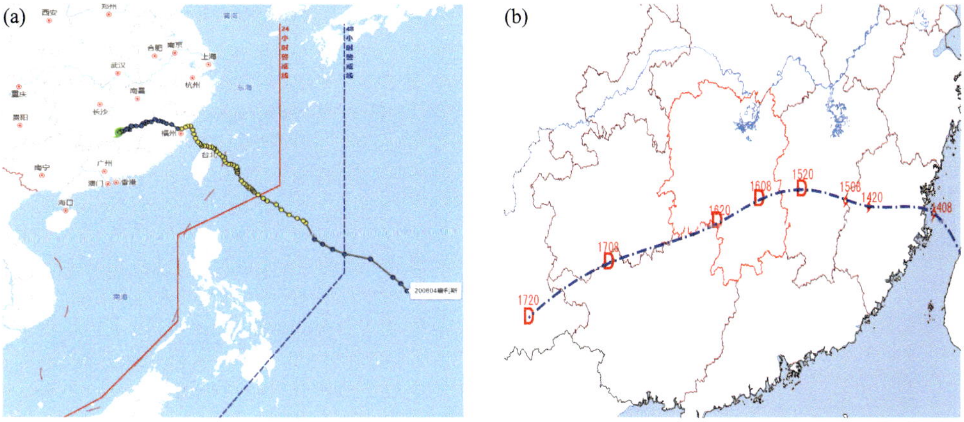

图 1.58　2006 年“碧利斯”台风移动路径(a)及台风低压环流移动路径(b)

受台风“碧利斯”影响，14—17 日湖南省平均降水量 65.1 mm，永州、郴州、株洲中南部等地累计降水量超过 100 mm，最大为 408.9 mm(郴州)(图 1.59)。强降雨造成 729 万人受灾，引发了特大山体滑坡、泥石流等地质灾害，因灾死亡 417 人、失踪 109 人，其中郴州资兴市死亡 197 人，失踪 69 人。

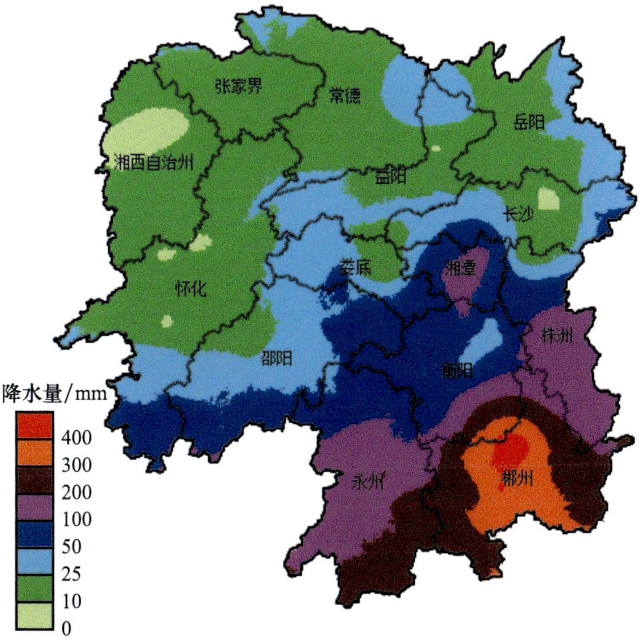

图 1.59　2006 年 7 月 14 日 08 时—18 日 08 时湖南降水量实况

(2)预报分析

台风路径与强降水落区：在“碧利斯”整个登陆期间，东亚中高纬度地区 500 hPa 上两槽一脊环流形势稳定少变，副热带高压加强西伸，与大陆高压(脊)打通，在中纬度地区形成一道高压坝(图 1.60)，导致“碧利斯”难以向北移动，登陆后在周围高压环流的包围下继续西进，且移动速度减缓，有利于其在陆上继续维持(康志明 等，2008)。结合降水分布来看(图 1.61)，强降水主要分布在“碧利斯”移动路径左侧(王黎娟 等，2013)。

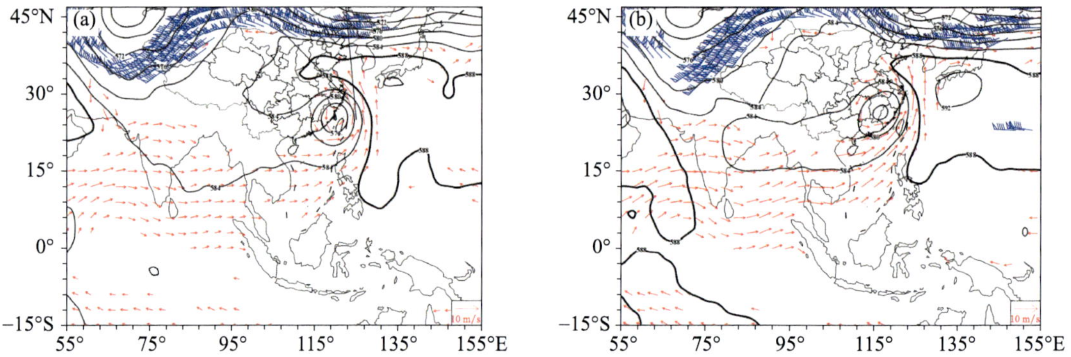

图 1.60　2006 年 7 月 14 日 08 时(a)、15 日 02 时(b)500 hPa 高度场(单位：dagpm)及风场(单位：m·s^{-1})

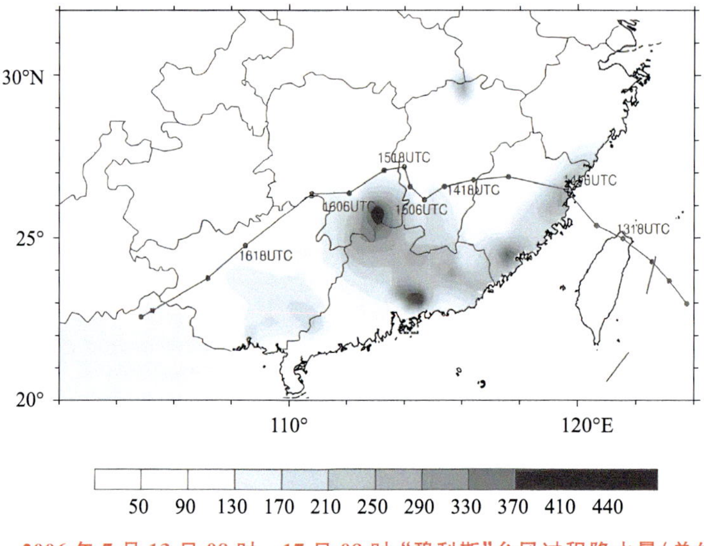

图 1.61　2006 年 7 月 13 日 08 时—17 日 08 时“碧利斯”台风过程降水量(单位：mm)及路径(王黎娟 等，2013)

暴雨增幅与季风涌：台风影响时段，低纬地区从阿拉伯海、孟加拉湾、中南半岛、南海到我国华南地区为一支宽广的水汽通量输送大值带，随着季风涌的北传源源不断地向台风环流提供充足水汽(卢珊 等，2012)。暴雨增幅发生前，中南半岛附近地区的水汽输送强度相对较弱，水汽输送通道存在明显的断裂带，而暴雨增幅发生时，80°—90°E 越赤道气流增强，西南季风水汽输送明显加强，原断裂的水汽输送通道完全打通，携带大量水汽进入已深入大陆内部的“碧利斯”环流中(图 1.62)。这对“碧利斯”台风暴雨增幅的发生有重要贡献。

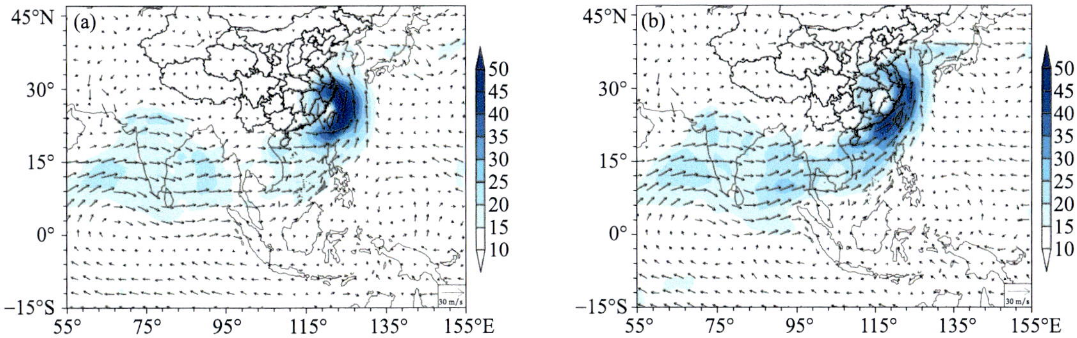

图 1.62　2006 年 7 月 14 日 08 时(a)和 15 日 02 时(b)850 hPa 水汽通量(单位：$g\cdot cm^{-1}\cdot hPa^{-1}\cdot s^{-1}$)

暴雨增幅与地形："碧利斯"登陆后，湘东南地形对湘南强降水有明显的增幅作用。从 7 月 15 日 08 时 925 hPa 流场和地形分布可以看出，在湘东南有明显一致的西北气流与罗霄山脉相交(交角接近 60°)。湘东南地形对"碧利斯"中这支偏北强风速气流的阻挡和强迫抬升，一方面有利于水汽输送和中尺度对流系统(MCS)发生、发展，另一方面地形的抬升作用与地面中尺度辐合线产生的上升运动相结合，加强了产生特大暴雨的动力作用，位于罗霄山和南岭夹角处的湘东南出现强降水。王晓芳等(2007)的研究推算发现，这种地形强迫上升和对暴雨的触发不在山坡上，而在迎风坡上游平原地区(即湘东南)。朱健(2010)的研究指出，将地形消减为 20%后模拟发现降水量将明显减小，其中左侧降水减小，右侧降水反而局部有所增加，说明湘东南地形对这场台风暴雨的降水量和分布有重要的作用。叶成志等(2011)的研究成果表明，湘东南多山体分布且湘北开口的喇叭口特殊地形通过与"碧利斯"低压环流北侧增强的东北风相配合，有利于水汽输送和中尺度对流系统发生、发展，对湘东南暴雨有明显增幅作用。

台风暴雨持续时间与系统维持：历史资料分析表明，影响湖南省的台风过程一般持续 1～2 d，本次过程长达 3 d，是有记录以来影响湖南省时间最长的台风。台风登陆后得以长时间维持，一是 200 hPa 高层辐散产生的抽吸作用对低层辐合有正反馈机制，低层辐合、高层辐散的配置，能缓解台风环流的衰减，并能促进强烈的垂直上升运动，造成降水增幅；二是 500 hPa 中高纬两槽一脊环流形势及副高稳定少动；三是季风涌北推，为暴雨提供源源不断的水汽、热量和动力条件，支持了积云对流的发展。

台风暴雨维持增幅与大陆高压：程正泉等(2013)的研究发现，该次强降水除强盛的西南季风外，深厚的大陆高压也起着重要作用。这是因为在强盛西南季风背景下，大陆高压的增强西伸，不仅能够提供高空强辐散，而且能增强碧利斯西北象限东北风，使得登陆后减弱的碧利斯残涡和台风倒槽得以长时间维持，致使内陆暴雨区各层涡度增加而导致暴雨维持和增幅。

台风暴雨的中小尺度特征：黄小玉等(2010)、罗玲等(2013)对"碧利斯"影响湘东南时段的雷达回波和中小尺度系统进行分析发现，对流层中层不连续中小尺度"大风核"造成有组织的次级环流，使得"列车效应"形成并维持，是造成该特大暴雨的主要回波特征。同时谱宽图低层较大、中层均匀，表明"碧利斯"过程低层由于受地形摩擦作用湍流活动很强，中层平稳的大风急流也是过程长时间维持的主要原因之一。

(3)预报难点及预报策略

预报难点：结合当时模式预报来看，台风路径预报较为稳定，为准确预报暴雨落区奠定了基础。但由于该次过程发生在 7 月中旬，较常年影响湖南省的台风时间偏早近 1 个月，台风是否会按模式预报的路径移动并影响湖南省？预报仍存在不确定性。

预报策略：

① 若台风登陆后中高纬高压坝维持，没有明显的冷空气过程，台风路径一般以西行为主，强降水主要位于台风本体及其左侧。

② 若高层辐散强烈、中高纬度形势稳定，且南海有持续季风涌结合，则应考虑有持续台风暴雨。

③ 湘东南向北开口的喇叭口特殊地形与台风北侧增强的东北风相配合，有利于水汽输送和中尺度对流系统发生、发展，需在模式预报的基础上调大降水量级。

④ 服务上需警惕“旱涝急转”可能诱发的地质灾害。2006 年“碧利斯”台风到来前湖南省干旱严重，土壤渗透能力差，强降水诱发了郴州资兴严重的地质灾害，造成了重大人员伤亡。

⑤ 从气候背景来看，该台风在湖南省属于“早台风”，降水强度极端、影响时间较长。在预报过程中，预报员应打破固定思维，若环流形势及各项指标满足暴雨大暴雨条件时，要大胆进行预报和服务，避免出现重大伤亡。

1.2.7.3 西北行Ⅱ型：1996 年第 8 号台风“贺伯”暴雨预报个例

(1)过程概况

1996 年第 8 号台风“贺伯(HERB)”于 7 月 24 日下午在西北太平洋上生成，26 日下午加强为台风，而后向西偏北方向移动，于 7 月 31 日 21 时以强台风级在台湾北部登陆，8 月 1 日 10 时 30 分再次在福建省福清市登陆。登陆后继续向西偏北方向移动，1 日下午在福建境内减弱为强热带风暴，傍晚前后又减弱为热带风暴，随后进入江西转为北上，2 日下午至夜间前后从湖南省东北部擦过进入湖北，8 月 4 日 02 时停止编号，影响湖南的时段主要是 8 月 1—4 日(图 1.63)。

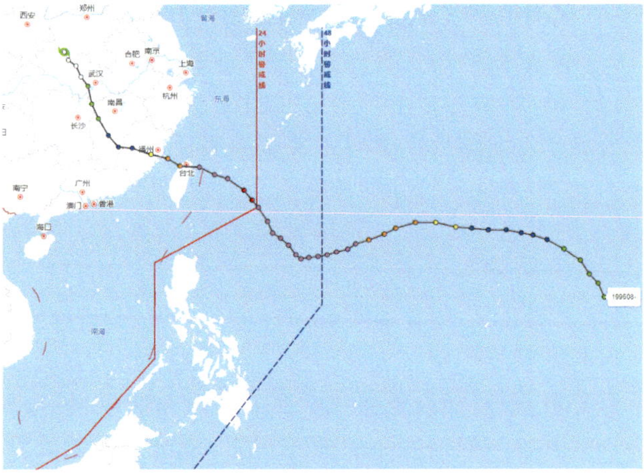

图 1.63　1996 年第 8 号台风“贺伯”移动路径实况

8 月 1 日 08 时—5 日 08 时，“贺伯”台风共造成湖南省 57 个县市区累计降水量超过 50 mm，其中 27 个县市区超过 100 mm，8 个县市区超过 200 mm，最大为 236 mm(郴州桂东)，强降水主要出现在湖南省东部的岳阳、长沙、湘潭、株洲、衡阳、郴州，最强降水时段为 8 月 1—2 日(图 1.64)。受台风影响，湘江流域及洞庭湖区普降暴雨或大暴雨，湖南省有 30 个县市洪水成灾，9 个县城进水，倒屋 8.4 万间，因灾死亡 140 人，洞庭湖在高洪水位下遭狂风巨浪冲击，溃堤垮垸严重。

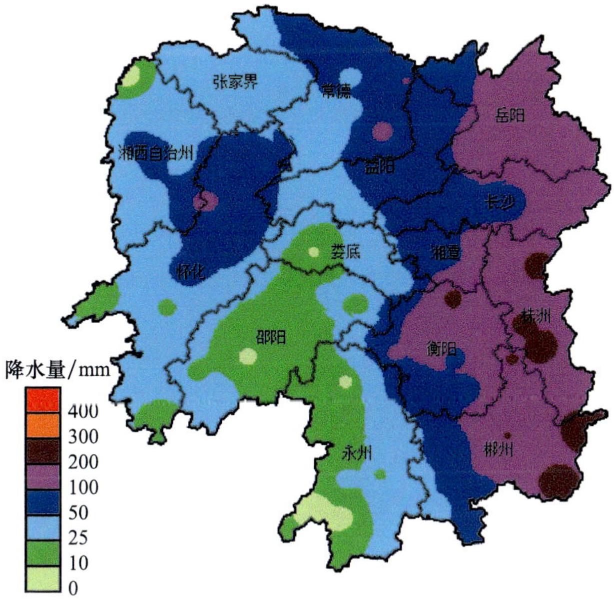

图 1.64　1996 年 8 月 1 日 08 时—5 日 08 时湖南降水量实况

(2)预报分析

结合天气形势来看(图 1.65),8 月 2 日 08 时台风环流完整,各层低压中心和倒槽位置基本重合,系统深厚。500 hPa 西太平洋副热带高压脊线位置偏北(35 °N),副热带高压断裂成 2 个,一个位于日本南部及朝鲜半岛附近,另一个位于四川盆地,河套地区有高空浅槽东出。受副高外围东南气流引导,台风继续向西北方向移动,2—3 日高空槽逐渐向北收缩,但是有弱冷空气渗透南下与台风低压相互作用,降水强度和范围较前期增大。

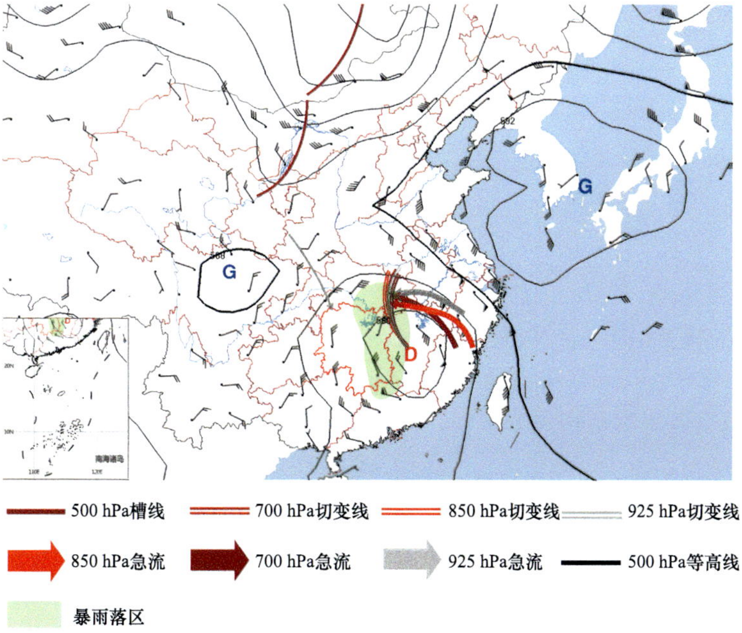

图 1.65　1996 年 8 月 2 日 08 时天气系统分析

本次台风暴雨主要是由台风低压本体及其倒槽导致的，降水量级以暴雨或大暴雨为主，单日未出现 200 mm 以上的降水(周瑾，1997)。这主要是由于海上副高强于大陆高压，台风始终处于东部副高南侧的东南气流中，且有高空槽引导，利于台风快速向西北方向移动；且台风各层环流中心几乎重叠，系统深厚，利于登陆后的低压环流维持较长时间；弱冷空气渗透南下有利于降水加强。

1.2.7.4 西北行Ⅱ型：2007 年第 9 号台风“圣帕”暴雨预报个例

(1)过程概况

2007 年第 9 号台风“圣帕”于 8 月 13 日凌晨 02 时在菲律宾吕宋岛以东的西北太平洋洋面上生成，随后向偏西方向移动，15 日 20 时突然在 128 °E 附近转向向西北方向移动，强度增强为超强台风，18 日 05 时 40 分以强台风级别在台湾中部花莲登陆，随后贯穿台湾岛，越过台湾海峡，19 日 02 时左右再次在福建中部惠安登陆，登陆后继续向西北方向移动，强度迅速减弱为热带低压，20 日 02 时进入江西中部并停止编号。但残余的低压环流 21 日 08 时北上至江西北部后，突然转向向西偏南方向移动，21 日 12 时从株洲北部进入湖南省，移经湘潭、娄底、邵阳一带，23 日 20 时进入广西北部，24 日 08 时位于云南广西交界，20 时在云南东部填塞(图 1.66)。“圣帕”台风有三个特点：一是登陆后低压环流持续时间长，约为 138 h；二是影响范围广，先后影响台湾、福建、江西、湖南、广西、云南 6 个省(自治区)，横跨 13 个经度。三是路径由西北突然转向西南。

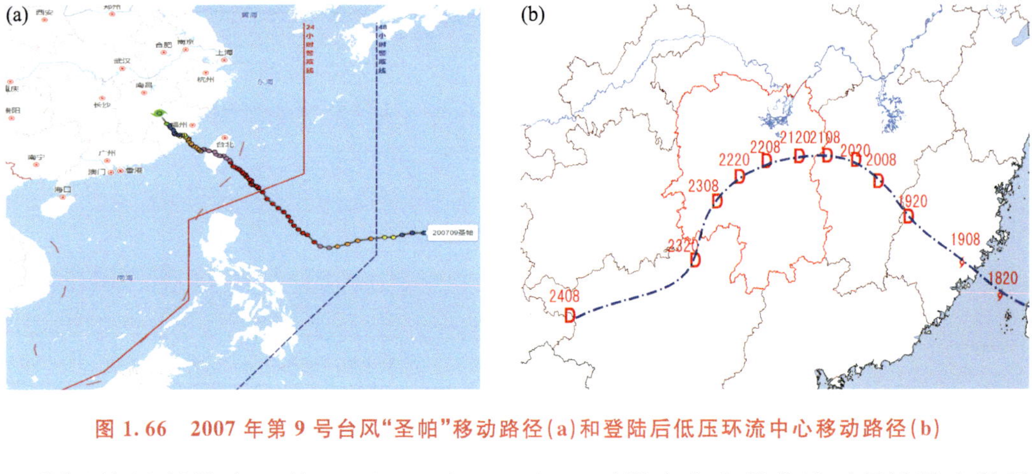

图 1.66　2007 年第 9 号台风“圣帕”移动路径(a)和登陆后低压环流中心移动路径(b)

受“圣帕”台风影响，8 月 19 日 08 时—24 日 08 时湖南省大部分地区累计降水量超过 50 mm，其中株洲、衡阳、郴州及益阳南部等地的 51 个县市区超过 100 mm，18 个县市区超过 200 mm，最大为 516.1 mm(郴州资兴)，其中 19—21 日强降水主要集中在郴州、株洲中南部、衡阳东南部，连续 3 d 出现暴雨大暴雨，22 日强降水区移至雪峰山附近的张家界东部、常德西部、益阳南部、怀化中北部及娄底西部，23 日降水减弱(图 1.67)。本次过程湖南省出现了严重的山洪地质灾害，因灾死亡 7 人，失踪 5 人，湖南省停产工矿企业 1578 个，公路中断 1197 条次。

(2)预报分析

结合天气形势来看(图 1.68)，8 月 21 日 08 时台风低压中心移至江西中北部，受强大带状副热带高压阻挡，不能继续向北移动，在引导气流作用下转向西南方向移动。台风环流基本呈圆形结构，并且水汽辐合区主要位于南海的偏西南气流和台风东北气流形成的汇合区域，即台风中心的西南面，也就是湘东南地区，该形势维持时间较长，所以湘东南地区连续 3 d 出现暴雨大暴雨天气。

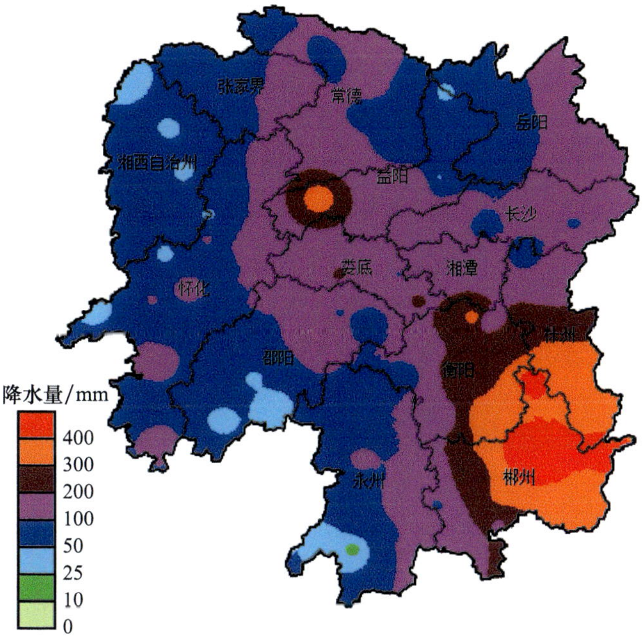

图 1.67　2007 年 8 月 19 日 08 时—24 日 08 时湖南降水量实况

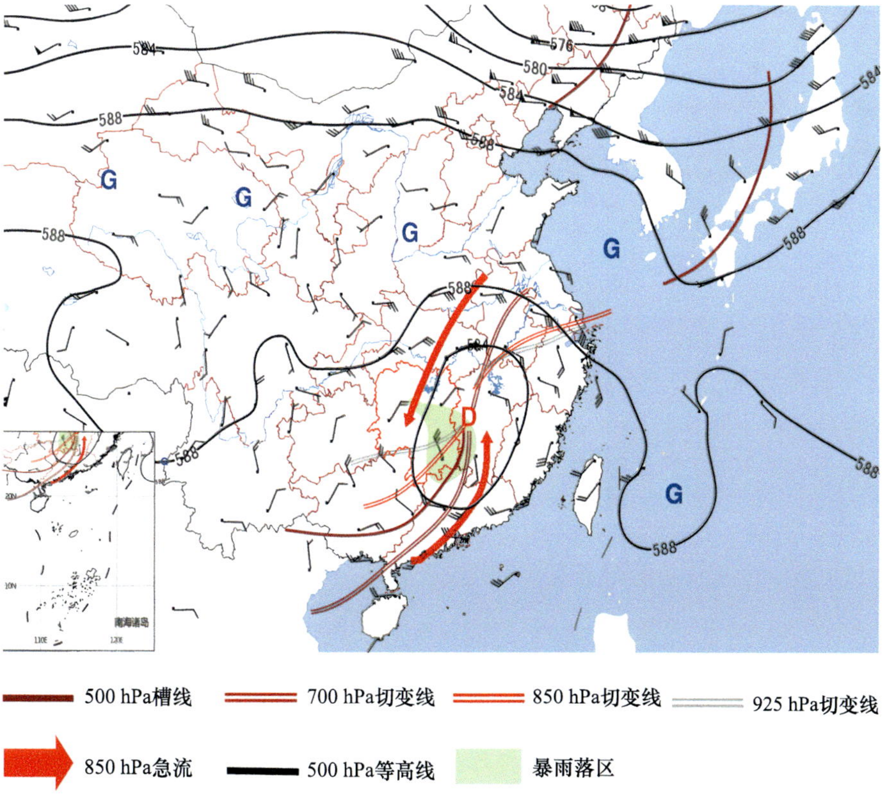

图 1.68　2007 年 8 月 21 日 08 时天气系统分析

本次台风登陆后环流长时间维持的原因是中纬度西风槽区的正涡度平流有利高层涡度增加，500 hPa 从外界获得正涡度补充，使得台风强度衰减缓慢(韦春霞 等，2009)。且南海洋面不断有水汽卷入台风低压，水汽辐合中心长时间维持在湘东南地区，造成持续暴雨。

1.2.7.5　西北行Ⅱ型:2013 年第 12 号台风“谭美”暴雨预报个例

(1)过程概况

2013 年第 12 号台风“谭美”于 8 月 18 日 11 时在台湾东南部洋面上生成，22 日 02 时 40 分前后在福建省福清市沿海登陆，05 时减弱为强热带风暴，12 时减弱为热带风暴，并继续向西偏北方向移动，15 时前后进入江西并减弱为热带低压，移动路径逐渐转为西行和西南行，23 日 07 时前后移进入湖南省境内，14 时停止编号，残余低压继续向西南移动，进入广西北部减弱填塞(图 1.69)。

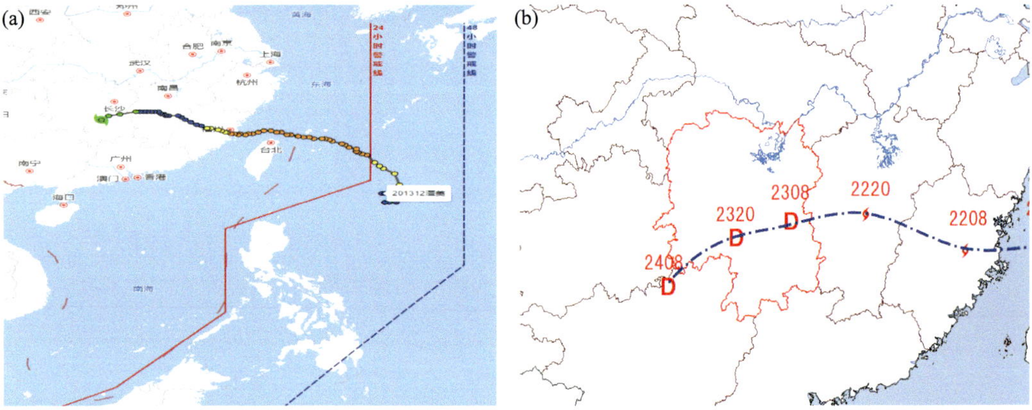

图 1.69　2013 年第 12 号台风“谭美”移动路径(a)和登陆后低压环流中心移动路径(b)

受“谭美”台风影响，8 月 22 日 08 时—25 日 08 时，湖南省平均降水量 70.9 mm，永州、郴州、株洲及常德等地累计降水量超过 100 mm，最大 210.5 mm(南岳)，其中 22 日暴雨区主要位于永州东部、郴州、衡阳东部和南部、株洲及长沙东部，23 日强降水区向西推移，呈“南—北”向带状分布，主要位于张家界东部、常德、娄底、永州等地，24 日降水减弱(图 1.70)。

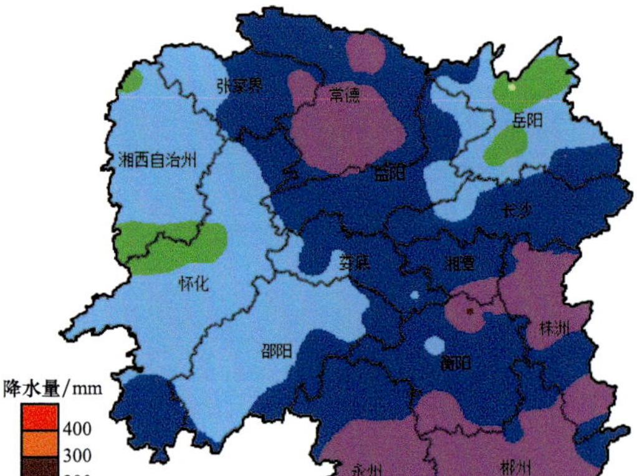

图 1.70　2013 年 8 月 22 日 08 时—25 日 08 时湖南降水量实况(单位:mm)

(2)预报分析

结合天气形势来看(图 1.71)，8 月 22 日 20 时南部高压坝减弱，台风东侧有强西南气流，西北侧的东北风加强，强水汽辐合区位于台风环流中心前部，对应 22 日湘东暴雨；23 日 08 时，台风低压西侧倒槽槽前的东北风进一步加强，湘南位于台风低压前部，湘中以北位于台风低压倒槽之中，均为强水汽辐合区，出现强降水。

因此,“潭美”台风登陆后 24 h 内强降水主要出现在台风环流中心及其前部,登陆 24 h 后,随着“潭美”强度不断衰减,强降水主要位于台风低压倒槽。

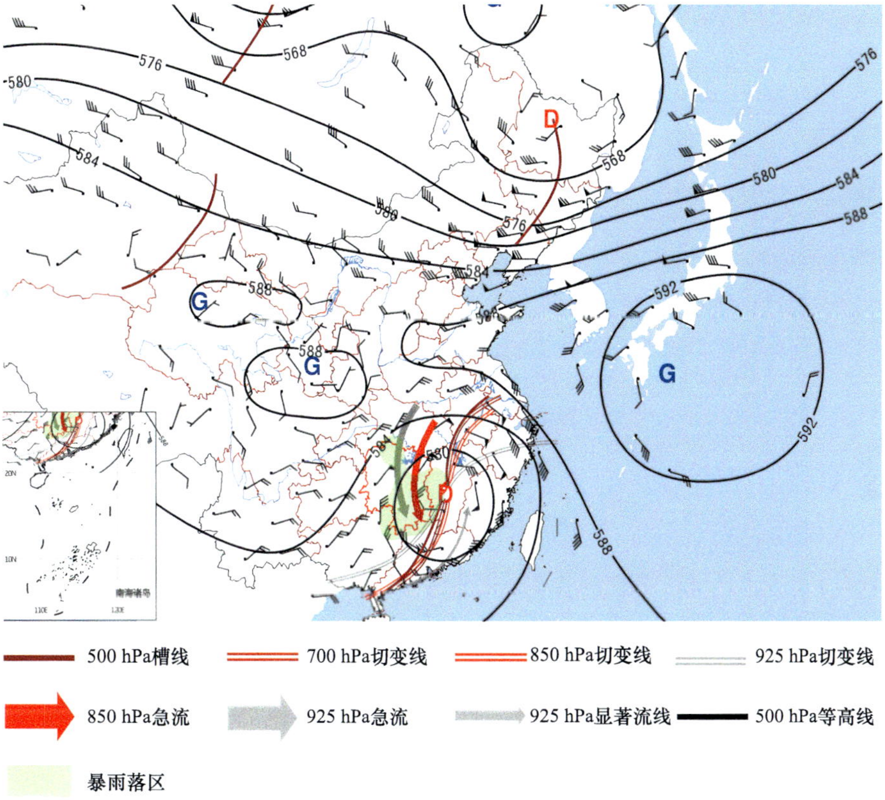

图 1.71　2007 年 8 月 22 日 20 时天气系统分析

“潭美”是由季风槽中的低压扰动加强而发展成的台风,在其登陆后,依然受到西南季风的影响,季风云系与台风低压外围的螺旋云带相接,不仅为暴雨区提供了充足的水汽,同时还输送不稳定能量(郭达烽 等,2014)。特别是 22 日 20 时偏东风急流的建立与维持为暴雨区提供了充足的水汽。

1.2.7.6　南海北上型:2013 年第 11 号台风“尤特”暴雨预报个例

(1)过程概况

2013 年第 11 号超强台风“尤特”于 8 月 10 日在关岛西南部海面上生成并往西北方向移动,强度迅速增强,11 日 17 时加强为超强台风,在穿越菲律宾吕宋岛期间强度减弱,8 月 12 日中午进入南海后再度加强为强台风。8 月 14 日 15 时 50 分左右“尤特”在广东省阳西县附近沿海登陆,登陆时中心附近最大风力为 14 级(42 $m \cdot s^{-1}$,强台风),中心最低气压为 955 hPa,登陆后继续往西北偏北方向移动,强度减弱,17 时减弱为台风,23 时减弱为强热带风暴并转为偏北路径移动,16 日 05 时后中央气象台停止编号,在广西东北部消亡,陆上维持时间长达 38 h,而其低压环流仍然维持了较长时间,直到 19 日 08 时“尤特”低压环流才消散,陆上维持时间长达 113 h(图 1.72)。

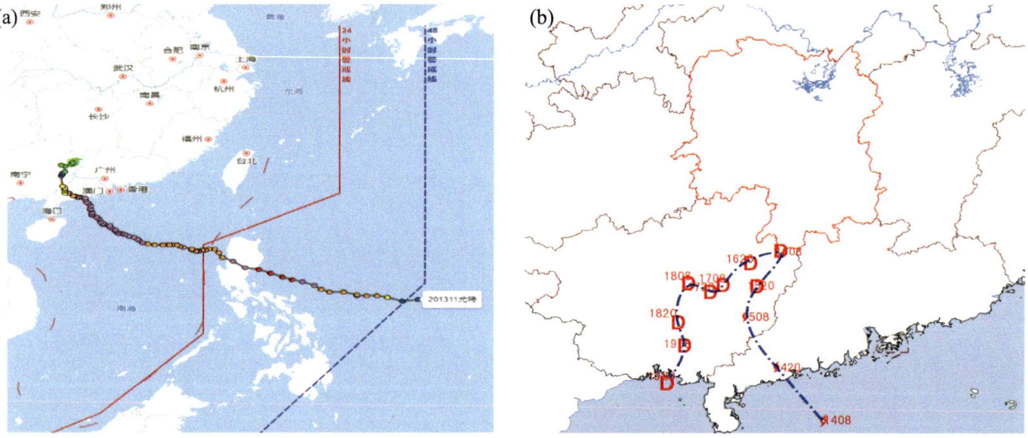

图 1.72　2013 年“尤特”台风移动路径(a)及台风残留低压环流移动路径(b)

受“尤特”台风影响，湖南省大部分地区出现降水，湘东南暴雨成灾，据湖南省区域自动气象站资料统计，16 日 08 时—19 日 08 时，湖南省共 333 个乡镇累计降水量为 50～99.9 mm，302 个乡镇为 100～199.9 mm，195 个乡镇大于 200 mm，最大累计降水量为 711.2 mm(临武县西瑶分水坳，图 1.73)。强降水主要集中在郴州、永州和邵阳南部等地，尤其是郴州、永州两市旱涝急转，损失严重。

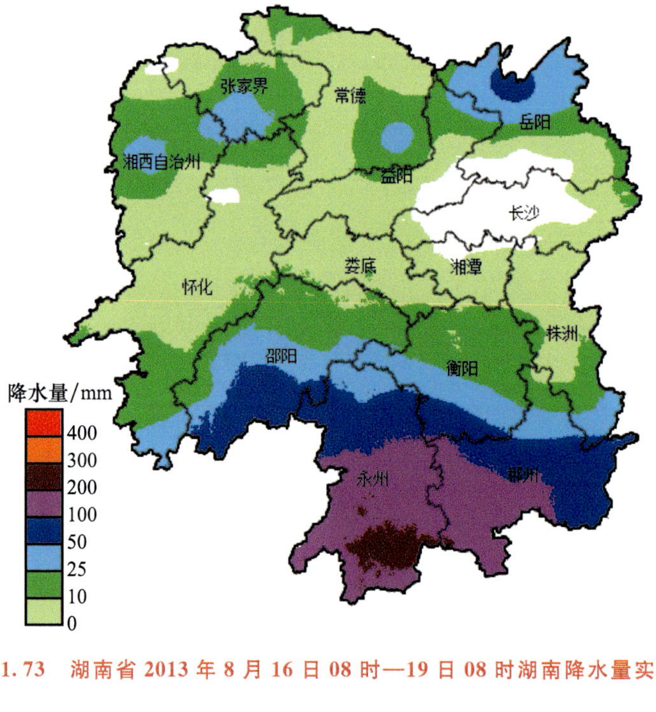

图 1.73　湖南省 2013 年 8 月 16 日 08 时—19 日 08 时湖南降水量实况

(2)预报分析

台风路径与引导气流:“尤特”台风移动路径复杂，可分为 4 个阶段。第一阶段为登陆前西北行阶段，台风处于低纬东风带气流中，且位于副高西南侧，受副高西南侧的东南气流引导，登陆之前“尤特”维持西北行路径。第二阶段为登陆后偏北行阶段，随着台风北上，逐渐从东风带进入西风带，引导气流相应地从偏东风变为偏西风，且已移至副高西侧，受副高西侧偏南风引导气流的影响，所以“尤特”在 14 日 20 时后由西北转为偏北方向。第三阶段为准静止阶段，15 日 08 时—18 日 08 时，由于位于日本东部的高空槽不断加深东移，导致副高减弱东退到洋面上，我国华北大陆高压形成，而在“尤特”的东南侧，以菲律宾为中心有一个赤道高压生成，“尤特”处于 3 个高压之间，加之引导气流较弱，基本呈准静止状态，这也是导致湖南省南部地区强降水的主要阶段。第四阶段为西南行阶段，18 日 08 时之后，低压北侧副高加强西伸，南侧高压减弱，环流结构出现动力不对称，低压北部东北引导气流使低压环流向西南方向移动。结合各层风速演变来看，“尤特”的整层引导气流也呈现出从“东南气流—西南气流—东北气流”转换的特征。因此引导气流是决定台风路径的主要因子，需关注其所处的纬度及与副高的相对位置变化(赵娴婷 等，2015；黎惠金 等，2015)。

台风暴雨强度与季风涌：季风涌是夏季降水的主要影响系统，若台风有季风涌的结合，台风暴雨强度将增强。“尤特”台风就是伴随季风涌的典型代表。在“尤特”暴雨过程中，对流层低层索马里越赤道气流和孟加拉湾西南气流非常强盛，这两支西南气流汇合加强后经中南半岛进入南海的西南气流中，与从南海南部北上的越赤道气流汇合，导致南海季风加强，加强的南海季风携带了大量的水汽汇入“尤特”低压环流南侧低空急流中，既为低压环流提供大量的潜热源，有利于其在陆上较长时间维持，同时又向暴雨区上空输送了充足的水汽和能量，对湘东南暴雨的产生起到了重要的组织和促进作用(陈见 等，2014；罗秋红 等，2014，图 1.74)。

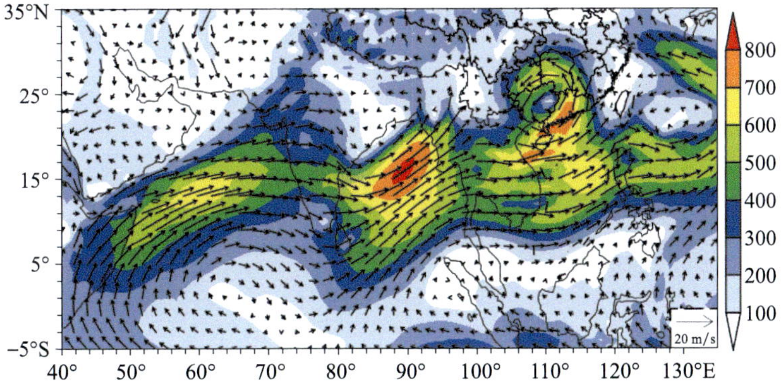

图 1.74　2013 年 8 月 15—17 日整层水汽通量(单位：$kg \cdot m^{-1} \cdot s^{-1}$)和 850 hPa 水平风场(单位：$m \cdot s^{-1}$)

地形的暴雨增幅：“尤特”台风减弱后的低压中心始终位于广西东北部，没有越过南岭，湘南地区处于台风的东南象限，气流基本与山脉走向正交，由于地形迎风坡及峡谷地带对边界层气流有明显辐合抬升作用，所以湘南降水明显。

双台风作用：18 日“尤特”减弱后的台风低压位于广西东北部，此时，台湾东南部“潭美”台风发展加强，与之形成双台风配置，“潭美”强度已大于“尤特”强度，两者相距 15 个纬距左右并形成互旋(藤原效应：12 个纬距)，这种相互旋转的结果以气旋式占明显优势，间接牵引“尤特”残涡向西南方向移动。

强降水落区位于水汽通量辐合区：从水汽通量散度图可以看出(图 1.75)，影响湖南省的准静止维持阶段(16 日 08 时)，较强的水汽通量辐合中心位于湘南地区，与强降水区基本重合(陈伟 等，2015)。

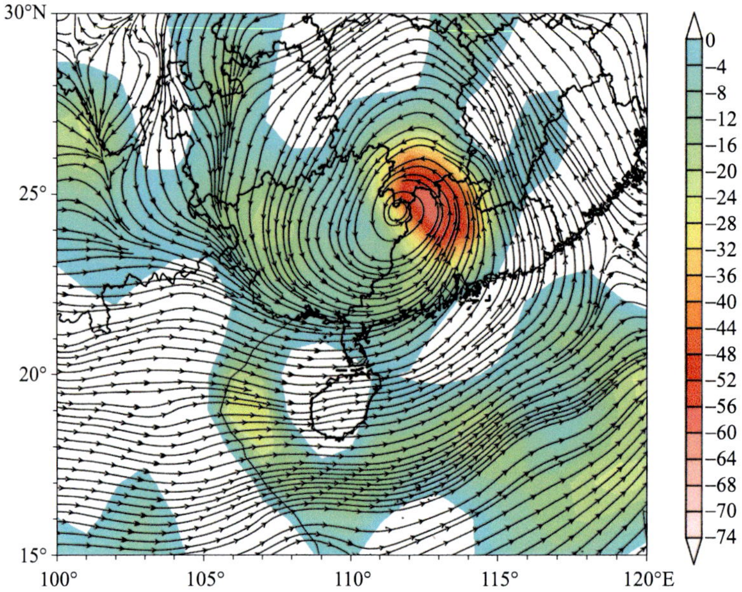

图 1.75　2013 年 8 月 16 日 08 时 850 hPa 水汽通量散度（单位：10^{-7} g·hPa^{-1}·cm^{-2}·s^{-1}）与流场叠加图

（3）预报难点及预报策略

预报难点：该次过程最大的预报难点在于台风移动路径复杂，在准静止阶段预报的暴雨强度偏弱、落区偏西。

预报策略：

① 台风移动路径需重点分析引导气流演变特征。关注所处纬度带、与副高的相对位置、副高与大陆高压是否打通形成高压坝以及双台风等因子。

② 台风暴雨强度需高度关注台风过程是否伴随季风涌、气流是否与南岭地形正交，若存在以上情况，台风降水强度将明显增强。

③ 暴雨落区考虑在强水汽辐合和上升运动等多有利要素的叠加区。

1.2.7.7　南海北上型：2022 年第 3 号台风“暹芭”暴雨预报个例

（1）过程概况

2022 年 7 月 2—5 日，湖南省受南海北上“暹芭”台风影响，出现一次大范围的强降水过程，该次过程属于低压中心直接进入湖南省的南海北上型台风。

6 月 30 日 08 时“暹芭”台风在南海发展为台风级，随后向西北方向移动，于 7 月 2 日 15 时在广东电白沿海登陆，登陆后向北移动，22 时以强热带风暴级进入广西，随后在广西继续北上，强度逐渐减弱。4 日 08 时低压中心从永州中北部进入湖南省，随后向东北方向移动，依次穿过衡阳、湘潭、长沙、岳阳等地，于 5 日 09 时从岳阳平江移出（图 1.76）。

受台风“暹芭”影响，除湘西州外，湖南省大部分地区出现暴雨、大暴雨天气，其中益阳、常德、郴州、永州累计降水量较大，平均面雨量分别为 140.5 mm、137.6 mm、91.9 mm、90 mm（图 1.77）。湖南省 122 个县市区中有 83 个县市区 869 站累计降水量超过 100 mm，其中27 个

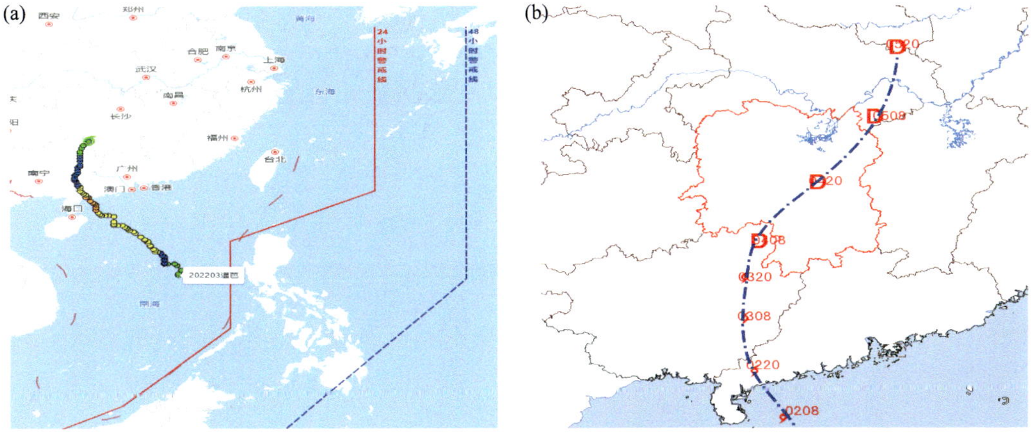

图 1.76 2022 年“暹芭”台风移动路径(a)及台风低压中心移动路径(b)

县市区 117 站超过 200 mm，桃源、江永、道县、沅江 4 县 6 站超过 300 mm，最大为常德桃源王家湾水库 363.3 mm，最大小时雨强为临澧太浮镇 90.4 mm(2 日 14—15 时)。除强降水外，2 日白天湘北、湘中的台前飑线造成 42 站次 8 级以上雷暴大风，最大风力为安化 24.4 $m \cdot s^{-1}$(2 日 16—17 时)。

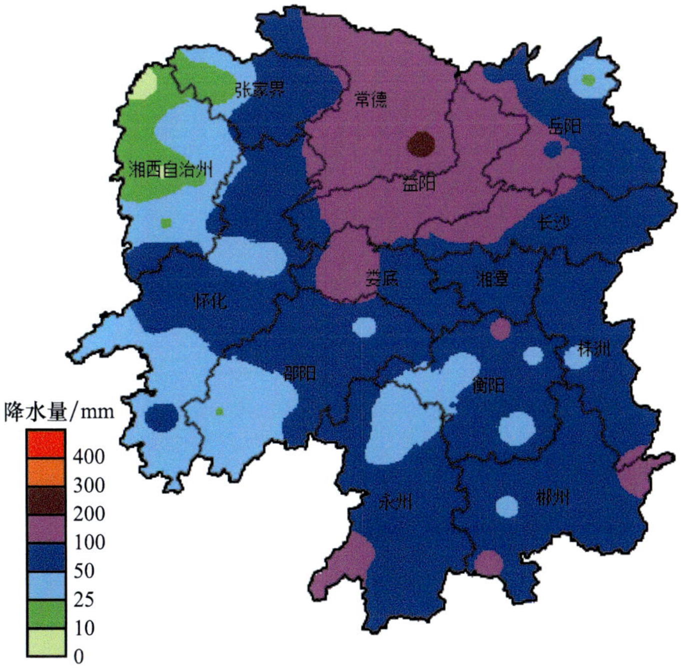

图 1.77 2022 年 7 月 2 日 08 时—6 日 08 时湖南降水量实况

从逐日降水实况来看(图 1.78)，2 日降水较弱，暴雨点分散；3—4 日暴雨大暴雨成片，为主要降水时段；5 日台风低压中心移出湖南省后，在西风带系统影响下，湘西、湘北仍出现成片暴雨。

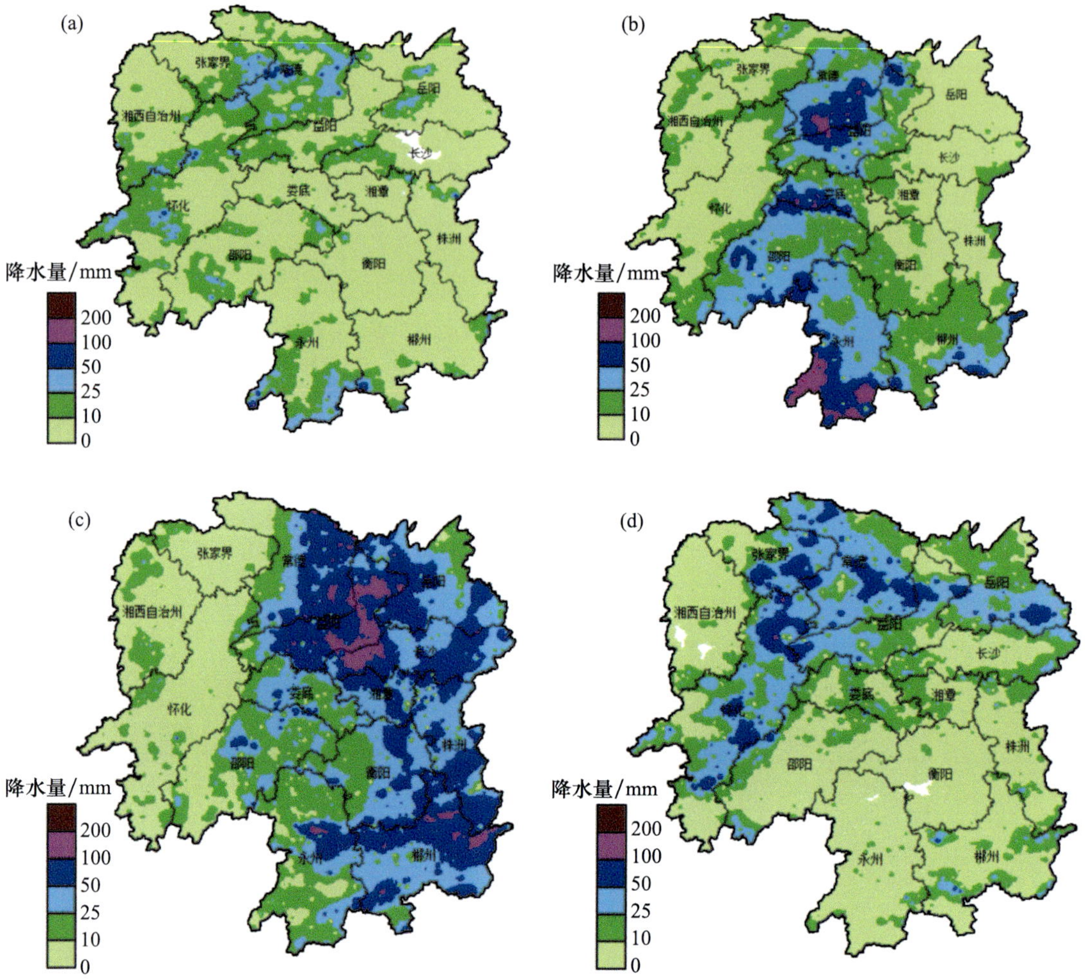

图 1.78　2022 年 7 月 2 日 08 时—3 日 08 时(a)、3 日 08 时—4 日 08 时(b)、4 日 08 时—5 日 08 时(c)、5 日 08 时—6 日 08 时(d)湖南降水量实况

(2)预报分析

从台风路径预报来看(图 1.79):ECMWF 模式 6 月 30 日前预报的台风路径极不稳定,是否影响湖南省不确定性大。7 月 1 日 20 时起报,低压中心将从怀化进入湖南省,依次穿过湘西州、张家界、常德等地,对湖南省西部有影响。2 日 08 时起报再次出现重大调整,低压中心将从永州、邵阳交界处进入湖南省,穿过邵阳、娄底、益阳、岳阳等地。

中央气象台的台风路径预报演变基本与 ECMWF 模式预报一致(图 1.80)。6 月 29 日开始发布“暹芭”台风路径预报,预计 7 月 3 日台风登陆后将继续向西北方向移动,在广西中部填塞,对湖南省影响不大;7 月 2 日开始台风路径调整较大,08 时预报台风登陆后将进入广西后立即转向北上,15 时台风在广东电白登陆后,预报路径调整为先北上后向东北方向移动,低压中心将穿过湖南省,对湖南省有较大影响,此后台风路径预报调整不大。

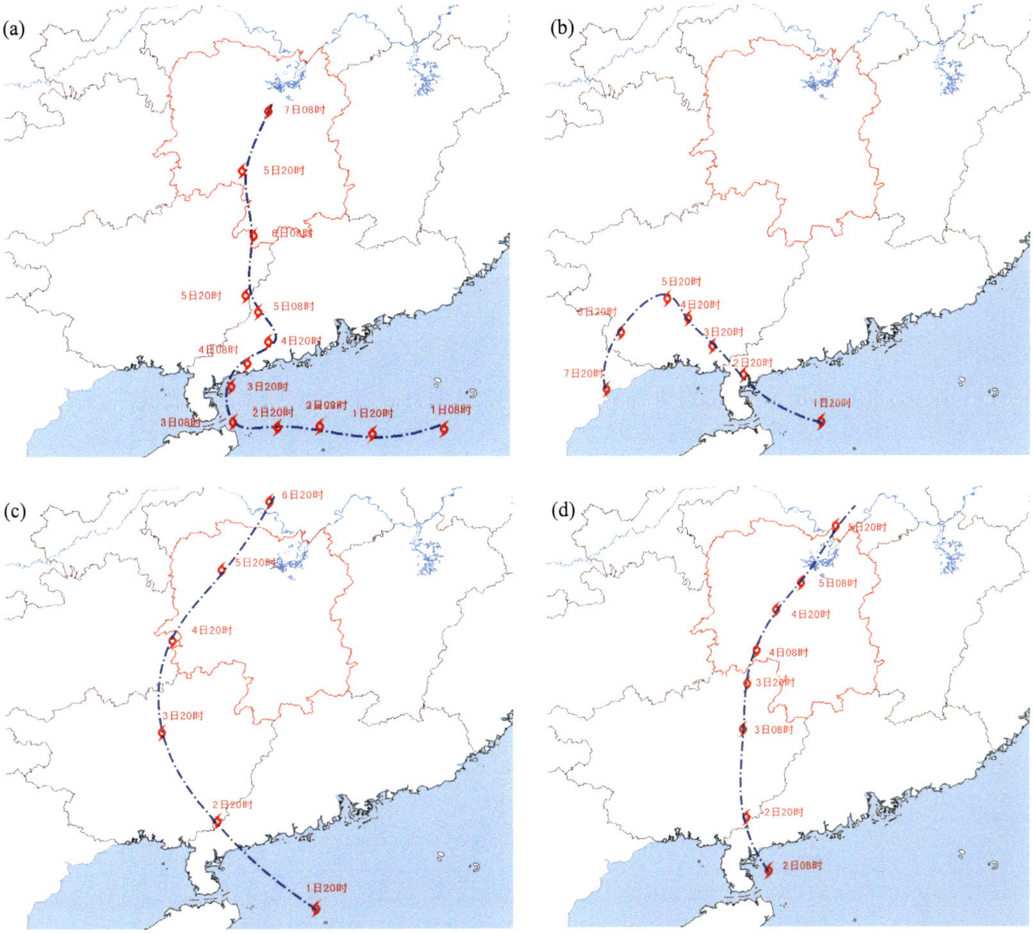

图 1.79 ECMWF 模式 2022 年台风“暹芭”路径预报调整

(a)6 月 27 日 08 时起报；(b)6 月 29 日 20 时起报；(c)7 月 1 日 20 时起报；(d)7 月 2 日 08 时起报

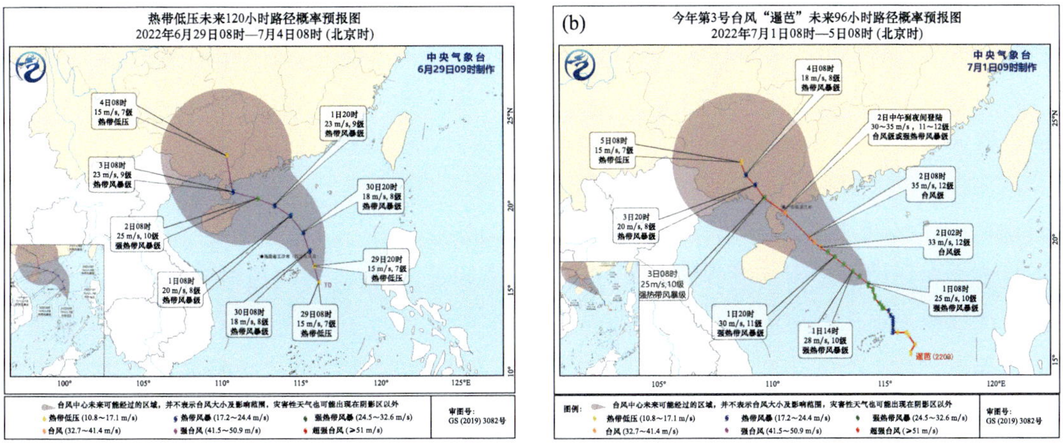

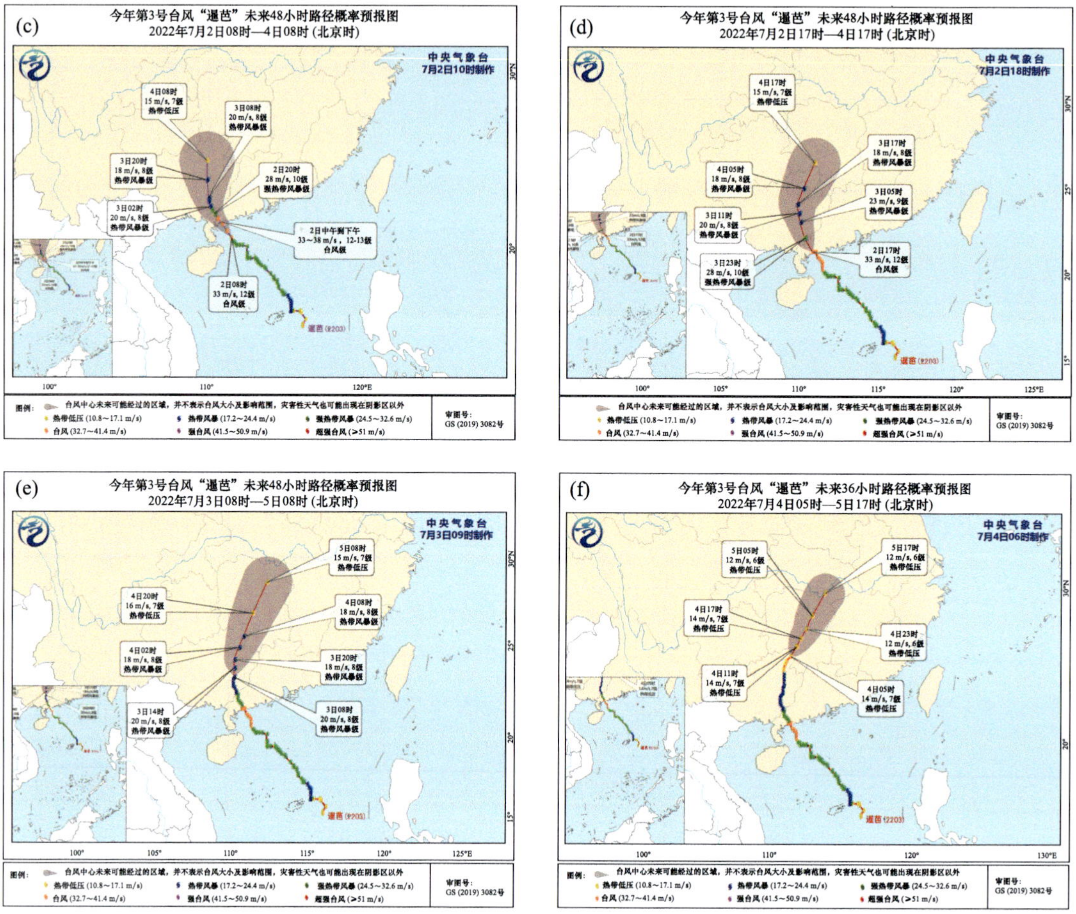

图 1.80 中央气象台 2022 年台风“暹芭”路径预报

(a)6 月 29 日 08 时；(b)7 月 1 日 08 时；(c)7 月 2 日 08 时；(d)7 月 2 日 17 时；(e)7 月 3 日 08 时；(f)7 月 4 日 05 时

从 ECMWF 模式不同时次起报的降水落区来看(图 1.81)：强降水落区随着台风预报路径的调整而调整，预报极不稳定。如 6 月 30 日 20 时起报的台风将向西北行，仅影响湖南省西部地区，降水以大雨为主；7 月 1 日 20 时起报台风低压将进入湘西北，会给湖南省带来大范围暴雨大暴雨天气，主要影响在湖南省西部；2 日 08 时起报台风低压将从西南向东北横穿湖南省，强降水落区在湖南省中东部。综合来看，降水由弱到强、范围由西向东调整。

再从各家模式最近时次起报的 24 h 降水落区来看(图 1.82)：2 日，各家模式预报降水均较弱，但一直在湘南预报了分散性大到暴雨，且 ECMWF 模式和 CMA-SH9 模式都在常德地区预报了大到暴雨。因此预报员综合考虑，2 日在永州南部、常德北部预报了大到暴雨。3 日，各家模式均将强降水区预报在湘西南、湘南地区，全球模式以暴雨为主，中尺度模式预报成片暴雨大暴雨。结合最新台风路径预报，主观预报将强降水落区在模式预报基础上向东调整。4 日，各家模式暴雨区主要预报在中东部地区，其中 ECMWF 较其他模式偏东，并且 CMA-SH9 模式、CMA-GD 模式都在湘南和常德地区预报了成片的大暴雨，因此主观预报综合考虑中东部有暴雨，常德和郴州南部有大暴雨。5 日，随着低压中心移出湖南省，全球模式预报湖南省以中雨为主，局地大雨，其他三家中尺度模式则一致预报有分散性暴雨，因此主观预报在受低压中心影响时间较长的岳阳地区预报了暴雨。

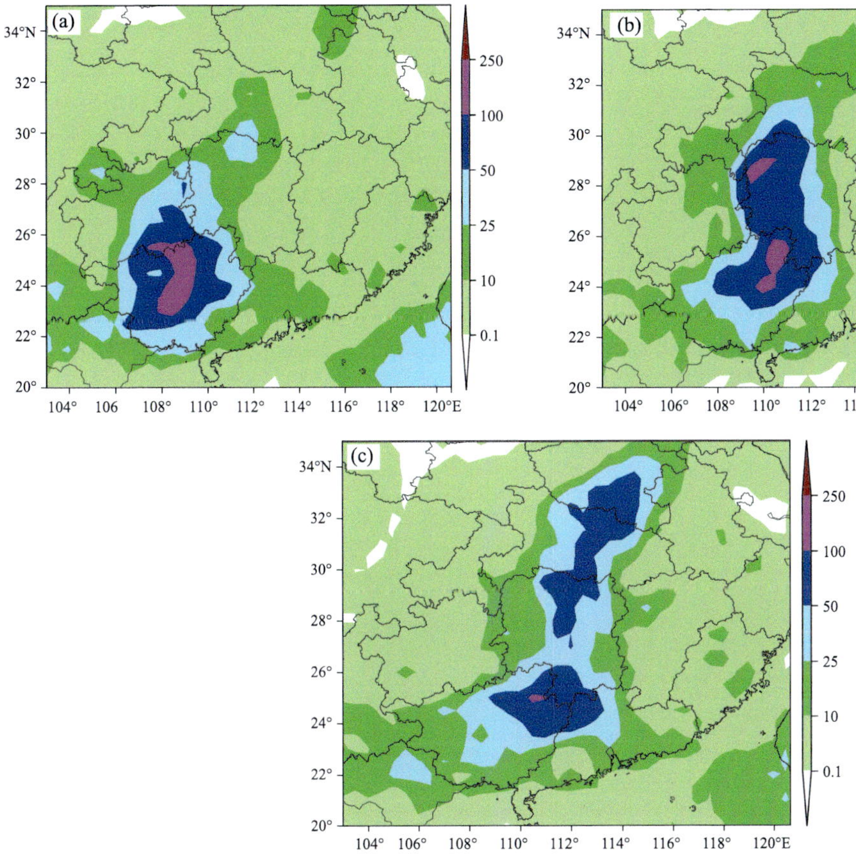

图 1.81 ECMWF 模式不同起报时次预报的 2022 年 7 月 4 日降水量预报(单位:mm)

(a)6 月 30 日 20 时起报;(b)7 月 1 日 20 时起报;(c)7 月 2 日 08 时起报

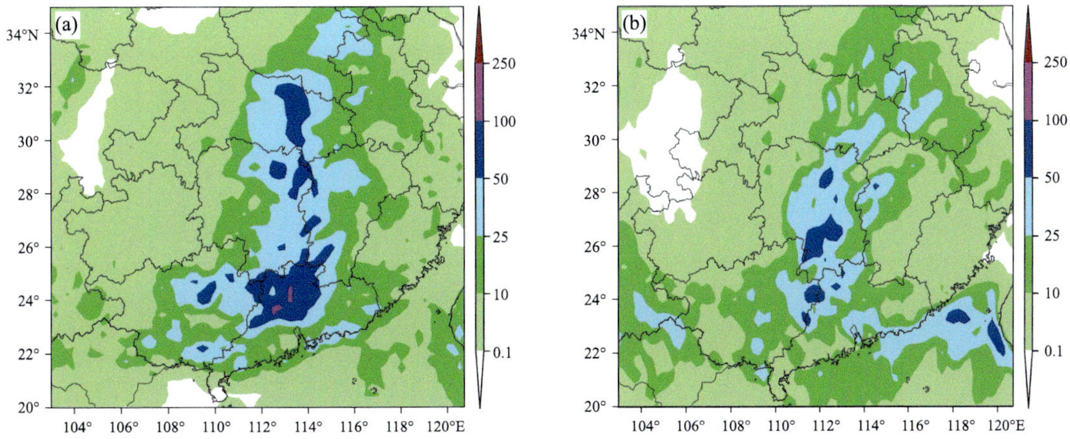

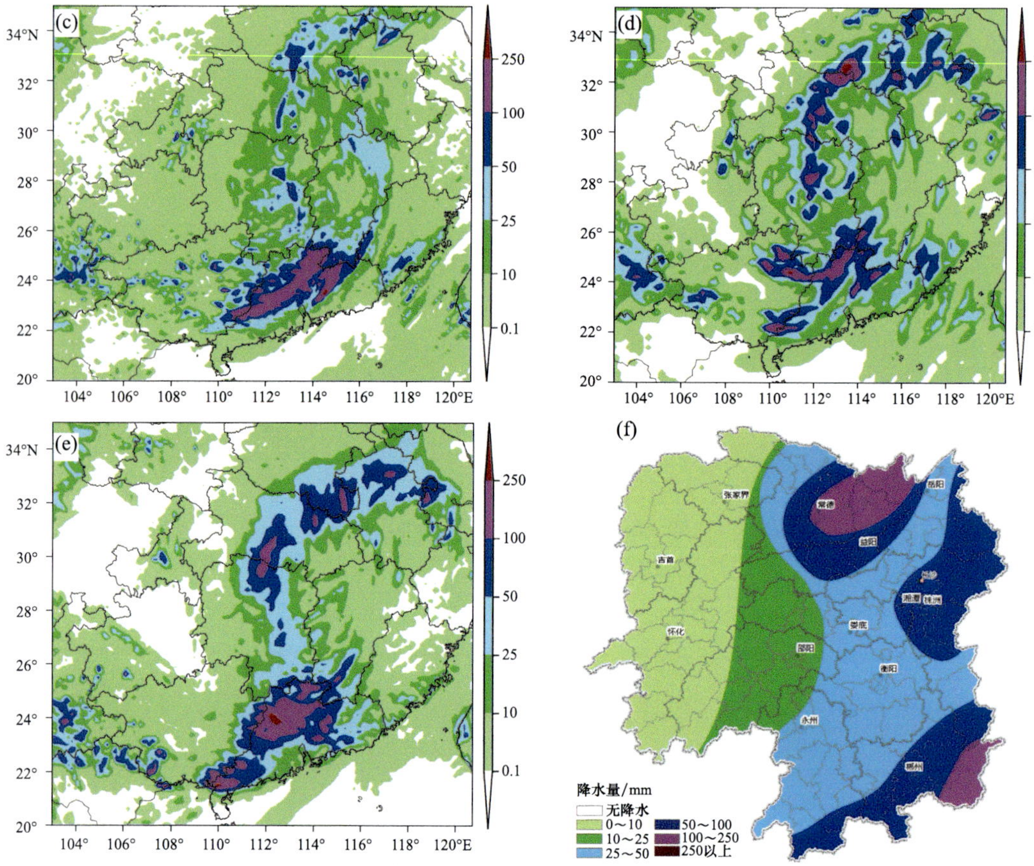

图 1.82　ECMWF(a)、CMA-GFS(b)、CMA-MESO(c)、CMA-SH9(d)、CMA-GD(e)模式 2022 年 7 月 3 日 20 时起报的 4 日 08 时—5 日 08 时降水量(单位:mm)预报及 4 日早晨主观预报(f)

预报偏差:该次过程台风登陆前路径和强降水落区预报不确定性大,登陆后相对稳定。湖南省气象台在 2 日下午台风登陆后发布《重大气象信息专报》,指出台风将对湖南省有较大影响,结合实况来看(图 1.83),过程强降水落区预报基本准确,总体服务效果较好。但仍存在一定偏差,一是湘西州、怀化等西部地区降水量级预报偏大,二是岳阳东部、长沙东部、湘潭、株洲、衡阳东部等东部地区降水量预报偏小。从逐日预报检验来看,偏差主要出现在 2 日和 5 日,其中 2 日对台前飑线预估不足,5 日对低压中心移出后的西风带系统影响预估不足。

(3)预报难点及预报策略

预报难点:此次过程台风登陆前路径预报不稳定,对湖南省影响的不确定性大,过程服务提前量整体较小。同时对开始阶段台前飑线和结束阶段西风带系统影响预估不足。

预报策略:

① 南海北上台风登陆前后需重点关注可能在高温高湿区出现台前飑线。若模式预报存在台风倒槽,且各家模式一致性较高时,出现台前飑线可能性大。如本次过程中 ECMWF 模式 1 日 20 时起报资料显示(图 1.84),在台风登陆前后,湖南省正好处于台风外围的倒槽中,地面辐合明显;湘中、湘北地区 CAPE 值普遍超过 1000 $J \cdot kg^{-1}$,局地在 2000 $J \cdot kg^{-1}$ 以上,925 hPa 比湿达 18 $g \cdot kg^{-1}$,为显著的高温高湿区;结合中尺度模式雷达回波预报(图 1.85),

CMA-SH9 和 CMA-GD 模式都一致预报有明显飑线过程。结合实况来看，在倒槽辐合区附近出现了分散性暴雨，并伴有短时强降水、雷暴大风等强对流天气。

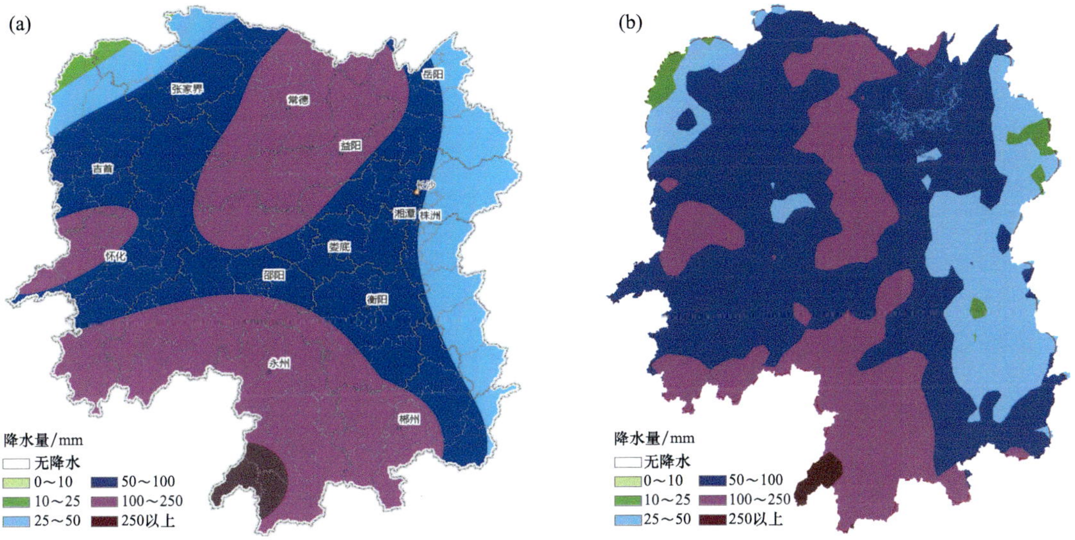

图 1.83　2022 年 7 月 2 日 20 时—6 日 08 时累计降水量主观预报(a)和模式客观预报(b)

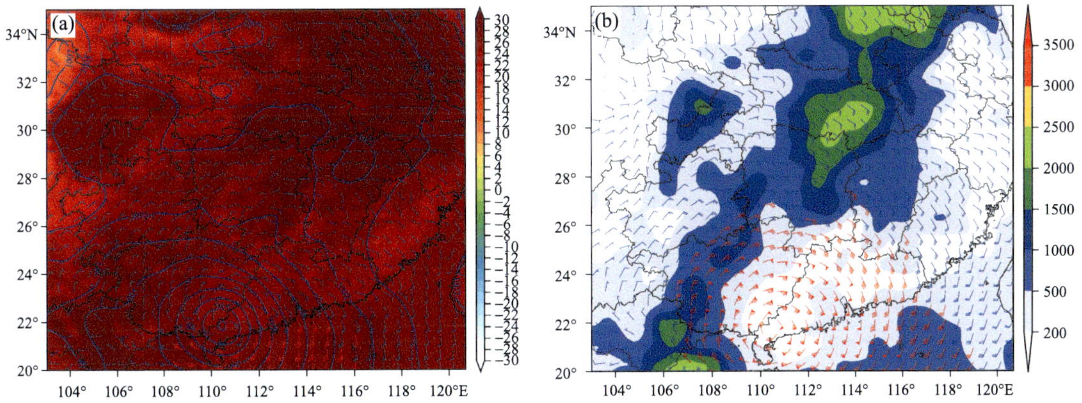

图 1.84　ECMWF 数值模式 2022 年 7 月 1 日 20 时起报的 2 日 17 时各层形势场和物理量叠加图

(a)海平面气压(单位：hPa)、10 m 风场(单位：m・s^{-1})和 2 m 气温(单位：℃)；

(b)850 hPa 风场和对流有效位能(单位：J・kg^{-1})

② 台风暴雨落区与台风移动路径密切相关(服务策略)。移动路径不稳定或各家模式分歧较大时，服务需要把握好尺度，注意说明预报的不确定性；当路径基本稳定且各家模式趋于一致时，需根据最新预报及时订正，及时做好服务。

③ 南海北上型台风暴雨落区主要在台风本体及其移动路径前侧和倒槽辐合区。本次过程台风低压中心东移北上，东侧水汽较西侧充沛，并且临近时次路径略向东调整，所以造成东部降水较西部强；台风倒槽呈“东北—西南”向，由于武陵山脉等地形阻挡作用，气流在常德、益阳等地辐合并形成绕流，出现强降水。

④ 台风移出湖南省后，若有西风带系统影响，在高温高湿区仍要考虑暴雨。本次过程台

风低压中心从湘东北移出湖南省后进入湖北，5 日白天湘北高温高湿不稳定能量异常增大，当 20 时重庆南部有下滑冷槽影响湘北，触发了暴雨的产生。

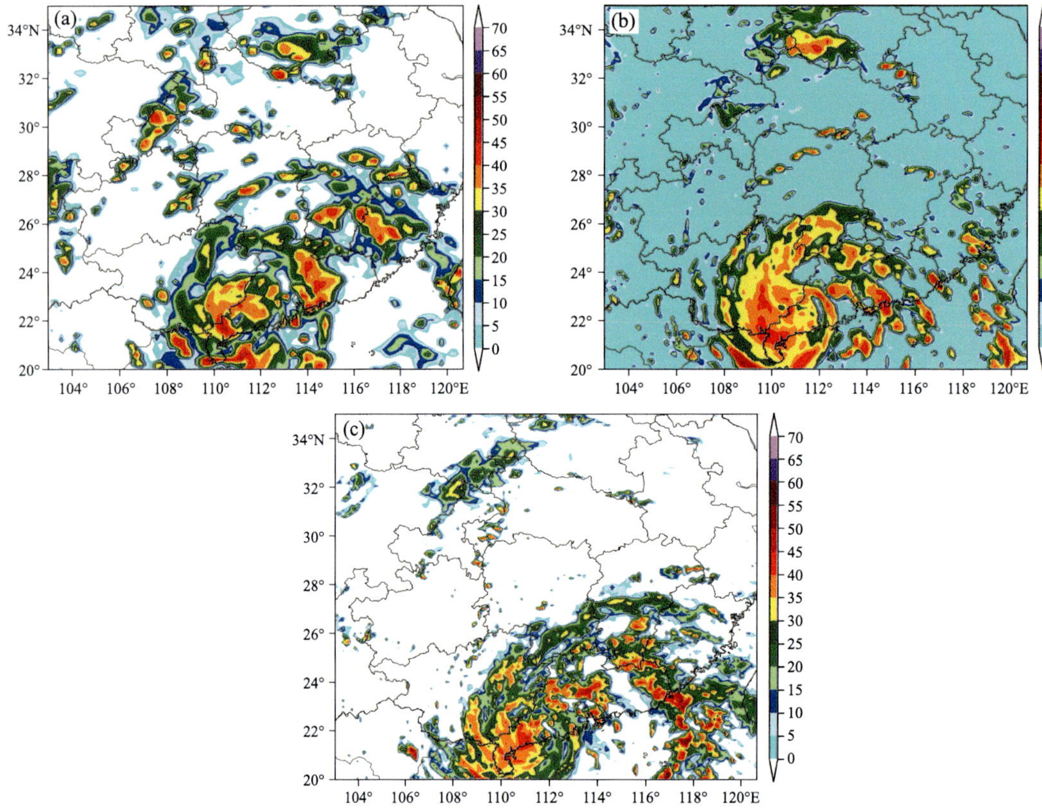

图 1.85　中尺度模式 2022 年 7 月 1 日 20 时起报的 2 日 17 时雷达组合反射率因子(单位:dBZ)

(a)CMA-SH9;(b)CMA-GD;(c)CMA-MESO

⑤ 新资料的应用。我国大部分地区只有 08 时、20 时两次高空探测，对中小尺度系统天气形势捕捉能力有限。如 5 日 20 时的实况监测显示湖南省大部分地区已转为槽后的偏北气流控制，5 日夜间湖南有短波槽快速东移，6 日 08 时湘西北有明显的高空槽，利用常规资料无法确定该槽的发展演变，但从雷达 VWP 风场中可以明显看到下滑槽的演变(图 1.86)。因此在实际业务工作中，“雷达 VWP 风场”可作为高空观测的有力补充，在降水过程中来追踪高空系统，分析降水机理和成因，并根据最新实况来实时订正预报(目前 VWP 风场拼图资料可从新一代天气雷达业务软件(ROSE)中调用)。

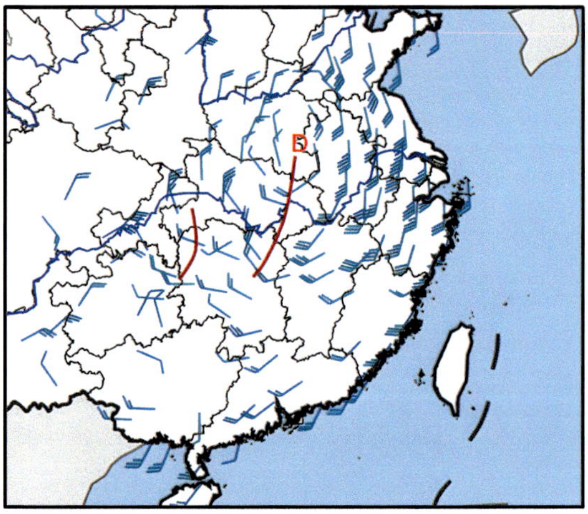

图 1.86　2022 年 7 月 5 日 23 时 700 hPa 雷达 VWP 风场实况

1.2.7.8 西行型:2010 年第 11 号台风“凡亚比”暴雨预报个例

影响湖南省的西行路径台风极少,2006 年后对湖南影响较大的西行台风是 2010 年 11 号台风“凡亚比”。“凡亚比”在西太平洋生成后,一路西行,9 月 19 日先在台湾地区登陆,20 日在粤闽交界沿海登陆后西行,在广东境内填塞(图 1.87a)。影响湖南省的主要时段为 21—22 日,强降水主要出现湘西州、怀化北部、常德等地(图 1.87b)。

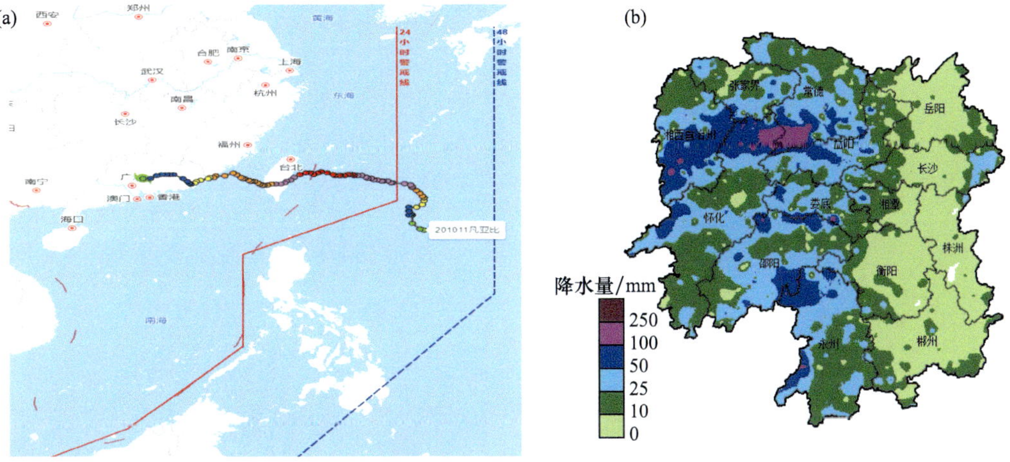

图 1.87 2010 年 11 号台风“凡亚比”台风路径(a)及 9 月 21 日 20 时—22 日 20 时湖南降水量实况(b)

结合天气形势来看(图 1.88),台风北侧为强大的带状副高,形成高压坝形势,阻止台风北移,“凡亚比”始终处于副高南侧的东风气流中,所以一直为西行路径。从强度来看,“凡亚比”先以强台风级别登陆台湾,穿过台湾及台湾海峡后,以台风级别再次在粤闽交界处登陆,随后在不到 10 h 的时间里迅速减弱为热带风暴。湖南省位于台风的北侧,受偏东气流辐合和武陵山脉阻挡影响,常德、湘西州及怀化地区降水较强。

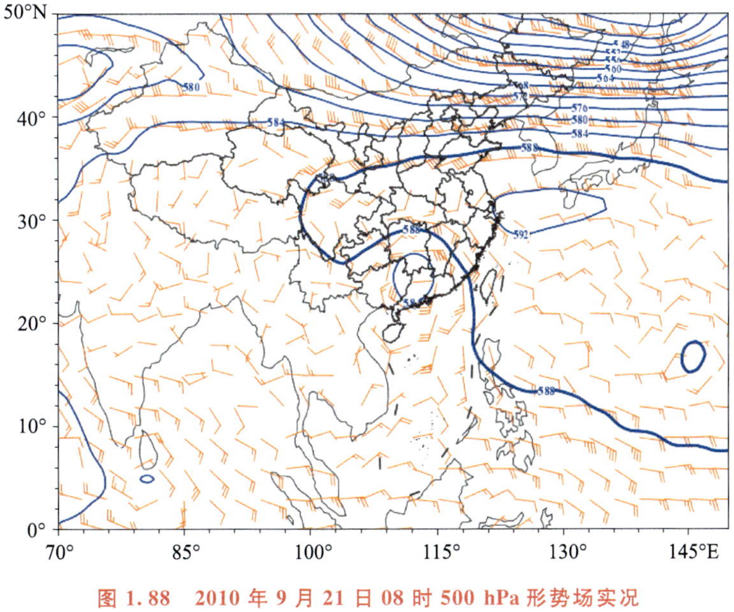

图 1.88 2010 年 9 月 21 日 08 时 500 hPa 形势场实况

预报着眼点：重点关注台风与湖南省的距离，西行台风多从华南沿海登陆，暴雨范围与北部高压坝、台风低压中心位置有关，暴雨常出现在偏东气流与地形正交的地区。

1.2.7.9 西行型：2023年第11号台风“海葵”暴雨预报个例

（1）过程概况

2023年第11号台风“海葵”于2023年8月28日在西北太平洋洋面生成，8月29日下午，由热带风暴级加强为强热带风暴级，9月1日下午由强热带风暴级加强为台风级，9月3日以强台风级在台湾岛东南部沿海登陆，5日5时20分，海葵又以热带风暴级别在福建省东山县沿海再次登陆，随后继续西行进入广东、广西等地（图1.89a）。受其影响，湖南出现降水天气，但整体强度较弱，湘南局地出现分散性暴雨（图1.89b）。

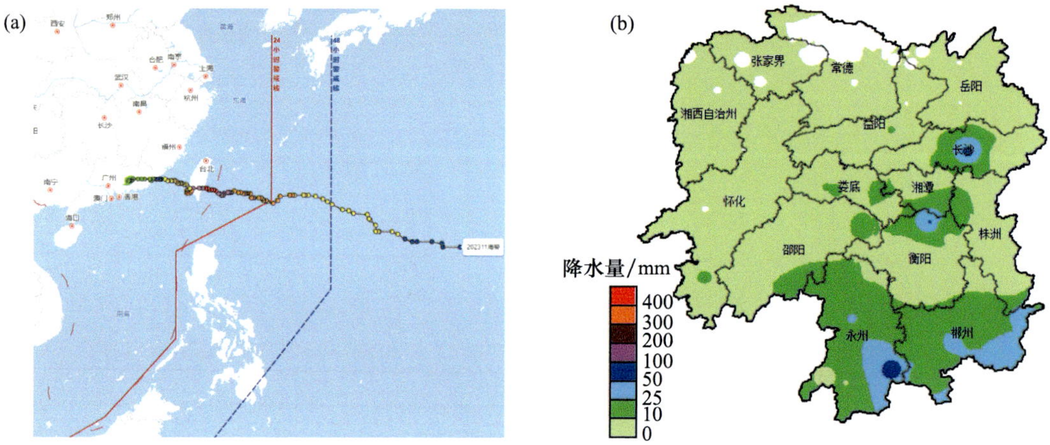

图1.89 2023年第11号台风“海葵”移动路径(a)和9月5日08时—9日08时湖南降水量实况(b)

（2）预报分析

从ECMWF模式9月4日20时起报的天气形势来看（图1.90），该台风低压基本位于副高环流中，既无季风涌卷入也无西风带系统配合，不利于台风低压维持和加强，降水主要由台风低压本体造成。

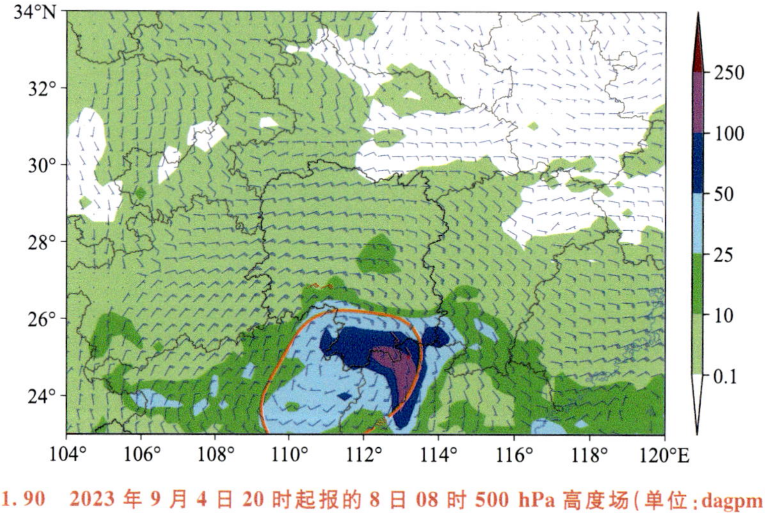

图1.90 2023年9月4日20时起报的8日08时500 hPa高度场（单位：dagpm）、850 hPa风场（单位：$m \cdot s^{-1}$）及7日20时—8日20时降水量（单位：mm）预报叠加图

1.2.8　暖区暴雨

暖区暴雨一直是暴雨预报的重点和难点，尤其是弱天气背景下的暖区暴雨，强降水分散，落区和强度都难以把握。湖南省弱天气尺度背景下暖区暴雨定义需同时满足以下三个条件：①3 个及以上相邻国家基本站 08 时至次日 08 时的 24 h 累计降水达到 50 mm·d^{-1}以上；②排除登陆台风或者残留低压系统直接影响下的暴雨过程，并且高空无明显槽或中低层(700/850 hPa)无明显切变影响；③发生在距地面锋面 100～300 km 的暖区内。结合天气系统和形势分析发现，一致南风型和副高型是暖区暴雨的主要类型，本节将分别探讨这两类暖区暴雨的预报方法。

一致南风型暖区暴雨通常受上下一致的偏南气流影响，地面为暖低压控制或有地面辐合线，有利于高温高湿的不稳定环境条件形成以及水汽的输送，地面辐合线形成且移动缓慢，有利于对流的触发，强降水常在地面辐合线附近。一致南风型暖区暴雨概念模型如图 1.91。

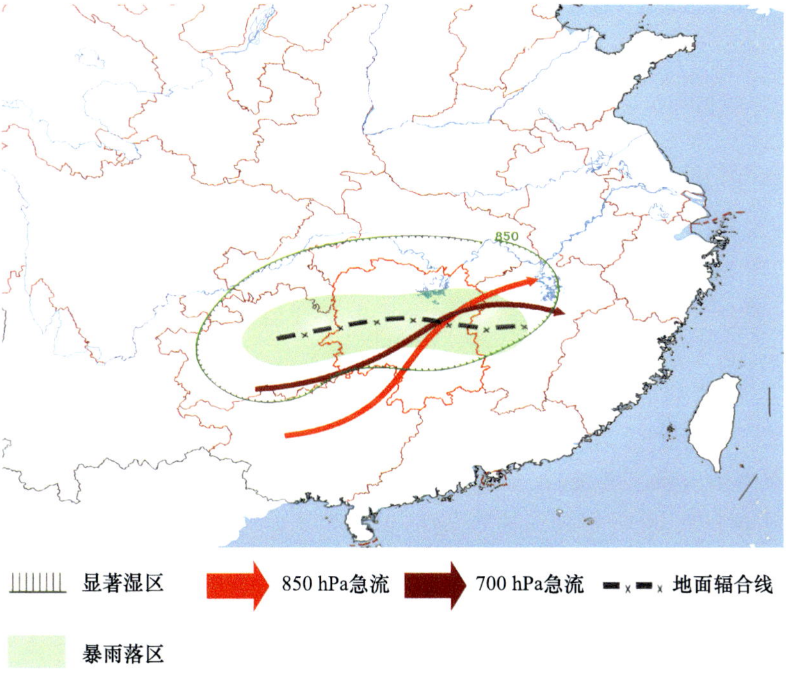

图 1.91　一致南风型暖区暴雨概念模型

副高型暖区暴雨通常发生在 7—8 月，此时，副高已经西伸北抬，控制湖南省大部分地区。低层有弱切变影响，西南气流较弱或不明显，多在 10 m·s^{-1}以下，边界层有弱扰动或地面有辐合线发展，在影响系统附近容易产生暴雨。副高型暖区暴雨概念模型如图 1.92。

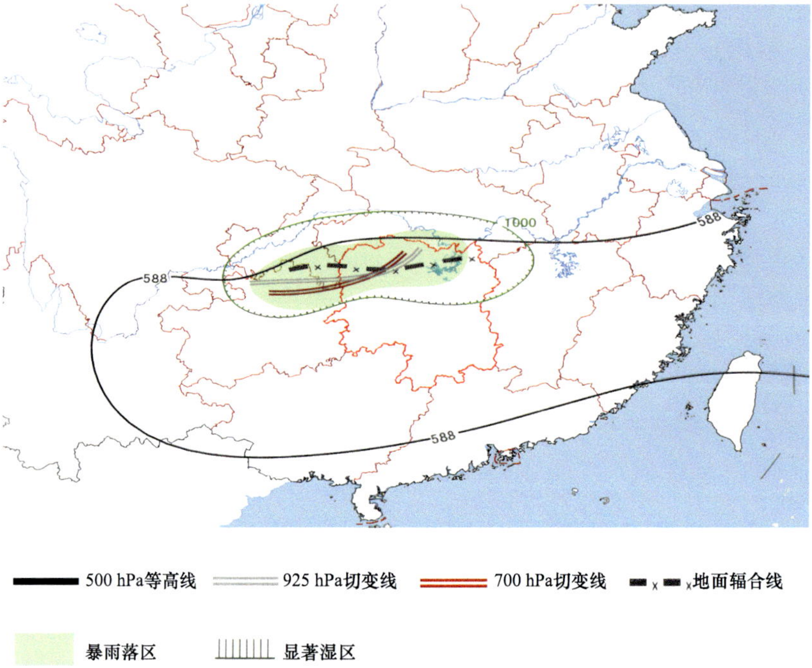

图 1.92　副高型暖区暴雨概念模型

1.2.8.1　一致南风型:2021 年 5 月 10 日湘中暴雨预报个例

(1)过程概况

2021 年 5 月 10 日 08 时—11 日 08 时,湖南省大部分地区出现小到中雨,其中湘西州、怀化、邵阳、永州、长沙、株洲、湘潭、常德、益阳、岳阳等部分地区暴雨,怀化南部、邵阳南部、长沙东部、株洲北部局地大暴雨,同时伴有短时强降水、雷暴大风和冰雹等强对流天气。对比 5 月 10 日 08 时—11 日 08 时和 10 日 20 时—11 日 08 时累计降水可以看出(图 1.93),强降雨主要出现在夜间。白天降水较为分散,气温上升,不稳定能量累积,使得夜间降水增强。10 日 20—23 时,湖南省上空西南暖湿急流明显增强,长沙站 700 hPa 西南风速最大达 20 $m \cdot s^{-1}$,此时中低空西南涡东移发展,低涡切变线伸入湖南,位置略偏北,切变线的产生和发展使得上升运动增强,加强了低空水汽辐合抬升;该阶段东北冷涡南侧虽有冷平流往南输送,但冷锋锋面位于长江以北,尚未直接影响湖南,暴雨、大暴雨多分布于切变线南侧,低空暖湿急流核区域或急流略偏北地区,局地性较明显,表现出明显的暖区暴雨特点(图 1.94)。

(2)预报分析

强降水主要出现在 5 月 10 日夜间,从天气形势预报来看:ECMWF 模式 5 月 10 日 08 时起报的预报显示 20 时 500 hPa 中高纬呈西高东低的态势,四川盆地东部有西风带短波槽活动;副热带高压脊线位于 20 °N 以南,588 线在 10 日夜间从大陆东退至洋面上,有利于上游地区低压槽往东移动。从 850 hPa 风场变化来看,西南暖湿气流在 10 日夜间从广西扩展至江南中西部一带,湖南省中南部处于一致的西南急流中(图 1.95a)。夜间西南急流北推,湘西北有暖式切变形成(图 1.95b)。随后西南低涡逐渐东移至贵州,高空槽引导低涡不断往东移动,低空低值动力系统的移入使得湖南省上空位势不稳定度增强,有利于强对流产生。此时中低空西南涡东移发展，低涡尾部切变线伸向湖南，位置偏北（图 1.95c～图 1.95e），低涡东南侧的西南急流移动缓慢（图 1.96）。该阶段东北冷涡南侧虽有冷平流往南输送，但从地面图上看，冷锋锋面位于长江流域以北，尚未直接影响湖南，表现出明显的暖区暴雨特点；地面两条辐合线分别位于怀化中部至邵阳北部一线及湘东北地区（图 1.97）；不稳定能量 CAPE 大值区位于湘西南和湘东北地区（图 1.98）。

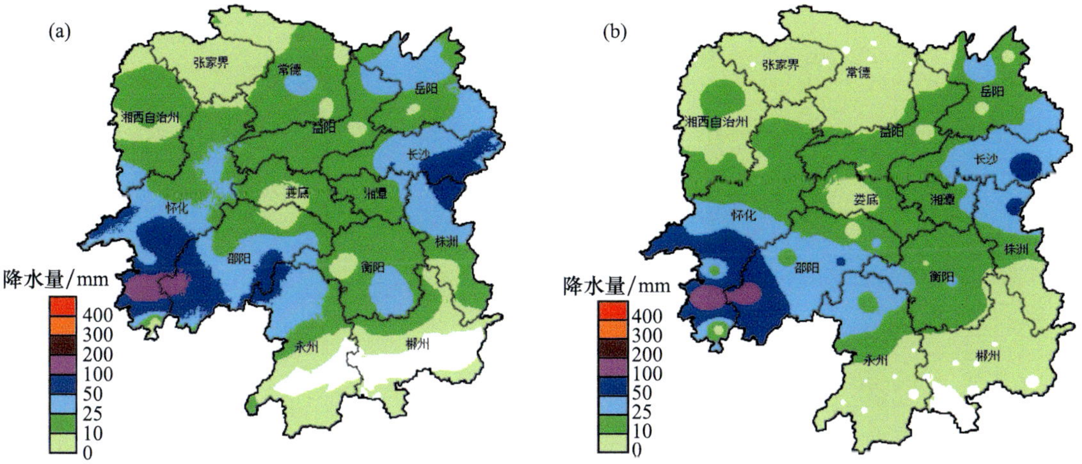

图 1.93　2021 年 5 月 10 日 08 时—11 日 08 时累计降水(a)及 10 日 20 时—11 日 08 时累计降水(b)

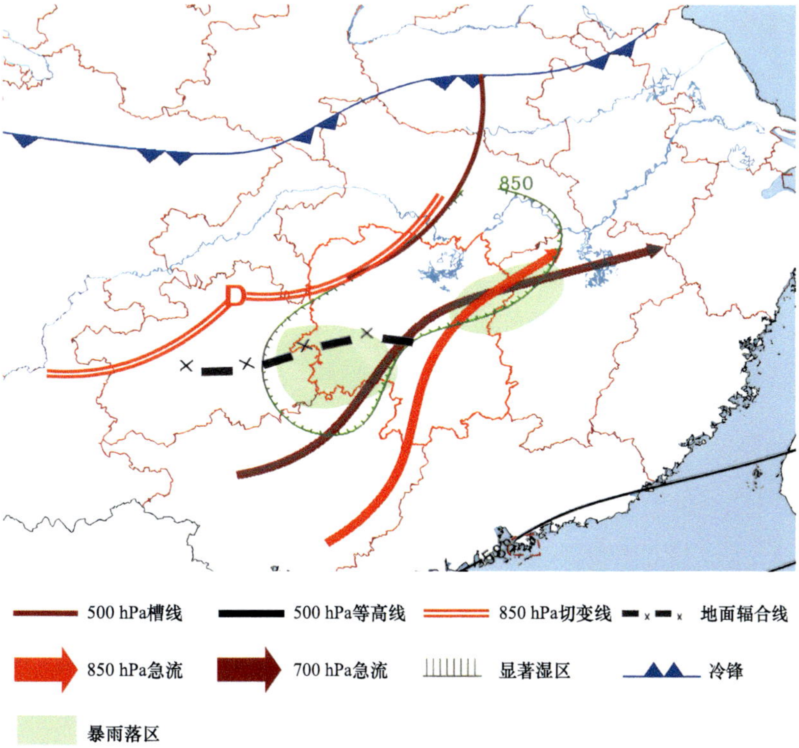

图 1.94　2021 年 5 月 10 日 20 时天气系统分析

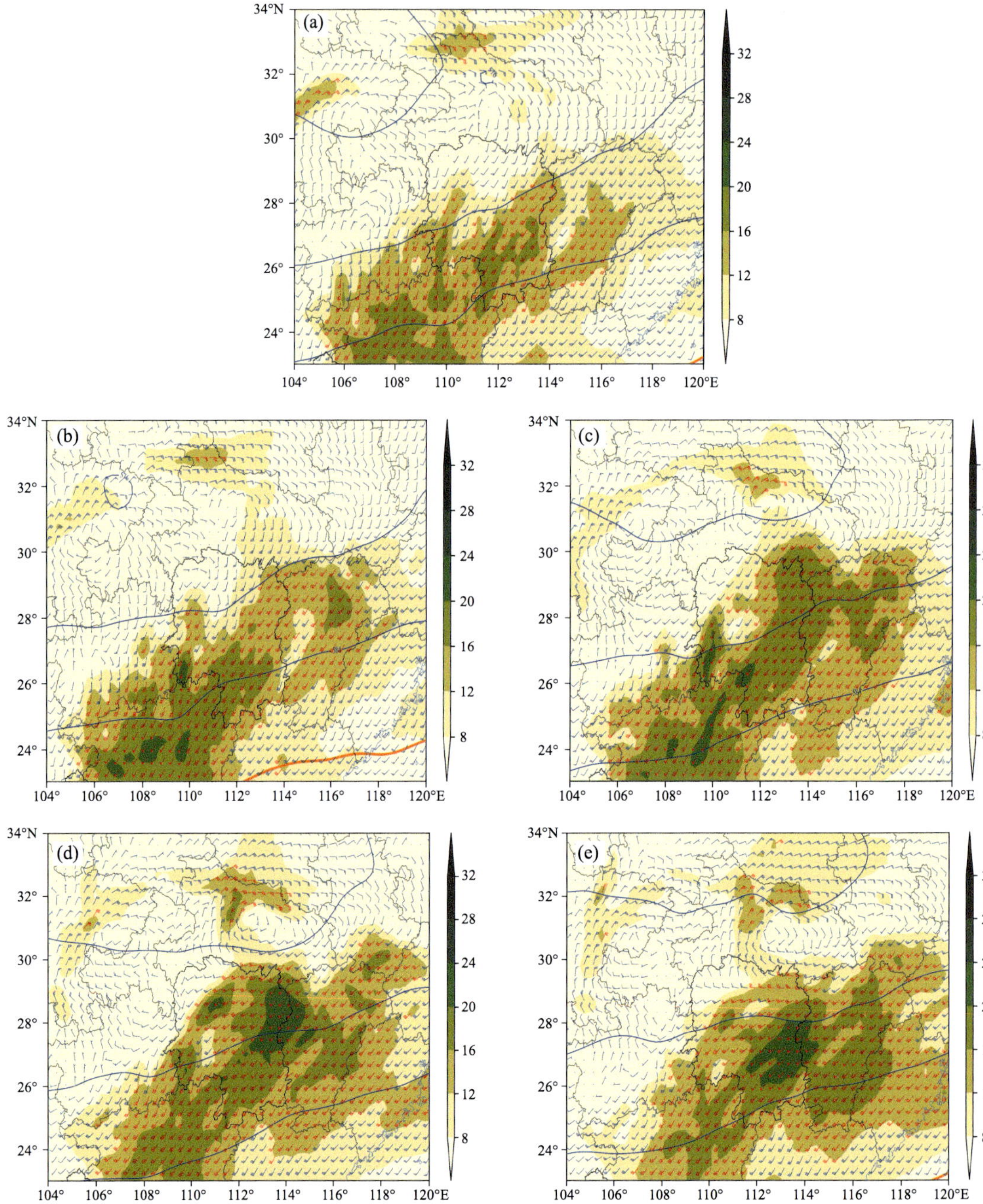

图 1.95　ECMWF 模式 2021 年 5 月 10 日 08 时起报的 10 日 20 时(a)、10 日 23 时(b)、11 日 02 时(c)、11 日 05 时(d)、11 日 08 时(e)850 hPa 风场(单位:m · s^{-1})和 500 hPa 高度场(单位:dagpm)叠加图

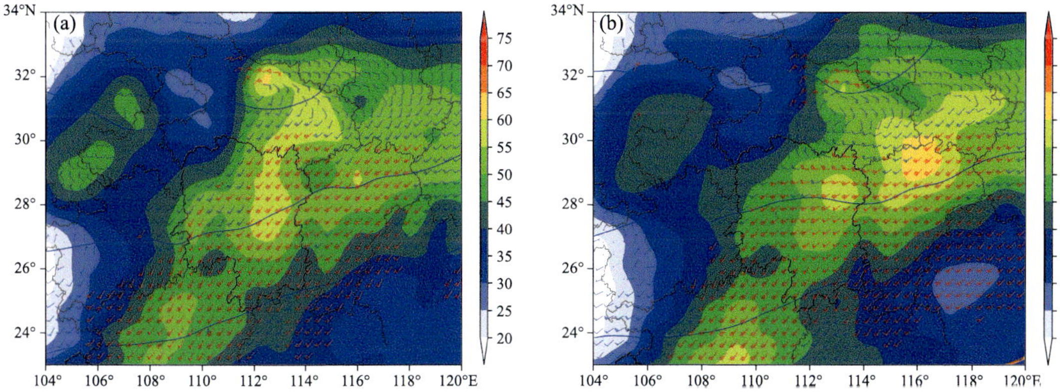

图 1.96　ECMWF 模式 2021 年 5 月 10 日 08 时起报的 11 日 02 时(a)、11 日 08 时(b)整层可降水量(单位:mm)和 850 hPa 风场(单位:m・s^{-1})及高度场(单位:dagpm)叠加图

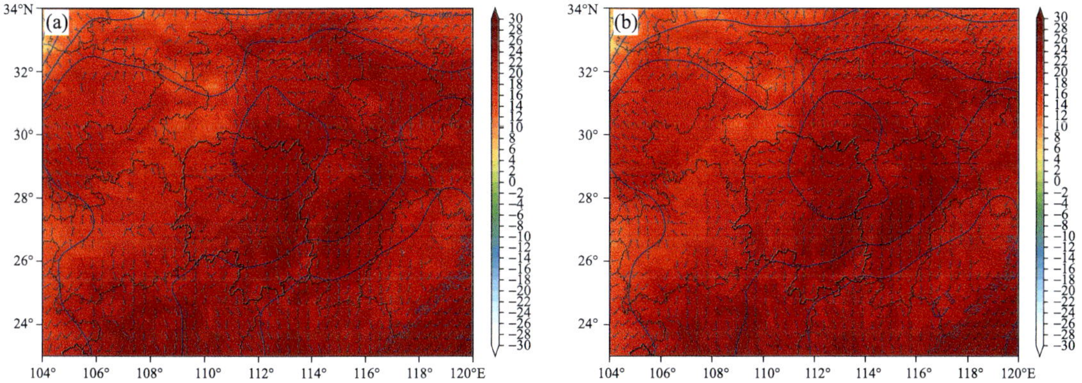

图 1.97　ECMWF 模式 2021 年 5 月 10 日 08 时起报的 11 日 02 时(a)、11 日 05 时(b)2 m 气温(单位:℃)、海平面气压(单位:hPa)和 10 m 风场(单位:m・s^{-1})叠加图

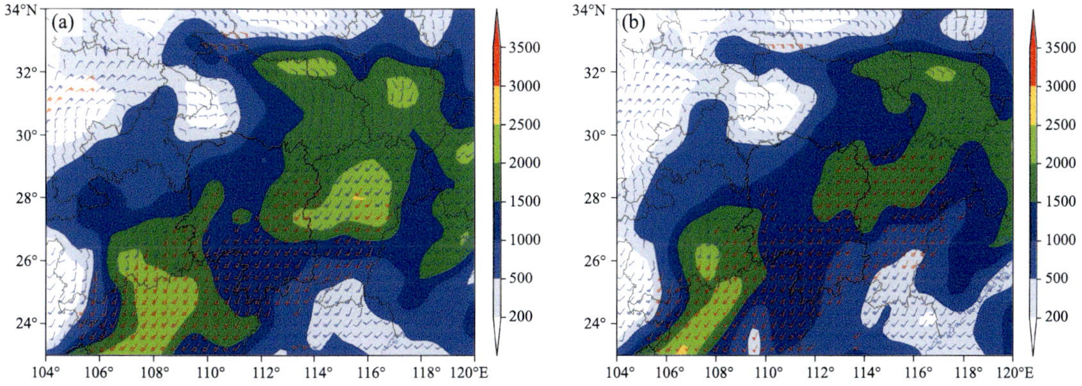

图 1.98　ECMWF 模式 2021 年 5 月 10 日 08 时起报的 10 日 20 时(a)、10 日 23 时(b)CAPE(单位:J・kg^{-1})和 850 hPa 风场(单位:m・s^{-1})叠加图

从天气形势和暴雨落区的配置预报来看：ECMWF 模式 10 日 08 时起报的预报显示大雨以上量级的降水落区报在 850 hPa 切变线南侧（湘西偏中）和急流的出口（湘东北），且降水强度预报较弱（图 1.99）。

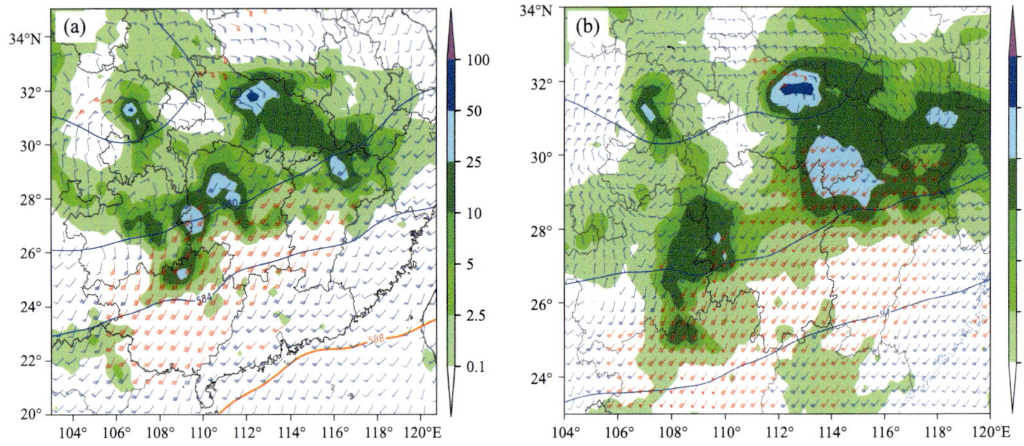

图 1.99　ECMWF 模式 2021 年 5 月 10 日 08 时起报的 11 日 02 时(a)、11 日 08 时(b)模式 6 h 降水量(单位:mm)和形势场叠加图

从各家模式暴雨落区对比来看（图 1.100）：10 日 08 时起报各家模式预报量级和落区有较大差异，全球模式（ECMWF、CMA-GFS）降水预报较弱，较强降水主要预报在湘中及湘东北区域。中尺度区域模式（CMA-MESO、CMA-SH9、CMA-GD）在湘中以北地区报了暴雨到大暴雨，强降水落区整体偏北。

预报偏差：中低层低涡切变主要出现在偏北一带地区，主观预报时更多关注低涡的动态演变，暴雨预报在低涡切变南侧和低涡东侧的偏南区域（图 1.101），但实际预报强降水出现在 850 hPa 的 20 m·s^{-1}和 500 hPa 的 20 m·s^{-1}急流核暖区内，因此本次过程为一次失败的预报案例。

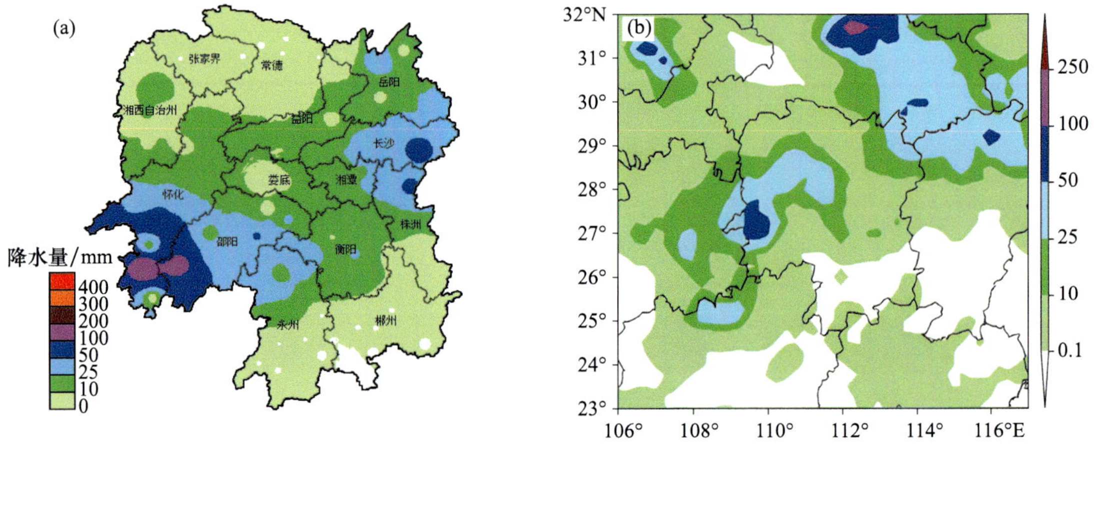

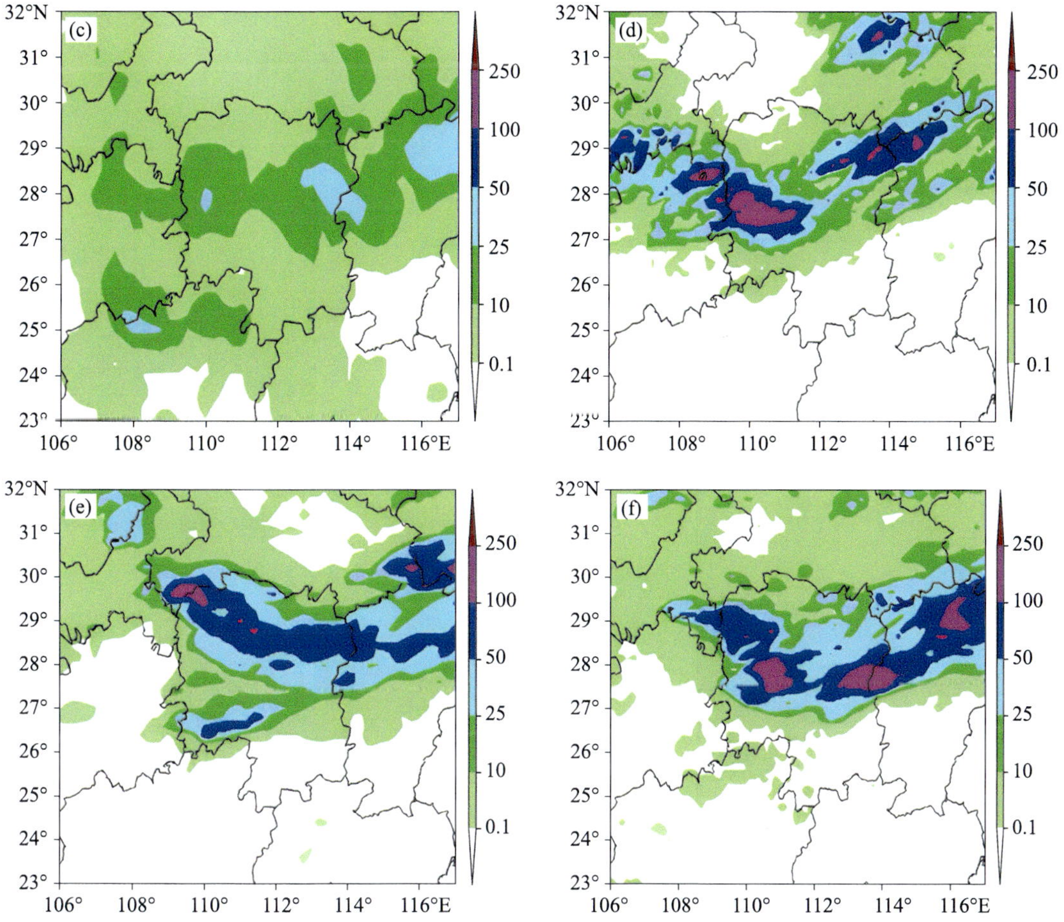

图 1.100　2021 年 5 月 10 日 20 时—11 日 08 时湖南降水量实况(a)和 ECMWF(b)、CMA-GFS(c)、CMA-MESO(d)、CMA-SH9(e)、CMA-GD(f)模式 10 日 08 时起报的 10 日 20 时—11 日 08 时降水量(单位:mm)预报

(3)预报难点及预报策略

预报难点:各家模式对此类暴雨过程几乎没有预报能力,强降水落区预报在湘中以北地区,与实况相比都有较大差异;此类暴雨的发生发展机制与其他类型暴雨有较大区别,并非出现在切变附近和急流的出口。

预报策略:

① 对处在一致南风控制下的暴雨过程,暴雨发生在最强急流脉动轴上,而非低涡切变尾部偏南区域或低涡偏东的急流出口。这也是 10 日晚上强降水范围比预报偏南的原因。

② 确定急流轴上具体出现暴雨的位置,需重点关注急流上的高能区域和地面辐合线

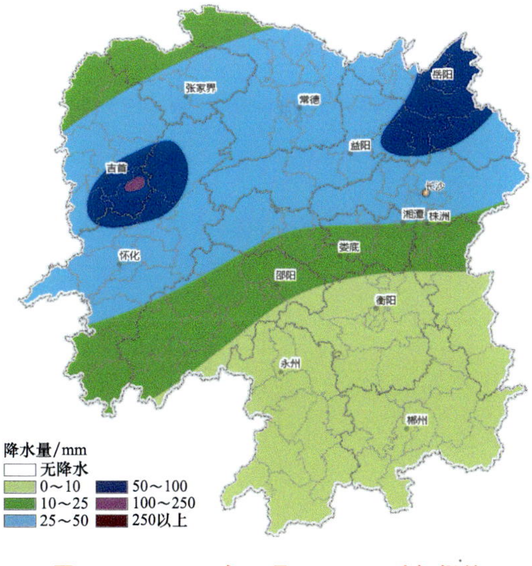

图 1.101　2021 年 5 月 10 日 08 时起报的 10 日 08 时—11 日 08 时主观降水预报

出现区域。在急流脉动中若出现地面辐合线，则暴雨往往出现在急流轴上的地面辐合线和不稳定能量 CAPE 高值区的重叠区域。

1.2.8.2 一致南风型：2016 年 5 月 4 日 20 时—5 日 08 时湘桂边界暖区暴雨个例

（1）过程概况

2016 年 5 月 4 日 08 时—5 日 08 时，广西东北部和湖南东南部出现一次暴雨天气过程，湖南永州、郴州共 150 个乡镇出现暴雨，30 个乡镇出现大暴雨，主要降水时段是 4 日 20 时—5 日 08 时（图 1.102）。该过程为典型强西南急流型暖区暴雨。湘桂边界附近 12 h 降水≥50 mm 出现 158 站、≥100 mm 出现 44 站，最大降水量为 190.6 mm，最大小时雨强为 65.4 mm・h^{-1}，此外，湖南省道县在 5 日 03—06 时 3 h 降水量达到 131.2 mm，并在 03 时 28 分出现 17 m・s^{-1} 雷暴大风；对强降水发生时段的小时雨强分布情况进行对比可知，本次过程主要出现在 01—07 时，强雨带呈准东西向，自西向东移动。

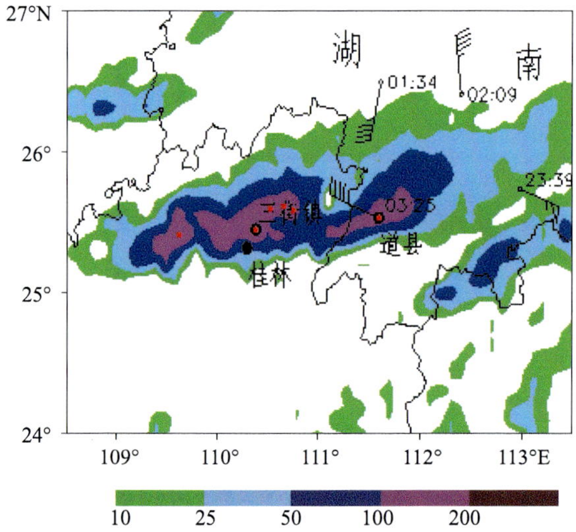

图 1.102 2016 年 5 月 4 日 20 时—5 日 08 时降水（填色，单位：mm）及雷暴大风（风向杆，单位：m・s^{-1}）分布

（2）预报分析

2016 年 5 月 4 日 08 时，500 hPa 欧亚高纬为两槽一脊形势，高原东南侧西南涡深厚，588 线位于华南—华东沿海；湘桂边界处于槽前 850—500 hPa 强盛西南气流当中，500 hPa 西南风速超过 16 m・s^{-1}，850 hPa 和 700 hPa 均达到急流标准；探空资料显示，湘桂边界一带具备较好的不稳定条件和水汽条件，垂直风切变也超过 16 m・s^{-1}，但能量条件较差，广西桂林站 CAPE 仅为 3.9 J・kg^{-1}。4 日 08—14 时，地面低压维持于四川盆地，湘桂边界处于地面低压东南侧，广西东北部—湖南中南部均有地面辐合线存在。湘桂边界附近区域 14 时前普遍出现小到中雨，降水的发生导致能量释放，判断夜间的能量条件会更差，进而判断不会在夜间出现强降水和对流性天气。欧洲中心 4 日 08 时起报的预报场显示 4 日 20 时—5 日 08 时，湘桂边界 925～500 hPa 维持强盛偏南风，低空急流出口区位于湖南北部—湖北中南部，低涡切变线随西南涡东移维持于华中，500 hPa 高空槽配合西南涡往东北方向移动，湘桂边界处于远离低涡切变线的一致西南风中，ECMWF 模式 4 日 20 时—5 日 08 时仅预报小雨量级降水，其他模

式基本与欧洲中心预报一致，预报场出现了大范围的空报和漏报。

偏差分析：从实况天气背景分析，暴雨发生在急流中，2016 年 5 月 4 日 20 时湖南南部及广西东北部处于上下一致强盛西南风中，西南地区东部 500 hPa 高空槽经向度较大，东移速度较慢，地面辐合线位于广西东北部及湖南中部；华南大部湿层深厚，850 hPa 与 500 hPa 温差在 25 ℃以上，925 hPa 低空显著西南风及 850 hPa 和 700 hPa 急流与 200 hPa 高空急流耦合于湘桂黔交界附近，湖南中南部及广西大部 CAPE>900 J·kg^{-1}（图 1.103），上述暴雨发生前的天气形势及相关物理量条件表明，此次过程具备较好的大气不稳定层结、水汽和热力能量条件，也具备一定的触发及动力条件，具有发生短时强降水的潜势，但实际预报业务中，类似的天气形势配置在湘桂边界经常出现，但出现大量级降水的案例非常少，预报员很难把握降水强度及落区。

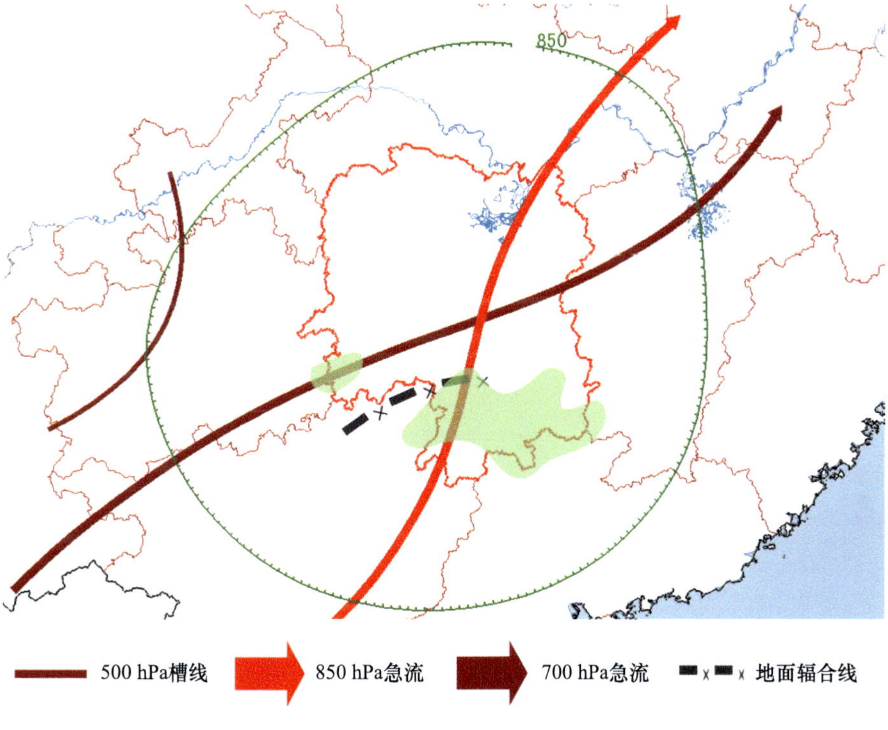

图 1.103　2016 年 5 月 4 日 20 时天气系统分析

从最近 3 d ECMWF 模式形势场和风场预报来看，20 时的形势场预报偏弱，实际低压槽的经向度大，位置偏南，从风场来看，南岭一带风速偏弱 2 m·s^{-1}。最后使得模式客观预报的降水落区明显偏北，并最终影响了预报员的判断，造成此区域暴雨完全漏报。从 ECMWF 模式对流有效位能 CAPE 值的预报来看，随着预报时效的临近，CAPE 值的大小并没有明显变化，即使是最近时次，与实况的偏差仍然较大。模式预报的 CAPE 大值区位于湘北，而实况的大值区则位于湘南，因此在此次过程中，模式预报的 CAPE 值的参考意义不大。

下面对本次暴雨过程进行综合诊断分析。从水汽条件来看（图 1.104），最强水汽辐合区均处于 925 hPa 或以下，暴雨区均出现在水汽辐合中心区域附近，925 hPa 的水汽辐合的强度和范围能更好对应暖区暴雨落区和强度。对比本次过程数值模式预报与再分析资料的水汽辐合区强度及位置的差异，发现欧洲中心模式预报的水汽辐合区位置明显偏北，这是造成本次过程暴雨漏报的一个重要原因。

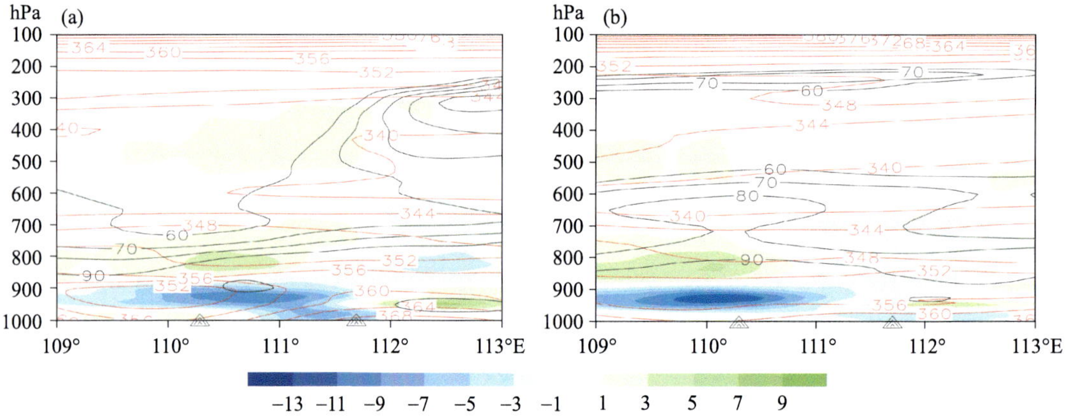

图 1.104　沿 25.5°N 水汽通量散度(填色，单位：10^{-7}g·hPa^{-1}·cm^{-2}·s^{-1})、相对湿度(黑色等值线，%)、饱和假相当位温(红色实线，单位：K)垂直剖面(横坐标轴左、右三角形分别对应桂林、道县经度位置)

(a)2016 年 5 月 4 日 20 时；(b)2016 年 5 月 5 日 02 时

从散度场情况来看(图 1.105)，对本次过程强降水落区(25.5 °N)的散度纬向垂直分布情况进行分析，4 日 20 时强辐合区主要位于低层 850 hPa 以下 110°—112°E(经向坐标三角形之间)，最强位于 925 hPa 附近为$-7\times10^{-5}s^{-1}$，850～750 hPa 为弱辐散层，750～550 hPa为弱辐合层，300 hPa 为强辐散层，在该区域整层维持上升运动，最大出现在 500 hPa 附近(-0.6 Pa·s^{-1})；5 日 02 时强辐合区位于 850 hPa 以下桂林(110 °E)附近，最强达到$-8\times10^{-5}s^{-1}$，850～650 hPa 为辐散层，上升运动同样维持在该区域，但是强度较前一时次有所减弱；至 5 日 08 时桂林附近底层为明显辐合区，但道县 850 hPa 以下基本为辐散区，850—600 hPa 为辐合区，上升速度进一步减弱。925 hPa 超低空急流断裂处的辐合区对于强降水的触发和维持具有明显作用。此外，结合 500 hPa 高空槽的位置变化，本次过程发生时段均有高空槽过境，高空槽从湘北延伸至华南北部，经向度较大，槽前一致南风中出现较宽广的暴雨区。低层无明显切变线，高空槽经向度的大小是决定暖区暴雨落区范围的另一个重要因子。

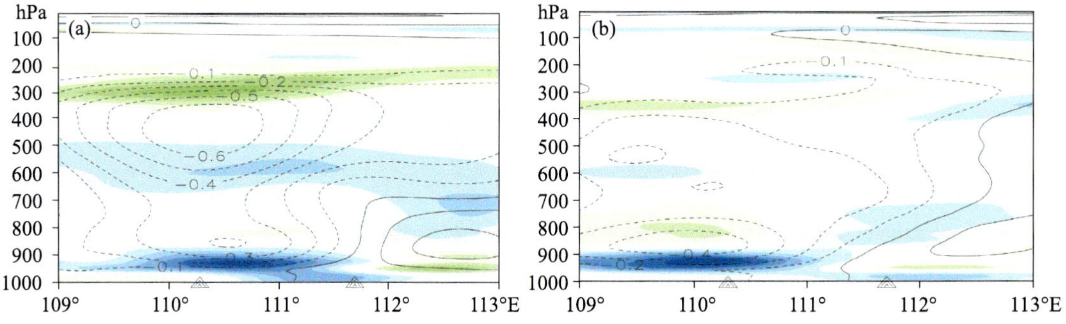

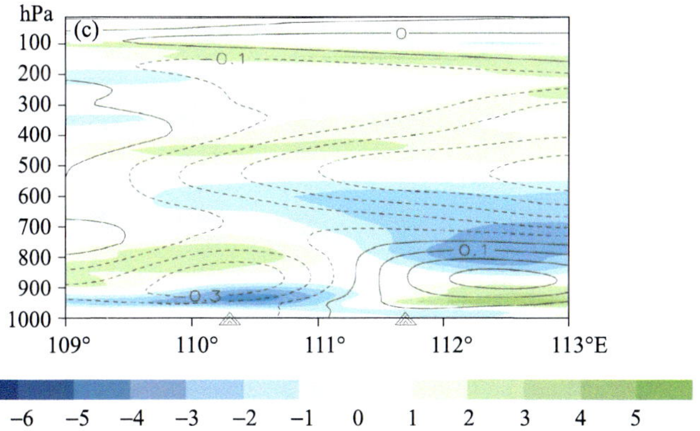

图 1.105 沿 25.5°N 散度(填色,单位:10^{-5} s^{-1})、垂直速度(黑色等值线,单位:Pa·s^{-1})垂直剖面(横坐标轴左、右三角形分别对应桂林、道县经度位置)

(a)2016 年 5 月 4 日 20 时;(b)2016 年 5 月 5 日 02 时;(c)2016 年 5 月 5 日 08 时

850 hPa 与 500 hPa 假相当位温差显示,4 日 20 时湘南假相当位温之差达 14 K,局地 16 K。K 指数 4 日在湘南高达 38 ℃,CAPE 值湘南高达 2000 J·kg^{-1}以上,热力条件好。为了更好地分析各特征值对降水的指示意义,表 1.1 给出本次过程长沙、怀化、郴州及桂林四站的热力学特征指数来进行详细分析。分析结果表明:在 4 日 08 时,怀化和长沙的 K 指数较郴州大,达到了 40 ℃以上,SI 指数也均小于−3.0 ℃,达到了湖南强降水发生的阈值,实况在 4 日白天,确实出现了范围较广的降水,随着降水的发生,到了 20 时这两站 K 指数略有下降,SI 指数增大,热力不稳定条件有所减弱;相反郴州站的 K 指数则从 35 ℃增大到 40 ℃,SI 指数由−2.55 ℃减小到−3.31 ℃,同时 CAPE 值达到 1823.3 J·kg^{-1},CIN 也由 248.8 J·kg^{-1}降低到26.5 J·kg^{-1},这些指数的变化对于 4 日夜间湘南地区强降水的发生发展均有较强的指示作用,是预报员做出预报的关键参考因子。综合来看,如果仅从 K 指数来分析预报可能难以把握强降水的落区;相对而言,SI 指数对强降水的指示意义更强;无论是何种指数,预报员除了关注其自身数值大小外,还应该对其变化特别敏感,有利的变化趋势往往预示着强降水的发生。

表 1.1 本次过程长沙、怀化、郴州及桂林四站的特征指数

站点	时间(日时)	K/℃	SI/℃	CAPE/(J·kg^{-1})	CIN/(J·kg^{-1})
长沙	0408	41	−5.02	0	0
	0420	39	−3.78	83.0	306.6
	0508	33	−1.08	30.3	212.6
怀化	0408	40	−3.31	0	0
	0420	36	−4.02	1482.4	134.2
	0508	38	−1.31	123.9	118.6
郴州	0408	35	−2.55	237.3	248.8
	0420	40	−3.31	1823.3	26.5
	0508	37	−1.02	137.7	105.1
桂林	0408	41	−5.31	3.9	435.9
	0420	29	−3.71	529.7	214.7
	0508	36	−0.31	86.5	155.4

结合地形对本次过程的降水分布情况进行分析(图 1.106),发现暴雨或大暴雨中心主要位于山谷区域,为此,结合地面整点风场(含区域站)及地形与未来 1 h 降水量情况进行分析,以期找到地形对降水分布的影响。5 月 5 日 02 时都庞岭山谷出现地面风地形辐合,此后 1 h 该山谷位置出现了 40 mm 的短时强降水,此外,02—03 时超过 20 mm 的短时强降水落区基本位于山谷或山脉迎风坡;03 时的主要较强降水同样出现在特殊地形位置,地面风场显示在广西东北部山谷至湖南西南部有明显的地面风辐合,在广西东北部的喇叭口效应和阳明山南坡的迎风坡效应可能是降水增幅的原因,而湖南省道县为一小盆地,偏南风穿过其南部九嶷山与都庞岭之间山谷与阳明山南侧偏东北风相遇在盆地形成的中小尺度地面辐合线,同样能够使得降水维持或加强。此次过程其他时次在上述特殊地形位置均有类似情形出现,地形降水增幅作用明显,而在预报中则忽视了地形的重要影响(付炜 等,2020)。

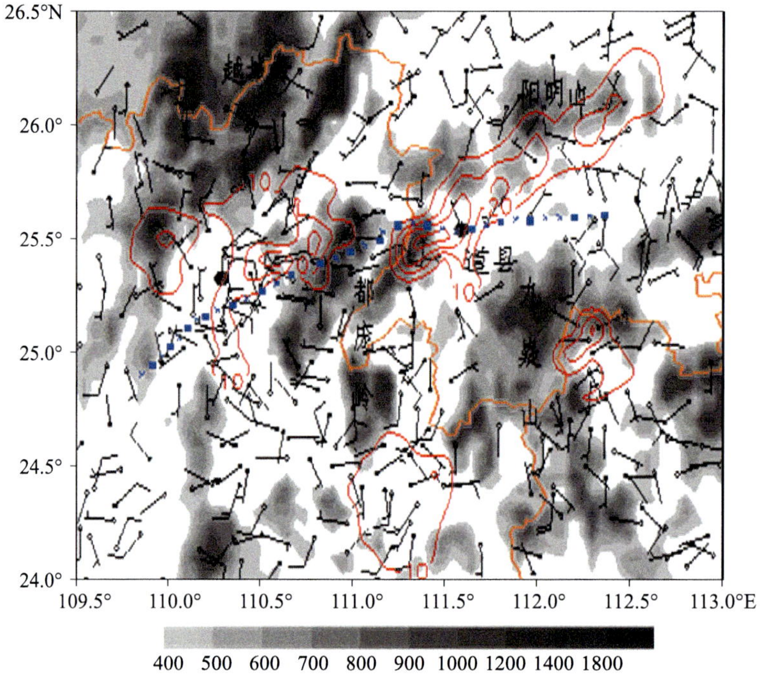

图 1.106 2016 年 5 月 5 日 03 时地面实测风场(风羽)和未来 1 h 降水量(红实线,单位:mm)分布及地形高度(阴影,单位:m)(蓝色断线:地面辐合线)

(3)预报难点及预报策略

预报难点:在强西南急流型暖区暴雨的预报中,很难准确找到触发暖区暴雨的关键因子。本次过程暴雨发生时,高空槽移动速度加快,槽前低层为强盛西南急流,但暴雨区出现在急流中而不是常规的急流出口辐合区。其次,湘桂边界的暖区暴雨的出现与地形关系密切,预报员还无法准确地理解局部地形对于暖区暴雨的触发、抬升及增强作用,即便能够定性地预报出暖区降水,降水落区范围和强度也无法准确把握。

预报策略:

① 在日常短期预报工作中,需重点关注边界层辐合区及特殊地形位置,特别是锋前相对锋区而言较弱的强西南急流中的水汽辐合区,是强西南急流型暖区暴雨的一个重要预报指标;高空槽过境对于暖区降水的触发作用值得关注,且高空槽经向度的大小是决定暖区暴雨范围

大小的一个重要因子。关注能量及各物理量条件，如 SI 指数、水汽通量散度等，用于订正判断强降水落区。关注各家模式的降水预报及其稳定性，关注影响系统或风场等误差，做好有无降水、降水的落区、强度订正。

② 地形在本次暴雨过程中的降水增幅作用明显，区域自动站地面风资料显示在湘桂边界的山谷或盆地小地形中出现了明显地形所致的中小尺度地面风辐合，而逐小时的短时降水中心与其形成良好对应，降水中心主要出现在山谷或盆地的迎风坡位置。

1.2.8.3　副高型：2021 年 8 月 9 日分散性暴雨预报个例

(1)过程概况

2021 年 8 月 9 日 08—20 时，省内出现一次小到中雨、局地暴雨天气过程，其中暴雨 6 站，岳阳平江降水最大，为 91.7 mm(图 1.107)。暴雨点较为分散，出现多个暴雨中心，分布于益阳南部、岳阳南部、长沙东部和衡阳东部一带地区。同时该过程伴有短时强降水、雷暴大风和冰雹等强对流天气。9 日 08 时，副高 588 线控制长江流域以南大部分地区，湖南中低层受一致偏南风控制，中纬度高原东部有低压槽加深发展，白天时段，高空槽不断东移至江南一带，湖南上空位势不稳定度增强，同时受低压槽东移影响，副高 588 线东撤南退，副高边缘不稳定能量积聚(图 1.108)。另外，9 日白天大部分地区出现 35～37 ℃高温，热力条件的增强更进一步增强了大气层结的不稳定性，从降水分布来看，多表现为分散性暴雨。

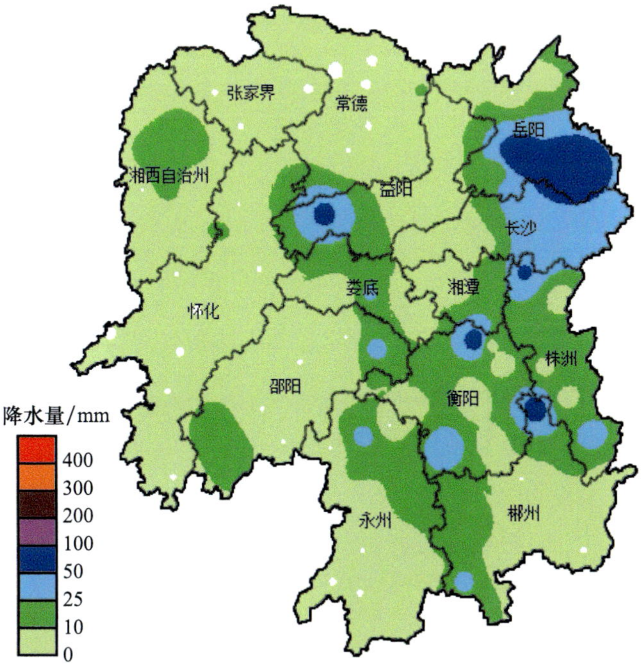

图 1.107　2021 年 8 月 9 日 08—20 时湖南累计降水

(2)预报分析

从天气形势预报来看：ECMWF 模式 8 月 8 日 20 时起报副高控制长江流域以南大部分地区，湖南中低层受一致偏南风控制，中纬度高原东部有低压槽加深发展，9 日白天，高空槽不断东移至江南一带，湖南上空位势不稳定度增强；随后受低压槽东移影响，副高东撤南退，副高边

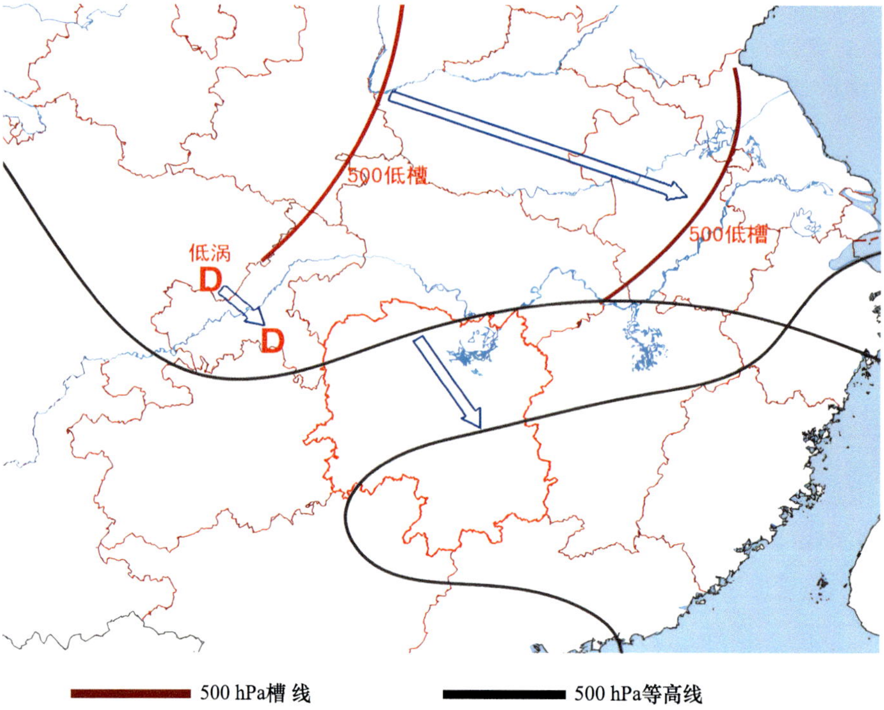

图 1.108　2021 年 8 月 9 日白天天气系统演变

缘不稳定能量积聚。此时处于湘鄂交界的低涡东移带动切变线自西向东移动，中低层切变位置略偏北（图 1.109）。同时，9 日白天大部分地区出现 35～37 ℃高温，CAPE 值在湘东地区为大值区（图 1.110a）；K 指数较高，湖南省超过了 37 ℃（图 1.110b），热力条件的增强进一步增强了大气层结的不稳定性。从水汽条件上看（图 1.110c），比湿基本在 16 g·kg^{-1}以上，达到了湖南省出现暴雨的水汽指标。综合中低层切变位置和有利的物理量场，考虑切变线南侧的湘北地区有大到暴雨，尤其是位于副高边缘的岳阳等地局地降水较强。

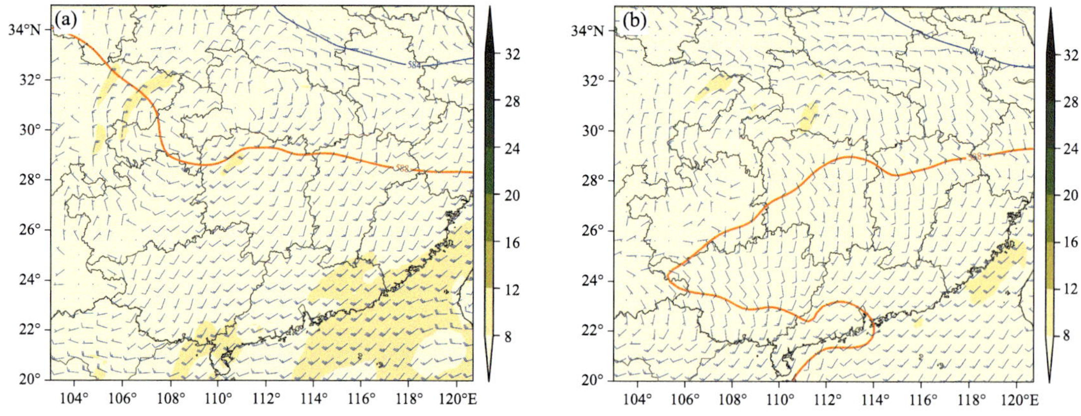

图 1.109　ECMWF 模式 2021 年 8 月 8 日 20 时起报的 9 日 11 时(a)、20 时(b)500 hPa 形势场（实线，单位：dagpm）和 850 hPa 风场（填色，单位：m·s^{-1}）叠加图

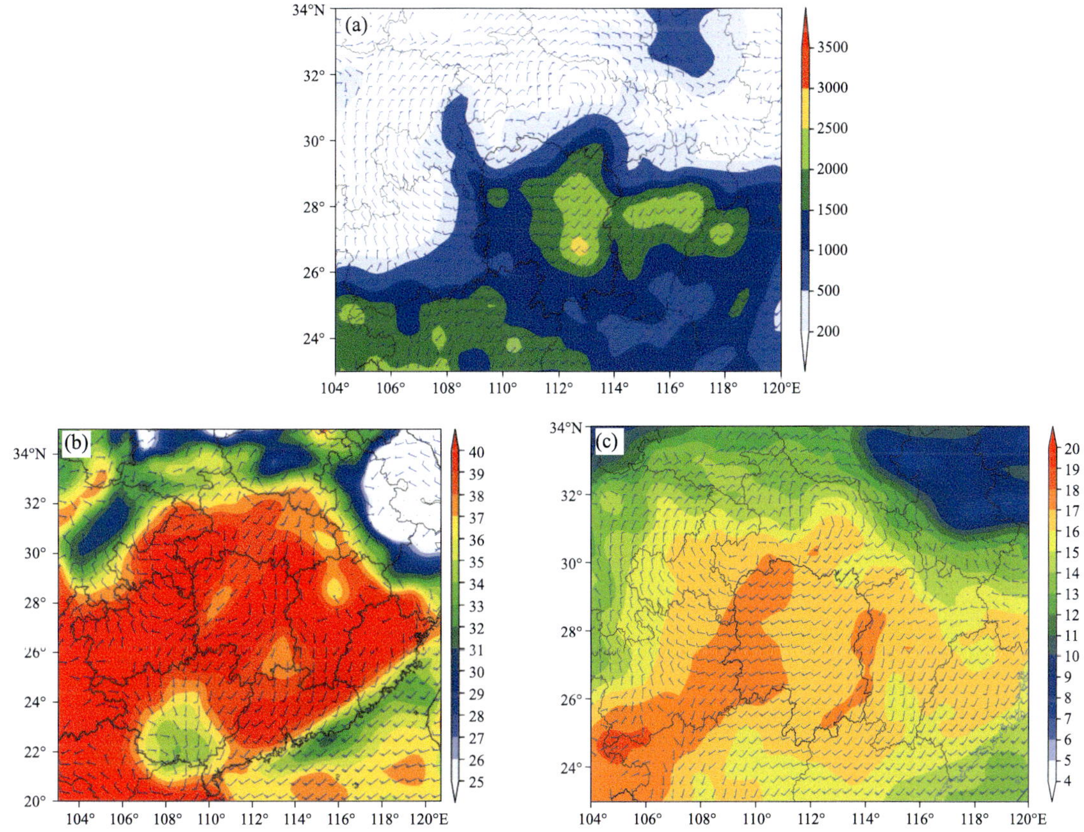

图 1.110　ECMWF 模式 2021 年 8 月 8 日 20 时起报的对流有效位能(单位:$J\cdot kg^{-1}$)和 850 hPa 风场(单位:$m\cdot s^{-1}$)叠加图(a)、K 指数(单位:℃)和 950 hPa 风场(单位:$m\cdot s^{-1}$)叠加图(b)、850 hPa 比湿(单位:$g\cdot kg^{-1}$)和 850 hPa 风场(单位:$m\cdot s^{-1}$)叠加图(c)

从模式形势和暴雨落区预报来看:ECMWF 模式 8 日 20 时起报的未来 12 h 强降水落区预报在 850 hPa 切变线南侧(图 1.111),湘北地区以中雨、局地大雨为主。

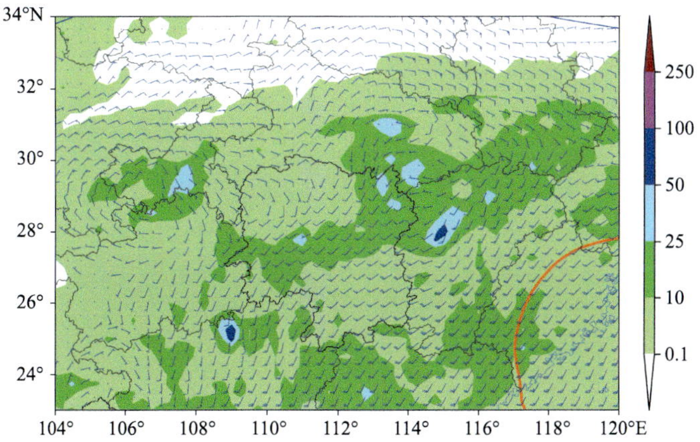

图 1.111　ECMWF 模式 2021 年 8 月 8 日 20 时起报的 8 日 20 时—9 日 08 时降水量(单位:mm)和 850 hPa 风场(单位:$m\cdot s^{-1}$)叠加图

从各家模式降水落区预报来看：各家模式预报分歧较大，全球模式(ECMWF、CMA-GFS)降水预报量级偏小，以中雨为主，且落区主要位于湘北地区(图 1.112)；中尺度区域模式(CMA-MESO、CMA-SH9、CMA-GD)预报出了强降水的分散性特点，但暴雨的位置和强度差异较大。

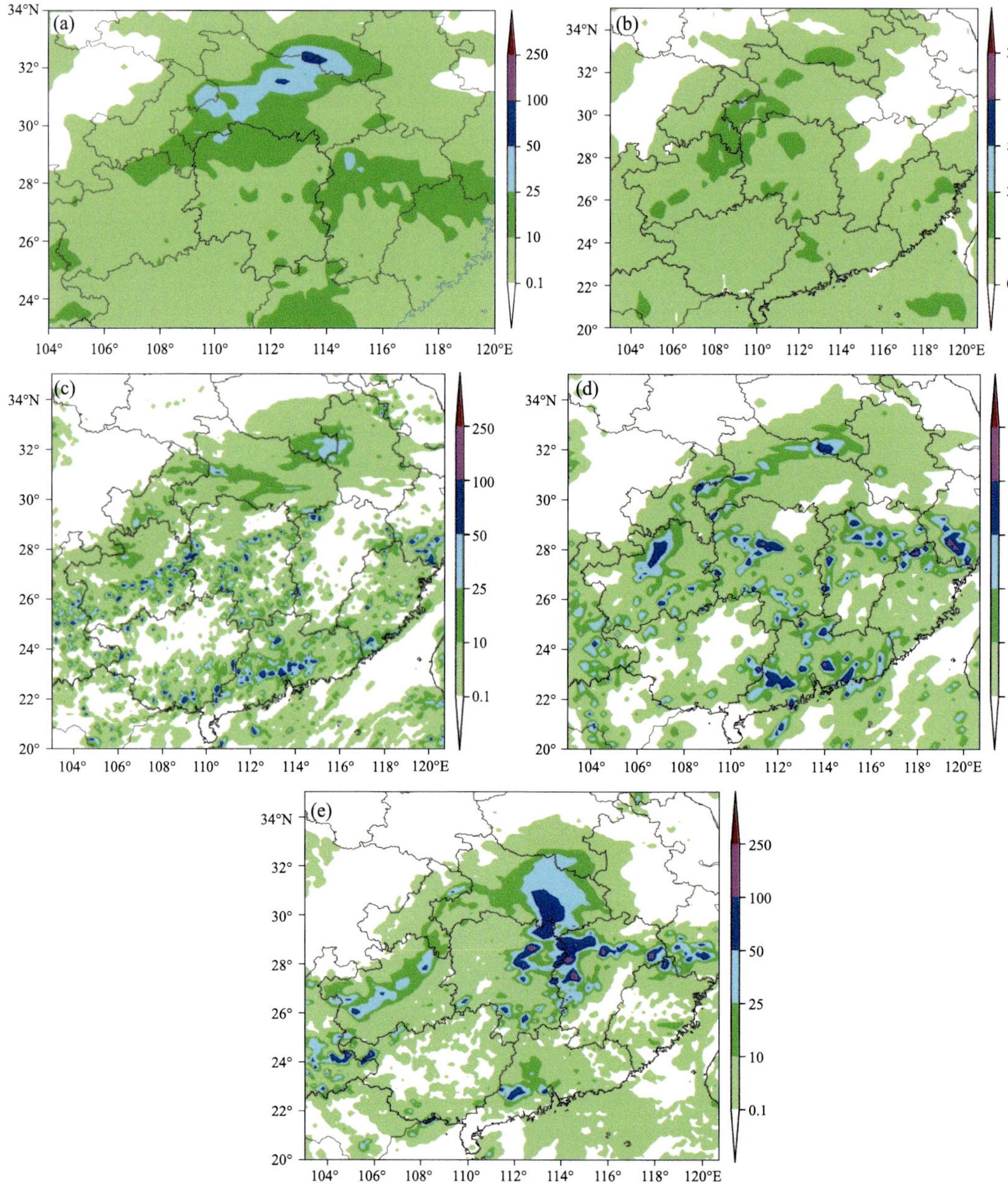

图 1.112　ECMWF(a)、CMA-GFS(b)、CMA-MESO(c)、CMA-SH9(d)、CMA-GD(e)模式 2021 年 8 月 8 日 20 时起报的 9 日 08—20 时降水预报(单位：mm)

预报偏差：结合当时的主观预报，暴雨的强度和落区预报存在较大偏差，预报员对岳阳南部、长沙等地的暴雨区域及湘中分散性暴雨预估不足。

(3)预报难点及预报策略

预报难点:①对于分散性暴雨,全球模式的预报没有参考性;中尺度模式有所反应,但暴雨点过于分散和局地,预报员很难提取有用的信息;②天气系统不明显,副高在东移南撤时触发的此类暴雨,落区难以确定。

预报策略:

① 天气尺度系统作用不明显时,更要关注低层中小尺度天气系统的作用。暴雨落区通常与地面辐合线位置非常吻合。从各家模式 10 m 风场预报上看(图 1.113),湘东北始终存在一条地面辐合线,与暴雨落区有较好的对应关系。

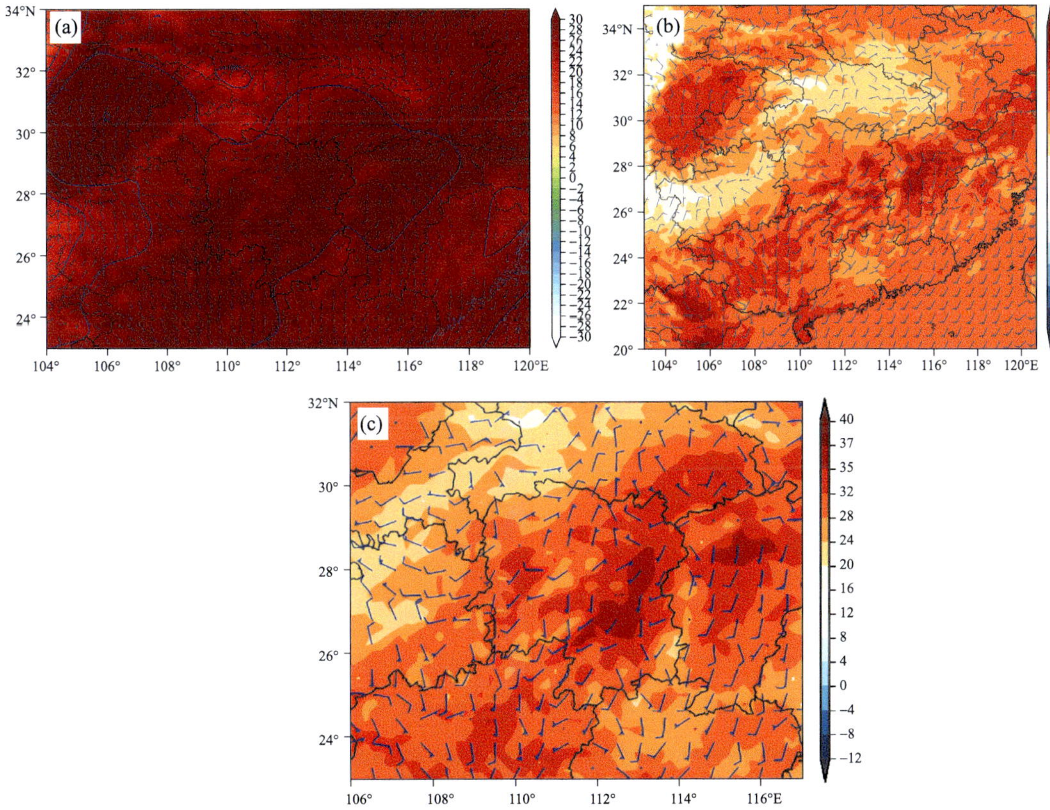

图 1.113　ECMWF 模式 2021 年 8 日 20 时起报的 9 日 17 时 2 m 气温(单位:℃)、海平面气压(单位:hPa)以及 10 m 风场(单位:m·s^{-1})叠加图(a),CMA-GD(b)、CMA-SH9(c)8 日 20 时起报的 9 日 14 时 2 m 气温以及 10 m 风场叠加图

② 区别于其他类型暴雨,全球模式对暖区暴雨,尤其是副高边缘出现的暖区暴雨没有可预报性,预报落区和强度差异很大,容易造成预报员误判。区域中尺度模式虽然空报、漏报较多,但是能够预报出其局地性和分散性特点,有一定的参考意义。

1.2.8.4　副高型:2016 年 7 月 17 日 08—20 时湘西北暖区暴雨个例

(1)过程概况

2016 年 7 月 17 日湘西北出现了暴雨天气,降水时段集中,小时雨强大,局地性强,12 h 最大降水量为古丈默戎 203.1 mm,1 h 最大降水量达 104.3 mm(17 日 11—12 时),据区域自动站统计,12 h 降水量达到 50.0～99.9 mm 有 96 个站,达到 100.0～199.9 mm有 21 个站,2 个站超过 200 mm(图 1.114)。12 时 05 分默戎发生特大坡面泥石流,方量约 1 万 m^3,瞬间将周边房屋吞没,但由于气象预警及时精准,与省地灾应急中心联动迅速,政府组织及时转移,成功避险,实现人员“零伤亡”,创造了“默戎奇迹”,这次气象服务工作受到湖南省防汛抗旱指挥部通报表扬。此次过程发生在夏季,暴雨主要发生在副高 588 线控制范围内,属于副高型暖区暴雨,热力不稳定能量高,降水性质类似热对流天气,具有强降水时段集中,对流性强的特点(唐佳 等,2021)。

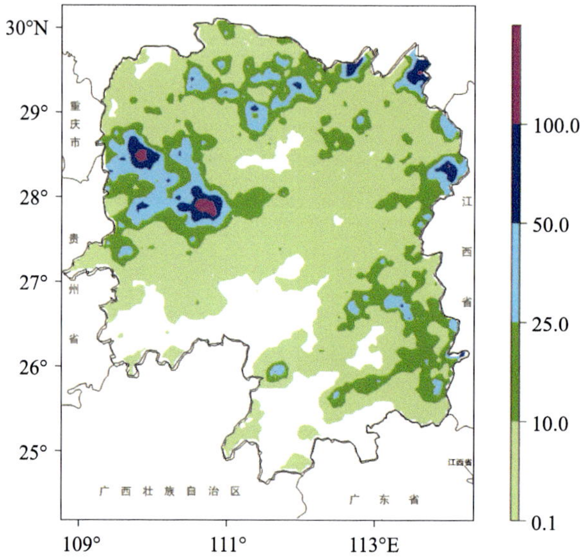

图 1.114　2016 年 7 月 17 日 08—20 时 12 h 降水量(单位:mm)

(2)预报分析

此次过程预报时段为 2016 年 7 月 17 日 08 时—18 日 08 时,值得关注的是 17 日 08—20 时副高控制下湘西北暖区暴雨。2016 年 7 月 16 日白天受高空槽东移南压及中低层切变线影响,湘中偏南地区出现小到中雨,局地大到暴雨。16 日 20 时,500 hPa 欧亚中高纬为两槽一脊形势,高空槽东移北收,位于华北到江淮地区,副高西伸北抬,588 线控制湖南地区,中低层切变线朝东北向移动,20 时转西南风,地面处于低压控制下,16 日夜间降水减弱停止(图 1.115)。

欧洲中心 16 日 20 时起报的形势场显示 17 日 08 时 500 hPa 副高 588 线东退至湘中,湘西北风速弱辐合,17 日 20 时湘北切变线形成,此时预报降水开始。各家模式降水预报 17 日 08—20 时湖南小到中雨,主要降水从夜间开始,17 日 20 时—18 日 08 时预报湘中以北部分大雨,局地暴雨。

偏差分析:从实况天气背景分析(图 1.116),2016 年 7 月 17 日 08 时 588 线控制湖南,700 hPa 湘西北有弱切变、850 hPa 和 925 hPa 切变线位于湘西北,西南急流达 12 $m \cdot s^{-1}$,湘西北受急流及切变影响,出现强降水。20 时 588 线南移,湘北处于副高边缘,随着中低层切变线东移南压,降水东移南压,湘东北、湘西南和湘东南受副高边缘和切变线影响局地出现强降

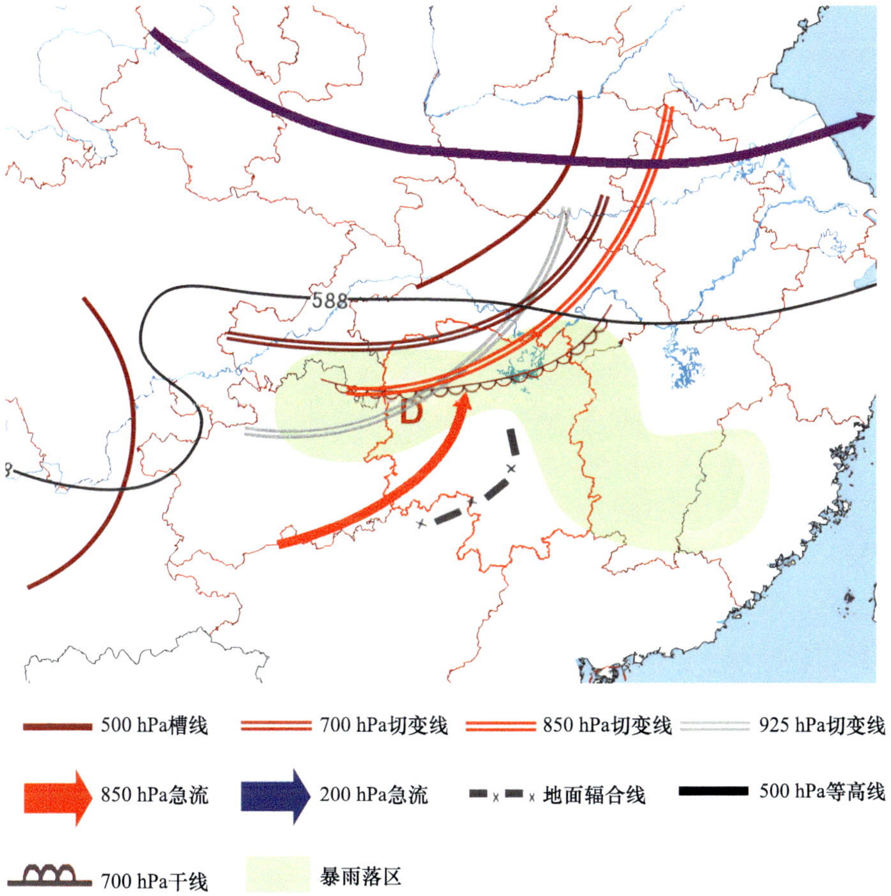

图 1.115　2016 年 7 月 17 日 08 时天气系统分析

水。7 月 17 日白天暴雨发生时湘西北处于副高控制下，属于副高型暖区暴雨，副高内部具有较高的热力不稳定能量，中低层弱切变具有一定动力抬升作用，在 700 hPa 干线和地面中尺度气旋共同触发下，局地出现暴雨。

对比实况与模式预报，模式预报误差较大，预报中副高脊线位于湘西北，较实况偏南，地面辐合线预报也不明显，且对 17 日白天湘西北暴雨漏报，降水预报从 17 日夜间开始。总之，模式对 17 日夜间高空槽、副高边缘、切变线及中低层急流影响下的大尺度降水过程预报较好，而对副高控制下中尺度系统造成的局地性降水漏报。由于模式形势场和降水预报跟实况均有一定误差，进一步影响预报员的判断，最终导致 17 日白天湘西北漏报。

下面对本次暴雨过程进行综合诊断分析，以寻找此类弱天气尺度背景下暖区暴雨的预报着眼点。从水汽条件来看(图 1.117)，本次降水区的比湿为 12 $g \cdot kg^{-1}$，达到湖南暴雨需要的水汽条件。暴雨区水汽通量和水汽辐合较弱，水汽辐合中心位于暴雨区的南侧，水汽通量及水汽通量散度中心强度分别达 16 $g \cdot cm^{-1} \cdot hPa^{-1} \cdot s^{-1}$ 和 -4×10^{-5} $g \cdot cm^{-2} \cdot hPa^{-1} \cdot s^{-1}$。沿暴雨区做经向—高度剖面图分析结果表明，本次过程暴雨区近地面水汽辐散，850～950 hPa 弱水汽辐合，水汽辐合大值区位于暴雨区南侧，最大值位于 900 hPa，达 -3×10^{-5} $g \cdot cm^{-2} \cdot hPa^{-1} \cdot s^{-1}$。

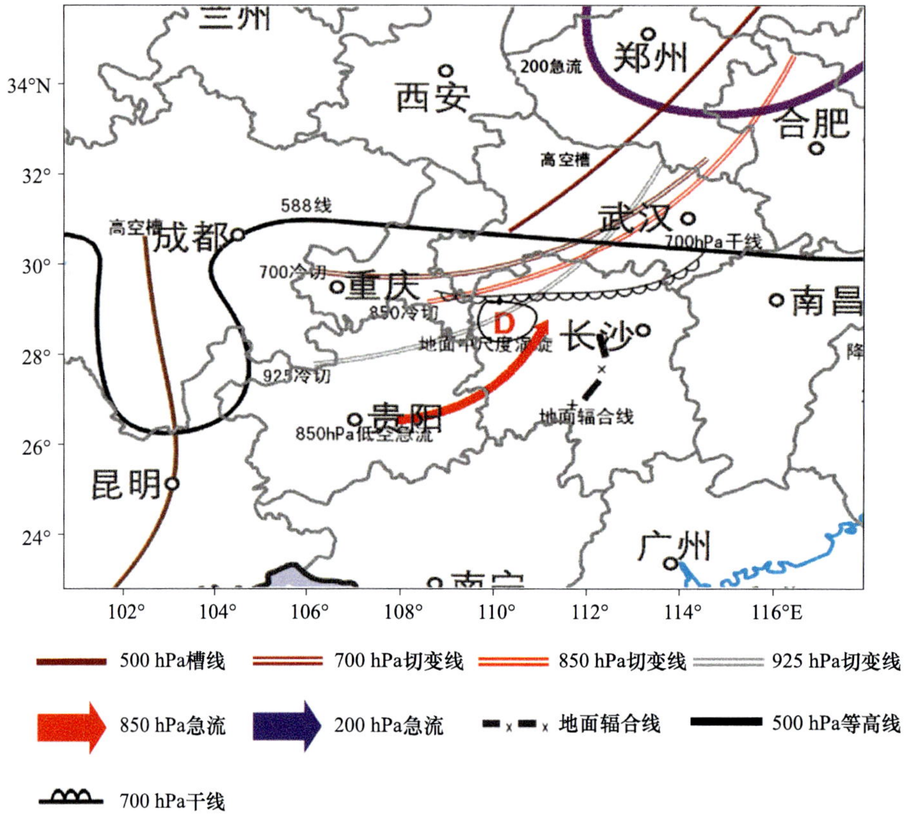

图 1.116　2016 年 7 月 17 日 08 时综合图

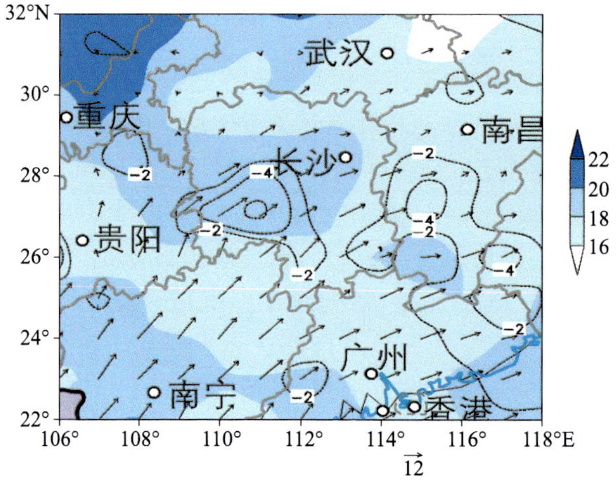

图 1.117　2016 年 7 月 17 日 08 时 850 hPa 比湿(阴影,单位:g · kg^{-1})、水汽通量(箭矢,单位:g · cm^{-1} · hPa^{-1} · s^{-1})和水汽通量散度(等值线,单位:10^{-5}g · cm^{-2} · hPa^{-1} · s^{-1})分布

从动力不稳定条件来看(图 1.118),本次过程暴雨发生前垂直螺旋度不明显,发生时暴雨区垂直螺旋度迅速增大。本次过程虽然处于副高控制下,但由于切变线的动力抬升作用,对副高稳定和副高内部下沉运动有一定影响,600 hPa 高度以下垂直螺旋度的负值区,表征了气旋

性涡度的垂直向上输送，负值区中心$-2.5\times10^{-5}\text{kg}^{-1}\cdot\text{m}^3\cdot\text{Pa}\cdot\text{s}^{-2}$，位于 900 hPa 高度，说明该高度强气旋性旋转辐合最强，主要由近地层中小尺度系统影响造成暴雨，雨区上空对流层高层垂直螺旋度的正值区代表反气旋性涡度的垂直向上输送。

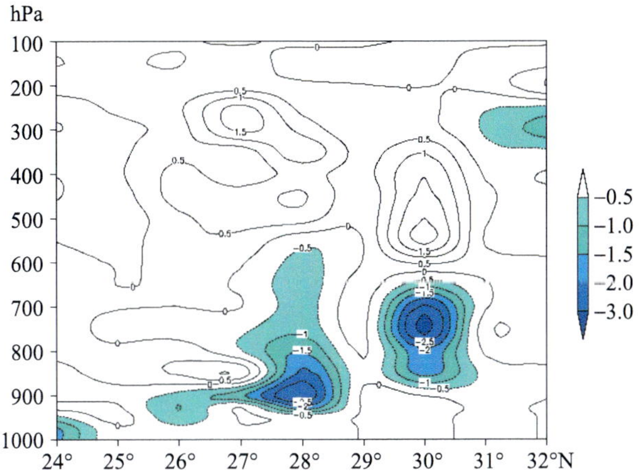

图 1.118　2016 年 7 月 17 日 08 时沿 110 °E 垂直螺旋度经向剖面图(单位：$10^{-5}\text{kg}^{-1}\cdot\text{m}^3\cdot\text{Pa}\cdot\text{s}^{-2}$)

假相当位温反映了大气的温湿状况，应用它的水平和垂直分布可以分析大气中能量分布、垂直稳定度和大气湿斜压性。本次过程发生前强降水区 θ_{se} 均达到了 340 K 以上，从而使得低层不稳定能量增大，并且均出现在假相当位温垂直梯度大的区域。沿暴雨中心做假相当位温垂直剖面图(图 1.119)，本次过程发生前期，在暴雨区附近形成 θ_{se} 密集带，低层为 θ_{se} 大值区，最大 θ_{se} 达 360 K 以上，积聚强不稳定能量，随着高度增加 θ_{se} 明显下降，500 hPa θ_{se} 为 330 K 左右，强对流不稳定层结有利于对流性天气产生。

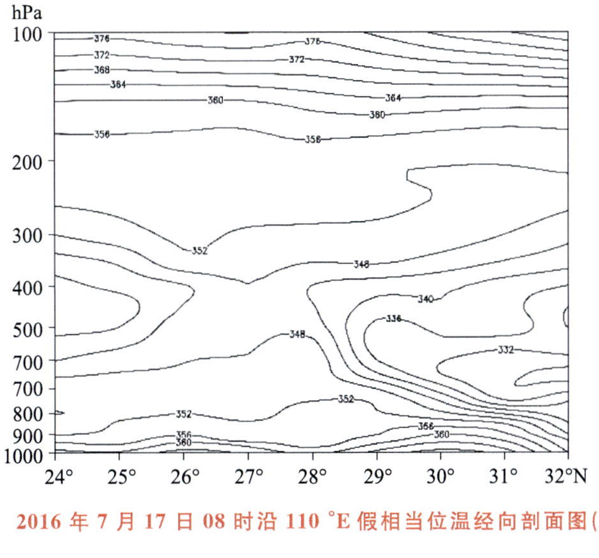

图 1.119　2016 年 7 月 17 日 08 时沿 110 °E 假相当位温经向剖面图(单位：K)

着重分析本次暴雨过程的中尺度特征。结合雷达天气图分析，降水对流回波沿地面中尺度辐合系统发生、发展，强降水在地面辐合系统影响后明显加强，地面中尺度辐合系统对暴雨落区和发生时间有较好指示意义。降水主要位于湘西北地区，1 h 最大降水量为 104.3 mm

(17 日 11—12 时)，位于湘西州默戎。从地面逐时风场上可以看出，09 时湘西州古丈有一 γ 中尺度气旋生成发展；10 时维持；11 时往东移到古丈东侧(图 1.120)，此时正是默戎最强降水时段；12 时，该 γ 尺度气旋逐渐减弱并向东北方向移动，造成湘东北降水加强。对应雷达反射率因子图分析，积状云降水回波在中尺度气旋附近生成发展，回波强度达 42 dBZ，位于 1.8～2 km 高度，具有明显的低质心高反射率因子核，持续了 10 个体扫，致使默戎小时降水量达 104.3 mm，因此湘西州古丈 γ 尺度气旋为默戎强降水的触发机制。结合地形可知，默戎处于低洼地带并且右侧傍山，该处有西南风风速辐合再加上地形抬升作用，对降水有增幅作用。

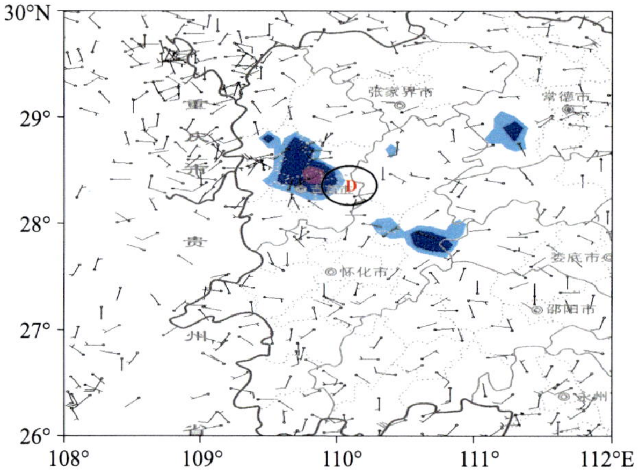

图 1.120　2016 年 7 月 17 日 11 时地面风场(箭矢，单位：m · s^{-1})
及其后 1 h 降水量(阴影)

(3)预报难点及预报策略

预报难点：本次弱天气尺度背景下暖区暴雨短期预报是失败的，主要原因有三个。首先模式预报出现偏差，对湘西的暴雨出现漏报，会影响预报员的判断。其次，预报员更多关注大尺度系统影响下的暴雨，对弱天气尺度背景下暖区暴雨是忽视的，暴雨预报是滞后的。最后，预报员不清楚弱天气尺度背景下暖区暴雨的触发机制，导致预报时没有关注低层中尺度系统。

预报策略：

① 中低层切变线会破坏副高稳定性结构，导致副高东退，切变线附近辐合上升运动，出现降水，但暴雨发生与地面中尺度气旋、干线或地面辐合线等触发条件有关。从天气系统来看，暴雨落区与低层切变线、700 hPa 干线和地面中尺度系统位置密切相关，而低层切变线、700 hPa 干线和地面中尺度系统对暴雨发生有 2～3 h 提前量。从物理量角度，水汽条件与暴雨落区对应不好，指示意义不大；低层螺旋度与暴雨区匹配较好，对暴雨开始有 2～3 h 提前量；另外热力不稳定层结越强，小时雨强越强。

② 在实际暖区降水预报业务中，不仅要关注大尺度系统造成的抬升作用，弱天气尺度背景下更要细致分析地面辐合线等中小尺度系统造成的局地抬升作用。由于数值模式对弱天气尺度背景下暖区暴雨预报能力有限，需要提高对多源观测资料的综合分析能力和对数值预报产品的释用能力，尤其加强中尺度模式应用和检验。

1.2.9　多雨带暴雨

在实际业务工作中发现，一次暴雨过程中除主雨带外，还可能伴随出现多条雨带。这种多雨带暴雨特征是怎样形成的？又该如何预报？这一直困扰着大多数预报员。

一般将 24 h 内，在两类及以上典型暴雨系统影响下出现的有明显位相差的暴雨称为多雨带暴雨。

出现多雨带暴雨有以下两种原因：一是当有多系统影响，且各系统间空间距离较大，系统不重合时容易出现。二是 24 h 内，当系统先在某地发展停滞产生暴雨，后受到较强冷空气、副高等系统移动影响，在新的地区停滞发展或与其他系统合并加强，出现新的雨带。

多雨带暴雨预报关键在于预报时段内是否有两种或以上典型暴雨形势配置，或同一形势配置下系统移动过程中是否存在停滞加强趋势(图 1.121)。

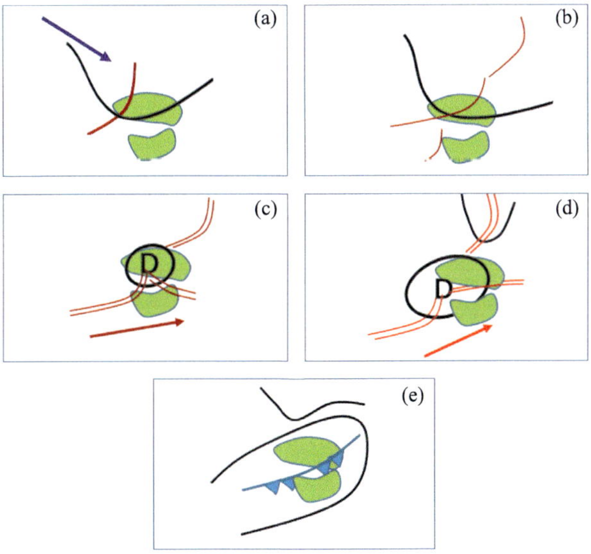

图 1.121　多雨带型暴雨概念模型(紫色箭头：200 hPa 急流；棕色实线：500 hPa 槽线；棕色箭头：700 hPa 急流；棕色双实线：700 hPa 切变线；红色箭头：850 hPa 急流；红色双实线：850 hPa 切变线；黑色实线：地面暖低压倒槽；绿色阴影区：暴雨落区；蓝色双三角线：地面锋面)

(a)200 hPa；(b)500 hPa；(c)700 hPa；(d)850 hPa；(e)地面

1.2.9.1　2022 年 5 月 9—10 日多雨带暴雨预报个例

(1)过程概况

2022 年 5 月 9 日 20 时—10 日 20 时，湖南省出现一次大范围的区域性暴雨。暴雨带呈“7”字形的双雨带特征，一条位于湖南省中部地区，略呈西北—东南向，雨带较宽，另一条位于湖南省南部地区(图 1.122)。

(2)预报分析

从 ECMWF 模式 8 日 20 时起报的形势场来看：500 hPa 低压槽东移带动低层低涡东出，10 日 08 时低涡人字形切变自贵州移至湘西地区，暖式切变位于湘中一带，低涡南侧西南急流

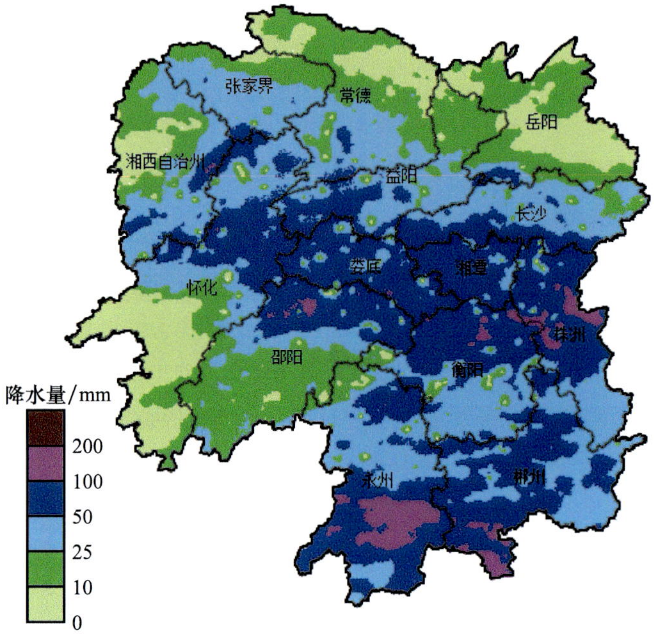

图 1.122　2022 年 5 月 9 日 20 时—10 日 20 时湖南降水量实况图

最大达16 m·s^{-1}，衡阳、株洲中部位于急流出口区，同时 9 日晚开始地面有冷空气入侵，此种配置与低涡冷槽型暴雨类似，因此考虑位于急流出口区、暖式切变南侧的湘中一带有暴雨（图 1.123）；10 日白天低压槽进一步东移，低涡减弱东移南压至湘南，西南急流减弱位于两广地区，湘南位于急流轴左侧，地面倒槽发展，湘南附近地面辐合线显著，结合 8 日 20 时起报的物理量场来看，湘南地区 K 指数大于 36 ℃，0～3 km 垂直风切变最大达 16 m·s^{-1}，比湿 12 g·kg^{-1}，湿层深厚，此种配置与地面暖倒槽锋生类相似，因此考虑湘南也有暴雨（图 1.124）。

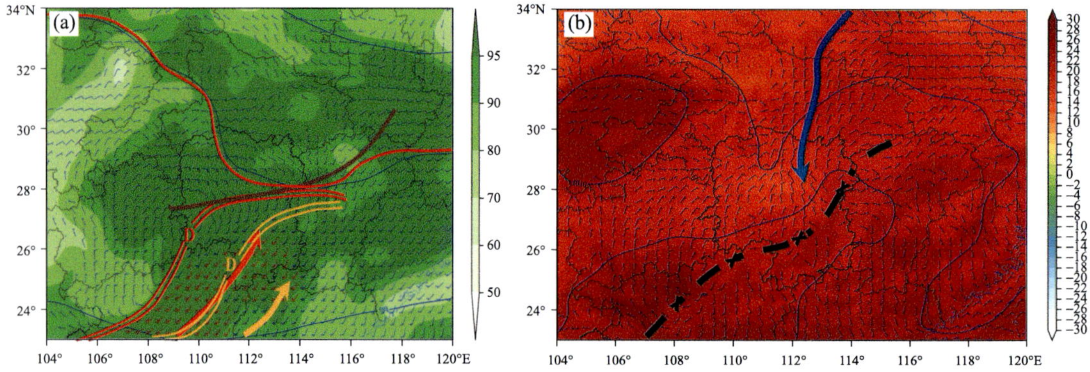

图 1.123　ECMWF 模式 2022 年 5 月 8 日 20 时起报的 500 hPa 高度场（实线，单位：dagpm）、850 hPa 风场（单位：m·s^{-1}）和 850 hPa 相对湿度（填色，单位：%）的演变（双实线：850 hPa 切变线，实线箭头：急流；红色为 10 日 08 时，黄色为 10 日 20 时）(a)和 8 日 20 时起报的海平面气压（实线，单位：hPa）、2 m 温度（填色，单位：℃）和 10 m 风场（单位：m·s^{-1}）的演变(b)

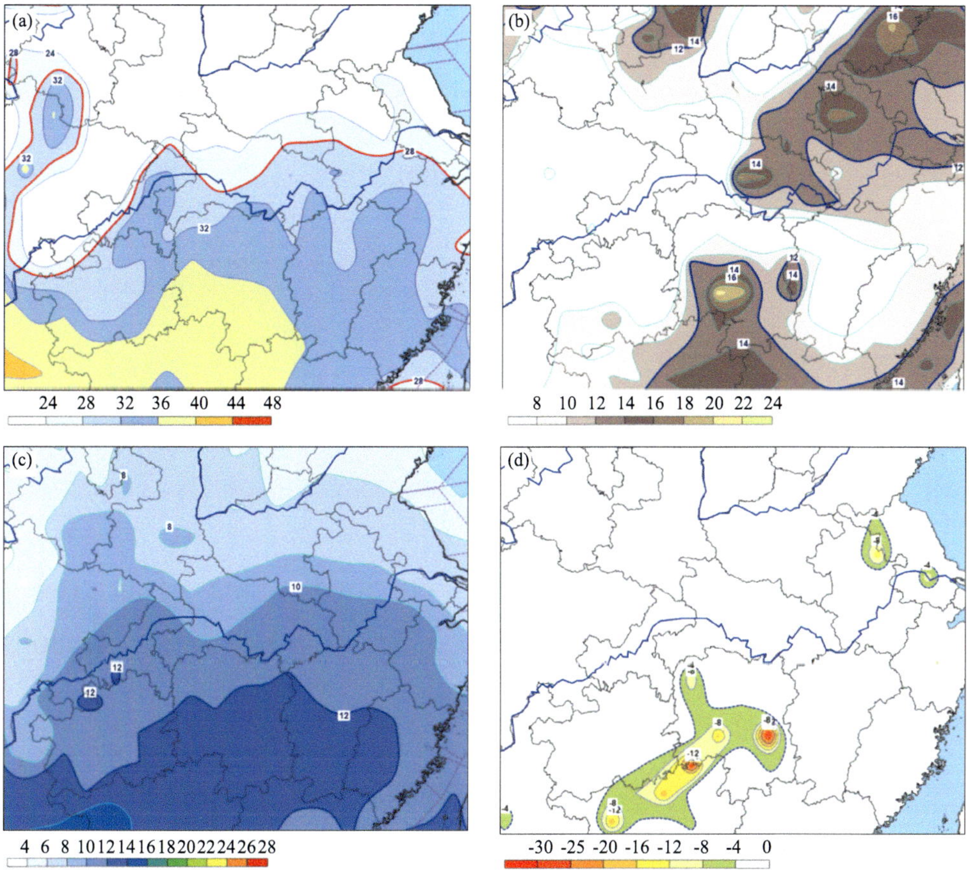

图 1.124　ECMWF 模式 2022 年 5 月 10 日 08 时物理量场 K 指数(单位:℃)(a)、0～3 km 垂直风切变(单位:m·s^{-1})(b)、比湿(单位:g·kg^{-1})(c)和垂直速度(单位:m·s^{-1})(d)

再从 9 日 08 时起报的形势预报来看(图 1.125),整体模式预报比较稳定,形势无较大调整,模式参考性好,考虑湘中、湘南有暴雨。

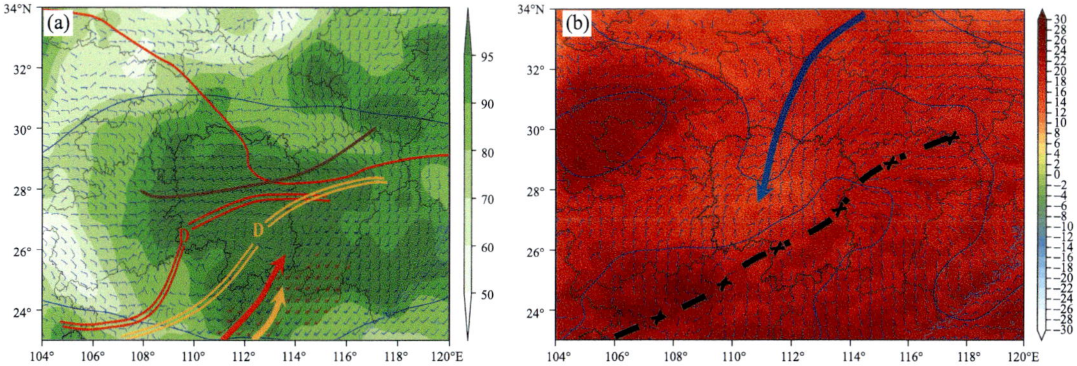

图 1.125　ECMWF 模式 2022 年 5 月 9 日 08 时起报的 500 hPa 高度场(实线,单位:dagpm)、850 hPa 风场(单位:m·s^{-1})和 850 hPa 相对湿度(填色,单位:%)的演变(双实线:850 hPa 切变线,实线箭头:急流;红色为 10 日 08 时,黄色为 10 日 20 时)(a)和 9 日 20 时起报的海平面气压(实线,单位:hPa)、2 m 温度(填色,单位:℃)和 10 m 风场(单位:m·s^{-1})的演变(b)

从天气形势和暴雨落区的配置预报来看(图 1.126):8 日 20 时起报暴雨落区位于西南急流脉动与低涡暖式切变南侧。9 日 08 时起报暴雨落区位于西南急流出口区与低涡暖式切变附近。

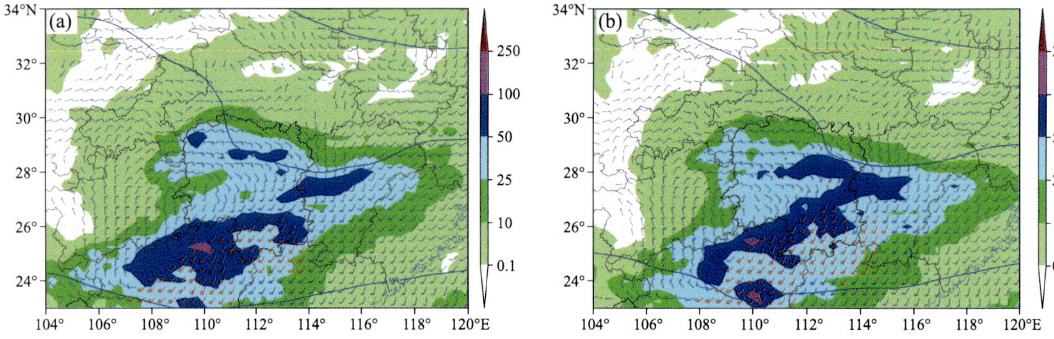

图 1.126　ECMWF 模式 2022 年 5 月 8 日 20 时(a)和 9 日 08 时(b)起报的 10 日 20 时 500 hPa 高度场(实线,单位:dagpm)、850 hPa 风场(单位:$m \cdot s^{-1}$)和 24 h 降水量(填色,单位:mm)

从各家模式降水预报来看(图 1.127):ECMWF、CMA-GFS 、CMA-SH9 模式预报有双雨带特征,其中 CMA-GFS 较其他 2 家模式暴雨落区预报略偏北,CMA-MESO 和 CMA-GD 模式未预报双雨带;从量级来看,各家模式均预报了成片的暴雨,其中 CMA-SH9 和 CMA-GD 模式预报了局地大暴雨。

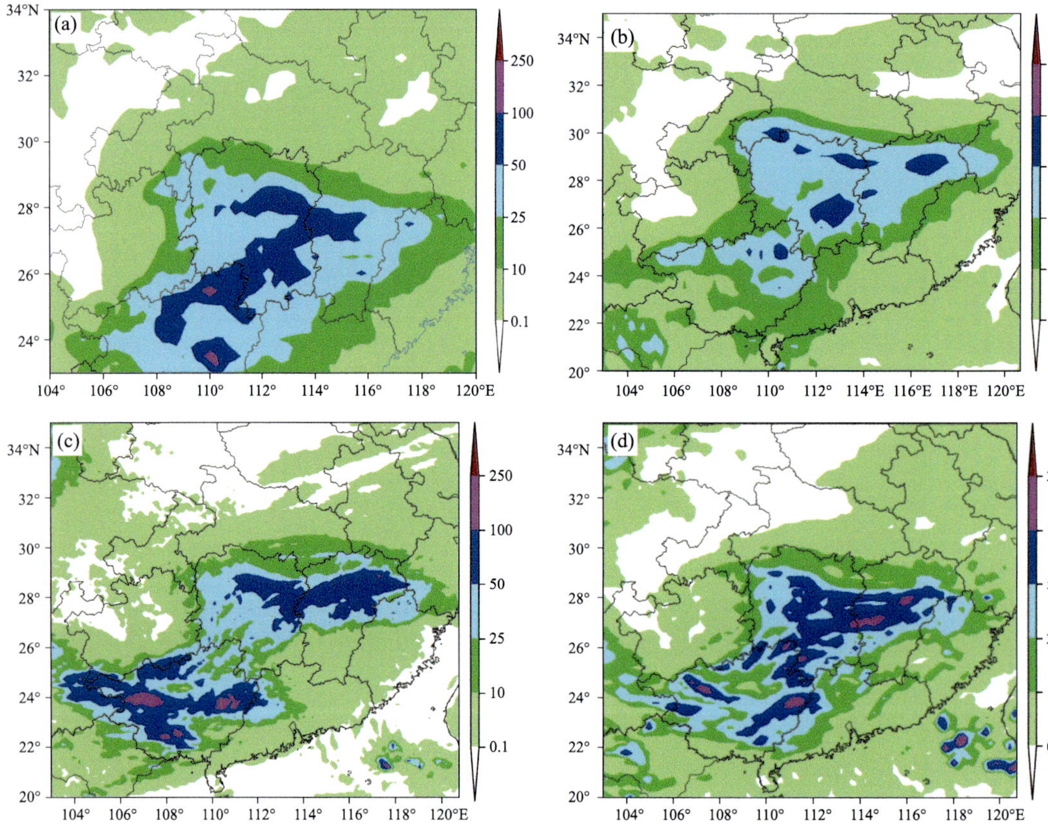

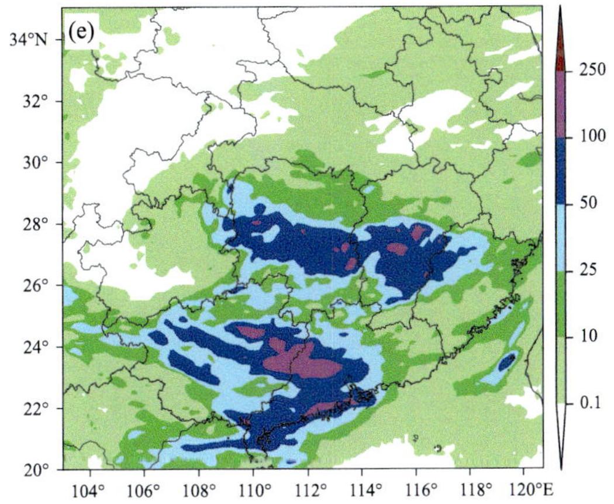

图 1.127 各家模式 2022 年 5 月 9 日 08 时起报的 9 日 20 时—10 日 20 时降水量预报图

(a)ECMWF;(b)CMA-GFS;(c)CMA-MESO;(d)CMA-SH9;(e)CMA-GD

预报偏差:结合实况和主观预报来看(图 1.128),预报与实况基本一致,是一次较为成功的预报案例。

(3)预报难点及预报策略

预报难点:各家模式对湘中暴雨预报较为一致,但湘南是否会出现次雨带预报分歧大。

预报策略:结合形势来看,湘中暴雨满足低涡冷槽型暴雨配置,且低涡切变维持时间长,考虑在中低层低涡头部及暖式切变线南侧有暴雨,为主要雨带;湘南暴雨满足暖倒槽锋生型暴雨配置,考虑湘南地面倒槽发展,辐合线附近水汽、能量条件较好的地区有暴雨,为次雨带。ECMWF、CMA-GFS 等全球模式及 CMA-SH9 区域模式均有所体现,因此需要考虑多雨带特征,结合降水量级来看,全球模式预报量级系统性偏小,可参考区域模式预报量级进行订正。

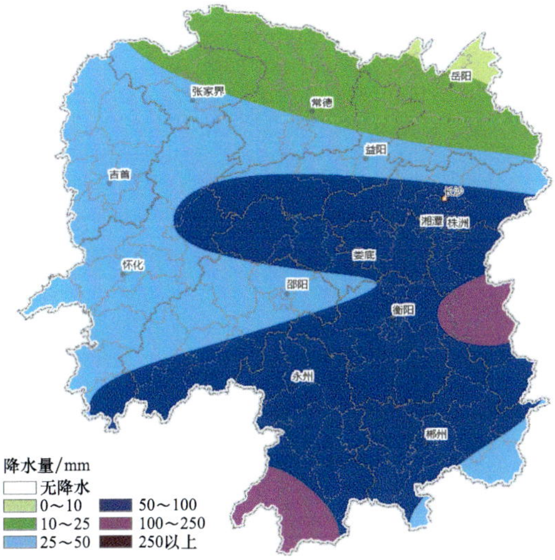

图 1.128 2022 年 5 月 9 日 20 时—10 日 20 时累计降水预报

1.2.10 极端暴雨

在全球变暖背景下,我国极端降水事件逐年增多,例如 2012 年北京“7·21”、2021 年河南郑州“7·20”、2021 年湖北随州“8·12”、2021 年山西临汾“10·5”及 2022 年“龙舟水”等,都造成了严重的洪涝和山洪地质灾害,给人民生命财产构成巨大威胁。湖南也是极端降水致灾较为严重的省份之一,已有研究表明湖南省极端强降水事件频次呈增加趋势(张剑明 等,2012)。如何判定极端暴雨事件出现的时段、区域地点,一直以来都是困扰预报员的预报难点。

根据湖南省气候中心的评估(表 1.2~表 1.7),1961 年以来湖南省区域性暴雨过程综合强度指数前十的过程中，有 6 次出现在 7 月，2 次出现在 6 月，2 次出现在 8 月。结合影响系统来看，西风带系统影响的极端降水过程多集中在 6 月下旬—7 月中下旬，东风带系统影响的极端降水过程主要集中在 8 月。下面将利用 2003 年张家界、2017 年湖南省和 2023 年湘西区域性极端暴雨过程，分别从极端暴雨日、持续性极端暴雨过程、突发性极端暴雨过程等三个方面来讨论极端暴雨的预报技巧。

表 1.2　1961 年以来湖南省区域性暴雨过程综合强度指数前 10 位信息表

排序	年份	开始日期	结束日期	持续时间/d	平均暴雨量/mm	平均影响范围/$10^4 km^2$	综合强度指数	综合强度等级	过程湖南平均降水量/mm（国家站）	过程最大降水量/mm 及站点（国家站）
1	2017	6 月 22 日	7 月 2 日	11	89.47	3.78	55019.9	特强	277.6	576.1 辰溪
2	1996	7 月 13 日	7 月 18 日	6	91.66	3.92	44481.03	特强	155.4	380.2 溆浦
3	2007	8 月 20 日	8 月 23 日	4	95.57	4.13	38862.52	特强	112.5	507.9 资兴
4	1998	7 月 22 日	7 月 25 日	4	111.81	2.82	37573.65	特强	86.2	364.6 桑植
5	2003	7 月 8 日	7 月 10 日	3	118.53	3.34	37494.33	特强	52.3	619.7 张家界
6	2016	7 月 1 日	7 月 5 日	5	90.04	3.03	35038.14	特强	115.9	389.6 湘阴
7	1969	8 月 9 日	8 月 12 日	4	83.63	4.33	34824.19	特强	108.9	344.8 沅江
8	2004	7 月 17 日	7 月 20 日	4	89.03	3.71	34276.92	特强	88.0	379.6 辰溪
9	2002	7 月 19 日	7 月 26 日	8	73.75	2.70	34271.48	特强	152.8	405.3 岳阳
10	1966	6 月 27 日	6 月 30 日	4	87.70	3.76	34016.83	特强	95.4	360.5 慈利

表 1.3　1961 年以来湖南省暴雨过程 1 h 极值降水排名前 10 位信息表

排名	所属地市	所属区县	所属乡镇	1 h 极值/mm	极值出现时间
1	怀化市	沅陵县	肖家桥乡	137.4	2023-06-30 09 时
2	株洲市	攸县	石羊塘镇	132	2020-05-16 17 时
3	永州市	东安县	川岩乡	126.4	2019-04-26 22 时
4	湘西州	泸溪县	武溪镇	125.4	2020-08-10 04 时
5	永州市	江永县	铜山岭农场	125.2	2021-06-20 22 时
6	益阳市	安化县	小淹镇	122.4	2021-08-09 20 时
7	常德市	鼎城区	黄土店镇	121.3	2023-06-16 07 时
8	怀化市	辰溪县	罗子山瑶族乡	120.3	2022-04-22 19 时
9	郴州市	资兴市	东江街道	119.2	2023-06-08 19 时
10	张家界市	桑植县	洪家关白族乡	115.4	2023-07-07 22 时

表 1.4　1961 年以来湖南省暴雨过程 3 h 极值降水排名前 10 位信息表

排位	所属地市	所属区县	所属乡镇	3 h 极值/mm	极值出现时间
1	怀化市	洪江市	桂花园乡	233.6	2020-06-23 05 时
2	永州市	道县	上关街道	230.3	2020-06-01 01 时
3	怀化市	沅陵县	肖家桥乡	227.1	2023-06-30 09 时
4	怀化市	鹤城区	凉亭坳乡	221.8	2016-07-03 23 时

续表

排位	所属地市	所属区县	所属乡镇	3 h 极值/mm	极值出现时间
5	湘西州	泸溪县	武溪镇	221.7	2020-08-10 05 时
6	邵阳市	绥宁县	寨市苗族侗族乡	220.9	2017-06-25 04 时
7	株洲市	攸县	石羊塘镇	218.4	2020-05-16 18 时
8	岳阳市	岳阳县	步仙镇	218.0	2017-08-12 11 时
9	张家界市	桑植县	桥自弯镇	216.0	2023-08-27 04 时
10	常德市	临澧县	修梅镇	214.3	2016-08-11 05 时

表 1.5　1961 年以来湖南省暴雨过程 6 h 极值降水排名前 10 位信息表

排位	所属地市	所属区县	所属乡镇	6 h 极值/mm	极值出现时间
1	怀化市	溆浦县	舒溶溪乡	306.6	2022-06-19 13 时
2	怀化市	溆浦县	均坪镇	290.8	2022-06-19 12 时
3	怀化市	溆浦县	观音阁镇	279.0	2022-06-19 12 时
4	怀化市	洪江市	桂花园乡	274.9	2020-06-23 07 时
5	邵阳市	绥宁县	寨市苗族侗族乡	273.1	2017-06-25 07 时
6	怀化市	溆浦县	深子湖镇	272.7	2017-08-13 10 时
7	怀化市	辰溪县	谭家场乡	272.6	2022-06-19 13 时
8	永州市	零陵区	梳子铺乡	270.8	2018-08-16 14 时
9	张家界市	永定区	王家坪镇	269.9	2020-06-13 11 时
10	湘西州	泸溪县	武溪镇	266.9	2020-08-10 05 时

表 1.6　1961 年以来湖南省暴雨过程 12 h 极值降水排名前 10 位信息表

排位	所属地市	所属区县	所属乡镇	12 h 极值/mm	极值出现时间
1	张家界市	永定区	后坪街道	390.5	2003-07-09 09 时
2	怀化市	溆浦县	舒溶溪乡	376.2	2022-06-19 17 时
3	衡阳市	衡山县	白果镇	358.0	2016-06-15 16 时
4	张家界市	永定区	天门山镇	336.7	2016-07-18 14 时
5	怀化市	溆浦县	均坪镇	331.6	2022-06-19 13 时
6	郴州市	永兴县	便江镇	326.3	2006-07-15 13 时
7	怀化市	溆浦县	观音阁镇	320.3	2022-06-19 13 时
8	常德市	石门县	磨市镇	317.9	2012-08-21 11 时
9	湘西州	永顺县	灵溪镇	310.0	1995-05-31 13 时
10	怀化市	辰溪县	谭家场乡	310.0	2022-06-19 17 时

表 1.7　1961 年以来湖南省暴雨过程 24 h 极值降水排名前 10 位信息表

排位	所属地市	所属区县	所属乡镇	24 h 极值/mm	极值出现时间
1	张家界市	永定区	后坪街道	455.5	2003-07-09 20 时
2	益阳市	桃江县	灰山港镇	407.2	2016-07-04 15 时
3	怀化市	溆浦县	舒溶溪乡	391.6	2022-06-20 03 时

续表

排位	所属地市	所属区县	所属乡镇	24 h 极值/mm	极值出现时间
4	怀化市	辰溪县	大水田乡	389.7	2014-06-19 21 时
5	张家界市	桑植县	五道水镇	384.6	2013-06-06 18 时
6	娄底市	涟源市	安平镇	376.3	2017-06-25 13 时
7	张家界市	桑植县	澧源镇	373.8	1983-06-26 20 时
8	益阳市	赫山区	沧水铺镇	366.8	2016-07-04 15 时
9	衡阳市	衡山县	白果镇	365.9	2016-06-16 00 时
10	郴州市	永兴县	便江镇	365.4	2006-07-15 14 时

1.2.10.1 2003 年张家界日极值暴雨个例分析

(1)过程概况

2003 年 7 月 8—10 日湖南出现了一次较大范围的区域性暴雨、大暴雨过程，具有影响范围广、降水强度大、累计降水量大、雨带稳定少动等特点，主要雨带位于湘西北地区，呈带状分布，湖南平均过程降水量为 118.53 mm，位居 1951 年以来历史同期第五高位。其中张家界站 2003 年 7 月 8 日 20 时—9 日 20 时日降水量达 455.5 mm，日降水量位居 1951 年以来历史同期第一高位(图 1.129)。

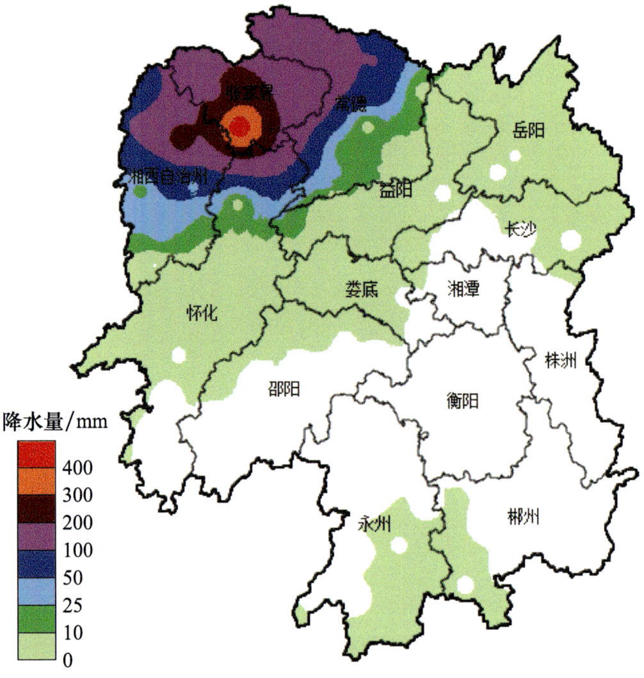

图 1.129 2003 年 7 月 8 日 20 时—9 日 20 时累计降水量

(2)预报分析

8 日 08 时湘西北地区位于 200 hPa 槽前，同时处于高空急流分流辐散区，有利于高空抽吸作用；500 hPa 湘西北位于高空槽前，槽前正涡度平流有利于上升运动的发展以及引导

850 hPa 低涡和冷式切变线的东移，另外湘西北地区处于 584 线的边缘，有利于其西侧从地面到低层暖湿急流的建立，为降水区输送充沛的水汽和不稳定能量；从地面形势场来看，08 时湘西北地区低压发展，有利于 8 日白天高温高湿不稳定能量的积聚；从能量条件上看，白天处于能量积累阶段，CAPE 为 870.3 $J \cdot kg^{-1}$，K 指数 37 ℃，能量螺旋度指数(EHI)为 1903.8。综上，8 日白天从高空到地面多层影响系统在湘西北地区高度重叠，天气系统较为深厚，湿层也较为深厚，且不断增加的能量条件，为湘西北极端暴雨的发生提供了有利的气象条件。

8 日 20 时随着 200 hPa 低压槽东移，湘西北位于 200 hPa 槽底和高空急流出口区；500 hPa 短波槽和副高维持，中低层低涡切变线仍在湘西北维持，地面则处于气旋波后部，同时地面辐合线显著发展，有利于白天积累的不稳定能量的触发与释放。从能量条件上看，CAPE 显著增大为 2762 $J \cdot kg^{-1}$，K 指数增大为 40 ℃，EHI 为 3280.7。因此，在高温高湿的能量条件下，地面辐合线的抬升触发和湘西北深厚系统的稳定维持是本次过程降水量大，雨带稳定的主要原因。

9 日 08 时随着高空低压槽的东出，湘西北低层处于冷式切变底部，副高仍然稳定维持，能量条件仍然较好，湿度较大，因此 9 日的强降水主要与副高的维持和较高的能量有关(图 1.130)。

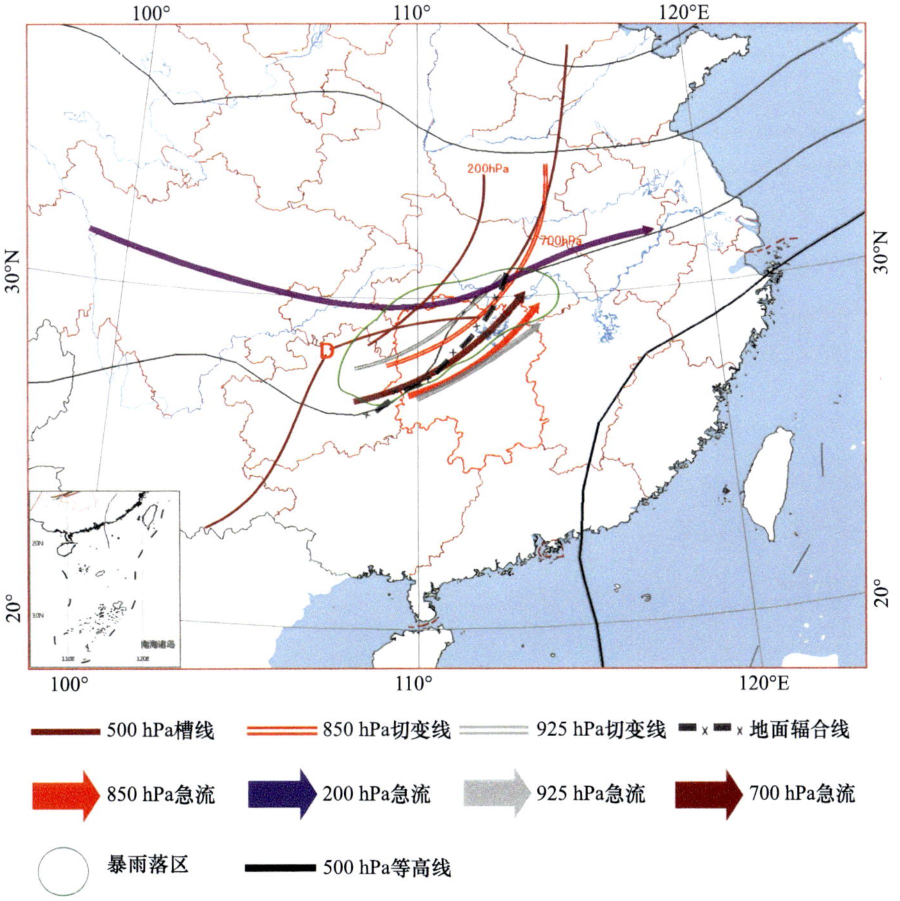

图 1.130 张家界日极值暴雨概念模型

(3)预报难点及预报策略

本次主观预报湘西北有大到暴雨，落区准确，难点在于降水量级明显偏小，且最大日降水量破湖南极值始料未及。陈红专(2021)的研究表明，湖南省极端暴雨分为5类，Zhao等(2023)将湘西北极值暴雨分为3类，即西南涡暖式切变型、副高边缘型与冷槽切变型。通过前面的形势场与物理量场分析，对于极值暴雨个例有以下着眼点：

夏季6月底至7月，在高能高湿环境背景下，当出现较稳定的极端暴雨形势，并有多层系统影响同一地区时，有极端暴雨发生；当水汽或不稳定能量处于极端背景下，多种极端暴雨形势共存且稳定维持在一地，并有多层系统影响，同时有低空和超低空急流出现，在584线和切变线附近的地面辐合处可能出现极值暴雨。

1.2.10.2 2017年6月22日—7月2日极端暴雨过程个例分析

(1)过程概况

2017年6月22日—7月2日湖南省出现了一次罕见的大范围持续暴雨、大暴雨过程，过程具有影响范围广、持续时间长、降水强度大、累计降水量大、雨带移动明显等特点，湖南省平均过程降水量292.4 mm，较常年同期(81.74 mm)偏多257.8%，位居1951年以来历史同期第一高位(图1.131a)。按照湖南地方标准《湖南极端降水事件监测方法与判别指标》(DB43/T 835—2013)评估，共有73县市出现极端降水事件。受强降水影响，湘江发生了流域性特大洪水，资水及沅江发生了大洪水，湘江、资水、沅江3条河流洪水同时在洞庭湖遭遇，形成洞庭湖区大洪水。根据湖南省地方标准《气象灾害 术语和分级》(DB43/T 234—2004)，全省共有53个县市达到中度以上洪涝，占全省总数(97个)的54.6%，其中38个达到重度洪涝标准，占全省总数的39.2%，中度洪涝以上主要出现在湘中一线及湘西南地区(图1.131b)。

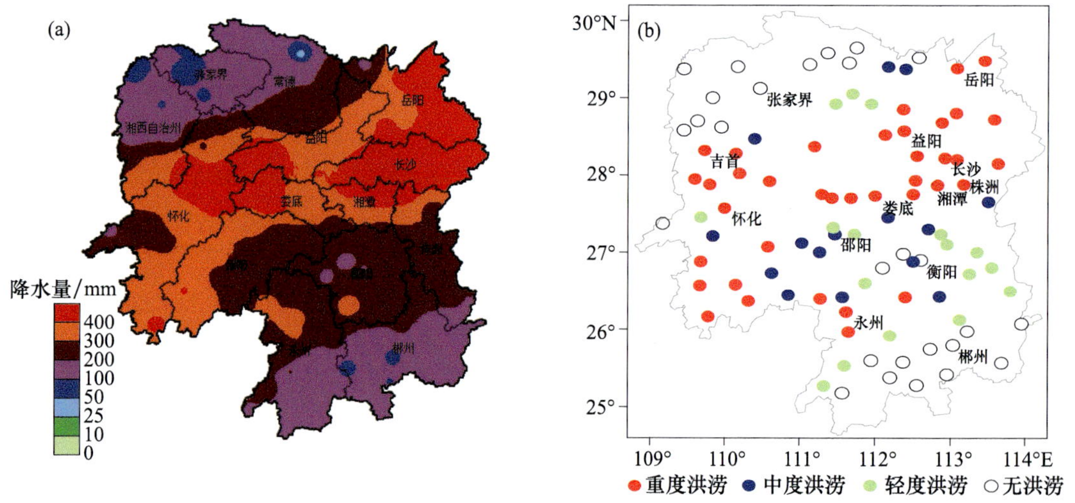

图1.131 2017年6月22日20时—7月2日20时湖南累计降水量(a)以及洪涝分布(b)

该次过程强降水呈现南北阶段性摆动特点，6月22—25日强降水主要位于湘中以北地区，26—28日主要影响湘南地区，29日—7月2日强雨带北抬至湘中以北及湘西南地区(图1.132)。

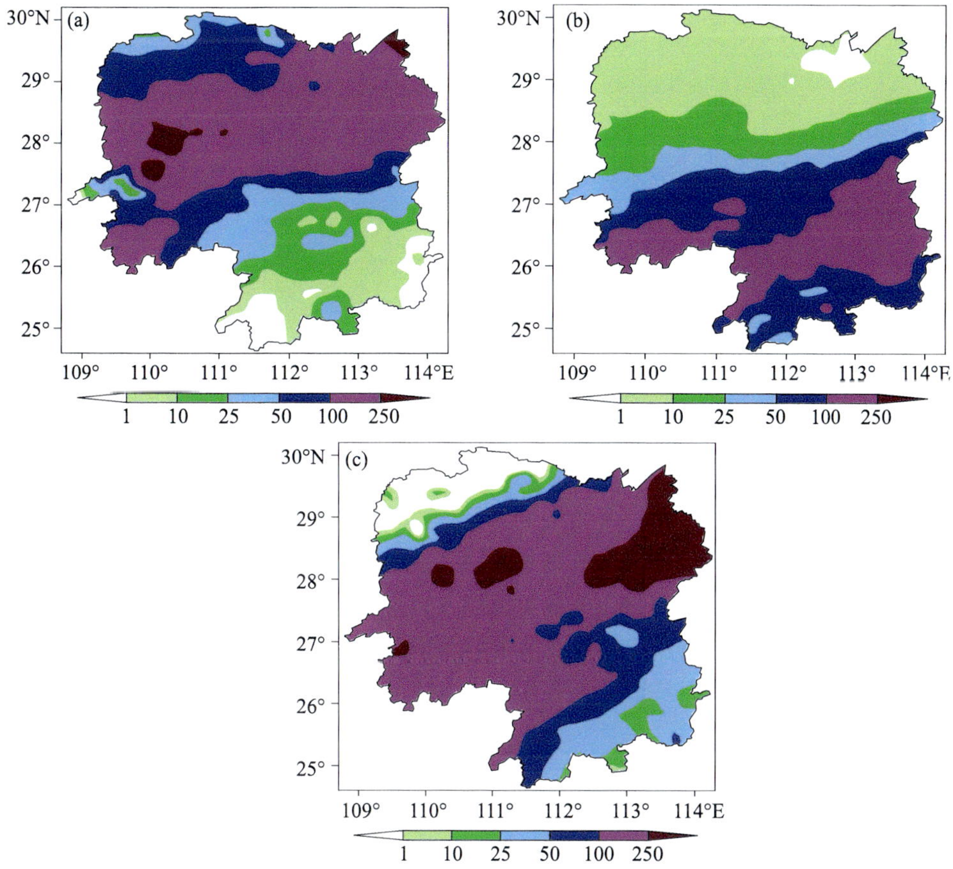

图 1.132　2017 年 6—7 月降水过程 3 个阶段累计降水量(单位:mm)

(a)6 月 22 日 20 时—25 日 20 时;(b)6 月 25 日 20 时—28 日 20 时;(c)6 月 28 日 20 时—7 月 2 日 20 时

(2)预报分析

持续性暴雨的发生必须要有相对稳定的大尺度环流背景,影响系统有可能在同一地区反复出现或沿同一路径移动,从而造成很大的累计降水量。此次持续性暴雨是由于高空冷槽与副热带高压的长时间稳定维持所致。从 500 hPa 平均高度场(图 1.133a)可以看出,亚欧大陆中高纬度地区为明显的"Ω"形流型分布,贝加尔湖附近出现高压脊,距平场为一正中心,温度场显示较历史平均明显偏暖,其东侧高空槽维持,高度和温度距平场均为负距平区。中低纬西太平洋副热带高压稳定维持,其北界位于华南,西脊点位于海南岛。副高西北侧从华北到西南地区为一高空槽维持,槽前西南气流强盛。过程期间副高位置相对比较稳定,湖南处于副高边缘的强水汽输送带中,有利于水汽和不稳定能量源源不断往暴雨区输送。另外副高的稳定维持导致中低纬系统移动缓慢或受阻,也有利于系统在暴雨区长时间维持。在低层 850 hPa 平均图上(图 1.133b),湖南西北侧切变线维持,西南暖湿气流旺盛,来自孟加拉湾和南海(以及西太平洋)暖湿气流与来自北方的冷空气在切变线附近及南侧辐合抬升,导致湖南持续性极端暴雨的发生。

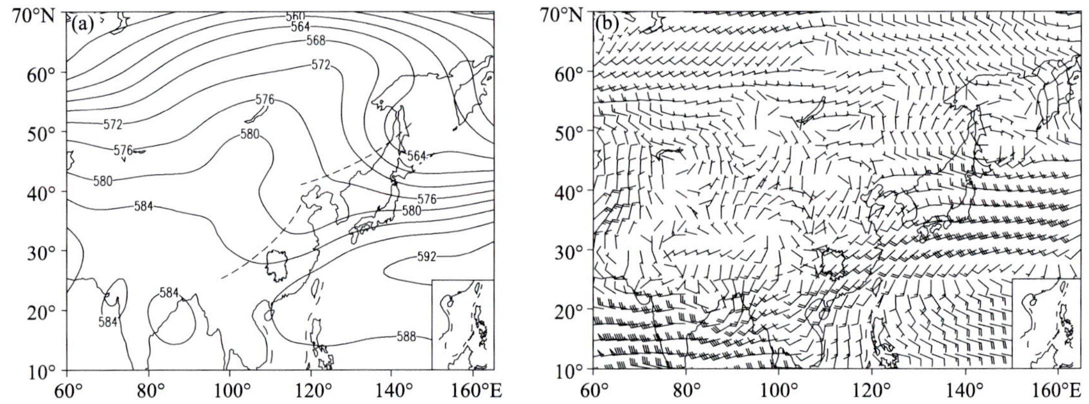

图 1.133　2017 年 6 月 22 日—7 月 2 日 500 hPa 平均高度场(单位:10 dagpm)(a)
和 850 hPa 平均风场(单位:$m \cdot s^{-1}$)(b),粗虚线是高空槽或切变线

从低层系统的演变来看,强降雨落区和强度的变化与低空急流的演变和位置南北移动密切相关。第一阶段开始时 850 hPa 西南气流呈加强的趋势,从怀化、长沙、桂林和郴州 4 个高空站 850 hPa 平均风速演变看(图 1.134),23 日 08 时低空急流推进到湖南中部一线,4 站平均风速超过 15 $m \cdot s^{-1}$,切变线位于西南地区东部,强降雨位于湘中以北地区,23 日 20 时后切变线移到湘北地区并缓慢南移,但低空急流仍维持,湘中一线出现持续性强降雨,24 日 20 时后低空急流减弱南退,切变线在 25 日移到湘中以南,第一阶段降雨结束,雨带移到湘南地区,第二阶段切变线虽在湘南和华南北部摆动,但低层西南气流不强,呈夜间增强、白天减弱的变化特征,四个站的平均风速在 10 $m \cdot s^{-1}$ 以下,第二阶段的大部时间里,只有桂林和郴州 2 站在夜间西南气流达到急流标准,怀化和长沙以及华南的其他高空站西南气流均不强,因此第二阶段降雨虽维持,但强度较第一、第三阶段弱。28 日 20 时后,西南暖湿气流再度加强和向北发展,低空急流重新建立并维持,切变线随之北抬到湘北并维持,降雨自南向北发展加强,强降雨在湘中及以北地区维持了 2 d,7 月 1 日 20 时后低空急流减弱南退,切变线和强降雨带随之南移,至 2 日 20 时后结束。

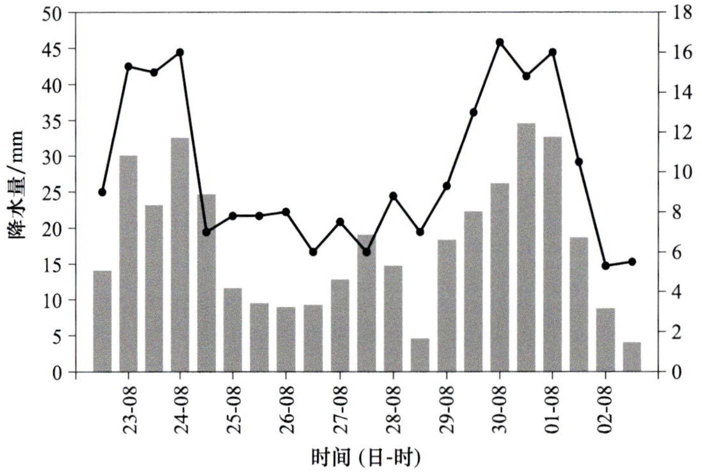

图 1.134　2017 年 6 月 22 日—7 月 2 日 4 个高空站(怀化、长沙、桂林、郴州)850 hPa 平均风速(折线图)以及湖南省 97 个国家站逐 12 h 平均降水量(柱状图)的时间演变

(3)预报难点及预报策略

结合模式预报来看,本次过程模式预报相对稳定,可预报性强,但是对过程的极端性预估分析尚有不足,预报难点主要在于暴雨过程会持续多久?强降水带是否有变化?局地极端性如何判定?因此,我们主要从以上三个方面来探讨预报技巧及思路。

预报难点 1:过程持续时间?

本次过程共持续 11 d,从影响系统来看(图 1.135),中高纬度的阻塞高压和副热带高压稳定维持是暴雨长时间维持的主要原因。

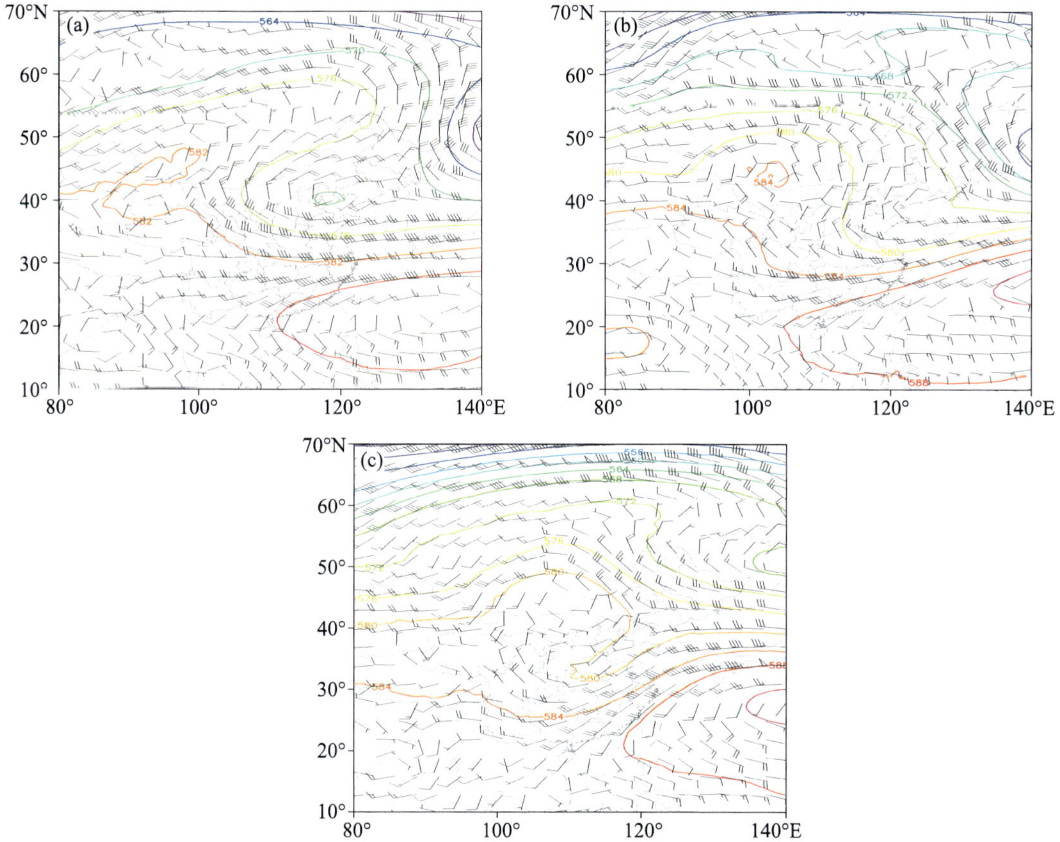

图 1.135 2017 年 6—7 月 500 hPa 平均高度场(等值线,单位:dagpm)与 850 hPa 风场(风羽,单位:$m \cdot s^{-1}$)

(a)6 月 22 日 20 时—25 日 20 时;(b)6 月 25 日 20 时—28 日 20 时;(c)6 月 28 日 20 时—7 月 2 日 20 时

阻塞形势的形成维持及崩溃整个过程需要的时间较长,且每个阶段都可能诱发暴雨。阻塞高压(以下简称"阻高")发展强盛期维持阶段(6 月 22—25 日),高纬为阻塞形势,中纬为平直西风气流,其上有短波槽东移影响,槽后有弱冷平流扩散南下至长江流域地区,此时湖南中北部出现强降水天气过程。阻高明显减弱阶段(26—28 日),有强冷空气从西伯利亚向我国南方地区入侵,同时伴随横槽转竖,低压槽尾部向南延伸至江淮地区,同时高原低压槽东出,强降水带由湘北南压至湘南地区。阻高崩溃阶段(6 月 29 日—7 月 2 日),之前高压脊区被一宽广槽区替代,南北两支低压槽叠加,使得中纬度为一深厚低压槽区,湖南省处于低压槽前部强盛西南暖湿急流带中,低空急流有所北抬,与低压槽东移南下带来的冷空气交汇于湖南省中部一带,并持续维持,此时第三阶段强降水区出现在湘中,呈现"东北—西南"走向。

副热带高压的稳定维持是本轮暴雨过程持续时间较长的另一个重要因素。强降水落区往往取决于副高和冷空气的交汇区域，即副高的强度、南北摆动位置和向西伸展的程度。从多年气候平均来看(图 1.136)，6 月下旬副高比较活跃，脊线一般在 20°—26°N，呈现阶段性北抬趋势，湖南省雨带也随着阶段性北抬，湘南逐渐进入少雨期。但对比来看，2017 年 6 月下旬副高脊线稳定维持在 23°—24°N，未发生明显北抬，所以造成了强雨带长时间在湖南省摆动。

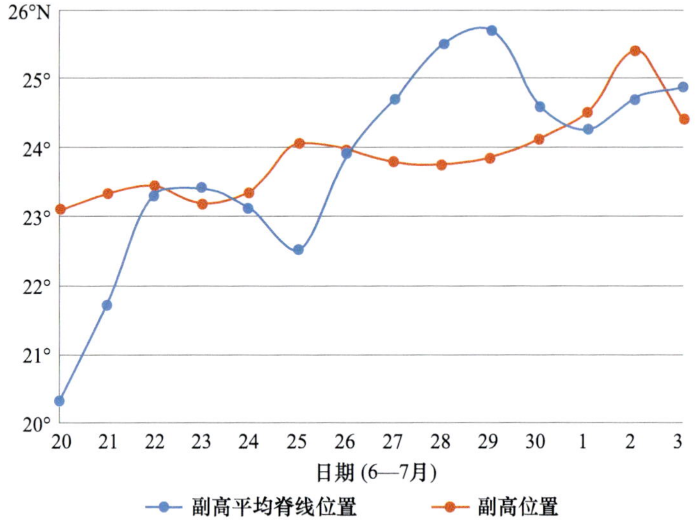

图 1.136　2017 年 6 月 20 日—7 月 3 日副高脊线与历年平均位置

源源不断超强的水汽输送为极端降水过程提供了充足的水汽。从各阶段湖南地区水汽通量净输送来看，均表现为净输入，其中第一、第三阶段水汽净流入量为 40 $g\cdot cm^{-1}\cdot hPa^{-1}\cdot s^{-1}$，大于第二阶段的 30 $g\cdot cm^{-1}\cdot hPa^{-1}\cdot s^{-1}$。我国两广地区至江南地区，一直延伸至日本南部维持着一条典型的带状大气河，大气河的存在，为该区域提供了源源不断的水汽输送(图 1.137)。同时发现，该带状大气河的水汽主要来自三条通道：①孟加拉湾至中南半岛，后至我国广西及长江中下游；②越赤道气流输送的水汽与孟加拉湾南侧的水汽结合，绕过中南半岛，经南海输送到广东及长江中下游地区；③西太平洋的水汽经菲律宾东岸到广东，汇入大气河。第一阶段降水最强的时段(23—24 日)，湖南范围内综合水汽输送(IVT)≥750 $kg\cdot m^{-1}\cdot s^{-1}$ 的区域位于湘中，IVT 的辐合前缘位于湘北。第二阶段：强降水落区主要在湘中以南，降水强度较第一阶段明显减弱。第一和第二条水汽通道水汽明显减弱，来自西太平洋经南海输送到华南的水汽通道加强，但水汽输送位置偏南，省内 IVT≥500 $kg\cdot m^{-1}\cdot s^{-1}$ 的区域明显减小南压，也就导致了降水的强度较第一阶段减弱，落区偏南。第三阶段：从大气河的发展演变来看，29 日 08 时，IVT≥500 $kg\cdot m^{-1}\cdot s^{-1}$ 的区域覆盖了湘中以南，29 日强降水即位于 IVT 辐合的前缘；30 日 08 时，湘东偏北位置出现了 IVT≥750 $kg\cdot m^{-1}\cdot s^{-1}$ 的中心，且在长沙和岳阳南部出现了 IVT≥1000 $kg\cdot m^{-1}\cdot s^{-1}$ 的强中心，对应于该中心的北侧，岳阳平江本站 30 日 08—20 时 12 h 降水量达211.4 mm。大气河分布与强雨带走向一致。

预报难点 2：强降水落区的南北摆动

本轮过程雨带在湖南省南北摆动特点明显，强降水落区是多尺度系统配置及水汽、动力和热力条件重叠综合作用的结果。第一阶段：中低层切变辐合线位于湘北地区，系统位相差小，

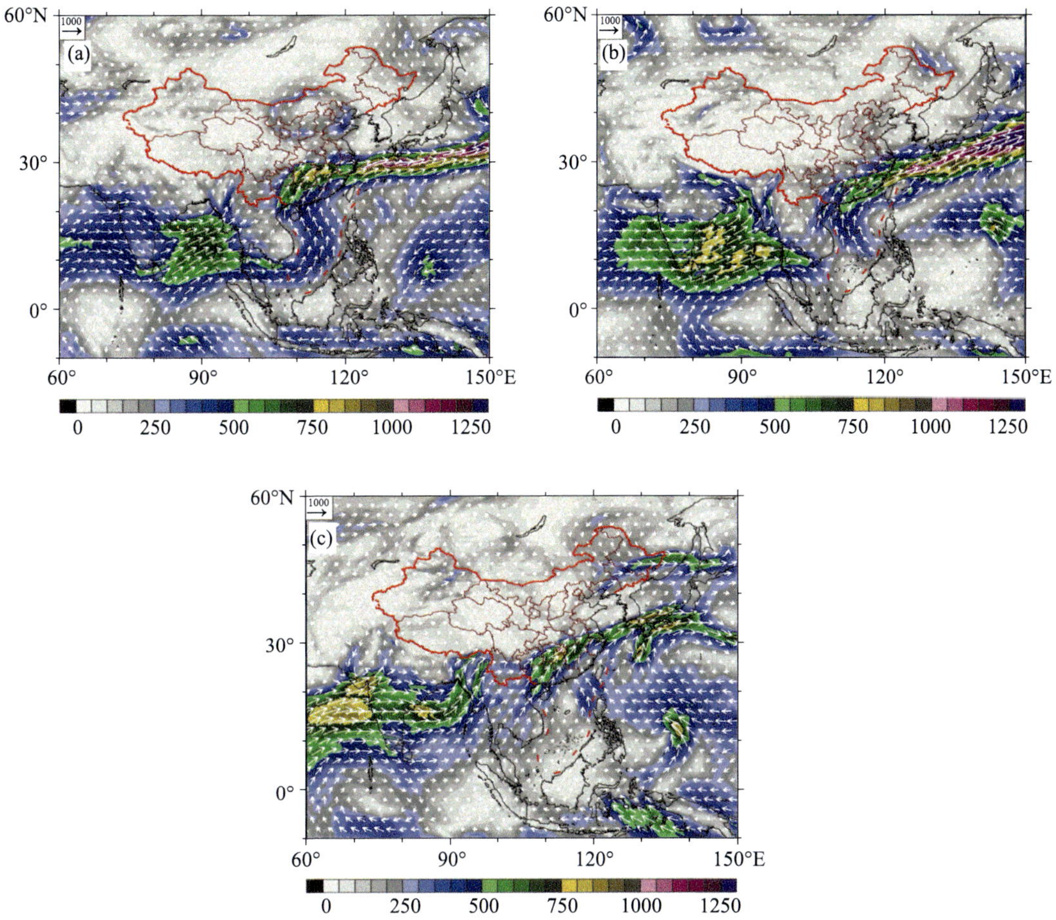

图 1.137 2017 年 6 月过程期间大气河演变图

(a)23 日 08 时;(b)26 日 08 时;(c)30 日 08 时

高低空急流强盛，并出现超低空急流，高低空急流耦合形势明显，湘中偏北地区为强上升运动区；大气整层可降水量普遍超过 60 mm，局地超过 65 mm，其中 24 日 08 时湘中以北局地超过常年同期 2 个标准差的概率达 60%～80%；暴雨区北侧为 θ_{se} 等值线密集带（锋区），锋区在 500 hPa以下呈陡立状，500 hPa 以上向北倾斜，强垂直上升运动在锋前暖区中。因此该阶段强降水带主要位于湘中偏北地区，强度最强。第二阶段：中低层切变及地面冷锋均位于湘南，高空急流维持，但低空急流减弱消失，所以高低空耦合形势不明显；大气整层可降水量超过 55 mm，其中 28 日 08 时湘中以南局地超过常年同期 2 个标准差的概率达 50%～60%；与第一阶段锋区在 500 hPa 以下呈陡立状的结构明显不同，上升运动区虽然也位于锋前暖区中。但其也呈倾斜状，上升运动的强度较第一阶段弱，强降水也出现在锋前高温高湿的不稳定层结区，但降水强度较第一阶段弱。因此该阶段强降水带位于湘中以南，强度较第一阶段减弱。第三阶段：阻高崩溃，南北两支低压槽合并，各系统间位相差大，低空急流重新建立并向北推进，高低空耦合形势再次形成并维持，大气整层可降水量大值区呈东北—西南向，其中湘东北局地超过 65 mm，超过常年同期 2 个标准差的概率达 40%～60%；θ_{se} 的垂直结构具有与第一阶段类似的不稳定层结，但上升运动强度较第一阶段弱。因此该阶段强降水区范围最广，强暴雨带位置基本与暖急流输送带区域一致。

预报难点 3:过程极端降水落区判断

本轮过程雨带有明显的移动性,判断某地出现极端降水的可能性难度较大。可以从以下五个方面进行分析:一是关注有利天气系统配置的叠加区,如高低空耦合区;二是关注水汽、动力及热量的叠加区,特别是高温高湿区;三是要仔细分析系统的持续时间,若某地持续受强降水系统影响,则可能出现极端降水过程;四是关注极端降水预报产品的应用,如 EFI 指数等;五是关注地形的增幅作用,本轮过程,两个降水极值都出现在山区,分别对应着安化、泸溪大暴雨区和平江、汨罗大暴雨区,且与地形坡度对应。

1.2.10.3 2023 年 6 月湘西极端暴雨个例分析

(1)过程概况

2023 年 6 月 29 日 20 时—30 日 20 时,湖南省出现一次极端暴雨过程,从图 1.138a 可看出,强降水区主要位于湘西地区(湘西州中部、怀化北部、张家界南部、常德西部)以及湘东北(岳阳北部),上述区域 9 个县市区 55 站 24 h 累计降水量超过 100 mm,湘西地区是此次极端暴雨过程的最强降水区,古丈、保靖、沅陵 3 县共有 34 个站累计降水量超过 100 mm,其中 8 站超过 250 mm,最大累计降水量为 316.9 mm(保靖国家气象站),创该站历史极值,居湖南省历史第二高位。沅陵肖家桥站最大 1 h 雨强、最大 3 h 雨强分别为 137.4 mm 和 227.1 mm,均创湖南省有气象记录以来历史极值。古丈、保靖、沅陵 3 县降水最强时段分别为 30 日 2—10 时、6—14 时、6—9 时(图 1.138b)。此次过程具有以下特点:

① 降水分布不均、范围集中,暴雨、大暴雨落区集中在湘西州中部、沅陵北部、常德西部和岳阳北部。

② 降水极端性强,保靖日降水量创该站历史极值,肖家桥站最大小时雨强和最大 3 h 雨强均创湖南省有气象探测数据以来降水极值。

③ 致灾性强,强降水造成湘西州古丈、保靖等县城及多个乡镇出现严重内涝,部分交通路段出现积水及塌方,造成交通受阻,受灾人口 11.77 万人,紧急避险转移人口 11676 人,农作物受灾面积 11196.34 公顷,倒塌损坏房屋 1954 户 2652 间,直接经济损失 6.25 亿元。

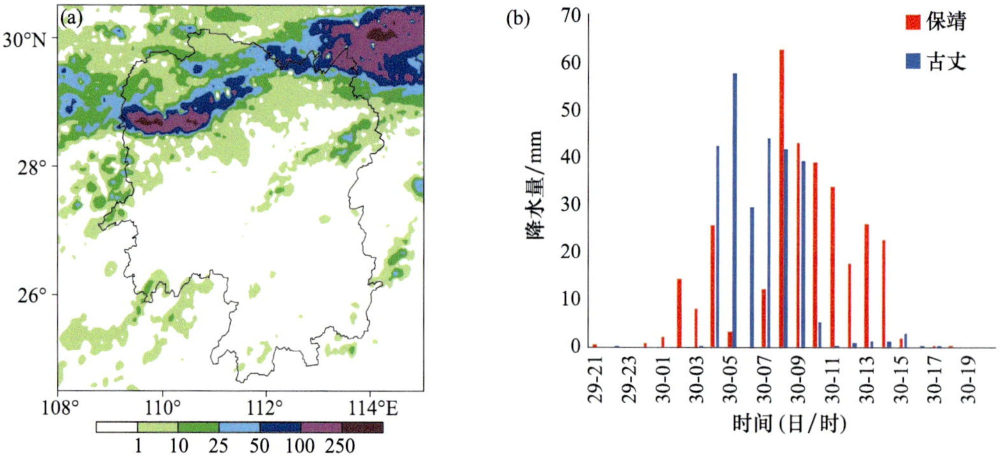

图 1.138 2023 年 6 月 29 日 20 时—30 日 20 时累计降水量(单位:mm)(a)及逐小时降水量时序图(b)

(2)预报分析

2023 年 6 月 29 日 20 时,200 hPa 高空急流位置偏北,南亚高压呈东西带状分布,湖南省位于其东北侧分流区,500 hPa 东北冷涡位于内蒙古东北部,冷涡南侧高空冷槽经过湘西北地区,副高较为强盛,呈“东北—西南”走向,588 线位于湘中以南。低层 850 hPa 和 700 hPa 切变线位于湖北境内,低空急流的日变化特征明显,暴雨区南侧怀化站西南风由 29 日 08 时的 19.3 $m \cdot s^{-1}$减弱为 20 时的 8.5 $m \cdot s^{-1}$,地面辐合线呈东北—西南向分布在暴雨区的南侧,暴雨区高低空系统的配置呈前倾形势(图 1.139)。随着时间的推移,30 日 08 时,500 hPa 东北冷涡稳定少动,但高空冷槽明显东移和加深,导致槽后西北气流加强,带动冷空气南下,低层切变线亦随之南压至湘西北,同时低空急流重新建立,怀化站西南风加强至 16.8 $m \cdot s^{-1}$,冷暖气流的辐合加强,导致此次极端暴雨的发生。

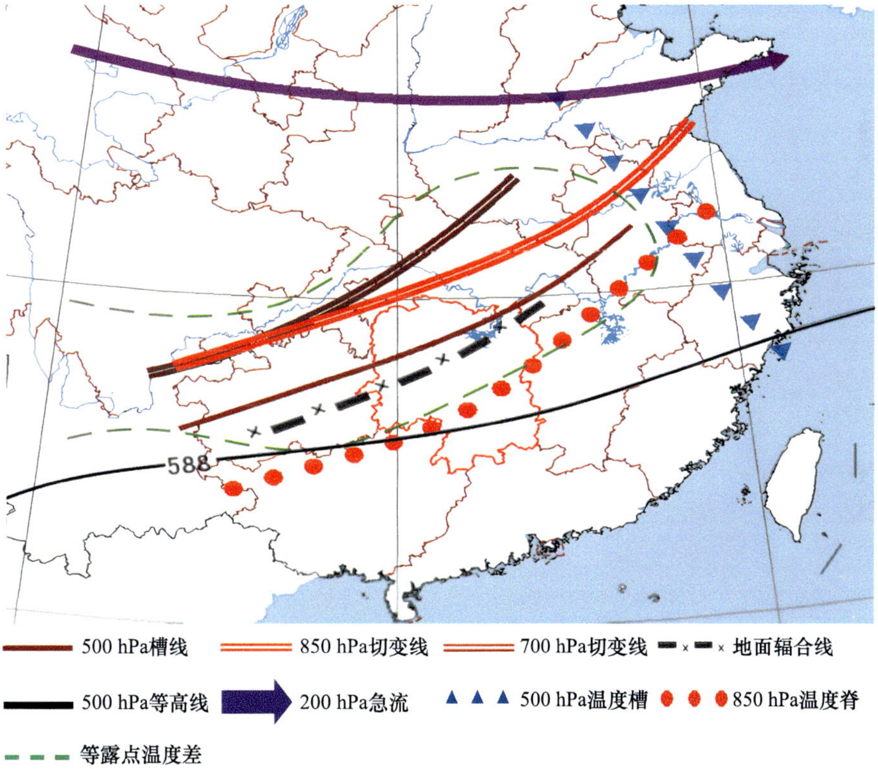

图 1.139 2023 年 6 月 29 日 20 时天气系统分析

(3)预报难点及预报策略

此次湘西地区突发性极端暴雨过程的预报难点主要体现在以下三个方面:

一是极端暴雨发生前的天气系统配置对暴雨预报有误导效果。此次极端暴雨发生在高空槽后西北气流中,中层为负涡度平流,并没有大尺度强迫产生的强上升运动,另外 6 月 29 日 08 时 850 hPa 怀化站西南风达 19.3 $m \cdot s^{-1}$,强低空急流导致低层切变线位置偏北(位于湖北境内),对强降水落区的预报也有误导作用,导致预报员的主观预报将暴雨落区定在与湖北交界的湘北地区,量级也与实况相比偏差较大。

二是此次过程的模式预报出现重大偏差。从图 1.140 可看出,所有业务常用模式对湘西地区的极端暴雨过程预报，无论是强降水落区还是强度均出现重大偏差。实况大暴雨区呈准东西向分布在湘西州中部和怀化北部地区一线，全球模式中，ECMWF 虽然预报了暴雨，但其落区明显偏北，强度明显偏弱；CMA-GFS 的预报无论是强降雨落区、范围还是强度均与实况偏差极大，不具备任何参考价值。三家中尺度模式（CMA-MESO、CMA-SH、CMA-GD）预报的强降水区均位于湘东北/湘北地区，对湘西地区的极端暴雨均为空报。数值预报模式的重大偏差极大地增加了此次过程的预报难度。

三是湘西地区复杂的地形地貌为极端暴雨的预报增加了不确定性。此次极端暴雨发生在云贵高原向洞庭湖平原的过渡区域，该区域内山势雄奇，沟壑纵横，溪流遍布，地形地貌极为复杂。从图 1.141 可以看出，强降水发生在武陵山脉南侧，沅江干流及其支流西水河谷地带，中小尺度地形对夜间增强的西南暖湿气流的阻挡抬升以及小地形的辐射降温有可能为强对流天气的发展和极端暴雨的发生提供有利因素，而这些因素，无论是预报员还是各类数值预报模式均无法准确预报和精细描述，从而导致预报偏差的发生，增加了预报的难度。

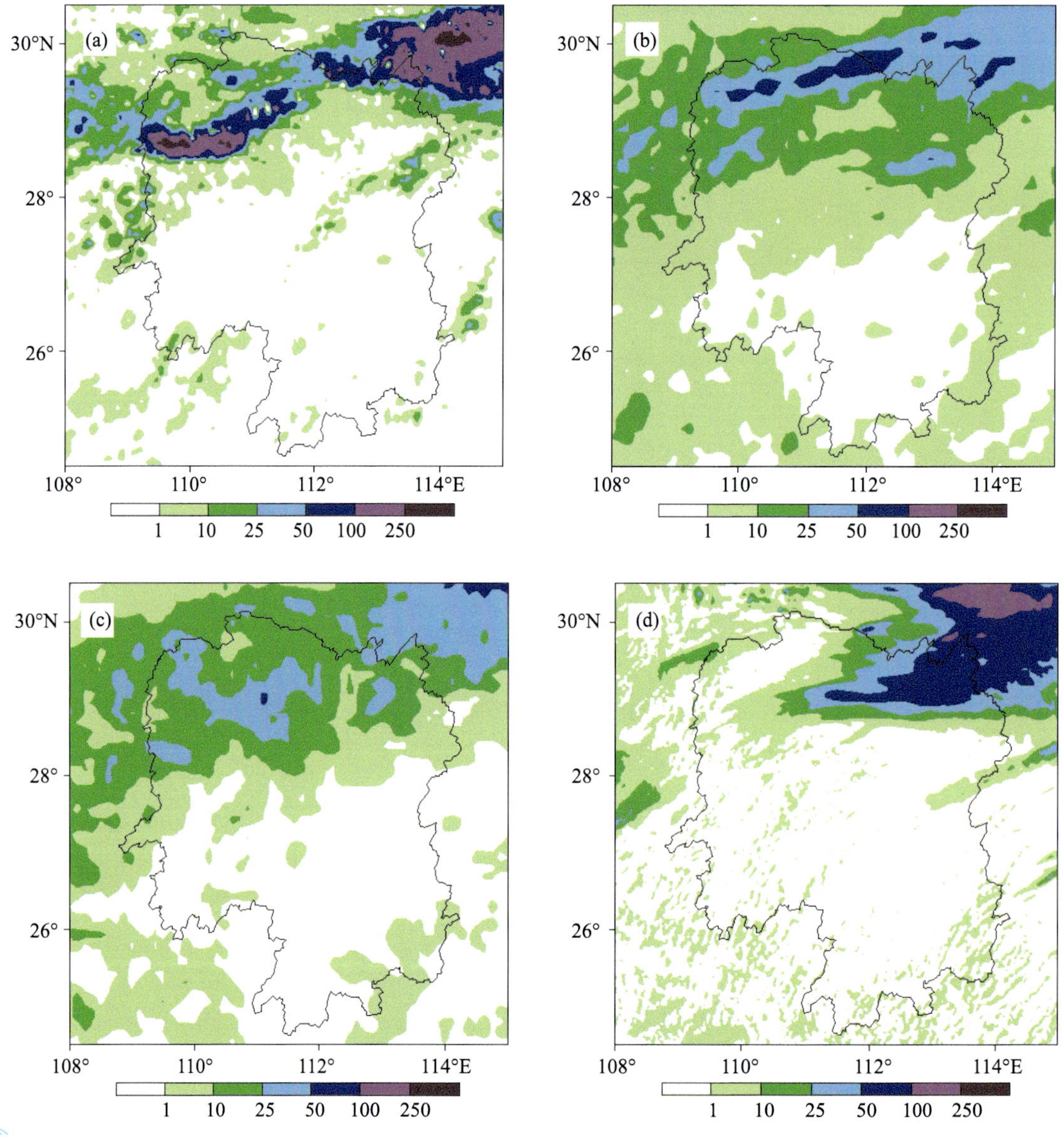

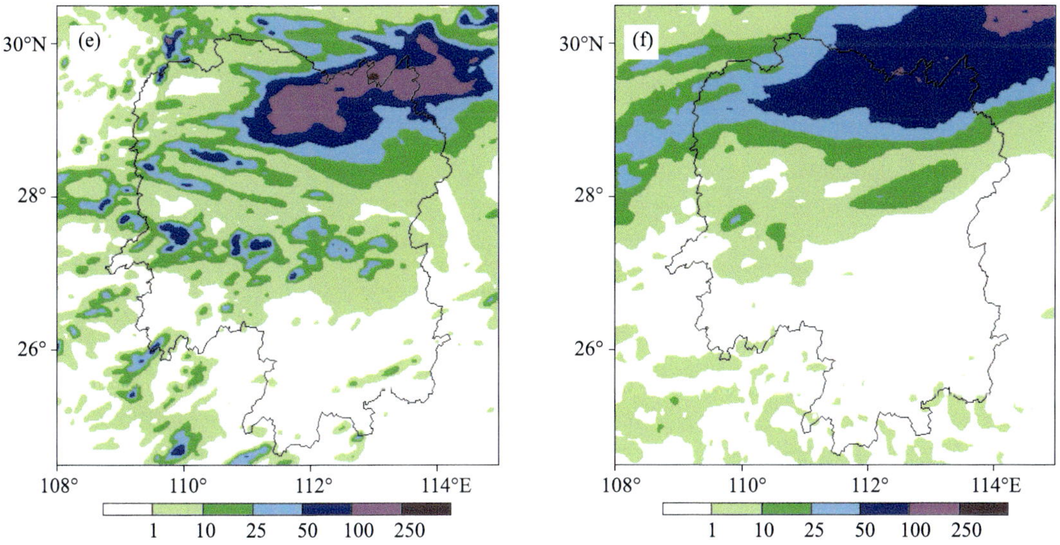

图 1.140　2023 年 6 月 29 日 20 时起报的 29 日 20 时—30 日 20 时累计降水量(单位:mm)
(a)实况;(b)ECMWF;(c)CMA-GFS;(d)CMA-MESO;(e)CMA-SH;(f)CMA-GD

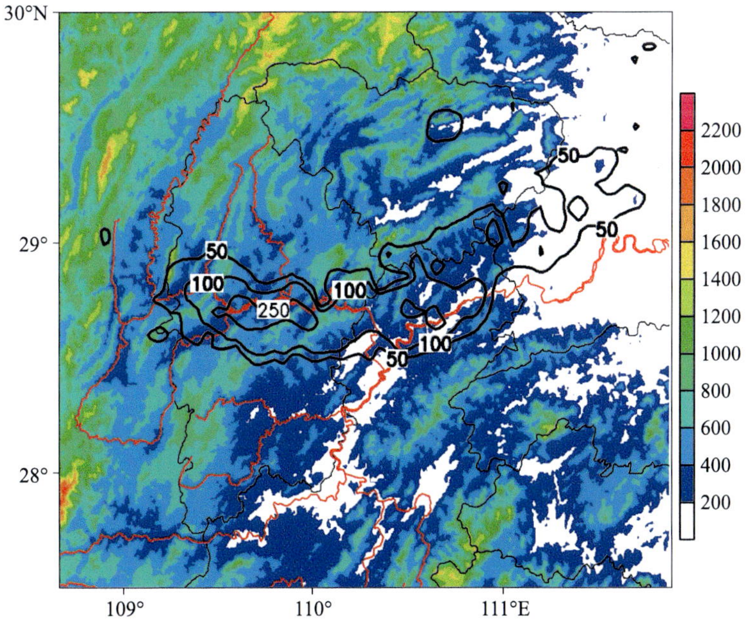

图 1.141　极端暴雨区地形高度(填色,单位:m)及 2023 年 6 月 29 日 20 时—30 日 20 时累计降水量(黑色等值线,单位:mm),红色线条是沅江及其支流

由于以上 3 个难点,此类突发性极端暴雨过程难以准确预报,在业务预报中,预报员可以参考集合预报少数成员的极端预报,同时在临近阶段根据高时空分辨率的实时多源资料,及时发布预警信号。

1.3 湖南国家站和区域站暴雨及暴雨过程对比分析

2003年之前，湖南每年因降水诱发的地质灾害造成伤亡人数突破500人，2003年气象和国土部门开展合作，将伤亡人数降至100人内，但2006年"碧利斯"台风给湖南省造成了巨大的人员伤亡。在这次气象保障服务过程中发现，气象监测站严重不足直接制约了精细化预报服务能力的提升。因此，湖南省开始大量布设区域自动站，截至2021年，建成并业务运行的区域自动站达3551个，相应的预报业务也由最初的97个国家站精细到5 km的网格预报，预警业务也从县市区精细到了乡镇和农村。但大量的历史预报经验指标、预报预警检验办法都是以国家站为标准提炼或制定的，如何将该类指标应用到目前精细化监测和评价体系中是值得思考的。因此将利用2019—2021年湖南省国家站和区域站降水资料，从暴雨日和暴雨过程两个方面来分析国家站和区域站的暴雨定量转换关系，为预报员沿用历史预报经验指标和科学制定预报预警检验规则提供参考。

1.3.1 国家站和区域站暴雨站次定量对比分析

2019—2021年湖南国家站共出现暴雨1221站次、大暴雨162站次、特大暴雨6站次；区域站共出现暴雨44289站次、大暴雨5767站次、特大暴雨183站次。区域站与国家站的暴雨、大暴雨、特大暴雨的站次比分别为36.3(即国家站出现1站次暴雨，对应区域站出现36.3站次暴雨，下同)、35.6、30.5(表1.8)。说明国家站与区域站的换算比例约为1∶30。

从逐月变化，国家站和区域站暴雨的演变趋势基本一致，都表现为5—8月暴雨最多，国家站和区域站累计暴雨比例分别占到77.67%、79.53%(图1.142)。

表1.8 2019—2021年国家站、区域站各月暴雨站次对比

类型	区域站/站次			国家站/站次		
月份	暴雨	大暴雨	特大暴雨	暴雨	大暴雨	特大暴雨
1	700	5	0	10	0	0
2	1152	11	0	33	0	0
3	2353	98	1	63	1	0
4	2564	110	0	63	4	0
5	8912	699	8	258	26	0
6	10323	1711	45	273	44	0
7	10668	2086	65	323	61	1
8	4498	759	59	117	21	5
9	2639	283	5	73	4	0
10	332	1	0	5	1	0
11	133	1	0	3	0	0
12	15	3	0	0	0	0
总计	44289	5767	183	1221	162	6

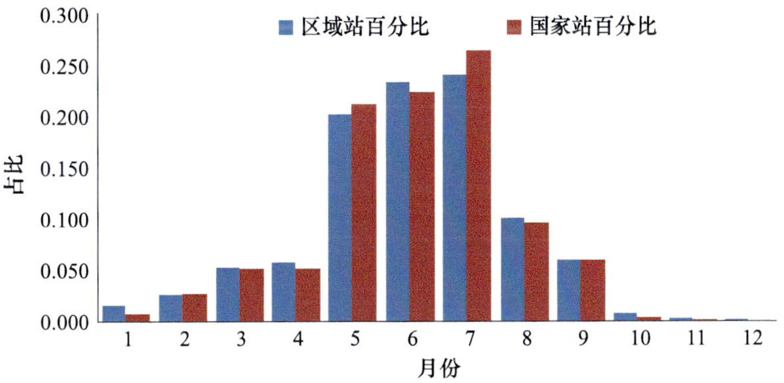

图 1.142 基于国家站和区域站各月暴雨占比

1.3.2 国家站和区域站暴雨过程评估对比分析

基于国家站的区域暴雨综合强度指数，2019—2021 年湖南省出现区域性暴雨过程 63 次，基于区域站暴雨综合强度指数，区域性暴雨过程有 66 次，相对而言，基于区域站的暴雨过程较国家站多 3 次，说明部分暴雨过程不能被国家站监测站网体系捕捉，而精细化的区域站监测体系可以做到。对比基于国家站、区域站前 3 位区域性暴雨过程（表 1.9），可以发现，过程基本一致，但排序略有差异，二者在平均暴雨量指标上差异较小，主要区别在持续时间上，基于区域站的区域暴雨过程时间通常会长 1～2 d。

表 1.9 2019—2021 年基于国家站和区域站的前 3 位区域暴雨过程对比

类型	区域站			国家站		
过程	第 1 位	第 2 位	第 3 位	第 1 位	第 2 位	第 3 位
开始日期	2020-07-06	2019-07-07	2021-06-28	2019-07-07	2020-07-07	2021-06-28
结束日期	2020-07-11	2019-07-09	2021-07-04	2019-07-09	2020-07-10	2021-07-03
持续时间/h	6	3	7	3	4	6
平均暴雨量/mm	83.73	78.58	76	82.33	86.69	77.04
强度指数	30509.97	28460.36	28289.36	731.72	612.99	581.64
等级	特强	特强	特强	特强	特强	强
湖南省平均降水量/mm	87.4	104.8	113.5	104.8	73.4	104.2
最大降水量/mm及站点（国家站）	287.50 岳阳站	373.80 茶陵站	392.80 辰溪站	373.80 茶陵站	257.80 岳阳站	391.00 辰溪站
最大降水量/mm及站点（区域站）	474.3 张家界永定区罗塔坪	509.8 株洲渌口区龙潭镇	548.4 怀化中方县中方镇	509.8 株洲渌口区龙潭镇	384.6 岳阳县新开镇马店水库	509.3 益阳安化县江南镇

第 2 章

湖南强对流天气预报方法

2.1 湖南强对流天气气候特征

强对流天气指直径≥5 mm 的冰雹，或者龙卷，或者风速≥17.2 $m \cdot s^{-1}$的雷暴大风，或者降水量≥20 $mm \cdot h^{-1}$的短时强降水等(郑永光 等，2017)。强对流天气是湖南的主要灾害性天气之一。湖南的强对流天气主要有短时强降水、雷暴大风、冰雹天气，多发生在春夏季，具有类型多、局地性和突发性强以及致灾性强等特点。选取湖南省 97 个国家气象观测站小时降水、MICAPS 特殊天气报告及地面观测报文等资料来分析强对流天气的时空分布特征。

2.1.1 雷暴大风时空分布特征

(1)雷暴大风日数的空间分布

从年平均雷暴大风日数空间分布上看(图 2.1)，湖南省年平均雷暴大风日数约为 2 d，空间分布差异较大，多发区是少发区的 2～3 倍，多发区主要分布在洞庭湖区、韶山、阳明

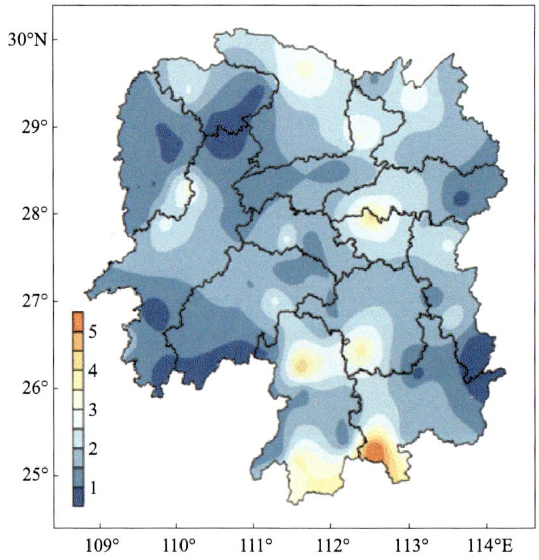

图 2.1　1971—2010 年湖南省年平均雷暴大风日的空间分布(单位：d)

山、南岭以及湘西武陵山脉和雪峰山之间狭长的地势较低地带，这种分布与地形和下垫面特征有明显的关系，地形抬升、狭管效应及下垫面非均匀加热等作用，造成上述地区雷暴大风多发（许霖 等，2017）。

（2）雷暴大风日数的时间变化

湖南省雷暴大风日数年际变化明显，从年变化曲线（图 2.2）上看，雷暴大风日数呈波动下降趋势，其中长期变化趋势约为 $-6.9\ d\cdot a^{-1}$，说明每年雷暴大风日数减少约 7 d。

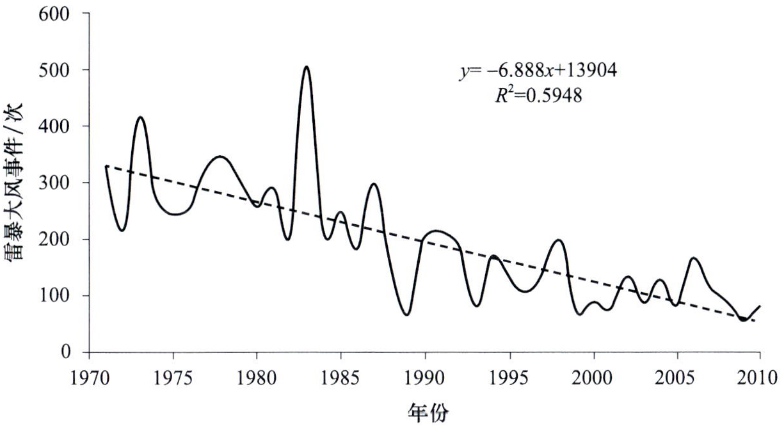

图 2.2　1971—2010 年雷暴大风日逐年变化

从逐月变化（图 2.3）来看，湖南省雷暴大风主要出现在春夏季，双峰结构特征明显。9 月至次年的 2 月雷暴大风发生概率较小，3—8 月雷暴大风发生概率高，占全年雷暴大风日数的 92.8%，其中又以 4 月最多，7 月、8 月次之。

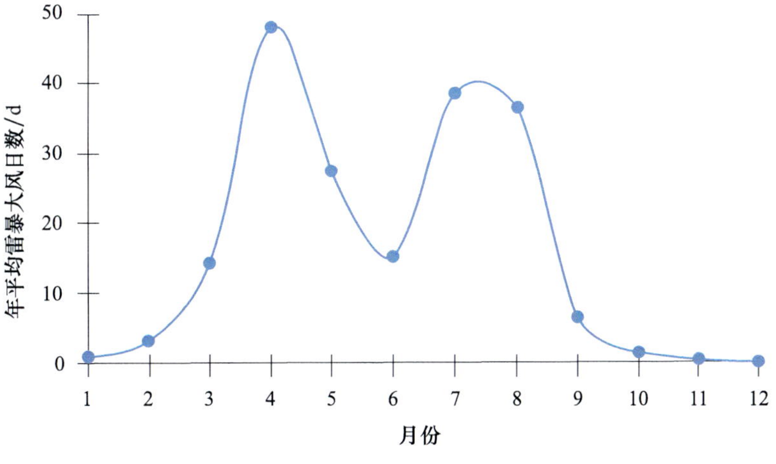

图 2.3　1971—2010 年年平均雷暴大风日数逐月分布

雷暴大风具有明显的日变化特征（图 2.4），湖南省大部分地区雷暴大风主要集中在午后到傍晚时段（12—18 时），其中湘北、湘中局地出现在 18—24 时。从平均雷暴大风日数逐小时分布图上看，08 时以前和 20 时以后雷暴大风发生概率偏低，峰值出现在 16 时，出现这种日变化特征主要与午后热力和动力条件较好，对流更容易发展有关。

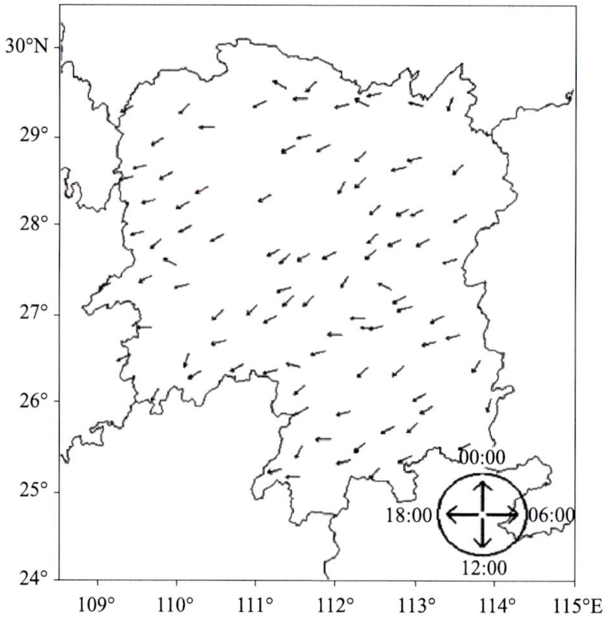

图 2.4　1971—2010 年湖南雷暴大风日变化特征

2.1.2　短时强降水时空分布特征

(1)短时强降水空间分布特征

分析湖南省短时强降水累计发生频次分布图(图 2.5a)发现,短时强降水高发区主要分布在湘西、湘南的武陵山脉、雪峰山、南岭与罗霄山附近,其中降水频次最高为安化,共 114 站次;少发区位于衡邵盆地,最少为城步,共 19 站次。结合 2002—2018 年小时最大降水强度分布(图 2.5b)可以看出有 5 个高值中心,分别位于雪峰山西南部、武陵山北部、洞庭湖、湘中东部和南岭山脉北侧,1 h 最大降水量为 111.4 mm(株洲站)。截至 2022 年 12 月最新资料统计,2020 年 8 月 9 日泸溪站125.4 mm · h^{-1},衡邵一带则是明显的低值区,1 h 最大降水量都只有 45 mm 左右(姚蓉 等,2020)。

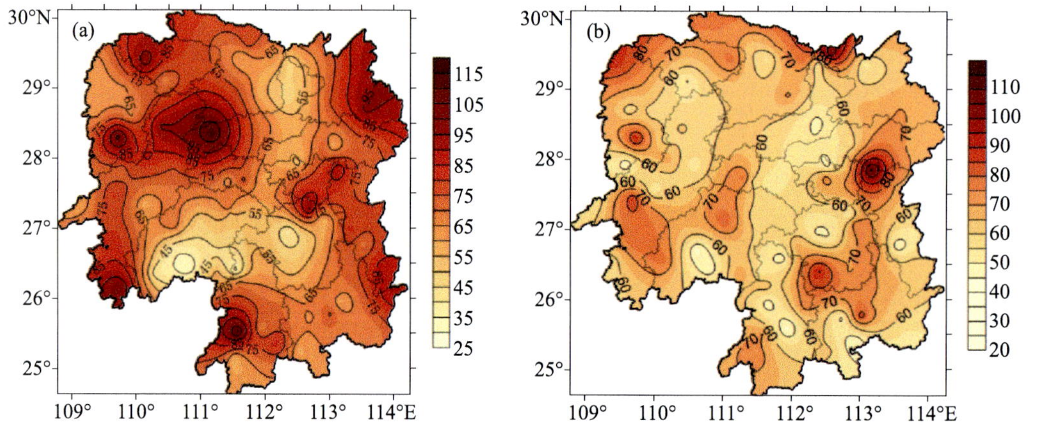

图 2.5　2002—2018 年湖南省短时强降水累计发生频次(单位:次)(a)和 1 h 最大降水量分布(单位:mm)(b)

(2)短时强降水年际变化特征

通过分析 2002—2018 年湖南 97 个基本气象站降水观测资料，湖南平均每年有 390 个站次出现 1 h 降水量≥20 mm 的短时强降水，其中 2006 年出现 1 h 降水量≥20 mm 短时强降水的站次数最多，共 611 个站次，2002 年出现站次数最少，仅为 19 个站次。站次数呈显著增多趋势(图 2.6a)，通过 95%显著性水平。从湖南各站短时强降水的变化趋势系数图(图 2.6b)看出，线性倾向均为正值，表明短时强降水均存在增多趋势，并且湘中地区显著增多，通过 0.05 信度检验。

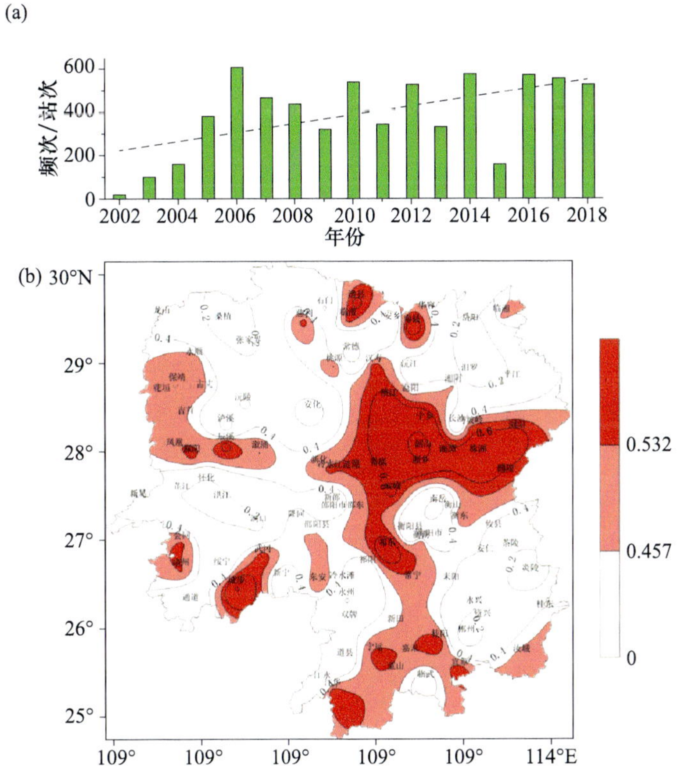

图 2.6　2002—2018 年湖南省短时强降水频次逐年分布特征

(a)总体分布；(b)各站变化趋势

(3)短时强降水逐月分布特征

依据湖南省气候区划、结合天气分区、流域地理特性，湖南分为湘西北、洞庭湖区、湘中、湘西南、湘东南五个区(郭凌曜 等，2013)，下面针对五个区开展湖南省短时强降水的分区研究。结果表明：湖南省各区域短时强降水均呈单峰分布(图 2.7)，短时强降水主要发生在 4—9 月，与湖南主汛期时间一致，4—6 月发生短时强降水站次呈增多趋势，此后逐渐减少。短时强降水峰值除了洞庭湖地区出现在 8 月、湘西北在 7 月，其他区域均出现在 6 月。湘中、湘东南 6 月发生短时强降水的峰值在 450～500 站次，湘西南出现的峰值同样在 6 月，但次数明显偏少，仅为 200 站次左右，而湘西北峰值出现在 7 月仅为 300 站次左右，洞庭湖区峰值出现在 8 月仅为 250 站次左右。上述分析说明夏季发生短时强降水次数多，范围广，且湘中、湘东南出现峰值月的次数较多，而湘西南、洞庭湖区出现峰值月的次数明显偏少。

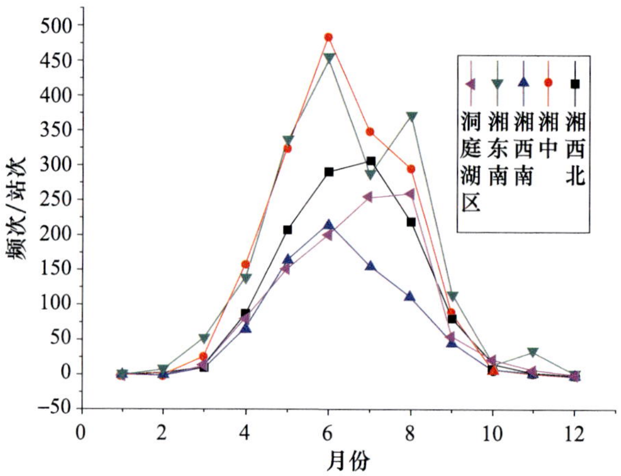

图 2.7　2002—2018 年湖南省不同区域短时强降水频次逐月分布

（4）短时强降水日变化特征

湖南不同区域短时强降水日变化分布图（图 2.8）显示，除了洞庭湖区日变化较小外，其他地区均有明显的日变化特征，其中湘西北和湘中都存在两个短时强降水峰值，夜间和傍晚短时强降水频次较高，湘西北出现在 06 时和 20 时前后、湘中出现在 07 时和 20 时前后；湘西南短时强降水夜雨特征较明显，06—07 时更为集中；湘东南短时强降水受午后热对流影响，在 17 时达峰值。

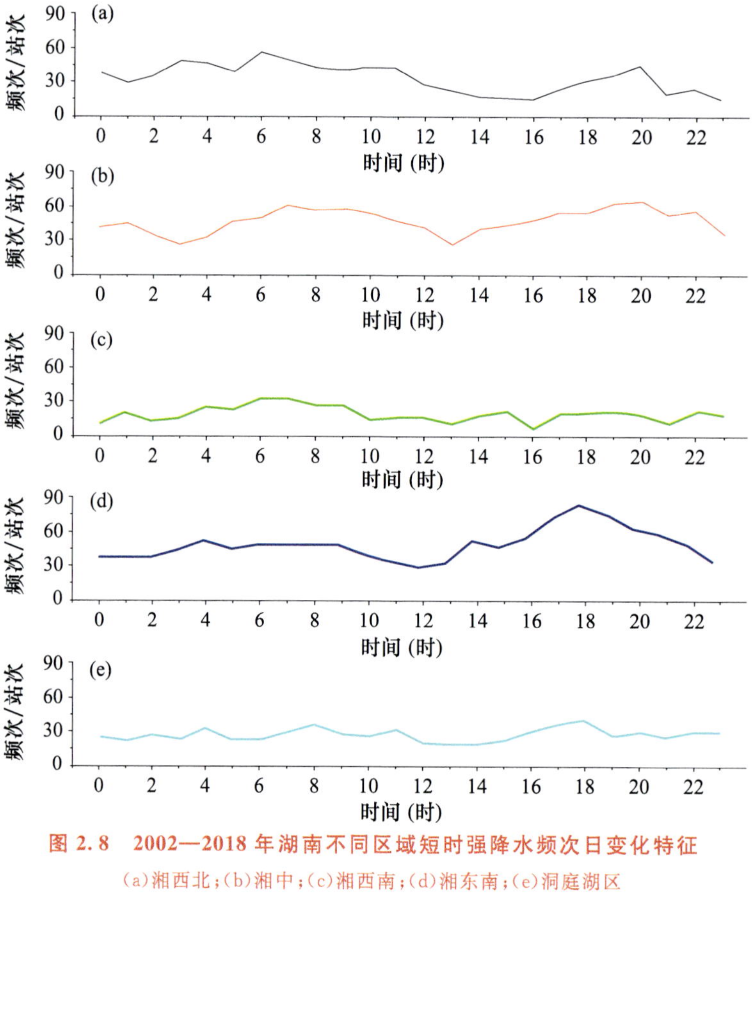

图 2.8　2002—2018 年湖南不同区域短时强降水频次日变化特征

（a）湘西北；（b）湘中；（c）湘西南；（d）湘东南；（e）洞庭湖区

4—9 月短时强降水发生频次最多时段存在一定的空间分布特征：4 月，洞庭湖区大部分站点发生在 06—12 时，而其他区域主要以 00—06 时为主，由此可知 4 月湖南短时强降水主要发生在夜间和上午时段；5 月，湘西北、洞庭湖区短时强降水空间规律较为相似，主要出现在傍晚到夜间，而湘中、湘西南则主要发生在夜间到上午；6 月，短时强降水主要出现在 00—12 时，即凌晨到上午时段，但也有部分站点为 18—24 时，即傍晚到夜间时段；7 月，短时强降水仍然主要发生在夜间，但除湘东南外，其他区域午后出现短时降水逐渐趋于明显，且湘东上午也有短时强降水出现；8 月，短时强降水在湘西北以 12—18 时居多，部分出现在 00—06 时，其他区域短时强降水的主要时段出现在白天的站点较春季也有明显增多；9 月，短时强降水在湘西北、湘西南主要出现在夜间与上午，洞庭湖区则出现在午后到夜间时段，而湘中及湘东南白天和夜间都有可能出现。

(5)不同量级日变化特征

不同量级短时强降水日变化特征(图 2.9)显示，1 h 降水量(R)$\geqslant$20 mm 的频次明显高于其他量级短时强降水，大部分时段在 200 站次以上；1 h $R\geqslant$30 mm 的短时强降水大部分时段在 80～100 站次；1 h $R\geqslant$50 mm 的短时强降水频次明显少于其他量级，大部分时段在 8～16 站次。1 h $R\geqslant$20 mm 和 $R\geqslant$30 mm 均为双峰型结构，凌晨和傍晚短时强降水出现频次更高，其中 1 h $R\geqslant$20 mm 在 00—06 时呈增多趋势，07—12 时减少，在 13—17 时又逐渐增多，在 05 时、17 时出现极大值，在中午 12 时出现最小值；1 h $R\geqslant$30 mm 与 $R\geqslant$20 mm 的短时强降水日变化特征基本相似，但呈波动增加与减少趋势，极大值分别出现在 06 时与 19 时，12 时出现短时强降水频次少。1 h $R\geqslant$50 mm 为单峰型结构，17 时前后出现频次最高，而在 12—13 时发生频次最少。

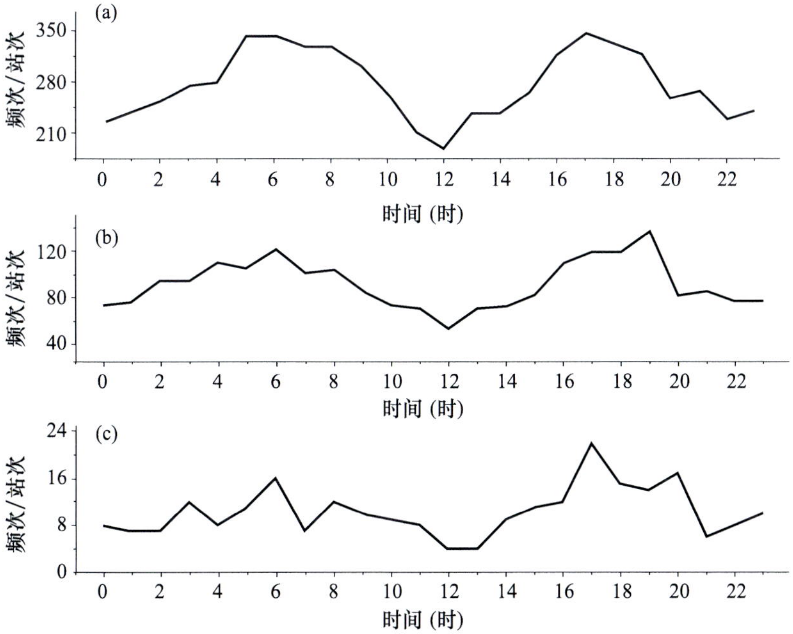

图 2.9　2002—2018 年湖南省不同量级短时强降水频次日变化特征

(a)$R\geqslant$20 mm；(b)$R\geqslant$30 mm；(c)$R\geqslant$50 mm

2.1.3 冰雹时空分布特征

(1)冰雹日数的空间分布特征

根据湖南 1979—2018 年 40 a 气象资料统计(桑友伟 等,2020),冰雹的分布受地理影响很大,湖南省冰雹总体呈“西多东少、北多南少、山区多于平原”的特点。各地年平均冰雹日数在 0.1~2.2 d·a^{-1},常德市、石门、古丈、泸溪、通道地区年平均冰雹日数多在 1.0 d·a^{-1}以上,特别是位于湖南省西北部边缘的吉首、武陵山北部的桑植和张家界等地区,是湖南省主要多雹地区,年平均冰雹日超过 1.5 d,最多年份 2005 年可达 9.0 d。

自西往东,随着地势逐渐降低,冰雹日数显著减少。湘西州凤凰、花垣、龙山、永顺,张家界市慈利,怀化市会同、麻阳、芷江、辰溪、洪江、新晃、溆浦、保靖、沅陵、靖州,常德市桃源、澧县、安乡、汉寿、临澧,益阳市安化、沅江、赫山、南县,娄底市冷水江、涟源、新化,邵阳市武冈、城步、隆回、邵阳县、绥宁、新宁,永州市新田、宁远、道县,岳阳市,长沙市宁乡、黄花,湘潭市韶山、湘乡,株洲市,郴州市嘉禾、桂阳、汝城等地区年均冰雹日数为 0.4~1.0 d·a^{-1}。

邵阳市新邵、洞口、邵东,永州市江永、蓝山、双牌、祁阳、东安、江华,衡阳市常宁、衡东、衡山、衡阳县、衡南、耒阳、祁东,娄底市双峰,益阳市桃江,长沙市浏阳,株洲市醴陵、炎陵、茶陵、攸县,岳阳市湘阴、华容、临湘、汨罗、平江,郴州市桂东、安仁、临武、宜章、永兴、资兴等丘陵山地年平均冰雹日数在 0.4 d·a^{-1}以下,成为湖南省主要少冰雹区(图 2.10)。

图 2.10 1979—2018 年湖南年平均冰雹日数分布图(单位:0.1 d·a^{-1})

(2)冰雹日数时间分布

由 1979—2018 年湖南省冰雹日数各月累年平均分布(图 2.11)可知,湖南省降雹季节性明显,冰雹主要集中在 1—4 月,占全年冰雹总数的 95.7%,尤其以 3 月出现冰雹频次最多,平均为 22.8 站次·a^{-1},占全年冰雹总数的 45.8%,为典型春季降雹型。2 月次之,平均为 14.6

站次·a^{-1}，占全年冰雹总数的 29.2%，秋季 9—11 月冰雹最少，3 个月共计占比 0.6%。与中国北方地区降雹集中在夏季不同，湖南冰雹主要集中在春季，造成这种明显季节性差异的原因，主要是因为降雹与副热带急流、极锋急流及其锋系位置的季节变化有密切关系，春季这些系统位于长江流域附近，造成湖南春季多冰雹。冰雹的日变化也十分明显，春季降雹主要集中在午后至傍晚，以 16 时出现次数最多，出现频率达 12.6%，说明春季降雹与热力作用有明显的关系。

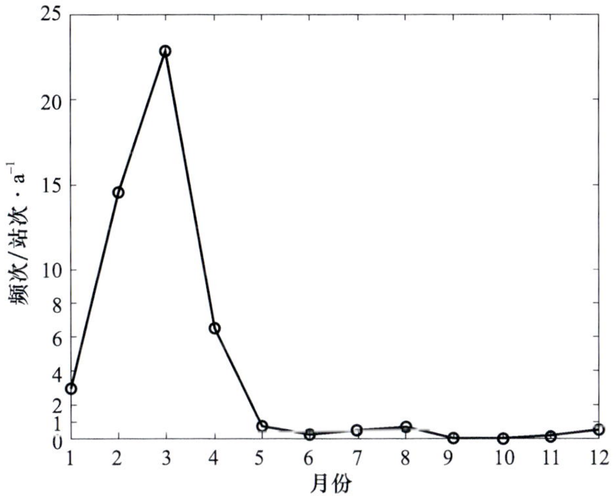

图 2.11　1979—2018 年湖南省冰雹频次各月年平均分布(单位:站次·a^{-1})

2.1.4　混合强对流天气时空分布特征

湖南省混合强对流天气定义为 24 h 内同一区域内出现雷暴大风(龙卷)、冰雹或短时强降水中两种及以上强对流天气。

(1)混合强对流天气空间分布

从 2002—2021 年湖南省混合强对流天气日数的空间分布(图 2.12)来看，湘东南地区混合强对流发生概率最高(108 d)，其次是湘中地区(76 d)，其他地区不到 50 d，湘西南发生概率最少，共 27 d。

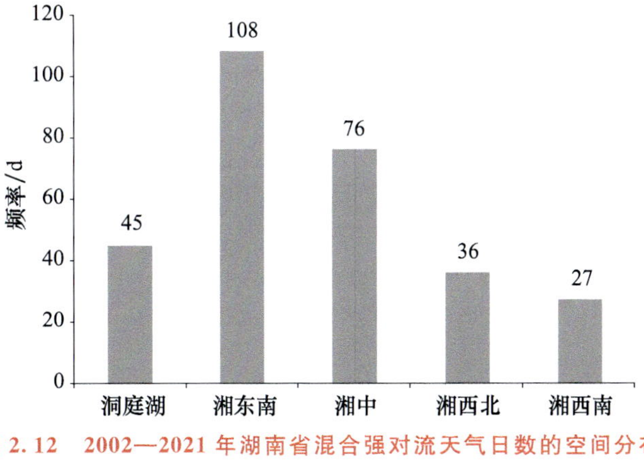

图 2.12　2002—2021 年湖南省混合强对流天气日数的空间分布

(2)混合强对流天气时间变化

从湖南省混合强对流天气的年际变化来看(图 2.13a),其发生频率呈上升趋势。尤其 2017 年后,混合强对流明显增多。2018 年、2019 年和 2021 年混合强对流天气的发生均超过 20 d,2021 年发生次数最多,为 36 d。从湖南省混合强对流的月际变化(图 2.13b)情况来看,混合强对流主要出现在春季和夏季,7 月最多,出现 52 d。

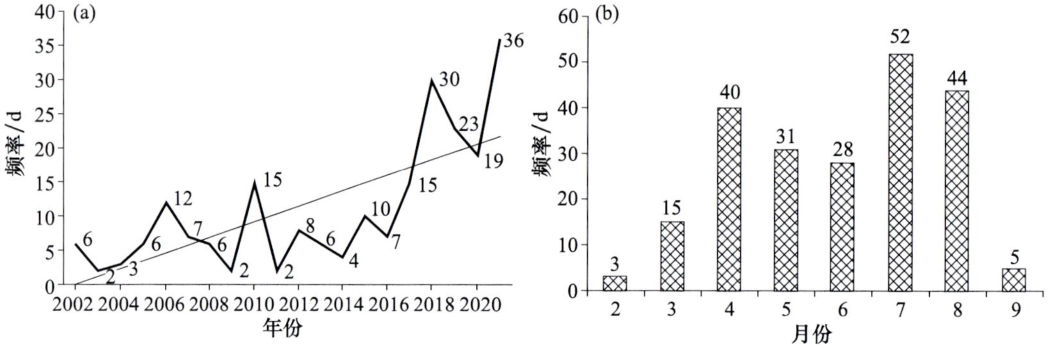

图 2.13 2002—2021 年湖南省混合强对流天气年际变化(a)和月际变化(b)

(3)不同混合强对流天气类型占比

混合强对流天气共出现 237 d,最主要的类型(图 2.14)是雷暴大风伴随短时强降水(142 d),占总数的 60%,其次冰雹伴随短时强降水(39 d),占总数的 16.4%,然后雷暴大风伴随冰雹(38 d),占总数的 16%,三种类型同时出现的次数是最少的(18 d),占总数的 7.6%(Tang et al.,2022)。

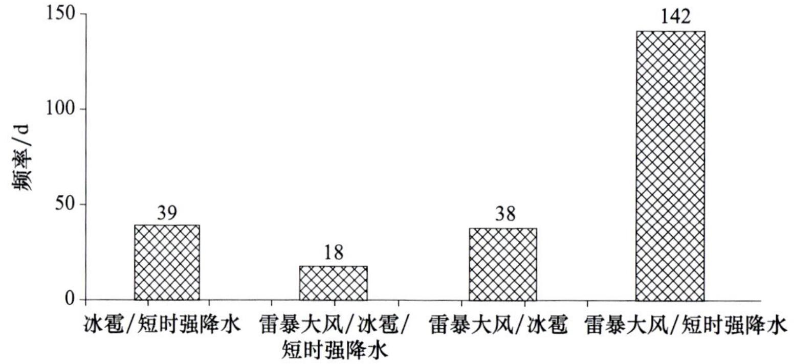

图 2.14 湖南省混合强对流类型分布

2.2 湖南强对流天气预报思路及策略

2.2.1 一般预报思路

预报强对流天气,需要考虑以下问题:强对流天气是否会发生? 何时在何地发生? 出现强风暴的可能性有多大？主要的强对流天气类型是什么？

一般预报思路如下：

① 强对流天气气候背景：强对流天气是冷暖空气激烈交汇的结果，春季冷暖空气在华南和江南地区交绥，湖南强对流天气频发，主要以雷暴大风和冰雹为主；进入夏季后，主要以短时强降水和雷暴大风为主，冰雹天气出现可能性小。此外，冬末初春湖南出现高架雷暴的可能性较大，主要以小冰雹和短时强降水为主。

② 实况分析：关注本地及上下游强对流天气的实况，包括强度、范围、类型、移动方向和移动速度；关注高层辐散、高空槽、中低层切变线、西南急流、中尺度低压、干线、地面冷空气及地面辐合线等天气系统，重点分析各层系统与强对流天气落区的配置关系，确定强对流天气的主要影响系统及符合哪类强对流天气的概念模型。

③ 潜势预报分析：分析订正后探空曲线的温湿层结，重点分析对流参数的演变，是否达到产生强对流天气的阈值。

④ 模式预报：在对数值模式预报误差检验的基础上，关注各系统数值模式的降水预报、对流参数预报等，尤其关注中尺度模式中雷达反射率因子预报及 1 h 降水预报等时间分辨率高的产品，最后根据配料法制作分类强对流天气落区预报产品。

⑤ 强对流天气监测预警：利用多普勒雷达、卫星观测资料、地面自动站观测资料、闪电定位仪、风廓线雷达等资料对强对流天气监测，根据每类强对流天气的特征识别发布对应的预警。

许爱华等(2014)将我国强对流天气形势分为低层暖平流强迫类、斜压锋生类、准正压类、高层冷平流强迫类和高架雷暴类五类，从近年强对流天气过程复盘分析结果表明，湖南强对流天气分型以低层暖平流强迫、斜压锋生型和正压型为主，高层冷平流和高架雷暴型极少出现，容易漏报，预报难度较大。本节将参考上述强对流天气分型的基础上，采用预报复盘实例的方式，对低层暖平流强迫类、斜压锋生类、准正压类、高层冷平流强迫类和高架雷暴类强对流天气的预报方法进行探讨。

2.2.2　强对流天气关键物理量指标

配料法常应用于强对流天气预报中(何钰 等,2018;王秀明 等,2014;徐双柱 等,2016)，是通过分析关键物理因子互相配合和演变过程的一种预报方法(Doswell et al.,1996;俞小鼎,2011)。根据配料法选取强对流天气关键环境参数，产生一般对流天气的 3 个主要因子是水汽、不稳定和抬升条件，而强对流天气通常还要考虑垂直风切变条件，其中抬升条件主要指边界层辐合线、冷锋、干线、地形触发等触发机制，很难用对流参数来表示，因此本节主要分析水汽、不稳定层结及垂直风切变等条件，分别选取业务上常用的地面比湿、850 hPa 和 500 hPa 温度差、对流有效位能和 0～6 km 风垂直切变来分析雷暴大风、热力型冰雹、短时强降水和混合强对流天气的环境参数特征。高架型冰雹和典型的锋前热力型冰雹存在明显差异，为了对比不同强对流天气类型之间物理量差异，主要研究发生在春夏季的锋前热力型冰雹。

(1)水汽条件

四类强对流天气中(图 2.15)，短时强降水的地面比湿范围较窄且值较高，数值从 11.9～23.3 $g \cdot kg^{-1}$，而其他强对流天气类型数值范围较大。短时强降水地面比湿的中位数最高，其次为混合强对流，热力型冰雹最低。孙继松等(2014)指出弱垂直风切变、强热力不稳定、低层湿度深厚及较低的自由对流高度，再加上中高层干空气卷入非常有利于脉冲风暴的发展，而下击暴流往往由脉冲风暴引起，再加上低层湿度大，下击暴流发生时伴随降水，对应的是湿下击暴流。由于湖南省雷暴大风多数为湿下击暴流，因此湖南省雷暴大风地面比湿相对热力型冰雹偏高。雷暴大风、热力型冰雹、混合强对流天气和短时强降水对应的地面比湿箱线图中 25 百分位到 75 百分位的范围分别为 13.1～19.6 $g \cdot kg^{-1}$、12.3～17.2 $g \cdot kg^{-1}$、15.3～19.9 $g \cdot kg^{-1}$ 和 16.3～19.2 $g \cdot kg^{-1}$，雷暴大风箱体相对较高，说明出现雷暴大风比湿差异较大。

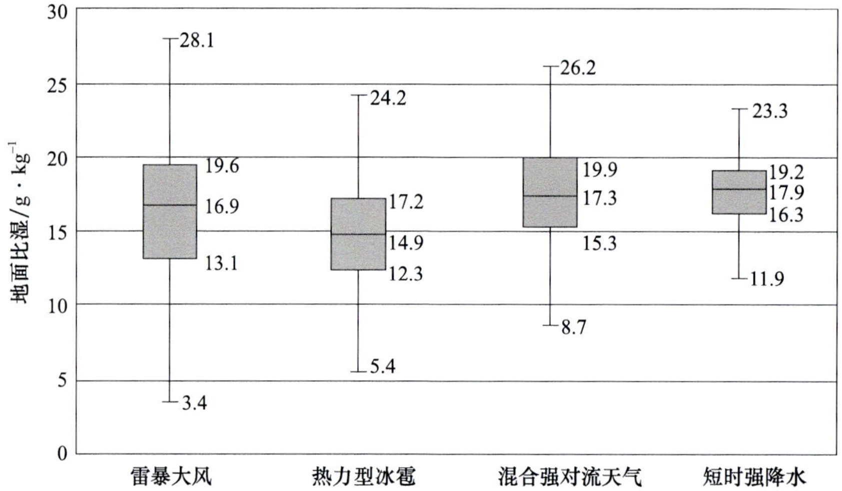

图 2.15　湖南省雷暴大风、热力型冰雹、混合强对流天气和短时强降水地面比湿分布箱线图

(2)不稳定层结

雷暴主要发生在条件不稳定层结下，业务上静力不稳定常用 850 hPa 和 500 hPa 温度差（$T_{850\text{-}500}$）来表示。从 $T_{850\text{-}500}$ 分布箱线图(图 2.16)可知，按雷暴大风、热力型冰雹、混合强对流和短时强降水顺序，中位数分别为 23.9 ℃、26.2 ℃、24.5 ℃和 22.5 ℃，四种类型强对流天气的 $T_{850\text{-}500}$ 中位数高于湿中性层结下的 20～21 ℃，均为条件不稳定层结，其中热力型冰雹最高，说明热力型冰雹不稳定层结要求最高，其次为混合强对流和雷暴大风，短时强降水最小。不同类型强对流天气 25 百分位到 75 百分位的温差范围相对集中，基本在 3 ℃内。

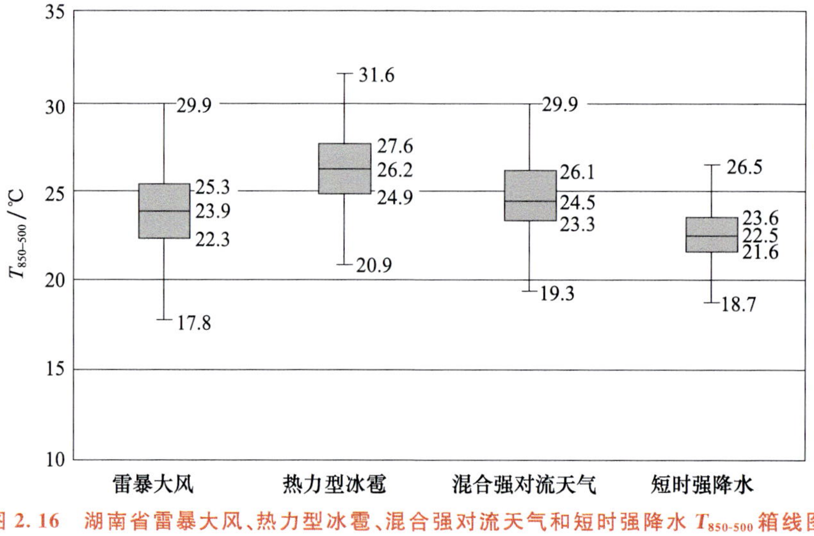

图 2.16　湖南省雷暴大风、热力型冰雹、混合强对流天气和短时强降水 $T_{850\text{-}500}$ 箱线图

(3)热力条件

不稳定层结和水汽结合在一起形成各种对流指数，业务最常用、物理意义最明确的是对流有效位能(CAPE)，CAPE 是气块在给定环境中绝热上升时的正浮力所产生的能量的垂直积分，CAPE 增大表示上升气流强度的加强及对流的发展，可用来判断雷暴发生的潜势。当出现雷暴大风、热力型冰雹、混合强对流和短时强降水时的 CAPE 的中位数值分别为 907.0 J·kg^{-1}、1247.1 J·kg^{-1}、918.0 J·kg^{-1}和 548.7 J·kg^{-1}(图 2.17)，热力型冰雹的 CAPE 最高，其次为混合强对流。由此可见，混合强对流和雷暴大风天气出现时对应的 CAPE 比较相似，箱体都较高，数值分布较分散，说明不同过程的 CAPE 差别较大。热力型冰雹和短时强降水发生时，CAPE 相对集中。

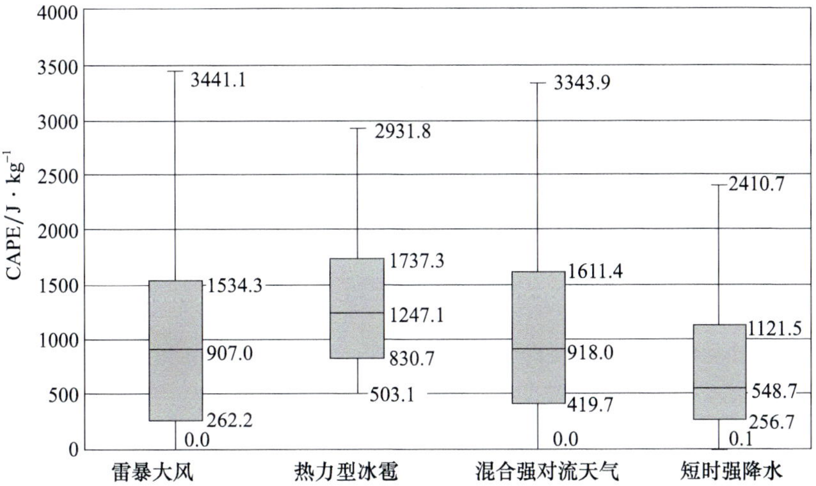

图 2.17　湖南省雷暴大风、热力型冰雹、混合强对流天气和短时强降水对流有效位能分布的箱线图

(4)深层风垂直切变

在给定湿度、不稳定性及抬升的深厚湿对流中，垂直风切变的增强将导致风暴进一步加强和发展，很大程度上可确定风暴的类型(Weisman et al.,1982)。通常用 0～6 km 垂直风切变来表示深层风垂直切变，代表雷暴的组织化程度和强度，0～6 km 垂直风切变＜12 m·s^{-1}为弱深层风垂直切变，12～20 m·s^{-1}为中等深层风垂直切变，≥20 m·s^{-1}为强的深层风垂直切变(俞小鼎 等，2012)。如图 2.18 显示，四类强对流天气 0～6 km 垂直风切变的中位数分别为 10.2 m·s^{-1}、18.6 m·s^{-1}、12.5 m·s^{-1}和 10.0 m·s^{-1}。热力型冰雹垂直风切变相对其他三类较高，混合强对流垂直风切变仅次于热力型冰雹，高于雷暴大风和短时强降水。短时强降水和雷暴大风为弱深层风垂直切变，冰雹为强深层风垂直切变，混合强对流属于中等深层垂直风切变。由于湖南雷暴大风可能多数为湿下击暴流，中高层干空气卷入的蒸发冷却作用再加上低层湿层水汽拖曳作用都加强下沉气流，导致雷暴大风产生，因此雷暴大风垂直风切变低于热力型冰雹。雷暴大风箱体最宽，最小值最小，在弱风垂直切变条件下，仍出现雷暴大风，多数由脉冲风暴产生(俞小鼎 等，2012)。按雷暴大风、热力型冰雹、混合强对流和短时强降水顺序，0～6 km 垂直风切变分布的 25 百分位到 75 百分位对应的范围分别为 5.5～17.9 m·s^{-1}、11.2～24.1 m·s^{-1}、7.4～19.1 m·s^{-1}和 5.6～14.4 m·s^{-1}。

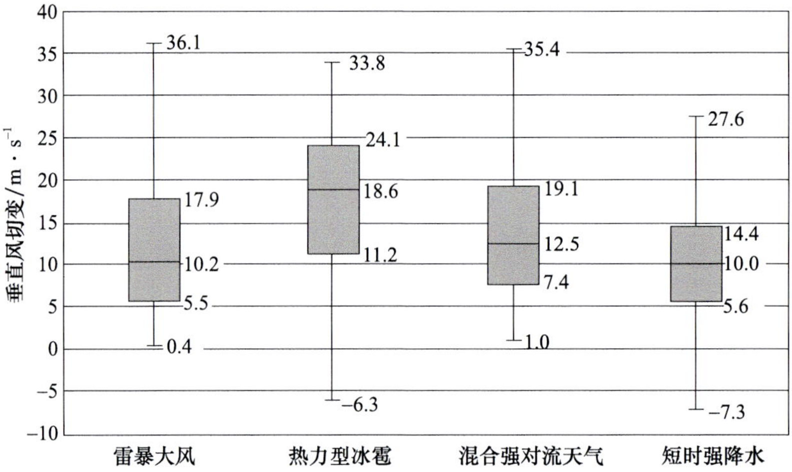

图 2.18 湖南雷暴大风、热力型冰雹、混合强对流天气和短时强降水 0～6 km 垂直风切变分布的箱线图

2.2.3 强对流天气关键参数季节差异

强对流天气主要发生在春夏季，而春季和夏季强对流天气的物理量存在明显差异，下面分春季（3—5 月）和夏季（6—8 月）讨论物理量的差异。

（1）不稳定层结

$T_{850\text{-}500}$ 的季节差异显示（图 2.19），雷暴大风、热力型冰雹、混合强对流天气和短时强降水温差的中位数，春季分别为 24.4 ℃、26.2 ℃、25.1 ℃和 23.4 ℃，夏季分别为 24.3 ℃、26.3 ℃、23.9 ℃和 22.2 ℃，静力不稳定条件都较高，季节差异不明显，混合强对流天气和短时强降水春季略高于夏季。

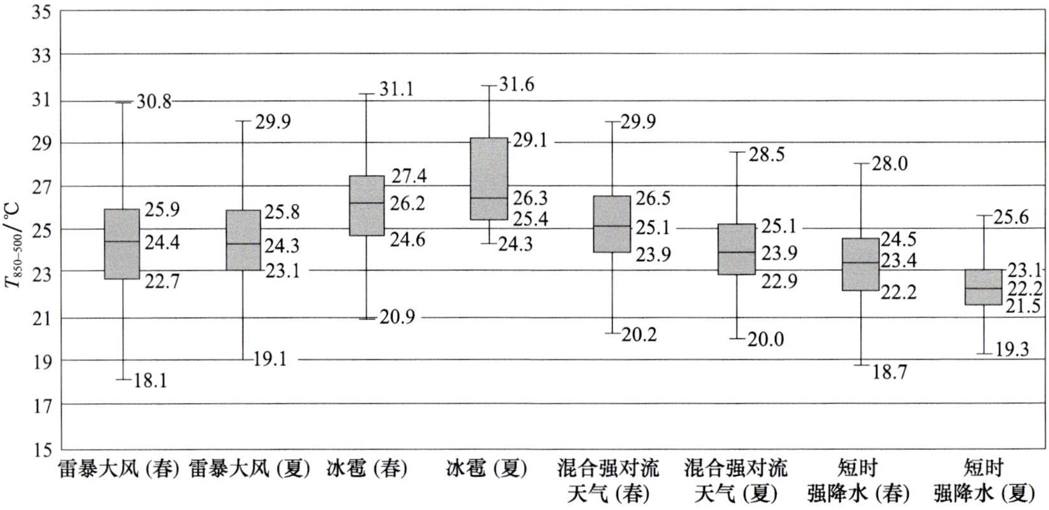

图 2.19 湖南省春夏季雷暴大风、热力型冰雹、混合强对流和短时强降水 $T_{850\text{-}500}$ 箱线图

(2)热力条件

CAPE 的季节差异显示(图 2.20),雷暴大风、热力型冰雹、混合强对流天气和短时强降水时的 CAPE 的中位数,春季分别为 405.2 J · kg^{-1}、1119.2 J · kg^{-1}、693.7 J · kg^{-1} 和 387.6 J · kg^{-1},夏季分别为 1296.4 J · kg^{-1}、1570.5 J · kg^{-1}、1376.4 J · kg^{-1} 和 639.2 J · kg^{-1},所有强对流类型 CAPE 夏季比春季高。

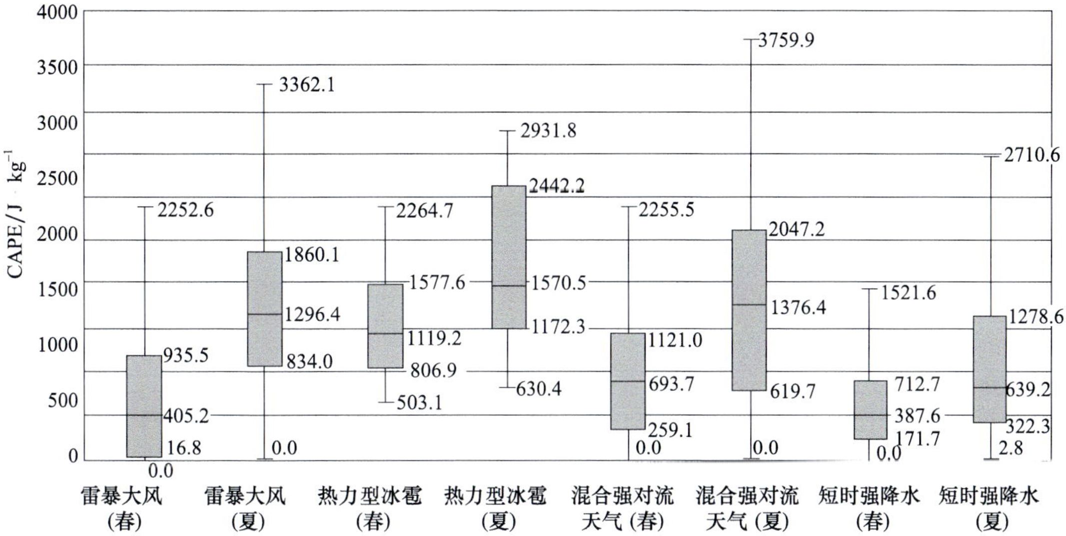

图 2.20　湖南省春夏季雷暴大风、热力型冰雹、混合强对流天气和短时强降水对流有效位能分布的箱线图

(3)地面比湿

从地面比湿的季节差异(图 2.21)来看,雷暴大风、热力型冰雹、混合强对流天气和短时强降水中位数,春季分别为 14.2 g · kg^{-1}、14.2 g · kg^{-1}、15.6 g · kg^{-1} 和 15.5 g · kg^{-1},夏季分别为 19.0 g · kg^{-1}、18.4 g · kg^{-1}、19.6 g · kg^{-1} 和 18.8 g · kg^{-1},地面比湿季节差异非常明显,夏季水汽更充足,比春季大约高 4 g · kg^{-1}。

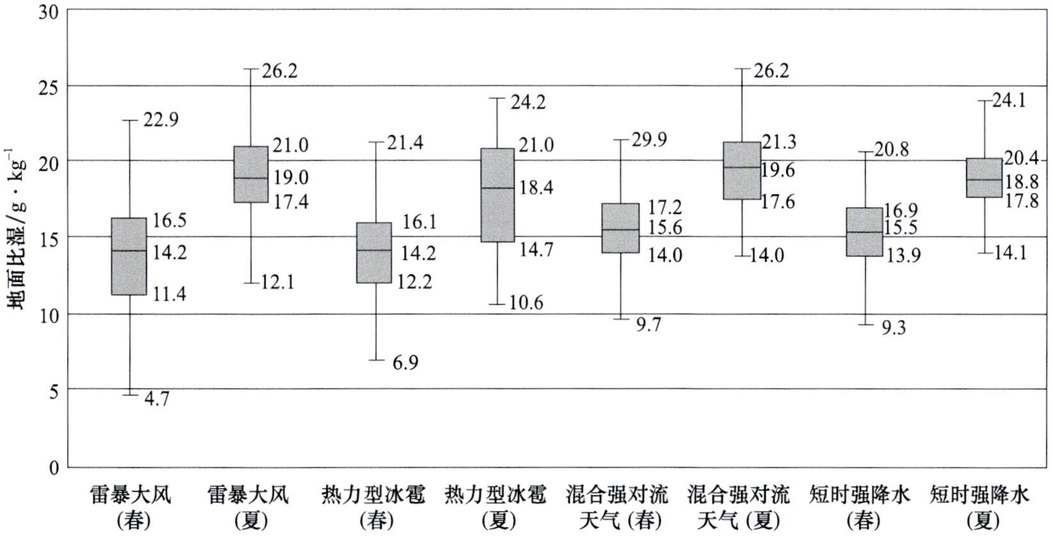

图 2.21　湖南省春夏季雷暴大风、热力型冰雹、混合强对流天气和短时强降水地面比湿箱线图

(4)850 hPa 和 500 hPa 相对湿度差

从 850 hPa 和 500 hPa 相对湿度差的季节差异(图 2.22)来看,雷暴大风、热力型冰雹、混合强对流天气和短时强降水中位数,春季分别为 30.6%、23.0%、24.3%、14.0%,夏季,分别为 15.4%、18.3%、7.1%、2.8%,所有强对流天气类型相对湿度差春季比夏季高,春季垂直不稳定更明显,有利于出现强对流天气。

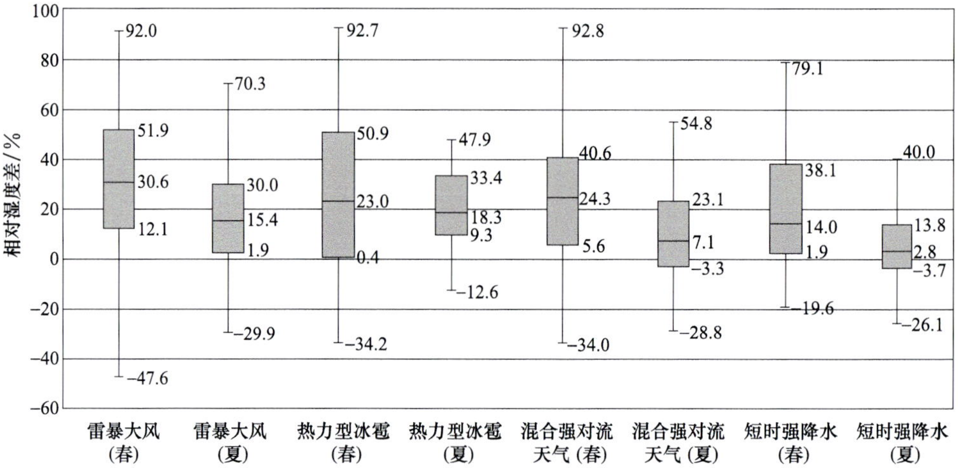

图 2.22 湖南省春夏季雷暴大风、热力型冰雹、混合强对流天气和短时强降水 850 hPa 和 500 hPa 相对湿度差分布箱线图

(5)深层风垂直切变

从 0～6 km 垂直风切变的季节差异(图 2.23)来看,雷暴大风、热力型冰雹、混合强对流和短时强降水中位数,春季分别为 17.7 m·s^{-1}、18.9 m·s^{-1}、18.8 m·s^{-1}和 14.6 m·s^{-1},夏季分别为 6.0 m·s^{-1}、10.4 m·s^{-1}、7.7 m·s^{-1}、8.3 m·s^{-1},春季比夏季深层垂直风切变高 8～10 m·s^{-1},夏季雷暴大风和混合强对流 25 百分位到 75 百分位范围相对集中,差值在 5 m·s^{-1}以内,其他类型 25～75 百分位差值在 7～15 m·s^{-1},夏季热力型冰雹箱体最高,说明垂直风切变差异很大。

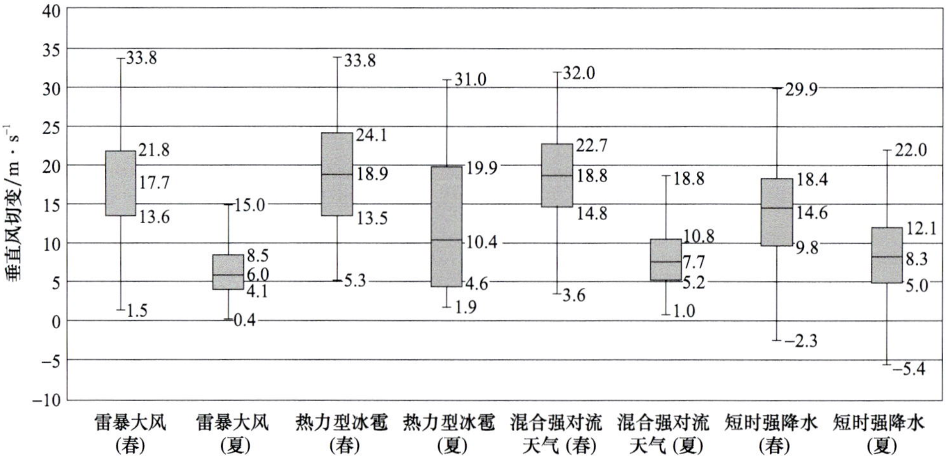

图 2.23 湖南省春夏季雷暴大风、热力型冰雹、混合强对流天气和短时强降水 0～6 km 垂直风切变分布箱线图

2.2.4　斜压锋生类强对流天气

斜压锋生类是指发生在中低层冷暖空气强烈交汇，并伴有明显温度锋区和锋生过程，地面有明显的冷锋或气旋波活动形势，具备经典的斜压大气特征结构(孙继松 等，2014)。斜压锋生类造成强对流天气范围大、种类多，常常发展为高度组织化线状对流云带(飑线)，湖南省出现雷暴大风、短时强降水、冰雹等天气，以雷暴大风天气最多，短时强降水次之。天气形势配置(图 2.24)如下：200 hPa 高空急流位于强对流天气的左侧或者上空；500 hPa 低压槽经向度较大，槽后有明显的冷平流，低压槽东移引导地面冷空气南下；并且低压槽带动中低层切变线东移南压，850 hPa 温度梯度大，锋区明显，切变线南侧为强盛西南暖湿急流；地面有明显的冷锋或气旋波活动。

除了斜压锋生类，还有一种暖平流强迫类转换为斜压锋生类，此类型前阶段为暖平流强迫类，主要影响系统是高空槽、低涡切变、西南急流、地面辐合线等，后阶段为斜压锋生类，地面冷空气南下，中低层冷暖空气交汇。

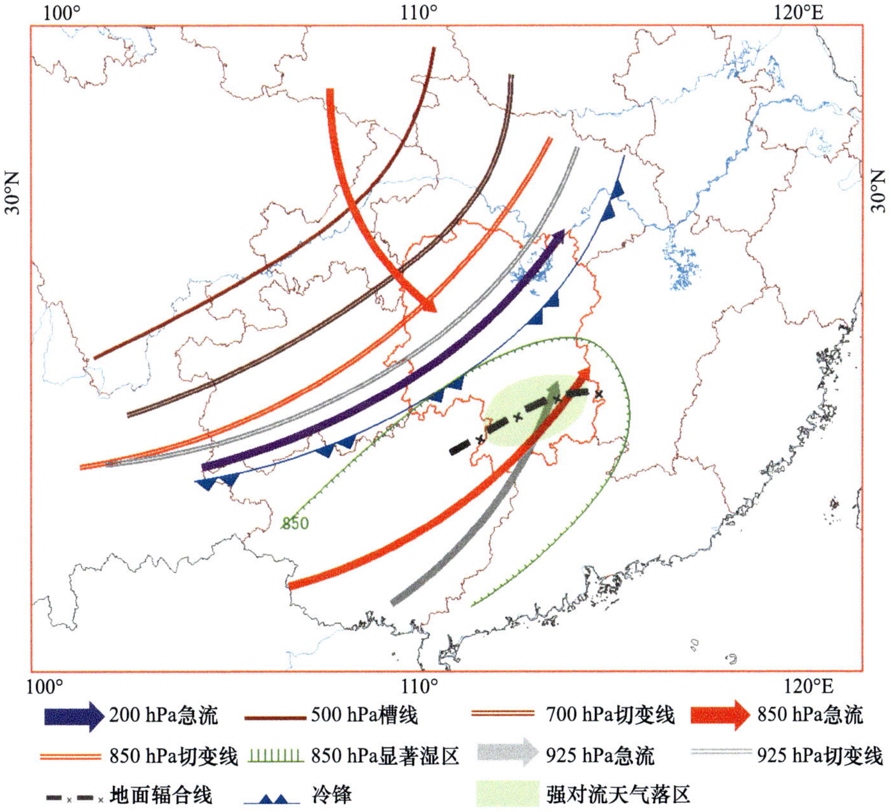

图 2.24　斜压锋生类强对流天气概念模型

2.2.4.1　2023 年 4 月 3 日强对流天气过程

(1)过程概况

2023 年 4 月 3 日 08 时—4 日 08 时，湖南强降雨范围广，主要出现在湘中及以北，59 个县市区 829 站累计降水量超过 50 mm，17 个县市区 98 站超过 100 mm，最大为安化田庄乡文溪 214.4 mm（图 2.25a）。强对流特征明显，63 个县市区 729 站最大小时雨强超过 20 mm，4 个县市区 7 站超过 50 mm，最大为临湘詹桥镇星明 65.2 mm（3 日 21—22 时）。另外，湖南省普遍出现 5～6 级大风，最大为南岳区寿岳乡 30 $\mathrm{m \cdot s^{-1}}$（11 级），湘西州、常德、张家界、怀化北部、娄底、益阳等地出现冰雹（图 2.25b）。天气形势配置（图 2.25c）如下：20 时，湖南处在 500 hPa 槽前的西南气流控制下；850 hPa 西南急流强度维持在 20～24 $\mathrm{m \cdot s^{-1}}$，湘北地区冷式切变维

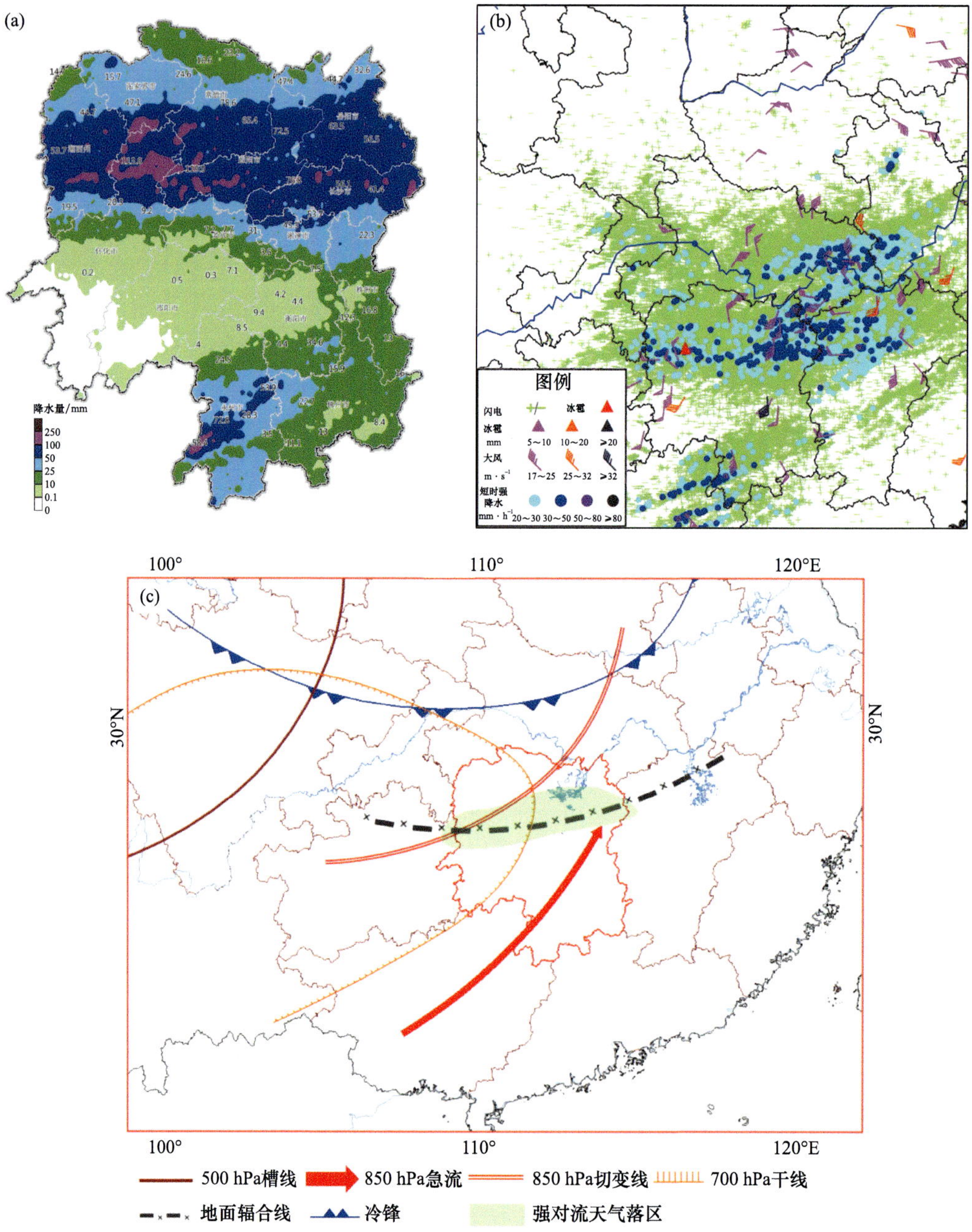

图 2.25　2023 年 4 月 3 日 08 时—4 日 08 时降水量实况（a）、强对流天气实况（b）、3 日 20 时天气系统配置图（c）

持到 4 日凌晨；地面冷空气前锋已到湖北一带，贵州地区存在暖低压中心，湖南位于低压前部的暖倒槽内。此外，700 hPa 存在自西向东的干侵入，湘西北地区存在温度露点差大于 8 ℃的干舌。高空槽前正涡度平流、湘北地区冷式切变、西南急流共同为降雨提供了动力、水汽条件，地面暖倒槽、中层干侵入有利于大气不稳定度增加，加上冷空气触发，使得 3 日夜间成为本次过程中强降雨和强对流天气范围最广、强度最强的时段。

(2)短期预报分析

强对流天气形势配置分析：2 日 20 时 ECMWF 模式预报 3 日 20 时形势场(图 2.26)显示，500 hPa 上湖南省受南支槽影响，槽前对应有辐合上升运动；700 hPa 和 850 hPa 上西南急流风速可达 20 m·s^{-1}，湘北尤其是湘西北处于急流出口，有利于水汽的堆积和强降水的发生；在850 hPa上低涡切变线不断南压，强降水将自北向南影响湖南省，3 日夜间切变线造成的上升运动使得湘北有明显降水；925 hPa 上超低空急流建立，进一步向湘北地区输送水汽，且湘北地区受到切变线的影响，上升运动加强；地面倒槽发展，出现中尺度低压，辐合线位于怀化至岳阳一带，有利于地面增温增湿、触发强对流活动；另外有冷空气自西北路入侵湖南，温度层结不稳定性加强，易出现“斜压锋生型”强对流天气。受高空低压槽、中低层切变、西南急流和地面冷空气影响，湘北、湘中地区将出现暴雨到大暴雨，并伴有强对流天气，主要影响时段在 3 日夜间。

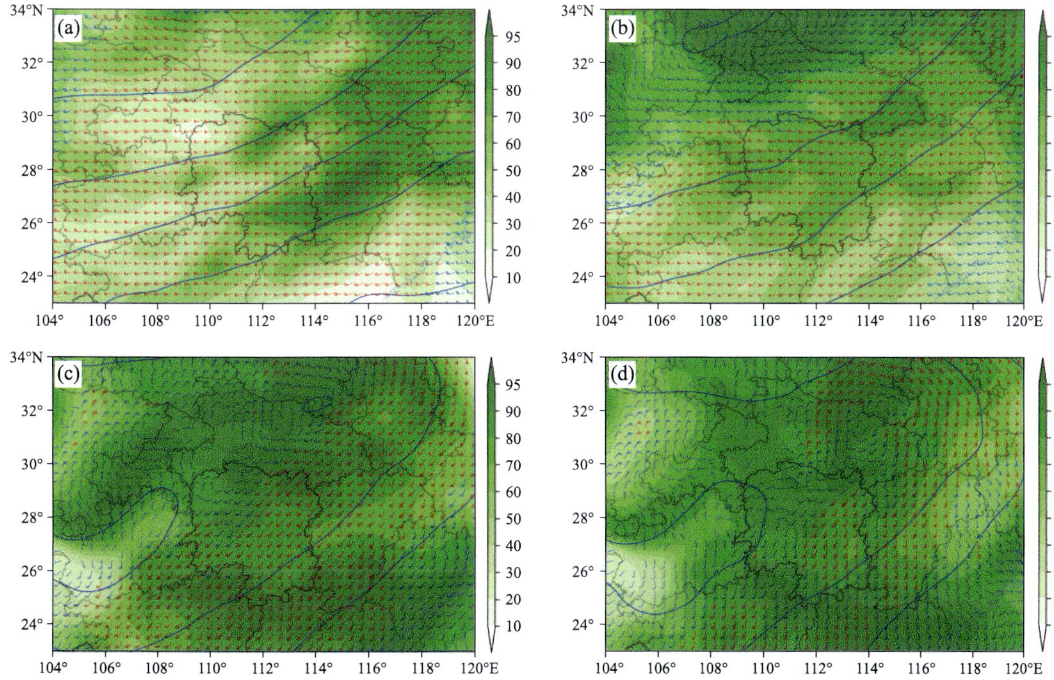

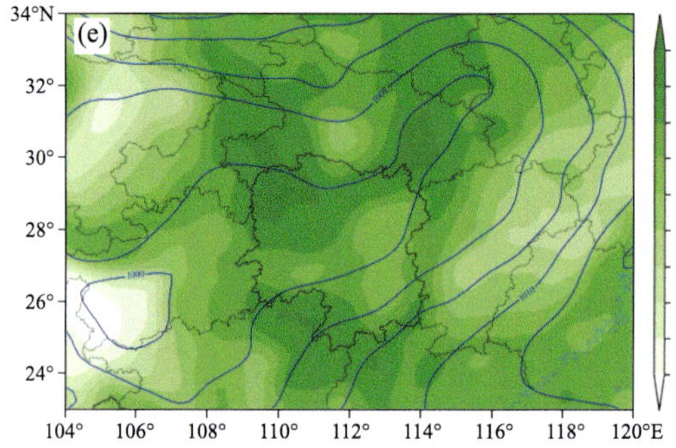

图 2.26　ECMWF 模式 2023 年 4 月 2 日 20 时起报的 3 日 20 时 500 hPa(a)、700 hPa(b)、850 hPa(c)、925 hPa(d)相对湿度(%)风场高度场和 2 m 相对湿度(%)地面形势预报(e)

基于物理量的强对流天气分类分析(图 2.27)，3 日 20 时湖南省 CAPE 较小，湘中地区为 500～1000 J·kg^{-1}；$T_{850\text{-}500}$ 为 26～28 ℃，具有一定热力不稳定；0～6 km 垂直风切变湘北达 30 m·s^{-1}以上。另外整层可降水量为 40～50 mm。综合考虑湘中以北冷暖空气交汇，将出现以雷暴大风为主伴随短时强降水的混合性强对流天气，由于强垂直风切变，可能会出现 9 级以上的大风。

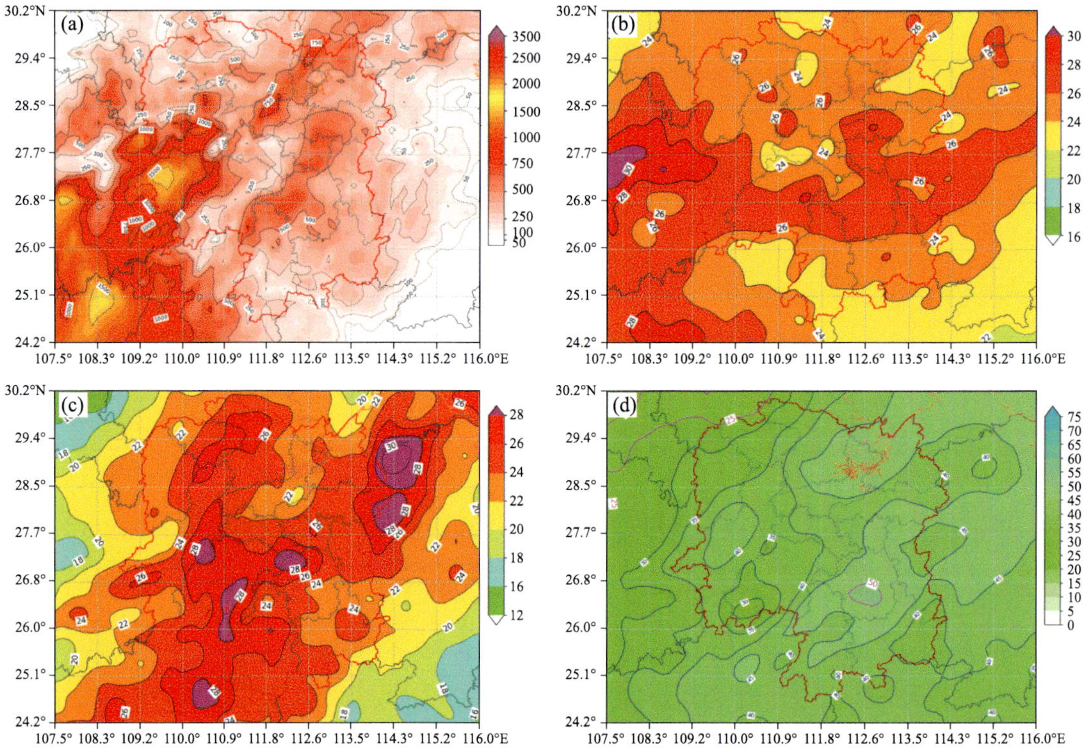

图 2.27　ECMWF 模式 2023 年 4 月 2 日 20 时起报 4 月 3 日 20 时 CAPE(单位：J·kg^{-1})(a)、$T_{850\text{-}500}$(单位：℃)(b)、0～6 km 垂直风切变(单位：m·s^{-1})(c)、整层可降水量(单位：mm)(d)

3 日 20 时临湘模式探空(图 2.28)显示 CAPE 较小，K 指数为 37.3 ℃，具有一定的不稳定能量。对流层中层存在干层，下沉有效位能(DCAPE)为 341.6 J・kg^{-1}，0～6 km 垂直风切变达到 19.5 m・s^{-1}，有利于雷暴大风的出现。湿球温度 0 ℃层(Wet Blub Zero，WBZ)和 −20 ℃温度层高度分别为 3.8 km 和 7.5 km，满足降雹条件。中低层的湿层深厚，扩展到了 700 hPa 以上。考虑强对流类型为短时强降水、雷暴大风、小冰雹。

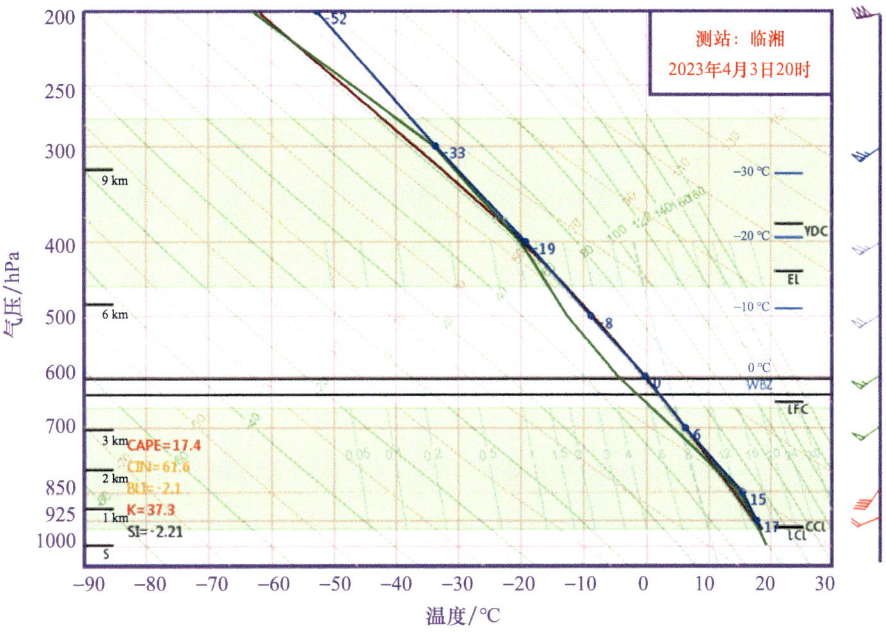

图 2.28　ECMWF 模式 2023 年 4 月 2 日 20 时起报的 3 日 20 时临湘模式探空图

基于中尺度模式的强对流类型分析：多家模式 3 日强降水落区预报(图 2.29)，较为一致，均预报湘中、湘北地区大到暴雨。ECMWF 和 CMA-GD 考虑量级更大，预报了局地大暴雨。结合 1 h 降水模式预报产品(图 2.30)，因此考虑湘中以北地区将出现短时强降水。

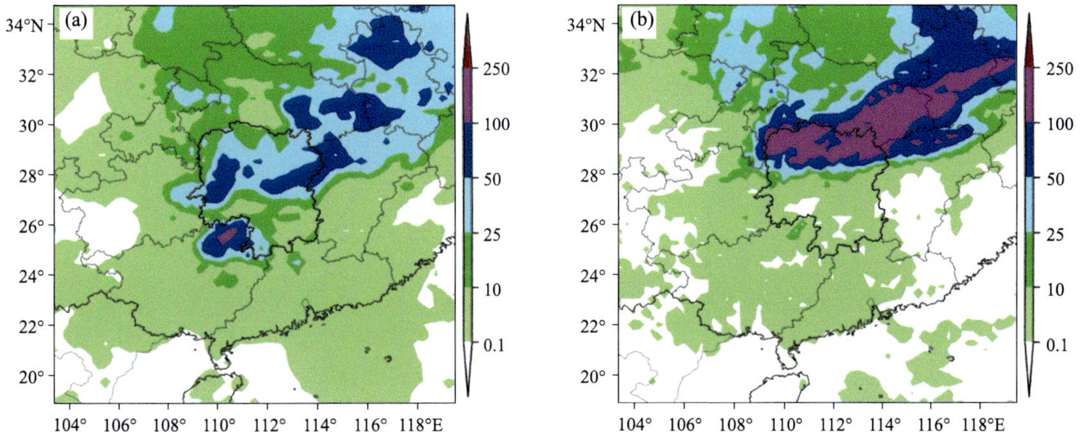

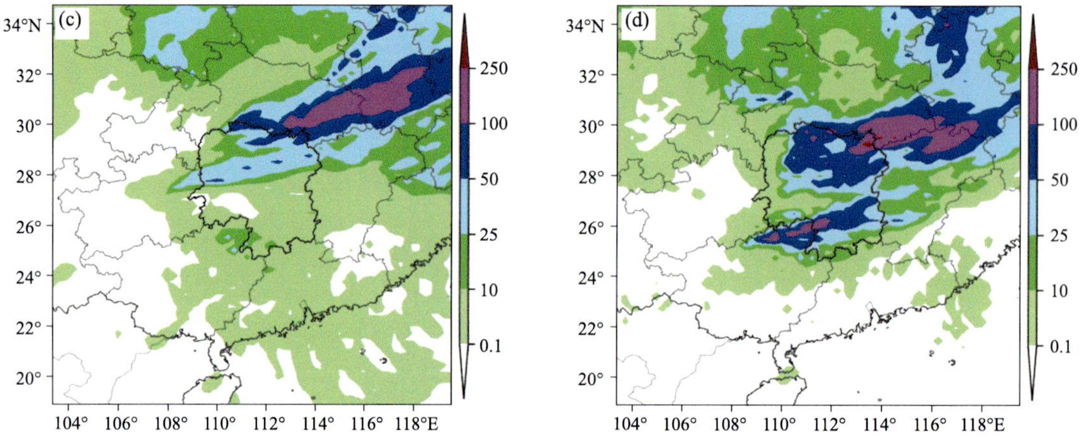

图 2.29　各家模式 2023 年 4 月 2 日 20 时起报的 3 日 08 时—4 日 08 时 24 h 降水量(单位:mm)

(a)ECMWF;(b)CMA-MESO;(c)CMA-SH9;(d)CMA-GD

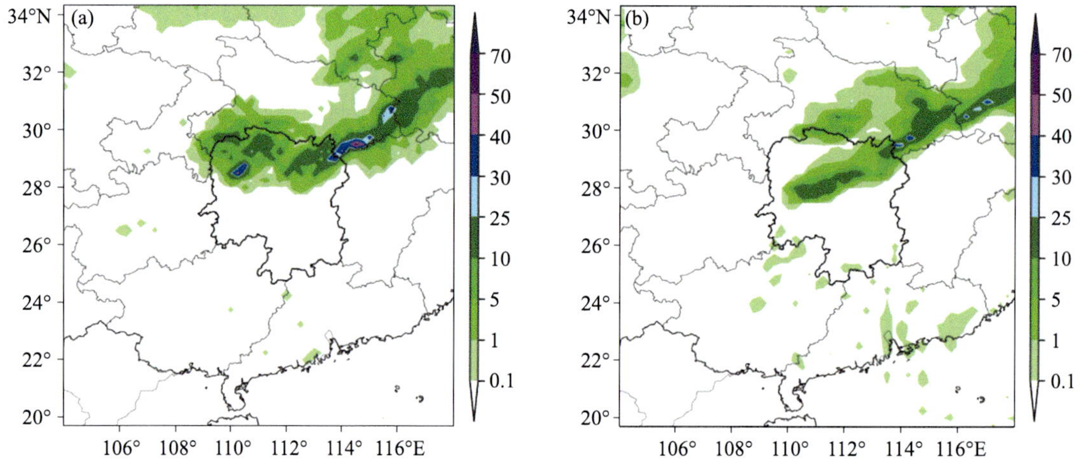

图 2.30　2023 年 4 月 2 日 20 时起报的 1 h 降水量预报(单位:mm)

(a)4 日 00 时 CMA-MESO 模式;(b)4 日 02 时 CMA-SH9 模式

4 月 2 日 20 时起报产品的中尺度模式雷达反射率产品显示(图 2.31),3 日 17 时湘北回波生成,20 时贵州回波东移与湘北回波发展合并,范围扩大,强度超过 50 dBZ,且回波生成发展与东移方向一致,湘中以北地区受回波列车效应影响将出现强对流天气,4 日 05 时回波强度减弱。

中尺度模式 CMA-MESO 10 m 风速预报(图 2.32)3 日 18 时弱冷空气从湘北入侵,风速为 8～10 $m \cdot s^{-1}$,多个时次预报风速增大到 12～14 $m \cdot s^{-1}$,4 日 08 时冷空气抵达湘中南部,考虑 3 日傍晚到夜间,随着冷空气南下将会出现混合性大风。

预报结论:省台预报 3 日湘中湘北地区将出现大到暴雨,岳阳局地大暴雨。强对流天气预报大部分地区将有雷暴天气,湘中、湘北将有短时强降水、雷暴大风和冰雹天气出现(图 2.33)。

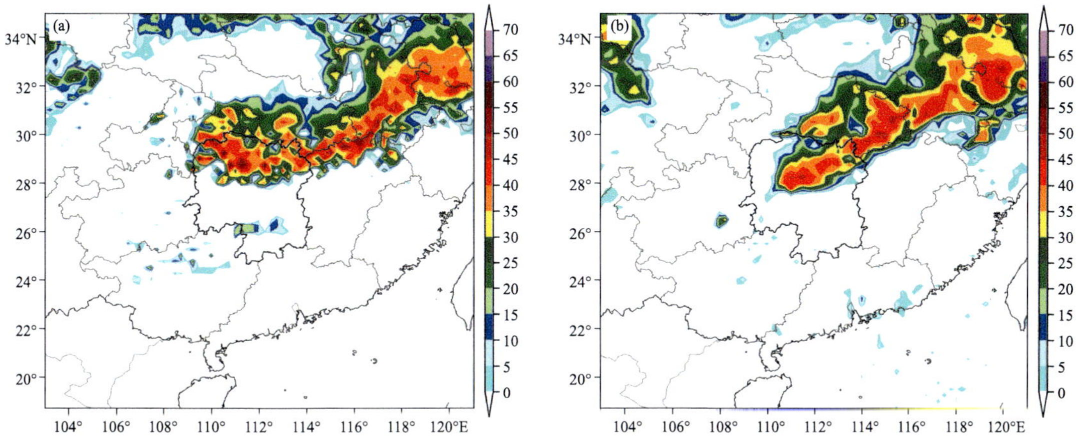

图 2.31　2023 年 4 月 2 日 20 时起报的 4 日 02 时雷达组合反射率因子预报(单位:dBZ)

(a)CMA-MESO;(b)CMA-SH9

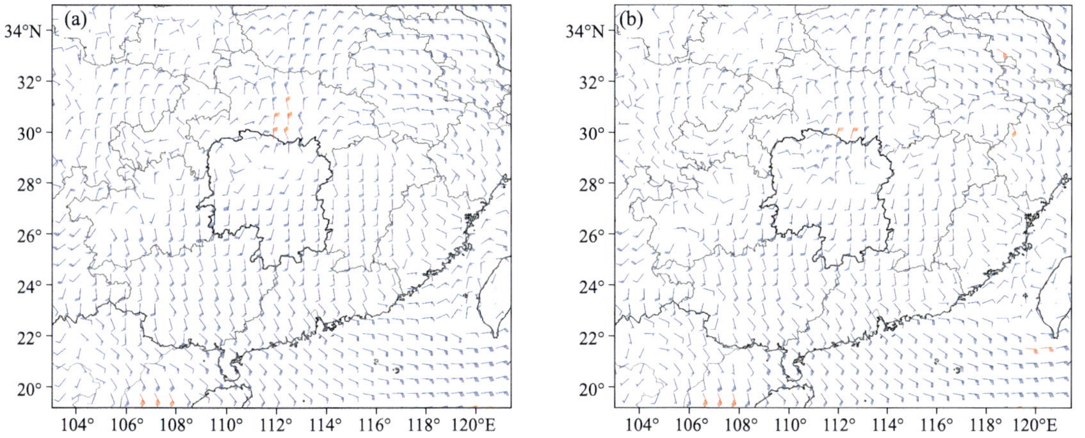

图 2.32　CMA-MESO 模式 2023 年 4 月 2 日 20 时起报的地面 10 m 极大风预报(单位:m·s^{-1})

(a)3 日 21 时;(b)4 日 01 时

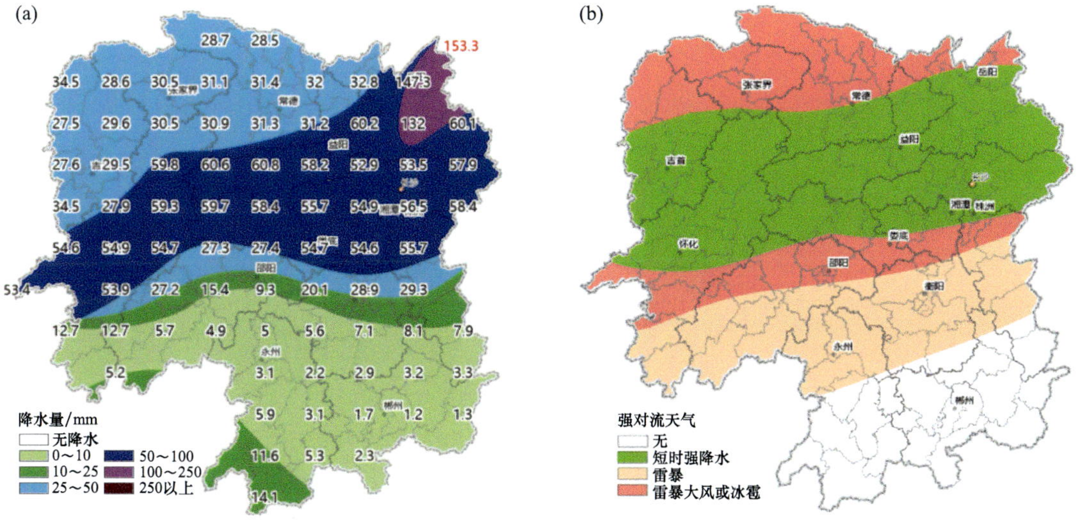

图 2.33　2023 年 4 月 3 日 08 时—4 日 08 时湖南降水量预报(a)和强对流天气落区预报(b)

预报偏差:本次过程模式对于天气形势的预报整体较为准确,并且物理量参数具有一定参考意义,从强对流天气落区预报与实况对比来看,对湘中以北地区的短时强降水、雷暴大风、冰雹预报准确。

(3)临近预警思路

风云地球产品应用。4 月 3 日夜间,红外云图中降水云系占据湘北大部,受夜间能见度影响,只能大致判断强降水云团位于湘北地区(图 2.34a),通过对流监测产品可显示对流强盛区域(图 2.34b)已发展为两条 MCS,湘北在层积混合云的笼罩下,强回波区由于对流高度高(云顶高度达 12 km 以上),高层几乎为冰云占据(图 2.35);随着新对流单体生成发展并向东移动不断并入 MCS,使 MCS 发展壮大;对流初生监测产品(图 2.36a)和雷达反射率产品(图 2.36b)相结合,可判断 MCS 的强度演变趋势,为湘北大暴雨(列车效应暴雨)和冰雹的发布提供有利判据,为强对流天气预警提前量提供有力保障。

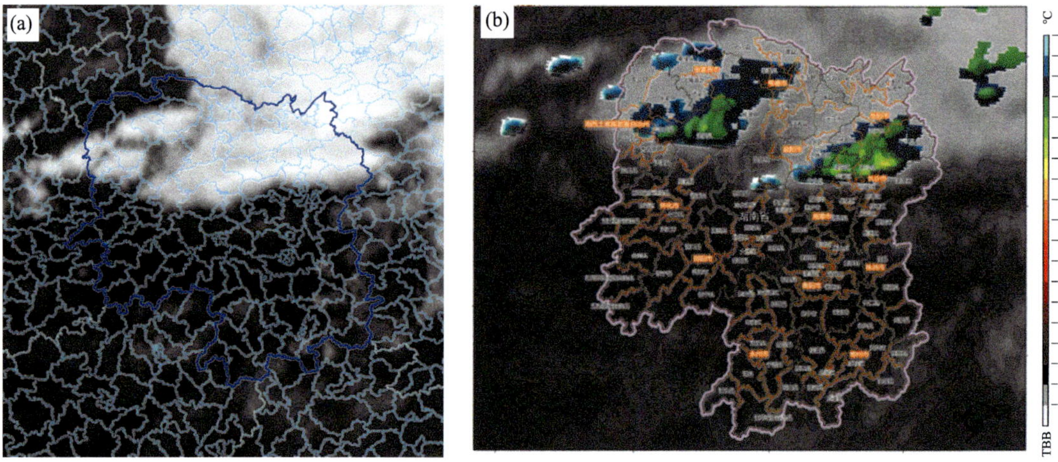

图 2.34　2023 年 4 月 3 日 21 时 30 分红外云图(a)和 23 时卫星对流监测产品(b)

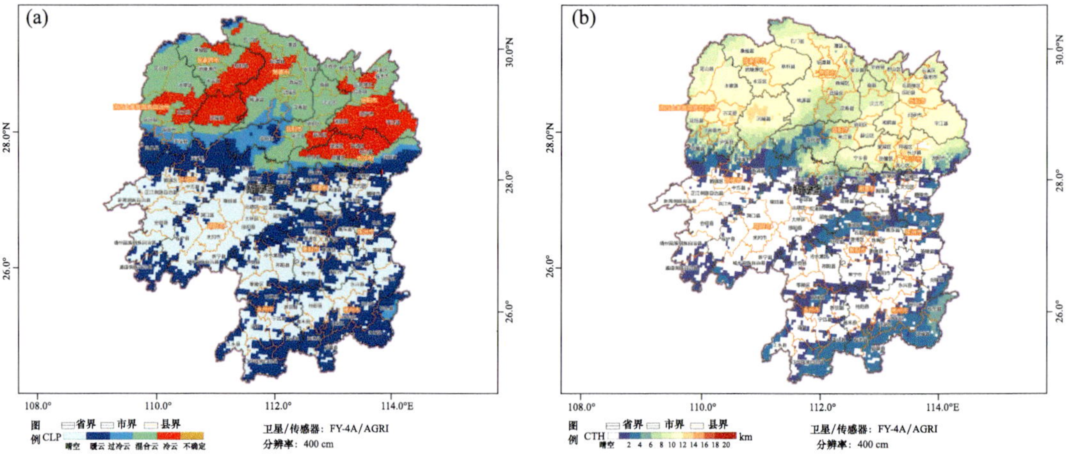

图 2.35　2023 年 4 月 3 日 23 时云相态分布图(a)和云顶高度分布图(b)

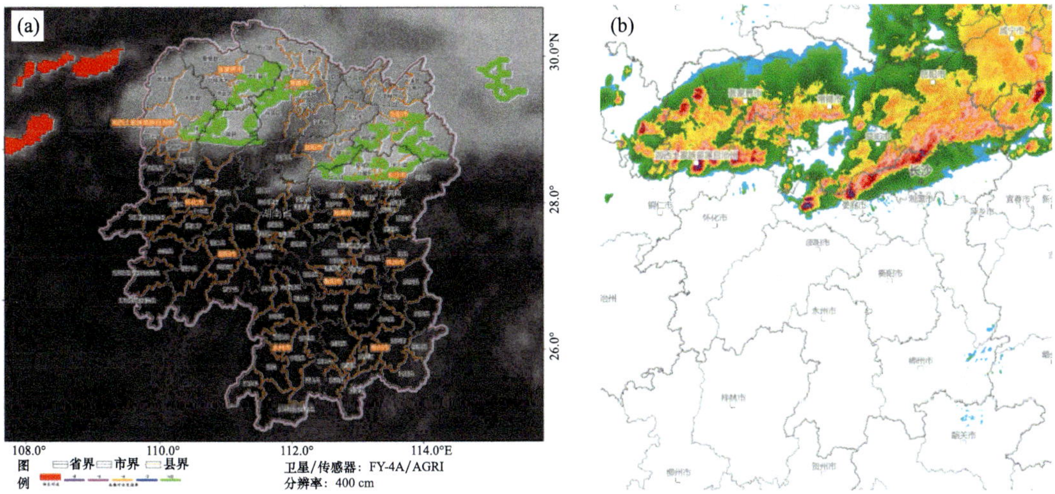

图 2.36　2023 年 4 月 3 日 23 时对流初生监测(a)和雷达组合反射率(b)

通过对流定量信息分析，可见 3 日夜间，湘中以北对流性明显增强，强对流天气发生前 MCS 的覆盖面积开始增大，MCS 最大高度、平均高度逐渐升高，最低亮温、平均亮温下降(图 2.37)。

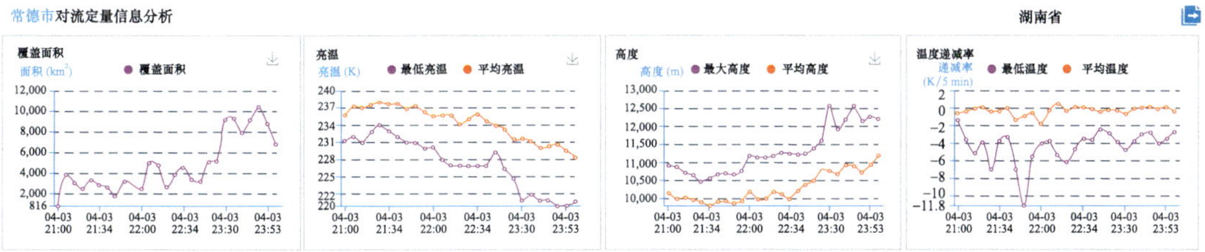

中尺度对流系统 (MCS) 定量指标分析表 2023-04-04 00:00

城市	MCS覆盖面积 (km^2)	MCS云顶最低亮温 (K)	MCS云顶平均亮温 (K)	MCS云顶最大高度 (m)	MCS云顶平均高度 (m)	MCS平均温度递减率 (K/5 min)	MCS最低温度递减率 (K/5 min)	<−32区域最低亮温 (K)	时间序列
常德市	6752	220.8	228.48	12193.70	11172.65	−0.43	−2.62	47.90	
长沙市	5600	218.9	229.12	12361.64	11118.71	−0.10	−2.16	59.93	
岳阳市	3520	224.9	229.42	11677.50	11065.82	−0.14	−0.43	30.56	
张家界市	3328	224.6	231.03	12055.04	11106.78	−0.30	−1.19	45.22	
怀化市	1792	223.4	228.46	12067.89	11398.35	−0.39	−2.50	6.64	
益阳市	1440	221.2	227.89	12190.60	11349.16	−0.02	−0.73	17.48	
湘西土家族苗族自治州	176	226.6	229.55	11710.05	11406.77	−0.27	−0.56	5.05	
娄底市	48	237.0	239.40	10452.26	10181.29	0.75	0.29	0.74	
湘潭市	0							0	
永州市	0							0	

图 2.37　2023 年 4 月 3 日各市州 MCS 演变特征数据界面

雷达资料监测预警。从图 2.38 可以看出，岳阳雷达 21 时 29 分反射率因子图上，临湘市和岳阳县观测到一个呈现“弓”形的多单体强风暴，水平尺度 80～90 km。最大反射率因子(DBZM)可达50～55 dBZ，弓形回波前沿反射率因子梯度很大。弓形回波顶点处存在中气旋，顶点后面存在后侧入流急流，速度达到 30 m·s^{-1}，极易产生极端的局地雷暴大风。1 h 定量估测降水(OHP)产品显示该弓形回波产生的1 h降水量大约在30～40 mm,最大值为71 mm,与实况68.8 mm较为一致,说明该弓形回波具有较高的降水效率。需要针对弓形回波所在的临湘市、岳阳县及下游地区及时发布短时强降水和雷暴大风预警。

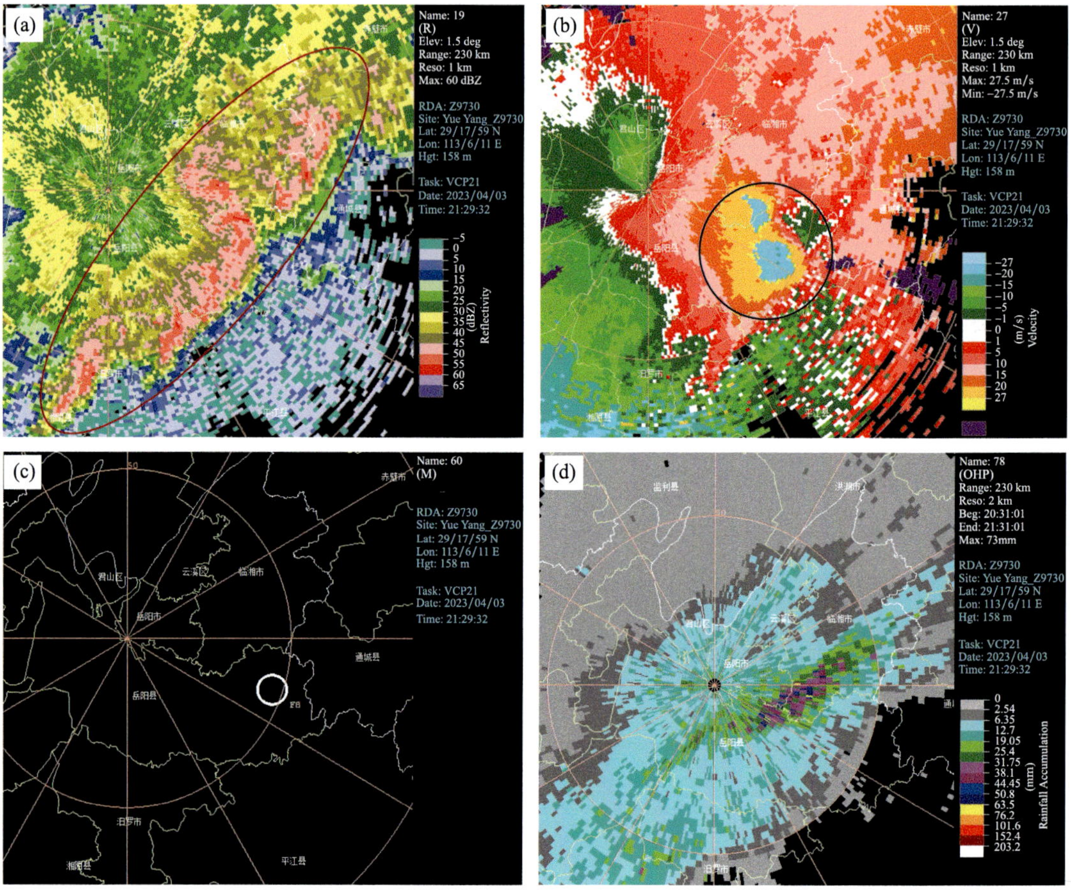

图2.38　2023年4月3日21时29分岳阳雷达拼图

(a)1.5°仰角基本反射率;(b)1.5°仰角径向速度;(c)中气旋M;(d)OHP

模式探空图显示0 ℃层高度在4.2 km。反射率因子剖面图(2.39a)显示该弓形回波的强回波主要集中在低层,质心位置较低,属于暖云主导型对流降水。45～50 dBZ的回波可产生50 mm以上的降水,雨强较大需要注意暴雨预警的发布。自雷达站沿着径向的速度剖面(图2.39b)显示后侧有30 $m\cdot s^{-1}$的入流急流,中层有明显的径向辐合,地面的灾害性大风将会一直沿着回波移动路径影响下游地区。

(4)预报着眼点

① 此次过程属于斜压锋生类,高空低压槽、低层急流和切变线是造成此次暴雨的主要影响系统,中层干侵入和地面冷空气为对流的产生提供了触发机制。

② 探空图显示对流层中层存在干层,0～6 km垂直风切变达到19.5 $m\cdot s^{-1}$,有利于雷暴大风的出现。WBZ和−20 ℃温度层高度分别为3.8 km和7.5 km,满足降雹条件。中低层的湿层深厚。短时强降水、雷暴大风、小冰雹均可能出现。

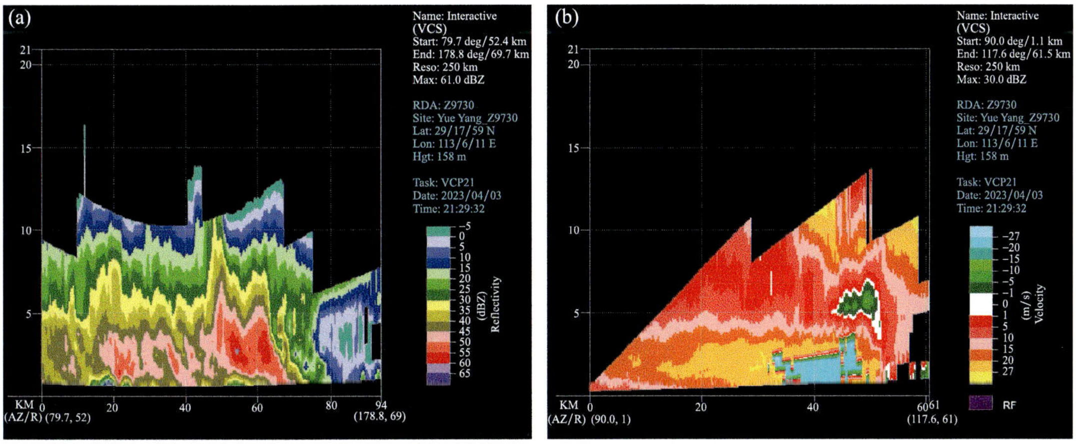

图 2.39　2022 年 4 月 3 日 21 时 29 分岳阳站雷达基本反射率(a)、径向速度(b)剖面图

③ 中尺度模式雷达反射率因子能准确预报出强回波形态特征及移动影响区域，中尺度模式 1h 降水产品能预报出短时强降水的大致区域及演变，10 米风场产品能预报出冷空气和大风影响时段及区域，具有一定参考作用。

④ 风云地球卫星云图中对流初生监测产品和雷达反射率产品相结合，可判断 MCS 的强度演变趋势，为强对流天气预警提前量提供有力保障。

⑤ 短临预警指标。弓形回波、后侧入流急流和中层径向辐合等预示雷暴大风的出现。低质心的回波具有较高的降水效率，需要考虑短时强降水的出现。

⑥ 强对流落天气区位于地面辐合线附近与低空急流出口的 0～6 km 垂直风切变大值区和高能高湿区。

2.2.4.2　2022 年 4 月 12 日强对流天气过程

(1)过程概况

2022 年 4 月 12 日 08 时—13 日 08 时(图 2.40a、b)，湖南省大部分地区出现中到大雨，湘中、湘北部分地区暴雨，24 h 最大降水量为 118.9 mm(岳阳县向红村)，157 站小时雨强超过 20 mm，最大为沅江市草尾镇乐安村 58.1 mm(15—16 时)。受冷空气南下影响，14 时开始湖南省风力普遍加大到 4～5 级，其中洞庭湖区出现 77 站次 8～10 级的大风，最大为岳阳县中洲乡 26.8 m·s^{-1}(10 级，16 时 35 分)。天气形势分析(图 2.40c)12 日 08 时，500 hPa 高空槽处于贵州上空，湖南处于槽前西南气流控制下，西南低涡在贵州、重庆交界地区，湘北地区处于低涡前部，850 hPa、925 hPa 有明显低空切变线，850 hPa 上有低空急流，怀化探空站上空西南风速可接近 18 m·s^{-1}，广东、广西、贵州、湖南等地区上空 850 hPa 存在显著湿区，14 时湘中偏北地区存在明显地面辐合线。高空槽前正涡度平流、湘北地区冷式切变、西南急流共同提供了动力、水汽条件，中层干侵入、低层显著湿区叠加有利于大气不稳定度增加，加上西南涡沿切变线东移，地面冷空气触发，使得 12 日下午湘北地区开始产生一次明显伴有雷暴大风、短时强降水和小冰雹的强对流天气过程。

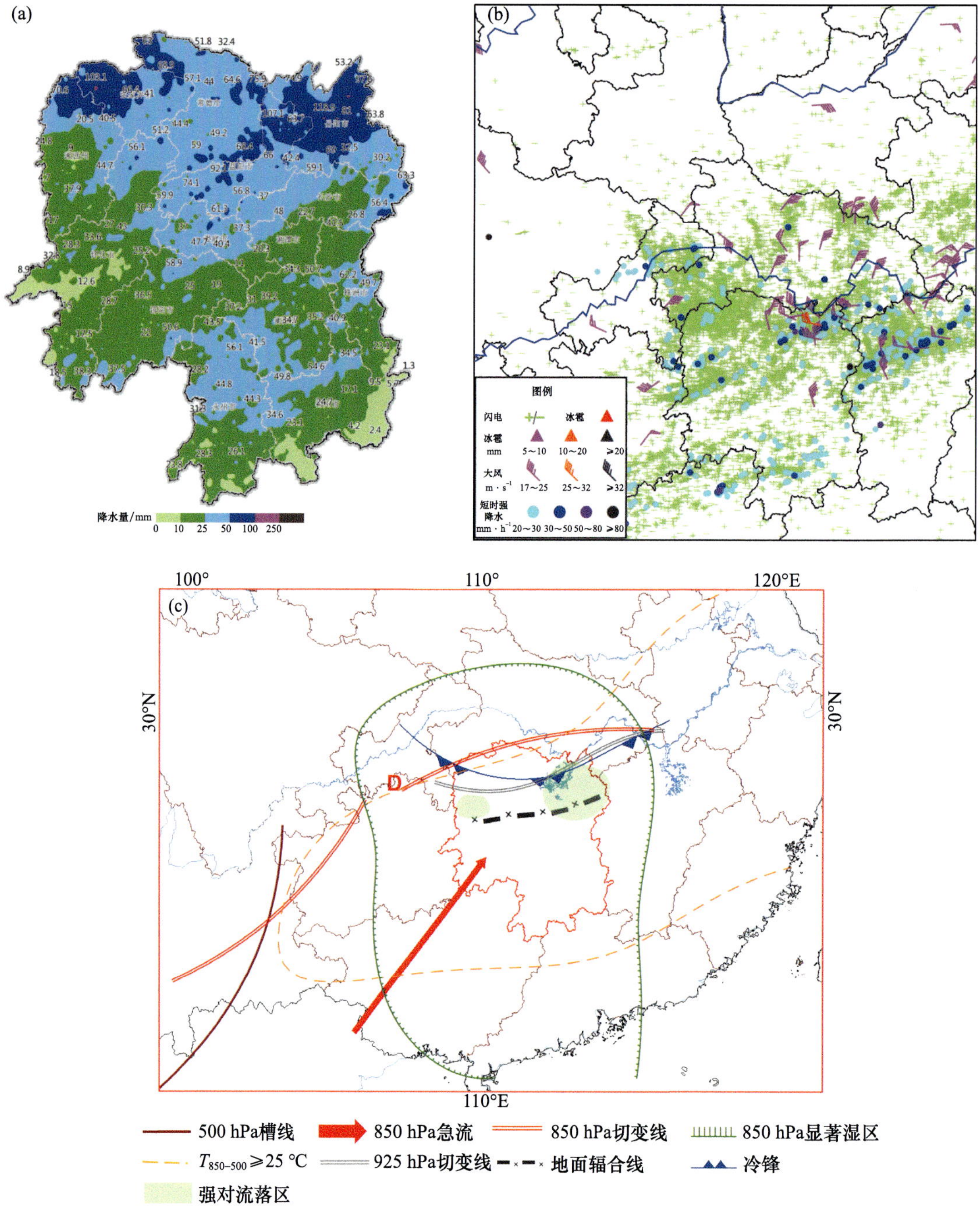

图 2.40 2022 年 4 月 12 日 08 时—13 日 08 时降水量实况(a)、强对流天气实况(b)、4 月 12 日 08 时天气系统配置图(c)

(2)短期预报分析

强对流天气形势配置分析：11 日 20 时 ECMWF 模式预报 12 日 14 时形势场(图 2.41)，中高纬低压槽宽广，低压槽东移带动槽后冷空气南下，低纬高空槽位于贵州东部，湖南位于深厚的高空槽前，槽前最大风速达 20 m·s^{-1}；700 hPa 和 850 hPa 低涡位于重庆南部，切变线位于湘西北地区，西南急流建立；925 hPa 冷式切变线位于湘北。12 日 08 时冷空气从湘北侵入，地面倒槽锋生，14 时湘中存在一条明显的地面辐合线，随着高空槽东移，20 时 850 hPa 西南涡移入湘西地区，向东北方向移动，23 时呈西南—东北走向，13 日 05 时从湘东北移出，05 时以后冷式切变线东移南压，过程结束。

因此，考虑受低压槽东移、中低层低涡切变与地面冷空气共同影响，有一次强对流天气过程，符合斜压锋生类强对流，强对流类型为混合性大风（雷暴大风和偏北大风）、短时强降水和小冰雹。

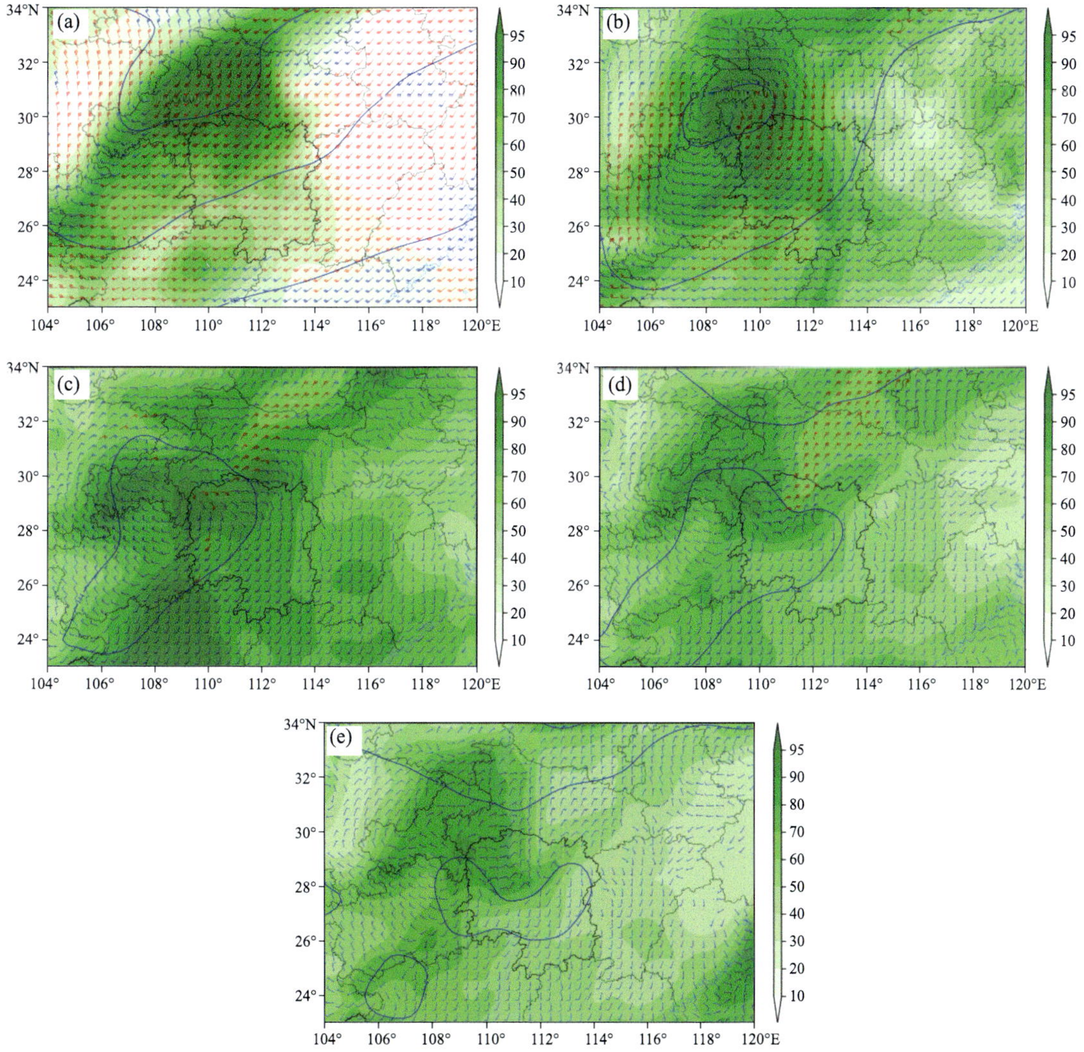

图 2.41 ECMWF 模式 2022 年 4 月 11 日 20 时起报的 12 日 14 时 500 hPa(a)、700 hPa(b)、850 hPa(c)、925 hPa(d)、1000 hPa(e)相对湿度(%)风场高度场形势图

基于物理量的强对流分类分析（图 2.42）：热力条件一般，CAPE 较小，湘北地区 200～500 J・kg^{-1}；除湘西外其他地区 $T_{850-500}$ 达 24 ℃，K 指数 32～36 ℃；湘北地区 0～3 km 垂直风切变 18～20 m・s^{-1}，局地达 24 m・s^{-1}，0～3 km 风暴螺旋度湘北地区达 300 m^2・s^{-2}以上，

且周围梯度明显；水汽条件较好，850 hPa 比湿 10～12 g·kg^{-1}，整层可降水量 35～45 mm，以上分析考虑本次过程以雷暴大风、短时强降水为主。

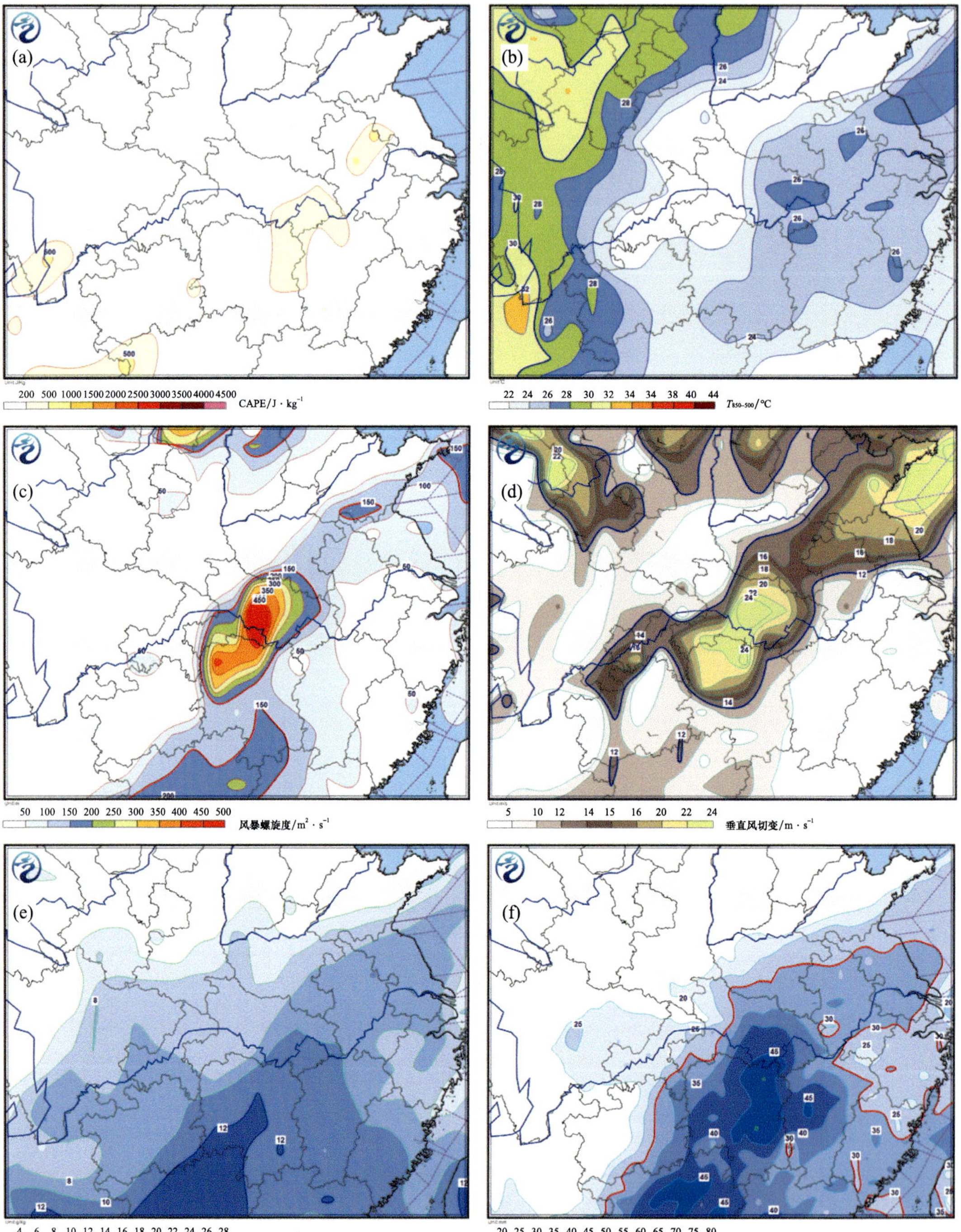

图 2.42　ECMWF 模式 2022 年 4 月 11 日 20 时起报 12 日 14 时 CAPE(a)、$T_{850-500}$(b)、0～3 km 风暴螺旋度(c)、0～3 km 垂直风切变(d)、850 hPa 比湿(e)、整层可降水量(f)

凤凰 12 日 14 时模式探空(图 2.43)显示 CAPE 为 585.4 J·kg^{-1},对流抑制能量 CIN 为 27 J·kg^{-1},抬升指数−2.1,沙氏指数为−0.44,K 指数为 36.7 ℃,温湿曲线呈现上干下湿配置,但是"喇叭口"形状不明显,有利出现短时强降水,局地雷暴大风。零度层高度在 4.5 km 左右,CAPE 小,0～6km 垂直风切变 16 m·s^{-1},中等垂直风切变,$T_{850\text{-}500}$ 为 22 ℃,不利出现冰雹。

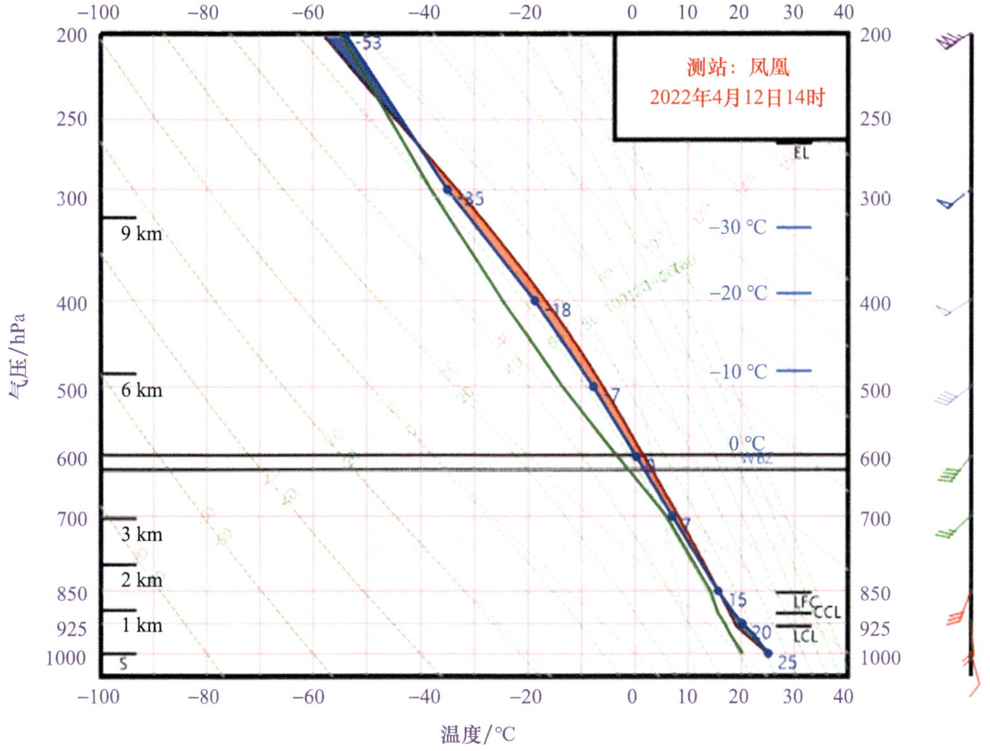

图 2.43　ECMWF 模式 2022 年 4 月 11 日 20 时起报 12 日 14 时湘西州凤凰探空图

基于中尺度模式的强对流类型分析:4 月 11 日 20 时各家模式起报的 4 月 12 日强降水落区预报显示(图 2.44),CMA-GFS 模式预报湘中偏南部分地区大雨;CMA-MESO 模式在湘西北、湘中部分地区以及湘中偏南都预报了大到暴雨,有两条比较明显雨带;ECMWF 模式预报湘中偏南局地暴雨;CMA-SH9 模式预报湘北地区暴雨。结合 4 月 11 日 08 时起报的 4 月 11 日 20 时—12 日 08 时模式降水及形势预报与实况对比分析,选取 CMA-MESO 模式降水预报作为主要的参考,结合 1 h 降水模式预报产品(图 2.45),考虑白天湘北、晚上湘东地区将出现短时强降水。

通过比较各家中尺度模式雷达产品与临近雷达实况,最终采用 CMA-MESO 模式雷达组合反射率因子产品作为预报参考。4 月 11 日 20 时起报产品显示(图 2.46),08 时西南涡的暖式切变从湘西北移入,逐渐东移,范围扩大,18 时湘北均受强回波影响,考虑白天影响湘西、湘北,并且西南侧回波开始发展东移,23 时受切变线及低空急流影响,湘南多单体发展较强,12 日 03 时与湘北回波连成一条线,逐渐影响湖南东部、南部地区,05 时回波强度减弱。

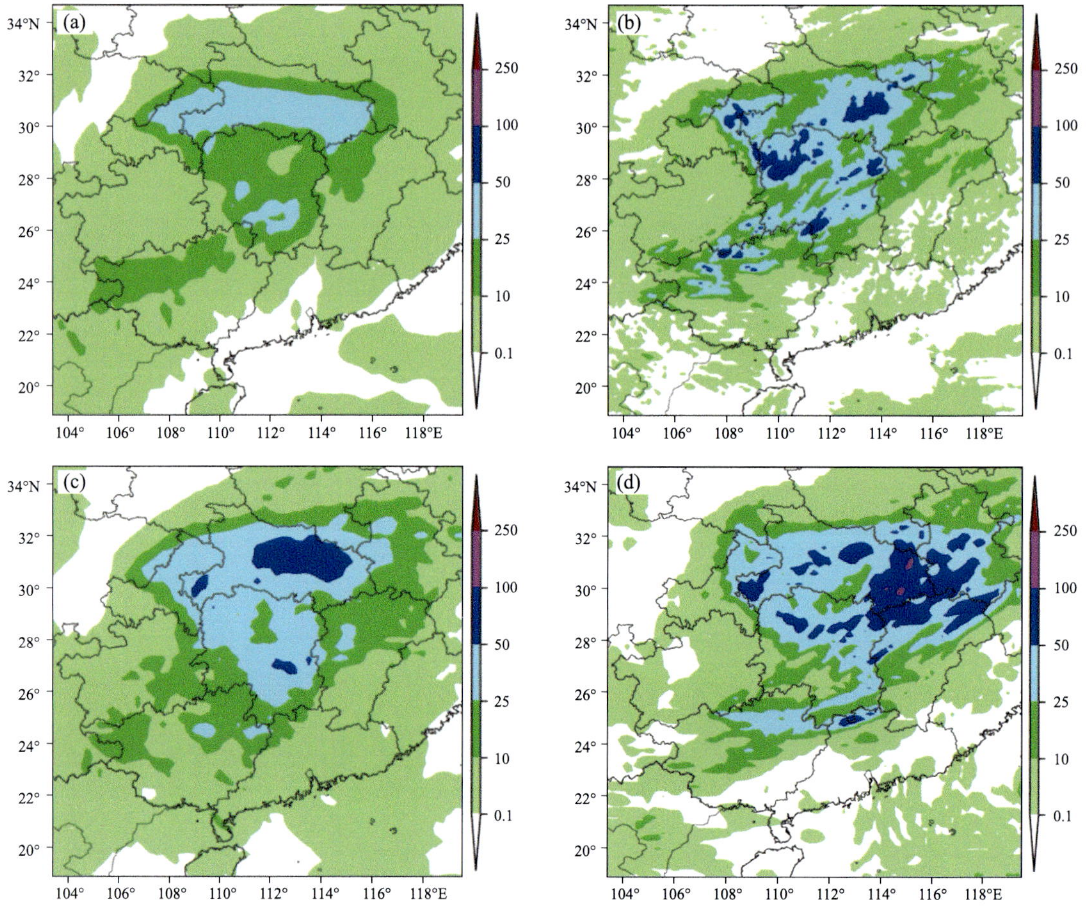

图 2.44　模式预报 2022 年 4 月 11 日 20 时起报 12 日 08 时—13 日 08 时 24 h 降水(单位:mm)

(a)CMA-GFS;(b)CMA-MESO;(c)ECMWF;(d)CMA-SH9

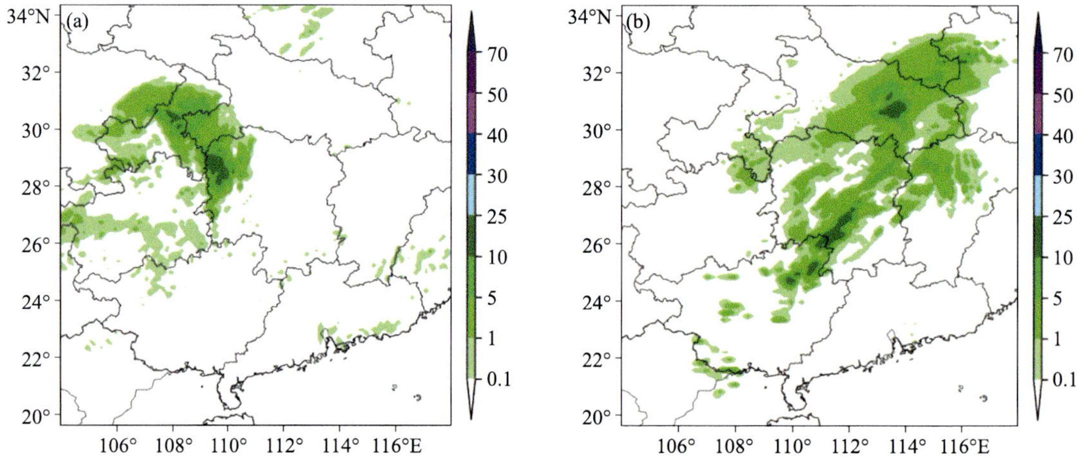

图 2.45　CMA-MESO 模式 2022 年 4 月 11 日 20 时起报 1 h 降水量预报(单位:mm)

(a)12 日 11 时;(b)13 日 02 时

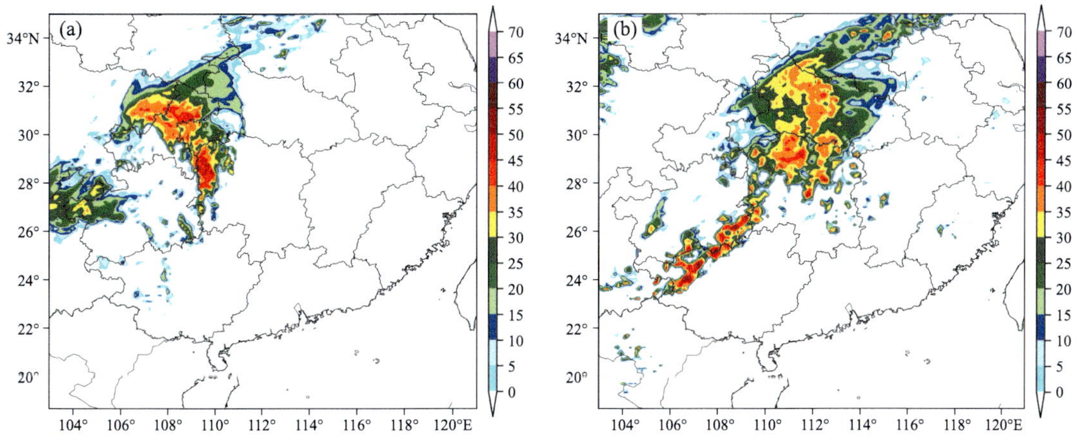

图 2.46 CMA-MESO 模式 2022 年 4 月 11 日 20 时起报的雷达组合反射率因子(单位:dBZ)预报

(a)12 日 10 时;(b)12 日 18 时

根据中尺度模式 CMA-MESO10 米风速预报(图 2.47)12 日 09—14 时弱冷空气从湘北入侵,风速为 8～10 $m \cdot s^{-1}$,15 时风速增大到 12 $m \cdot s^{-1}$,风速大值区持续到 22 时,主要影响湘东北地区,23 时以后减弱。上游贵州、重庆、湖北等地区 08—14 时已出现雷暴大风、短时强降水,因此考虑湖南下午开始将会出现混合性大风。

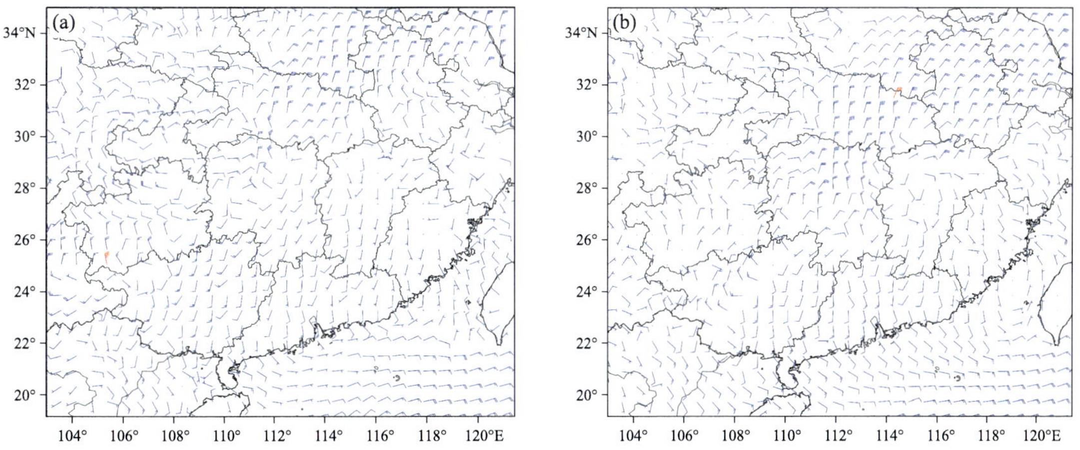

图 2.47 CMA-MESO 模式 2022 年 4 月 11 日 20 时起报的地面 10 m 极大风预报

(a)12 日 15 时;(b)12 日 22 时

预报结论:12 日强对流落区预报显示(图 2.48),12 日白天湘西北有短时强降水,12 日夜间湘东、湘南有短时强降水,12 日湘东北到湘西南呈东北—西南向区域及湘东南考虑有雷暴大风或小冰雹。

预报偏差:本次过程对于天气形势、强对流类型的预报较为准确,为一次较为成功的案例。预报类型以雷暴大风及短时强降水为主,短时强降水预报落区与实况基本一致,雷暴大风湘东北预报正确,湘西南空报。

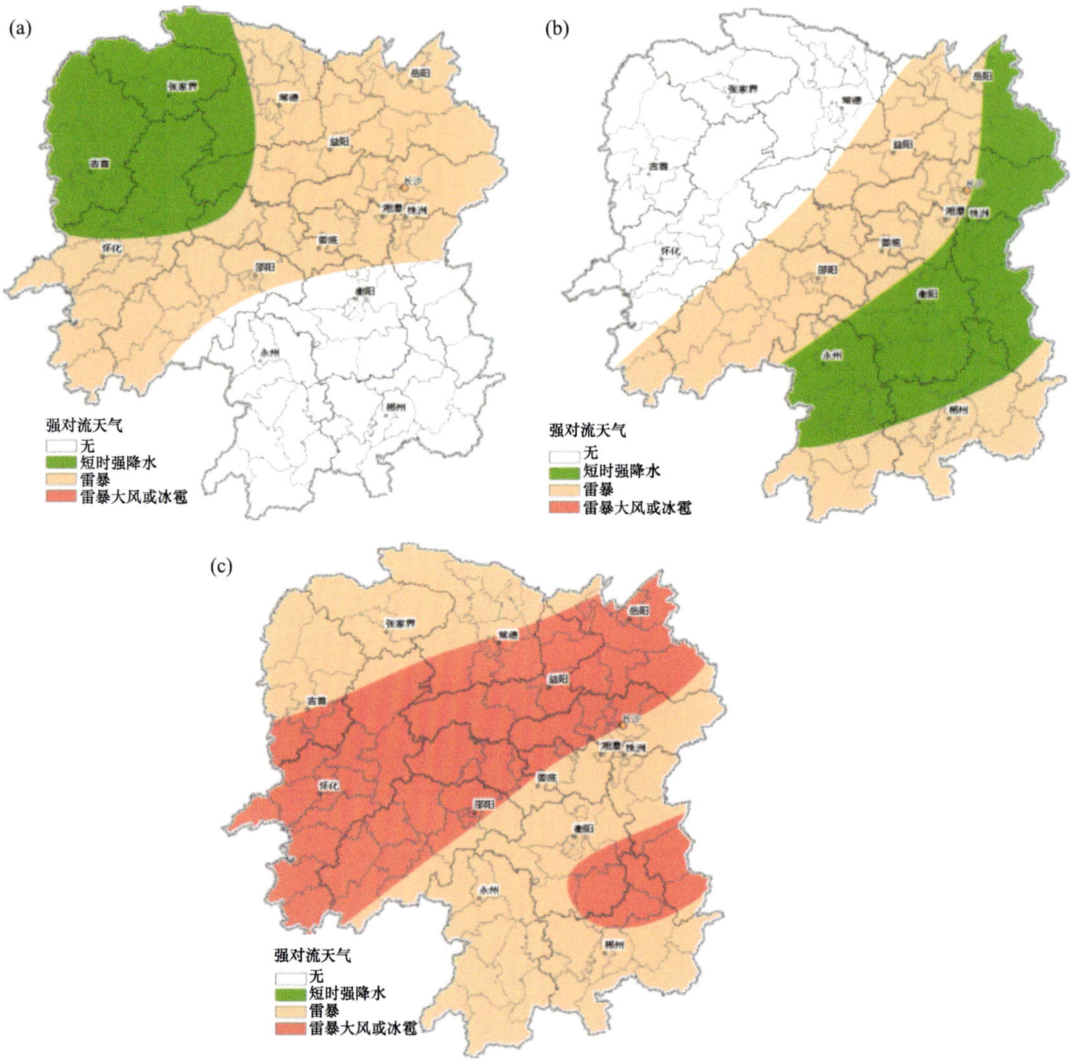

图 2.48　2022 年 4 月 12 日 08 时—13 日 08 时湖南强对流天气落区预报

(a)12 日 08 时—20 时短时强降水；(b)12 日 20 时—13 日 08 时短时强降水；

(c)12 日 08 时—13 日 08 时雷暴大风和冰雹

(3)临近预警思路

雷达资料监测预警。4 月 12 日 08 时(图 2.49)，受低压槽东移，低涡切变线与冷空气触发，出现与低涡切变线相对应 2 条回波带，冷式切变线对应多单体回波 1 位于贵州，暖式切变线对应多单体回波 2 开始影响怀化、湘西州、张家界西部地区。08—14 时，回波持续东移，整体结构较为松散，其中回波 1 强度持续减弱，回波 2 在其移动方向前侧张家界、常德等地区不断有孤立对流单体生成。15 时，回波 1 面积进一步缩小，呈细长线状对流，影响怀化西部，回波 2 继续东移，其影响范围不断南扩，在益阳等地有超级单体回波生成，但未形成明显的飑线。18 时，回波 1、回波 2 东移过程中面积不断扩大，多地出现单点雷暴，对流组织化其前方及附近不断有对流单体生成。21 时至次日 10 时，回波东移南压扫过湖南省大部分地区，随后移出湖南省。从雷达回波移动速度和强度来看，移速较快，易出现大风，回波松散，未组织化形成飑线，最大回波强度在 55 dBZ 左右，单点影响时间较短，考虑小时雨强不超过 50 mm，不利出现冰雹。

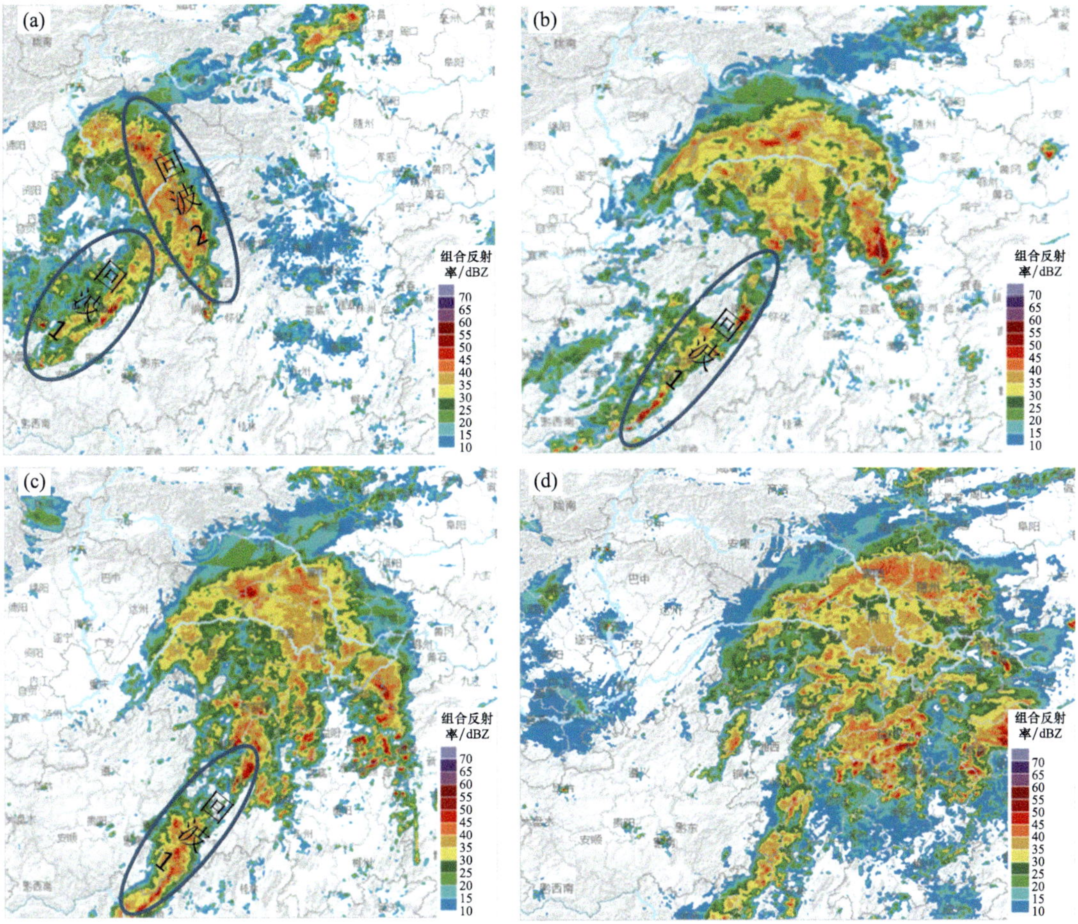

图 2.49 2022 年 4 月 12 日雷达拼图回波演变

(a)08 时；(b)15 时；(c)18 时；(d)21 时

从常德雷达组合反射率因子图(图 2.50)来看，14 时 09 分，整体上表现为层积云混合性降水回波，较强回波由多单体风暴组成，未形成有组织化飑线，反射率因子在 30～58 dBZ 之间，最大反射率因子 58 dBZ，位于汉寿南部。从对应时刻径向速度图来看，澧县至常德一线存在径向速度大值区(大于 17 $m \cdot s^{-1}$，高度 700 m)，考虑有大风出现，常德市区南部存在逆风区，有利出现短时强降水。

(4)预报难点

① 斜压锋生类冷空气南下，易出现混合性大风，是否伴随其他类型，是否出极端大风？

从物理量潜势角度来看，水汽条件较好，K 指数较大，0～3 km 垂直风切变较大，有利于雷暴大风、短时强降水发生，但 CAPE 小，垂直风切变中等，不利于出现冰雹和极端大风。

② 系统移动速度快，自北向南影响湖南省，强对流天气落区如何确定？强对流天气落区预报湘东北到湘西南，而实况只出现在湘东北，预报落区如何把握？

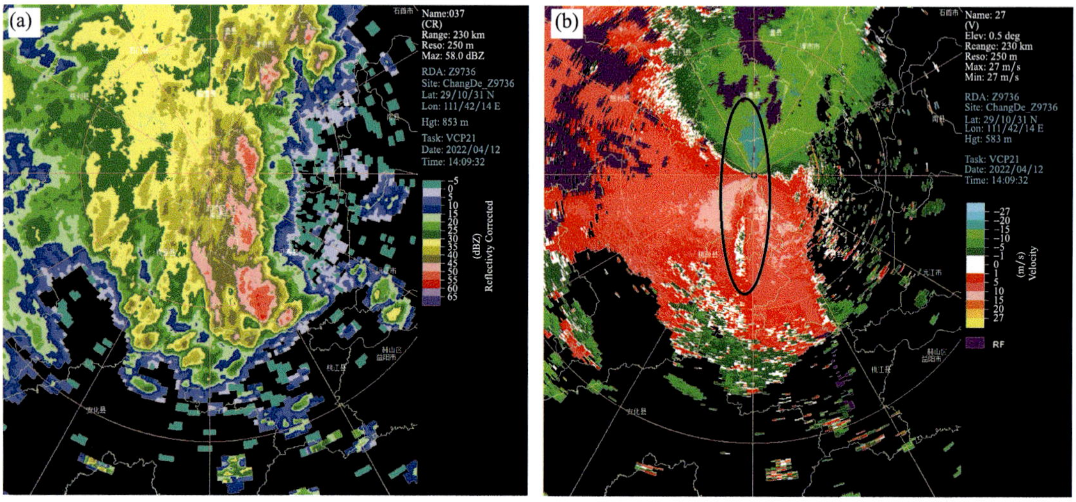

图 2.50 常德雷达 2022 年 4 月 12 日 14 时 09 分雷达组合反射率(a)和 0.5°仰角径向速度(b)

虽然 850 hPa 切变线呈西南—东北向,影响了湘南和湘东北地区,其中湘南 K 指数、$T_{850\text{-}500}$较高,但湘南动力条件不足,垂直速度、0～6 km 垂直风切变小。而湘北处于低涡中心右侧,水汽和动力条件与系统配合更好,因此应结合天气形势和物理量条件的综合配置来确定强对流落区。

(5)预报着眼点

① 本次过程是斜压锋生类,重点关注西南涡东移影响,考虑在西南急流出口以及低涡右侧出现短时强降水,湘北处于低涡中心移动路径上,暴雨区比较集中;当西南涡与冷空气结合,容易出现雷暴大风和短时强降水,分析影响区域与水汽、热力与动力大值区的重叠区域确定为强对流预报落区。另外洞庭湖地区地势较低,易出现大风。

② 在检验模式预报性能后,选择最优预报模式来参考模式降水和中尺度雷达回波预报。中尺度模式雷达反射率因子能准确预报出强回波形态特征及移动影响区域,中尺度模式 1 h 降水产品能预报出短时强降水的大致区域及演变,10 米风场产品能预报出冷空气和大风影响时段及区域,具有一定参考作用。

③ 关注雷达产品,回波移动缓慢、低层径向速度"逆风区"、列车效应预示短时强降水出现。再者,关注低层速度大值区对雷暴大风预警指示。

2.2.4.3 2022 年 3 月 16 日强对流天气过程

(1)过程概况

2022 年 3 月 16 日 08 时—17 日 08 时(图 2.51),强降雨位于湘北,湘西北局地出现暴雨,其中 14 个县市区共 108 站超过 50 mm,石门 2 站超 100 mm,最大降水量为 124.1 mm(石门壶瓶山镇狮燕站),最大小时雨强 47.7 mm(永顺石堤镇羊峰站,16 日 20 时);永定区、南岳、北湖区、华容、平江、桃江、双牌、桑植、保靖、新宁等 12 个县市区出现超过 17.2 m·s^{-1}的大风,最大为 29.5 m·s^{-1}(永定区桥头站,19 时 27 分);龙山出现冰雹。天气形势分析:08 时,东亚高纬为一槽一脊形势,东北地区处于低涡影响下,低涡后部的偏北气流引导冷空气南下,中低纬地区 500 hPa 槽线位于四川至云南一带,湖南省处于深厚的槽前,西南风速为16 m·s^{-1};

700 hPa、850 hPa 位于四川的低涡切变向东移动，切变南侧西南暖湿急流建立，地面辐合线位于怀化至岳阳一带，易触发湘西北地区的强对流天气。20 时(图 2.51c)槽前西南风速增大至 20 m/s，湖南省受明显的正涡度平流影响；700 hPa、850 hPa 低涡切变东移，西南急流相比 08 时明显增强；地面冷锋从湖南省北部进入倒槽，显著的冷暖平流会导致斜压锋生和强烈的辐合抬升，常发展为飑线，造成雷暴大风、短时强降水和冰雹等混合性对流天气。

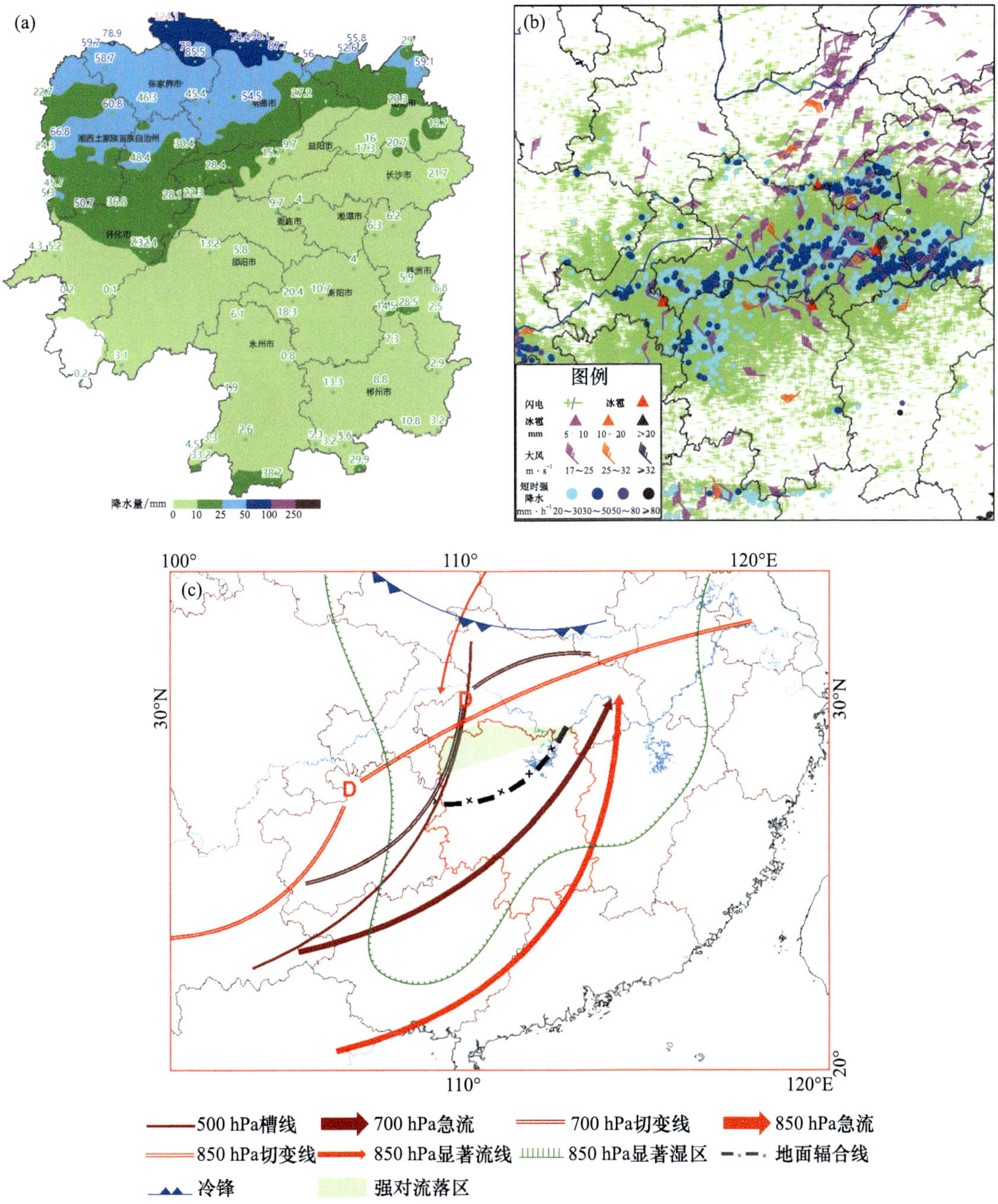

图 2.51　2022 年 3 月 16 日 08 时—17 日 08 时降水量实况(a)、强对流天气实况(b)、16 日 20 时天气系统配置图(c)

(2)短期预报分析

强对流天气形势配置分析：15 日 20 时 ECMWF 模式预报 16 日 08 时形势场显示 500 hPa 高空槽深厚，槽线位于四川至云南一带，湖南省受槽前西南气流影响，中低层为上下一致的偏南气流，风速为 10 m · s^{-1}，地面受热低压影响增温增湿明显。16 日 17 时(图 2.52)高空槽明显东移，位于湖南与贵州交界处；700 hPa、850 hPa 低涡位于湘鄂交界处，贵州和湖北分别有冷式和暖式切变，切变南侧有明显的西南急流，850 hPa 风速达 16～20 m · s^{-1}；925 hPa 超低空急流建立，湖南北部受切变线影响；地面倒槽发展，出现中尺度低压，辐合线位于怀化至岳阳一带，易触发强对流活动；另外湖北有明显的冷锋向湖南移动，23 时冷空气从湘东北进入湖南，有利于动力抬升，对流发展加强。随着高空槽东移，低涡向东北方向移动，17 日 02 时移动到湖北东部，低涡南侧的冷式切变主要影响湘北，17 日 08 时 500 hPa 低压槽移动快于低层，中低层急流减弱，降水减弱。受高空低压槽、中低层切变和地面冷空气影响，湘中以北地区将出现一次强对流天气过程，以短时强降水、雷暴大风天气为主，主要影响时段在 16 日夜间。

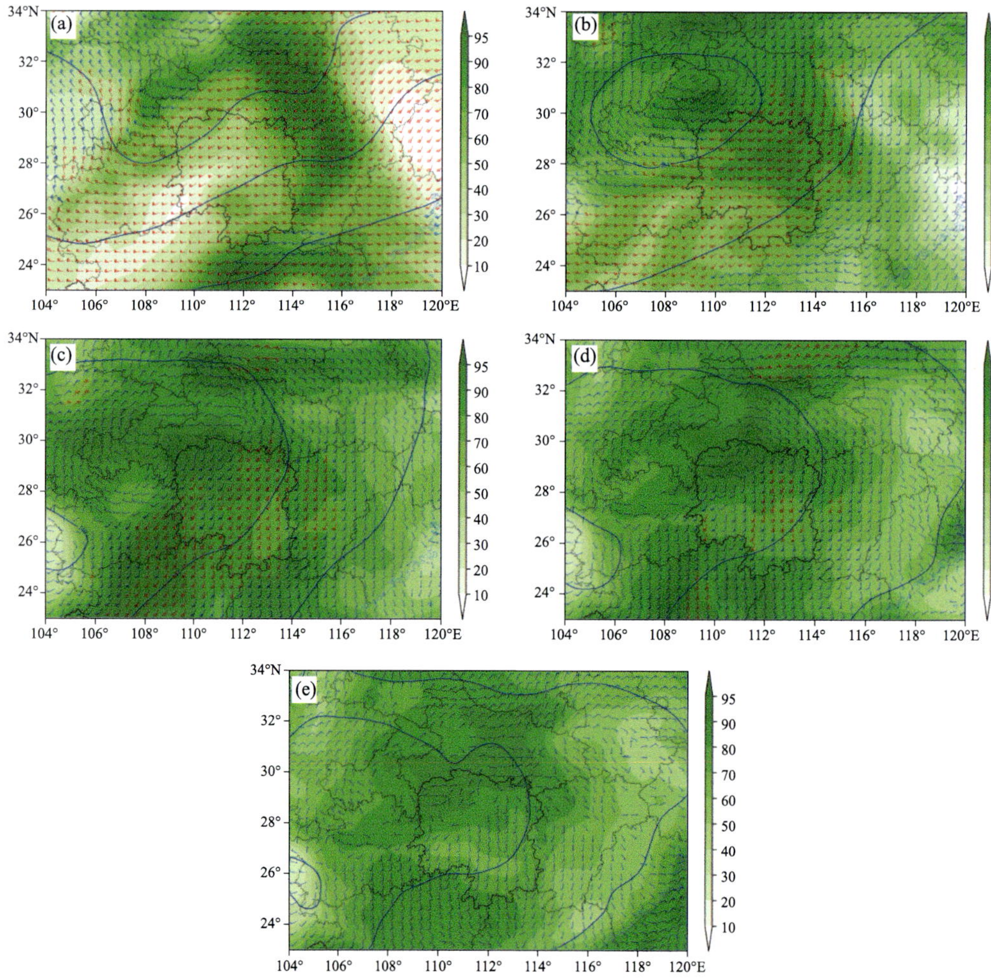

图 2.52　ECMWF 模式 2022 年 3 月 15 日 20 时起报 16 日 17 时 500 hPa(a)、700 hPa(b)、850 hPa(c)、925 hPa(d)、1000hPa(e)形势预报

基于物理量的强对流分类分析(图 2.53)，16 日 14 时湘中及以北 CAPE 值为 200～500 J·kg^{-1}，$T_{850\text{-}500}$为 24 ℃，具有一定热力不稳定；0～6 km 垂直风切变湘北为 22～24 m·s^{-1}，湘西达 26～30 m·s^{-1}；17 时全省大部分地区整层可降水量达到 40～50 mm。综合考虑湘中以北冷暖空气交汇，将出现以雷暴大风为主伴随短时强降水的混合性强对流天气，由于强垂直风切变，可能会出现 9 级以上的大风。

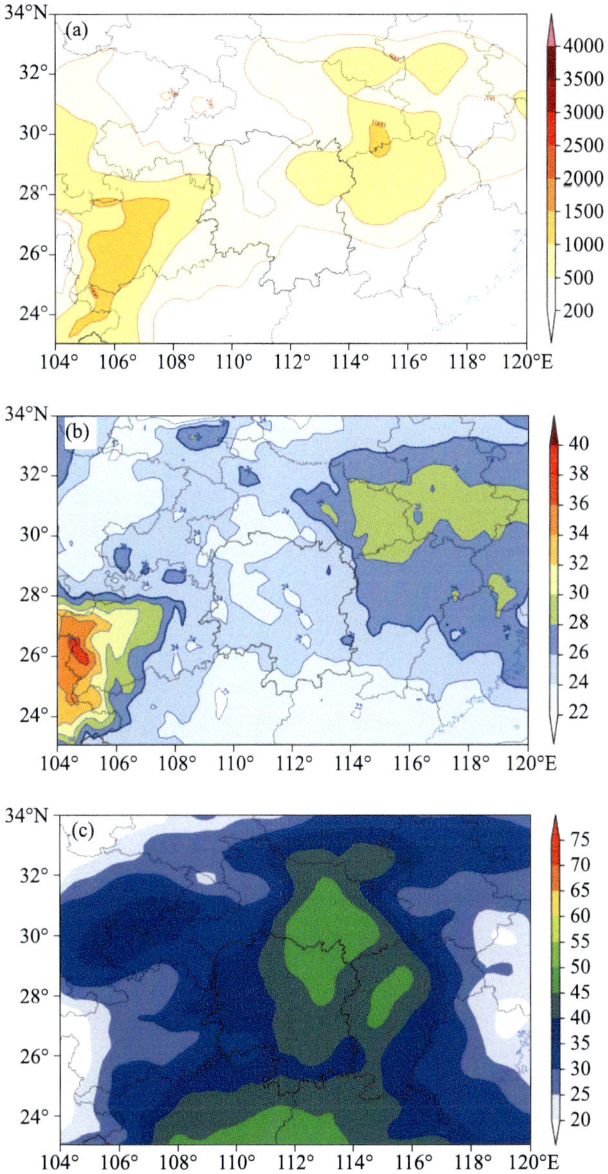

图 2.53　ECMWF 模式 2022 年 3 月 15 日 20 时起报的 3 月 16 日 14 时 CAPE(单位:J·kg^{-1})(a)、$T_{800\text{-}500}$(单位:℃)(b)、17 时整层可降水量(单位:mm)(c)

16 日 20 时芷江、长沙模式探空(图 2.54)显示 CAPE 为 200～300 J·kg^{-1}，较小，沙氏指数分别为－2.43 和－1.92，长沙 K 指数为 39 ℃，对流层中层存在干层，DCAPE 偏小，WBZ、－20 ℃高度满足降雹条件。考虑强对流类型为短时强降水、雷暴大风、小冰雹。

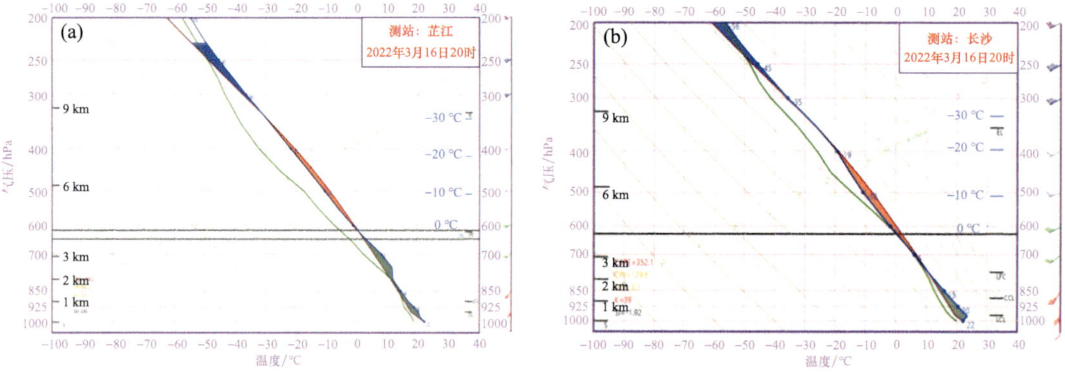

图 2.54　ECMWF 模式 2022 年 3 月 15 日 20 时起报 16 日 20 时模式探空图

(a)芷江；(b)长沙

结合模式的强降雨预报分析，15 日 20 时起报各家模式 16 日强降水落区预报(图 2.55)，各家模式降水落区预报较为一致，湘中及以北地区暴雨，降雨区主要位于低涡中心的东侧和南侧，CMA-MESO 和 CMA-GD 考虑量级更大，预报了湘北大暴雨，因此考虑将出现短时强降水。

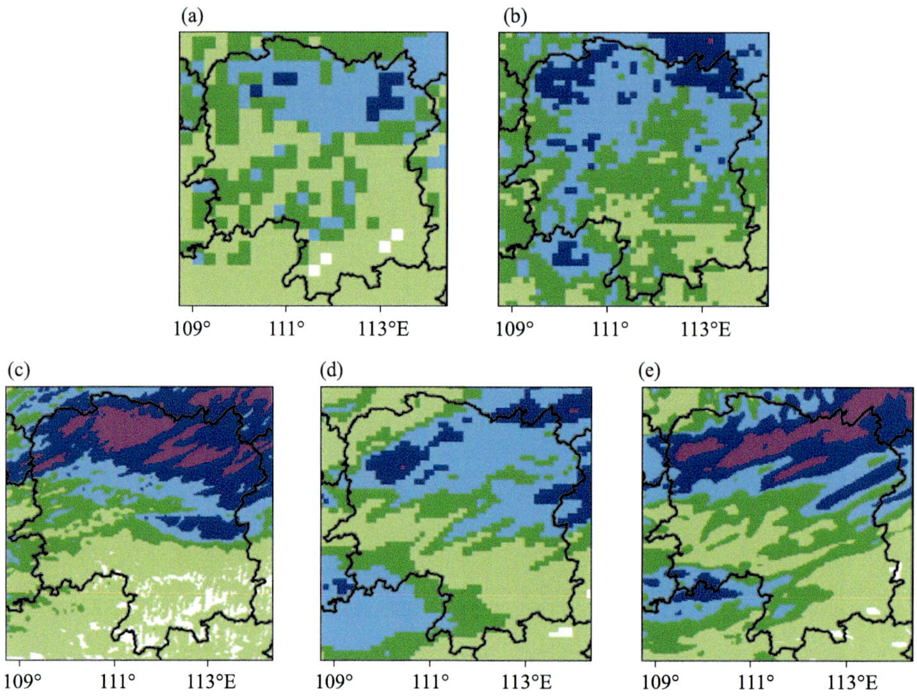

图 2.55　各家模式 2022 年 3 月 15 日 20 时起报 16 日 08 时—17 日 08 时 24 h 降水量(单位:mm)

(a)CMA-GFS;(b)ECMWF;(c)CMA-MESO;(d)CMA-SH9;(e)CMA-GD

预报结论：16 日强对流天气预报(图 2.56)，湖南省雷暴，湘中以北将出现短时强降水和雷暴大风或冰雹。

预报偏差：本次过程模式对于天气形势的预报整体较为准确，并且物理量参数具有一定参考意义，从强对流天气落区预报与实况对比来看，雷暴大风湘西北漏报，湘西南空报，其他地区正确，因此本次过程为一次较为成功的案例。

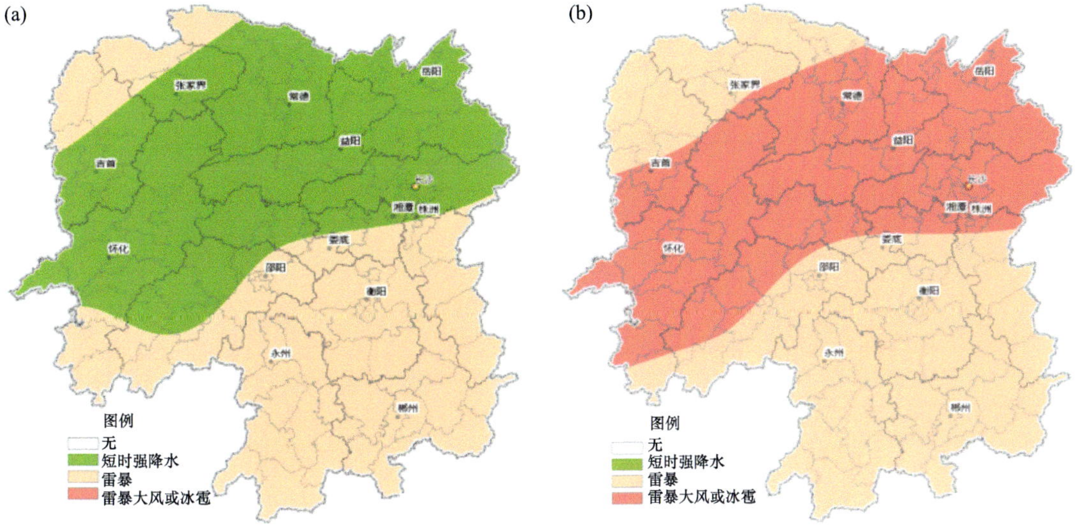

图 2.56　2022 年 3 月 16 日 08 时—17 日 08 时湖南短时强降水落区预报(a)和雷暴大风或冰雹落区预报(b)

(3)临近预警思路

雷达资料监测预警。3 月 16 日 16 时 23 分(图 2.57a)渝东南至鄂西南降水回波发生发展，并向东南方向移动。18 时 04 分(图 2.57b)飑线开始成型，位于重庆市酉阳县至湖北省恩施市、宜昌市一带，并且自张家界市桑植县进入湖南，向东南方向移动。19 时 28 分(图 2.57c)飑线回波发展至旺盛状态，主要影响湘西州花垣、保靖、永顺和张家界的桑植、永定区，反射率因子在 40～55 dBZ。19 时 58 分(图 2.57d)飑线开始减弱，后又加强。20 时 52 分(图 2.57e)主要影响花垣、古丈和永定区。23 时 22 分(图 2.57f)回波在怀化中部至益阳一带开始减弱消亡，飑线回波的生命史长达 5 h 以上，属于影响时间长的一次过程。

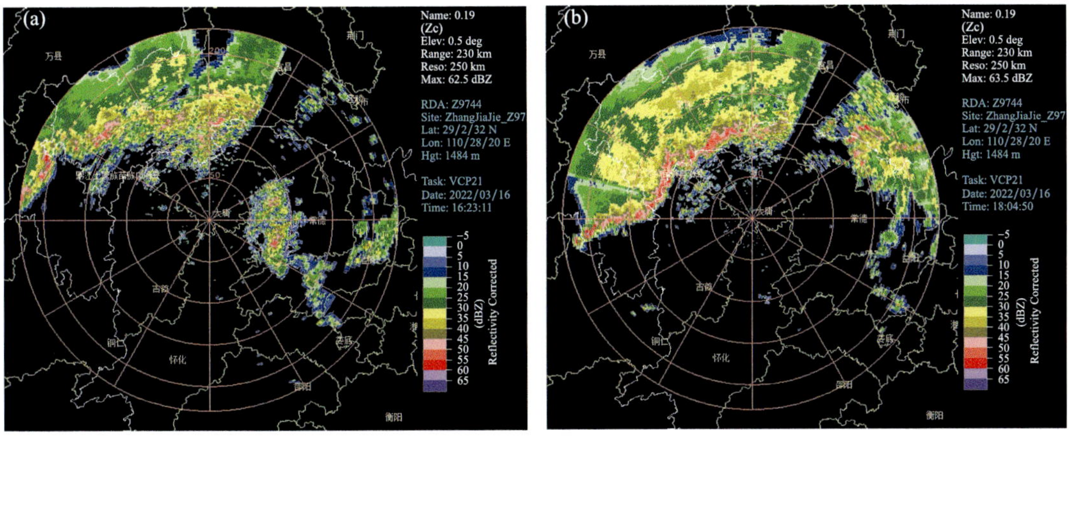

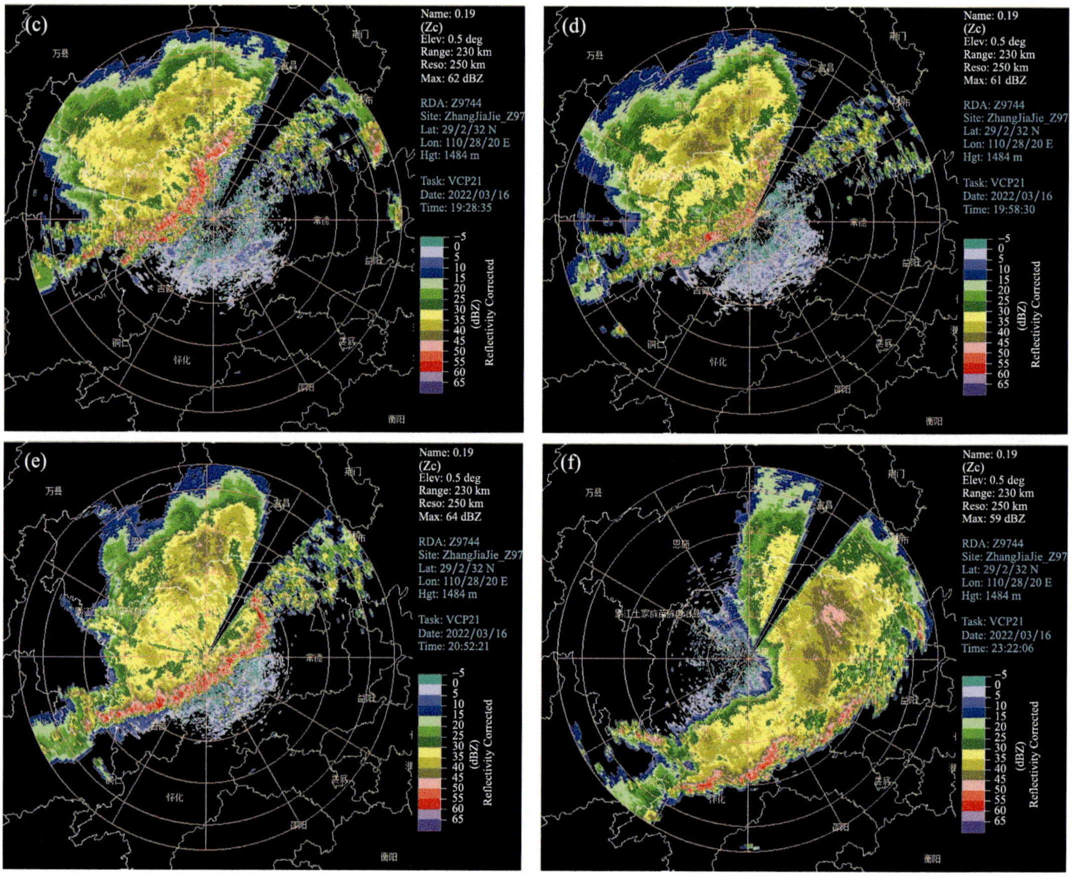

图 2.57　2022 年 3 月 16 日张家界站基本反射率因子

(a)16 时 23 分;(b)18 时 04 分;(c)19 时 28 分;(d)19 时 58 分;(e)20 时 52 分;(f)23 时 22 分

飑线、低层径向大值区、中层强的径向辐合、ROSE 雷暴大风自动报警(UAM)产品等预示雷暴大风的出现。张家界多普勒雷达反射率因子显示,18 时 04 分(图 2.58a),有组织线状多单体风暴飑线已形成,径向速度图(图 2.58b)上湘黔交界处存在中层径向辐合,考虑飑线不连续处将出现雷暴大风。18 时 46 分,飑线已经移动到湘西州龙山县,下游的永顺县、永定区将在半小时后出现雷暴大风,此时反射率最大值为 55 dBZ,径向速度最大可达到30 $m \cdot s^{-1}$,UAM 产品也显示有 30 $m \cdot s^{-1}$的风暴向张家界移动,因此考虑针对永顺县和张家界市发布雷暴大风黄色预警。

张家界雷达风廓线产品(VWP)显示(图 2.58c)3 月 16 日 19 时 28 分前,风随高度顺转,暖平流,3 km以下风速达 12 $m \cdot s^{-1}$,暖湿气流输送,19 时 28 分,近地面北风入侵,地面至 3.4 km 整层西南风转为成片的“ND(No Data)”,推断此时有弱干空气侵入,则干空气夹卷进入雷暴使雨滴迅速蒸发,会导致下沉气流温度迅速降低,低于环境温度以后产生向下的负浮力会造成下沉气流加速向下,有利于雷暴大风出现;20 时 04 分(图 2.58d)1.5 km 风速增大到 18 $m \cdot s^{-1}$,20 时 22 分风速大值区厚度增大,到 20 时 58 分,1.5 km 到 2.4 km 之间最大风速达 20 $m \cdot s^{-1}$,对照反射率因子演变分析发现,“ND”侵入时段风速增大正好和飑线影响发展对应。

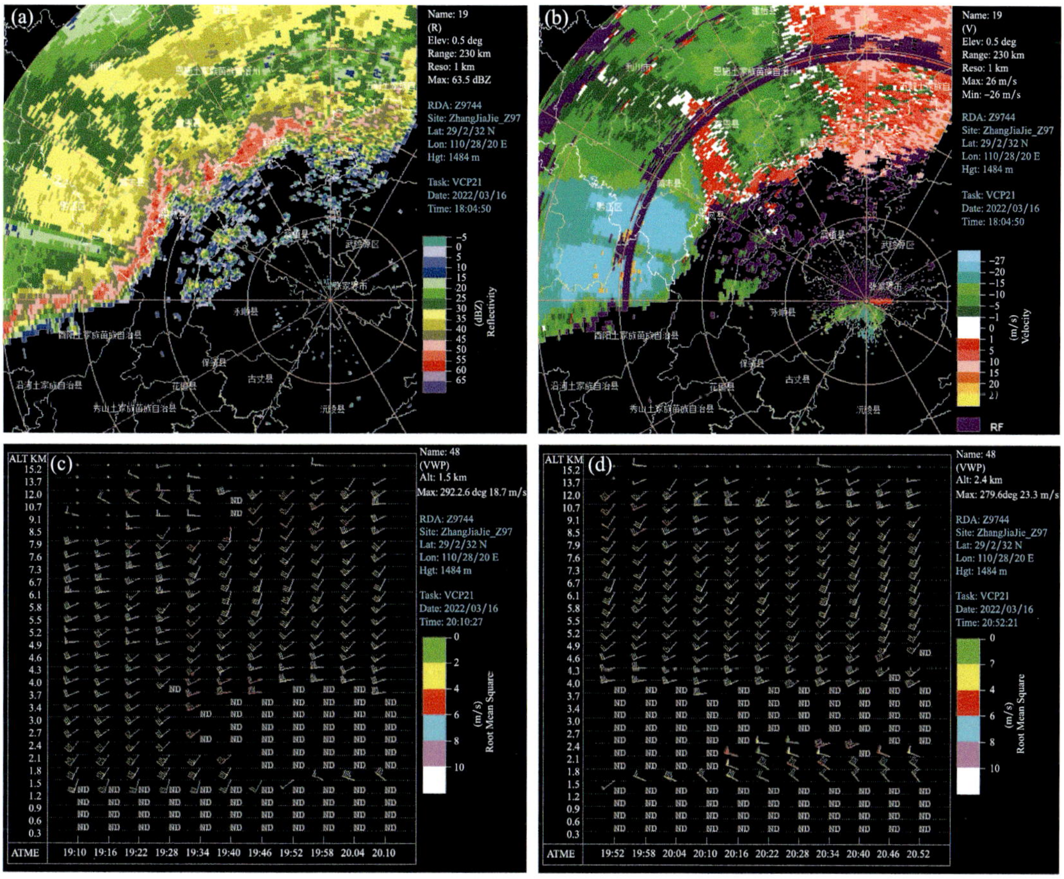

图 2.58　2022 年 3 月 16 日 18 时 04 分张家界雷达产品

(a)0.5°仰角基本反射率；(b)0.5°仰角径向速度；(c)19 时 22 分—20 时 22 分 VWP；(d)19 时 52 分—20 时 52 分 VWP

(4)预报难点

此次过程的天气形势由暖平流类转为斜压锋生类，对流加强影响的主要时段？

从模式形势预报来看，16 日 23 时前为暖平流强迫类，容易在切变线南侧的急流区内产生短时强降水，冷空气 23 时进入湖南，中低层冷暖空气强烈交汇，对流加强，而实际 20 时左右冷空气前锋抵达湘西北，形成飑线，模式预报强对流开始时间滞后，利用雷达风廓线资料监测低层转北风的时间是判断强对流天气类型转变时间的有效途径，是对模式预报偏差进行订正的有力补充，对强对流预警有很好的指示作用。

(5)预报着眼点

① 此次西南涡影响下的强对流天气过程在发生前期为暖平流强迫类，各层西南急流和超低空急流建立，地面中尺度低压发展，对流较分散；随着高空槽东移，700 hPa、850 hPa 低涡切变向东北方向移动，影响湘北地区，地面冷空气进入低压倒槽，转为斜压锋生类，对流发展加强，影响范围扩大，在中低层切变和地面冷锋重叠处出现短时强降水和雷暴大风等强对流天气。

② 0～6 km 垂直风切变达 20 $m \cdot s^{-1}$ 以上，有利于单体组织化，发展成飑线，表现为雷暴大风天气，同时伴随短时强降水或冰雹。这次过程湘中以北预报雷暴大风或冰雹，而只有龙山

出现冰雹，可能与 CAPE 小、系统移速较快有关。

③ 短临预警指标。飑线、低层径向大值区、中层强的径向辐合、ROSE 雷暴大风自动报警产品等预示雷暴大风的出现。

2.2.4.4 2019 年 3 月 19—21 日强对流天气过程

(1)过程概况

2019 年 3 月 19 日晚—3 月 21 日，湖南省出现了一次大范围的强对流天气过程，此次强对流天气过程具有过程历时较长、影响范围广、过程强度强等特点，给湖南造成了一定的灾害影响。

此次强对流天气过程历时较长，从 3 月 19 日 18 时开始，到 22 日 04 时结束，过程总时长超过 35 h。共有 5 市州的 11 个区县出现了冰雹天气，13 市州的 31 个区县出现了雷暴大风和 13 市州的 41 个区县出现了短时强降水，影响范围广。此次强对流天气过程强度强，冰雹、雷暴大风、短时强降水均有发生，其中冰雹出现在 3 月 20 日 20 时—22 日 00 时(图 2.59)，共出现 12 区县次；雷暴大风出现在 3 月 19 日 18 时—21 日 19 时，湖南省共出现 80 站次 8 级以上雷暴大风，其中过程最大风速为 28.1 $m \cdot s^{-1}$(10 级)出现在 3 月 21 日 16 时 10 分的株洲市茶陵县华隆村；短时强降水出现在 3 月 20 日 22 时—22 日 04 时，湖南省共出现 147 站次短时强降水，其中过程最大小时雨强为 78.7 mm，出现在 21 日 00—01 时的常德市汉寿县的鸭子巷区域自动站。据民政厅统计，此次强对流天气过程长沙、株洲、怀化、常德、衡阳 5 市 17 区县上报风雹灾害，受灾人口 7.67 万人，因灾死亡 2 人、受伤 4 人，因风雹倒塌房屋 66 户 168 间，严损房屋 261 户 643 间，一般受损房屋 6131 间，农作物受灾面积 3.25 千公顷，直接经济损失 5012 万元。

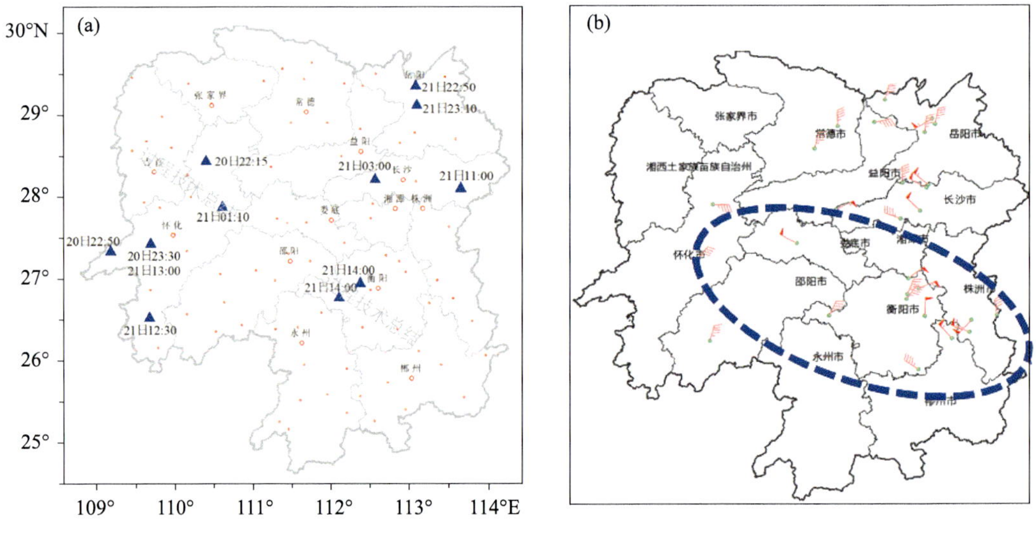

图 2.59 2019 年 3 月 19—21 日冰雹时空分布情况(▲处)(a)、和 21 日 16—17 时雷暴大风分布情况(虚线框)(b)

(2)形势场分析

3 月 19—21 日，湖南发生一次大范围强对流天气过程，这是一次混合型强对流过程，分为两个阶段发生。第一阶段:灾害性天气主要以风雹为主,19 日 11 时以后对流云团从贵州—广西移入湖南湘西南地区,并逐渐发展东移北上,造成湘西南出现雷暴大风、湘西北出现雷电。第二阶段:3 月 20 日 21 时开始,对流单体自湘西逐渐发展,造成湘中及以北地区大范围闪电、冰雹、短时强降水、大风等灾害天气,强对流天气主要发生在第二阶段。

从 19 日 08 时分析图中看,重庆、湖北上空 200 hPa 有一高空急流,湖南处于高空急流右侧;500 hPa 槽线位于川西高原—滇西,湖南处于冷槽前,槽前正涡度平流有利于低层辐合抬升;湘中西南急流建立,暖湿气流输送了充沛水汽和不稳定能量;切变线位于湘西北。地面辐合线是此阶段触发的主要动力抬升条件。从天气形势配置来看,这一阶段强对流为"低层暖平流强迫类",对应强对流天气主要有雷暴大风等。

20 日傍晚,风雹从湘西北地区开始东移发展,第二阶段湘北、湘西地区出现雷暴大风、冰雹、短时强降水等灾害天气。从 3 月 20 日 08 时分析图(图 2.60)看,高空槽移至黔东,省内均处于槽前正涡度平流中,有利于低层辐合上升运动。中低空急流带狭长,从湘东南延伸至鄂北,急流轴最大风速达 30 m · s^{-1},提供了充沛的暖湿水汽。850 hPa、925 hPa 切变位于湘西—湘西北,动力辐合条件较好,同时湘北地区在 200 hPa 高空急流出口区右侧,低空急流左侧,随着地面冷空气压过湘北,强烈的冷暖平流交汇导致斜压锋生,为典型的锋面触发对流。从天气系统整体配置看,这一阶段强对流为"斜压锋生类",同样对应冰雹和雷暴大风、短时强降水等混合型强对流天气。

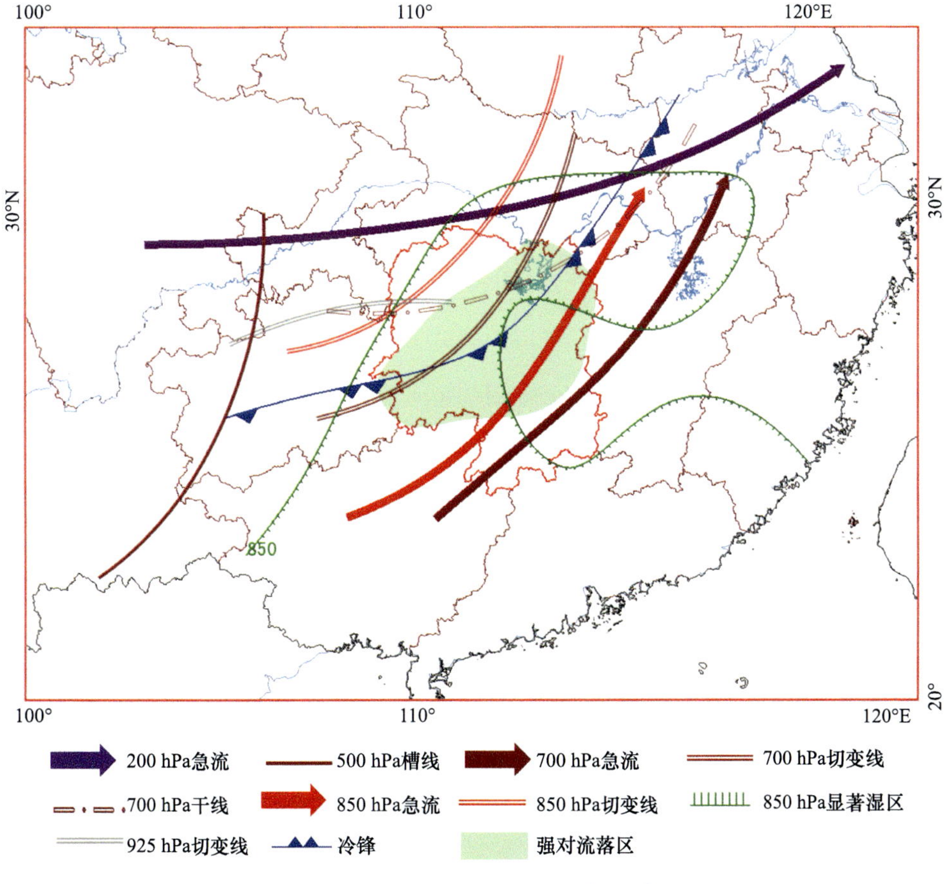

图 2.60 2019 年 3 月 20 日 08 时天气系统配置图

(3)探空分析

由于这次强对流过程在湘西较为明显,故选取怀化站 20 日 20 时、21 日 08 时探空曲线进行分析。由 20 日 20 时怀化站探空图可以看出(图 2.61a),晚上:①湿层并不明显,但 650 hPa 以上为显著干区,有上干下湿的特征,有利于冰雹的产生;②指数统计(表 2.1)可以看出,0 ℃层高度和−20 ℃层高度分别约为 4.1 km 和 7.0 km 适宜降雹;③CAPE 较大同时 CIN 较小,为强对流的发生提供了足够的能量;④低层为一致的西南风,且风速较大,垂直风切变一般,风随高度顺时针旋转,低层有暖平流影响,该时刻的探空特征说明此次过程出现短时强降水的可能性较小,冰雹和雷暴大风都有可能出现。

由 21 日 08 时怀化站探空图可以看出(图 2.61b),白天:①低层湿度明显增加,湿层扩展到 800 hPa,以上为显著干区,呈上干下湿的结构;②0 ℃层高度和−20 ℃层高度(表 2.1)分别约为 3.8 km 和 6.9 km,适宜降雹;③CAPE 小且有一定的 CIN,发生冰雹的可能性相对较小;④低层风向存在逆转,表示低层有冷空气入侵。此刻的探空特征说明此次过程出现短时强降水的可能性略有增加,但湿层仍然不够深厚,上干下湿,同时 DCAPE 增大到 113.9 J·kg^{-1}有利于雷暴大风出现,较低的对流有效位能不利于冰雹的生成。

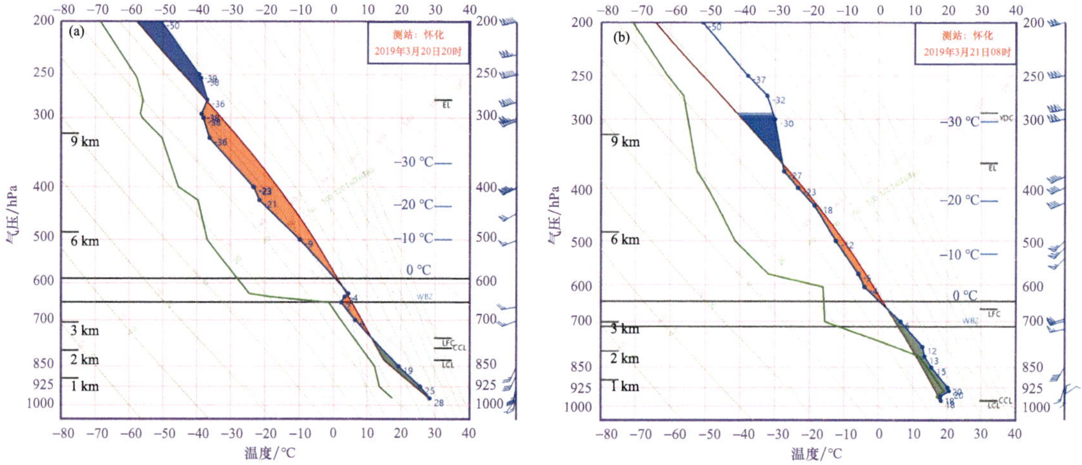

图 2.61 2019 年 3 月怀化站探空图

(a)20 日 20 时;(b)21 日 08 时

表 2.1 怀化 2019 年 3 月 20 日 20 时和 21 日 08 时指数统计

时间	K/ ℃	SI/ ℃	CAPE/(J·kg^{-1})	DCAPE/(J·kg^{-1})	0～6 km 风切变/(m·s^{-1})	0～3 km 风切变/(m·s^{-1})	0 ℃高度/km	−20 ℃高度/km
20 时	37.1	−2.46	1340.5	0.5	26	10	4.1	7.0
08 时	20.1	−5.06	301.3	113.9	30	18	3.8	6.9

(4)雷达特征

① 怀化、湘西州冰雹天气特征分析

从怀化雷达(图 2.62)看,20 日 22 时 42 分开始,贵州有一个对流单体向东北方向移动,首先移入新晃境内,该单体中心最大回波强度大于 65 dBZ,回波顶高超过 12 km,垂直累计液态水含量(VIL)大于 70 kg・m^{-2},识别冰雹概率大于 95%,且强度一直维持,虽然未观测到明显的三体散射(TBSS)特征,但产生冰雹的可能性极大,需要特别关注,并发布冰雹预警信号。

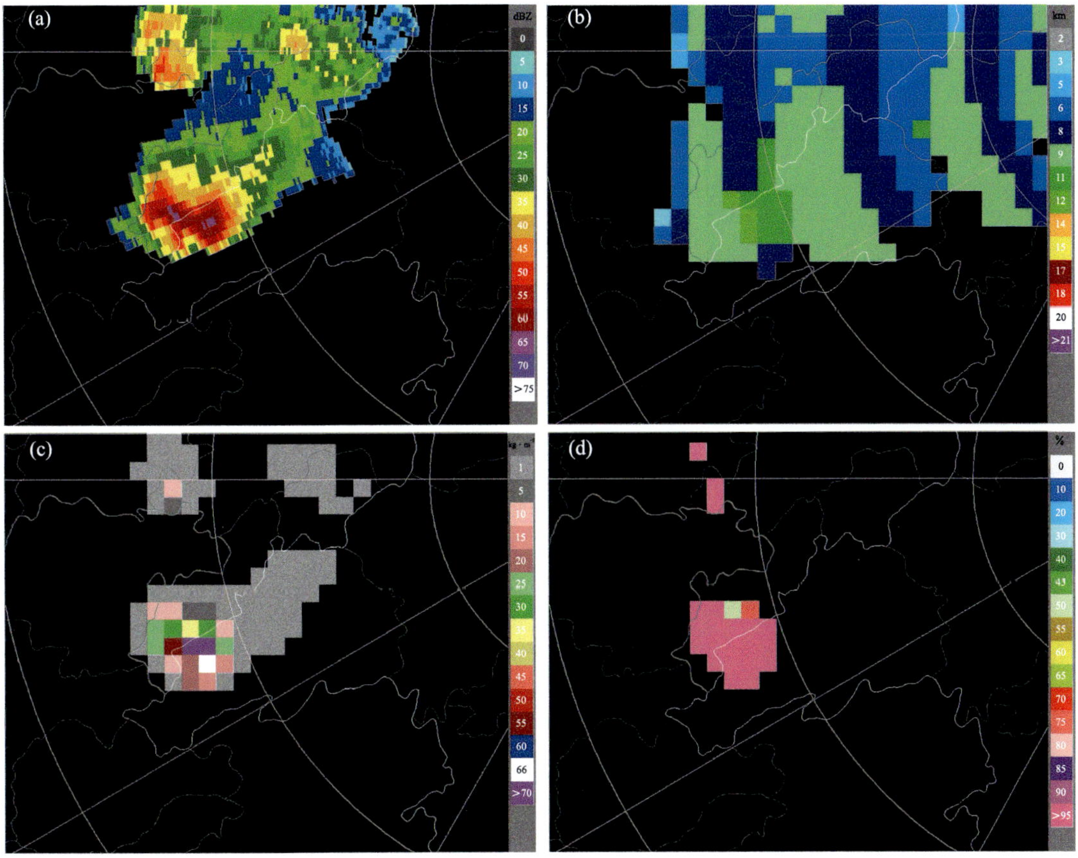

图 2.62 2019 年 3 月 20 日 22 时 42 分怀化雷达 2.4°仰角反射率(a)、回波顶高(b)、VIL(c)、冰雹概率(d)

该单体继续东移至芷江境内以后,23 时 36 分 6.0°仰角首次观测到 TBSS,23 时 43 分进一步加强,TBSS 长钉也更加明显,最大反射率超过 65 dBZ(图 2.63),VIL 最大值也由前一时刻 40 kg・m^{-2}跃升至 70 kg・m^{-2}。从剖面看,有明显的穹隆结构和有界弱回波区。该单体 21 日 00 时以后由芷江移动到洪江和怀化城区,并一路向东北方向移动,依次经过洪江、溆浦、隆回等地。从怀化雷达反射率看,00 时 22 分 10.0°仰角上在洪江境内观测到更加明显的 TBSS 特征,01 时 12 分 6.0°仰角在溆浦境内观测到明显的旁瓣回波特征,为沿线芷江、洪江、溆浦、隆回等地带来强烈的冰雹天气。

② 常德短时强降水特征分析

从常德雷达回波(图 2.64a)分析看,在 21 日 00 时以后,湘北地区雷达回波逐渐由对流单体、超级单体回波转变为积状云降水回波,进而引起短时强降水天气的发生,特别是常德汉寿和益阳沅江,21 日 01—02 时,多个站点 1 h 降水量超过 20 mm,最大小时降水量达到42.8 mm(沅江市南嘴目平湖村)。

基本反射率剖面图(图 2.64b)显示沅江、汉寿主要为积状云降水,降水回波排列成带状,且和回波移动方向几乎平行(交角很小),降水持续时间很长,并且降水回波质心较低,降水效率高,这种典型的“列车效应”回波,往往是强降水或暴雨发生的重要原因。

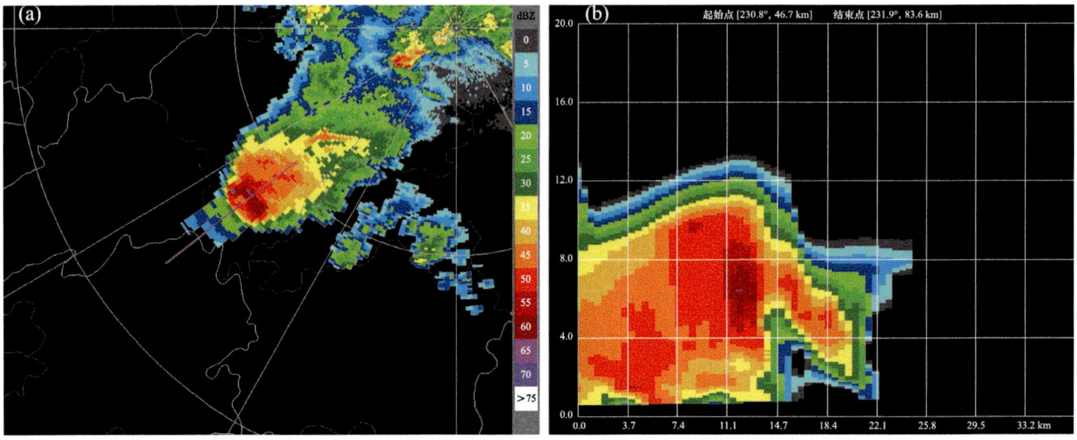

图 2.63　2019 年 3 月 20 日 23 时 43 分怀化雷达 6.0°仰角反射率因子(a)和反射率因子剖面(b)

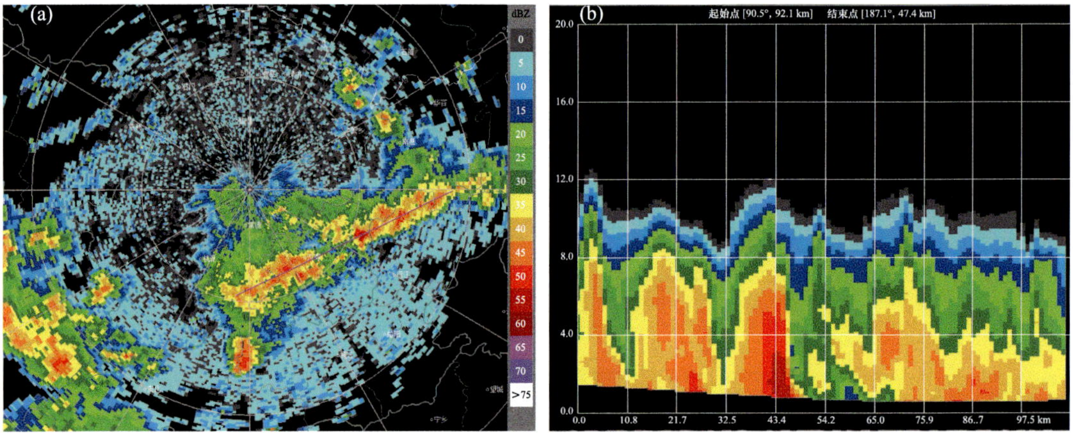

图 2.64　2019 年 3 月 21 日 01 时 03 分常德雷达 0.5°仰角反射率因子(a)
和紫线区域反射率因子剖面(b)

③ 21 日混合强对流天气雷达特征分析

21 日午后,省内对流活动再次发展,对流单体首先出现在湘中、湘西南地区,随后逐渐开始向东移动发展。整体看,此时段对流活动以普通单体和多单体为主,分布比较零散。

12 时 46 分邵阳雷达(图 2.65)5.9°仰角基本反射率因子图上观测到 TBSS 特征,同时具有旁瓣回波特征,该单体位于邵阳县西南部,12 时 51 分发展到最强,单体回波最大反射率达到70 dBZ,并具有明显的穹隆结构和有界弱回波区,回波顶高 12 km,VIL 达到 70 $kg \cdot m^{-2}$。

13 时 26 分又有一个单体移入邵阳县境内,并在邵阳雷达(图 2.66)5.8°仰角再次观测到 TBSS 特征。另外,从 13 时 23 分邵阳 0.5°仰角径向速度看,低层存在较明显的辐合辐散以及速度大值区,最大径向速度达到 26 $m \cdot s^{-1}$,注意地面发生雷暴大风天气。

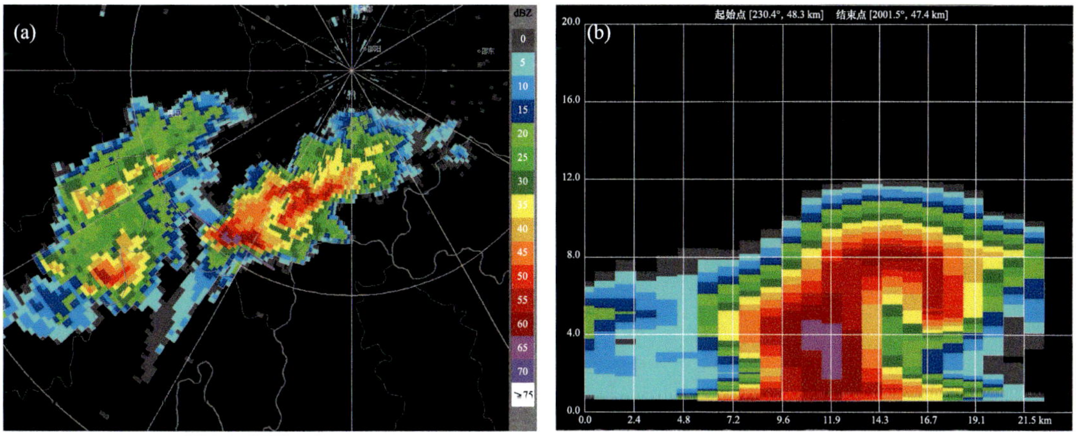

图 2.65　2019 年 3 月 21 日邵阳雷达 12 时 46 分 5.9°仰角基本反射率因子(a)
和 12 时 51 分紫线区域基本反射率因子剖面(b)

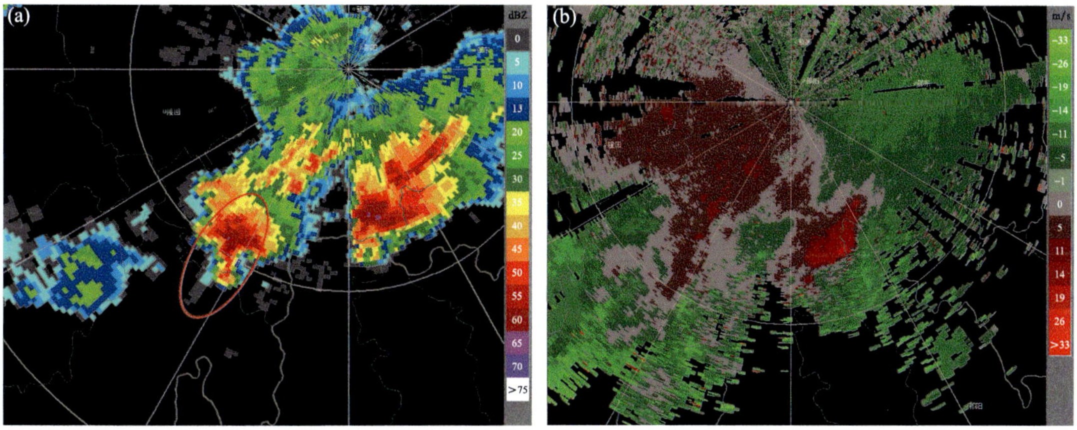

图 2.66　2019 年 3 月 21 日邵阳雷达 13 时 26 分 5.8°仰角基本反射率因子(a)
和 13 时 23 分 0.5°仰角径向速度(b)

随后两个单体回波依次移入东安、冷水滩、祁阳、祁东、邵东境内，为上述地区带来冰雹及雷暴大风天气。14 时 16 分以后，两个单体依次进入衡阳县境内，并途经衡山县、南岳区进入衡东县、攸县、茶陵等地，并于 16 时 40 分逐渐移出湖南。之后强对流逐渐减弱并趋于结束。

(5)过程小结

① 本次大范围的混合强对流天气的主要影响过程分为两个阶段，第一阶段为低层暖平流强迫类强对流天气过程，主要影响系统为中低层急流，地面辐合线等，造成湘西南出现雷暴大风、湘西北雷电发生。第二阶段为斜压锋生型，强烈的冷暖平流交汇导致斜压锋生，锋面触发对流，并由以冰雹、雷暴大风为主逐渐转化为冰雹、雷暴大风、短时强降水等混合型强对流天气，给张家界、常德、益阳、长沙、娄底、岳阳等地区带来了强对流多种灾害天气的发生。

② 有利的动力和强有力的不稳定层结导致了大范围对流的发生，后期随着水汽条件改善，出现短时强降水；偏低 SI 和偏高的 CAPE、DCAPE、层结温差大偏大是这次强对流天气最

有利的因素;中层干冷空气侵入,暖湿平流增强,地面转北风,垂直风切变加剧,利于混合性强对流发生。

③ 低仰角速度大值区、旁瓣回波、三体散射、中气旋的特征是本次过程的最有利的预警信息。

2.2.5 暖平流强迫类强对流天气

暖平流强迫类是发生在低层 700 hPa 以下强烈发展的暖湿平流中,并叠加流场上的扰动,低层强烈暖湿平流对建立位势不稳定起了主导作用。该类强对流天气类型在湖南常出现雷暴大风、冰雹、短时强降水等混合型对流天气。

天气形势如下(图 2.67):200 hPa 高空急流位于强对流天气的左侧或者上空;500 hPa 低压槽位于云贵高原,湖南处于高空槽前,具有明显的正涡度平流,加强垂直上升运动,并且温度槽超前于高度槽,产生强的对流不稳定;低层 925～700 hPa 至少一层存在切变线,且切变线南侧各层均为强盛西南暖湿气流,强对流位于低空急流左前侧的交汇处;地面倒槽强烈发展,具有强不稳定能量,地面一般对流发生前就有辐合线,强对流天气出现在地面辐合线附近。850 hPa 湿区、暖脊明显,$T_{850\text{-}500}$超过 25 ℃,具有显著层结不稳定。

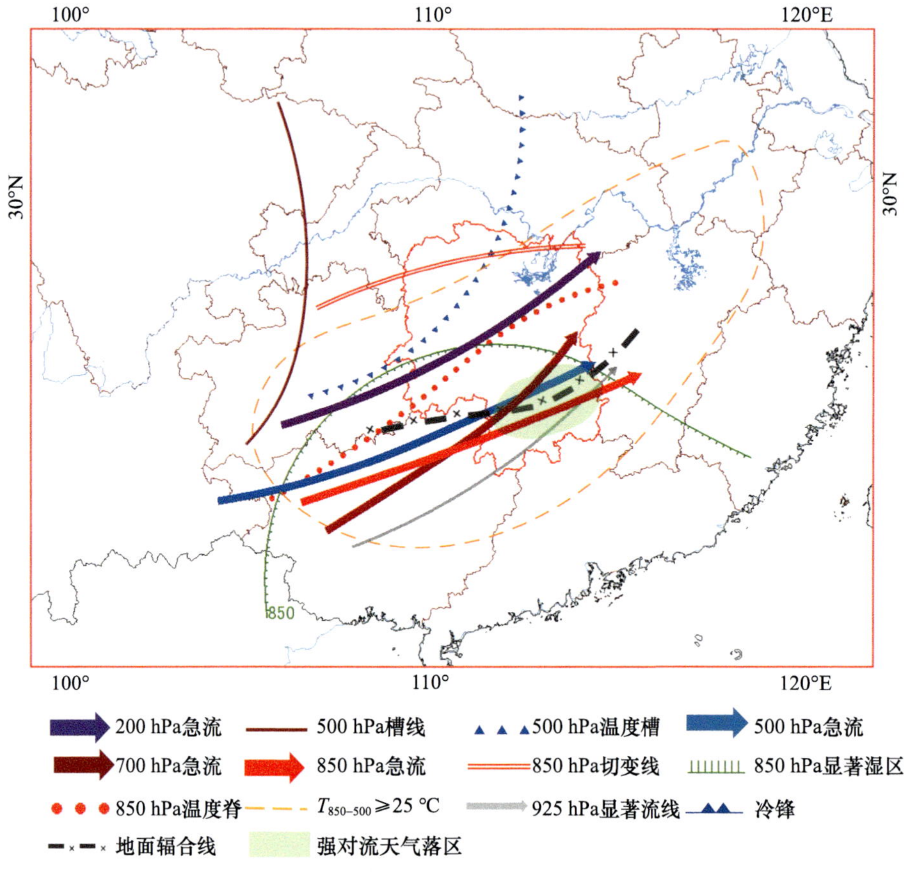

图 2.67 暖平流强迫类强对流概念模型

2.2.5.1　2022 年 4 月 24 日强对流天气过程

(1)过程概况

2022 年 4 月 24 日 08 时—25 日 08 时(图 2.68),湘西北、湘东北、湘西南 18 个县市区出现 48 站暴雨,最大降水量 81.8 mm(江永县千家峒),最大小时雨强 65.8 mm(24 日 22 时—23 时,浏阳市张坊镇上洪村);14—20 时常德、怀化、湘西州、湘潭、岳阳等地出现 5 站次冰雹,

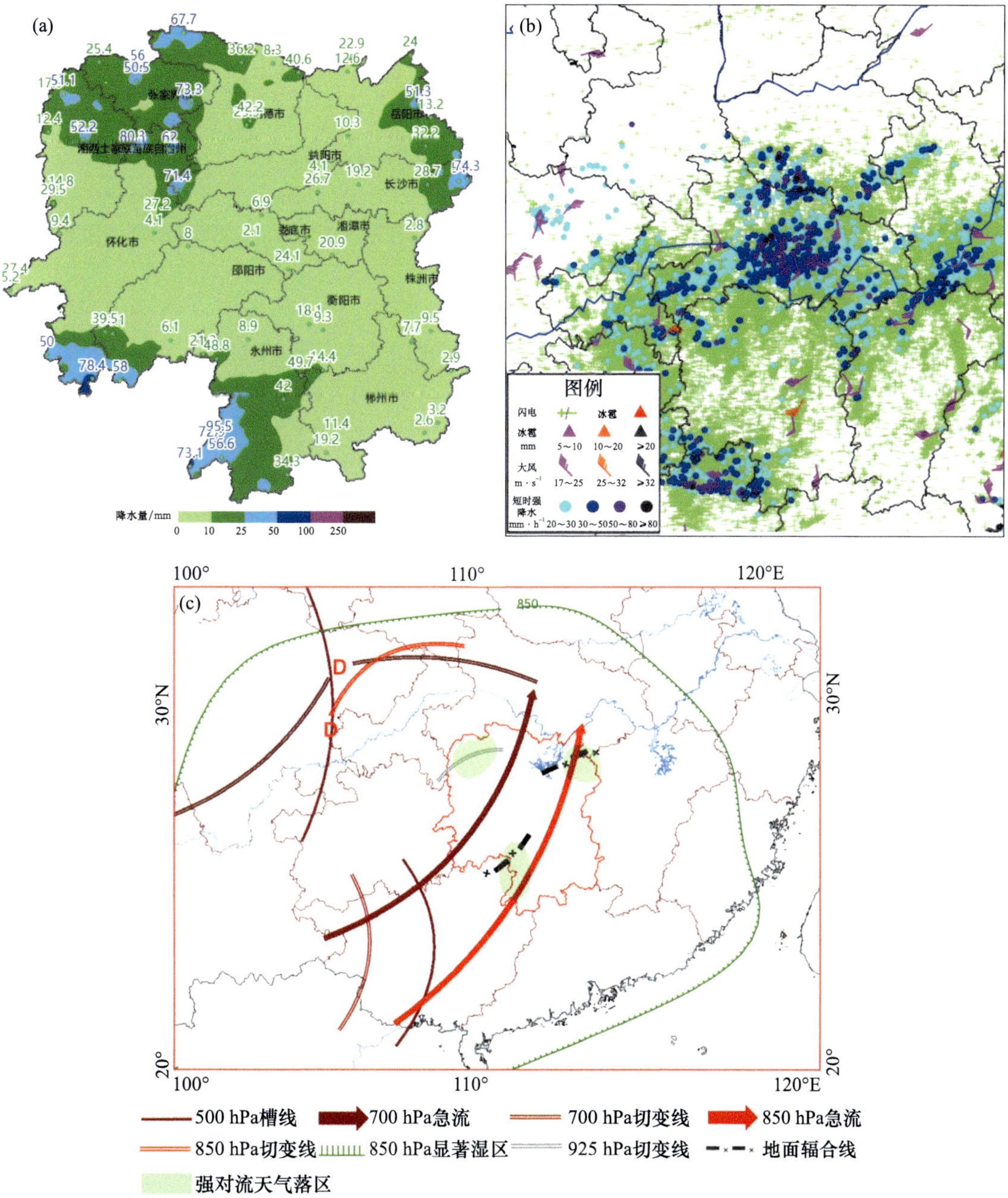

图 2.68　2022 年 4 月 24 日 08 时—25 日 08 时降水量实况(a)、强对流天气实况(b)、24 日 08 时天气系统配置图(c)

16—22 时衡阳、湘潭、长沙、岳阳自南向北出现雷暴大风，25 日 0—08 时邵阳、永州、郴州出现雷暴大风，其中最大为临湘市黄盖湖 24.6 m·s^{-1}(10 级，24 日 19 时 13 分)。天气形势(图 2.68c)如下：08 时 500 hPa 在四川东部和广西分别有高空槽，湖南受东移的短波槽影响；700 和 850 hPa 低涡切变线位于四川至湖北，湖南处于辐合区内的西南急流影响下，根据实况资料外推得知低涡向东移动，预计 24 日夜间影响湖南湘北、湘西地区。邵阳至岳阳有地面辐合线，易触发强天气。

(2)短期预报分析

强对流天气形势配置分析：23 日 20 时 ECMWF 模式预报 24 日 08 时形势场，500 hPa 高空槽深厚，低压槽位于四川省东部，湖南省处于槽前；700 hPa、850 hPa 低涡中心位于四川东部，湖南省受偏南气流控制。14 时(图 2.69a～图 2.69d)500 hPa 高空阶梯槽北段位于贵州中部，南段位于广西东部，700 hPa、850 hPa 风速增大，达急流标准，湘西处于急流轴左侧出口区，风速辐合，925 hPa 湖南西北部暖式切变和地面辐合线逐渐形成，受其影响，湘西地区将有强对流天气的发生。24 日 20 时高空槽东移北缩，500 hPa 槽超前于 700 hPa，前倾槽有利形成“上干冷下暖湿”不稳定层结，西南涡位于渝鄂一带，并向东北移动，25 日 08 时移至河南南部，冷式切变线主要影响湘北。另外结合 20 时(图 2.69e)、23 时(图 2.69f)海平面气压和地面 10 m 风场预报，湘东北、湘西南受地面辐合线影响，湘西北受 925 hPa 边界层切变线影响，低空急流东移加强，超低空急流建立，湘东北、湘西南和湘西北地区将出现强对流天气。

基于物理量的强对流分类分析，判断强天气的类型。4 月 24 日 14 时(图 2.70)湖南省 CAPE 在 500～1000 J·kg^{-1}，不稳定能量条件较好；$T_{850\text{-}500}$ 为 24～26 ℃，具有热力不稳定层结；整层可降水量 40～50 mm，水汽条件好。湘北 0～6 km 垂直风切变较弱，为 10～12 m·s^{-1}。强对流天气类型以短时强降水为主，局地雷暴大风或冰雹。

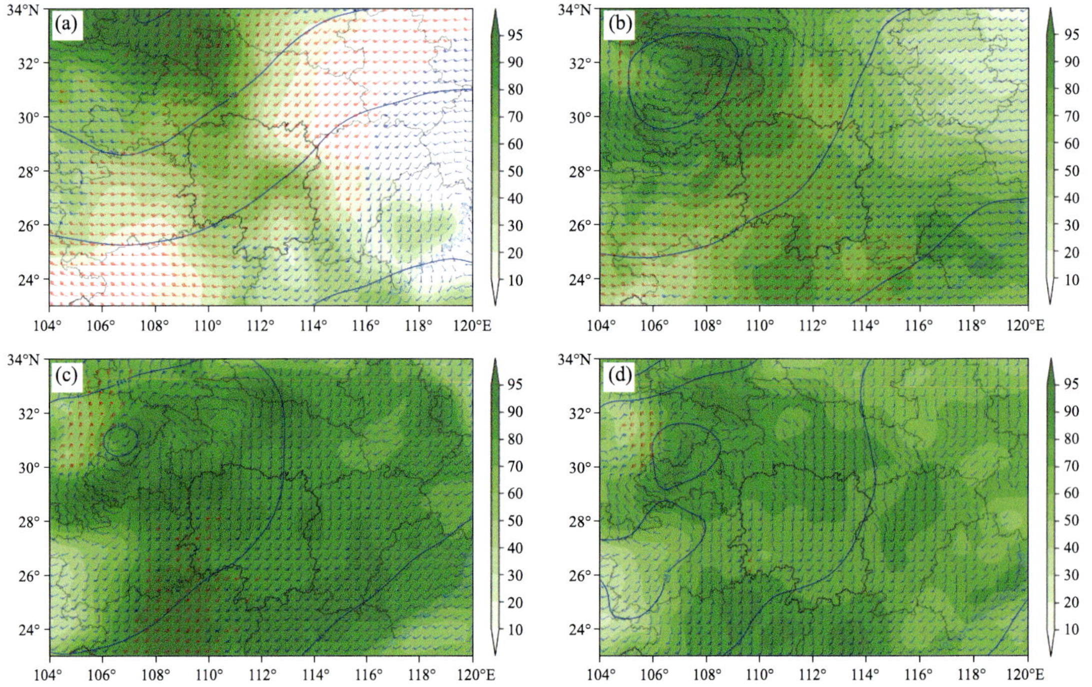

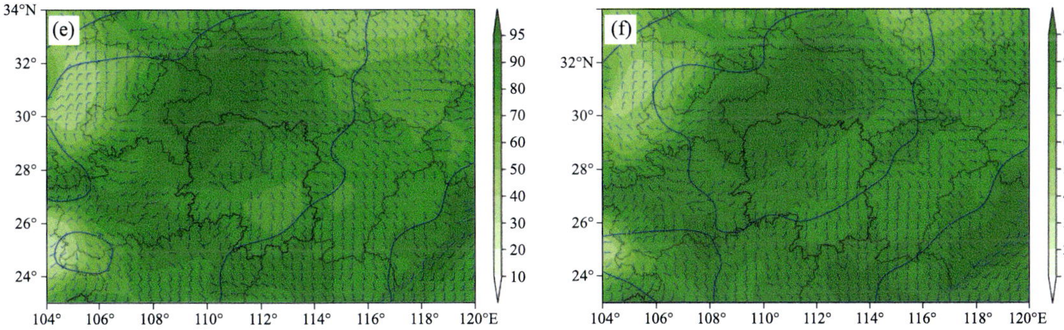

图 2.69 ECMWF 模式 2022 年 4 月 23 日 20 时预报的 4 月 24 日 14 时 500 hPa(a)、700 hPa(b)、850 hPa(c)、925 hPa(d)、20 时 1000 hPa(e)、23 时 1000 hPa(f)相对湿度(%)风场高度场形势图

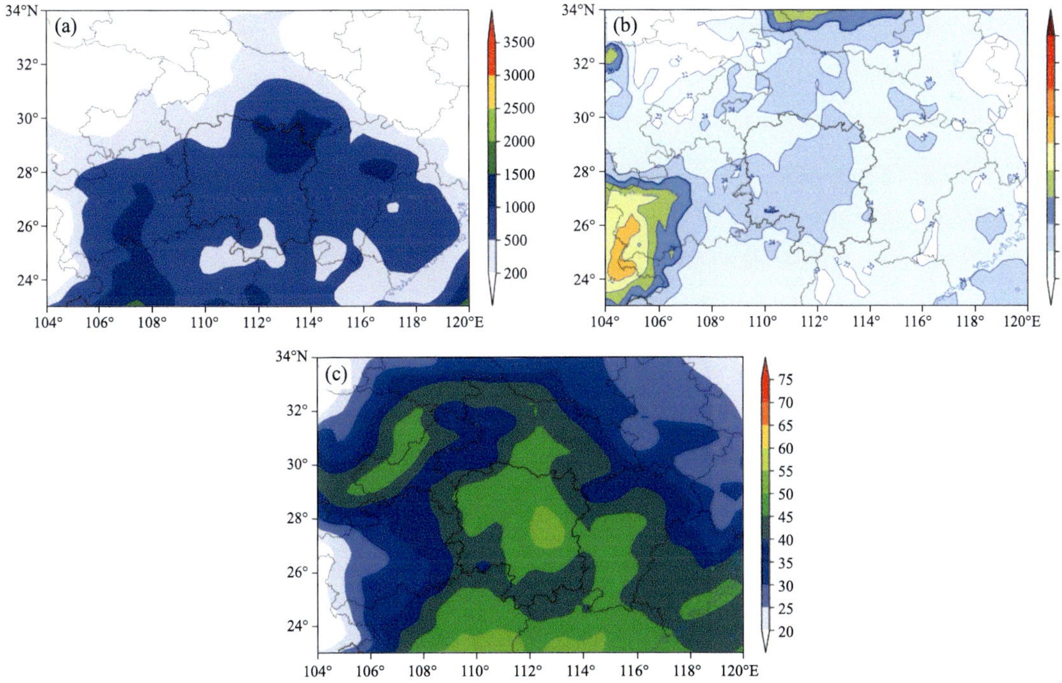

图 2.70 ECMWF 模式 2022 年 4 月 23 日 20 时起报的 4 月 24 日 14 时 CAPE(单位:J·kg^{-1})(a)、$T_{850-500}$(单位:℃)(b)和整层可降水量(单位:mm)(c)

基于中尺度模式的强对流天气类型分析:从模式形势和强降水落区预报来看,23 日 20 时 ECMWF 模式起报湘西南、湘东北局地暴雨,位于急流轴左侧及 925 hPa 切变线附近。从模式 23 日 20 时起报降水预报(图 2.71)来看,4 月 24 日多家模式预报强降水落区基本一致,预报在湘北地区。ECMWF 模式对湘西、湘北预报了中到大雨,暴雨点分散,CMA-MESO、CMA-SH9 和 CMA-GD 等中尺度模式对湘北预报了暴雨、大暴雨。另外 CMA-SH9 还对湘西南预报了暴雨,结合强对流天气形势配置分析,选取 CMA-SH9 模式降水预报作为主要的参考,因此考虑强降水的落区主要是湘西、湘北。中尺度数值模式预报降水量级较大,因此考虑出现短时强降水天气。

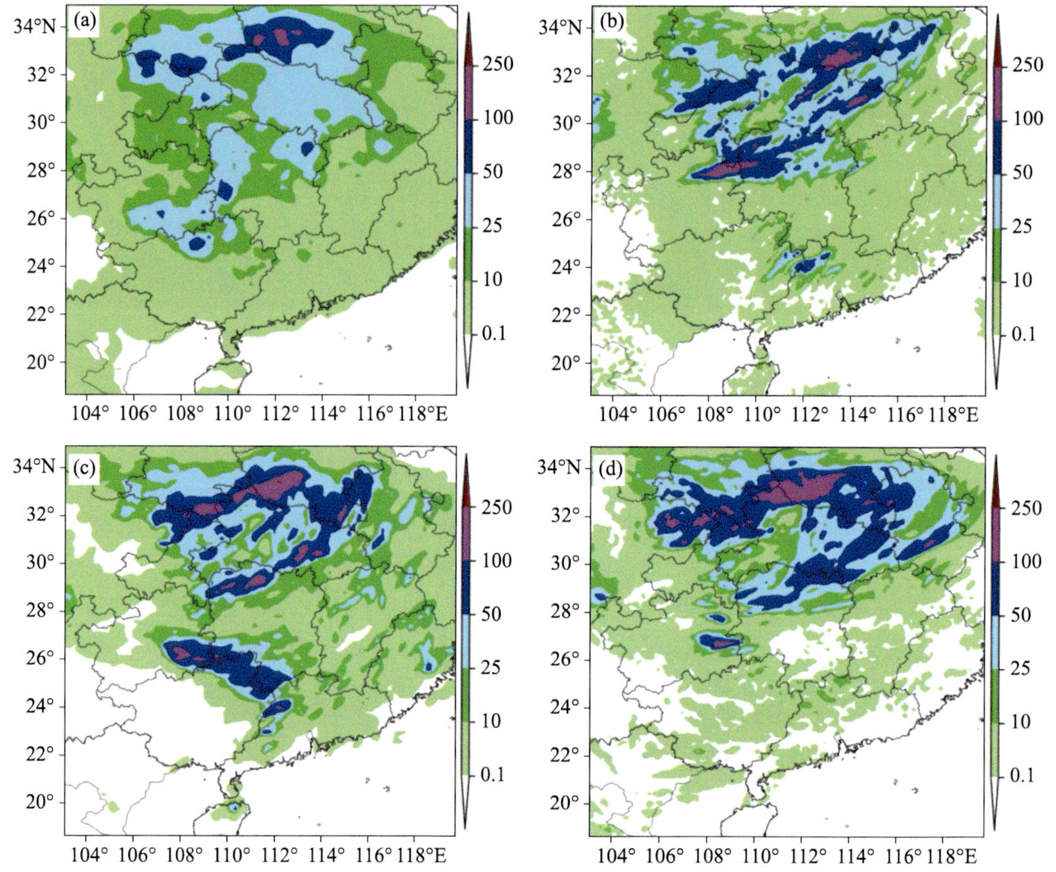

图 2.71　2022 年模式 4 月 23 日 20 时起报的 24 日 08 时—25 日 08 时 24 h 降水量(单位:mm)

(a)ECMWF;(b)CMA-MESO;(c)CMA-SH9;(d)CMA-GD

CMA-SH9 模式 4 月 23 日 20 时起报雷达组合反射率产品,回波 24 日下午发展,14 时(图 2.72a),低涡切变产生的雷暴进入湘西北,回波发展旺盛,不断东移加强,影响湘北地区,23 时(图 2.72b)贵州另一新生单体生成东移,湘西南将出现强对流,最大反射率因子超过 50 dBZ,25 日 02 时(图 2.72c)湘东北、湘西南受强回波影响,05 时(图 2.72d)湘东北回波减弱,湘南仍受强回波影响。对应 1 h 降水预报(图 2.73)24 日白天湘西北将出现短时强降水,23 时—25 日 08 时随着回波从湘西北向东移动,湘西南、湘东北将出现多个时次短时强降水。

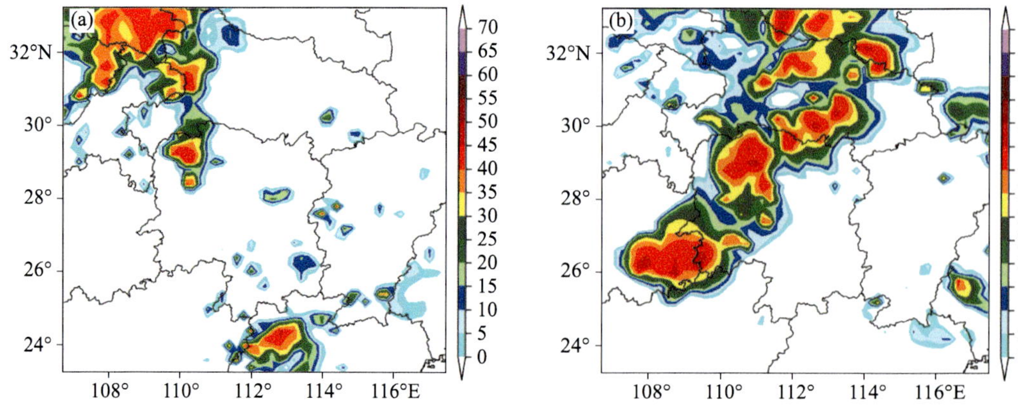

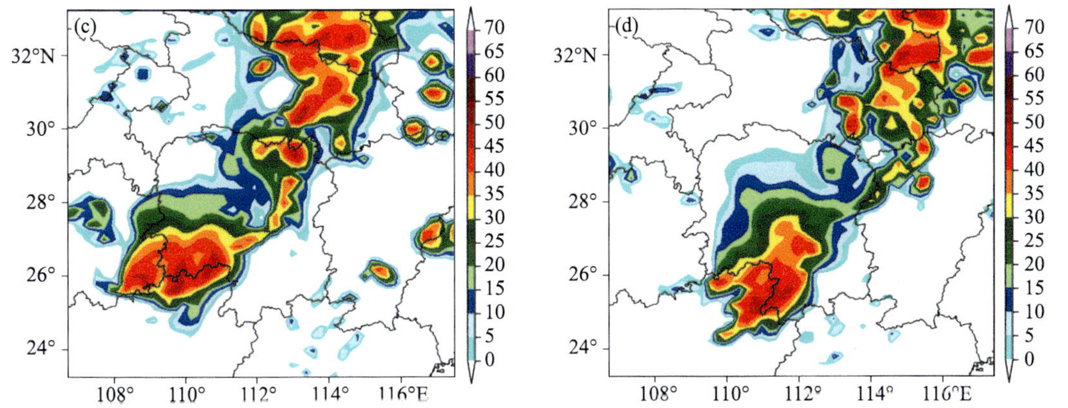

图 2.72　CMA-SH9 模式 2022 年 4 月 23 日 20 时起报雷达组合反射率因子(单位:dBZ)

(a)24 日 14 时;(b)24 日 23 时;(c)25 日 02 时;(d)25 日 05 时

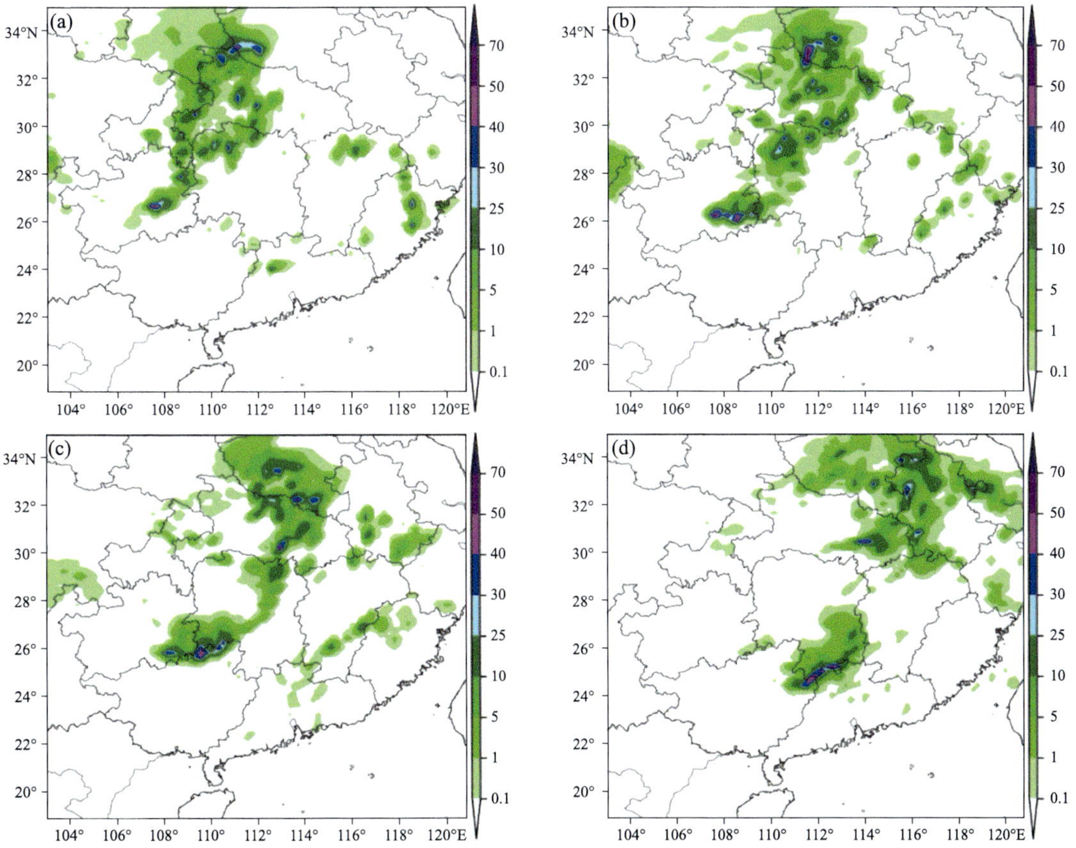

图 2.73　CMA-SH9 模式 2022 年 4 月 23 日 20 时起报 1 h 降水预报(单位:mm)

(a)24 日 20 时;(b)24 日 23 时;(c)25 日 02 时;(d)25 日 08 时

预报结论:24 日强对流天气预报(图 2.74),白天湘西北和湘东北将出现短时强降水,夜间湘西南和湘东北将出现短时强降水,最大小时雨强:30～50mm・h^{-1};最强时段:24 日 18 时—25 日 08 时;湘西北、湘西南、湘东北局地雷暴大风或冰雹。

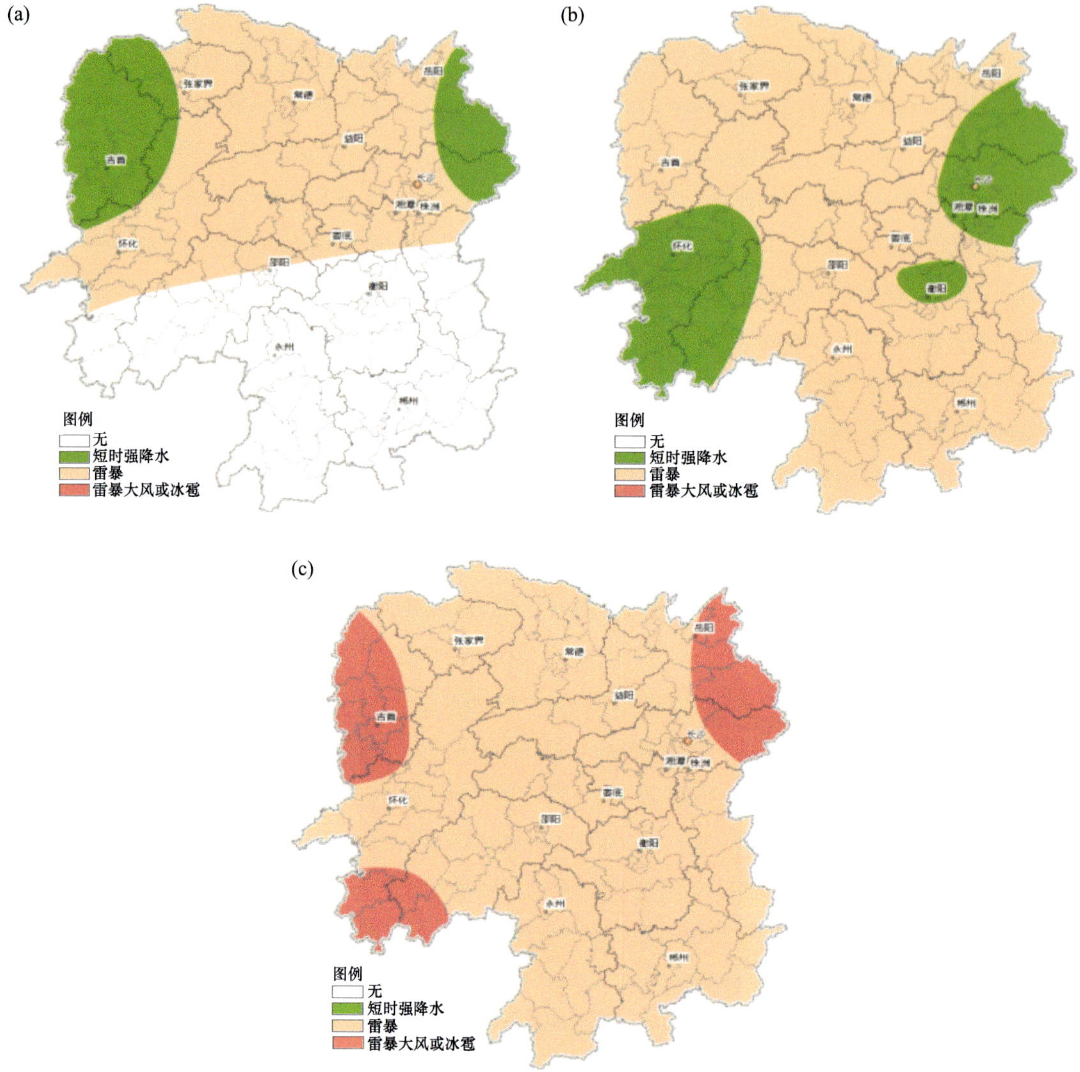

图 2.74　2020 年 4 月湖南 24 日 08 时—20 时(a)、24 日 20 时—25 日 08 时(b)短时强降水落区和 24 日 08 时—25 日 08 时雷暴大风或冰雹预报(c)

预报偏差：本次过程模式对于天气形势和强对流天气过程的预报整体较为准确，从强对流天气落区预报与实况对比来看，落区略有偏差，白天衡阳至岳阳一带雷暴大风漏报，晚上永州雷暴大风和短时强降水漏报。

(3)短时预警思路

地面中尺度系统监测，14 时(图 2.75a)湘西北、湘西南地区出现地面辐合线，并且午后升温，不稳定能量增加，再结合模式形势预报湘西南受阶梯槽影响，湘西北受 925 hPa 切变线影响，急流加强，湘西北、湘西南午后开始触发雷暴，16 时开始出现雷暴大风，有 2 h 提前指示作用，20 时(图 2.75b)湘西南、湘东北受辐合线影响，雷暴发展旺盛。

雷达资料监测预警。从雷达拼图演变来看，24 日 14 时，湖南回波分散，为单点对流性降水回波。17 时贵州回波加强，中心强度超过 55 dBZ，并缓慢向东北方向移动，将影响湘西北，另外湘南回波发展，向东北方向移动，18 时 30 分(图 2.76a)强回波已经影响湘西北地区，湘中地区类似线状回波向东北方向移动，移速快，造成湘中、湘东北出现短时强降水和雷暴大风，23 时移出湖南；20 时(图 2.76b)随着低涡东移，湘西受冷式切变线影响，出现单点强度大的多单体回波，夹杂超级单体回波，预示湘西北将出现冰雹天气。22 时湘西南回波发展东移南压，持续到 08 时，先后造成湘南多地出现短时强降水。

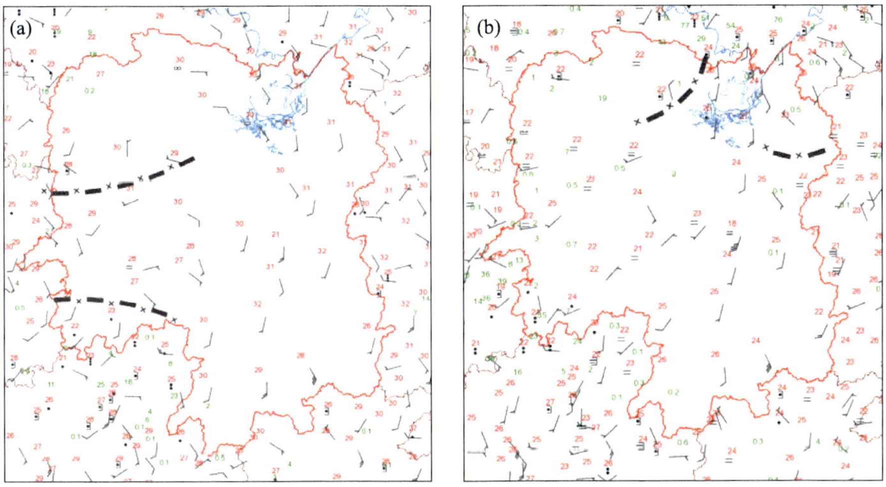

图 2.75　2022 年 4 月 22 日 14 时(a)和 20 时(b)地面图

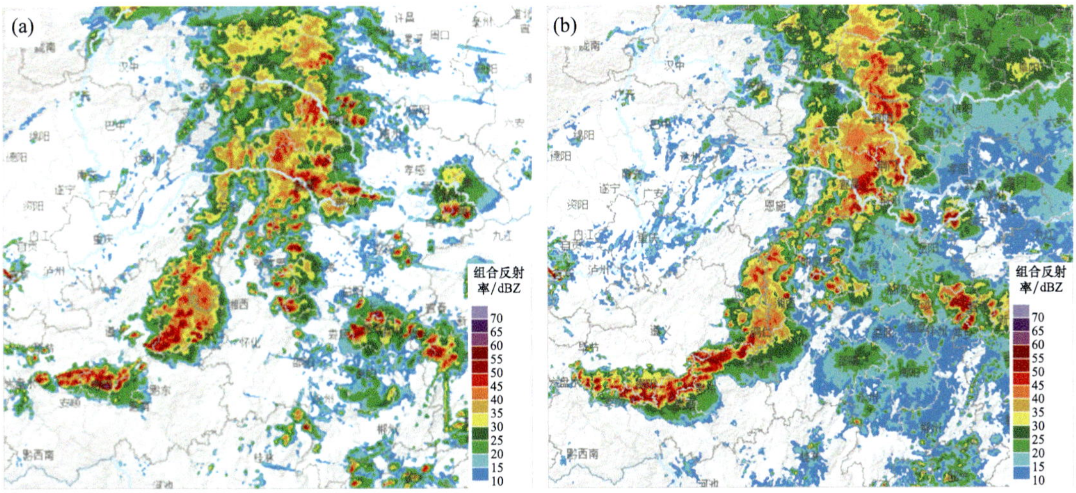

图 2.76　2022 年 4 月 24 日 18 时 30 分(a)、20 时(b)雷达拼图演变

选择回波最强时段(图 2.77)来看，18 时 35 分长沙站 0.5°仰角在长沙市望城区观测到回波反射率在 45～55 dBZ，最大可达 60 dBZ，低层为弱回波区，中高层有回波悬垂，质心位置较高，0.5°仰角强回波范围不大，考虑冰雹所在高度较高，冰雹并未落地。径向速度图上出现速度模糊，望城区 0.5°仰角风速可达 31 $m \cdot s^{-1}$，高度为 1 km，将出现大风天气。综合考虑长沙地区将有短时强降水、雷暴大风、小冰雹的混合性强对流天气出现。

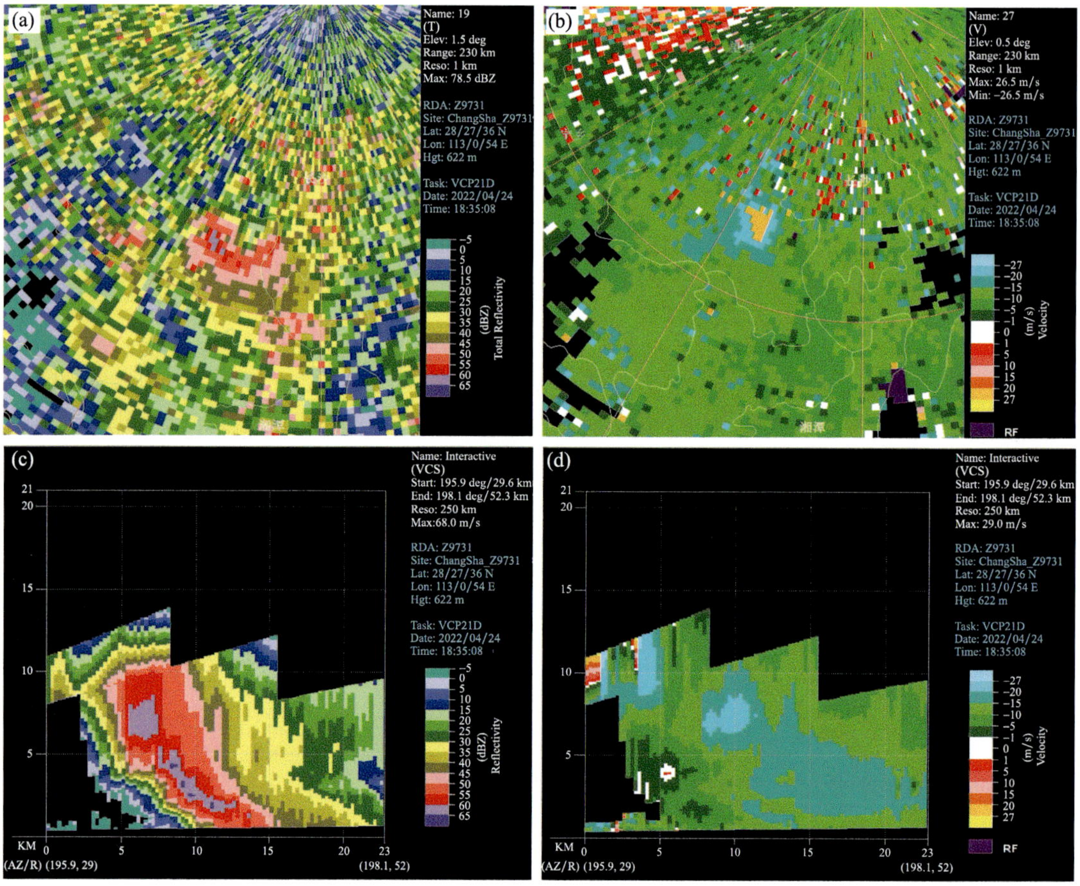

图 2.77　长沙雷达 2022 年 4 月 24 日 18 时 35 分 1.5°仰角基本反射率(a)、0.5°仰角径向速度(b)、反射率因子剖面图(c)和径向速度剖面图(d)

(4)预报难点

此次过程 CAPE 为 500～1000 J·kg^{-1},0～6 km 垂直风切变为 10 m·s^{-1}左右,为何出现冰雹和雷暴大风?

此次过程为暖平流强迫类,出现冰雹和雷暴大风时中低层仍为西南气流,但随着 500 hPa 阶梯槽的南段移速快于低层,500 hPa 槽后干冷空气叠加在 850 hPa 暖湿气流之上,前倾槽结构导致不稳定层结增强,另外强对流发生前西南急流增强,强对流出现在前倾槽影响下 850 hPa急流出口区的风速辐合和 925 hPa 边界层切变的重叠区域。

(5)预报着眼点

① 暖平流强迫类强对流,重点关注阶梯槽影响时间,湘南白天受前倾槽及急流脉动影响,导致衡阳至岳阳一带雷暴大风,湘西北受前倾槽及 925 hPa 切变线影响,导致湘西北出现冰雹,晚上湘西南在前倾槽和急流脉动影响下出现雷暴大风和短时强降水,湘东北受中低层切变、急流及地面辐合线影响下出现短时强降水。强对流落区与边界层切变、急流位置对应较好。

② 强对流天气类型方面:从物理量潜势角度,整层可降水量 40～50 mm,水汽条件较好,CAPE 为 500～1000 J·kg^{-1},能量条件中等,0～6 km 垂直风切变较弱为 10～12 m·s^{-1},在暖湿

气流增强过程中，前倾槽导致“上干下湿”不稳定层结，一般的物理量条件也会触发强对流天气。

③ 关注地面辐合线的预警指示作用，这次过程地面辐合线在强对流天气发生前 2 h 出现，当前倾槽、低空急流及切变配合时可触发强对流天气，具有一定提前量。

2.2.5.2　2020 年 5 月 4—5 日强对流天气过程

(1)过程概况

5 月 4 日傍晚前后(16 时)至 5 日，湘中及以北地区普遍出现了中到大雨，湘西州、张家界、怀化中北部、常德南部、益阳、岳阳、长沙、湘潭、娄底、邵阳北部的部分地区出现了暴雨，其中常德市区、桃源县，怀化沅陵，湘西州吉首市区、泸溪局地出现了大暴雨。累计降水量 50 区县的 559 个乡镇站超过 50 mm(图 2.78a)，其中 61 个乡镇超过 100 mm，最大 176.8 mm(怀化市沅陵县松溪铺)；最大小时雨强 81 mm(湘西州永顺县永茂镇，4 日 20 时)。

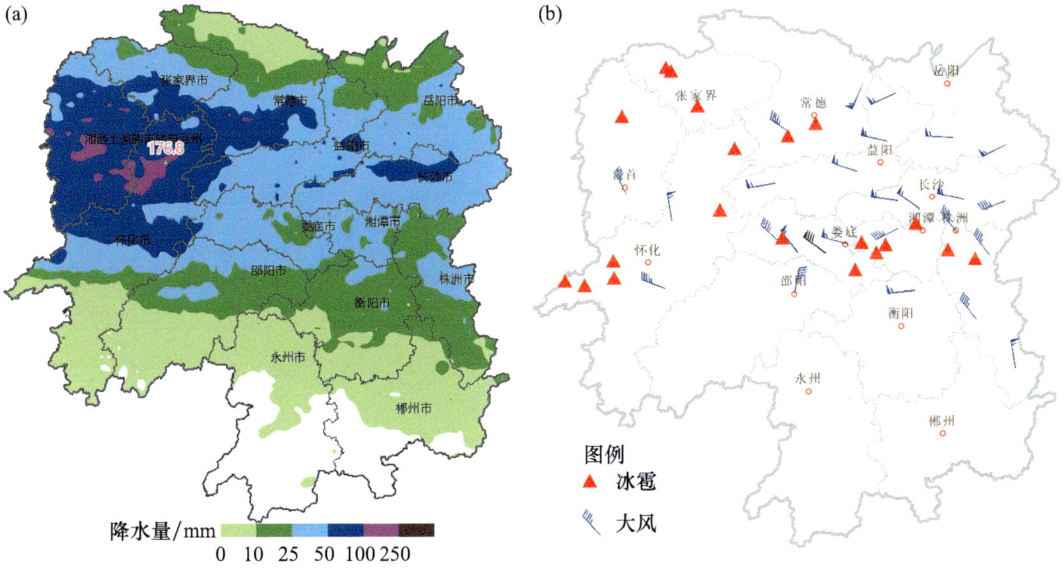

图 2.78　2020 年 5 月 4 日 08 时—6 日 08 时湖南累计降水量(a)和强对流实况(b)

另外，湘中及以北地区的 26 区县出现了雷暴大风(图 2.78b)，南县、安化、长沙岳麓区、宁乡、涟源 5 区县的最大风速超过 10 级(最大值 32.3 $m \cdot s^{-1}$，达 11 级，4 日 23 时 19 分，娄底涟源)；湘西州、怀化、张家界、常德、娄底、湘潭、株洲等 7 市州 15 区县的 23 个乡镇出现了冰雹(最大直径 6 cm，怀化市沅陵县清浪乡)。

(2)形势场分析

强对流天气主要发生在 4 日傍晚至 5 日，在 5 月 4 日 08 时，500 hPa 四川东部到云南北部有一浅槽，湖南处于冷槽前，温度槽落后于高度槽，低压槽东移发展，850 hPa 切变线位于重庆北部到湖北西部，925 hPa 切变线位于湘西北，低空急流位于贵州南部，急流出口位于黔中，地面辐合线贯穿常德—益阳西部—怀化中部。5 月 4 日 20 时(图 2.79)，500 hPa 短波槽东移过程中径向度增大，动力抬升作用增强，850 hPa 和 925 hPa 湘北受切变线影响，700 hPa以下西南急流加强西伸，急流出口位于湘北。地面辐合线东段、925 hPa 边界层切变线、850 hPa 切变线位置在湘西北基本重叠，使得中小尺度动力条件加强，进一步触发强对流天气发展。

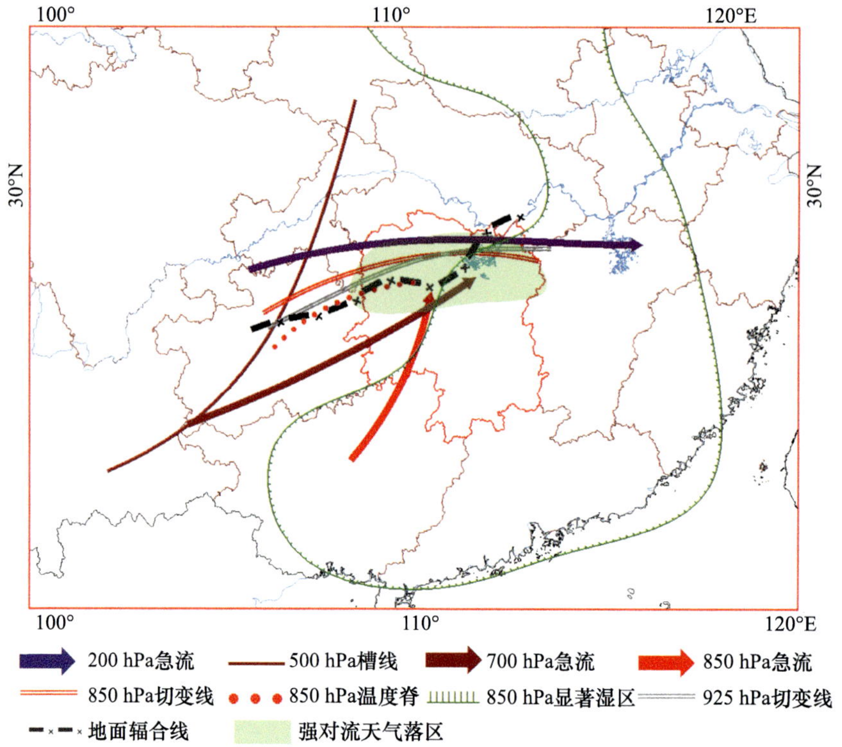

图 2.79　2020 年 5 月 4 日 20 时天气系统配置图

(3)物理量分析

本次过程发生在傍晚到夜间，08 时探空曲线的 CAPE 不能完全反映强对流天气真实情况，因此用 14 时地面温度和露点温度进行订正。在过程发生前，探空图(图 2.80)显示 800～400 hPa 有干冷空气侵入，800 hPa 以下为暖湿层，不稳定层结有利于强对流发生发展。WBZ、干球温度 0 ℃层(Dry Blub Zero，DBZ)和 −20 ℃层高度分别为 4.0 km、4.9 km、8.1 km，对流层中层干层导致 WBZ 高度明显低于 DBZ 高度，显著降低了冰雹融化层高度，有利于大冰雹下落过程中不被或少被融化，从而大冰雹能降落到地面。

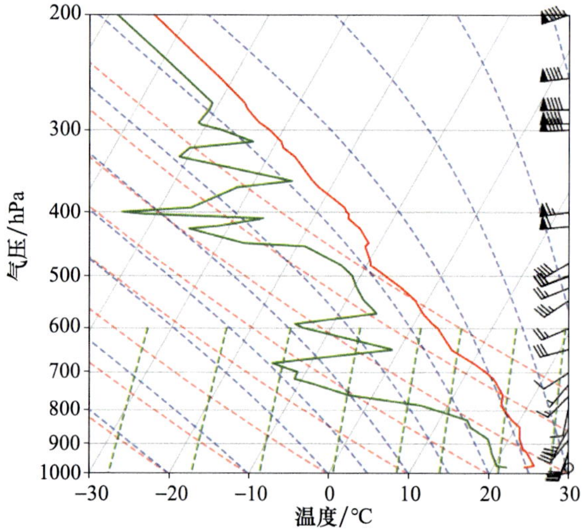

图 2.80　2020 年 5 月 4 日 08 时怀化站探空图

表 2.2 反映的是强对流发生前后环境参数演变情况，上午至夜间抬升指数明显减小，动力抬升条件增强，CAPE 超过 1000 J·kg^{-1}，对流抑制有效位能(CIN)逐渐减小，$T_{850-500}$ 达 27～28 ℃，具有较强的热力不稳定条件。螺旋度是表征流体边旋转边沿旋转方向运动的动力物理量，反映了对流风暴低层入流运动方向旋转的强弱，EHI 综合考虑不稳定能量和动力因子，EHI 增大时，出现

超级单体可能性增大，从白天到夜间，过程 EHI 明显增大，有利于超级单体的发展和维持。WBZ 高度在 4.0 km，DBZ 高度和－20 ℃层之间的厚度(冰雹有效增长层)在 3.2～3.7 km，温度递减率较大，有利于冰雹增长区附近 CAPE 增加，从而有利于形成大冰雹。0～6 km 垂直风切变 S_6 达 32 m・s^{-1}，具有强的深层风垂直切变，有利于超级单体的形成与发展。

表 2.2　2020 年 5 月 4 日 08 时和 20 时怀化站环境参数

时间	CAPE/(J・kg^{-1})	CIN/(J・kg^{-1})	S_6/(m・s^{-1})	ΔT/ ℃	EHI/(J・m・kg^{-1}・s^{-2})	高度/km			
						WBZ	DBZ	－20 ℃	厚度
4 日 08 时	1867.5(订正后)	280.6	13	27.5	450.4	4.0	4.9	8.1	3.2
4 日 20 时	1287.6	146.5	32	28.5	2494.7	4.3	4.7	8.4	3.7

(4)雷达特征

怀化沅陵县清浪乡 18 时 25 分—18 时 40 分出现直径 6 cm 的大冰雹，益阳雷达 18 时 22 分风暴 K0 最大回波强度达 65 dBZ 以上(图 2.81a)，低层 0.5°(图略)、1.5°(图 2.81b)仰角上右后侧出现钩状回波，2.4°(图略)、3.3°(图 2.81c)仰角具有 TBSS 特征。垂直剖面图(图 2.81d)上同样具有弱回波区，并且超过 60 dBZ 强回波伸展高度达 9 km，表现为低层钩状回波、中层弱回波区和中高层悬垂回波结构的雹暴特征，没有明显中气旋，但表现出超级单体风暴特征，称其为“类超级单体”风暴。

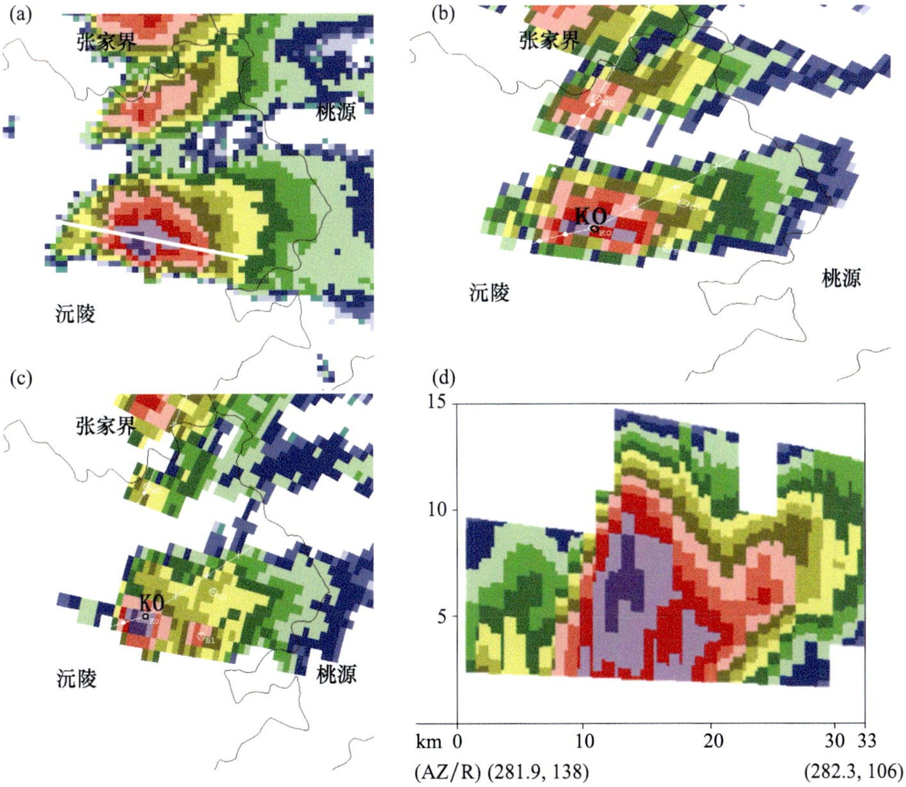

图 2.81　2020 年 5 月 4 日 18 时 22 分益阳雷达组合反射率(a)、1.5°仰角基本反射率因子(b)、3.3°仰角基本反射率因子(c)、沿风暴移动方向的垂直剖面(d)（单位：dBZ）

由风暴 K0 从 17 时 40 分开始生成到 21 时 31 分衰减的风暴参数演变(图 2.82)可见，风暴底高(BASE)在 1～2 km 左右，风暴单体顶发展很高，18 时 04 分—21 时 31 分风暴顶高(TOP)一直位于 10 km 高度，一直处于“低底高顶”状态，说明风暴上升气流旺盛，有利于出现大冰雹。17 时 40 分—18 时 28 分单体垂直累计液态水含量(C-VIL)和质心高度(HT)持续增加，18 时 28 分 C-VIL、DBZM、HT 和 TOP 分别为 69 kg · m^{-2}、67 dBZ、8.0 km 和 13.4 km，18 时 40 分强中心高度下降到 1.5 km，对应沅陵此时出现直径为 6 cm 的大冰雹，C-VIL 仍维持在 60 kg · m^{-2}以上，表明风暴内上升气流的强度维持较强的状态；18 时 57 分—19 时 15 分 C-VIL 和 HT 出现明显下降，沅陵第二次降雹，降雹尺寸最大 4 cm；而后 C-VIL 继续上升，并维持60 kg · m^{-2}以上，19 时 51 分、20 时 08 分、20 时 32 分 HT 多次下降，且 20 时 32 分降到 1 km，C-VIL 降至 36 kg · m^{-2}，据媒体报道常德桃源 20 时 35 分降雹，冰雹最大直径 4 cm；21 时 08 分和 21 时 25 分随着 HT 和 C-VIL 下降，常德市区出现降雹，冰雹最大直径 4 cm。

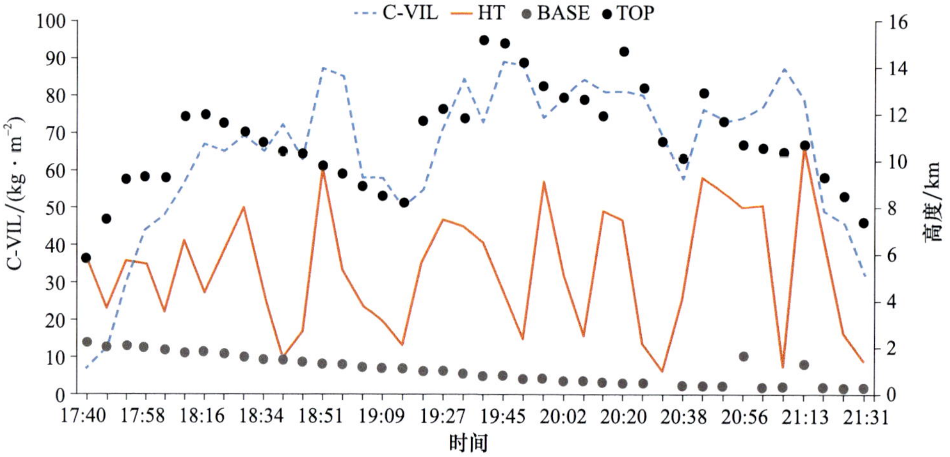

图 2.82　2020 年 5 月 4 日过程风暴 K0 的 C-VIL 和 HT、TOP、BASE 的时间演变

(5)过程小结

本次强对流天气发生在低层暖平流强迫背景下，主要影响系统为高空槽、强盛西南暖湿气流、暖式切变线和地面辐合线。低层暖湿、中层干冷，强的不稳定有利于对流产生。过程发生在傍晚到夜间，用 14 时地面温度和露点温度对探空资料进行订正，结果显示 EHI 明显增大，有利于超级单体的发展和维持，具有强热力不稳定层结和强垂直风切变，WBZ 高度明显低于 DBZ 高度，有利于大冰雹下落过程中不被或少被融化。

风暴 K0 出现钩状回波、旁瓣回波及三体散射、回波悬垂特征，一直处于“低底高顶”状态，风暴上升气流强盛。强烈发展阶段风暴 K0 的 DBZM 超过 66 dBZ，C-VIL 分别为 72.0 kg · m^{-2}；大冰雹降落前风暴 K0 的 DBZM 和 C-VIL 达到 67 dBZ 和 69 kg · m^{-2}以上。强中心高度和最强切变高度的下降均反映出冰雹的降落。

2.2.5.3　2015 年 4 月 3 日强对流天气过程

(1)过程概况

2015 年 4 月 2—4 日湖南出现了一次大范围强对流天气过程，其中 3 日强对流天气范围最大，并出现了雷暴大风、冰雹及短时强降水等多种强对流天气共存的现象。3 日 18—19 时湘北出现较大范围冰雹和短时强降水，3 日 20 时—4 日 01 时湘东出现较大范围雷暴大风，局地出现冰雹和暴雨，最大小时雨强为 66.7 mm，位于湘东北的岳阳市区相继出现了雷暴大风（21.5 m · s^{-1}）、冰雹及极值强降雨，3 日 20 时—4 日 08 时 12 h 累计降水量达218.3 mm，创建站以来历史极值（图 2.83）。民政部门的统计数据显示，本次过程导致了较大的人员伤亡和财产损失。张家界、岳阳、常德等 10 市（自治州）23 个县（市、区）40.2 万人受灾，3 人死亡，1 人失踪，并导致房屋倒塌、农作物绝收，直接经济损失 3 亿元（姚蓉 等，2017）。

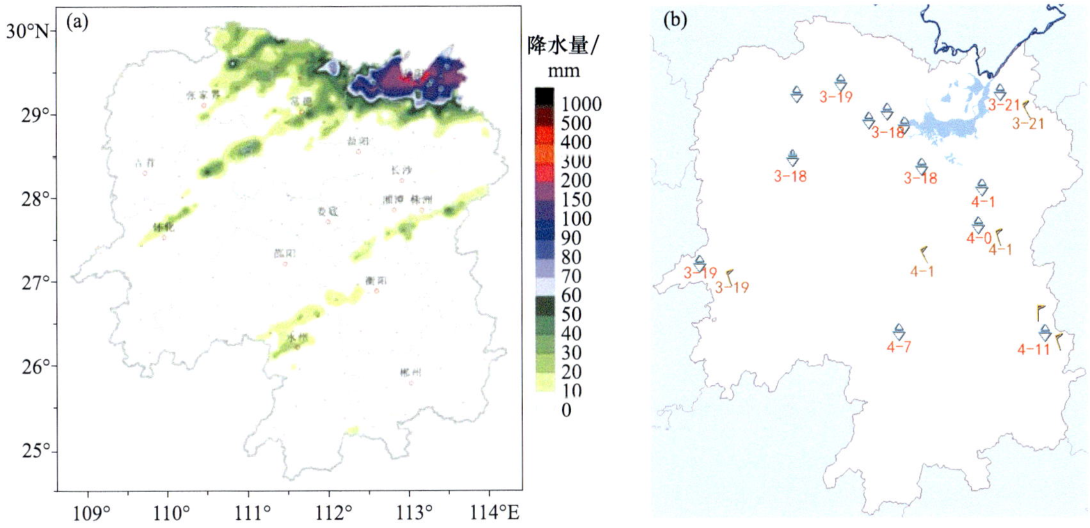

图 2.83　2015 年 4 月 3 日 08 时—4 日 08 时降水量实况（a）和强对流类型及发生时间实况（b）

（2）形势场分析

强对流天气主要发生在 3 日下午至晚上，3 日 20 时分析图（图 2.84）表明，东亚为一脊一槽形势，500 hPa 华东为高压脊，具有东高西低形势，是湖南出现极端降水的形势之一，500 hPa 冷槽呈南北向，中纬度短波槽 500 hPa 超前于 700 hPa，前倾槽的形成导致对流不稳定加大，有利于强对流天气发生；低空西南急流加强，达到 18～22 m · s^{-1}，850 hPa 暖式切变位于湘北，有利于水汽向长江北岸输送，925 hPa 在湘东南出现了超低空急流，此时，地面辐合线位于湘中，地面冷空气渗透南下抵达湘北，南北温差加大到 10 ℃以上，有利于风雹天气的发生。

（3）物理量分析

① 水汽条件

暴雨、大暴雨的发生，不仅要有强烈的上升运动和不稳定条件，而且需要源源不断的水汽供应。3 日 14 时水汽通量湘东南较大，水汽辐合主要在湘西，随着时间的变化，水汽通量与水汽辐合也发生了明显变化，20 时，水汽通量加强明显，达 24 g · cm^{-1} · hPa^{-1} · s^{-1}，且湘东大于湘西，而水汽辐合中心在湘东北，为 -6×10^{-7} g · s^{-1} · cm^{-2} · hPa^{-1}（如图 2.85a）。进一步分析 14 时、20 时湘东水汽通量和水汽通量散度垂直剖面图（图 2.85b）表明，14—20 时 850 hPa 以下水汽辐合出现了明显增强且向高层扩展，在 14 时湘东上空 700—500 hPa 出现了中层辐散，导致了下午至傍晚前后这一雷暴大风的发生，降水不明显，而 20 时开始湘东北大暴雨中心水汽通量辐合中心加强明显，并向上扩展到 600 hPa 附近，而高层则出现了辐散，高层辐散与低层辐合的抽吸作用，是湘东北产生极端暴雨的主要原因之一。

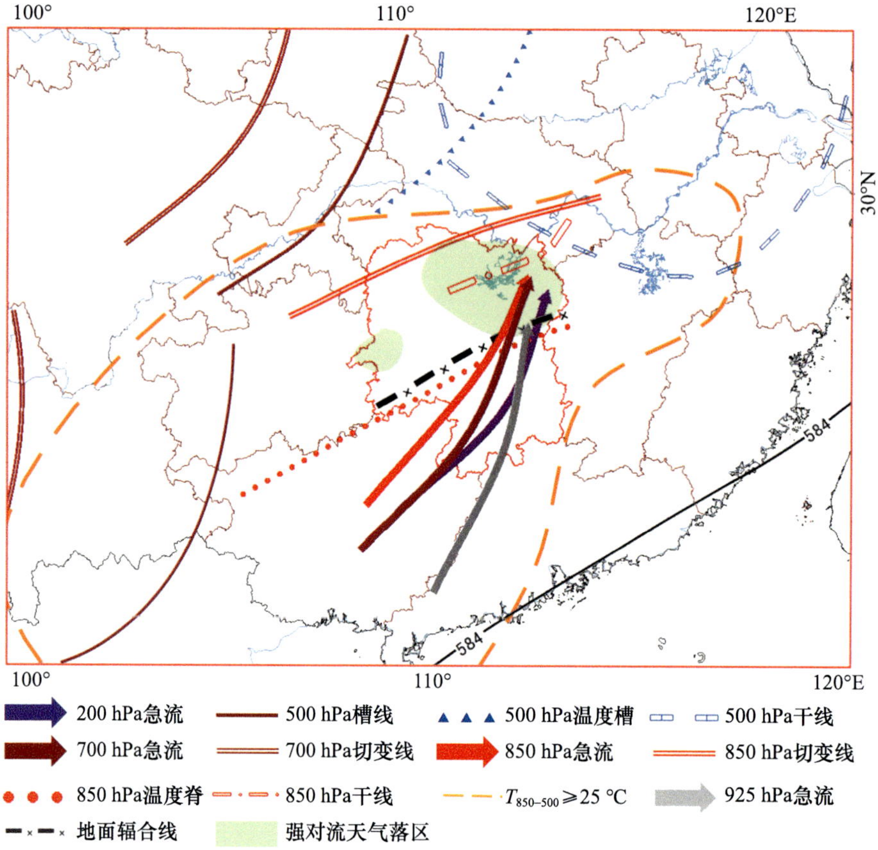

图 2.84　2015 年 4 月 3 日 20 时天气系统配置图

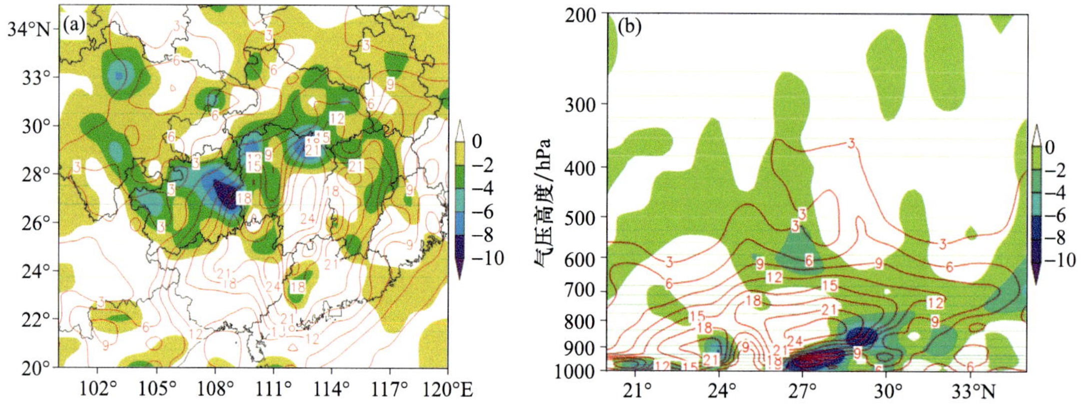

图 2.85　2015 年 4 月 3 日 20 时水汽通量(等值线,单位:g · cm^{-1} · hPa^{-1} · s^{-1})与水汽通量散度(色斑,单位:10^{-7}g · s^{-1} · cm^{-2} · hPa^{-1})叠加图(a)、沿湘东 113 °E 水汽通量和水汽通量散度剖面图(b)

② 温度平流

从 3 日 20 时温度平流垂直剖面图看,湘西(图 2.86a)在 650 hPa 以下有深厚的暖平流区,之上则为冷平流区,暖平流是低空急流和超低空急流强烈发展的结果,有利于中低层暖湿层结的形成,而高层冷平流形成干冷层结叠加在暖湿层结之上,导致热力不稳定层结强烈发展,在高空低压槽与地面辐合线等系统触发下，有利于冰雹等强对流天气发生。湘东(图 2.86b)在 700～500 hPa 中层明显有干冷空气的卷入，而低层有暖平流自南向北发生，有利于雷暴大风等强对流天气发生。

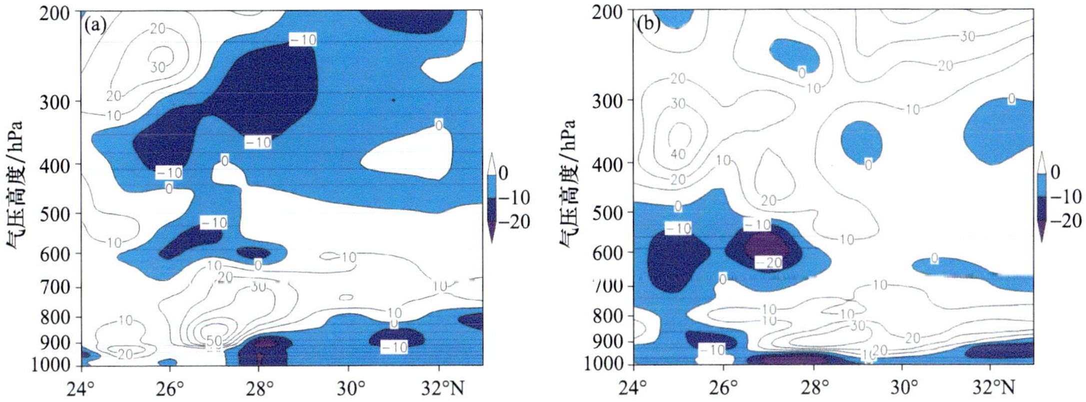

图 2.86 2015 年 4 月 3 日 20 时温度平流(单位:10^{-5}℃ · s^{-1})垂直剖面图

(a)湘西 110°E;(b)湘东 113°E

③ 不稳定条件

3 日 14 时湘中以南 850 hPa 急流强盛(图 2.87a)，为本次过程提供了充沛的水汽条件，并且急流加强使低层垂直风切变发展，有利于动力不稳定增强，对流风暴有组织发展和维持。湘东北处于 850 hPa 切变线南侧及急流出口区左侧，并且湘北 850 hPa 分析有明显的露点温度梯度区即干线存在，表明湘东北具有强的气旋性切变和湿斜压强迫作用，促使不稳定能量释放，引发对流性强降水与强对流天气发生。此外，850 hPa 与 500 hPa 的假相当位温差显示(图 2.87b)，省内大部分地区处于热力不稳定层结条件下，20 时湘东北热力不稳定层结增强，达 15 k 以上，有利于湘东北极端强降水天气发生发展。

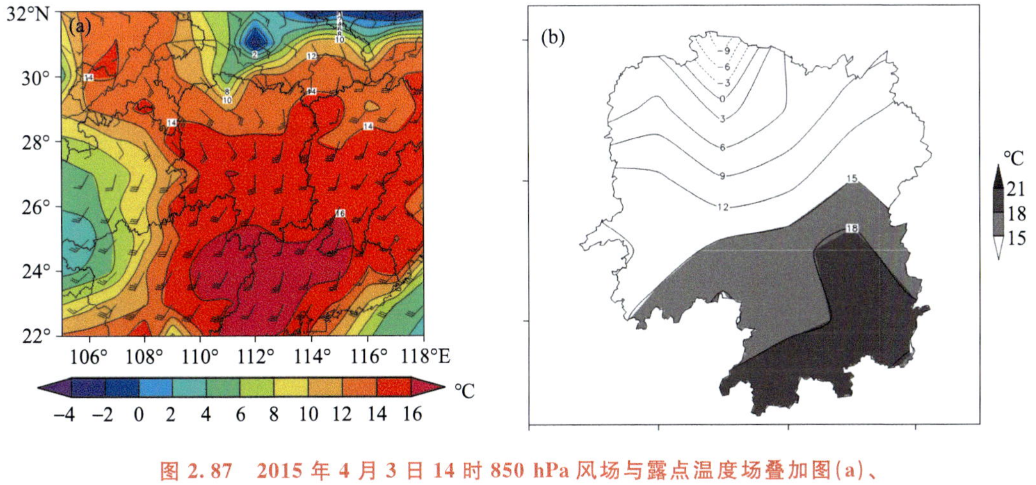

图 2.87 2015 年 4 月 3 日 14 时 850 hPa 风场与露点温度场叠加图(a)、850 hPa 与 500 hPa 假相当位温差(b)

④ 中尺度系统触发条件分析

强降水的产生是多尺度系统共同影响的结果。我们通过对 3 日 20 时不同层次的流场进行滤波分析来揭示中尺度雨团发展维持机制(图 2.88),从 100 hPa 流场分布来看,湘东北处于强辐散气流中,700 hPa 湘东北存在一个中尺度低涡,850 hPa 滤波场依然为辐合气流,与强降水位置基本重合,低层 950 hPa 在湘东北也为较明显的中尺度辐合系统,从 950 hPa 到 700 hPa 均为辐合上升气流,垂直运动较强,低层辐合高层辐散的抽吸作用,有利于中尺度系统发展和维持,导致湘东北出现 12 h 218.3 mm 极端降水。

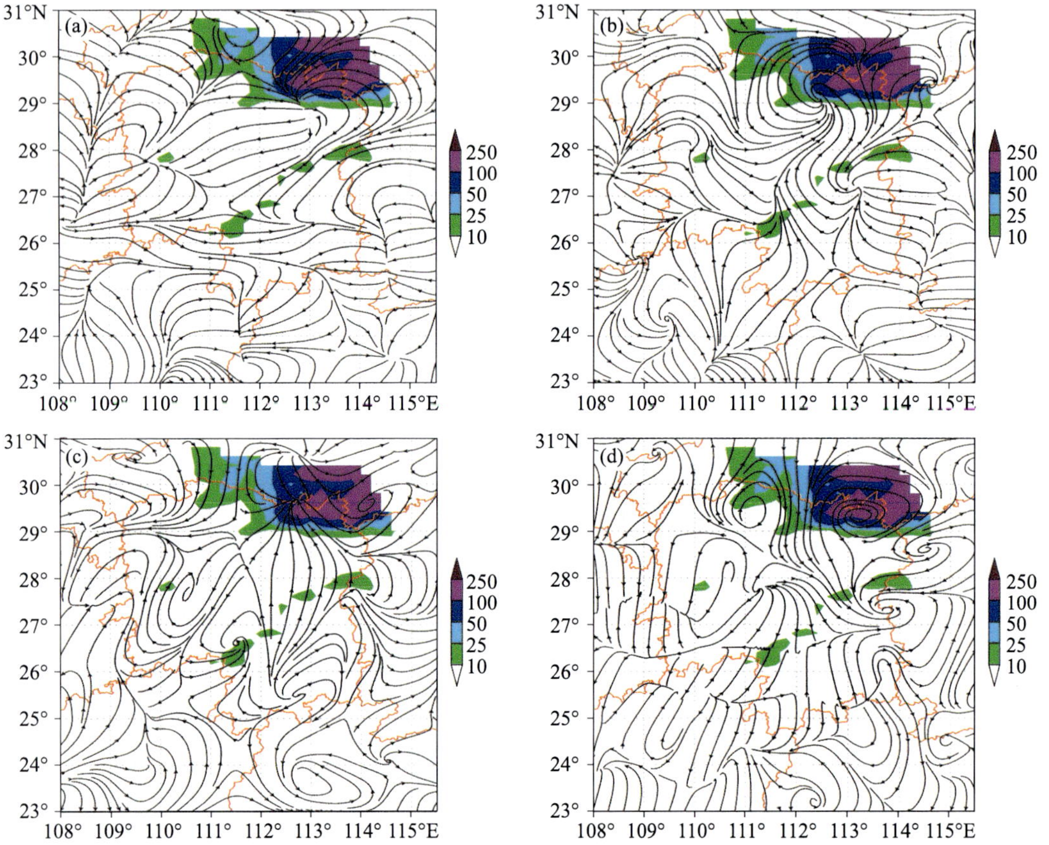

图 2.88　2015 年 4 月 3 日 20 时 barness 带通滤波后的中尺度流场与
3 日 20 时—4 日 08 时降水量(色斑,单位:mm)
(a)100 hPa;(b)700 hPa;(c)850h Pa;(d)950 hPa

⑤ 探空分析

3 日 14 时岳阳上空温、湿层结曲线表现为向上开口的"喇叭"状(图 2.89),具有上干下湿等特征,同时,具有强的垂直风切变和中层干空气入侵,加强了风暴中的下沉气流和低层冷空气外流,通过强迫抬升流入的暖湿空气更强烈地上升,加强了对流,导致了岳阳站冰雹、雷暴大风的出现;3 日 20 时,中层干冷空气减弱,湿层加厚,不稳定能量加大到 860 J·kg^{-1}(订正后),有利于短时强降水的产生。

(4)雷达特征

新晃站强单体风暴的发展,导致了大冰雹的发生。从其基本反射率特征可以看出,怀化雷达 18 时 57 分在 1.5°～6.0°仰角存在明显的 TBSS 特征(图 2.90a),最强反射率达到60 dBZ以上,VIL 达 70 kg·m^2以上。到 19 时 10 分沿此雷暴单体的反射率垂直剖面图(图 2.90b)可以看出，新晃强单体具有高悬垂的穹窿结构和有界弱回波，而强的垂直风切变正是对流风暴悬垂结构的动力因子，此外，65 dBZ 强回波扩展到－20 ℃层高度以上，有利于大冰雹的产生。

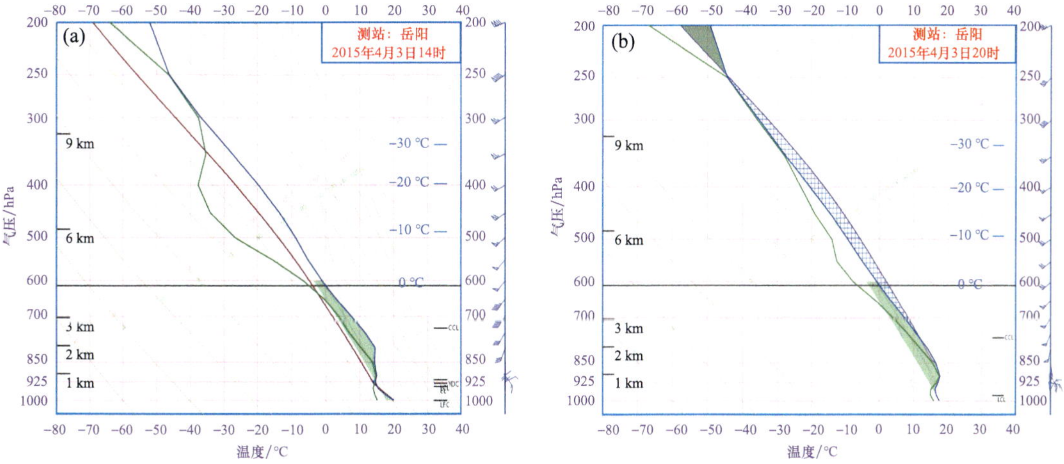

图 2.89　2015 年 4 月 3 日岳阳探空图

(a)14 时实况；(b)20 时订正后实况

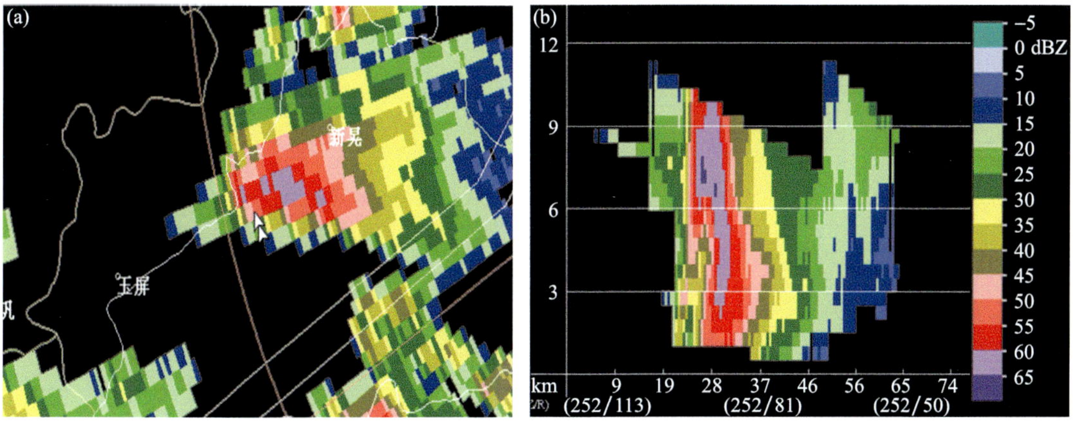

图 2.90　2015 年 4 月 3 日怀化雷达站 18 时 57 分 1.5°仰角基本反射率(a)和 19 时 10 分沿雷达径向的反射率垂直剖面(b)

岳阳气象站在 20 时 49 分和 20 时 51 分观测到了 19 $m \cdot s^{-1}$ 和 20 $m \cdot s^{-1}$ 的大风，从图 2.91 可以看出，在 20 时 28 分—20 时 52 分，距离 50 km 距离圈内(1 km 高度以下)出现了大于 20 $m \cdot s^{-1}$ 的速度大值区，这种速度大值区在东移的过程中，呈现出向下发展的趋势，在 20 时 40 分—20 时 52 分有超过20 $m \cdot s^{-1}$ 的风速下降到 200 m 以下，这种大风区的下降很可能引起地面产生雷暴大风。

岳阳站短时强降水是在大气上空下湿上干环境转变为整层高湿环境条件下发生的，并且分析表明，岳阳站位于低层强辐合、高层辐散区域，此外，满足产生“列车效应”的环流配置，是岳阳站出现极端强降水的原因。

图 2.92a 可以看出，影响岳阳地区的对流系统为多单体风暴，单体沿直线呈东北—西南向排列，同时每个单体的移动方向和多单体风暴走向基本一致，具有明显的“列车效应”；从反射

率剖面图(图 2.92b)也可以看出,约有 9 个单体呈直线排列,多个单体具有中高层回波悬垂的特征,每个单体的质心和最强反射率都在 0 ℃层以下,是高效的降水回波特征。由此在岳阳造成长时间的强降水,创下岳阳站建站以来的多项历史降水极值。通过图 2.91 和图 2.92也可以看出,岳阳地区的强对流天气过程,前期的对流活动伴有雷暴大风,后期以短时强降水为主,这种强对流天气类型的演变和水汽、温度等气象要素的垂直方向的层结变化有明显关系。

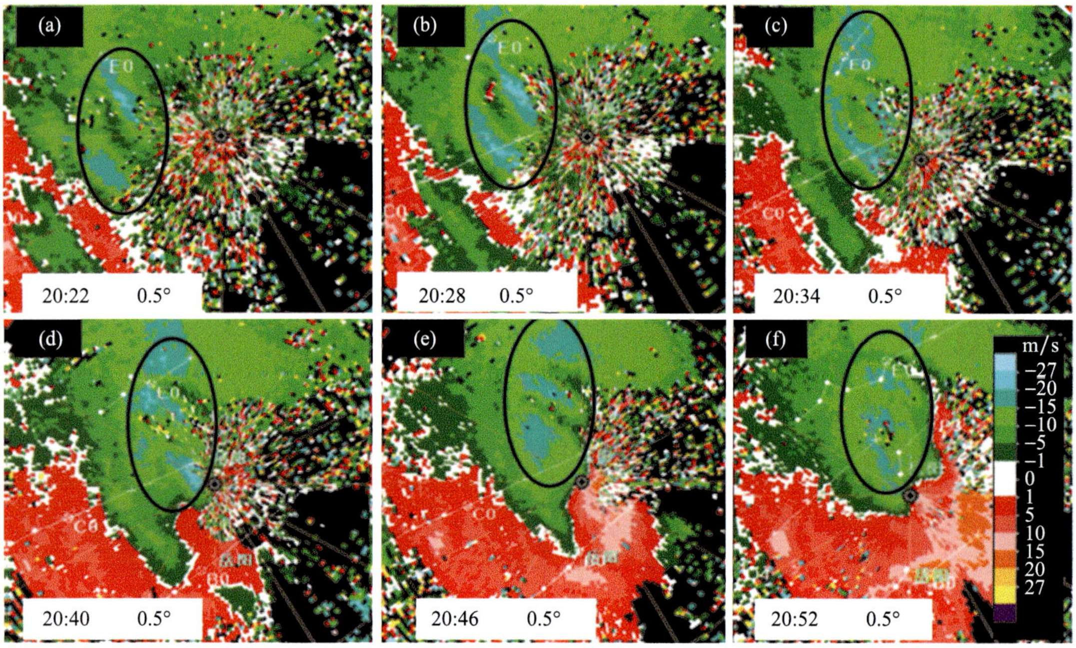

图 2.91　2015 年 4 月 3 日岳阳雷达 0.5°仰角径向速度(椭圆圈为大风区位置)

(a)20 时 22 分;(b)20 时 28 分;(c)20 时 34 分;(d)20 时 40 分;(e)20 时 46 分;(f)20 时 52 分

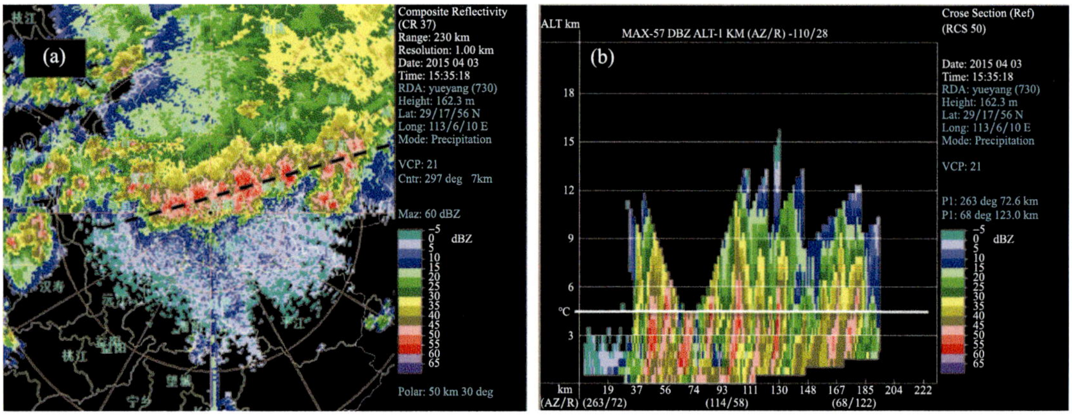

图 2.92　2015 年 4 月 3 日 23 时 35 分岳阳雷达站组合反射率(a)和沿中黑虚线的反射率垂直剖面(b)

(5)过程小结

本次大范围强对流天气的主要影响系统为前倾槽、中低层急流及边界层急流、地面辐合线等。汉寿在逆温层之上暖湿气流抬升和强垂直风切变作用下产生冰雹,具有高架雷暴特征。

新晃具有较高热力不稳定，在冷暖空气交汇时产生冰雹。岳阳风雹天气则是中层干冷空气卷入、强垂直风切变、强热力不稳定共同作用的结果，其极端强降水是中低层西南急流和强热力不稳定作用所致。雷达资料分析表明，冰雹发生时具有 TBSS 特征；雷暴大风发生时中高层辐散明显；而短时强降水发生时具有低质心和高效降水的雷达回波特征，且列车效应特征明显，有利于对流风暴有组织地发展与极端降水发生。

2.2.6 冷平流强迫类强对流天气

冷平流强迫类强对流在湖南出现较少。冷平流强迫类多发生在 500hPa 高空西北气流或冷涡背景下，垂直方向温度差动平流形成热力不稳定，强风垂直切变形成动力不稳定。中高空偏北风急流、低空风水平切变、干线或地面辐合线对强对流系统起到触发和组织作用，常常诱发飑线等中尺度天气系统。冷平流强迫类造成强对流天气类型多以冰雹、雷暴大风为主，有时伴有少量短时强降水。天气形势如下（图 2.93）：200 hPa 高空急流位于强对流天气的左侧或者上空，湖南处于 500 hPa 槽后偏北气流下，槽后冷平流叠加在 850 hPa 暖脊上，增强了位势不稳定；整层湿舌浅薄，700 hPa 以上干层，850/925 hPa 显著西南气流，为上干下湿不稳定结构。强对流发生前，地面低压结构，增温增湿，地面辐合线发展。

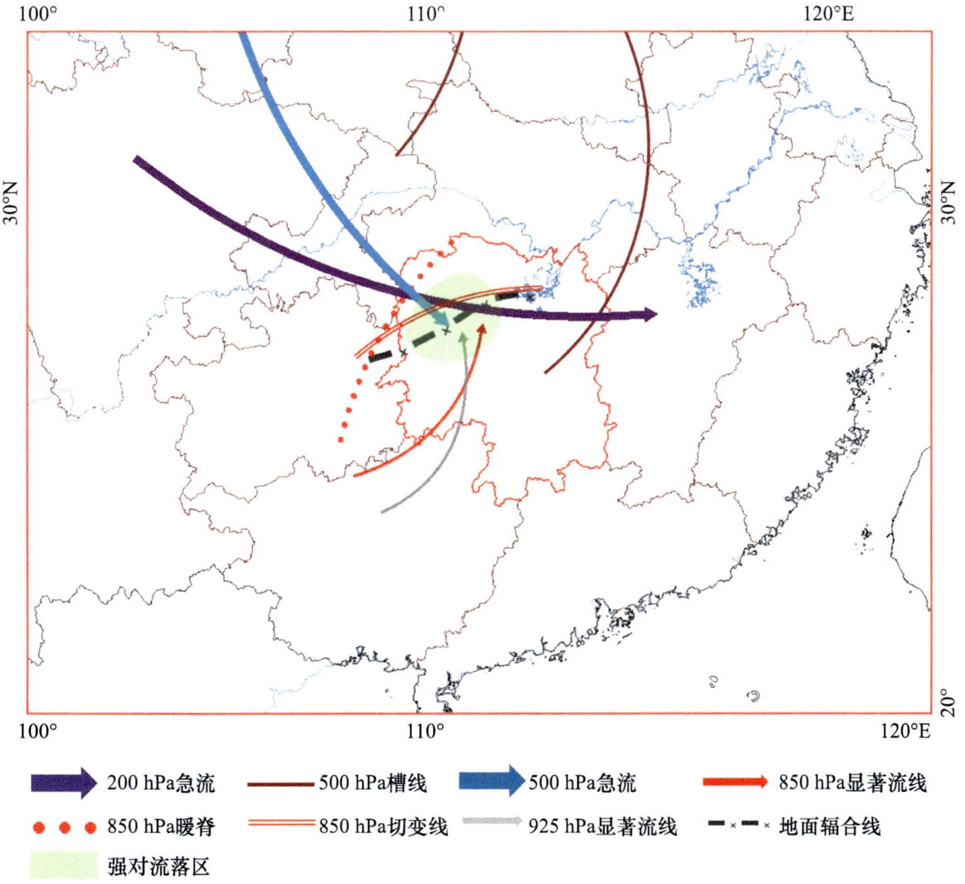

图 2.93 冷平流强迫类强对流概念模型

2.2.6.1　2022 年 7 月 5 日强对流天气过程

(1)过程概况

2022 年 7 月 5 日 08 时—6 日 08 时(图 2.94a、b),强降雨集中在湘西、湘北地区,197 站降水量超过 50 mm,6 站超过 100 mm,24 h 最大降水量为 145.6 mm(怀化沅陵凉水井镇张家坪村),最大小时雨强 84.8 mm(6 日 06—07 时,靖州坳上镇响水坝村);5 日 22 时—6 日 05 时湘北、湘中部分地区出现雷暴大风天气(8～9 级大风,常德汉寿县祝丰镇南湖站 21 $m \cdot s^{-1}$,5 日 23 时 54 分)。

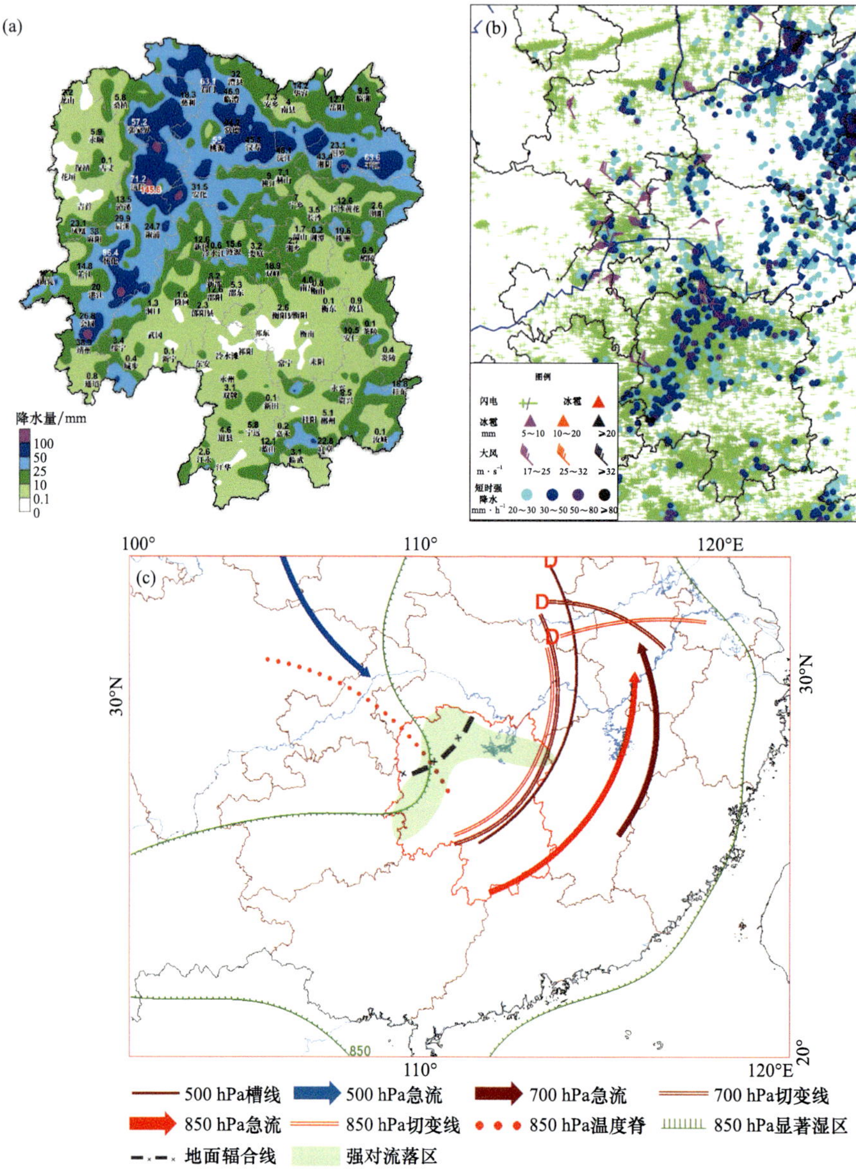

图 2.94　2022 年 7 月 5 日 08 时—6 日 08 时降水量实况(a)、强对流实况(b)和 5 日 20 时天气系统配置图(c)

本次过程发生在台风减弱北上，与西风带系统合并，湖南地区主要影响时段为 5 日 20 时—6 日 08 时，7 月 5 日 20 时天气形势(图 2.94c)，西北太平洋副高呈南北向块状，稳定维持在海上，西伸脊点 120 °E 附近，湖南省处于“两高”之间的低压区域内，由于副高阻挡，500 hPa 槽移动缓慢，经向度大，强烈的冷平流顺槽后偏北气流南下，叠加于低层相对暖湿气流之上，造成“上干冷下暖湿”的温动平流差，使对流向强对流方向发展；850 hPa 和 925 hPa 在湘北存在弱辐合，西南风速小($4\sim6\ m\cdot s^{-1}$)；500 hPa 湖北到重庆中部存在干线，地面中尺度涡旋在重庆东部生成，东南移至湖北南部，移入湖南后表现为地面辐合线，触发此次强对流天气。此外，湘北 $T_{850\text{-}500}$ 在 26 ℃以上，强热力不稳定结构有利于强天气出现。

(2)预报分析

强对流天气形势配置分析：4 日 20 时 ECMWF 模式预报 5 日 08 时。

“暹芭”台风低压东移北上，降雨逐渐减弱；20 时(图 2.95)湖南处于大陆高压和副热带高压之间的低值区，减弱后的“暹芭”台风低压位于湖北，并入中纬度的西风槽中，槽底位于湘赣交界处，湖南省处于槽后偏北气流影响，考虑台风影响逐渐结束，白天受减弱低压影响，湘东北局地暴雨。

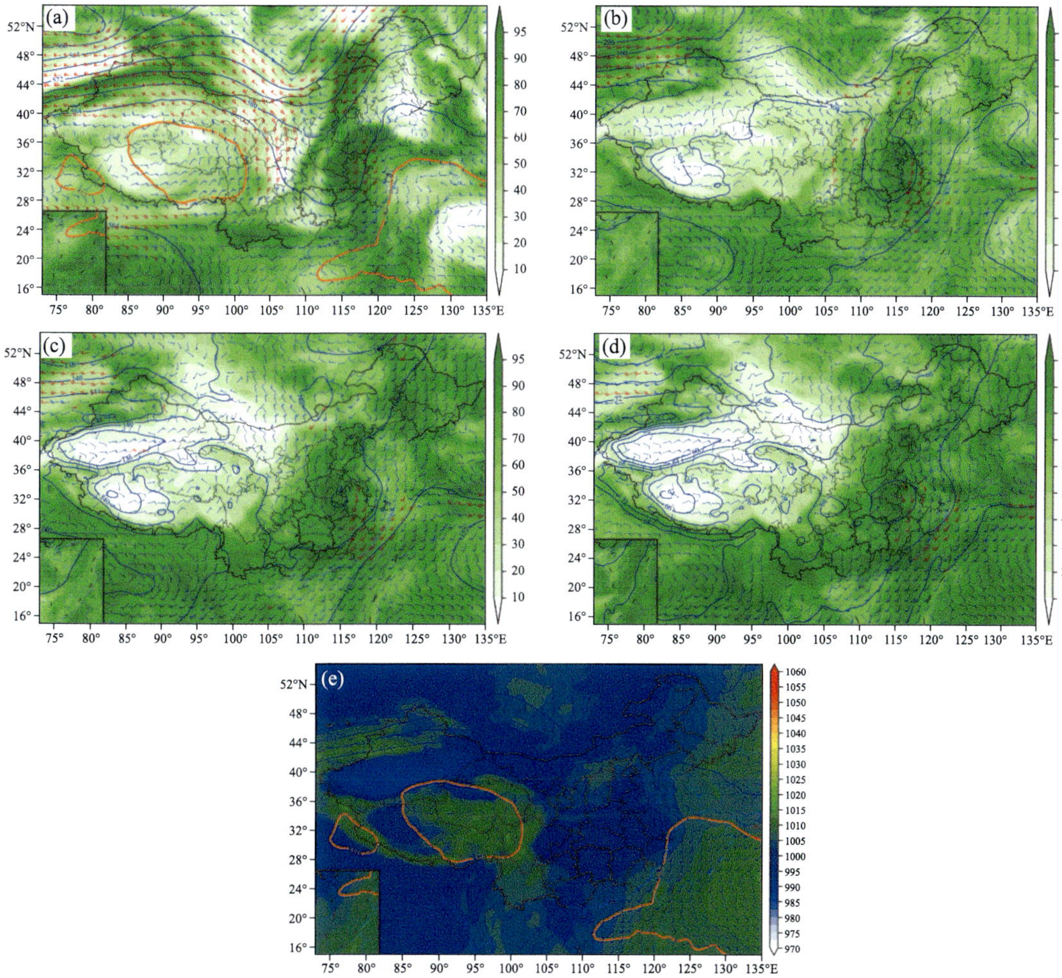

图 2.95　ECMWF 模式 2022 年 7 月 4 日 20 时起报的 7 月 5 日 20 时 500 hPa(a)、700 hPa(b)、850 hPa(c)、925 hPa(d)相对湿度(%)、风场叠加高度场和海平面气压(单位:hPa)与 10 m 风场形势图预报(e)

基于物理量的强对流分类分析，湘西、湘中以北对流不稳定能量在 1000～2000 J·kg^{-1}，湘西超过 2000 J·kg^{-1}（图 2.96a）；K 指数 36～40 ℃，湘西部分地区达到 40 ℃；整层可降水量 50～65 mm，湘东北 65 mm 以上（图 2.96b）；0～3 km 湘西垂直风切变 8 m·s^{-1}，$T_{850\text{-}500}$ 湘西地区为 24 ℃。

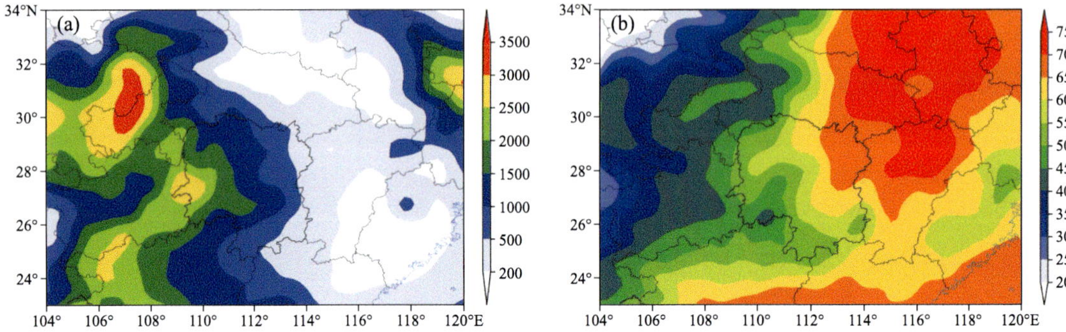

图 2.96　ECMWF 模式 2022 年 7 月 4 日 20 时起报的 5 日 20 时 CAPE（单位：J·kg^{-1}）(a) 和整层可降水量（单位：mm）(b)

从沅陵模式探空（图 2.97）来看，300～700 hPa 存在干层，CAPE 为 1776.1 J·kg^{-1}，$T_{850\text{-}500}$ 为 25.3 ℃，K 指数为 39 ℃，最优抬升指数 BLI 为 −4.2，强抬升条件。0～3 km、0～6 km垂直风切变分别为 4.8 m·s^{-1}、5.9 m·s^{-1}，弱垂直风切变。综合天气形势分析，虽然湘西热力条件和不稳定层结较好，考虑为天气好转、气温回升所致，省内大部分地区处于槽后，下沉气流不利出现强降水，而湖南省东部水汽条件较好，受残余台风影响有利出现短时强降水。

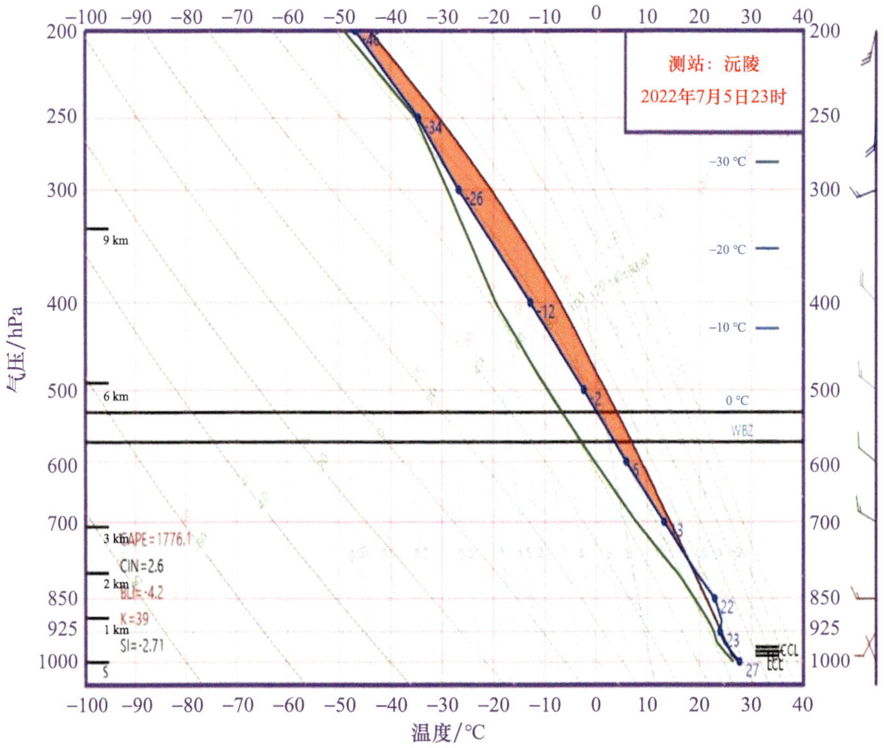

图 2.97　ECMWF 模式 2022 年 7 月 5 日 08 时起报的 7 月 5 日 23 时沅陵探空图

基于中尺度模式的强对流类型分析：4 日 20 时各家模式起报 5 日 08 时—6 日 08 时强降水落区预报(图 2.98)，各家模式对于湘东北的降雨，预报得比较一致，局地暴雨，湘西地区的暴雨意见分歧比较大，全球模式预报中雨，中尺度 CMA-MESO 和 CMA-GD 模式均预报暴雨，从各家模式稳定性预报来看，3 日 08 时、3 日 20 时、4 日 08 时起报均预报湘东北部分中到大雨，因此结合模式预报和天气形势配置分析，考虑主要降水预报在湘东北地区。

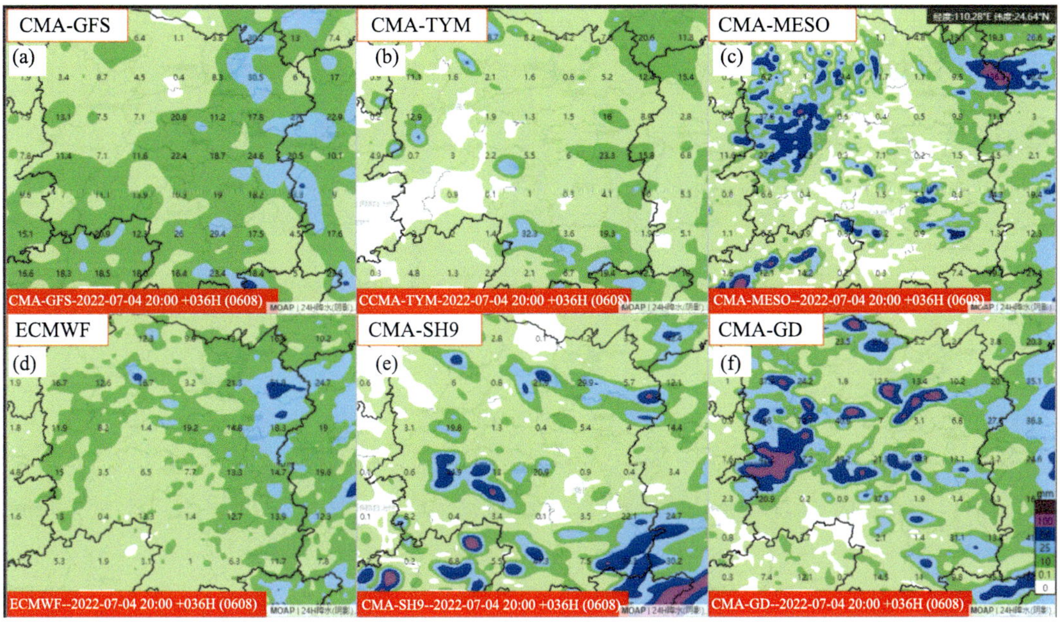

图 2.98　2022 年 7 月 4 日 20 时模式起报的 5 日 08 时—6 日 08 时 24 h 降水量预报(单位:mm)

(a)CMA-GFS；(b)CMA-TYM；(c)CMA-MESO；(d)ECMWF；(e)CMA-SH9；(f)CMA-GD

中尺度 CMA-MESO、CMA-SH9、CMA-GD 模式 4 日 20 时起报 1 h 降水预报产品，5 日白天湘东北最大 1 h 降水 5～10 mm，未预报短时强降水；20 时湘西降水开始发展，02 时(图 2.99)降水主要影响湘西、湘北，局地将出现短时强降水。

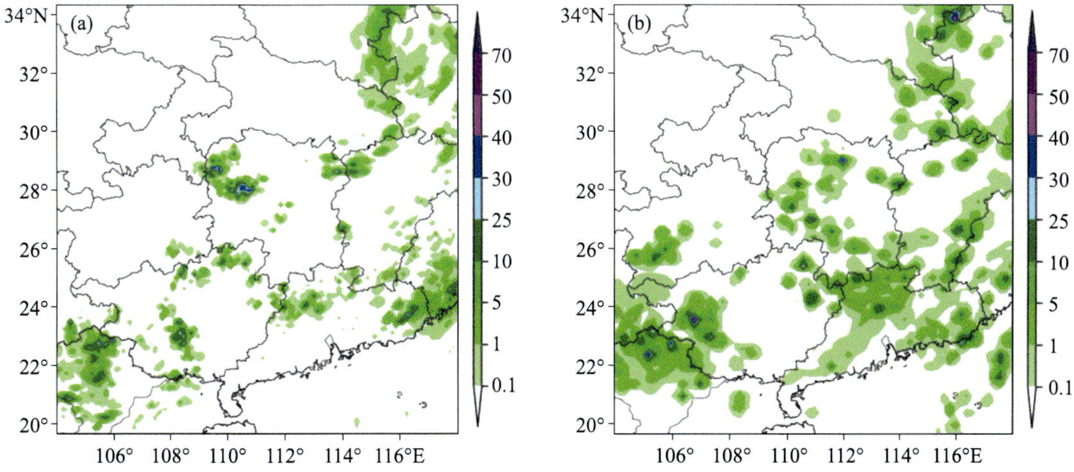

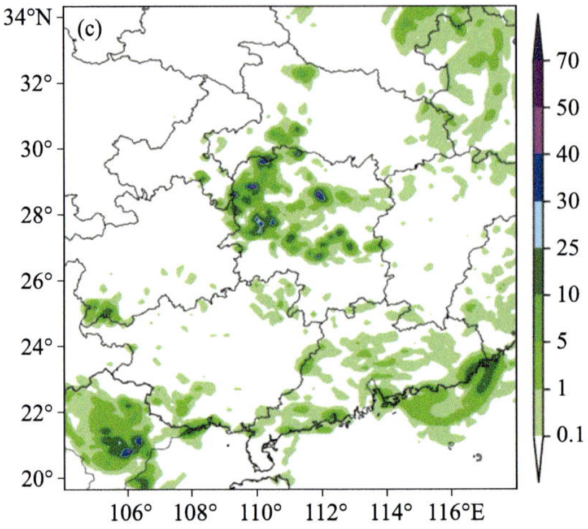

图 2.99　2022 年 7 月 4 日 20 时模式起报的 6 日 02 时 1 h 降水预报(单位:mm)

(a)CMA-MESO;(b)CMA-SH9;(c)CMA-GD

4 日 20 时起报中尺度模式雷达反射率预报产品(图 2.100)显示,5 日白天湘东北回波向东北移动,强度逐渐减弱,5 日夜间湘西北对流发展,向东移动,影响湘北地区,最大反射率因子 50 dBZ,不同的是 CMA-MESO 和 CMA-SH9 模式回波较弱,影响范围较小,位于湘北,CMA-GD 模式影响范围更广,回波影响到湘西、湘北。虽然中尺度模式的小时降水量、雷达反射率预报湘西、湘北夜间对流发展,但考虑形势预报不利于出现强对流天气。

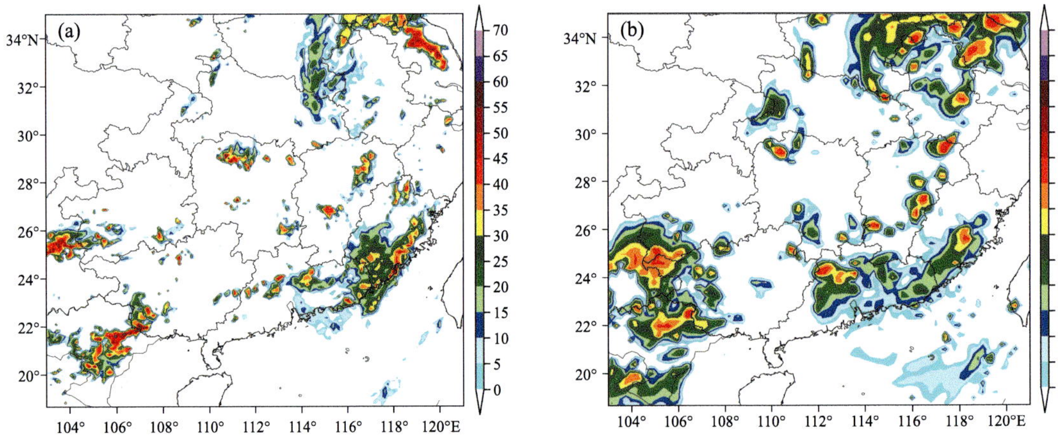

图 2.100　2022 年 7 月 4 日 20 时起报的预报雷达组合反射率因子(单位:dBZ)

(a)CMA-MESO 模式预报 5 日 21 时;(b)CMA-SH9 模式预报 5 日 23 时

预报结论:预计(图 2.101)5 日白天台风"暹芭"减弱为热带低压,将逐渐移出湖南,岳阳局地有暴雨,5 日晚开始降水减弱,省内多阵雨或雷阵雨。

预报偏差:本次过程对 5 日夜间湘西、湘北短时强降水和雷暴大风天气漏报,因此本次过程为一次失败的案例。

(3) 临近预警思路

长沙站 5 日 08 时探空图(图 2.102a)可看出,整层湿层,CAPE 为瘦长型,K 指数为

38.7 ℃，有利于短时强降水的发生。怀化（图 2.102b）低层湿度条件较好，中高层比较干，但 CAPE 也是瘦长型分布，K 指数 33.9 ℃，有利于短时强降水发生。20 时探空图（图 2.102c、d）可以看出，长沙、怀化中高层湿度条件明显转差，表明槽后干冷平流已经入侵，$T_{850\text{-}500}$ 明显加大，怀化站达到 25.4 ℃，形成上干下湿、上冷下暖的热力不稳定结构，负浮力增加，有利于雷暴大风的出现。

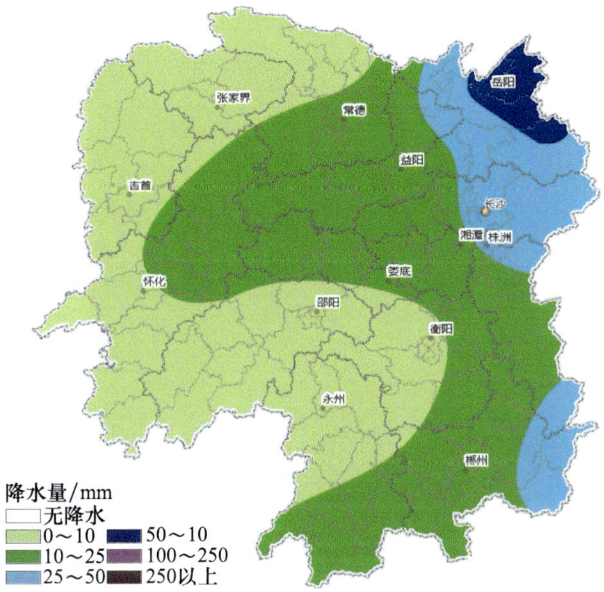

图 2.101　2022 年 7 月 5 日 08 时—6 日 08 时湖南降水量预报

从地面风场与降水对应关系来看，5 日 14 时（图 2.103a）位于重庆北部地面中尺度涡旋形成，并造成涡旋周围出现短时强降水，该涡旋向东南移动，17 时（图 2.103b）移至鄂西南与湘西北交界处，20 时（图 2.103c），湘西州中部至常德地区出现地面辐合线，对应时刻未来 3 h 的降水均集中在辐合线附近，低层的辐合抬升触发了强对流天气。接着在高空西北风的引导下，5 日23 时—6 日 05 时（图 2.103d～图 2.103f）地面辐合线向东南移动，强降雨带也跟随一起东移南压。

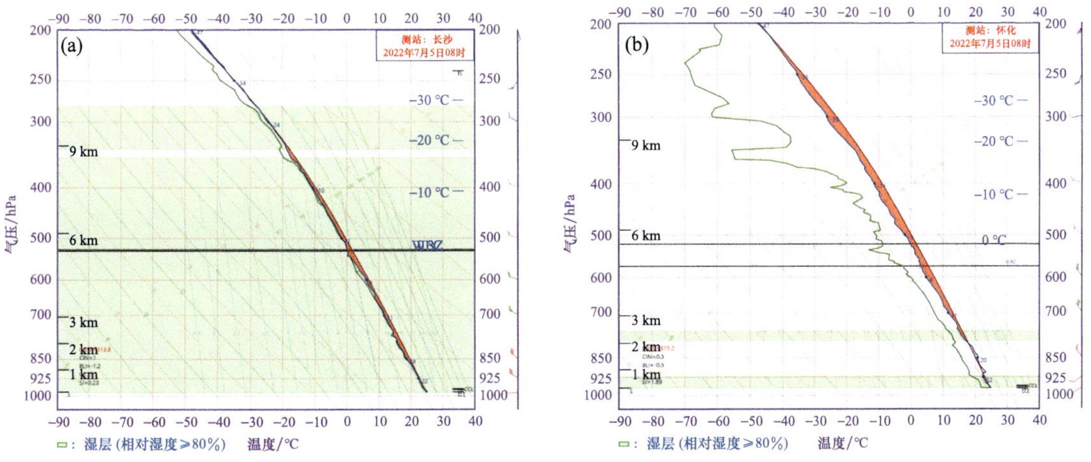

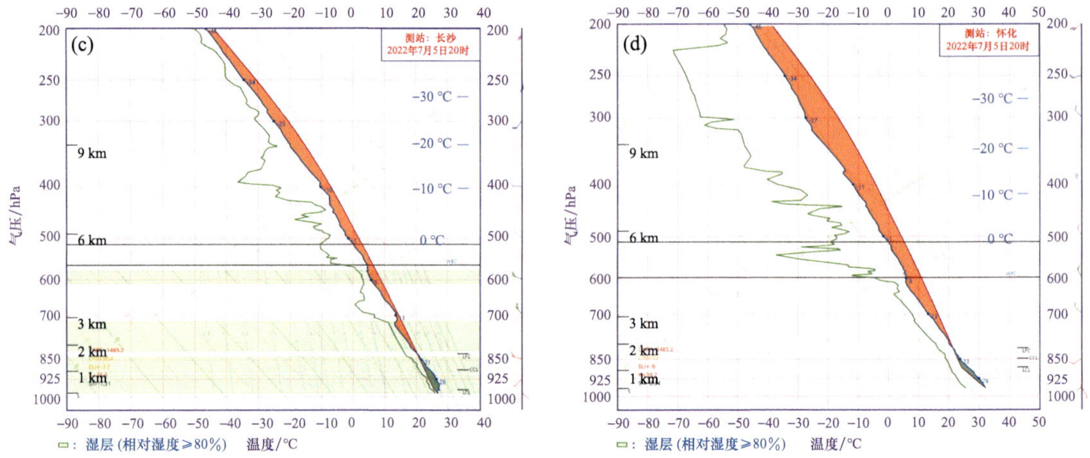

图 2.102　2022 年 7 月 5 日实况探空图

(a)08 时长沙；(b)08 时怀化；(c)20 时长沙；(d)20 时怀化

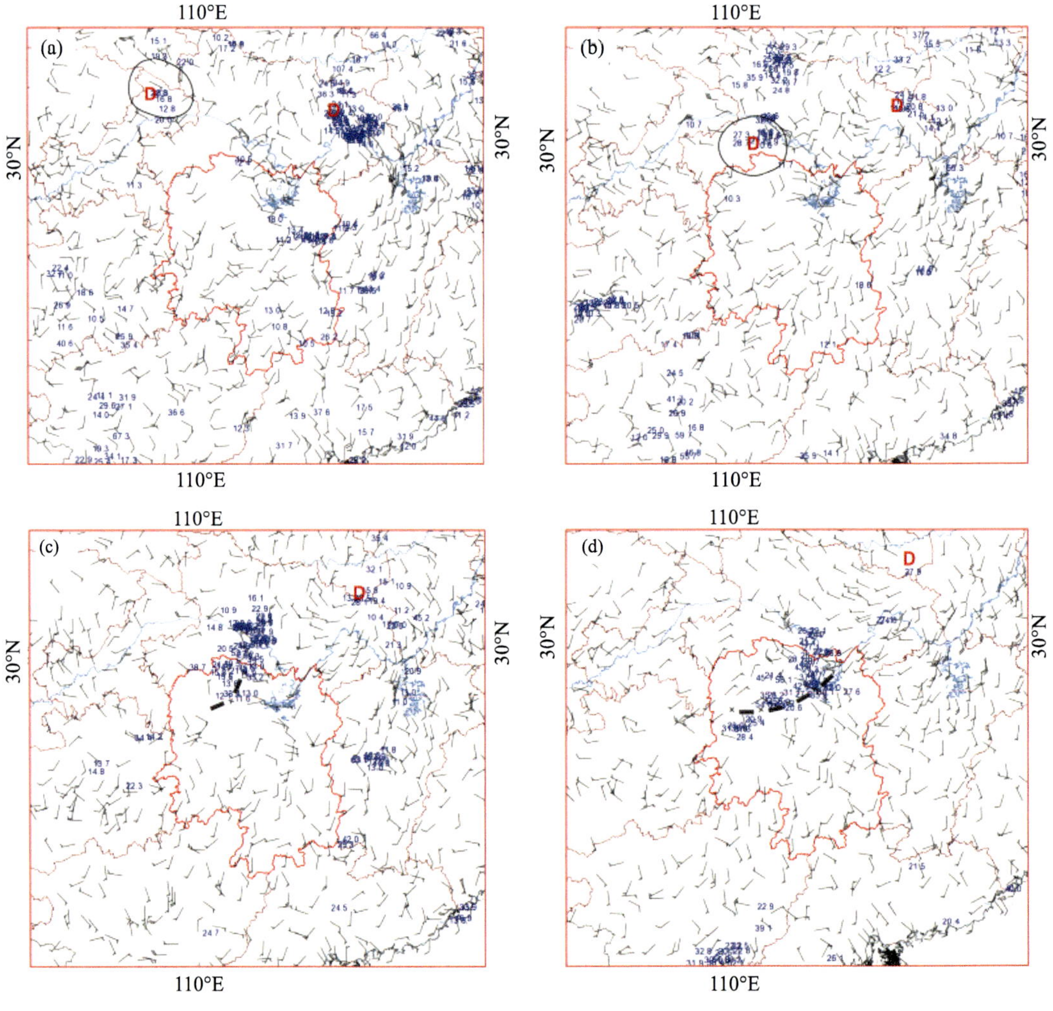

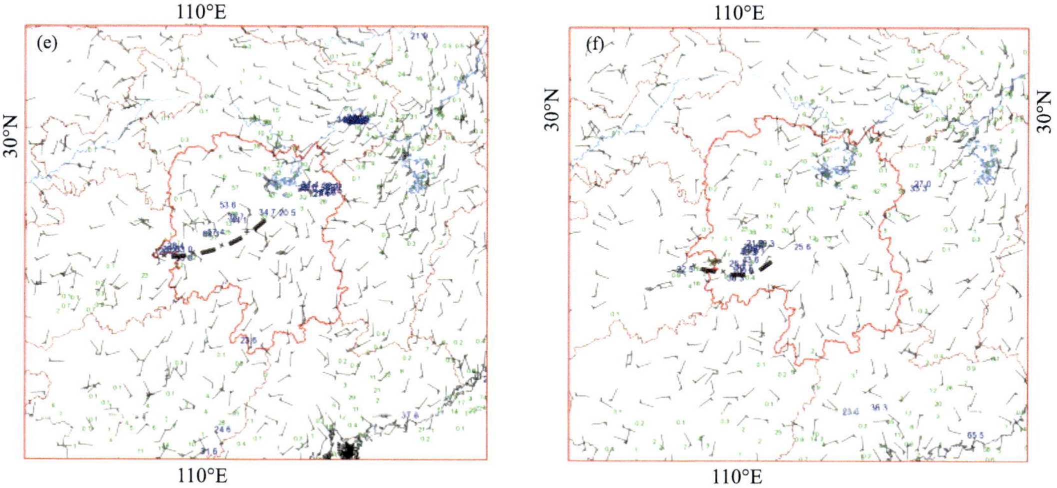

图 2.103 2022 年 7 月地面风场分布及未来 3 h 降水量(单位:mm)
(a)5 日 14 时;(b)5 日 17 时;(c)5 日 20 时;(d)5 日 23 时;(e)6 日 02 时;(f)6 日 05 时

从 3 h 变压与强对流实况对应(图 2.104)来看,20 时开始出现 3 h 正变压,21 时湘西北变压大于 3.0 hPa,实况 22 时常德、张家界出现雷暴大风和短时强降水,有 1~2 h 提前量。

从雷达拼图演变(图 2.105)来看,本次过程的回波是原地生成,并与重庆移入的回波合并加强的一次过程。在 7 月 5 日 16—19 时,上游贵州东北部、重庆东部有回波发展并缓慢向东移动(回波 1)。20 时在张家界东部原地生成的回波(回波 2)不断发展,其北部与回波 1 的南端结合加强,西南侧与贵州东部的回波逐渐连接加强,最终形成东北—西南向线状回波向东略向南移动影响湘西、湘北地区,最大回波强度超过 50 dBZ,移速较快,因此预计线状回波将造成短时强降水和雷暴大风天气。6 日 06 时开始线状回波减弱消散,降雨过程结束。

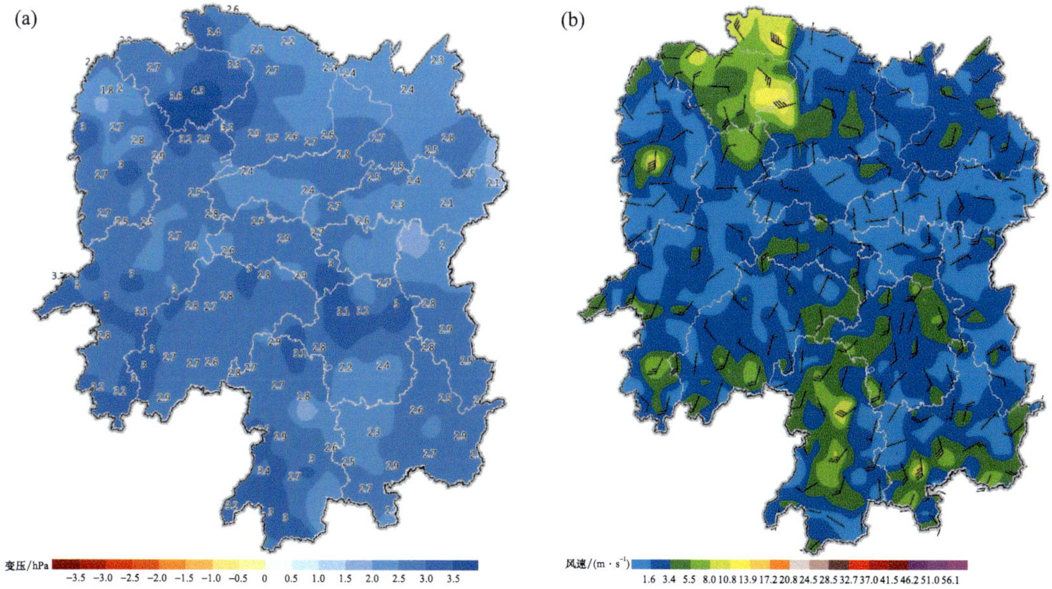

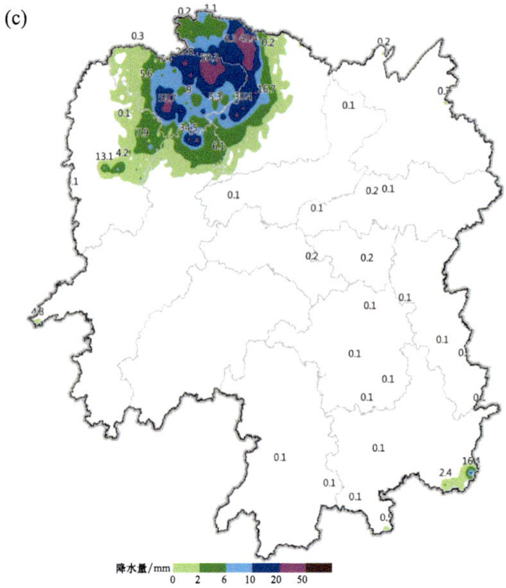

图 2.104　2022 年 7 月 5 日 21 时地面 3 h 变压(a)、22 时极大风实况(b)、22—23 时 1 h 降水量实况(c)

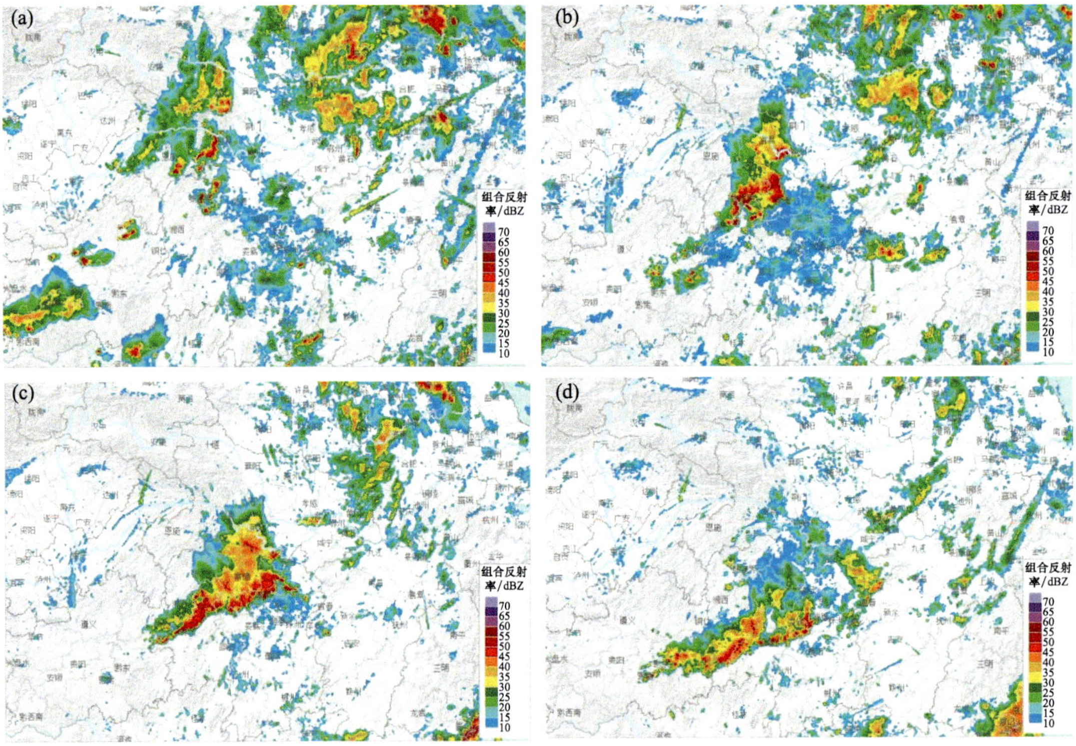

图 2.105　2022 年 7 月雷达拼图演变

(a)5 日 20 时;(b)5 日 23 时;(c)6 日 02 时;(d)6 日 06 时

单站雷达监测预警。23 时 25 分常德组合反射率(图 2.106a)显示，最强回波超过 55 dBZ 的层积混合降水回波向东南方向移动，23 时 01 分常德 1.5°仰角径向速度图(图 2.106b)显示石门附近 1.7 km 左右高度最大风速超过 27 $m \cdot s^{-1}$，出现了速度模糊。6 日 01 时 32 分张家界组合反射率图(图 2.106c)可以看出线状多单体风暴的特征。线状回波、低层径向速度大值区、速度模糊均预示雷暴大风出现。

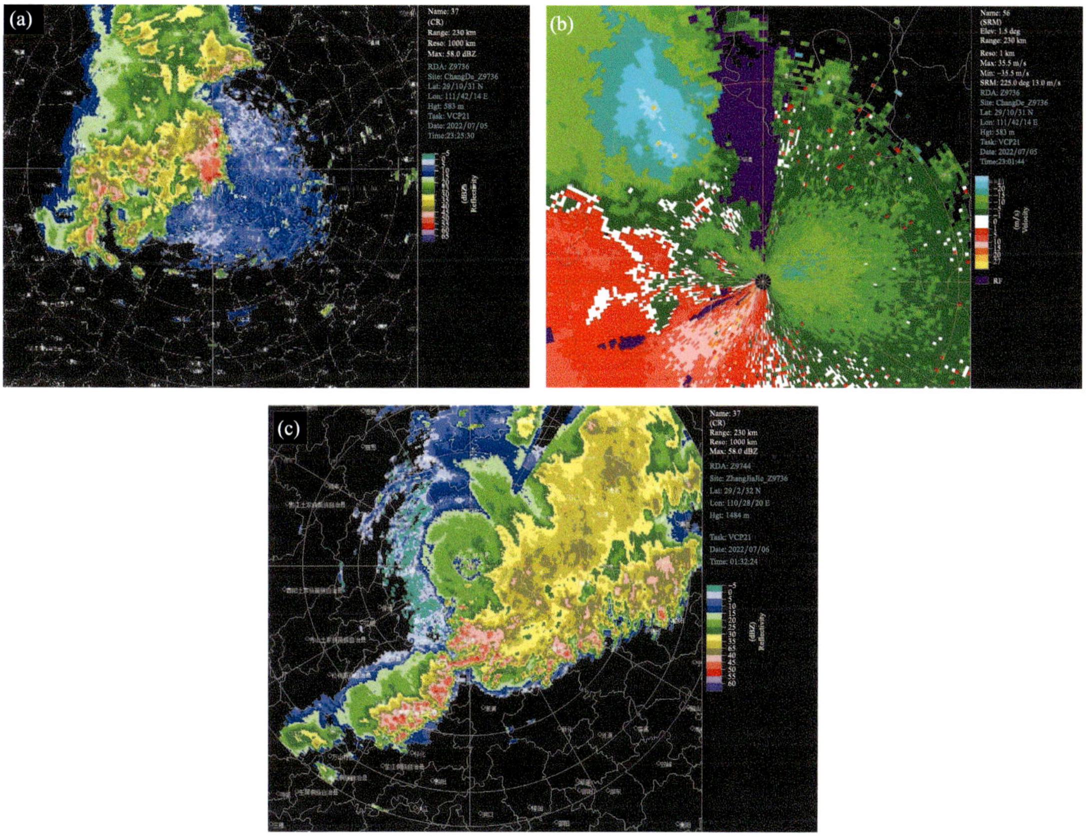

图 2.106　2022 年 7 月 5 日常德雷达 23 时 25 分组合反射率(a)、23 时 01 分 1.5°仰角径向速度(b)和张家界雷达 6 日 01 时 32 分组合反射率(c)

(4)预报难点

冷平流强迫类天气形势往往容易漏报，它易造成冰雹、雷暴大风天气，此次对湘西、湘北强降水及雷暴大风漏报，如何避免漏报此类天气？

① 各家模式的降雨落区和量级分歧很大，对预报员无疑是很大考验，中尺度模式的雷达反射率因子、1 h 降水量对 5 日夜间湘西、湘北降水回波有所体现，在中尺度预报强降水时，预报员应从天气形势及物理量潜势预报等分析偏差原因，在模式预报的基础上做偏差订正，并根据天气实况及时调整。

② 这次过程发生前是热带系统造成的降水，因此前期水汽基础条件好，加上台风与西风槽结合后，槽后的强干冷平流叠加于低层低压系统之上，在地面辐合线触发下产生强对流天气，属于冷平流强迫类。预报员应对此类天气进行复盘总结，掌握该类天气的天气形势和热动力条件，提高此类天气预报能力。

(5)预报着眼点

① 在副热带流型经向度较大时,热带气旋北上,合并于西风槽中,或者中、低纬系统叠加在一起(如高层西风槽与低层东风波叠加),增强热力不稳定层结,850 hPa、925 hPa 受冷式切变线和地面辐合线影响,出现强对流天气。

② 关注探空曲线变化,20 时探空对流层中层出现明显干层,850 hPa 与 500 hPa 的温差明显加大,“上干冷下暖湿”层结建立。湘西不稳定能量更好,热力不稳定潜势更明显,因此不能忽视西部地区热力不稳定造成的强对流天气。

③ 冷平流强迫类强对流天气往往首先在低层辐合系统附近发展起来,沿高空西北或偏北气流向东南移动。

④ 强对流天气预报,关注 3 h 变压指标。西风带系统出现 3 h 正变压,数值高于3.0 hPa 区域,未来 1~2 h 容易出现雷暴大风和短时强降水。

⑤ 低层径向速度大值区、线状多单体风暴特征预示雷暴大风,可发布雷暴大风预警。

2.2.7 准正压类强对流天气

准正压类强对流天气发生在大气斜压性弱,6—9 月副高边缘地区。其造成强对流天气常见 3 种天气形势配置,分别为副高边缘类、东风波西移和热带气旋外围。主要影响系统有西风带短波槽、东风波、台风及台风倒槽、季风槽、地面辐合线。湖南常出现的强对流天气以雷暴大风、短时强降水为主。

(1)副高边缘类

天气形势如下(图 2.107):高空 200~300 hPa 湖南省处于辐散式分流区;副高脊线位于 26 °N 附近,湘北地区处于副高边缘;重庆地区有低压槽东移,温度槽移入副高边缘的低层暖

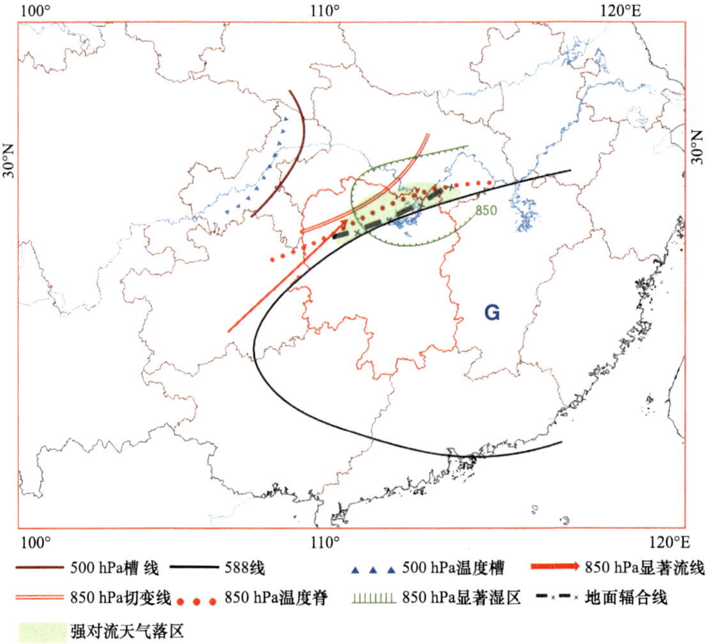

图 2.107 副高边缘类强对流概念模型

脊上方，有利于对流不稳定建立；700/850 hPa 存在干线，并且 925—850 hPa 暖脊，存在对流不稳定层结；由于夏季地面气温高，热力不稳定条件好，在地面辐合线触发下出现强对流天气。

(2)东风波西移或热带气旋外围

天气形势如下(图 2.108)：500 hPa 有弱冷槽位于高度场槽前，冷温度槽常常低于－4 ℃；850 hPa 及以下东南急流输送水汽，建立湿舌，$T_{850-500}$ 往往达到 25 ℃以上，利于建立对流不稳定；850 hPa 切变线及台风倒槽两侧风向风速辐合，是对流发展动力条件；地面辐合线为对流发展的触发条件。

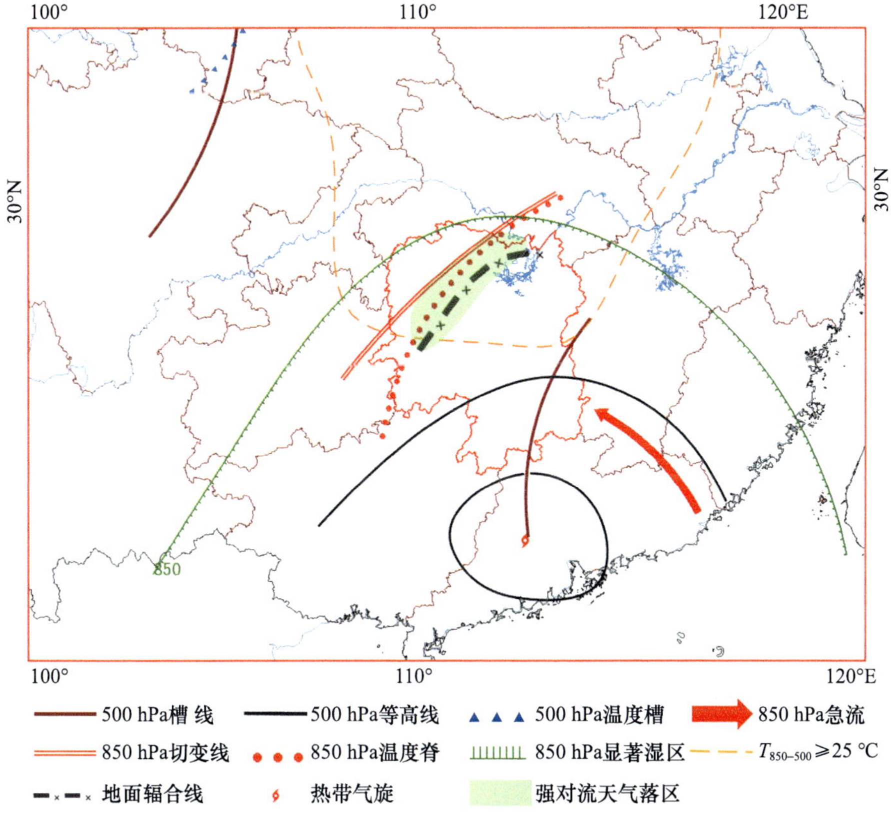

图 2.108　东风波西移或热带气旋外围类强对流概念模型

2.2.7.1　2022 年 7 月 2 日强对流天气过程

(1)过程概况

2022 年 7 月 2 日 15 时热带气旋“暹芭”以台风强度在广东电白沿海登陆，并向北偏西方向移动，强度减弱，2 日 14—18 时湘西、湘北距台风中心 750 km，受台前飑线影响出现雷暴大风和短时强降水。2 日(图 2.109)，湘西、湘北出现 191 站短时强降水，最大小时雨强为常德市临澧县太浮镇高公站 90.4 mm(2 日 14—15 时)，湘西、湘北出现 23 站次雷暴大风，最大风速为安化县安化站 24.4 m·s^{-1}(2 日 16 时 42 分)。天气形势与图 2.108 一致。

(2)短期预报分析

强对流天气形势配置分析：7 月 1 日 20 时 ECMWF 模式预报的 7 月 2 日 14 时 500 hPa、

850 hPa 风场(图 2.110),“暹芭”台风在副高南侧东南气流引导下,缓慢稳定向西略偏北方向移动,同时低纬度地区热带季风扰动异常活跃,“暹芭”台风南侧与西南暖湿气流相连,水汽和不稳定能量不断输入,其北侧的外围螺旋云系将影响湘南与湘北的局部地区。

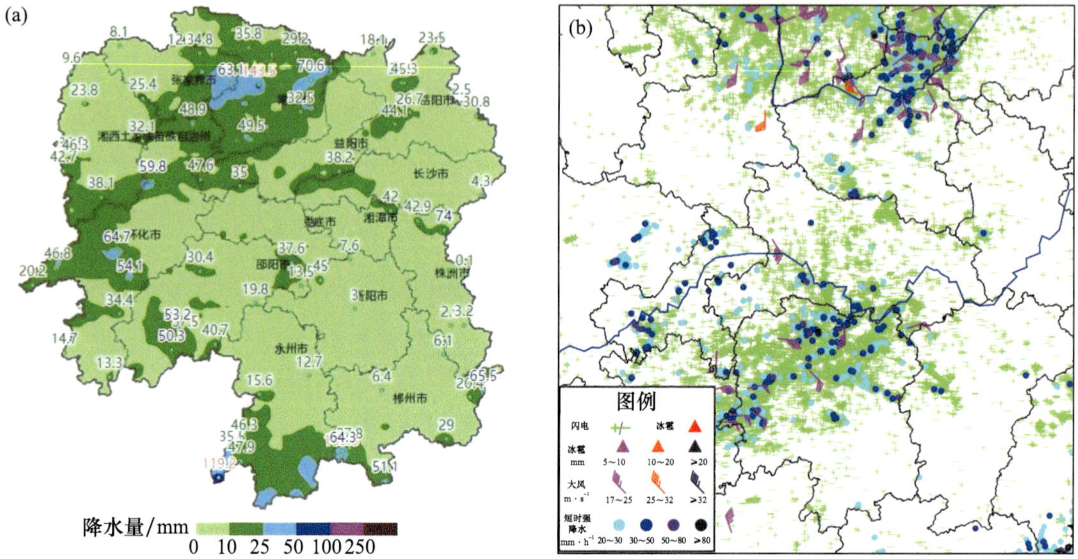

图 2.109　2022 年 7 月 2 日 08 时—3 日 08 时降水量实况(a)和强对流实况(b)

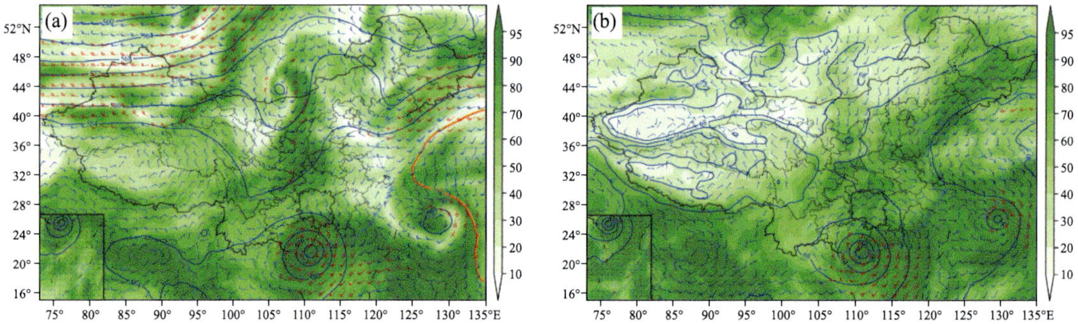

图 2.110　ECMWF 模式 2022 年 7 月 1 日 20 时起报的 7 月 2 日 14 时形势图

(a)500 hPa;(b)925 hPa

基于物理量的强对流分类分析(图 2.111):湘北水汽和热力条件好,动力条件较差,湘南水汽和动力条件较好。湘中、湘北 CAPE 在 1500～2500 J·kg^{-1},K 指数 36 ℃,整层可降水量 60～70 mm,850 hPa 比湿 14 g·kg^{-1}左右,$T_{850-500}$最大在湘北地区为 24～26 ℃,热力和水汽条件好,700 hPa 垂直速度较小,约为－1 hPa·s^{-1},0～3 km 垂直风切变大值区位于湘南。

常德模式探空显示湿球零度层高度为 4.77 km,零度层高度为 5.21 km,零度层高度偏高;抬升条件强,最优抬升指数 BLI 为－4.3;0～3 km、0～6 km 垂直风切变分别为 7.2 m·s^{-1},1.3 m·s^{-1},垂直风切变较弱。

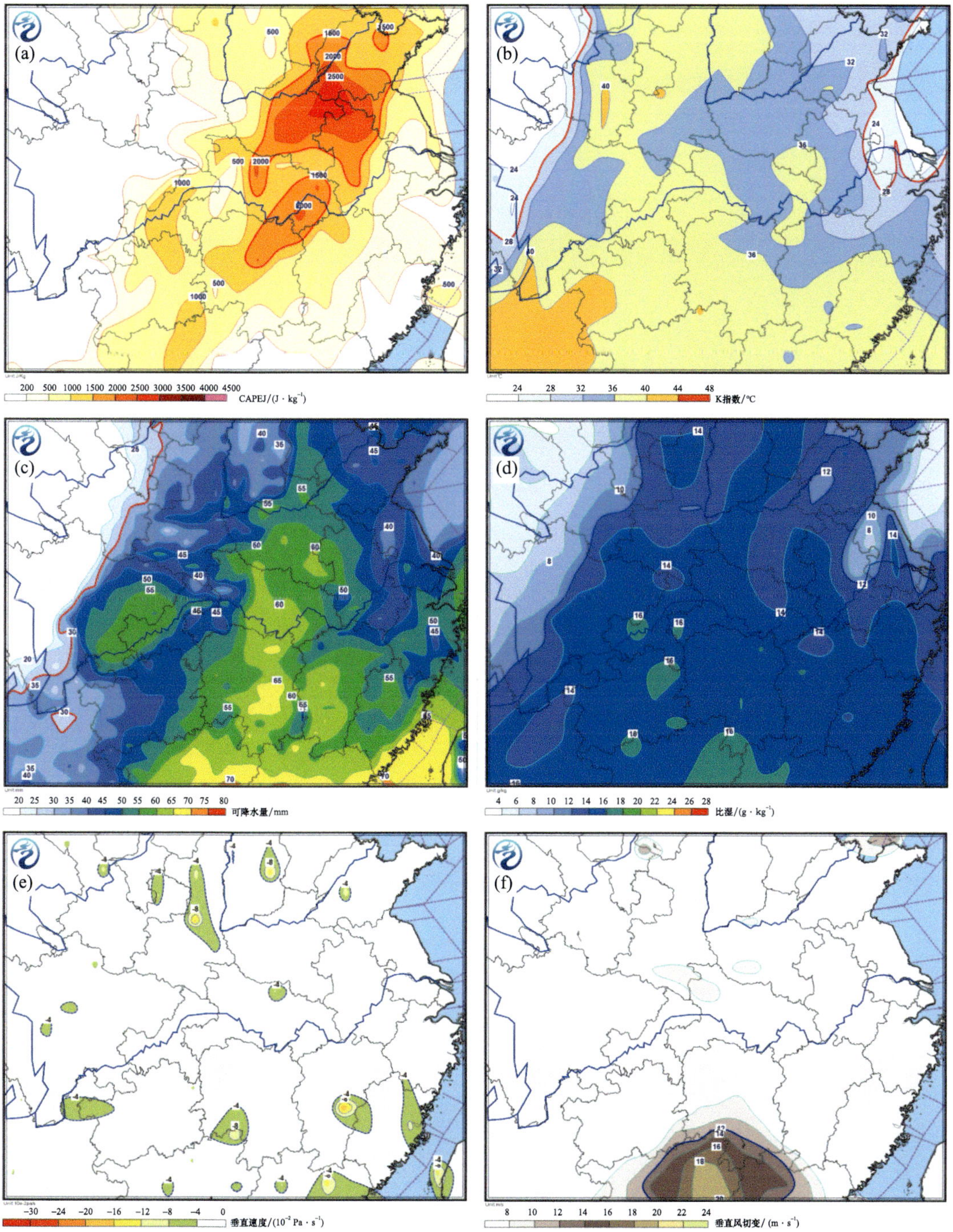

图 2.111　ECMWF 模式 2022 年 7 月 1 日 20 时起报的 7 月 2 日 14 时 CAPE(a)、K 指数(b)、整层可降水量(c)、850 hPa 比湿(d)、700 hPa 垂直速度(e)、0～3 km 垂直风切变(f)

7 月 1 日 20 时起报 7 月 2 日(图 2.112)强降水落区在两广地区，与台风中心主雨带降水较吻合，湖南省南部受台风外围螺旋雨带影响，将出现中到大雨，只有 CMA-SH9 模式预报湘西北局地暴雨。对 CMA-SH9 模式的稳定性进行分析，6 月 30 日 08 时、6 月 30 日 20 时、7 月

1 日 08 时、7 月 1 日 20 时 4 个时次起报 2 日 08 时—3 日 08 时 24 h 降水，全省小到中雨，只有最新时刻 7 月 1 日 20 时起报 2 日湘西北地区有暴雨，CMA-SH9 模式预报不稳定。因此考虑 2 日湘南将出现中到大雨。

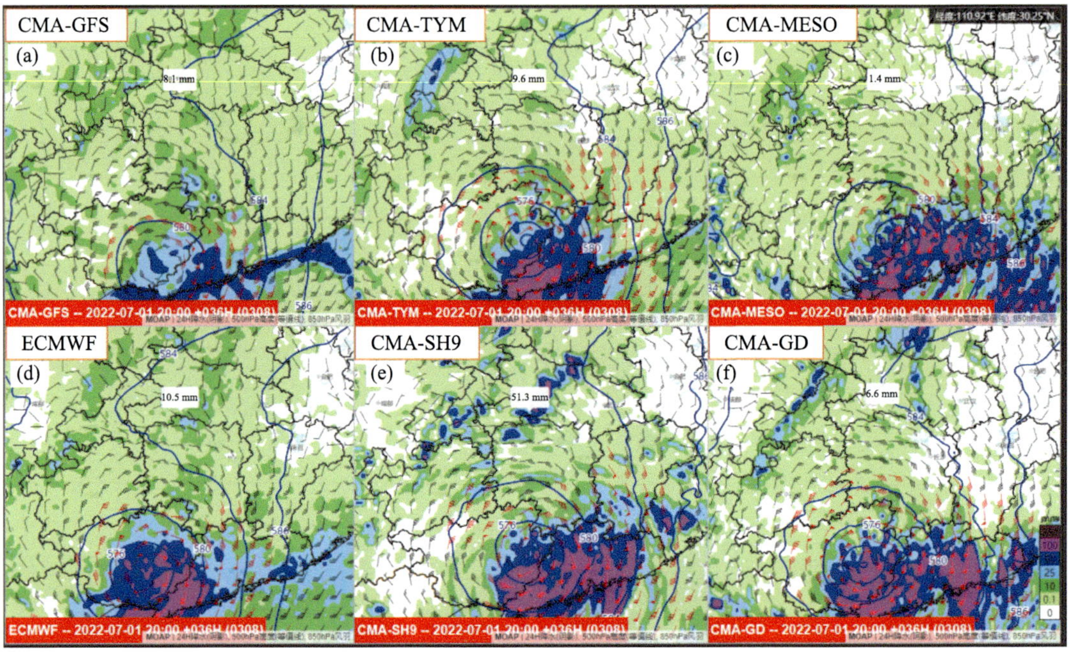

图 2.112　2022 年 7 月 1 日 20 时起报的 2 日 08 时—3 日 08 时 24 h 降水量(单位:mm)

(a)CMA-GFS;(b)CMA-TYM;(c)CMA-MESO;(d)ECMWF;(e)CMA-SH9;(f)CMA-GD

中尺度模式雷达组合反射率产品(图 2.113)显示，CMA-SH9 模式 7 月 1 日 20 时起报，7 月 2 日 17 时，湘中地区局地出现热对流，最大反射率因子超过 45 dBZ。中尺度模式 CMA-MESO、CMA-GD 1 h 降水预报没有预报出现短时强降水，CMA-SH9 模式 1 h 降水预报 17 时

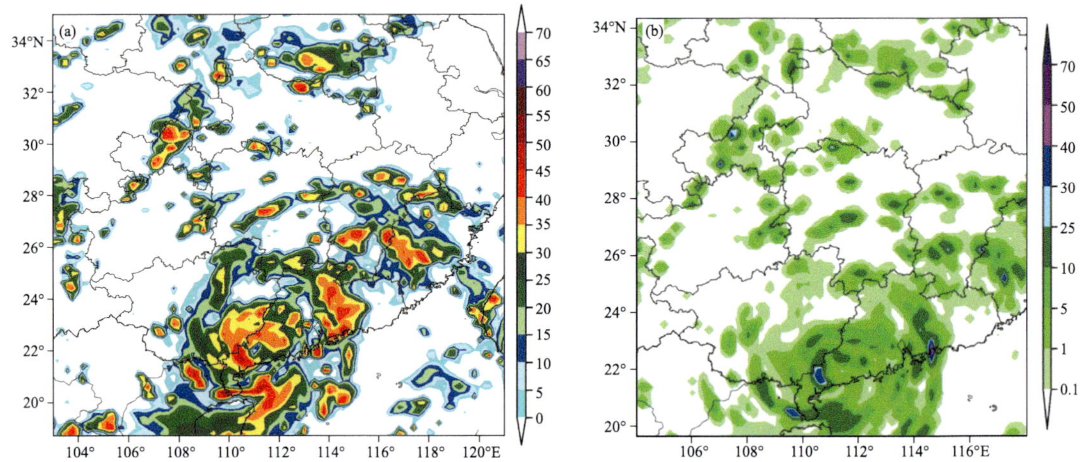

图 2.113　CMA-SH9 模式 2022 年 7 月 1 日 20 时起报的 2 日 17 时

雷达组合反射率因子(单位:dBZ)(a)和 1 h 降水预报(单位:mm)(b)

预报湘中局部小时降水量 10～25 mm。中尺度模式 CMA-MESO 地面 10 米极大风速逐 3 h 预报来看，从 2 日 08—20 时，湖南风速略增大，从 2 m · s^{-1}增加至 6～8 m · s^{-1}。因此 2 日可能出现单点热对流，不考虑大范围强对流天气。

预报结论：2 日“暹芭”台风将于下午在广东电白附近登陆，受其外围云系影响，湖南省内有阵雨或雷阵雨天气（图 2.114），其中湘南局地有暴雨，以短时强降水为主（20～50 mm），局地伴有 8～9 级雷暴大风，但出现冰雹天气概率较小。

预报偏差：本次过程主观预报湘南大到暴雨、湘北局地中到大雨；模式预报湘南大到暴雨；二者都对湘西、湘北短时强降水和雷暴大风漏报，因此本次过程为一次失败的案例。

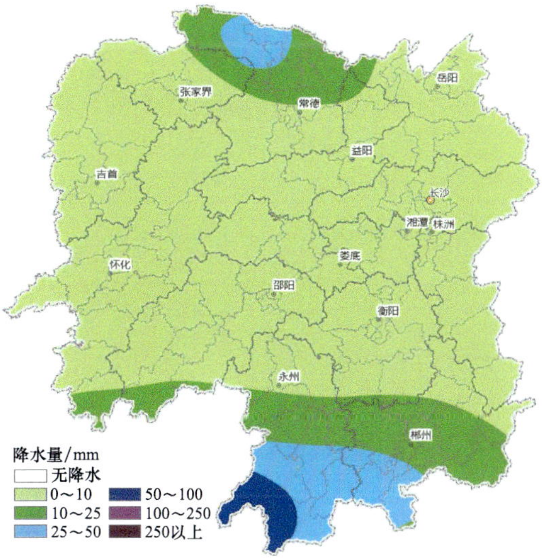

图 2.114　2022 年 7 月 2 日 08 时—7 月 3 日 08 时湖南省气象台降水量指导预报

(3)临近预警思路

7 月 2 日 13—15 时（图 2.115）湘西、湘北出现负变压，15 时湘西地区负变压低于－3 hPa。在东风带系统影响下，出现负变压大值区，有利出现短时强降水和雷暴大风天气。

风场资料（图 2.116）显示 2 日 17 时湖南处于台风外围的强辐合区域内，且 925 hPa 湘北地区存在切变线，易触发午后对流天气。

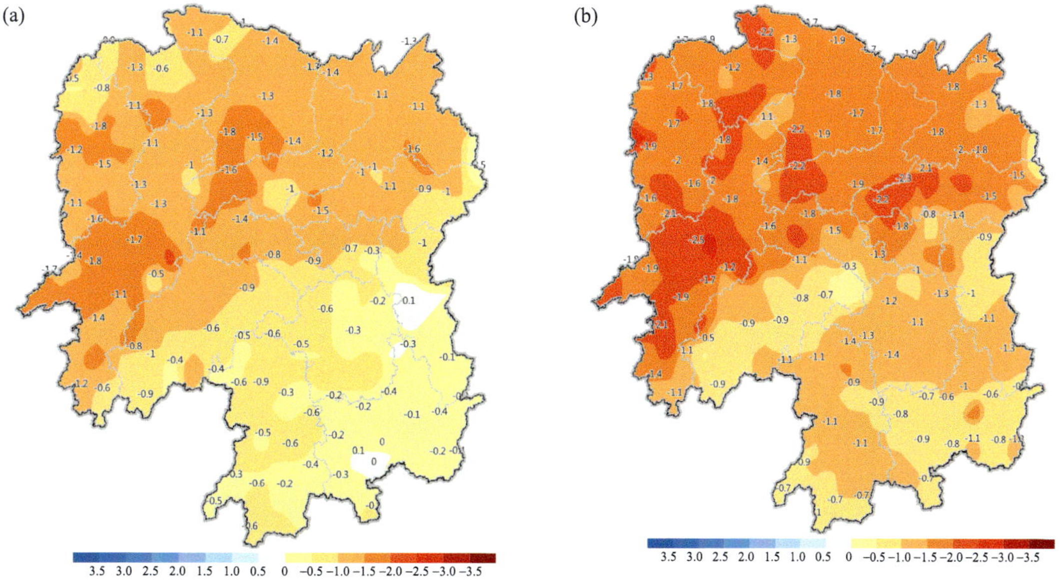

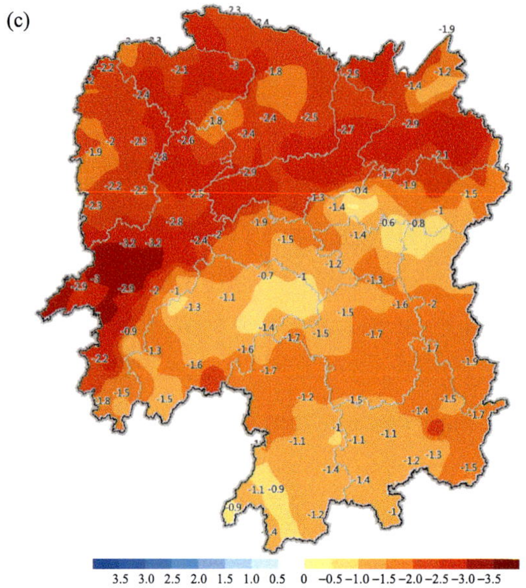

图 2.115 2022 年 7 月 2 日 13 时(a)、14 时(b)、15 时(c)地面 3 h 变压(单位:hPa)

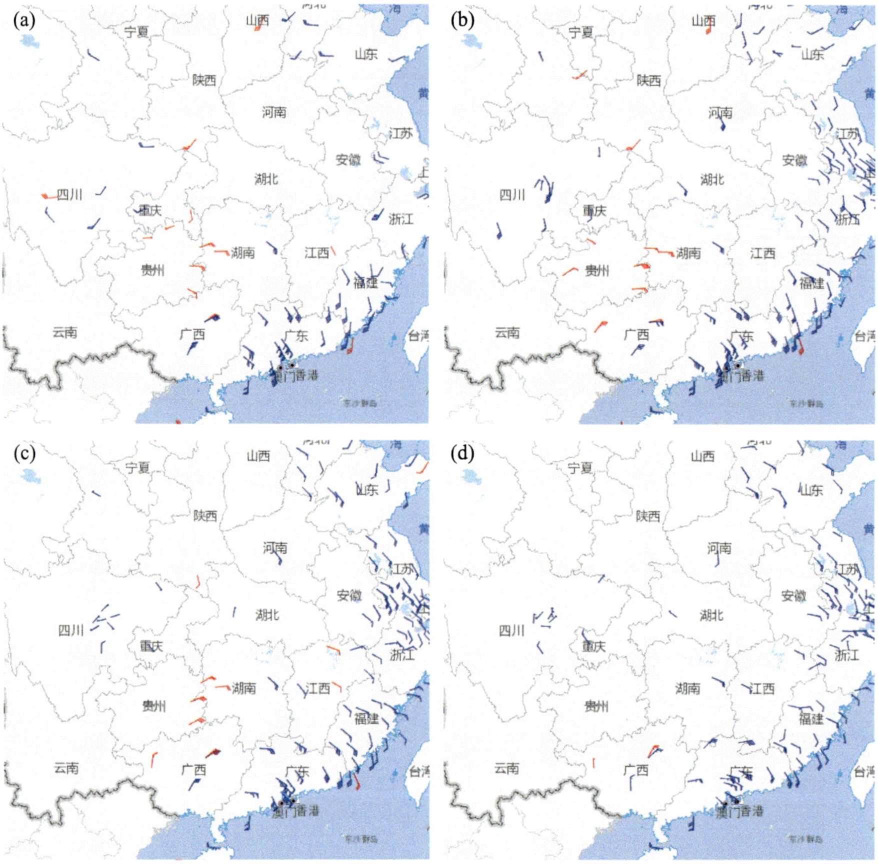

图 2.116 7 月 2 日 17 时 500 hPa(a)、700 hPa(b)、850 hPa(c)、925 hPa(d)雷达反演风场资料

雷达资料监测预警。雷达拼图演变(图 2.117)显示，从 7 月 2 日 13 时开始，湘中、湘北地区不断有小的孤立回波单体形成。14 时，湘中回波发展加强，中心强度超过 55 dBZ，形成线状对流影响湘潭、株洲等地，并不断向西北方向发展移动。16—17 时，线状对流回波组织化加强合并，形成东北—西南走向带状回波。17—18 时，多单体组成的带状台前飑线呈东北—西南走向，向西北移动，影响益阳、常德、怀化等地，造成湘西、湘北出现雷暴大风和短时强降水天气。

东北—西南向飑线，0.5°仰角速度大值区(>21 $m \cdot s^{-1}$，高度 1.6 km)等特征预示雷暴大风，可考虑发布雷暴大风预警。组合反射率因子为 35～55 dBZ；对应偏振量微差反射率因子(ZDR)为 1.0～3.5 dB；比微差相移(KDP)1.0～3.1 $deg \cdot km^{-1}$(强回波区有较高浓度雨滴)，径向速度辐合明显，对流单体移动缓慢等特征预示短时强降水，注意及时升级暴雨预警信号。

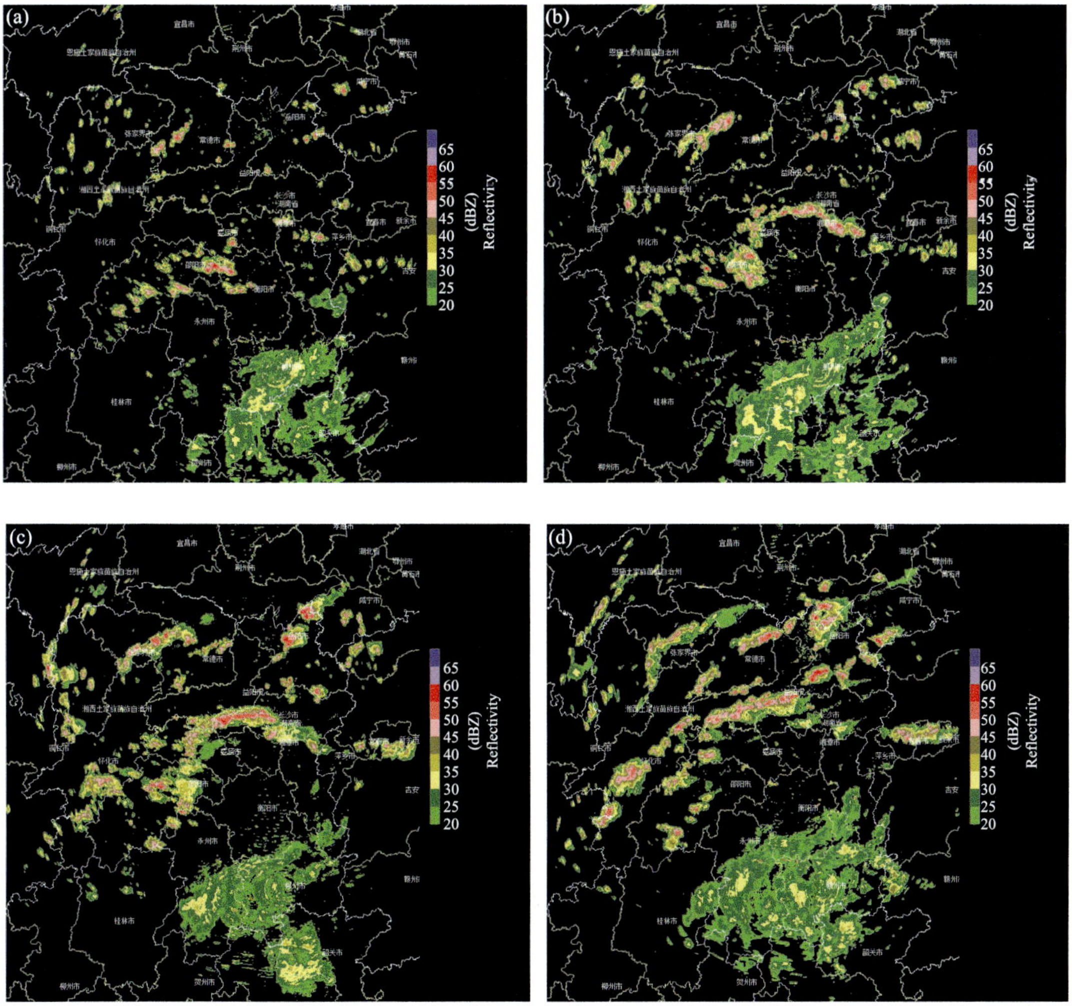

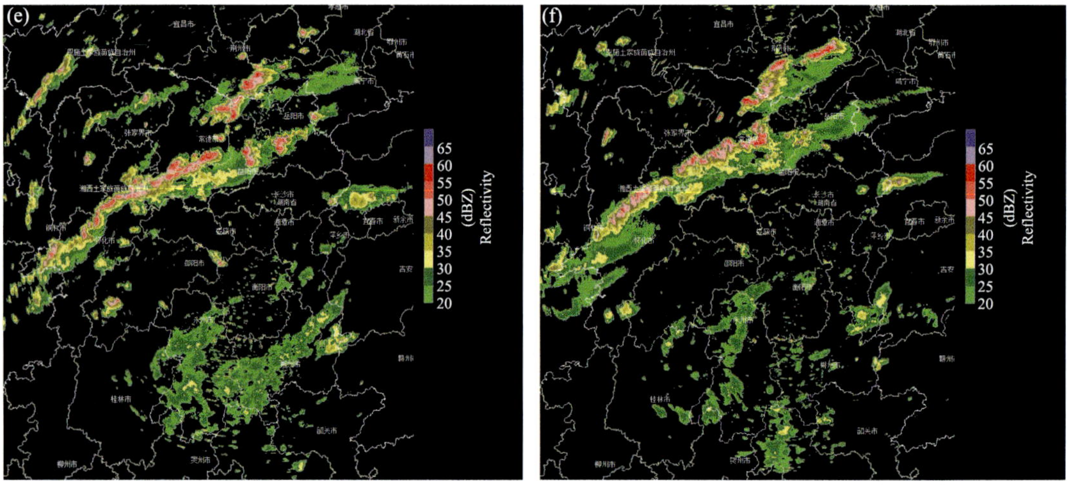

图 2.117　湖南省 2022 年 7 月 2 日雷达反射率拼图产品(≥20 dBZ)

(a)13 时;(b)14 时;(c)15 时;(d)16 时;(e)17 时;(f)18 时

怀化雷达预警芷江短时强降水与雷暴大风。15 时 33 分，怀化雷达组合反射率因子图(图 2.118a)显示深厚湿对流单体开始影响芷江东部地区，最大反射率因子超过 55 dBZ，0.5°仰角速度图(图 2.118b)上对应区域辐合明显，0.5°仰角 ZDR(图 2.118c)显示，ZDR 最大值达 5 dB，0.5°仰角 KDP(图 2.118d)最大值达 1.9 deg · km^{-1}。在芷江上游有明显较强的回波单体在活动，按外推角度考虑，上游回波影响芷江可能性大，可以考虑发布芷江暴雨黄色预警。至 16 时 40 分(图 2.119a)，经过 7 个体扫，回波单体不断合并，整体呈东北西南走向，最大反射率因子依然超过 55 dBZ，不断影响芷江，此时可以考虑升级芷江暴雨橙色预警。影响芷江的由多单体组成的东北西南向台前飑线明显，0.5°仰角速度图上(图 2.119b)出现低层速度大值区，最大速度超过 17.5 m · s^{-1}，离地高度 1.2 km，可以考虑发布雷暴大风预警。

(4)预报难点

① 各家模式均预报湘南地区强降水，只有 CMA-SH9 模式临近时刻预报湘北强降水，因此无法准确把握短时强降水落区，在综合判断上，容易漏报湘北短时强降水。

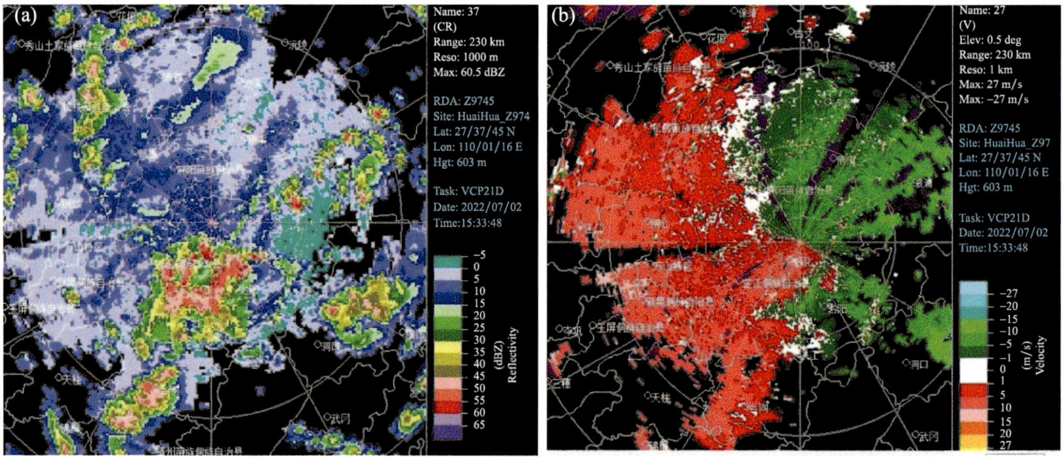

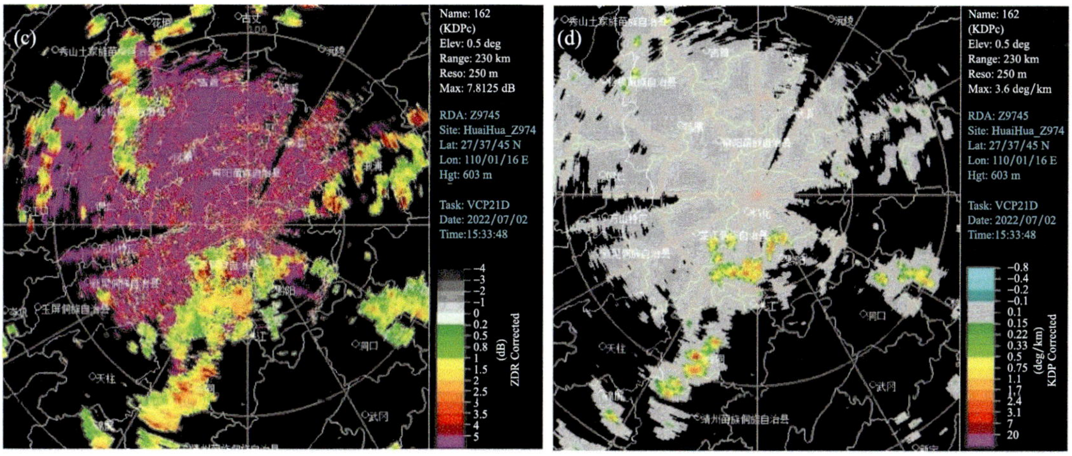

图 2.118　2022 年 7 月 2 日 15 时 33 分怀化雷达拼图产品

(a)组合反射率因子;(b)0.5°仰角径向速度;(c)0.5°仰角 ZDR;(d)0.5°仰角 KDP

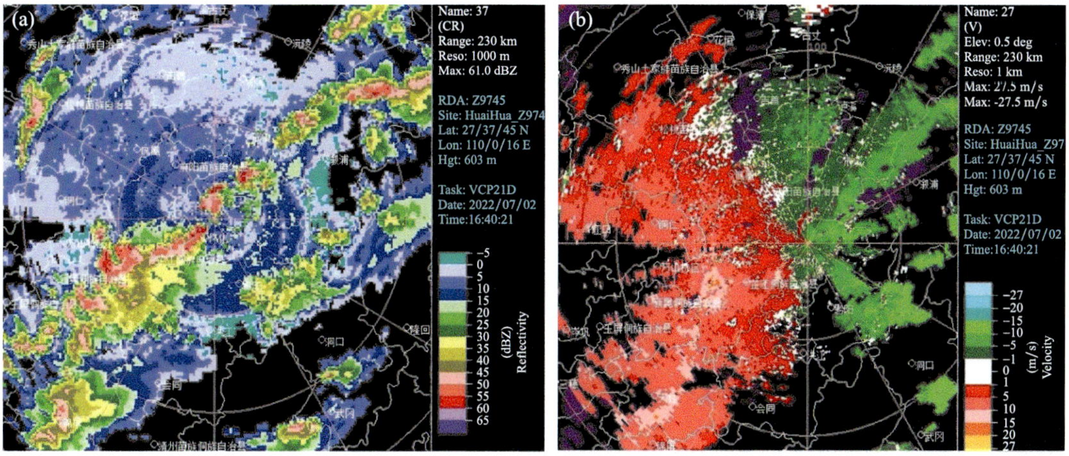

图 2.119　2022 年 7 月 2 日 16 时 40 分怀化雷达拼图产品

(a)组合反射率因子;(b)0.5°仰角经向速度

② 从物理量潜势角度,午后高能高湿,大气不稳定能量、水汽条件较好,但垂直风切变及 700 hPa 垂直速度较差,不利于出现大范围雷暴大风。CMA-MESO 模式预报 10 米风场风速增大,但在湘中地区风速不超过 8 $m \cdot s^{-1}$,出现雷暴大风迹象表征较弱。即使考虑受台风外围螺旋雨带触发台前飑线,但雷暴大风影响区域难以把握。

(5)预报着眼点

① 湖南省处在一个高温高湿、大气层结不稳定的环境背景下,如有从南海生成登陆的台风,受东风扰动倒槽和地面辐合线影响容易触发台前飑线。从雨强来看,台前飑线造成的对流性降水雨强非常大,但持续时间不长。

② 在潜势和短临预报时,可以参考中尺度模式的雷达反射率因子预报。这次过程 CMA-SH9 模式雷达反射率预报有强回波,1 h 降水预报有短时强降水,模式的 10 米风场在影响系统附近风速有明显加大时,要考虑雷暴大风的出现。

③ 潜势预报方面，应注意午后，台风外围台前飑线，产生短时强降水和雷暴大风强对流天气，由于热带系统为正压结构，垂直风切变较小，可参考最优抬升指数和螺旋度等物理量。

④ 东风带系统中可关注地面 3 h 负变压，变压强度越大，强度越强。当出现 3 h 负变压，数值低于－2 hPa 区域，未来 1～2 h 容易出现雷暴大风。当出现 3 h 负变压，数值低于－1 hPa 区域，未来 1 h 容易出现短时强降水，且负变压越大，强降水越强。变压范围在－2～－1 hPa，对应 20～30 mm；－3～－2 hPa，对应 30～50 mm；低于－3 hPa，局地最大小时雨强可达 50～80 mm。

2.2.7.2 2019 年 8 月 21 日强对流天气过程

(1)过程概况

8 月 21 日 08 时—22 日 08 时(图 2.120a、b)，湘中偏东地区午后出现阵雨或雷阵雨，其中娄底、湘潭、岳阳局部地区中到大雨，局地暴雨，出现短时强降水，最大 1 h 降水量 37.2 mm(湘潭县中路铺水库 17—18 时)。冷水江、邵阳市、新邵、邵东、邵阳县、涟源、娄底、宁乡、湘乡、湘潭、桂东等地 11 站出现 8 级以上雷暴大风，最大风速为湘潭县中路铺水库 25.2 $m \cdot s^{-1}$(17 时 10 分)。14 时左右长沙市望城区桥驿镇、16—17 时左右湘潭县中路铺水库等地出现小冰雹，直径约为 7 mm。天气形势分析(图 2.120c)：8 月 21 日 08 时 500 hPa 副高脊线位于 30°N 以北，其西脊点已伸至我国西南内陆，江南地区处于副高南侧东风波系统中，并且受低压倒槽影响，湘东地区位于槽前的偏东北气流控制下，同时 500 hPa 温度冷槽位于高度槽以西，叠加在低层 850 hPa 温度暖脊之上，利于对流不稳定产生，给午后出现强对流天气提供潜势基础，同时在湘东至赣西一带低层有弱切变线；至 21 日 20 时副高在我国内陆进一步西伸，500 hPa低压倒槽西移至湘东地区，700 hPa 长江中下游有干线即露点锋存在，受偏东北气流影响，使得湘东地区在中层受干空气侵入，给该次过程中的以雷暴大风为主的混合强对流天气提供有利条件，强对流天气落区处于 500 hPa 倒槽以西，和槽前温度冷槽、850 hPa 切变有较好的位置对应关系，该次过程的系统配置符合东风波系统影响的准正压类强对流天气分型。

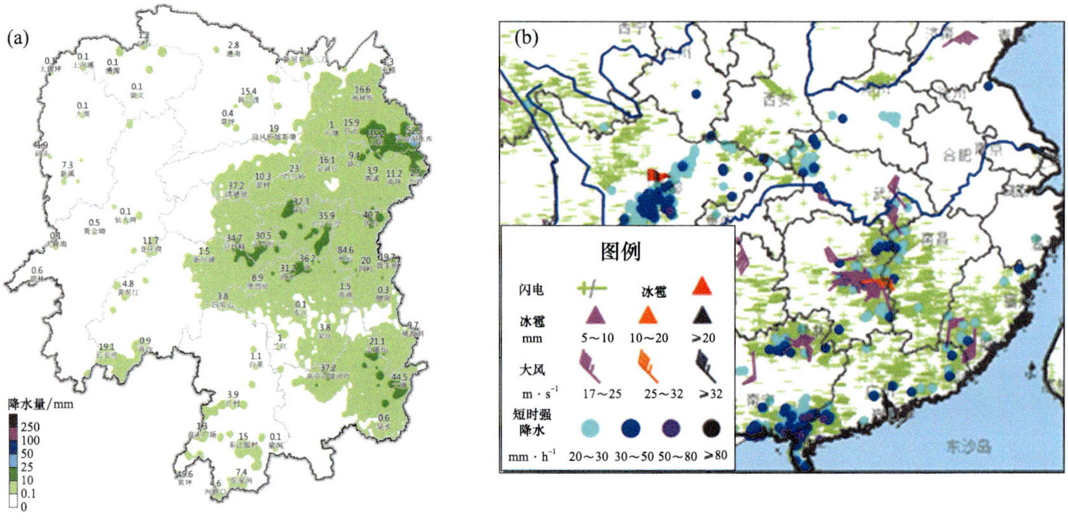

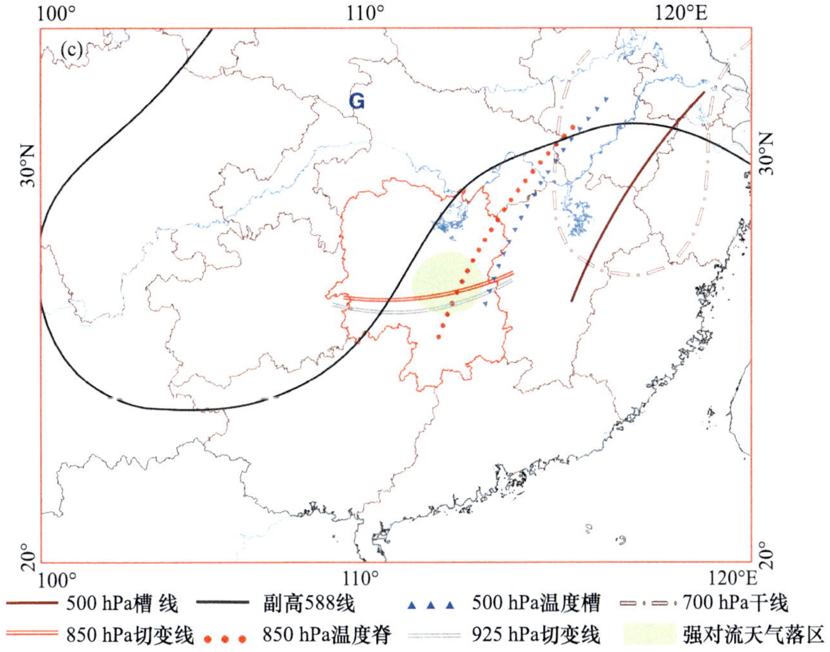

图 2.120　2019 年 8 月 21 日 08 时—22 日 08 时降水量实况(a)、强对流实况(b)、21 日 08 时天气系统配置图(c)

(2)短期预报分析

强对流天气形势配置分析：20 日 20 时 ECMWF 模式预报 21 日 14 时环流形势场(图 2.121)，500 hPa 上湖南省大部处于西太平洋副热带高压南侧，受偏东北气流影响，湘中偏南地区出现低值系统，并向西南方向移动，影响湘中、湘南地区，850 hPa 湘南有弱切变，风速小，2～4 $m \cdot s^{-1}$，相对湿度小于 60%，水汽条件偏差，考虑白天地面温度较高，热力条件较好，考虑午后局地雷阵雨。

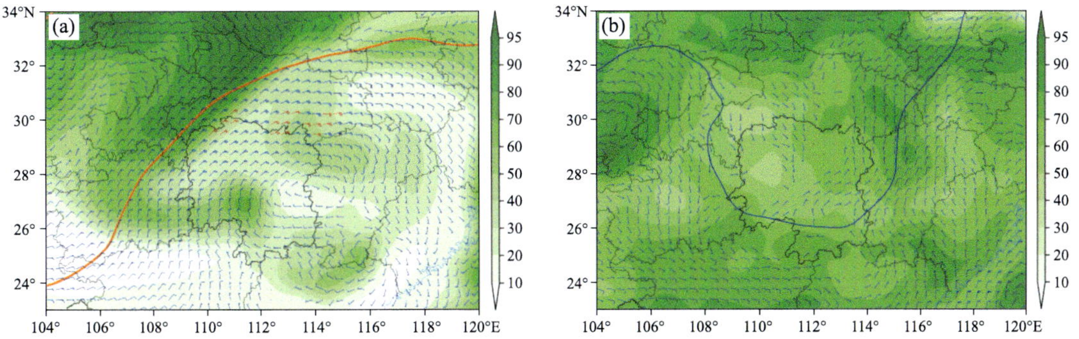

图 2.121　ECMWF 模式 2019 年 8 月 20 日 20 时预报 21 日 14 时 500 hPa 相对湿度(%)与风场高度场(a)、850 hPa 相对湿度(%)与风场高度场(b)

基于物理量的强对流分类分析：ECMWF 模式 20 日 20 时起报 21 日 11 时(图 2.122)不稳定指数表明，湘东地区大部 CAPE 在 500～1000 $J \cdot kg^{-1}$；500 hPa 温度场湘东出现－4 ℃冷中心，$T_{850-500}$ 湘东地区超过 26 ℃，具有不稳定层结，动力类 0～6 km 垂直风切变全省较小，低于

12 m·s^{-1}；水汽类物理量，850 hPa 比湿湘北、湘南地区在 12g·kg^{-1}以上，其他地区比湿偏小。

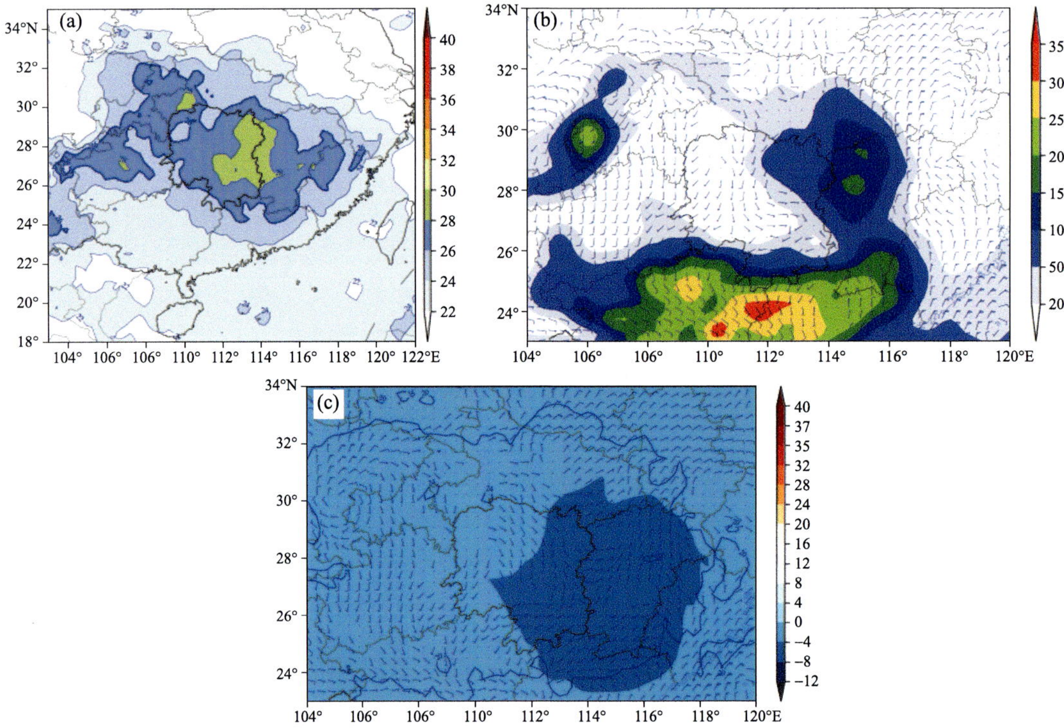

图 2.122　ECMWF 模式 2019 年 8 月 20 日 20 时预报 21 日 11 时 $T_{850-500}$（单位：℃）(a)，CAPE（单位：J·kg^{-1}）和 850 hPa 风场(b)，500 hPa 温度（阴影，单位：℃）、850 hPa 温度（等值线：单位：℃）和 925 hPa 风场(c)

综合考虑，水汽、热力条件较好，动力条件 0～6 km 垂直风切变较弱，处于副高南侧偏东气流里，符合正压类强对流天气概念模型，考虑夏季季节因素，地面温度较高，0 ℃层高度偏高，主要考虑午后雷阵雨。

从模式形势分析和降水落区预报（图 2.123）来看，8 月 20 日 20 时起报 21 日 08 时—22 日 08 时 24 h 降水量显示，ECMWF 预报湖南无有效降水，WRF 模式预报湘东地区有分散性弱降水，因此不考虑短时强降水。

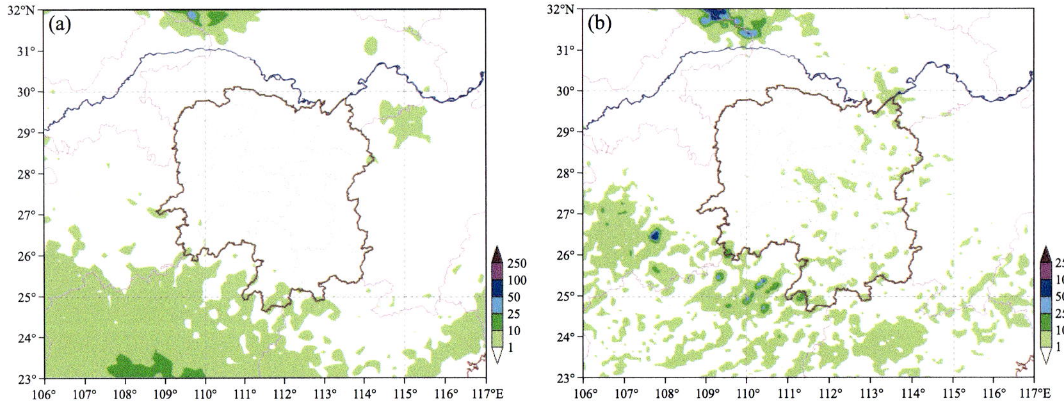

图 2.123　模式 2019 年 8 月 20 日 20 时起报 21 日 08 时—22 日 08 时 24 h 降水（单位：mm）

(a)ECMWF；(b)WRF

预报结论：此次过程结合物理量参数和模式降水预报，全省晴天间多云，湘南局地午后阵雨或雷阵雨。

预报偏差：湘中强对流天气漏报。

(3)临近预警思路

8 月 21 日 08 时，湘东一带已有地面辐合线，之后有所摆动但仍维持在该地区，位置与后期的强对流天气落区对应，地面中尺度辐合线在强对流天气发生前已存在，说明地面辐合线对对流风暴起到触发作用。

中低层中气旋、中层径向辐合、低层大风，对大风预警信号的发布起到有利作用，但较短的生命史，以及除高悬强回波外无其他对冰雹有显著指示意义的特征，对冰雹预警信号的发布增加了难度(王起唤 等，2021)。

从长沙多普勒雷达监测分析。16 时 39 分(图 2.124a)，午后热对流形成分散强单体风暴明显，4.3°仰角，湘潭存在超过 60 dBZ 的强回波中心，中心距离地面高度约为 8.4 km，而在 0.5°仰角上对应区域存在弱回波区，反射率因子 38.5 dBZ，1.5°仰角径向速度图上存在明显辐合区，表明存在明显高耸强回波，正处于发展阶段，同时参考 59 号产品冰雹指数较大，考虑季节因素，可以考虑发布小冰雹预警。

从 2.4°仰角基本径向速度图(图 2.124b)中可以看到在该单体中有一明显的中气旋生成，并维持了 3 个体扫时间，同时在速度剖面中可以看到，4～5 km 高度有中层径向辐合(MARC)的出现，利于风暴中产生强烈下沉气流，在 0.5°仰角的基本速度图中，可以看到该单体中在 1.8 km 高度有出现 24 m·s^{-1}的径向速度，可预报雷暴大风出现。

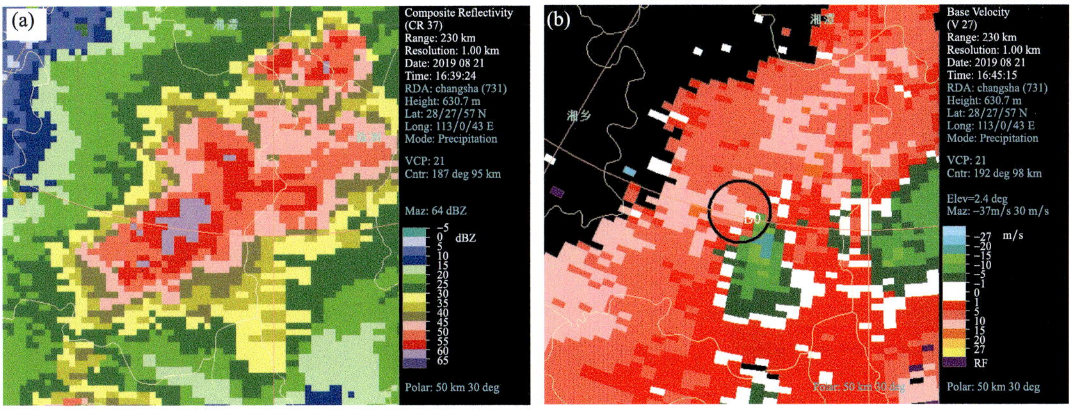

图 2.124　2019 年 8 月 21 日长沙雷达 16 时 39 分组合反射率(a)和 16 时 45 分 2.4°仰角径向速度(b)

(4)预报难点

① 夏季冰雹容易漏报。对于湘潭小冰雹是很难预报的，零度层高度偏高，加之考虑夏季地面温度较高，降落过程中融化。

② 短时强降水漏报。一般夏季水汽和热力条件较好，而动力条件不足，主要考虑局地热对流，而这次过程各家模式预报小雨，因此对短时强降水考虑不足。

(5)预报着眼点

① 准正压类副高南缘东风波西移型，强对流天气落区处于 500 hPa 冷低压、与 850 hPa 切变线、地面中尺度辐合线重叠处，预报员需关注 500 hPa 风场及温度场预报，密切关注前期的

辐合线位置，能给对流落区预报订正提供有效帮助。

② 从强对流潜势来说，正压类夏季水汽和热力条件较好，弱垂直风切变情况下仍可能出现强对流。重点关注中高层干冷空气侵入造成垂直不稳定层结增强，$T_{850\text{-}500}$ 超过 25 ℃有利出现强对流天气。500 hPa 温度冷槽位于高度槽以西，叠加在低层 850 hPa 温度暖脊之上，$T_{850\text{-}500}$ 达 26 ℃，极不稳定层结。另外 700 hPa 长江中下游有干线即露点锋存在，受偏东北气流影响，使得湘东地区中层受干空气侵入，给以雷暴大风为主的混合强对流天气提供有利条件。

2.2.7.3　2022 年 7 月 27 日强对流天气过程

(1)过程概况

27 日 08 时—28 日 08 时(图 2.125)，湘西、湘北阴天有小到中等阵雨或雷阵雨，部分大雨，其中湘西州、张家界、常德、怀化等地 7 个县市区 24 站出现了暴雨，麻阳县锦和镇出现大暴雨，107.6 mm，最大小时雨强为麻阳县文昌阁 49.2 mm(27 日 21—22 时)。湘西州、张家界、常德等地 13 站出现 8 级以上雷暴大风，最大为古丈县 27.6 $m \cdot s^{-1}$(10 级，16 时 03 分)。天气形势与图 2.107 一致。

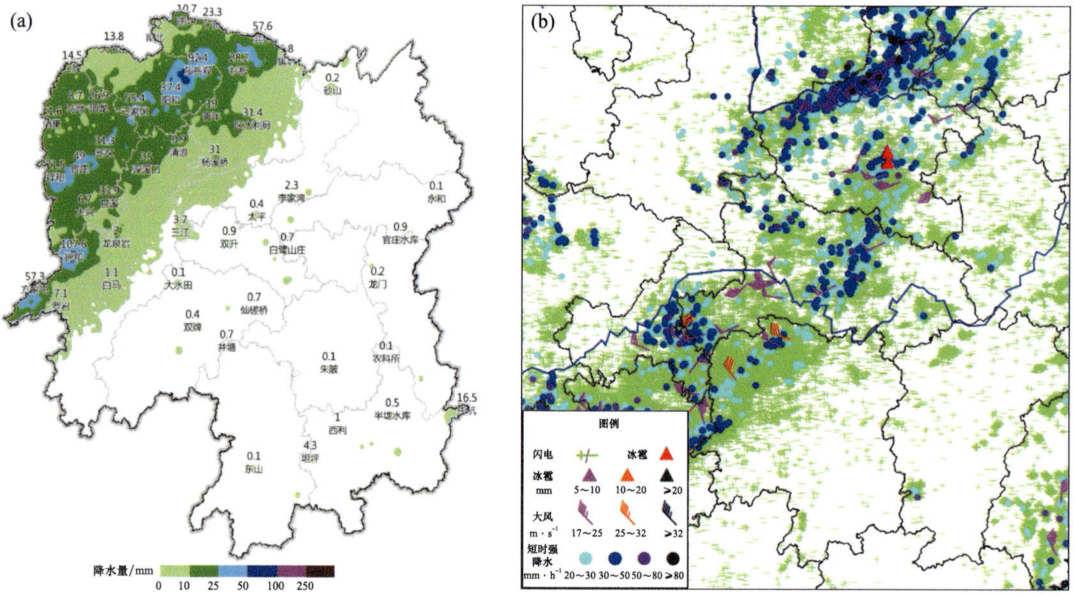

图 2.125　2022 年 7 月 27 日 08 时—28 日 08 时降水量实况(a)、强对流天气实况(b)

(2)短期预报分析

强对流天气形势配置分析：7 月 26 日 20 时 ECMWF 模式预报形势场 7 月 27 日 14 时湖南省受西太平洋副热带高压控制，17 时(图 2.126)中高纬高空槽东移，迫使副高东退，湘西北处于副高边缘；中低层西南暖湿气流风速为 10 $m \cdot s^{-1}$左右，未达到低空急流标准；925 hPa 湘西北有切变线。湘西北受副高边缘和切变线影响将出现降水。

基于物理量的强对流分类分析，CMA-GFS 模式 2022 年 7 月 26 日 20 时起报 27 日 17 时不稳定指数(图 2.127)表明，湘西北 CAPE 达 1500～2000 $J \cdot kg^{-1}$；K 指数超过 36 ℃，湘西北 $T_{850\text{-}500}$ 为 24～25 ℃；动力类 0～3 km 垂直风切变在 8 $m \cdot s^{-1}$ 以下，0～6 km 垂直风切变在 12 $m \cdot s^{-1}$，属于弱垂直风切变，湘西北最优抬升指数－8，动力不稳定增强；水汽类物理量，整层可降水量湘西北 45～60 mm，梯度明显；零度层高度全省在 4800 m 以上。

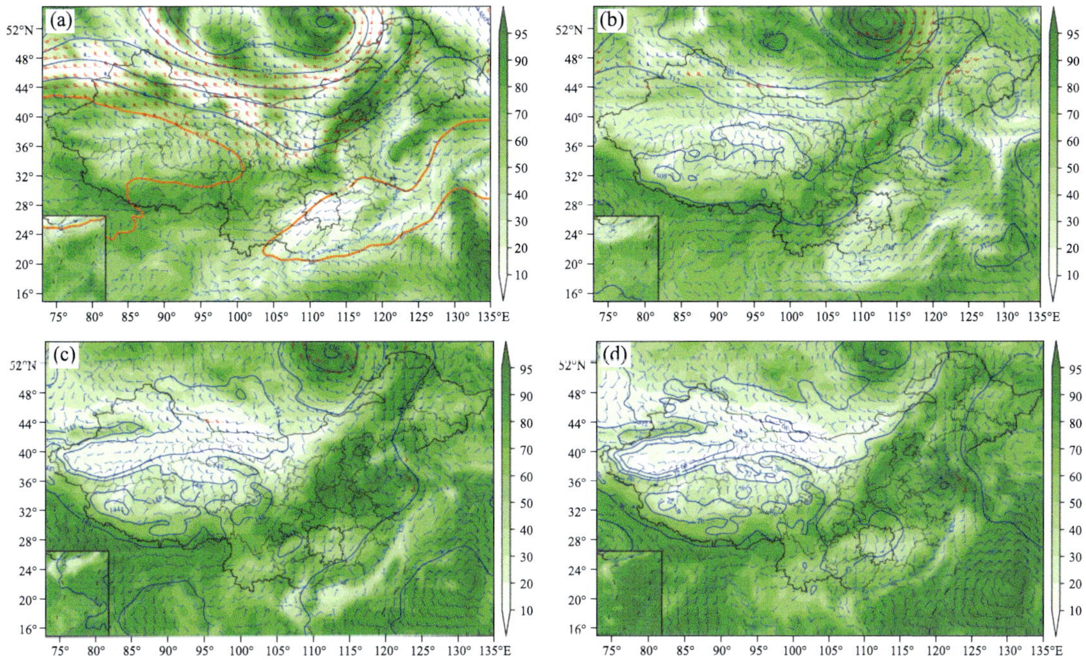

图 2.126　ECMWF 模式 2022 年 7 月 26 日 08 时起报的 27 日 17 时 500 hPa(a)、700 hPa(b)、850 hPa(c)、925 hPa(d)相对湿度(%)风场高度场

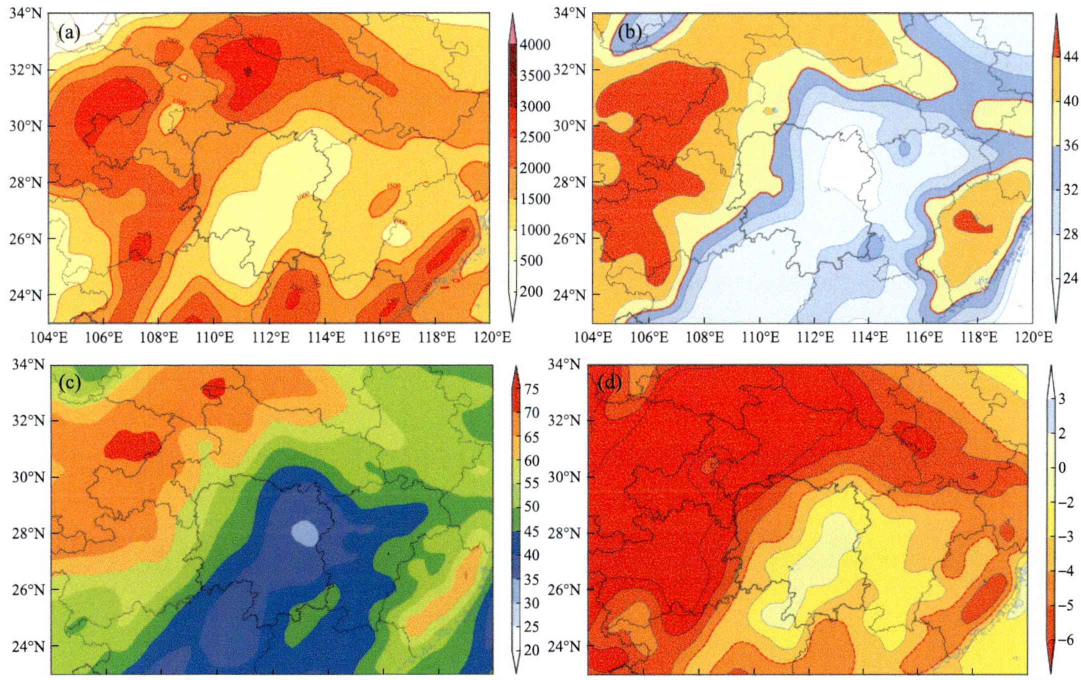

图 2.127　CMA-GFS 模式 2022 年 7 月 26 日 20 时起报的 27 日 17 时 CAPE(单位：J · kg^{-1})(a)、K 指数(单位：℃)(b)、整层可降水量(单位：mm)(c)、最优抬升指数(d)

综合考虑，湘西北整层可降水量较好；热力条件 CAPE、K 指数较大；虽然 0～3 km、0～6 km垂直风切变较弱，但最优抬升指数很大，处于副高外围边缘，有利于上升运动发展，符合正压类强对流天气概念模型，主要考虑以短时强降水、雷暴大风为主，由于零度层高度太高和季节因素，不考虑冰雹。

从强降水分布情况来看，区域模式与台风模式准确预报出湘西北有强降水，主要是分布在低涡南侧的暖湿气流影响内部，分散性强降水。7 月 26 日 20 时预报 27 日 08 时—28 日 08 时 24 h 降水量(图 2.128)显示，落区均位于湘西北，量级差异较大，CMA-GFS、ECMWF、CMA-MESO 等模式预报湖南中雨，CMA-TYM、CMA-SH9、CMA-GD 等模式预报湘西北大雨，局地暴雨，其中 CMA-SH9 模式预报强降水范围最广。综合考虑湘西北有中到大雨，单点暴雨。

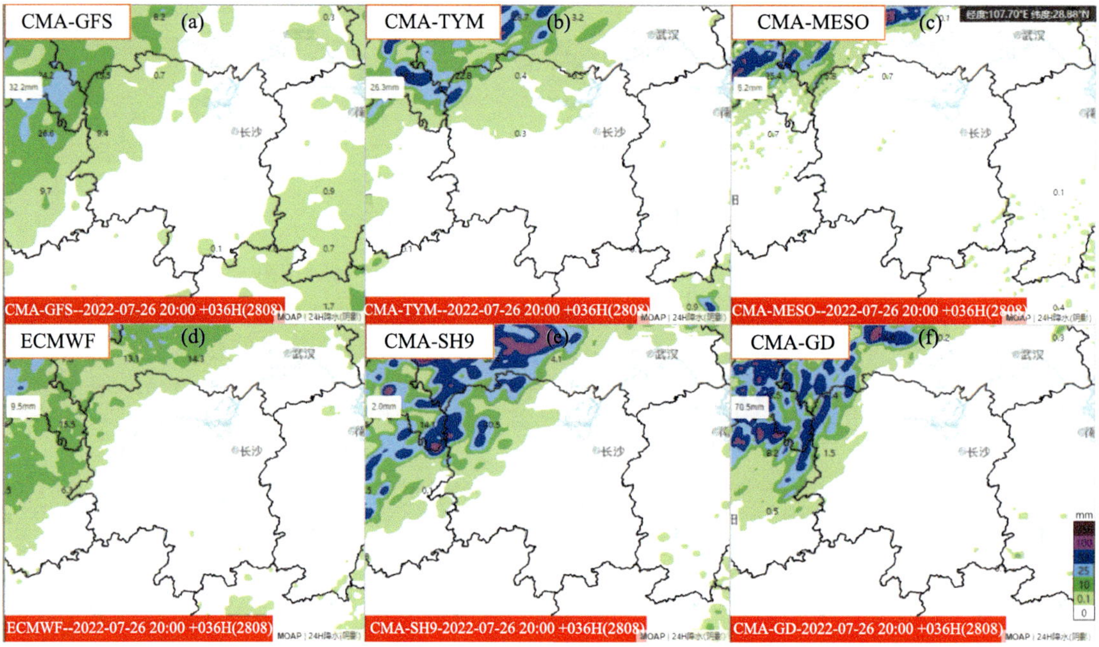

图 2.128　模式 2022 年 7 月 26 日 20 时起报的 7 月 27 日 08 时—7 月 28 日 08 时 24 h 降水量(单位:mm)

(a)CMA-GFS;(b)CMA-TYM;(c)CMA-MESO;(d)ECMWF;(e)CMA-SH9;(f)CMA-GD

模式预报稳定性角度分析，CMA-SH9 模式多时次均预报湘西北出现大雨及以上量级降水，暴雨范围往小调整。CMA-SH9 模式 26 日 20 时、26 日 08 时、25 日 20 时、25 日 08 时 4 个时次起报 27 日 08 时—28 日 08 时 24 h 降水(图 2.129)，均预报湘西北地区出现大雨及以上量级降水，临近时刻，暴雨以上量级降水范围往小范围调整。

CMA-SH9 模式 7 月 26 日 20 时起报雷达组合反射率因子产品(图 2.130)显示，20—23 时湘西北受强回波影响，回波在东移过程中，以多单体风暴为主，逐渐形成一条飑线，23 时后逐渐减弱。从 23 时强回波形态分布来看，存在一定程度前侧"V"形槽口与后侧"V"形槽口，表明有强的入流气流进入上升气流区，和强的下沉气流，形成雷暴大风的可能性很大。系统移动方向与线状多单体风暴分布形状交角较大，由于移速较快，考虑短时强降水，但不考虑极端强降水。CMA-GD 模式预报 28 日 02 时湘西北受超过 50 dBZ 降水回波影响，05 时回波迅速减弱。

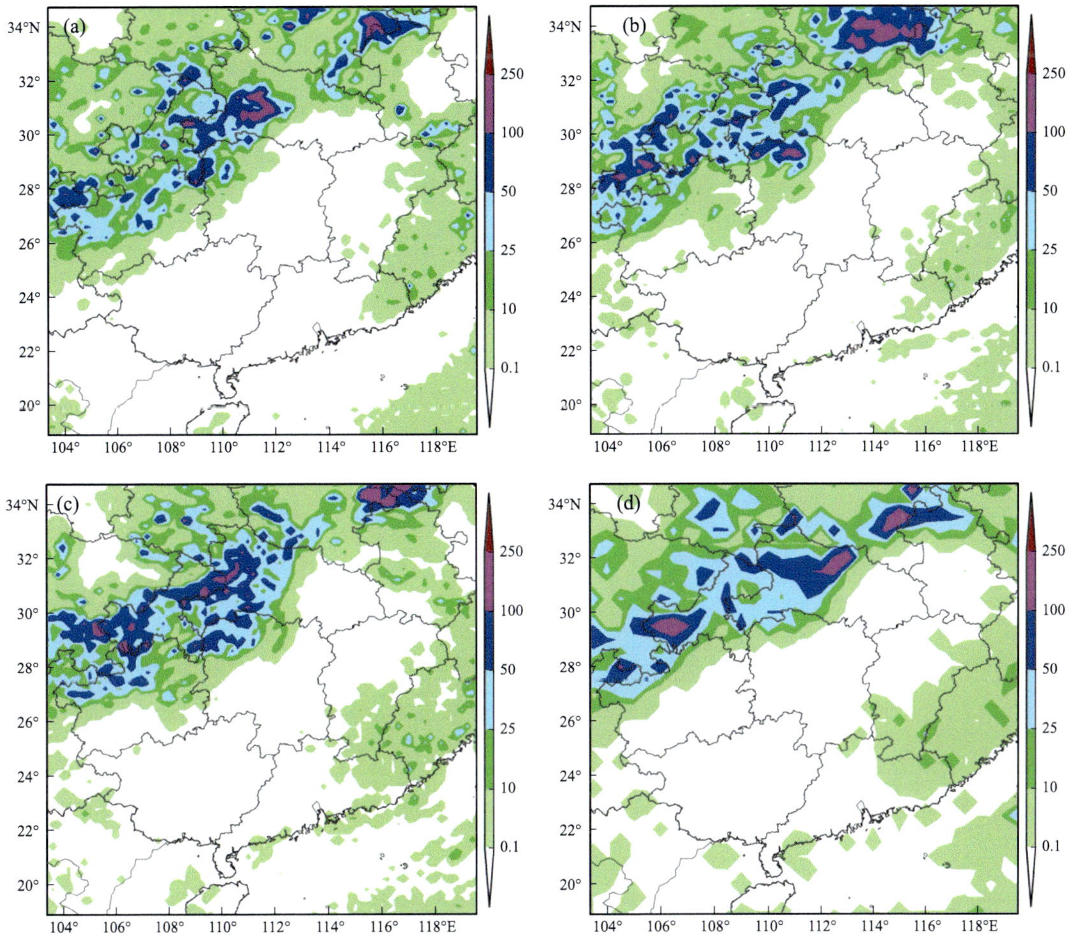

图 2.129　CMA-SH9 模式预报不同时刻起报和 2022 年 7 月 27 日 08 时—28 日 08 时 24 h 降水量(单位:mm)

(a)26 日 20 时;(b)26 日 08 时;(c)25 日 20 时;(d)25 日 08 时

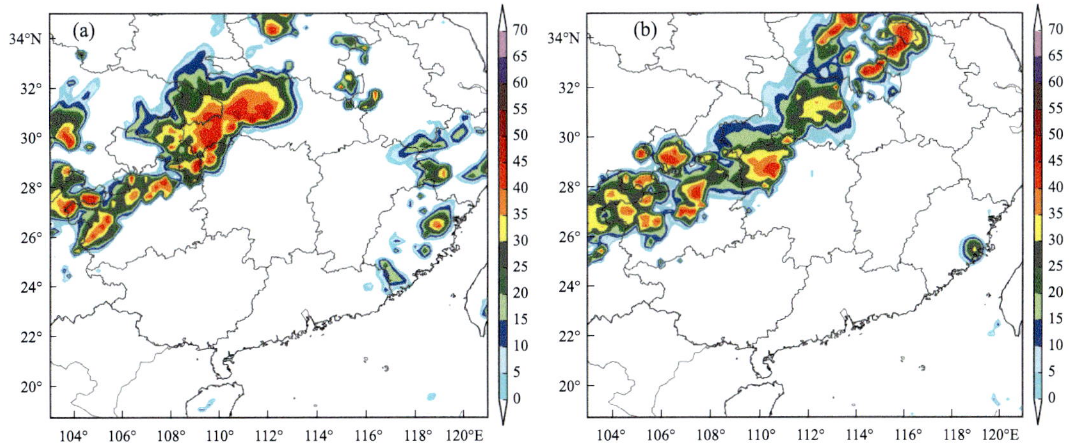

图 2.130　CMA-SH9 模式 2022 年 7 月 26 日 20 时起报的雷达组合反射率因子(单位:dBZ)

(a)27 日 20 时;(b)28 日 02 时

CMA-SH9 模式和 CMA-GD 模式 1 h 降水预报(图 2.131)27 日 20 时—28 日 02 时湘西北出现多地短时强降水。中尺度模式 10 米风场预报风速预报 2 m · s^{-1}的偏南风。

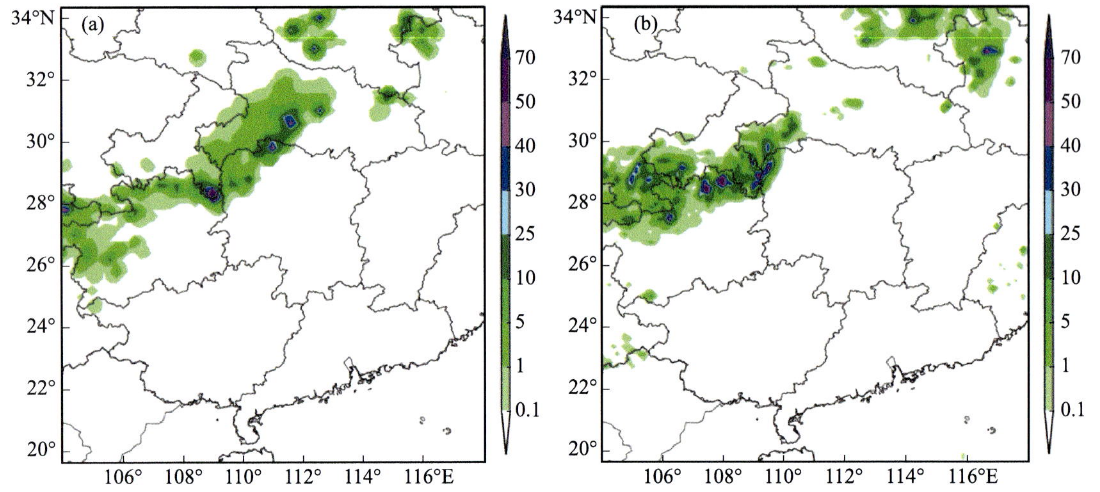

图 2.131　模式 2022 年 7 月 26 日 20 时起报的 1 h 降水预报(单位:mm)

(a)CMA-SH9 模式预报 27 日 23 时;(b)CMA-GD 模式预报 28 日 01 时

预报结论:27 日(图 2.132)受低层切变影响,湘西州局地大雨,雷雨时局地阵风 7 级。受副高外围影响,动力条件明显,前期处于高温天气,热力条件较好,考虑一次伴有雷暴大风、短时强降水的强对流天气过程,不考虑冰雹。

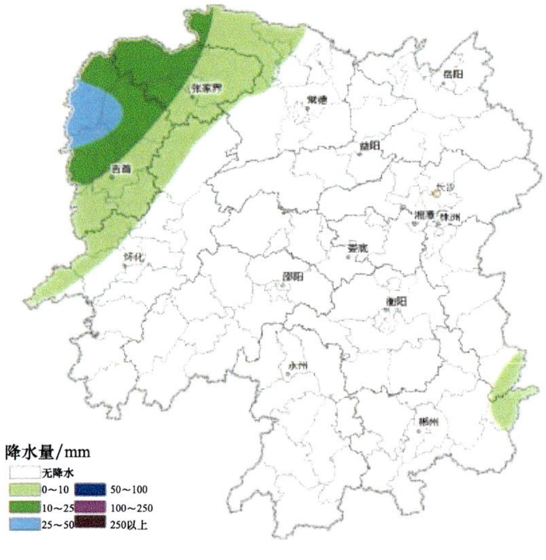

图 2.132　2022 年 7 月 27 日 08 时—28 日 08 时湖南降水量预报

预报偏差:本次过程模式对于天气形势的预报整体较为准确,考虑在副高边缘和边界层切变附近出现强降水,各家模式都预报出中到大雨,局地暴雨,中尺度模式预报量级更准确。强对流类型以雷暴大风及短时强降水为主,主观预报落区及强对流类型与实况基本一致,中尺度模式预报出短时强降水,而雷暴大风并没体现,因此本次过程为一次较为成功的案例。

(3)临近预警思路

从 3 h 变压与强对流天气实况对应(图 2.133)来看,16 时开始出现 3 h 正变压,并向东南移动,实况 1 h 后湘北出现雷暴大风,正变压的出现预示着强对流天气发生。

飑线、低层速度大值区等特征预示雷暴大风,逆风区、强回波区对应径向速度辐合表明对流系统将持续发展一定时间,维持时间较长,需关注造成短时暴雨。

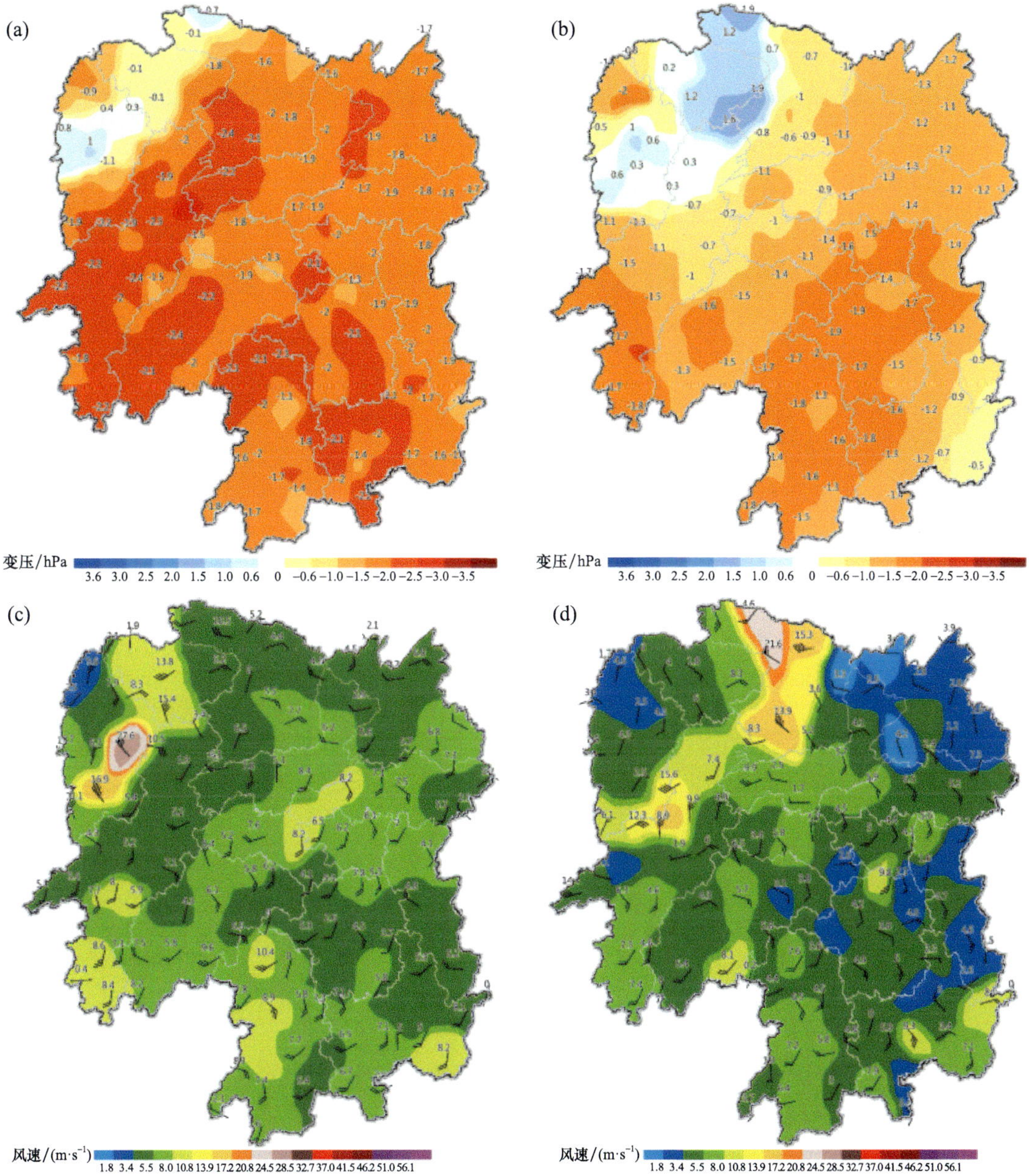

图 2.133　2022 年 7 月 27 日实况

(a)16 时地面 3 h 变压;(b)18 时地面 3 h 变压;(c)16—17 时 1 h 极大风速;(d)18—19 时 1 h 极大风速

从怀化单站多普勒双偏振雷达监测分析,雷达强回波从贵州铜仁地区发展后移入湖南省西部地区。20 时 06 分(图 2.134),多单体强回波开始影响怀化麻阳地区西部,回波以层积混合云为主,前侧为积云对流单体,最强组合反射率因子达 65 dBZ,后侧以层状云为主。分析同时刻径向速度图,在麻阳西部地区存在明显径向速度辐合,表明此多单体回波正处于发展加强阶段,前后翻阅几个时刻组合反射率因子与径向速度图产品,初步预判对流风暴是向东南方向移动,回波整体会经过麻阳地区,此时可以考虑发布暴雨黄色预警信号。同时发现麻阳上游明显存在低层径向速度大值区,距离雷达 58 km 处,高度 1.3 km,最大径向速度达

—26.5 m·s^{-1}，可以考虑发布雷暴大风黄色预警。

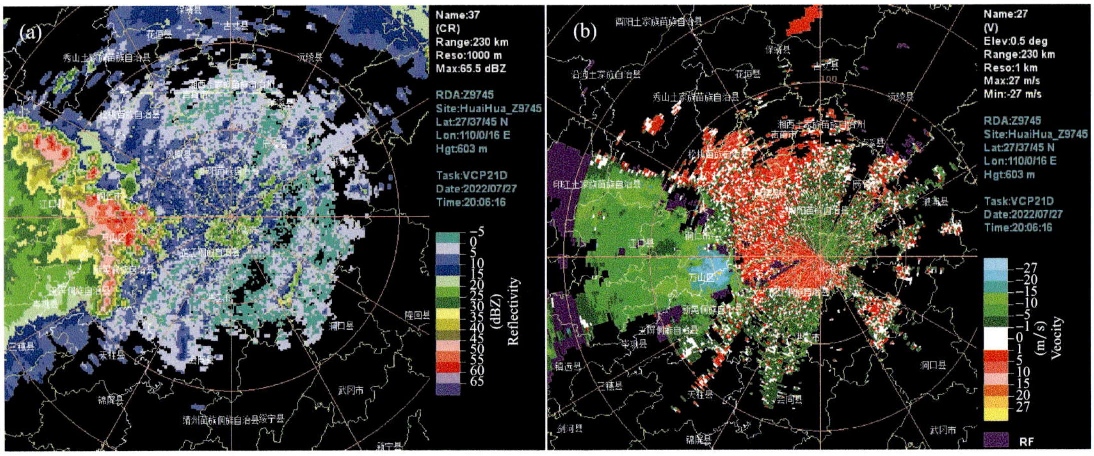

图 2.134　2022 年 7 月 7 日 20 时 06 分怀化雷达组合反射率因子(a)和 0.5°仰角径向速度(b)

20 时 34 分(图 2.135)，从怀化雷达组合反射率因子、径向速度、KDP 分析可知，对流风暴近似呈团块状，低层径向辐合维持，KDP 在 0.1～3.4 deg·km^{-1}，对于强降水回波，雨滴尺寸及粒子浓度越大，差分传播相位常数 KDP 越大，降水效率越高，产生短时强降水的可能性越大，因此此时考虑升级暴雨橙色预警。

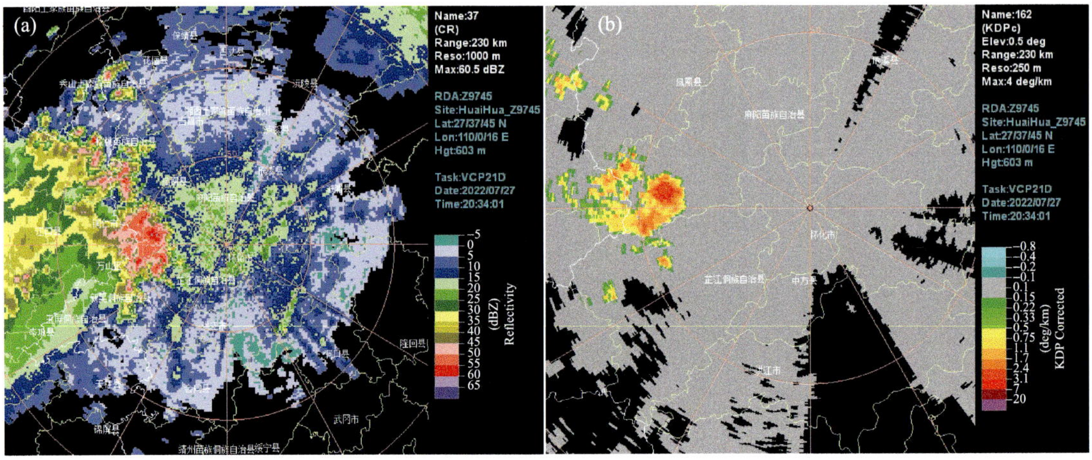

图 2.135　2022 年 7 月 27 日 20 时 34 分怀化雷达拼图

(a)组合反射率因子；(b)KDP

(4)预报着眼点

① 本次过程是正压类副高边缘型，中高纬高空槽东移，迫使副高减弱，缓慢东撤，湘西北处于副高边缘，不稳定能量高，在切变线和地面辐合线影响下产生强对流天气。

② 强对流类型预报。水汽、K 指数和 CAPE 较大，由于夏季热力作用占主导，因此垂直风切变较弱，当抬升指数或沙氏指数小于－4 ℃以下，表示层结不稳定，值越小，层结越不稳定。再加上对流层中层存在干层，因此可预报雷暴大风。

③ 副高边缘型关注 3 h 变压指标。当出现 3 h 正变压，数值高于 1.0 hPa 区域，容易同时

出现雷暴大风或短时强降水。

2.2.7.4　2022 年 7 月 24 日强对流天气过程

（1）过程概况

7 月 24 日 08 时—25 日 08 时（图 2.136），湘北地区晴天间多云出现阵雨或雷阵雨，其中张家界、常德及益阳部分地区中到大雨，慈利单站暴雨，最大累计降水量为慈利岩泊渡镇 83.2 mm；张家界、常德、益阳等地 11 站出现 8 级以上雷暴大风，最大为澧县王家厂镇 24.4 m·s^{-1}，24 日 18—20 时张家界出现 3 站冰雹。天气形势配置与图 2.107 一致。

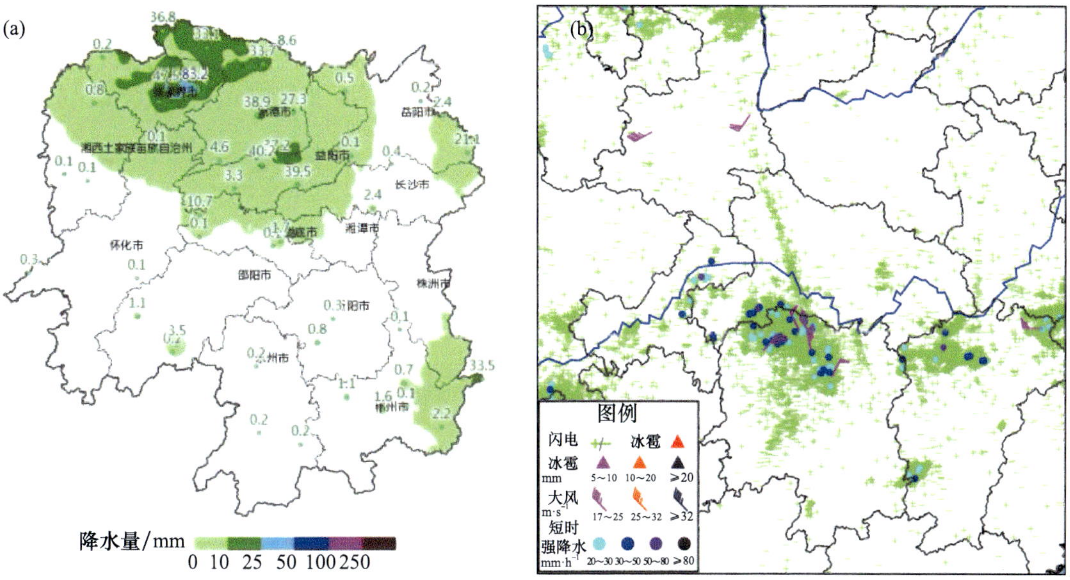

图 2.136　2022 年 7 月 24 日 08 时—25 日 08 时降水量实况（a）和强对流实况（b）

（2）短期预报分析

强对流天气形势配置分析：ECMWF 模式 23 日 20 时起报 24 日 17 时环流形势场（图 2.137）来看，中纬度地区环流平直多波动，08 时 588 线北界位于 28 °N 左右，副高西伸加强，11—17 时湖南大部处于西太平洋副热带高压的控制下，湘西北处于副高边缘，湘西州和常德北部在 925 hPa 上有弱切变，地面有弱辐合，并且白天热力条件较好，考虑湘北地区午后有雷阵雨，单点暴雨。

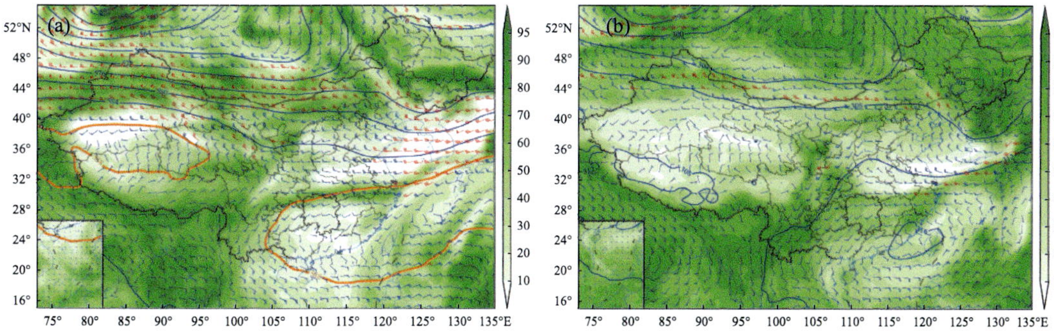

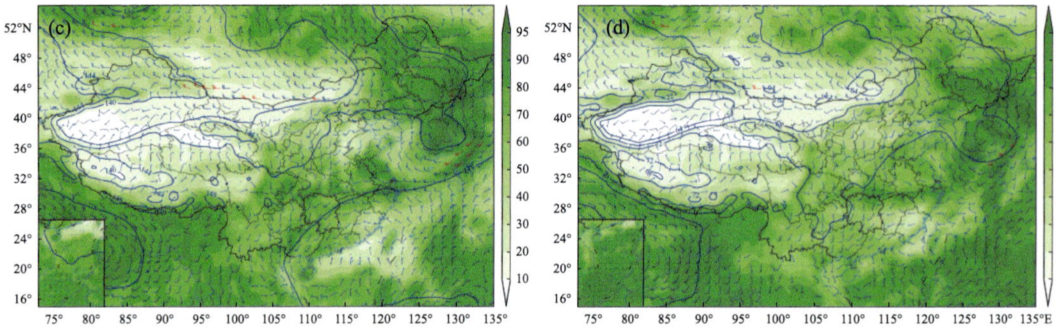

图 2.137　ECMWF 模式 2022 年 7 月 23 日 20 时起报的 24 日 17 时 500 hPa(a)、700 hPa(b)、850 hPa(c)、925 hPa(d)相对湿度(%)风场高度场形势图

基于物理量的强对流分类分析，ECMWF 模式 23 日 20 时起报 24 日 17 时不稳定指数(图 2.138)表明：湘北 CAPE 在 2000 J・kg^{-1}以上较大；$T_{850\text{-}500}$为 26～27 ℃；动力类 0～3 km 垂直风切变全省在 8 m・s^{-1}以下，湘西北地区 8～10 m・s^{-1}，0～6 km 垂直风切变全省在 12 m・s^{-1}以下，属于弱垂直风切变，最优抬升指数小于－6，具有明显不稳定层结；水汽类物理量，整层可降水量湘北地区大值区 40～65 mm，500 hPa 湘北温度低于－4 ℃，冷平流导致对流不稳定增强。

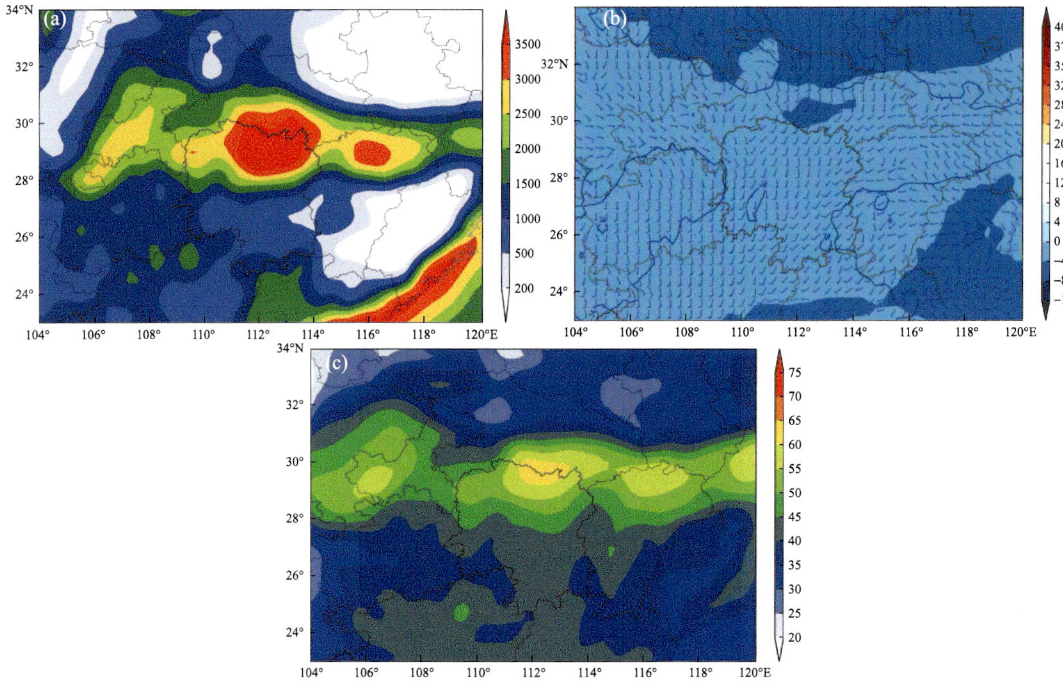

图 2.138　ECMWF 模式 2022 年 7 月 23 日 20 时起报的 24 日 17 时 CAPE(单位：J・kg^{-1})(a)，500 hPa 温度(阴影，单位：℃)、850 hPa 温度(等值线，单位：℃)和 925 hPa 风场(b)，整层可降水量(单位：mm)(c)

利用 7 月 23 日 20 时预报的 24 日 17 时强对流潜势来判断湘北地区强天气的落区和类型。综合考虑，湘北热力条件 CAPE、K 指数较大；动力条件 0～3 km、0～6 km 垂直风切变较弱，但处于副热带高压外围边缘，有利于上升运动发展，符合正压类强对流天气概念模型；此外整层

可降水量大、夏季地面温度较高、零度层高度较高，主要考虑湘北午后雷阵雨，局地短时强降水。

从模式形势分析和降水落区预报来看，23 日 20 时预报 24 日 08 时—25 日 08 时 24 h 降水量（图 2.139）显示，ECMWF、CMA-GFS、GERMAN 等模式预报湘北地区小雨量级降水，CMA-MESO、CMA-GD、CMA-SH9 等中尺度模式预报湖南基本没有降水。

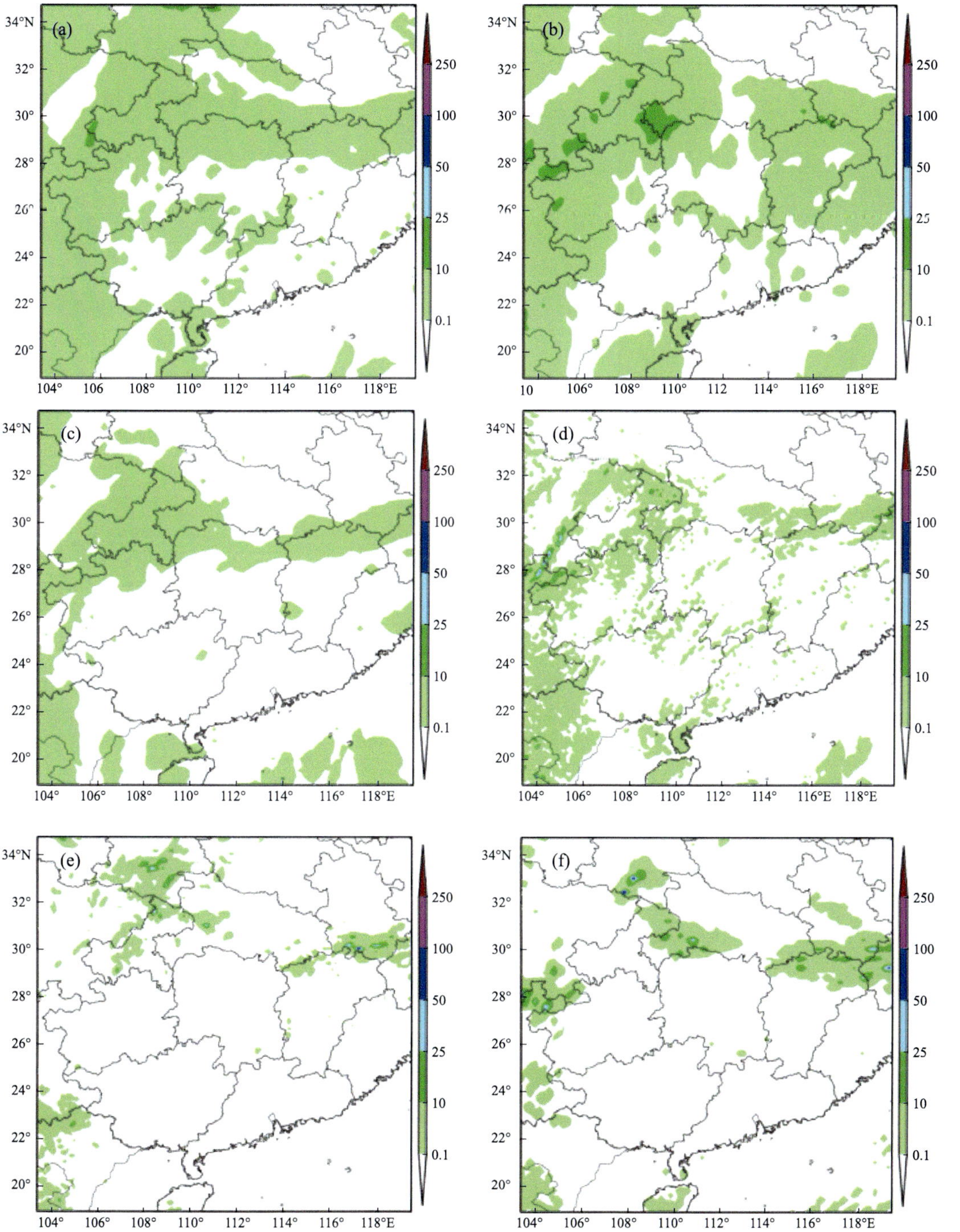

图 2.139　模式 2022 年 7 月 23 日 20 时起报的 7 月 24 日 08 时—7 月 25 日 08 时 24 h 降水量(单位:mm)
(a)ECMWF;(b)CMA-GFS;(c)GERMAN;(d)CMA-MESO;(e)CMA-GD;(f)CMA-SH9

模式预报稳定性角度分析，降水量级预报越来越弱。CMA-SH9 模式 23 日 20 时、23 日 08 时、22 日 20 时、22 日 08 时 4 个时次起报 24 日 08 时—25 日 08 时 24 h 降水，除 23 日 20 时外，其他时次均预报湘北地区出现小到中雨，局地大到暴雨。从前后时次来看，预报局地单点暴雨范围越来越小，至最近时刻 23 日 20 时预报，预报调整变化大，预报调整为无。

中尺度模式雷达组合反射率因子产品（图 2.140）显示，23 日 20 时起报 24 日 17 时，CMA-GD 中尺度模式表现出省内处于副热带高压控制下的分散弱对流和副高边缘的较连续弱对流，CMA-SH9 中尺度模式表现出湘北与鄂南地区处于副高边缘地带存在弱对流，没有对流移入湖南发展。

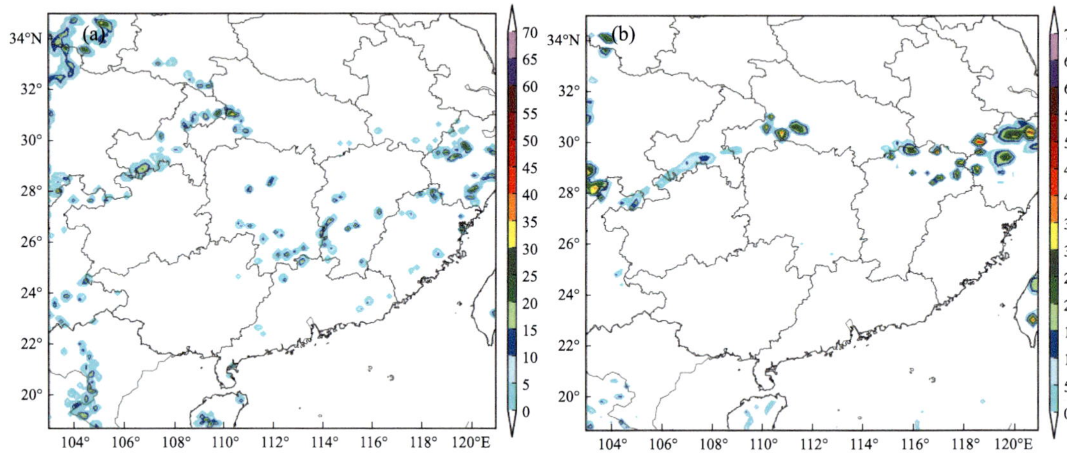

图 2.140　模式 2022 年 7 月 23 日 20 时起报 24 日 17 时雷达组合反射率（单位：dBZ）

(a)CMA-GD；(b)CMA-SH9

预报结论：晴天间多云，湘西北局地午后有阵雨或雷阵雨。

预报偏差：此次过程预报湘西北局地午后有阵雨或雷阵雨，未预报出雷暴大风及冰雹。

(3)临近预警思路

中层径向辐合、低层速度大值区、阵风锋等回波特征，可考虑发布雷暴大风预警。反射率因子超过 60 dBZ、TBSS 特征和较高冰雹指数等特征指示冰雹天气。

从常德雷达单站监测可知，雷达回波从张家界发展自西北向东南移动，层积混合云系为主，回波前方为线状多单体风暴，后面伴有层状云。17 时 05 分（图 2.141），0.5°仰角基本反射率因子图上积云对流单体强度最高可达 57 dBZ，呈线状，其前方出现阵风锋，径向速度图上强对流云区对应区域显示明显径向辐合，表明对流风暴处于发展加强阶段，其后侧开始出现低层速度大值区，最大速度可达 20 $m \cdot s^{-1}$，因此可以考虑在阵风锋即将经过澧县、临澧等地方发布雷暴大风预警。

18 时 22 分，3.3°仰角基本反射率因子图（图 2.142）显示，在张家界市区与慈利县交界地方，出现了 TBSS 现象，中心最强反射因子可达 63.5 dBZ，此时可以考虑发布冰雹预警，考虑到夏季地面温度高，0 ℃层较高，出现小冰雹概率大。对应的径向速度图上显示逆风区，1.5°仰角至 3.3°仰角都较明显，再结合降水量监测实况，出现短时强降水可能性高，可以考虑暴雨橙色预警。

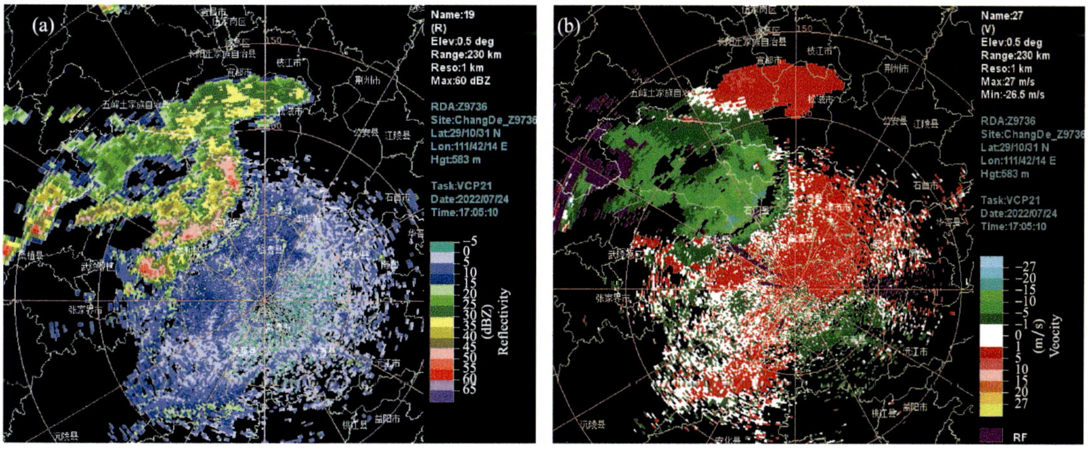

图 2.141　2022 年 7 月 24 日 17 时 05 分常德站雷达反射率因子(a)和 0.5°仰角径向速度(b)

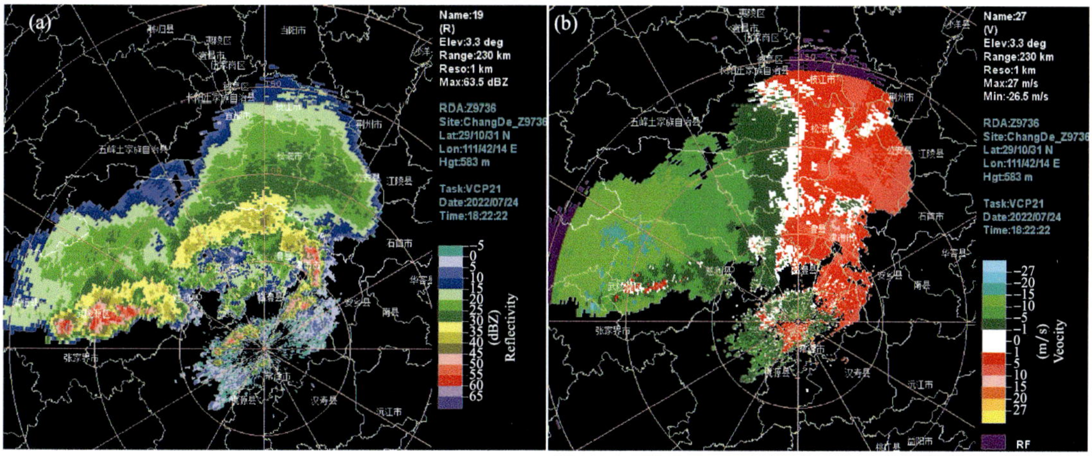

图 2.142　2022 年 7 月 24 日 18 时 22 分常德站雷达反射率因子(a)和 0.5°仰角径向速度(b)

(4)预报难点

① 副高边缘强对流天气容易漏报，尤其这次过程高空槽和低层切变不明显，预报难度大。这次过程模式参考性差。各家模式 24 h 预报均漏报强降水，CMA-SH9 湘北强降水预报越来越弱，中尺度模式的雷达反射率因子、1 h 降水量和 10 m 风场对湘西北强回波也没有反映。

② 对于是否出现冰雹与雷暴大风，这次过程湘北出现 3 站冰雹，这在夏季非常罕见。除了具备充足水汽、热力不稳定及对流层干层，强抬升条件等，零度层高度和 WBZ 高度均较高，不利冰雹出现，因此冰雹预报难度大。

(5)预报着眼点

① 本次过程是正压类副高边缘型，副高西伸加强，但 500 hPa 冷平流影响到湘北地区，$T_{850-500}$达 27 ℃，上冷下暖增强对流不稳定，在边界层 925 hPa 切变线及中尺度低压的触发下出现强对流天气。重点关注 500 hPa 冷平流或冷中心影响下，对流不稳定增强。

② 中层径向辐合、低层速度大值区、阵风锋等回波特征，可考虑发布雷暴大风预警。反射率因子超过 60 dBZ、TBSS 特征和较高冰雹指数等特征指示冰雹天气。

2.2.8 高架雷暴类强对流天气

高架对流类是在大气边界层之上被触发的一种雷暴，发生在地面锋面北侧冷气团中，一般距离锋面距离较远，地面附近通常为稳定的冷空气，低层有明显的逆温，来自地面的气块很难穿透逆温层而获得浮力，而是逆温层之上的气块绝热上升获得浮力。这种强对流天气类型以冰雹为主，冰雹直径大多在 10 mm 以下，少数可达 20 mm 以上，很少出现 8 级以上大风和龙卷。这类过程多出现在 2—4 月中国南方地区。天气形势如下(图 2.143)：地面有偏北风，是一个强冷垫；500 hPa 常常是温度槽略超前高度槽(有时重合)并伴有 24 h 负变温，700 hPa 存在 20 $m \cdot s^{-1}$ 以上西南急流形成的暖脊，500 hPa 温度槽叠加在 700 hPa 暖脊(正变温)上，形成对流不稳定。925～850 hPa 上有切变线或强锋区，700 hPa 强暖湿气流沿锋面做斜升运动；配合 500 hPa 槽前的上升运动。

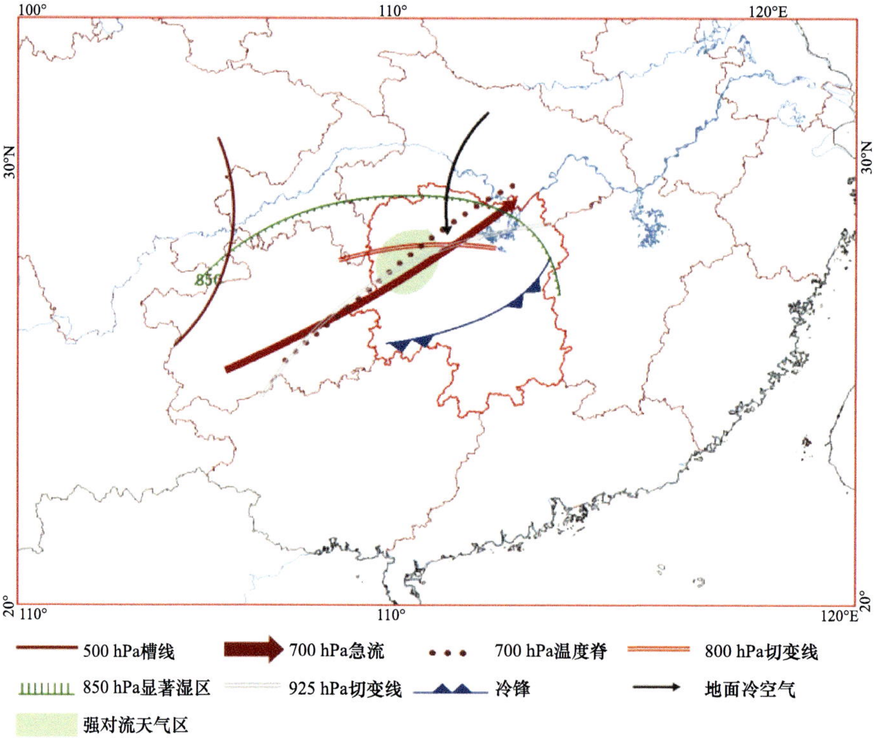

图 2.143 高架雷暴类强对流概念模型

2.2.8.1 2021 年 3 月 30 日强对流天气过程

(1)过程概况

30 日(图 2.144)湘中以北出现较大范围冰雹，30 日下午 4 时开始，怀化、湘西州、张家界、益阳、常德和长沙出现 15 站冰雹(最大直径麻阳 5.5 cm)、2 站雷暴大风，湘北出现 26 站短时强降水。天气形势配置与图 2.143 一致。

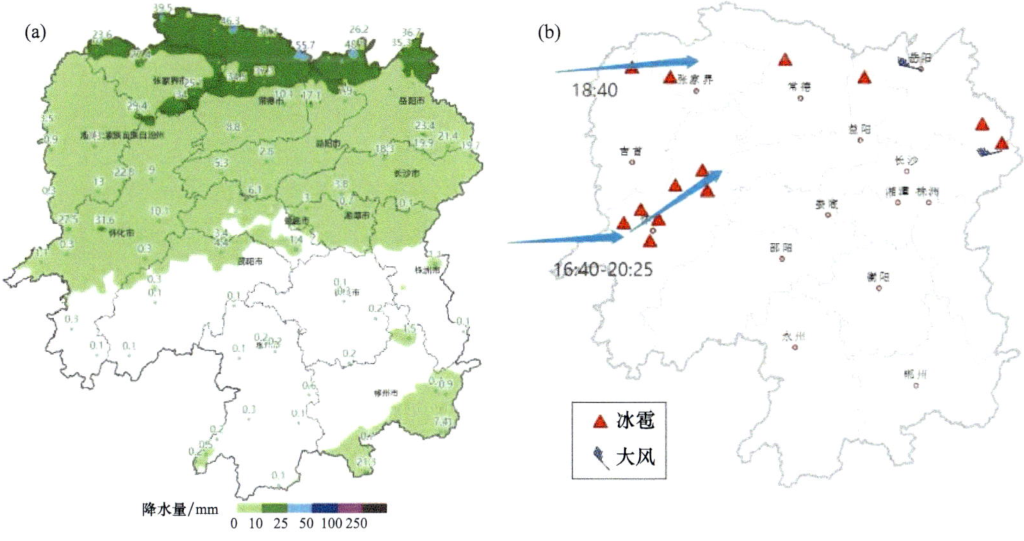

图 2.144　2021 年 3 月 30 日 08 时—31 日 08 时降水量实况(a)和强对流实况(b)

(2)短期预报分析

强对流天气形势配置分析：28 日 20 时 ECMWF 模式预报 30 日 14 时(图 2.145)500 hPa 高空槽位于贵州中部，湘西北、湘北处于槽前正涡度平流上升区，动力条件加强，700 hPa 西南急流达 20 m · s^{-1}，850 hPa 暖式切变线主要位于湘北地区，925 hPa 切变线位于湘西南至湘中一线。地面冷空气从 29 日 17 时扩散南下，30 日湘北处于冷垫控制下。

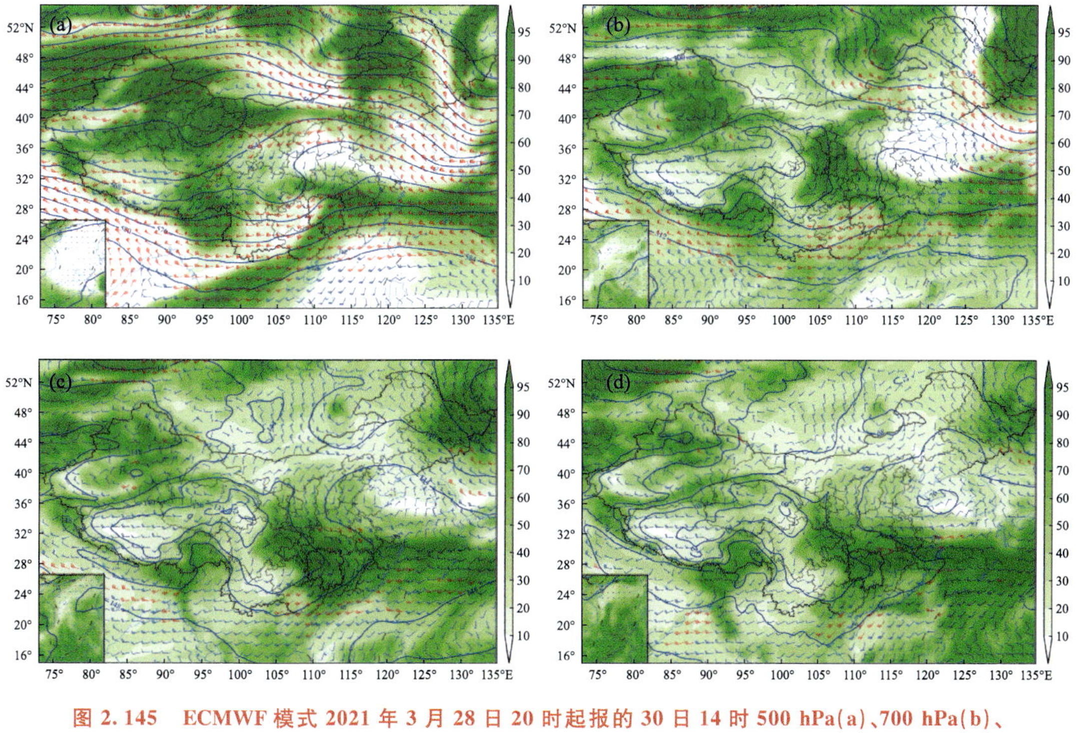

图 2.145　ECMWF 模式 2021 年 3 月 28 日 20 时起报的 30 日 14 时 500 hPa(a)、700 hPa(b)、850 hPa(c)、925 hPa(d)相对湿度(%)风场高度场形势图

基于物理量的强对流分类分析：湘北 0～6 km 垂直风切变 14～20 m·s^{-1}，湘南超过 22 m·s^{-1}，湖南省大部分地区比湿（图 2.146a）都在 12 g·kg^{-1}以上，尤其在湘中及以南地区比湿达到 14 g·kg^{-1}，CAPE 超过 1500 J·kg^{-1}（图 2.146b），整体水汽、抬升、能量条件都非常有利于强对流天气发生。

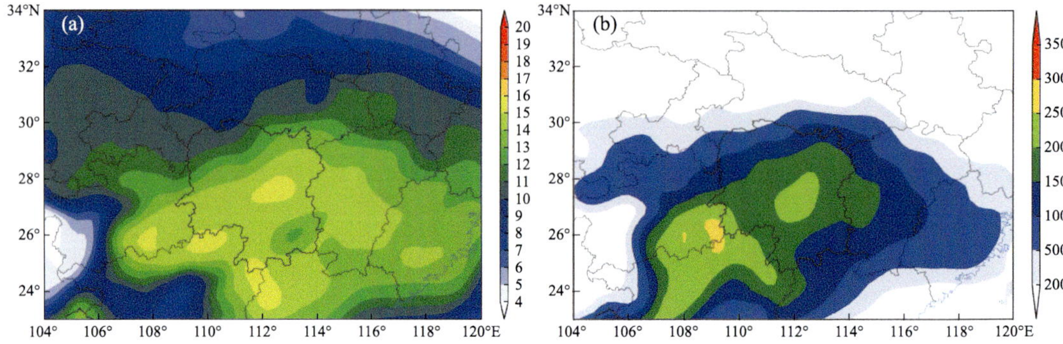

图 2.146　ECMWF 模式 2021 年 3 月 29 日 20 时起报 30 日 20 时 850 hPa 比湿(%)(a)和 CAPE(单位：J·kg^{-1})(b)

从 29 日 20 时起报的 30 日 08 时—31 日 08 时 24 h 降水来看，多家模式对于降雨落区意见一致，强降水落区均位于湘北地区；在量级方面，ECMWF（图 2.147）和华南都在湘北地区报了大到暴雨，而日本、德国、CMA-GFS 以及华东模式量级上预报得较小，中到大雨。

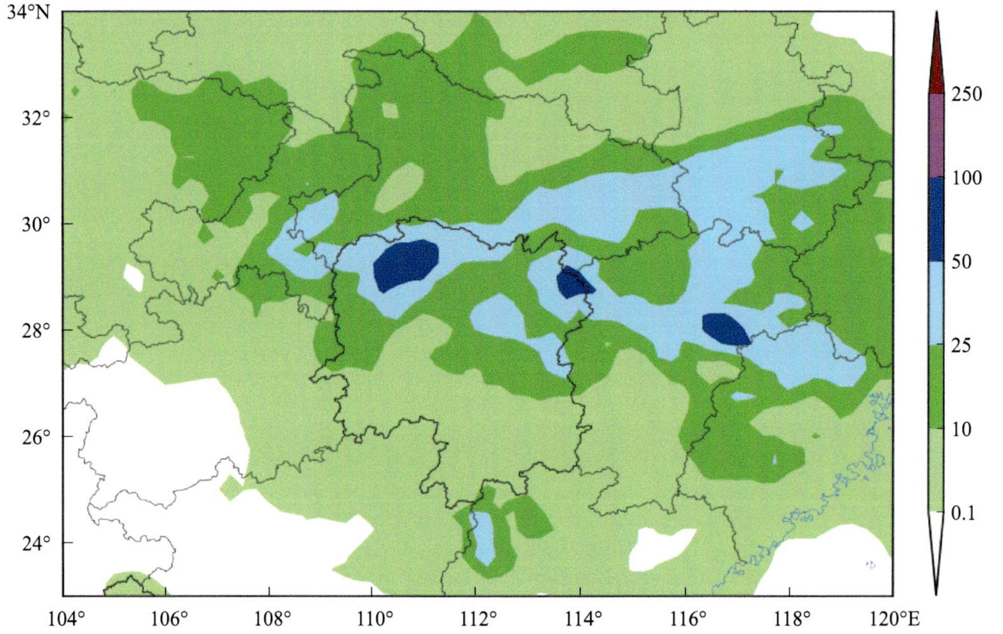

图 2.147　ECMWF 模式 2021 年 3 月 29 日 20 时起报 30 日 08 时—31 日 08 时 24 h 降水（单位：mm）

预报结论：30 日（图 2.148a）受西南暖湿气流和中低层切变共同影响，湘北有一次较强降雨过程，局地暴雨，并伴有短时强降水、雷暴大风、冰雹等强对流天气。强对流天气落区预报结果（图 2.148b、c）：湘北部分有短时强降水，湘西南局地有雷暴大风或冰雹。

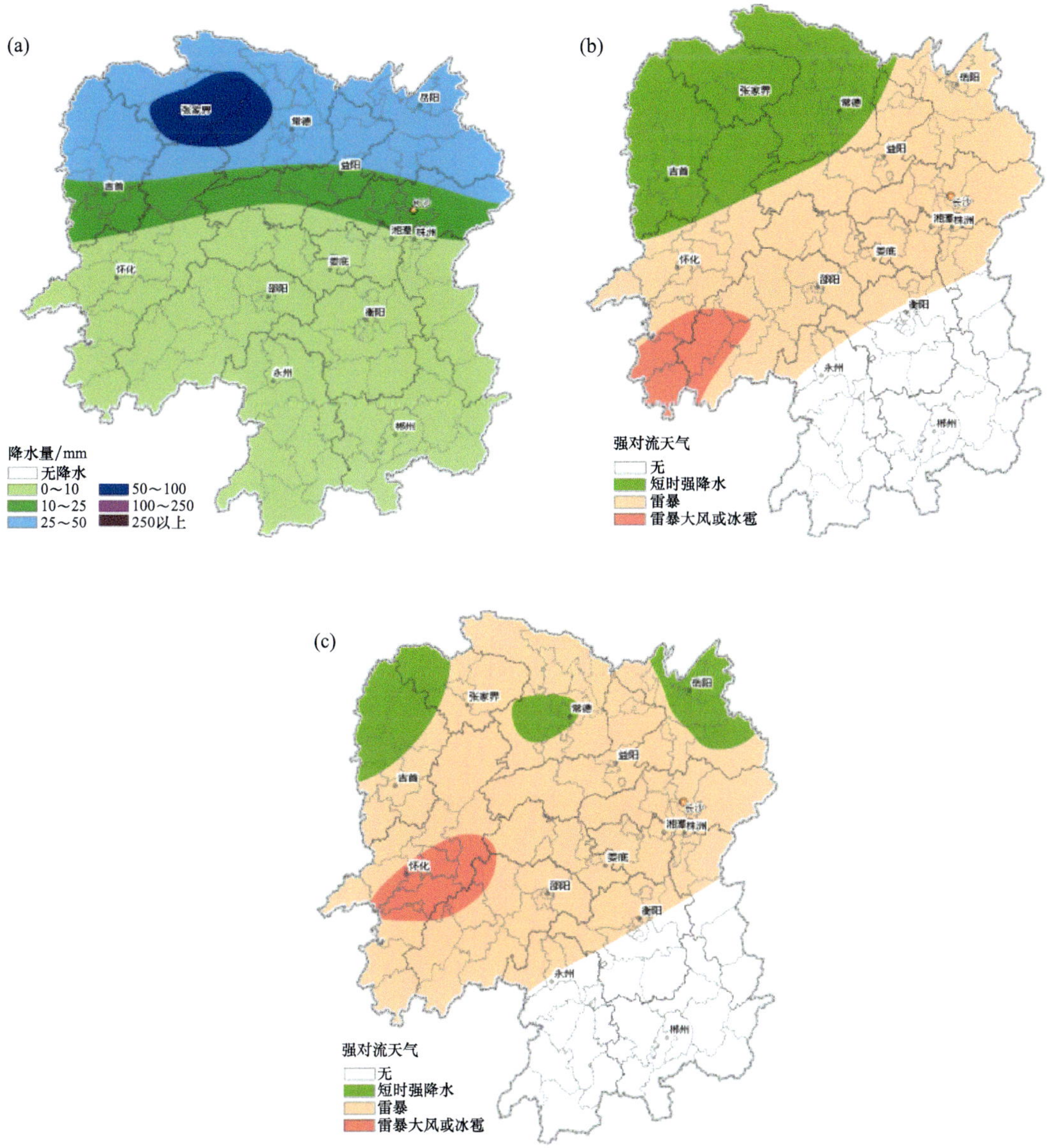

图 2.148 2021 年 3 月 30—31 日湖南降水及强对流天气预报

(a)30 日 08 时—31 日 08 时降水量预报；(b)30 日 08 时—20 时强对流天气预报；(c)30 日 20 时—31 日 08 时强对流天气预报

预报偏差：此次预报较准确。预报 30 日 20 时前后湘西、湘北地区将出现较强降水，各家模式预报一致，考虑湘北地区有短时强降水。湘西南局地雷暴大风或冰雹，实况湘北、湘中出现冰雹，位置有所偏差。

(3)短临预警思路

长沙、怀化站 30 日 08 时的探空图上有明显逆温，呈上干下湿的特征分布，0 ℃线在 3.7 km 附近，－20 ℃线在 400 hPa 附近，长沙站 0～6 km 风切 27.3 m·s^{-1}，$T_{850\text{-}500}$ 为 28.6 ℃，K 指数 41.8 ℃；怀化站 0～6 km 垂直风切变为 30.3 m·s^{-1}，$T_{850\text{-}500}$ 为 29.8 ℃，K 指数 42 ℃，都是产生冰雹的有利条件。

30 日 15 时 08 分(图 2.149a、b)显示在贵州东部有一个超级单体回波(钩状回波、弱回波区、三体散射),径向速度图上可以看见明显的气旋式旋转(出现了速度模糊)。这个超级单体稳定维持并持续向东移动,根据几个体扫位移初步判断可能将在 1.0～1.5 h 之后影响湖南(可以算作预警最大提前量),并且可能有冰雹天气产生。16 时 30 分(图 2.149c、d)这个超级单体进入怀化地区,由于仍有明显的>65 dBZ 回波,加上径向速度图上仍有明显的中气旋(速度模糊),判断这个超级单体将持续影响湘西北并带来冰雹等强对流天气。

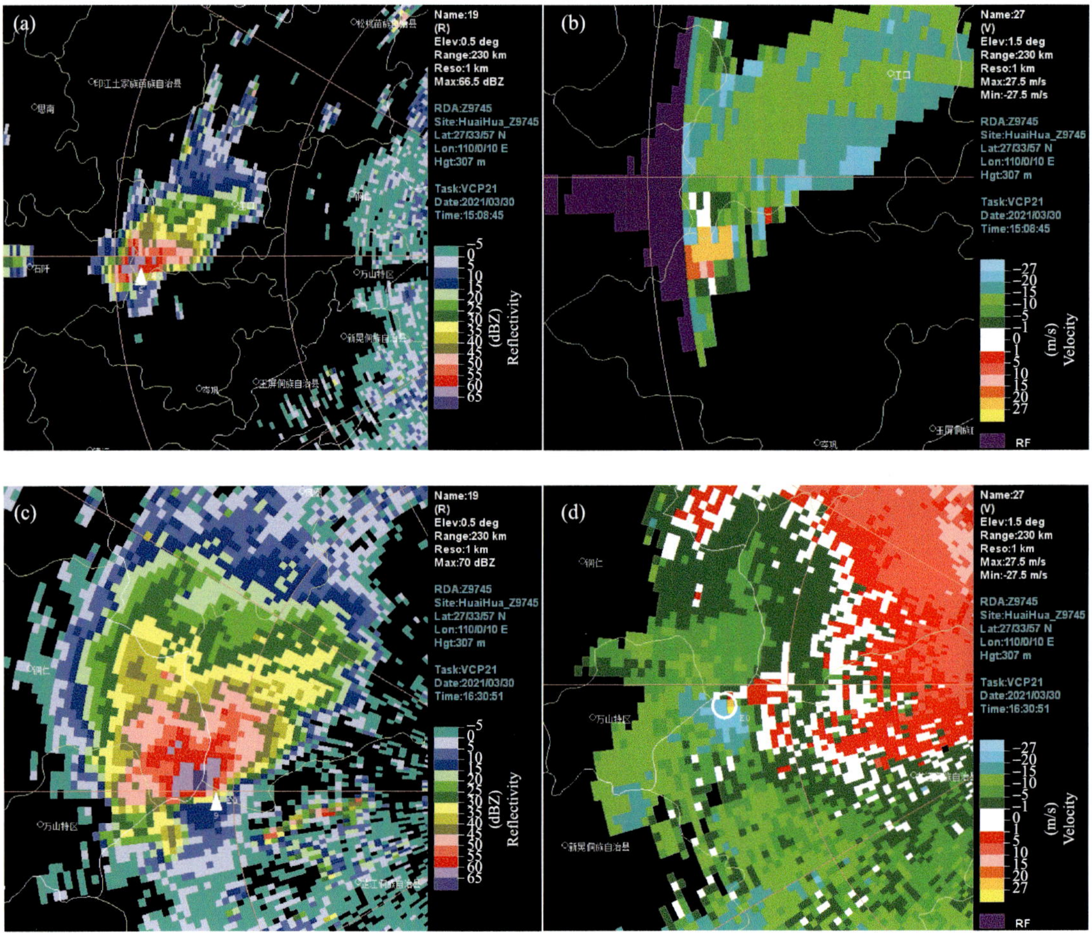

图 2.149　2021 年 3 月 30 日怀化站雷达拼图

(a)15 时 08 分 0.5°仰角组合反射率因子;(b)15 时 08 分 1.5°仰角径向速度;
(c)16 时 30 分 0.5°仰角组合反射率因子;(d)16 时 30 分 1.5°仰角径向速度

(4)预报着眼点

① 高架雷暴类天气要更注意低层切变辐合的位置,850 hPa 切变线是主要影响系统,且在湘北稳定维持,冰雹与暴雨出现在锋后,具有高架对流性质。而在 925—850 hPa 是向北倾斜的中尺度辐合暖式切变线,700 hPa 西南急流旺盛,暖湿气流沿锋面爬升,大气的斜压性有利于形成湿对称不稳定。当低压槽在锋面上移过时,局地涡度增加,锋区加强,锋面坡度变陡,上升运动加强,有利于形成高架雷暴类强对流天气。

② 700 hPa 中层偏西急流,较干,增加不稳定层结,大的不稳定能量、垂直风切变大(接近

30 m・s^{-1})、850 hPa 与 500 hPa 温度差(30 ℃)、合适的零度层高度是冰雹发生的主要影响因子。

③ 钩状回波、弱回波区、三体散射、中气旋和较高冰雹指数等特征预示冰雹天气。

2.2.8.2　2020 年 4 月 1—2 日强对流天气过程

(1)过程概况

本次过程强降水落区主要位于湘南地区，其中永州、郴州部分大到暴雨，局地大暴雨。主要降水时段为 4 月 1 日 20 时—3 日 08 时，其中 2 日 08 时—3 日 08 时(图 2.150a)永州、郴州等地 292 乡镇累计降水量超过 50 mm，53 乡镇超过 100 mm，最大为冷水滩蔡市镇 190.2 mm，小时雨强最大 40.7 mm(3 日 01—02 时)。1 日晚—2 日白天湘南、湘西部分地区出现冰雹。天气形势分析(图 2.150b)如下：500 hPa 高空槽位于贵州东部，湖南省处于槽前，700 hPa 西南急流强盛，风速达 20 m・s^{-1}，湘西暖脊明显，850 hPa 暖式切变线主要位于湘南地区，925 hPa 以下为东北风，地面冷空气分股南下，700 hPa 暖湿气流在逆温层之上抬升，易出现高架雷暴。

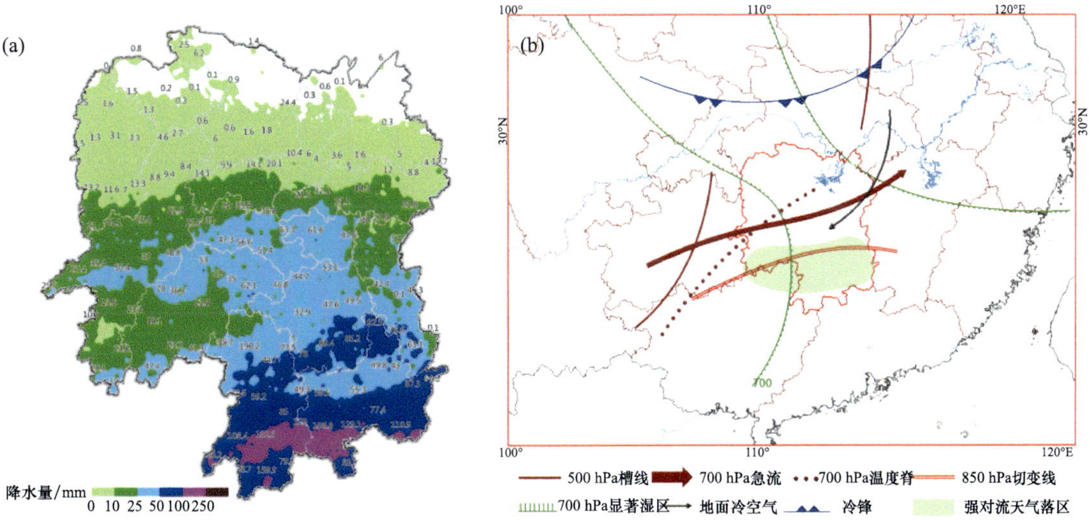

图 2.150　2020 年 4 月 2 日 8 时—3 日 8 时降水量实况(a)和 1 日 20 时天气系统配置图(b)

(2)短期预报分析

强对流天气形势配置分析：3 月 31 日 20 时 ECMWF 模式预报 1 日 17 时(图 2.151) 500 hPa高空槽较平直，风速达 24 m・s^{-1}，700 hPa 西南急流强盛，风速达 18 m・s^{-1}，850 hPa 暖式切变线主要位于湘南地区，925 hPa 以下为冷垫，风速 2～6 m・s^{-1}，地面冷空气不断渗透南下。

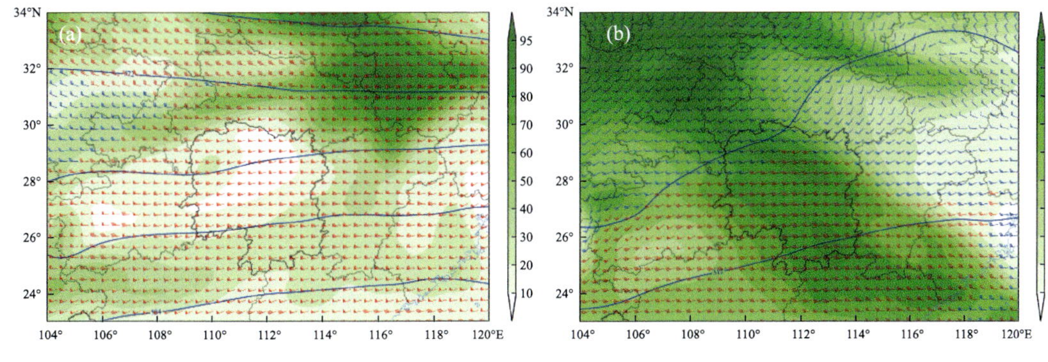

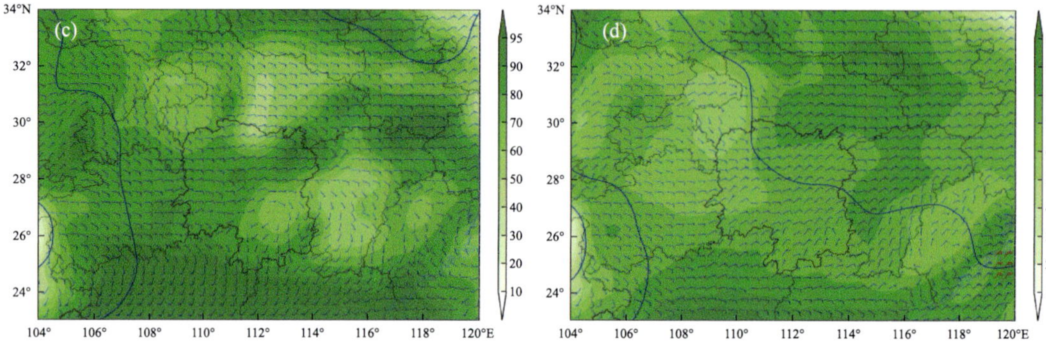

图 2.151　ECMWF 模式 2020 年 3 月 31 日 20 时起报的 4 月 1 日 17 时 500 hPa(a)、700 hPa(b)、850 hPa(c)、925 hPa(d)相对湿度(%)风场高度场形势图

基于物理量的强对流分类分析(图 2.152)：不稳定能量 500～1000 J·kg^{-1}，850 hPa 以下为冷垫，$T_{850-500}$ 温度低，不稳定层结弱，而湘南 700 hPa 与 500 hPa 温度差($T_{700-500}$)为 18 ℃。另外 700 hPa 急流有所增强，意味着不稳定进一步增强，700 hPa 垂直速度较大，为−4 Pa·s^{-1}，上升运动。

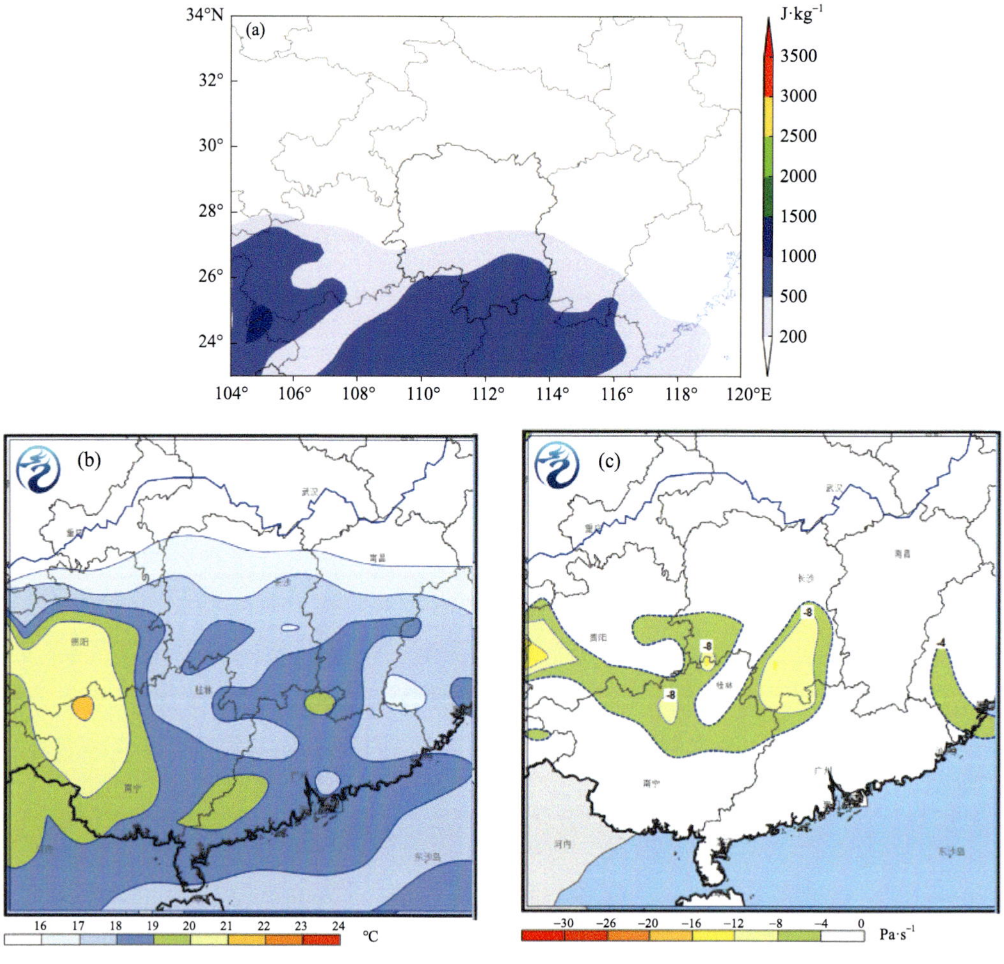

图 2.152　ECMWF 模式 2020 年 3 月 31 日 20 时起报的 1 日 20 时 CAPE(a)、1 日 20 时起报的 2 日 14 时 $T_{700-500}$(b)和 700 hPa 垂直速度(c)

31 日 20 时起报 4 月 1 日 24 h 降水量预报(图 2.153)显示，ECMWF 模式全省小雨，湘南局地中雨，WRF 模式湘西、湘南分散性小雨。

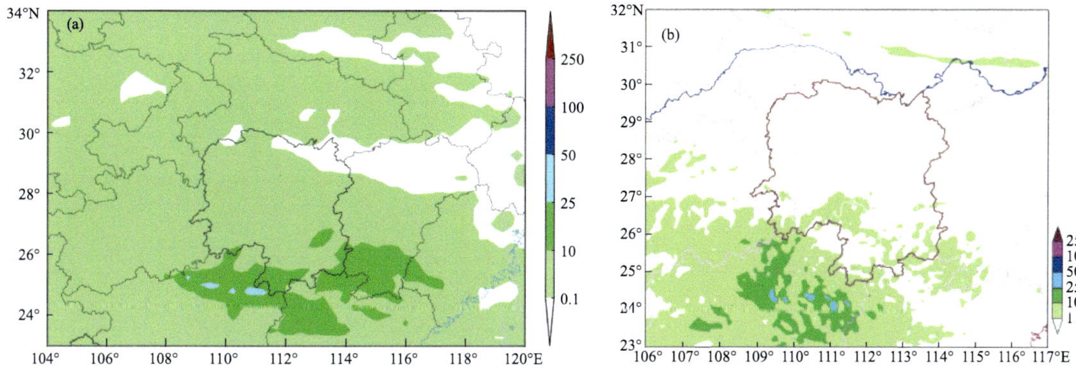

图 2.153　模式 2020 年 3 月 31 日 20 时起报的 4 月 1 日 08 时—2 日 08 时 24 h 降水量(单位:mm)

(a)ECMWF;(b)WRF

预报结论(图 2.154):1 日预报湘南部分中雨，2 日湘南部分大雨，局地暴雨，并伴有雷暴、短时强降水等对流天气;北风 3～4 级。

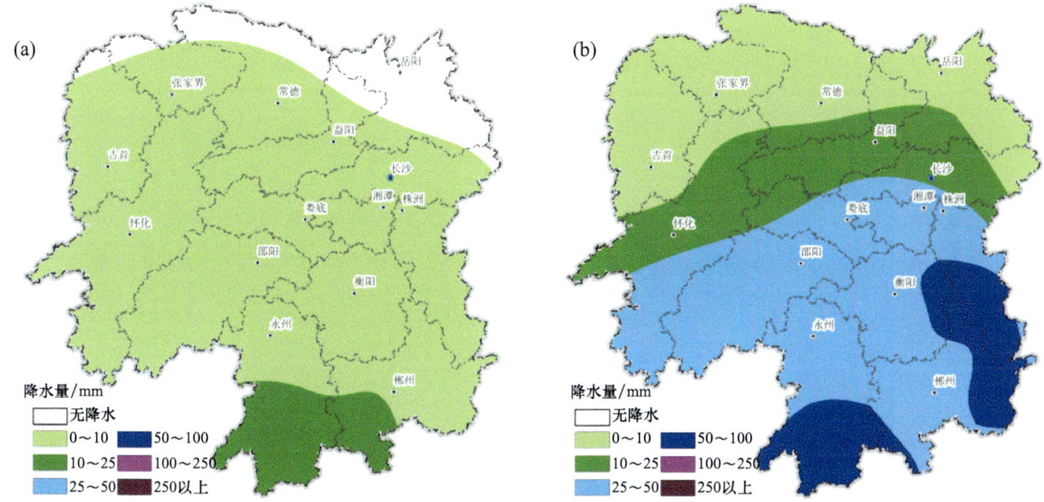

图 2.154　2022 年 4 月湖南降水量预报

(a)1 日 08 时—2 日 08 时;(b)2 日 08 时—3 日 08 时

预报偏差:1—2 日降水落区基本准确，1 日漏报湘南短时强降水和冰雹，2 日漏报冰雹。

(3)短临预警思路

从郴州探空曲线(图 2.155)看，湘南地区 1 日晚上有明显的上干下湿的特征，0～6 km 垂直风切变较大(28.5 $m \cdot s^{-1}$)，近地面冷垫，低层有明显的逆温层，不稳定能量较弱，湿球温度 0 ℃高度(4.5 km)较高，综合考虑不利于出现冰雹，强对流天气类型表现为短时强降水，伴随雷暴大风。

在永州站雷达回波图上，4 月 1 日 22 时 02 分(图 2.156)在全州东部(湖南省以西)有强回波单体(反射率因子＞60 dBZ)，根据回波移动方向判断将影响湘南地区，并且有可能产生冰雹天气(由于没有超级单体,考虑冰雹尺寸较小)。在 22 时 40 分这个强回波单体东移进入双牌地区,并且最大反射率因子维持在 60 dBZ 以上,预警提前量可以达到 40 min 左右。

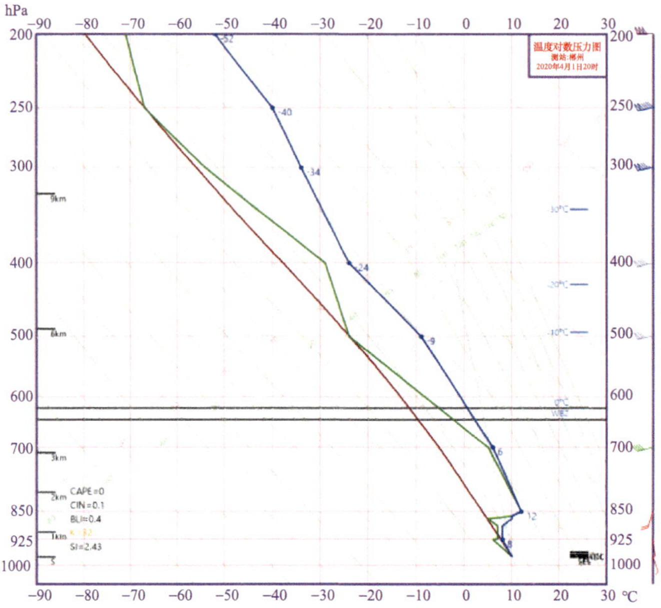

图 2.155　2020 年 4 月 1 日 20 时郴州站探空图

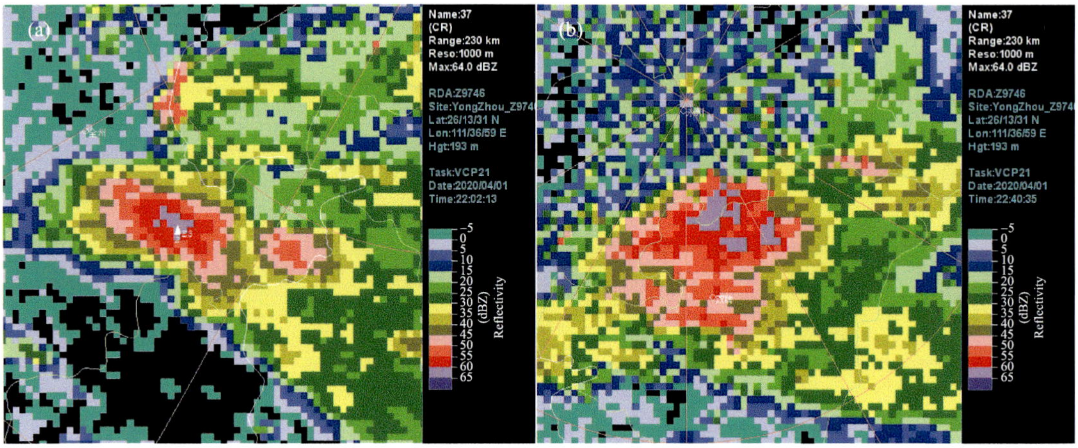

图 2.156　2020 年 4 月 1 日永州站雷达反射率因子

(a)22 时 02 分;(b)22 时 40 分

(4)预报难点

本次过程无倒槽回暖,能量条件不足,湘南 CAPE 为 500～1000 J·kg^{-1},模式预报对流层中层湿度较大,$T_{850-500}$小,且开始时－20 ℃层过高,所以对冰雹出现的可能性考虑不足。

(5)预报着眼点

① 高架雷暴类天气相对特殊,不稳定的建立主要是来自于 700～500 hPa 中间层。500 hPa 槽位于湘西北到贵州南部,湖南省大部分地区处于槽前,温度槽超前于高度槽,700 hPa 中层已有西南急流,风速 16～20 m·s^{-1},有暖湿气流,形成"上干冷、下暖湿"的配置,

增加了对流不稳定。925 hPa、850 hPa 的切变辐合是高架雷暴的触发机制。

② 东路冷空气影响，近地面是冷垫，低层有明显的逆温层，来自地面的气块很难穿透逆温层获得浮力，应当把逆温层顶看作地面，逆温层之上的气块绝热上升获得浮力，对探空图进行订正(850～500 hPa 参考意义不大)。一些对流参数或能量指数应当从逆温层顶开始计算，才有指示性。

③ 对于冰雹 0 ℃层高度的把握，0 ℃层略偏高，也不能因此减少对冰雹的预估，DBZ 和 WBZ 高度之间有干层，不利于冰雹下落时融化，有利于出现冰雹。

2.2.8.3　2001 年 1 月 23—25 日强对流天气过程

(1)过程概况

2001 年 1 月 23—25 日湖南省出现了一次大范围冬季强对流天气过程(图 2.157)，其中 24 日强对流天气范围最大，出现了伴随大风雨雪的冰雹天气。23 日，湘北桑植出现小冰雹，冰雹直径 3 mm；24 日，桑植、安化、长沙、芷江出现小冰雹，最大冰雹直径 8 mm；25 日芷江、邵阳市出现小冰雹，最大冰雹直径 9 mm。

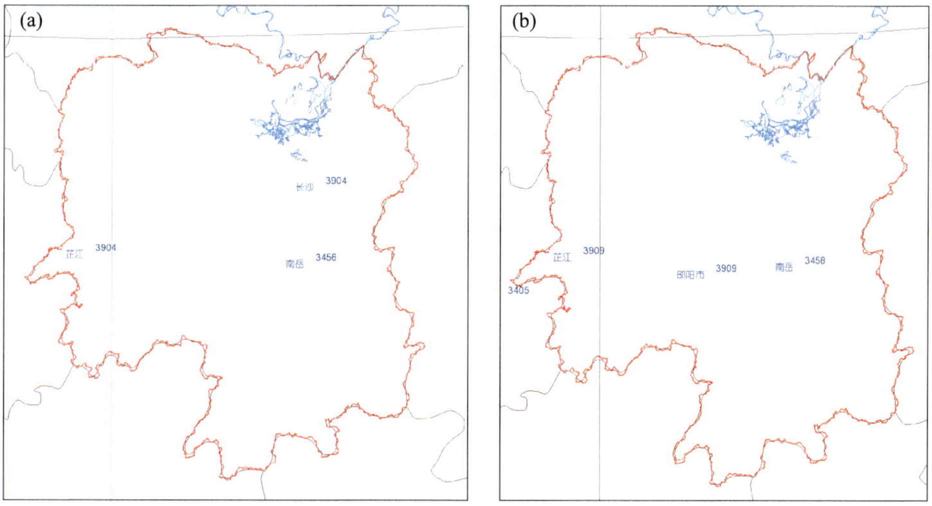

图 2.157　2001 年 1 月 24 日 (a)、1 月 25 日(b)冰雹实况(图中 4 位数字含义："34"代表冻雨，后 2 位为电线结冰厚度，含电线直径 27 mm；"39"代表冰雹，后 2 位为冰雹直径，单位为 mm)

(2)形势场分析

强对流天气主要发生在 24—25 日，分析 24 日 20 时天气形势(图 2.158)，东亚北部地区两槽一脊形势，500 hPa 湖南处于南支槽前，南支槽东移过程中加强变深，槽前正涡度平流有利于维持上升气流，700 hPa 湖南上空有一支强盛西南暖湿气流，最大风速达 26 $m \cdot s^{-1}$，850 hPa 暖式切变线位于湘西南到湘东北一带，逐渐南压到湘南，925 hPa 以下为东北风。700 hPa强暖湿气流在冷垫上爬升，700～500 hPa 对流不稳定及中低层强垂直风切变共同作用造成中层湿对称不稳定发展，有利于出现高架雷暴。

(3)物理量分析

1 月 24 日 08 时长沙、怀化探空(图 2.159)均显示，低层有明显逆温层，逆温层以上表现出温湿曲线开口向上的“喇叭口”，表明低层有冷空气渗透南下，中层由于西南暖湿气流影响表现出上干冷下暖湿配置，如果从逆温层顶开始抬升，订正后长沙和怀化的 CAPE 分别为 356.6 J·kg^{-1}和 393.1 J·kg^{-1}，表现出一定的对流有效位能，两站探空均显示出强垂直风切变，超过 33 m·s^{-1}，加强风暴下沉气流，通过强迫抬升流入的暖湿空气强烈上升，有利冬季强对流天气发生。两站的湿球温度 0 ℃层高度分别为 0.3 km 和 0.5 km 左右，相比于其他季节高度明显偏低，非常有利于出现冰雹。

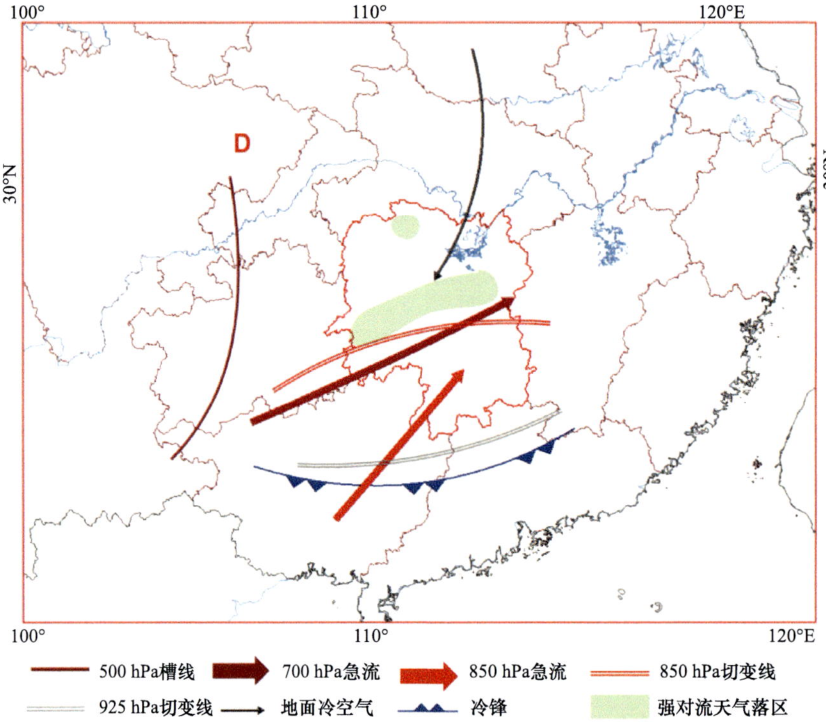

图 2.158　2001 年 1 月 24 日 20 时天气系统配置图

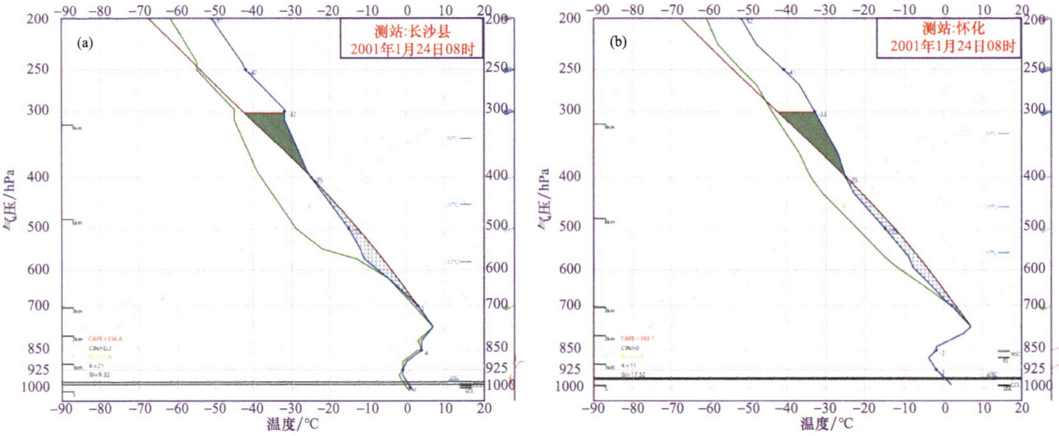

图 2.159　2001 年 1 月 24 日 08 时探空订正图

(a)长沙；(b)怀化

2.2.9　极端强对流天气

2.2.9.1　2021 年 5 月 15 日极端大风天气过程

(1)过程概况

2021 年 5 月 15 日 08 时—16 日 08 时，湘中以北出现了大到暴雨，新化、临湘、辰溪、芷江、溆浦、隆回、君山、中方、洪江、洞口、冷水江共出现 35 站大暴雨，最大降水量临湘龙源站为 168.1 mm，最大小时雨强溆浦两牙坪站 70.2 mm(16 日 01 时)(图 2.160a)。张家界、岳阳、怀化、常德、湘西州 15 站出现冰雹，最大直径 30 mm，15 日 17 时 00 分出现在岳阳县公田镇。长沙、邵阳、娄底、衡阳、株洲、怀化局地出现雷暴大风，岳阳县中洲乡 15 日 20 时 23 分出现 36.9 m·s^{-1}(12 级)雷暴大风(图 2.160b)。天气形势(图 160c)分析：南支槽深厚，小波动东移，700(850、925)hPa 西南急流，低涡中心位于湖北东部；925 hPa 切变线位于湘北地区；15 日夜间随着高空东移，低涡切变南压，冷空气南下，触发强对流天气发生。

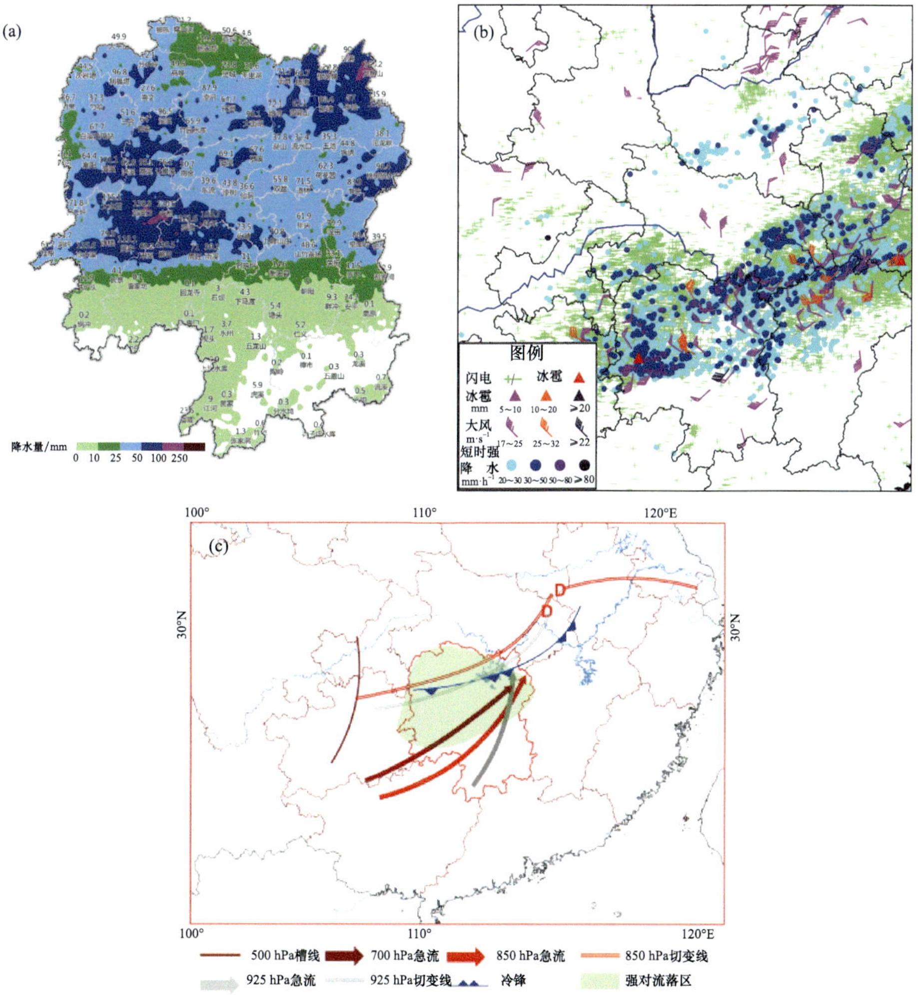

图 2.160　2021 年 5 月 15 日 08 时—16 日 08 时降水量实况(a)、强对流实况(b)、天气系统配置图(c)

(2)短期预报分析

强对流天气形势配置分析:14 日白天最高气温全省 32～34 ℃,14 日晚上,湘西北出现小雨,上游湖北已出现短时强降水及雷暴大风天气,15 日 07 时主要回波位于湖北地区,最大回波强度 40～50 dBZ。

5 月 14 日 20 时 ECMWF 模式预报 5 月 15 日 14 时形势场(图 2.161),南支槽深厚,槽前有小波动分裂东移,700(850)hPa 西南急流,风速达 18～20 $m \cdot s^{-1}$,925 hPa 风速达 16 $m \cdot s^{-1}$;20 时 925 hPa 切变线位于湘北地区;16 日 08 时 850/925 hPa 切变线南压至湘中地区。冷空气 15 日 23 时经湘北进入湖南省,16 日 08 时影响到湘中地区。

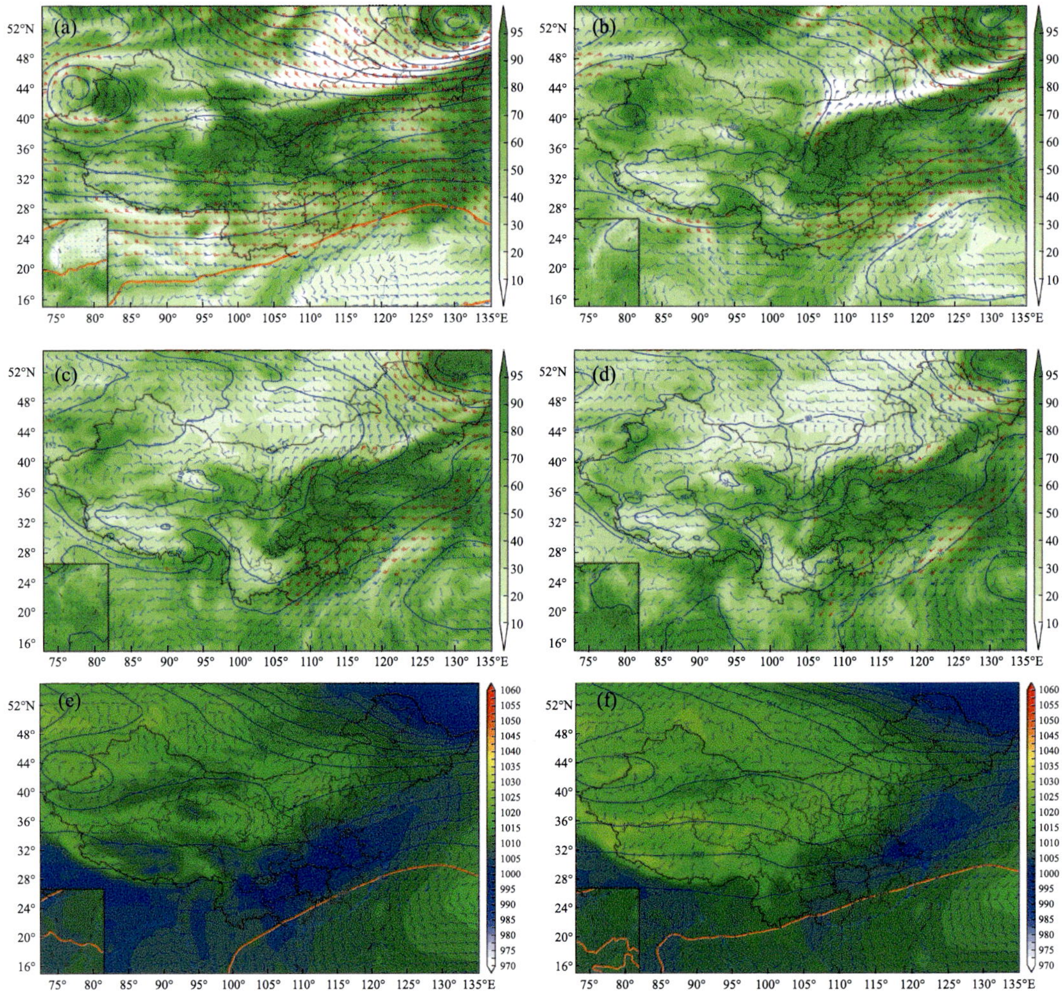

图 2.161　ECMWF 模式 2021 年 5 月 14 日 20 时起报的 15 日 14 时 500 hPa(a)、700 hPa(b)、850 hPa(c)、925 hPa(d)相对湿度(%)风场高度场和 15 日 20 时(e)、16 日 08 时(f)海平面气压(单位:hPa)形势图

因此考虑,受低压槽东移,中低层切变,地面冷空气共同影响,自北向南有一次明显强对流天气过程,伴有混合性雷暴大风、短时强降水和冰雹。

基于物理量的强对流分类分析(图 2.162):15 日 14 时和 20 时湘中以北热力条件好,CAPE 达 1500～2500 $J \cdot kg^{-1}$,湘北东部 0～6 km 垂直风切变达 28 $m \cdot s^{-1}$ 以上,最大抬升指数 BLI 为－6，整层可降水量 45～55 mm，湘东北超过 60 mm，$T_{850\text{-}500}$ 26～27 ℃。从岳阳和城步模式探空(图 2.163)看出，上干下湿结构明显，CAPE 大，低空急流，能量动力水汽条件都较好，有利于出现雷暴大风、冰雹、短时强降水混合天气，0 ℃层高度 4.8 km、－20 ℃层 8.7 km 偏高，考虑小冰雹。

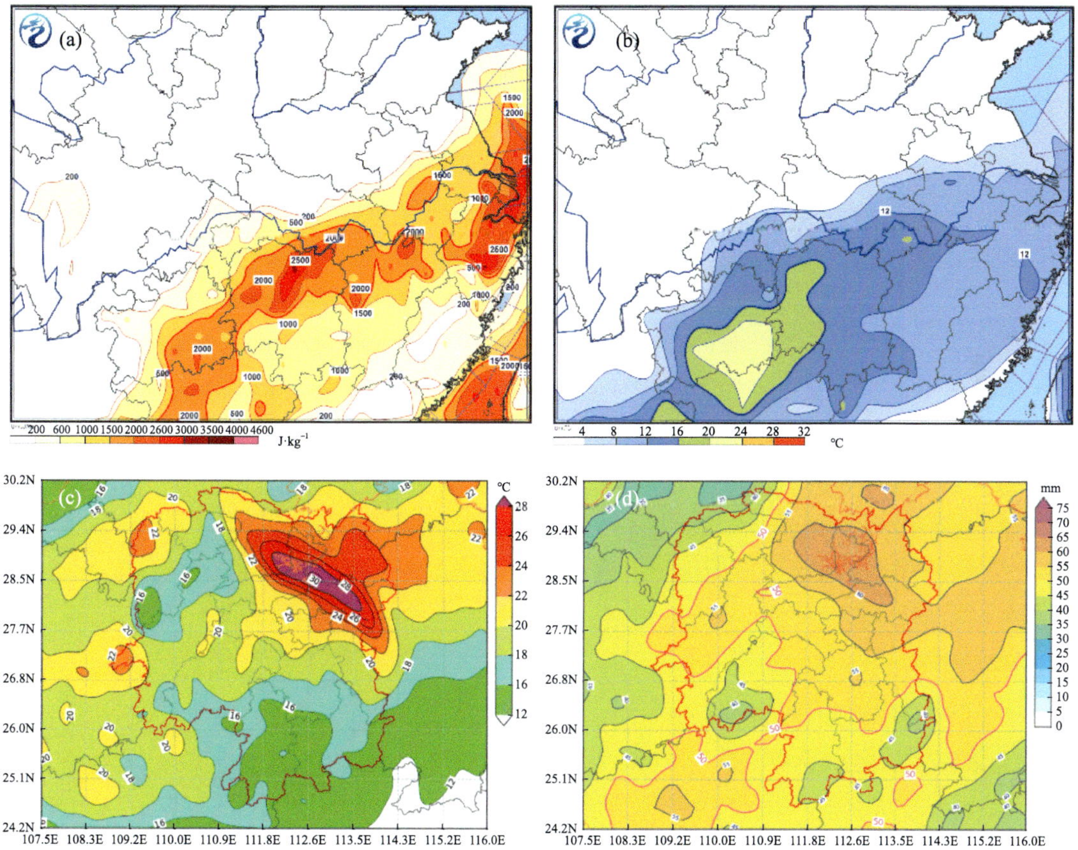

图 2.162　ECMWF 模式 2021 年 5 月 15 日 08 时起报的 15 日 20 时 CAPE(a)、$T_{850\text{-}500}$(b)、0～3 km 垂直风切变(c)、整层可降水量(d)

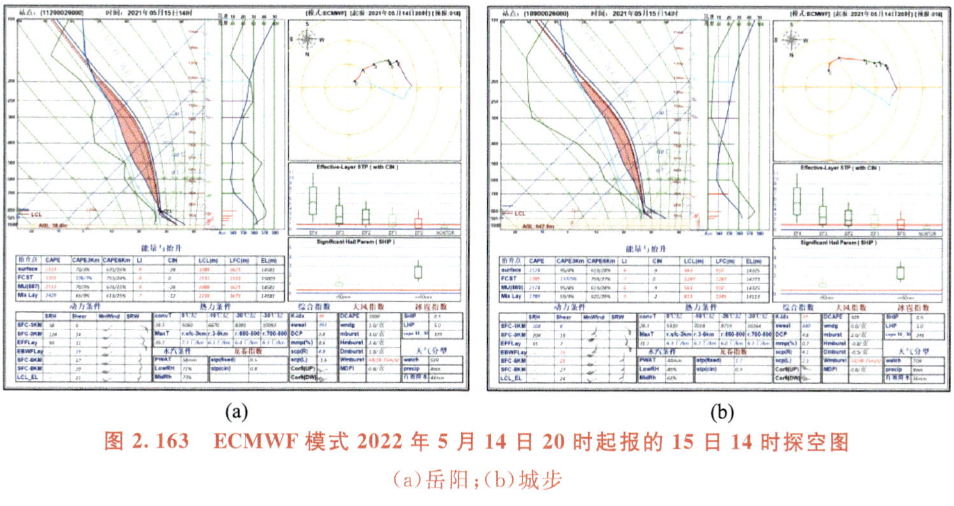

图 2.163　ECMWF 模式 2022 年 5 月 14 日 20 时起报的 15 日 14 时探空图

(a)岳阳；(b)城步

从模式形势分析和降水落区预报(图 2.164)来看,5 月 14 日 20 时起报 5 月 15 日强降水,各家模式预报较一致,落区位于湘中以北,除了 CMA-GFS 预报大雨,其他模式预报暴雨及大暴雨。

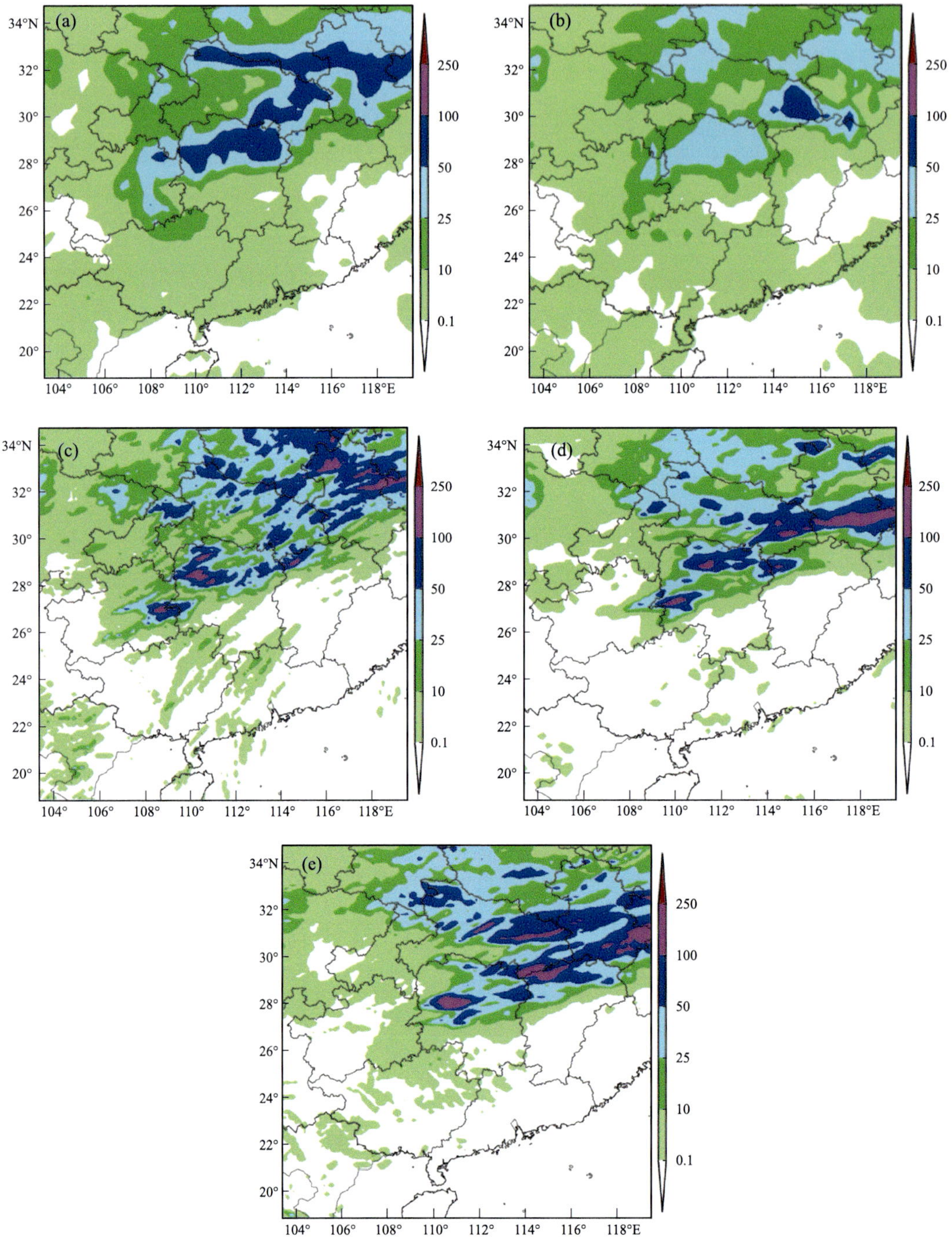

图 2.164　2021 年 5 月 14 日 20 时起报的 15 日 08 时—16 日 08 时 24 h 降水量(单位:mm)
(a)ECMWF;(b)CMA-GFS;(c)CMA-MESO;(d)CMA-SH9;(e)CMA-GD

CMA-MESO 模式雷达组合反射率因子产品(图 2.165)显示,15 日 08 时起报,16 时湘西北、湘东北局地有对流生成向东移动,20 时强回波逐渐东移,范围扩大,受切变线及低层急流影响湘北强回波发展强盛,22 时随着冷空气南下,湘北回波连成一条线,形成飑线,东移过程中缓慢南压,15 日 22 时—16 日 01 时飑线维持时间较长,湘中及以北地区受飑线影响出现雷暴大风,东移过程中多单体经过同一地区,形成明显列车效应,将出现多时次短时强降水,多单体中回波强度最大超过 60 dBZ,可能出现冰雹,02 时以后强回波强度减弱,并南压到湘南,08 时后强回波结构变松散。

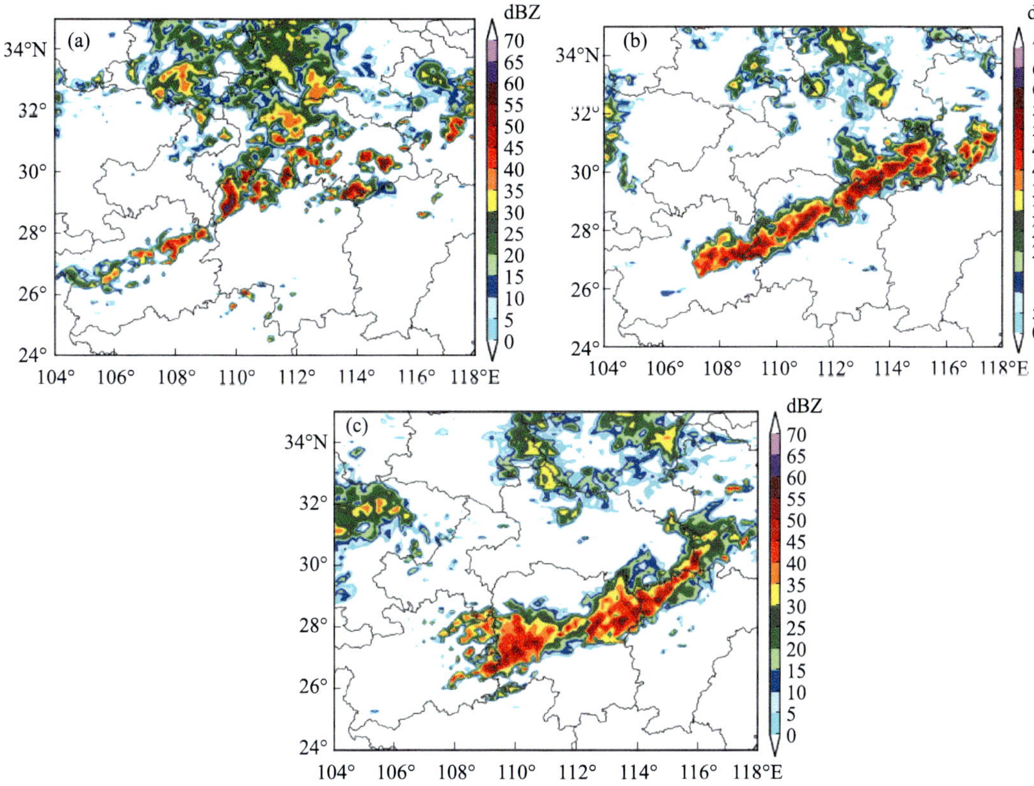

图 2.165　CMA-MESO 模式 2021 年 5 月 15 日 08 时起报的雷达组合反射率因子预报

(a)15 日 18 时;(b)15 日 22 时;(c)16 日 02 时

CMA-MESO 模式 1 h 降水量预报显示(图 2.166a),15 日 20 时湘西到湘东北有一条东北—西南向降水大值区,逐渐向南移动,03 时湘西南和湘中预报短时强降水。从 CMA-MESO 预报 10 米极大风(图 2.166b)可知,17 时湘北转北风,19 时风力加大,风速达 10～14 $m \cdot s^{-1}$,考虑大风天气,02 时以后风力较小。

预报结论:15 日受中低层低涡切变、西南暖湿气流和地面冷空气共同影响,自北向南有一次较强降水过程,并伴有短时强降水、风雹等强对流天气。强对流落区预报(图 2.167)显示,15 日白天,全省有雷暴,湘北、湘西南局地有短时强降水;湘东北、湘西北、湘西南局地有冰雹和雷暴大风。15 日晚上,全省有雷暴,湘中及以北局地有短时强降水、冰雹和雷暴大风。最大小时雨强 40～60 mm。

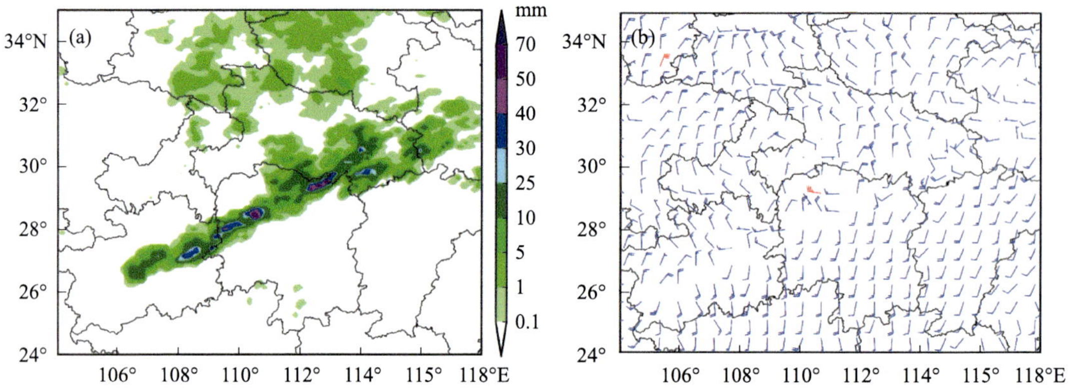

图 2.166 CMA-MESO 模式 2021 年 5 月 15 日 08 时起报的 15 日 20—21 时降水预报(a)和 15 日 20 时地面 10 m 极大风预报(b)

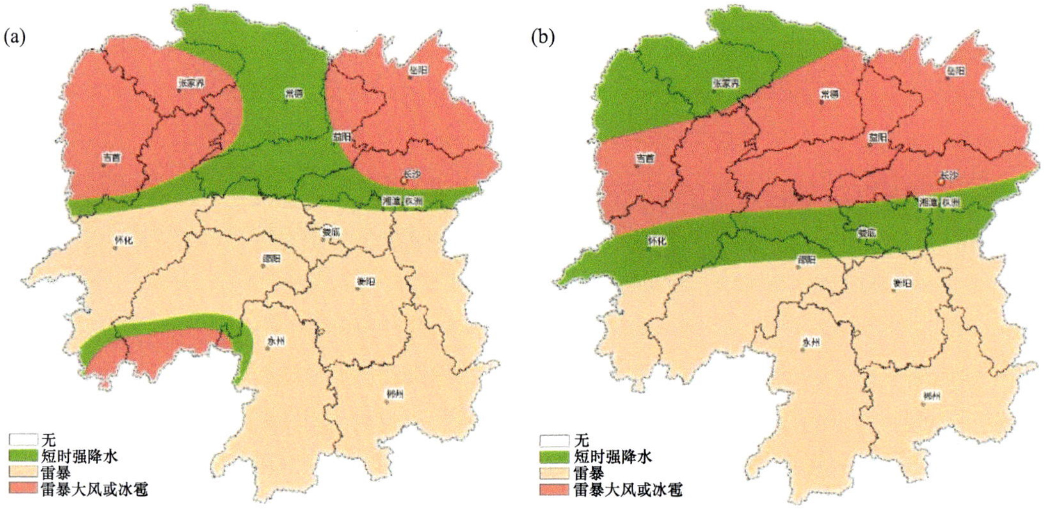

图 2.167 2021 年 5 月湖南省强对流天气落区预报

(a)15 日 08—20 时;(b)15 日 20 时—16 日 08 时

(3)短时预警思路

从岳阳雷达单站预警监测分析,11 时 27 分,组合反射率图显示南县、华容、监利一线开始出现多单体活动,最强回波强度 50 dBZ,径向速度图上显示出有冷锋活动,冷空气开始入侵南下,激发对流活动,应开始考虑重点关注其活动对下游岳阳地区影响。

15 时 32 分,岳阳雷达上湘阴、汨罗、岳阳县交界出现超级单体回波,最强回波中心值达到 63 dBZ,从径向速度图分析可知,对流单体向东北方向运动。15 时 31 分,长沙雷达 0.5°、1.5°、3.3°、6.0°仰角基本反射率因子产品显示,湘阴、汨罗、岳阳县交界存在高悬强回波,超过 66.5 dBZ 伸展到 7.9 km,超过−20 ℃层高度,对应下方存在弱回波。初步可以考虑发布岳阳县冰雹预警。15 时 37 分(图 2.168),长沙雷达 0.5°仰角基本反射率因子、相关系数、差分反射率因子、径向速度显示,在湘阴、汨罗、岳阳县交界处反射率因子相对大值区,相关系数相对小值区、差分反射率因子相对小值区,初步判断此处存在发展中的冰雹,前后时次分析,结合径向速度，考虑单体以向东北偏东方向移动。15 时 54 分，0.5°仰角径向速度图出现中气旋，推测强对流单体将维持一段时间，发布岳阳县冰雹预警依据更加充分。地面人工收集冰雹显示 16 时 50 分—17 时 00 分，岳阳县出现直经为 9～30 mm 的冰雹。

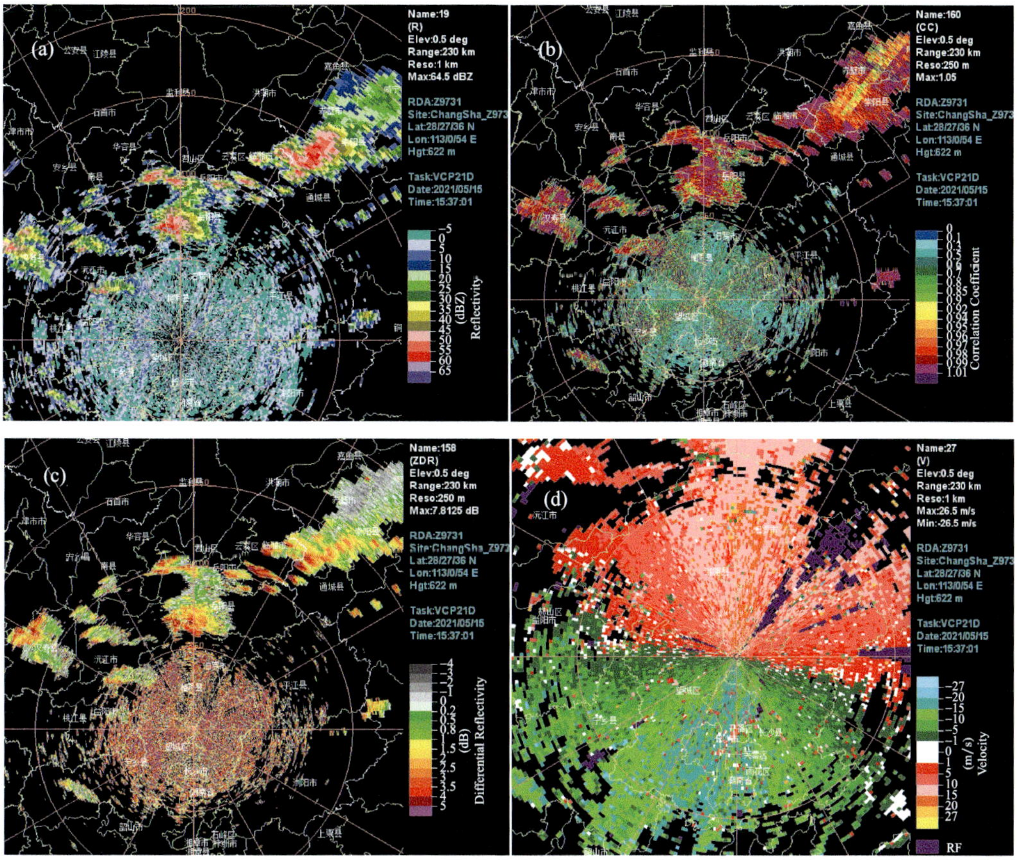

图 2.168 2021 年 5 月 15 日 15 时 37 分长沙雷达 0.5°仰角基本反射率因子(a)、相关系数(b)、差分反射率因子(c)、径向速度(d)

从岳阳雷达单站预警监测(图 2.169)分析，20 时 06 分 0.5°仰角基本反射率因子图显示益阳市沅江市北部回波反射率因子可达 50 dBZ，该时间前后反射率因子变化不大。0.5°仰角径向速度图显示，19 时 54 分开始沅江市北部出现速度模糊，最大负速度可达 29.5 $m \cdot s^{-1}$，需及时发布大风黄色预警。20 时 06 分沅江市北部的最大负速度已达 50 $m \cdot s^{-1}$，考虑会出现极端大风天气，须及时对沅江市升级红色预警，并对下游的岳阳市岳阳县发布大风预警。20 时 18 分，0.5°仰角径向速度图上显示岳阳县中部的速度模糊即将消失，最大速度可达 29.5 $m \cdot s^{-1}$。

(3)预报着眼点

此次预报暴雨落区和强对流落区基本正确。

① 本次过程先是暖平流强迫类，后转为斜压锋生类，极端雷暴大风及冰雹发生在低层暖平流强迫阶段，200 hPa 高空辐散明显，500 hPa 湖南省高空短波槽东移，中低层 850 hPa、925 hPa 低涡冷式切变线东移南压，低空急流强盛，700～850 hPa 风速达 20 $m \cdot s^{-1}$以上，地面倒槽强烈发展，在急流出口、低空切变线及地面辐合线附近产生强对流天气。

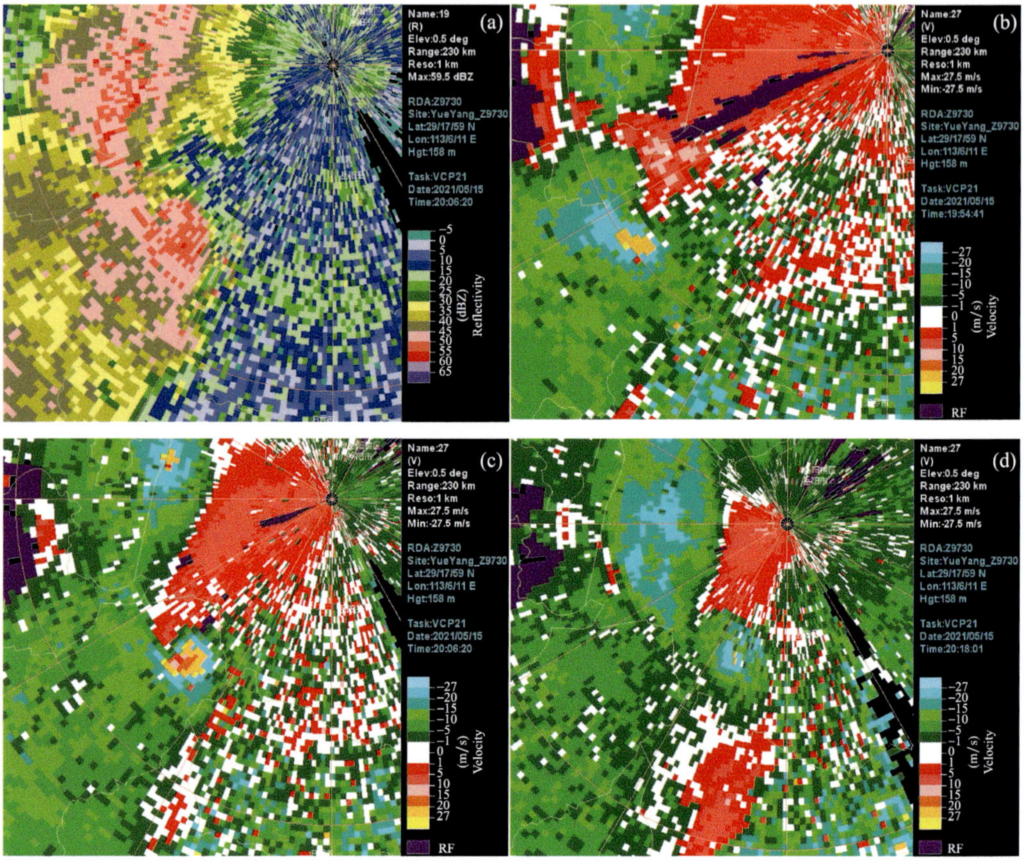

图 2.169　2021 年 5 月 15 日岳阳 0.5°仰角雷达拼图

(a)20 时 06 分反射率因子;(b)19 时 54 分径向速度图;(c)20 时 06 分径向速度图;(d)20 时 18 分径向速度图

② 热力与不稳定作用强,模式预报傍晚前后不稳定能量位 2000～2500 J·kg^{-1},且 0～6 km垂直风切变达 28 m·s^{-1}以上,使风暴有组织性发展,$T_{850\text{-}500}$ 为 26～27 ℃,强热力不稳定层结。虽然中等 DCAPE 在 800～1000 J·kg^{-1},仍出现极端大风,这与强动力与热力作用有关。对比春季不同类型强对流的物理量指标,这次过程湘北东部各物理量已经超过 75%阈值,甚至接近最大值,因此出现极端大风天气。

③ 中尺度模式 CMA-MESO 雷达组合反射率因子最新起报时刻准确预报出飑线,预报强回波位置及强度、形态结构、移动速度较为准确。CMA-MESO 模式 1 h 降水量预报与实况对比,15 日 18 时—16 日 0 时预报落区与量级较准确,而模式移速比实况快,降水减弱也较快,因此 01 时以后湘西强降水预报较实况偏南,强度偏弱。中尺度模式预报风速增大与大风出现时间对应较好,对大风预报有一定指示意义。

④ 反射率因子>60 dBZ,双偏振量差分反射率因子相对小值区、相关系数相对低值区、高悬强回波等特征指示冰雹天气。速度模糊,最大负速度可达 29.5 m·s^{-1},需及时发布大风黄色预警,距离雷达站 50 km 内的沅江市北部最大负速度已达 50 m·s^{-1},考虑会出现极端大风天气,需及时对沅江市升级红色预警,并对下游岳阳县发布大风预警。

第 3 章

湖南暴雪、冰冻预报方法

暴雪、冰冻是湖南省冬季的主要灾害性天气，在特定天气背景下会产生严重灾害损失，例如 2008 年特大雨雪冰冻事件，共造成湖南省 3342.5 万人受灾，因灾死亡 17 人，紧急转移安置 41.9 万人，大量通信、电力、交通设施受损，直接经济损失 132.5 亿元。

目前我国降雪等级主要按国家标准《降水量等级》(GB/T 28592—2012)进行划分，降雪量大小是等级划分的唯一标准。但南方地区冬季降水相态复杂，降雪以“湿雪”为主，单纯以降雪量来衡量降雪强度与实际应用不相适应，必须结合积雪深度来综合判定，因此本章定义湖南强降雪标准如下：以 20 时至次日 20 时为日界，日降水量 10.0～19.9 mm，且新增积雪深度≥5 cm 为暴雪；日降水量 20.0～29.9 mm，且新增积雪深度≥10 cm 为大暴雪；日降水量≥30 mm，且新增积雪深度≥20 cm 为特大暴雪。强降雪包含暴雪、大暴雪和特大暴雪。冰冻取最大电线积冰直径≥27 mm 为一个冰冻日，最大积冰厚度为已减掉电线直径(26.8 mm)的厚度值。区域性冰冻过程：湖南省(去除南岳站)有任意一个站发生冰冻(有雨凇)为过程开始，至全省无站有雨凇的前一天，过程结束(中间可断一天)。由于南岳站为高山站，不具有普遍代表性，所以本章分析不包括南岳站。

3.1 湖南暴雪、冰冻气候特征

3.1.1 暴雪时空分布特征

根据湖南 1961—2021 年气象资料统计，湖南强降雪日空间分布不均匀，总体表现为北多南少，洞庭湖湖区最多，雪峰山北麓、大围山次多，南岭一带最少。湖南省强降雪日最多为安化(25 d)，赫山区、宁乡、新化均大于 20 d，为强降雪日大值区。益阳、常德、岳阳、长沙、湘潭、怀化北部大部分县区为 11 d 以上。纬度越往南强降雪日呈递减趋势，南岭山脉一带最少，永州、郴州、株洲南部大部分县区仅为 1～4 d，江华最少(1 d)(图 3.1a)。

湖南最大积雪深度呈北多南少分布，最大降雪中心出现在临澧(40 cm)，随纬度降低，最大雪深减小，湘北雪深大多在 20～30 cm，湘中 20～25 cm，湖南南部最大雪深为 10～15 cm，江永最小(图 3.1b)。

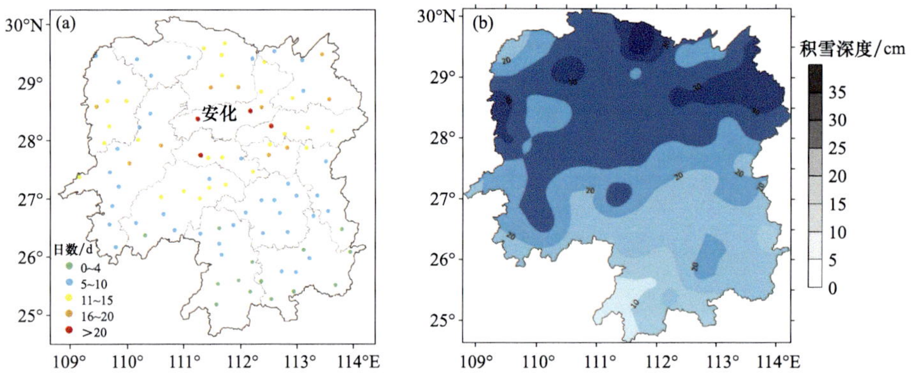

图 3.1 1961—2021 年湖南累计强降雪日(a)和最大积雪深度分布(b)

从 1961—2021 年强降雪站次时序演变分析(图 3.2),强降雪累计站次最多的发生在 1983 年(51 站次),次多的有 1964 年、1977 年、2005 年,均为 47 站次,近 10 a 最多强降雪站次出现在 2011 年和 2018 年,均为 39 站次。从大暴雪及特大暴雪站次时序分布来看,最多的为 1995 年(16 站次),次多的为 1977 年(11 站次),20 世纪 90 年代以后大暴雪及以上量级发生站次呈增多趋势。从旬分布来看(图 3.3),12 月上旬到 3 月下旬湖南省均出现过强降雪,1 月中旬强降雪最多,达 177 站次,1 月下旬、2 月上旬、12 月下旬强降雪发生站次也达 100 站次以上。其中,12 月下旬、1 月上旬、1 月中旬大暴雪发生站次最多,可见,这三旬的极端降雪天气发生可能性最大。

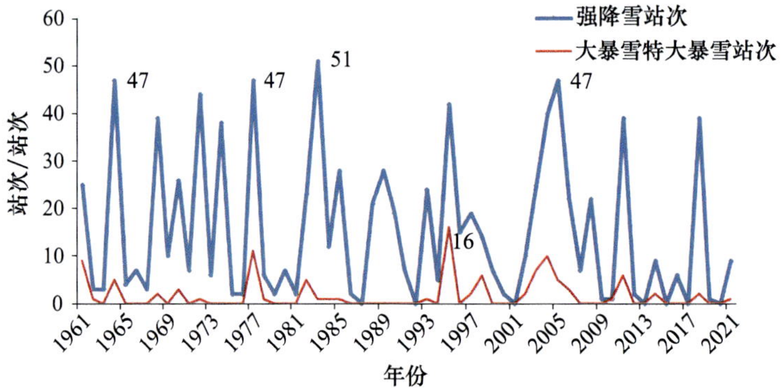

图 3.2 1961—2021 年湖南逐年强降雪站次和特大暴雪站次变化

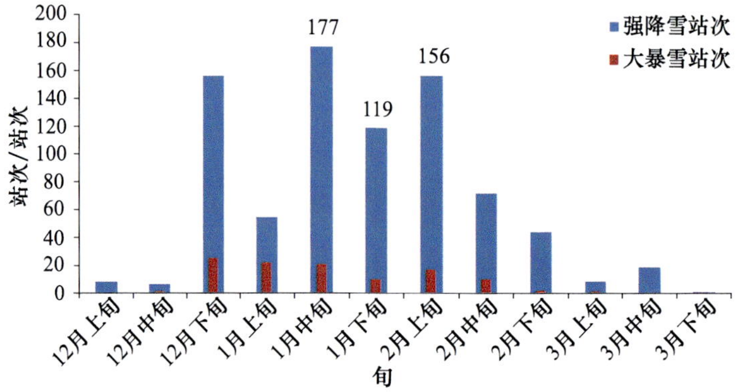

图 3.3 1961—2021 年湖南强降雪站次和大暴雪站次旬分布

3.1.2　冰冻时空分布特征

统计表明，湖南省年冰冻日数最多为桂阳(7.0 d)，最少为龙山(0.4 d)。郴州为冰冻日数最多的地市，年均冰冻日数在 5～7 d，邵阳、怀化南部、长沙西部、永州次之，年均冰冻日数在 3～5 d，张家界冰冻日数最少，年均冰冻日数小于 1 d (图 3.4a)。最大积冰厚度分布不均，大于 50 mm 的大值中心主要位于张家界北部、株洲北部、邵阳南部、永州北部、衡阳西部等地，最大积冰厚度出现在武冈(61 mm)；其他大部分地区最大积冰厚度小于 10 mm(占比 75%)，其中永州南部、郴州南部积冰厚度最小(图 3.4b)。冰冻一般出现在 11 月中旬至次年 4 月初，1 月出现最多。1973 年、2010 年、2012 年冰冻过程较多(6～7 次)，其他大多数年份次数在 2 次左右。2013 年后冰冻次数呈明显下降趋势，部分年份无冰冻发生。单站最长连续积冰日数为 6 d(道县站)，59%站次最长积冰日数在 2 d 或以下，16%站次为 3～4 d(图 3.5)。

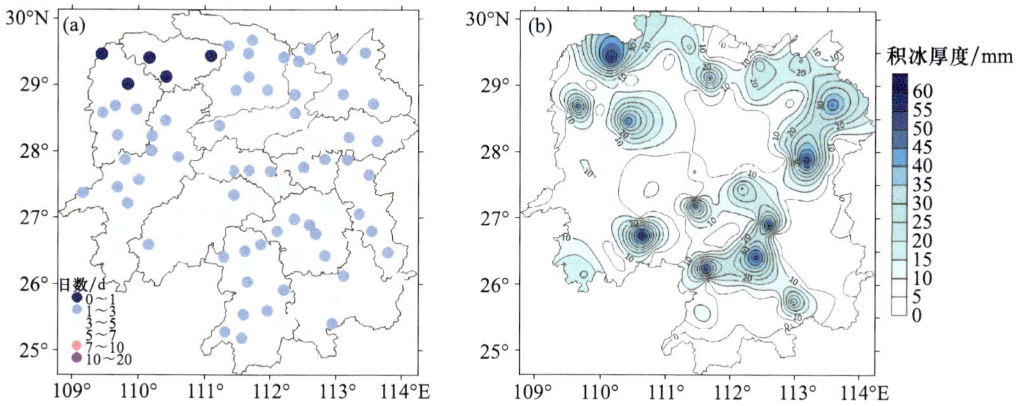

图 3.4　1961—2021 年湖南年均冰冻日数(a)和最大积冰厚度(b)

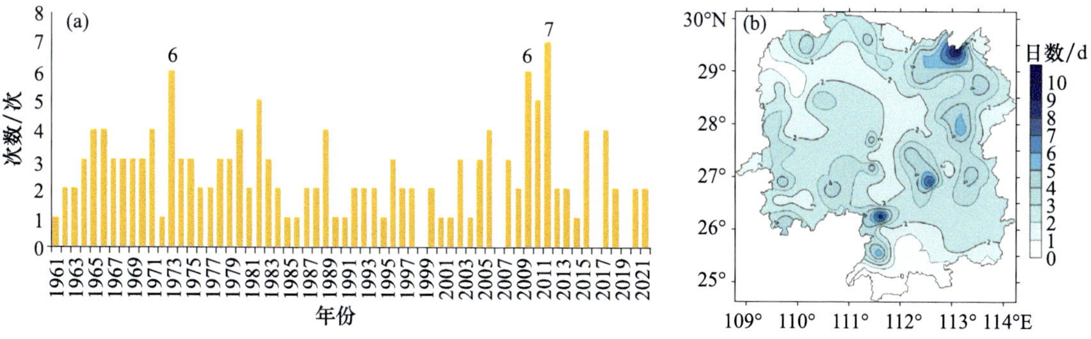

图 3.5　1961—2021 年湖南逐年冰冻过程次数(a)和最长连续积冰日数(b)

由表 3.1 发现，2008 年 1 月 13 日—2 月 10 日、1964 年 2 月 1 日—27 日两次过程的冰冻持续时间、影响区县数及最大积冰厚度均位于湖南省前 10 位内，为湖南省极端冰冻天气。最大积冰厚度为 61 mm，出现在 1983 年 12 月 29 日武冈站，冰冻持续时间最长为 28 d。从影响区县数来看，排名前 10 的过程均超过 100 个区县。

表 3.1 1961—2021 年冰冻强度等指标前 10 位排名

冰冻持续时间前 10 位	过程持续天数/d	冰冻影响区县前 10 位	区县数/个	最大电线积冰直径前 10 位	最大电线积冰直径/mm
2008 年 1 月 13 日—2 月 10 日	28	2008 年 1 月 13 日—2 月 10 日	120	1983 年 12 月 27—31 日	61.0
1984 年 1 月 15 日—2 月 11 日	27	1985 年 12 月 7—13 日	118	1971 年 12 月 6—7 日	59.0
1964 年 2 月 1—27 日	26	1984 年 1 月 15 日—2 月 11 日	117	2008 年 1 月 13 日—2 月 10 日	56.0
1977 年 1 月 23 日—2 月 11 日	19	2018 年 1 月 23 日—2 月 1 日	116	1974 年 1 月 22 日—2 月 9 日	53.0
1974 年 1 月 22 日—2 月 9 日	18	1991 年 12 月 24—31 日	116	1978 年 2 月 9—16 日	46.0
1976 年 12 月 24 日—1977 年 1 月 9 日	15	1981 年 1 月 13 日—2 月 1 日	113	1977 年 1 月 23 日—2 月 11 日	46.0
1969 年 2 月 13—28 日	15	1972 年 2 月 1—11 日	112	1971 年 12 月 20—26 日	42.0
1969 年 1 月 26 日—2 月 9 日	14	1985 年 2 月 16—22 日	111	1985 年 12 月 7—13 日	33.0
2000 年 1 月 23 日—2 月 4 日	12	1969 年 2 月 13—28 日	110	1964 年 2 月 1—27 日	32.0
1980 年 1 月 28 日—2 月 9 日	12	1964 年 2 月 1—27 日	109	2018 年 1 月 23 日—2 月 1 日	31.2

3.2 湖南暴雪、冰冻预报思路及策略

3.2.1 一般预报思路

湖南雨雪过程发生发展往往以三种演变形式出现，第一类为寒潮降雪类，主要出现在 12 月前后，先后经历“寒潮大风—地面降温—纯雪”过程，较为少见，如 2018 年初、2021 年 12 月底；第二类为雨雪冰冻类，冬季 12 月至次年 2 月均可能发生，一般经历“雨—雨夹雪—纯雪”或“雨—雨夹雪—冻雨”过程，相态复杂，可反复出现相态之间的转变，最为常见；第三类为单一纯雪类，一般为雨雪过程间歇后，在前期低温持续的基础上，降水再次发展。

湖南暴雪天气过程的一般预报思路如下：

① 关注上游实况和有利的高低空配置。依据将要影响湖南省的主要天气系统在上游地区是否出现暴雪，对模式进行系统性偏差订正。

② 关注数值模式预报温度条件。依据模式各层温度特征线的预报，确定雪线的位置；整层气温达到 0 ℃以下，且 500 hPa 在−12 ℃或 850 hPa 在−4 ℃以下可考虑降雪。

③ 关注降雪强度和落区的预报。重点分析数值模式降水量、雪深预报的稳定性和差异性，通过降雪强度和持续时间，同时结合影响系统及位置来探讨暴雪出现的可能性及影响区域。当整层气温较低时，直接形成降雪产生暴雪；当气温逐步降低，由雨转雪后产生强降雪，如果转雪时间早、持续降雪时间长，更容易达到暴雪标准。

④ 关注地形对降雪影响。除整层温度低于 0 ℃可预报纯雪外，在海拔较高地区地面温度为 0～2 ℃也可能出现纯雪。

⑤ 关注动量下传影响。当 500 hPa 气温低于−16 ℃，700～925 hPa 气温在 0 ℃以下，地面气温在 1 ℃左右，若中低层偏北风大，高空下落的雪花由于动量下传，降到地面时仍为纯雪天气。

湖南冰冻天气与暴雪天气具有相似的大尺度环流背景，一般预报思路如下：

① 关注实况和有利的高低空配置。依据将要影响湖南的主要天气系统在上游地区是否出现冰冻，重点关注中层（700 hPa）是否建立更强盛的西南急流（≥16 m/s），并对模式进行系统性偏差订正。

② 关注模式降水量和温度层结预报。在满足降水条件时，若中层有暖性逆温层，低层有较深厚的冷垫时，可预报冻雨，暖性逆温层和低层冷垫厚度越大，越有利于形成强冰冻。

③ 冻雨的暖性逆温层多在 700 hPa，冷垫在 850 hPa 以下。但有时 700～850 hPa 都为 0 ℃以上的融化层，暖性逆温层厚，若 850 hPa 以下至近地面气温低于 0 ℃，仍可产生冻雨。也有暖性逆温层在 850 hPa，融化层较低，700 hPa 及以上为 0 ℃以下，若 850 hPa 以下有明显低于 0 ℃的冷垫配合时，仍有冻雨发生。

结合国内学者对于暴雪、冰冻天气的研究（姚蓉 等，2008；漆梁波 等，2012；叶成志 等，2009；李遥 等，2018；王东海 等，2008；杨贵名 等，2008；赵思雄 等，2008；姚晨 等，2018；罗布坚参 等，2019；刘红武 等，2020），按天气学方法依据 500 hPa 主要影响系统将湖南省暴雪冰冻天气过程分为 5 种类型，分别为横槽转竖＋短波槽型、横槽＋南支槽东出型、横槽＋阶梯槽型、南支槽东出型、阻高崩溃＋南支槽型。本节主要在上述分型基础上，采用典型预报实例复盘的方式，对不同类型暴雪、极端暴雪、极端冰冻的预报难点及预报策略进行探讨。

3.2.2　雨雪冰冻天气温度预报指标

降水相态预报是冬季天气预报的主要工作之一。已有研究表明（漆梁波 等，2012），温度因子和厚度因子可作为冬季降水相态的识别判据。因此利用 1980 年 1 月 1 日—2009 年 2 月 28 日湖南长沙、郴州 2 个探空站观测资料及湖南 97 县（市）地面观测资料，将湖南省冬季有降水日分为雨、冻雨、雪及混合型（雨夹雪）四种相态类型，其中长沙站代表湘北、郴州代表湘南。另外，因产生冻雨和冰粒气象条件存在一定差异，开展冬季降水相态分型时，将冰粒划分为雨夹雪一类，不包含在冻雨中。

统计分析表明，湖南省共出现 5315 个降水日，其中有 4364 站次出现纯雪型固体降水，共

443 个纯雪日(占冬季降水日的 8.33%);共 115308 站次出现纯雨型液态降水,共 2383 个纯雨日(占冬季降水日的 44.84%);共 8292 站次出现冻雨,共 1463 个冻雨日(占冬季降水日的 27.53%);共 14064 站次出现混合型降水,共 1026 个混合型降水日(占冬季降水日的 19.30%)。

3.2.2.1 纯雪型特征

(1)温度特征

统计分析长沙、郴州站出现纯雪时不同气层温度箱线图发现(图 3.6):长沙 500 hPa 温度在 10%~90%分位覆盖范围为−19.3~−9.2 ℃,中位数为−14.1 ℃,700 hPa 温度在 10%~90%分位覆盖范围为−6.0~−0.7 ℃,中位数为−3.6 ℃,850 hPa 温度在 10%~90%分位覆盖范围为−8.1~−1.7 ℃,中位数为−6.2 ℃,1000 hPa 温度在 10%~90%分位覆盖范围为−2.5~0.8 ℃,中位数为−0.4 ℃。郴州的 500 hPa 温度在 10%~90%分位覆盖范围为−13.9~−8.5 ℃,中位数为−11.7 ℃,700 hPa 温度在 10%~90%分位覆盖范围从−3.5~2.4 ℃,中位数为−2.0 ℃,850 hPa 温度在 10%~90%分位覆盖范围为−5.8~2.7 ℃,中位数为−4.7 ℃,1000 hPa 温度在 10%~90%分位覆盖范围为−1.9~1.9 ℃,中位数为−0.2 ℃。上述统计数据表明,湘北出现纯雪时 700 hPa、850 hPa 温度基本在 0 ℃以下,且 850 hPa 温度整体偏低。

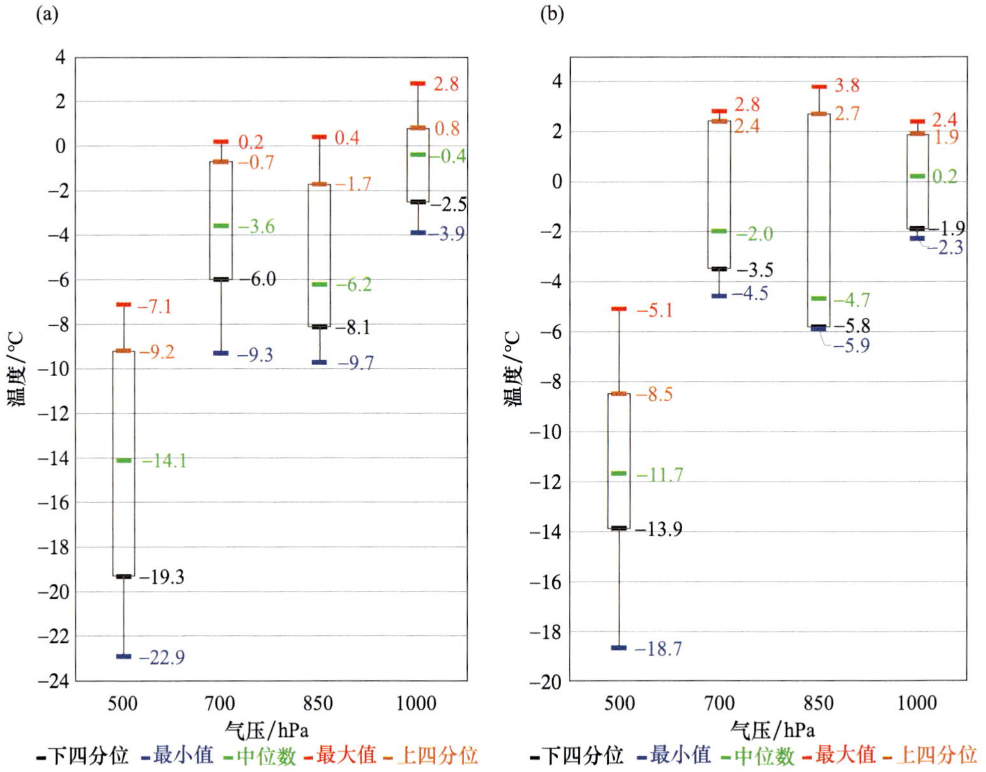

图 3.6 长沙(a)、郴州(b)单站纯雪型不同气层温度箱线图

(2)厚度特征

统计分析长沙、郴州站出现纯雪时中低层厚度箱线图发现(图 3.7):长沙的 700 hPa 与 850 hPa 厚度在 10%～90%分位覆盖范围为 151.2～154.7 dagpm,中位数为 153.0 dagpm,850 hPa 与 1000 hPa 厚度在 10%～90%分位覆盖范围为 127.3～129.3 dagpm,中位数为 128.5 dagpm。郴州的 700 hPa 与 850 hPa 厚度在 10%～90%分位覆盖范围为 153.8～157.5 dagpm,中位数为 155.4 dagpm,850 hPa 与 1000 hPa 厚度在 10%～90%分位覆盖范围从 127.8～129.5 dagpm,中位数为 128.5 dagpm。上述统计数据表明,湘北出现纯雪时700 hPa与 850 hPa 厚度要比湘南略薄 2 dagpm,850 hPa 与 1000 hPa 厚度两者差异不大。

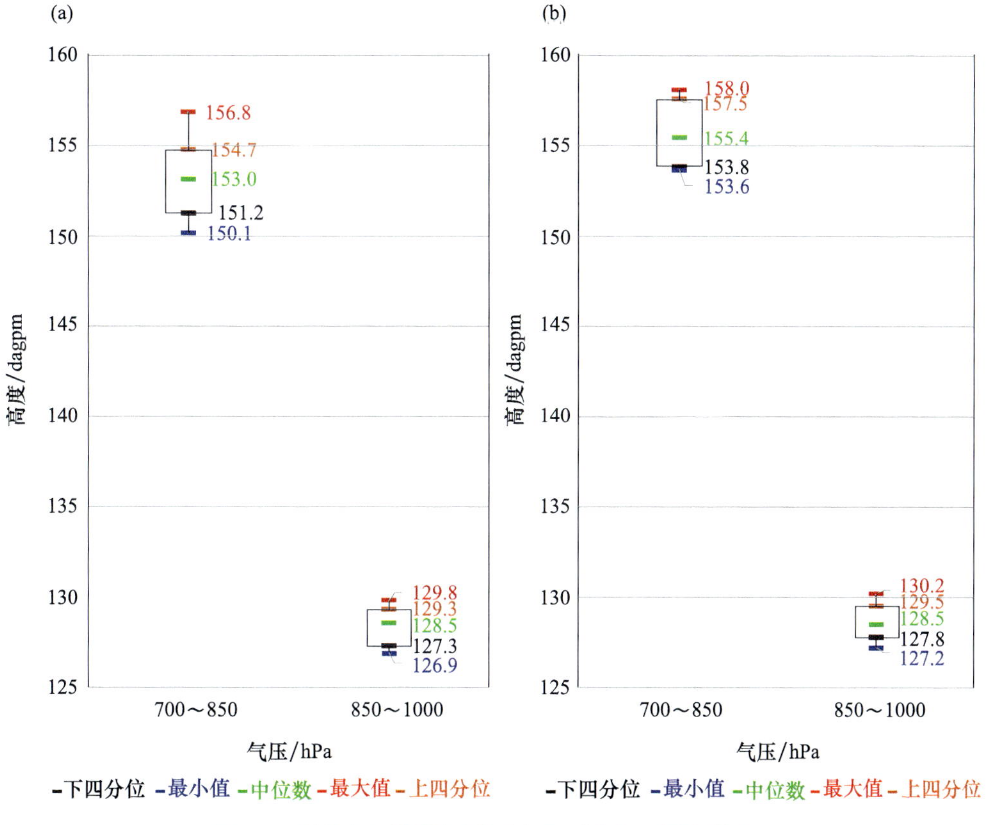

图 3.7 长沙(a)、郴州(b)单站纯雪型中低层厚度箱线图

3.2.2.2 冻雨型特征

(1)温度特征

统计分析长沙、郴州站出现冻雨时不同气层温度箱线图发现(图 3.8):长沙 500 hPa 温度在 10%～90%分位覆盖范围为－16.5～－9.7 ℃,中位数为－12.5 ℃,700 hPa 温度在10%～90%分位覆盖范围为－2.7～1.4 ℃,中位数为－0.7 ℃,850 hPa 温度在 10%～90%分位覆盖范围为－8.1～－2.1 ℃,中位数为－6.3 ℃,1000 hPa 温度在 10%～90%分位覆盖范围为－4.1～－0.9 ℃,中位数为－2.5 ℃;郴州的 500 hPa 温度在 10%～90%分位覆盖范围为

−14.7～−5.5 ℃，中位数为−11.1 ℃，700 hPa 温度在 10%～90%分位覆盖范围为−2.1～3.6 ℃，中位数为 0 ℃，850 hPa 温度在 10%～90%分位覆盖范围为−8.7～4.8 ℃，中位数为−2.8 ℃，1000 hPa 温度在 10%～90%分位覆盖范围为−2.3～0.2 ℃，中位数为−0.9 ℃。上述统计数据表明，湘北出现冻雨时，700 hPa 多在−0.7 ℃以上，融化层出现在 700 hPa 附近居多，850 hPa 温度基本在−2 ℃以下，1000 hPa 基本在−0.9 ℃以下；湘南出现冻雨时 850 hPa、700 hPa 温度略高，融化层分布范围较广，且 1000 hPa 温度基本在 0.2 ℃以下。

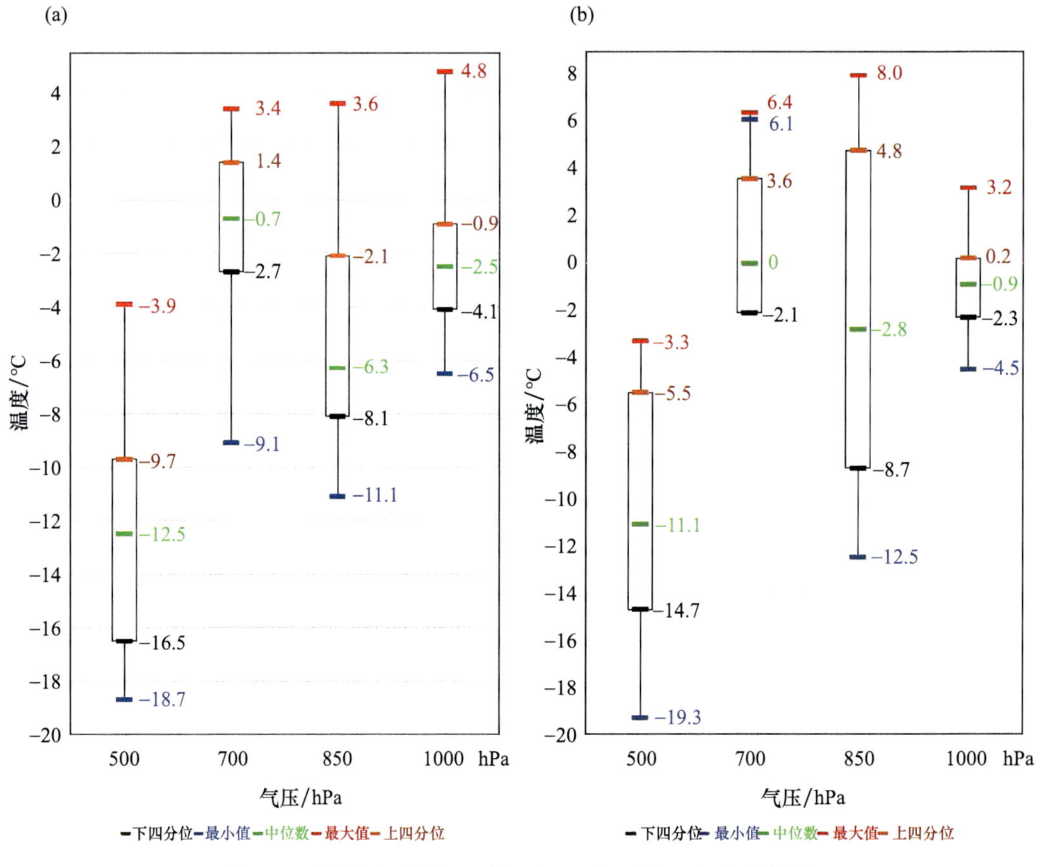

图 3.8　长沙(a)、郴州(b)单站冻雨型不同气层温度箱线图

(2)厚度特征

统计分析长沙、郴州站冻雨型中低层厚度箱线图发现(图 3.9)：长沙的 700 hPa 与 850 hPa厚度在 10%～90%分位覆盖范围为 152.4～156.8 dagpm，中位数为 155.3 dagpm，850 hPa 与 1000 hPa 厚度在 10%～90%分位覆盖范围为 126.9～128.7 dagpm，中位数为 127.8 dagpm。郴州的 700 hPa 与 850 hPa 厚度在 10%～90%分位覆盖范围从 153.6～158.6 dagpm，中位数为 156.8 dagpm，850 hPa 与 1000 hPa 厚度在 10%～90%分位覆盖范围为 127.3～129.3 dagpm，中位数为 128.2 dagpm。上述统计数据表明，出现冻雨时，湘南 700 hPa与 850 hPa 厚度要比湘北略厚 1.5 dagpm，850 hPa 与 1000 hPa 厚度接近。

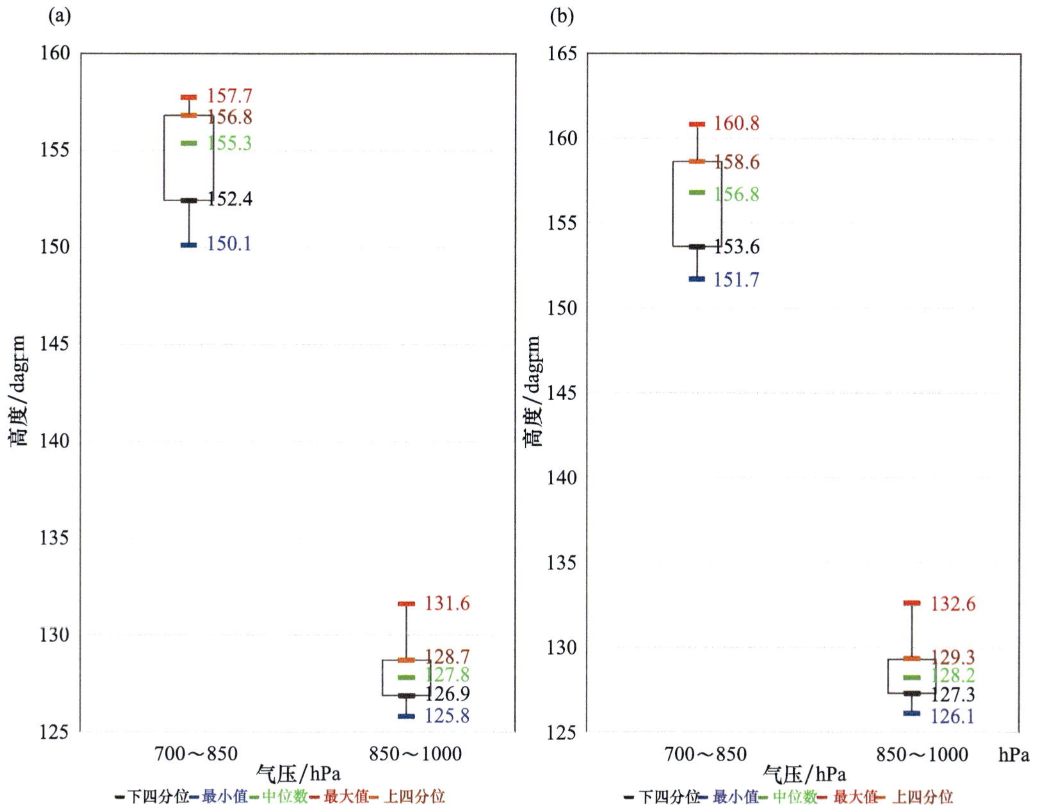

图 3.9 长沙(a)、郴州(b)单站冻雨型中低层厚度箱线图

3.2.2.3 混合型特征

统计分析长沙、郴州站出现混合型降水时不同气层温度箱线图发现(图 3.10):长沙的 500 hPa温度在 10%～90%分位覆盖范围为－18.7～－12.1 ℃,中位数为－15.5 ℃,700 hPa 温度在 10%～90%分位覆盖范围为－4.5～0.4 ℃,中位数为－1.3 ℃,850 hPa 温度在10%～90%分位覆盖范围为－6.0～－0.6 ℃,中位数为－3.3 ℃,1000 hPa 温度在 10%～90%分位覆盖范围为－1.0～3.2 ℃,中位数为 0.7 ℃。郴州的 500 hPa 温度在 10%～90%分位覆盖范围为－16.1～－7.5 ℃,中位数为－12.7 ℃,700 hPa 温度在 10%～90%分位覆盖范围从－2.5～1.3 ℃,中位数为－0.8 ℃,850 hPa 温度在 10%～90%分位覆盖范围为－7.0～0.1 ℃,中位数为－3.1 ℃,1000 hPa 温度在 10%～90%分位覆盖范围为－0.1～3.6 ℃,中位数为 1.2 ℃。上述统计数据表明,湘北出现混合型降水时,850 hPa、700 hPa 温度基本在 0 ℃以下;湘南出现混合型降水时 850 hPa、700 hPa 温度略高于湘北,1000 hPa 温度基本在 0～4 ℃。

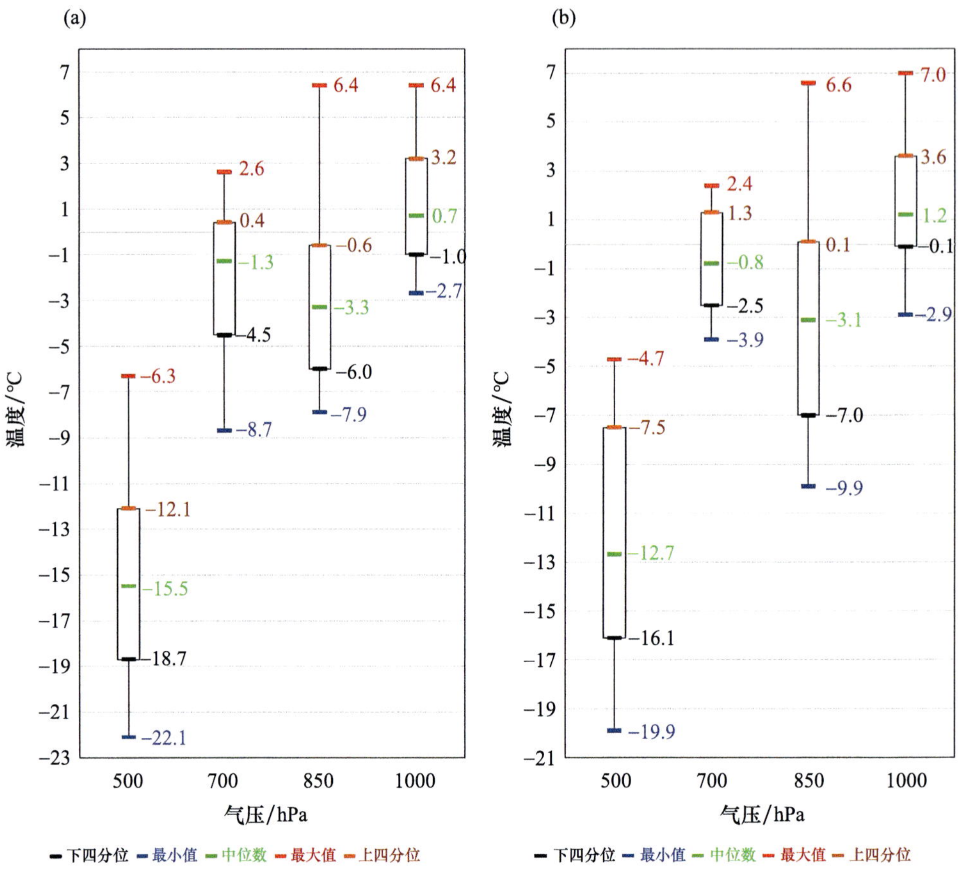

图 3.10　长沙(a)、郴州(b)单站混合型不同气层温度箱线图

3.2.3　横槽转竖＋短波槽型暴雪

横槽转竖＋短波槽型暴雪常会伴随寒潮大风或强降温天气，天气现象复杂，既有降雪又有冻雨，强降雪时段集中。该型主要影响系统是阻塞高压脊前横槽及高原短波槽(图 3.11)。过程发生前，中高纬巴尔喀什湖与贝加尔湖有强大的阻塞高压，脊前横槽槽区从东北地区延伸至内蒙古，副高主体偏东、偏南，大多位于海上，中纬以平直环流为主。大尺度环流发生长波调整，阻高脊前横槽转竖，带动冷空气南下，气温下降，达到降雪温度条件，同时高原上有小波动东出，700 hPa 急流增强导致暴雪发生。

3.2.3.1　2021 年 12 月底寒潮暴雪过程

(1)过程概况

此次低温雨雪过程先后出现寒潮、大暴雪等灾害天气，并伴随 4～5 级偏北大风，其中岳阳市区最大达到 8 级(岳阳楼区风雨山站，12 月 24 日 20 时 33 分)，达寒潮橙色预警。过程平均气温下降 10.3 ℃，最大降幅为 12.8 ℃(郴州市区)(图 3.12a)。27 日 08 时湖南省 119 个县市区气温达到 0 ℃以下，其中桃江、华容、南县、岳阳市区等 48 个县市区气温在－2 ℃以下，其中长沙站最低为－3.5 ℃(图 3.12b)。根据省气候中心监测,32 个县市区达到寒潮标准,为区域性寒潮过程。

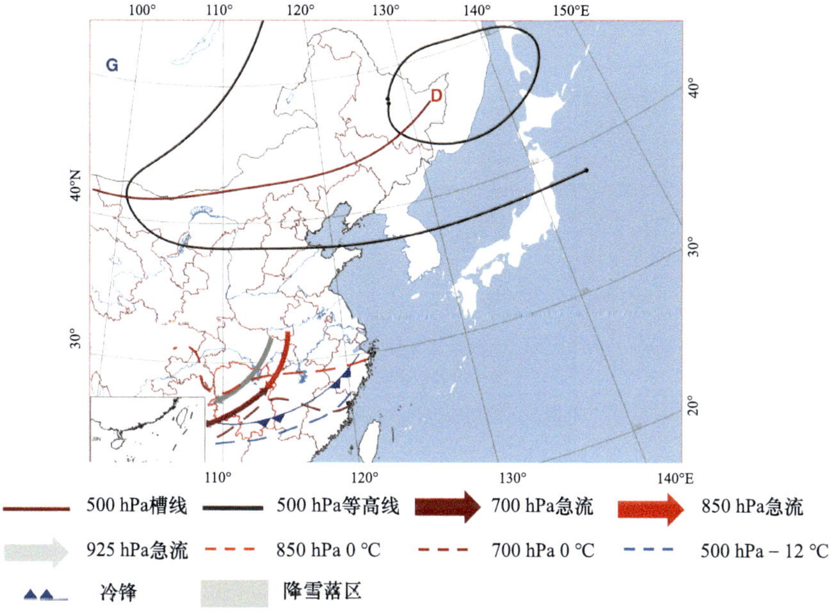

图 3.11　横槽转竖＋短波槽型暴雪概念模型

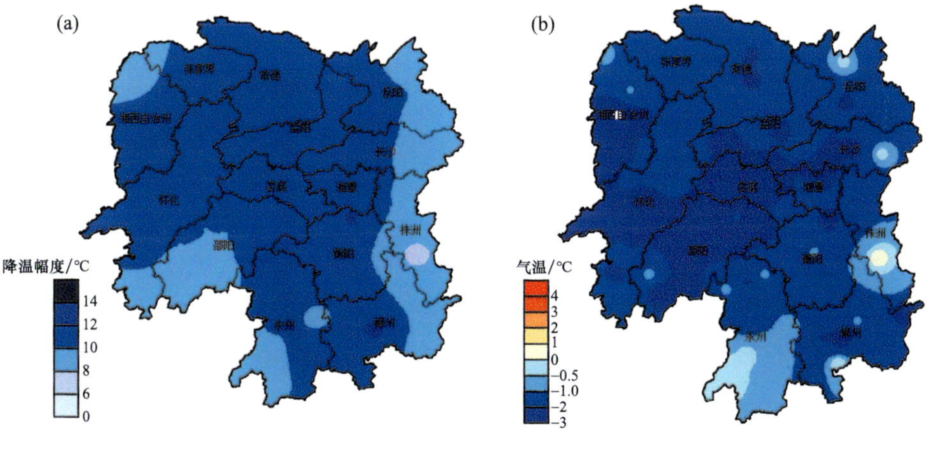

图 3.12　湖南 2021 年 12 月 25—27 日过程平均气温降温幅度分布(a)和 27 日 08 时气温分布(b)

12 月 25 日白天湖南省北部最先出现雨夹雪或雪,25 日晚降雪明显加强,26 日降雪强度最大,截至 27 日 07 时,湖南省 97 个国家气象站中有 85 站出现降雪或雨夹雪,32 站积雪超过 10 cm,其中降雪量最大为 27.5 mm、雪深最大达 23 cm(怀化市区站)(图 3.13)。湘中地区共 34 个县(市、区)出现暴雪,其中怀化市区、洪江、芷江、溆浦、会同、凤凰、安化、冷水江 8 个县(市、区)出现大暴雪。

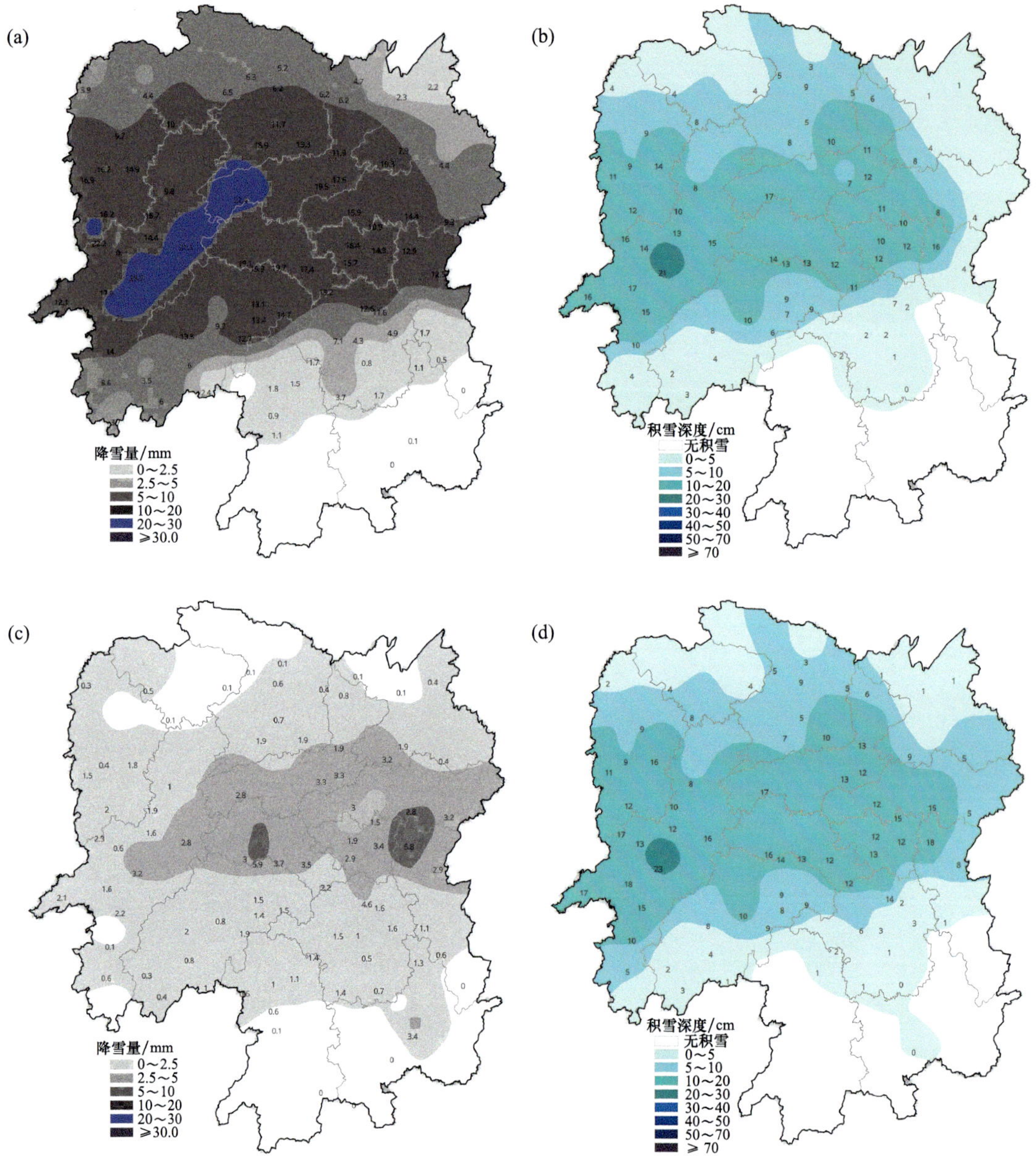

图 3.13　湖南 2021 年 12 月 25—26 日降雪量(a)和最大积雪深度分布(b)、26 日—27 日降雪量(c)和最大积雪深度分布(d)

(2)预报分析

从形势场预报来看(图 3.14):24 日 08 时 ECMWF 模式起报的 500 hPa 的形势场和地面气压场来看,24 日 20 时 500 hPa 中高纬为两槽一脊的大倒“Ω”形经向环流,乌拉尔山阻塞高压呈南北向分布,高压脊前有一横槽从我国东北地区延伸至蒙古,东北冷涡中心达 508 dagpm,冷中心达 −48 ℃,冷空气在横槽前堆积;河套地区至四川南部有短波槽分裂东出,地面上冷高中心为 1065 hPa,冷锋已达两广地区北部。25 日 20 时,乌拉尔山阻塞高压经向度加大,南北向发展,东北冷涡中心低至 504 dagpm,冷涡中心后部偏北风与等压线夹角增大,斜压性加强。中低纬短波槽加深东移,湖南省处槽前西南暖湿气流中。地面冷空气以东路路径渗透南下影响湖南省。

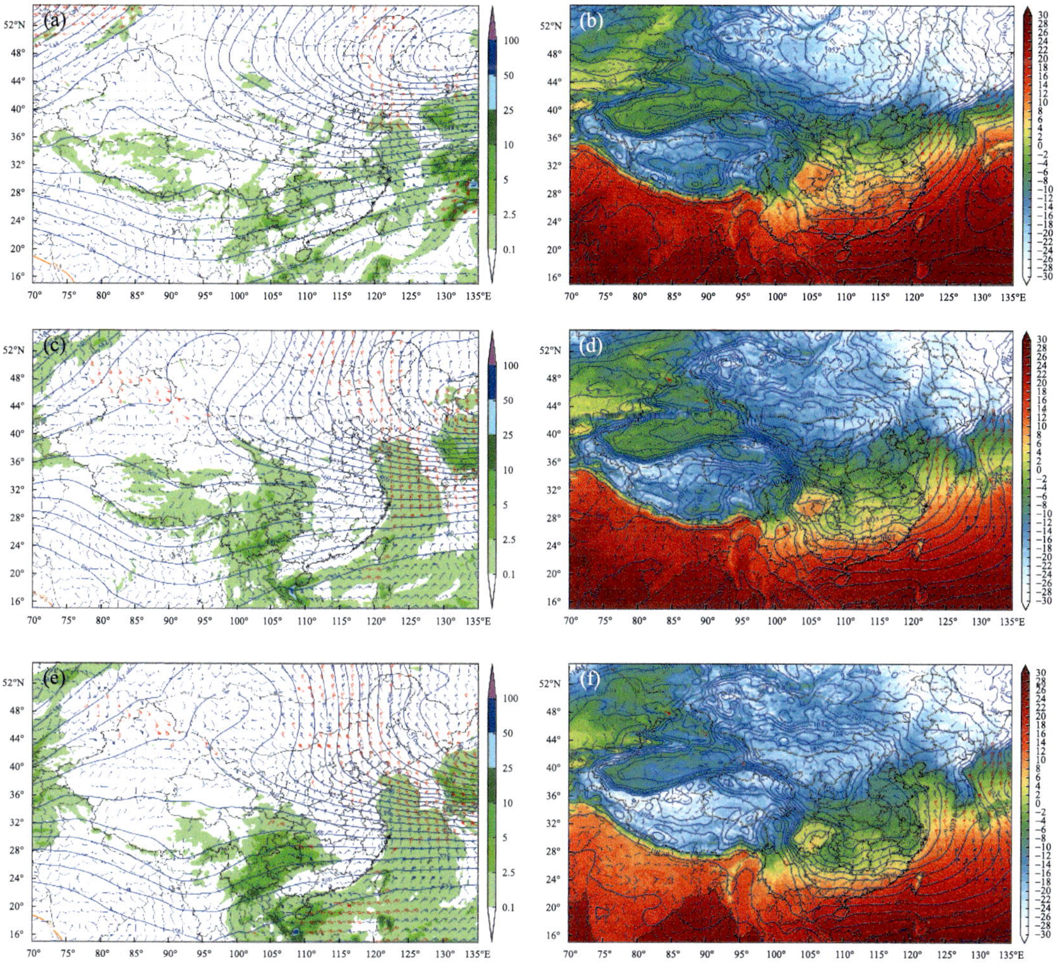

图 3.14　ECMWF 模式 2021 年 12 月 24 日 08 时起报的 850 hPa 风场、6 h 降水量预报叠加 500 hPa 高度场(a:24 日 20 时,c:25 日 20 时,e:26 日 08 时),地面气压场、2 m 气温和 10 m 风场(b:24 日 20 时,d:25 日 20 时,f:26 日 08 时)

26 日 08 时乌拉尔山阻塞高压从南北向顺转为东北—西南向,横槽转竖,带动冷涡后部强冷空气旋转南下,东北冷涡中心已入海,中低纬南支槽从 90 °E 东移至 95 °E,湖南省处槽前暖湿气流中;地面上模式预报贝加尔湖至巴尔喀什湖一带地面冷高压中心达 1052.5 hPa,河套至内蒙古一带副冷锋持续补充冷空气,冷空气为东路路径,1030 hPa 湖南降雪特征线已压过湖南省全境。这种高低空配置下,考虑高空槽前、低层东北急流北侧冷暖交汇,湘中一带有暴雪。

从各层温度预报来看:对比 24 日 20 时起报的 25 日 14 时温度,实况湘西北、湘北为 0～2 ℃,湘南为 4～6 ℃,其他地区为 6～8 ℃,预报与实况较为接近,且模式温度预报较为稳定,预报员制作下午预报时可参考使用。

从模式预报各层温度层结可看出(图 3.15),24 日 20 时起报的 25 日 20 时 500 hPa 温度湖南低于−12 ℃,700 hPa 低于 0 ℃,850 hPa 0 ℃线压在湘中一带。湘中、湘北地区 2 米气温从 7 ℃左右降至−2～0 ℃,达到降雪的温度条件,其他地区 2 米气温为 2～4 ℃。26 日 08 时,500 hPa 温度湖南低于−15 ℃,850 hPa、925 hPa 0 ℃线南压至永州、郴州南部,湖南省大部分地区2米气温降至−2~0 ℃,预报员需考虑湖南大范围降雪天气。另外,模式24日20时起报的2米气温48小时变温达10~12 ℃,局地达12~14 ℃(图3.16)。预报员根据温度条件,还需考虑湖南省有一次寒潮天气过程。

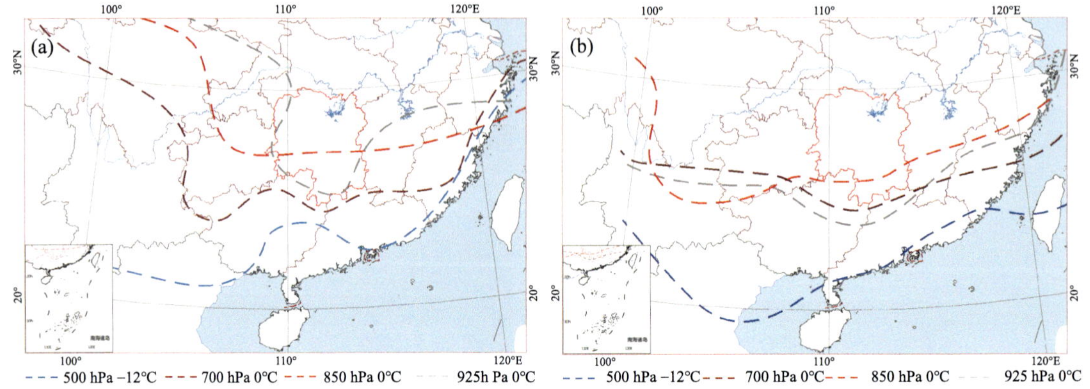

图3.15 ECMWF模式2021年12月24日20时起报的25日20时(a)和26日08时(b)各层温度特征线分布

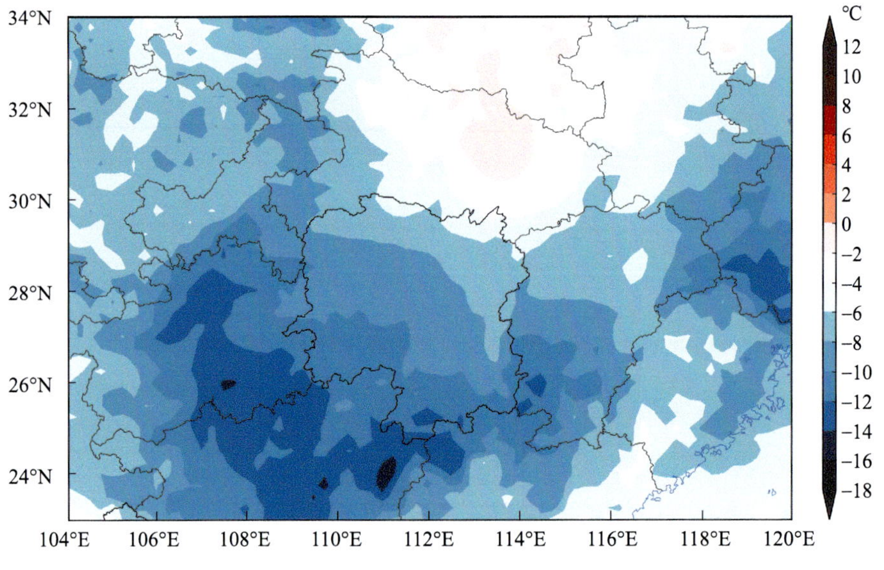

图3.16 ECMWF模式2021年12月24日20时起报的26日20时48小时变温分布

降雪量预报分析:从最强降雪时段25日20时—26日20时降雪量模式预报稳定性看,24日20时和25日08时不同起报时次对比分析发现(图3.17),降雪量湖南省中部、西部5~20 mm,其中西部达暴雪以上量级,随着预报时效的临近,量级预报较为稳定,20 mm以上落区范围东扩。综合上述分析,预报员做出湖南省中部大雪、西部暴雪的预报结论(图3.18a)。

与实况比较,发现模式在此次暴雪过程中降雪量预报量级总体偏小,其中怀化中部地区大暴雪漏报(图3.18)。因此,在有利的天气形势配置下,预报员应警惕模式临近预报的调整,以更改降雪的范围和量级,在模式降雪量基础上应适当提升一个量级。

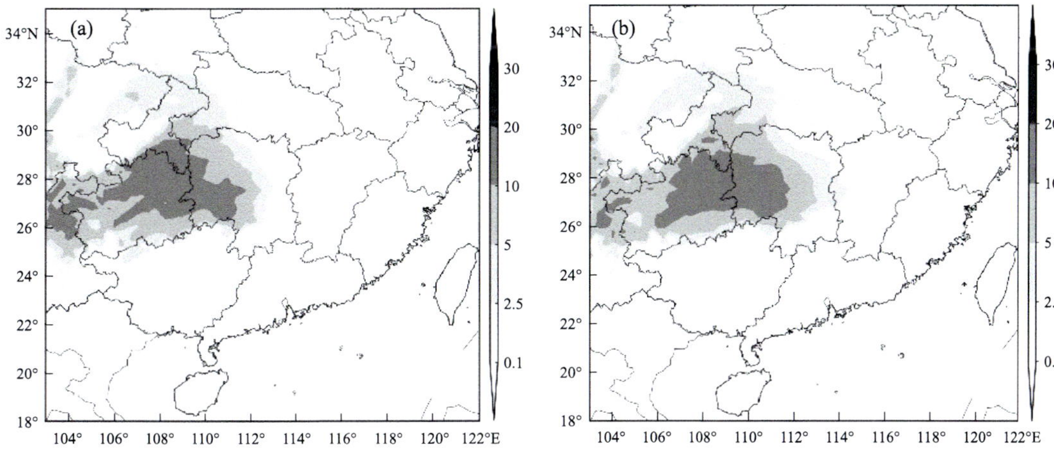

图 3.17　ECMWF 模式 2021 年 12 月 24 日 20 时起报(a)和 25 日 08 时起报(b)的 25 日 20 时—26 日 20 时降雪量

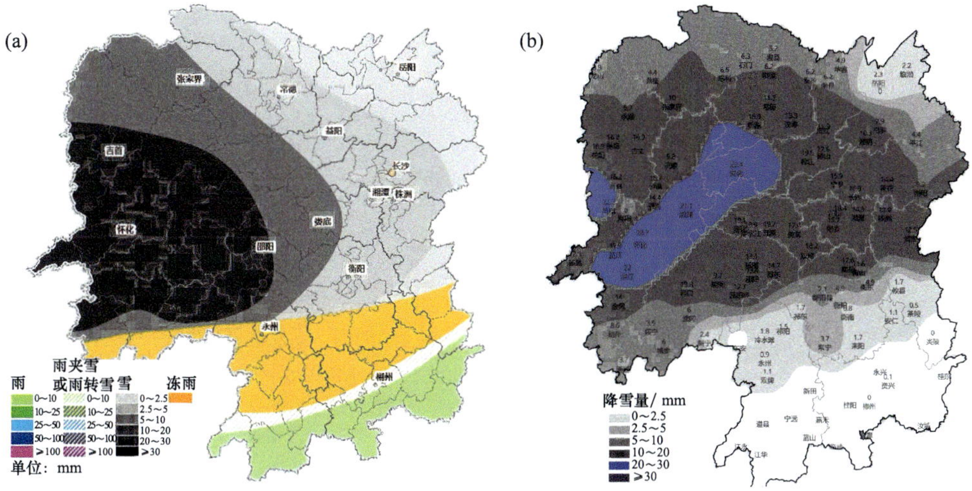

图 3.18　2021 年 12 月 25 日 20 时—26 日 20 时湖南省主观预报(a)和降雪实况(b)

怀化大暴雪预报偏差原因分析。由图 3.19a 看出，模式 25 日 08 时起报 26 日 08 时—28 日 08 时怀化站各层温度均在 0 ℃以下，850 hPa 温度达－5 ℃，低层冷平流强盛，符合湖南省降雪条件。从动力条件看，模式预报 26 日怀化整层为上升运动区，500 hPa 最大垂直速度达－1 Pa·s^{-1}(图 3.19b)。结合 25 日 08 时模式起报的 26 日 08 时探空图分析，湿层从近地层伸展至对流层中层，850～700 hPa 存在冷性逆温层，冷垫深厚，0—6 km 垂直风切变大(图 3.20)。预报员依赖模式降雪量程度过高，导致湖南西部大暴雪漏报，应增加关注对流层中低层风切变以及垂直速度的预报，并加以订正。

(3)预报着眼点

本次过程满足横槽转竖＋短波槽型暴雪的天气学模型。这是一次中高纬长波调整，高原短波东出引发的寒潮暴雪过程，在满足前述环流配置下，采取以下预报策略：

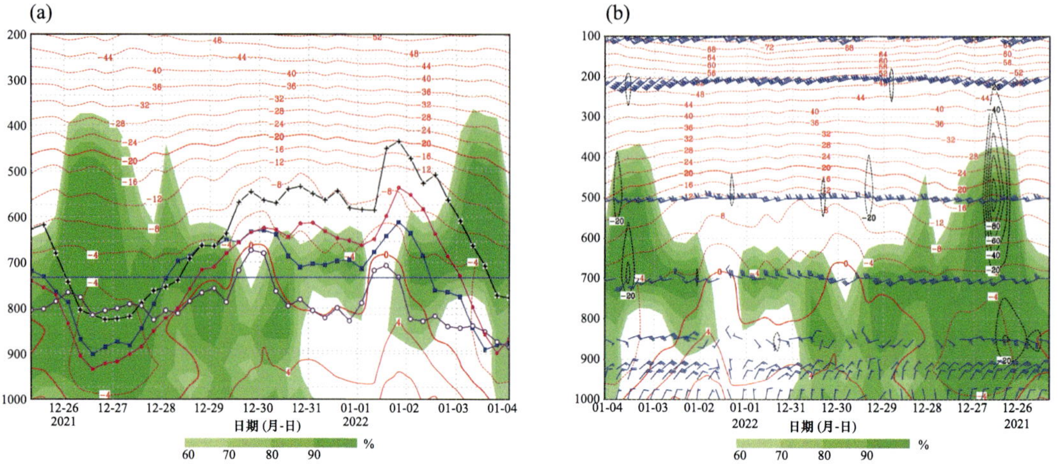

图 3.19　ECMWF 模式 2021 年 12 月 25 日 08 时起报的怀化站未来 10 d 的温度(单位:℃,紫线为 700 hPa 温度,蓝线为 850 hPa 温度,红线为 925 hPa 温度,黑线为 1000 hPa 温度)、相对湿度(填色,%)时间剖面图(a)和垂直速度(黑虚线,单位:10^{-2} Pa·s^{-1})、相对湿度、温度、风场时间剖面图(b)

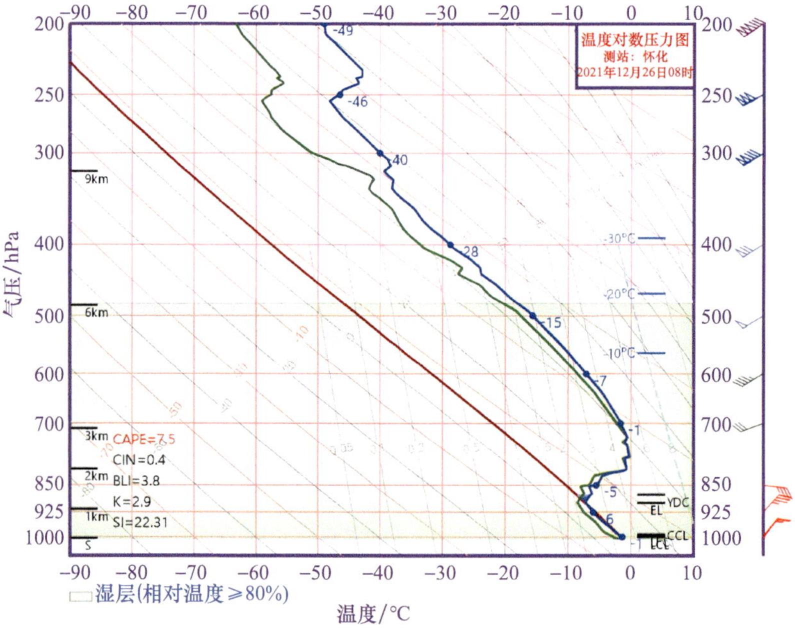

图 3.20　ECMWF 模式 2021 年 12 月 25 日 08 时起报怀化站 26 日 08 时探空预报图

① 关注中高纬度欧亚地区的乌拉尔山阻塞高压形态变化,当阻高从南北向顺转为东北—西南向时,阻高前横槽转竖,寒潮暴发,气温快速下降。同时关注地面 1030 hPa 等压线位置,当 1030 hPa 线稳定进入湖南省,且有高原短波槽东出,其影响地区考虑有暴雪以上量级降雪。

② 模式订正:预报员应关注模式临近预报降雪落区和强度的调整,可考虑对模式降雪量预报提升一个量级。

③ 强降雪时间:对流层中低层风切变以及垂直速度增大时段,可提前预判降雪强度加强。

3.2.3.2　2018 年 1 月两次雨雪天气过程

（1）过程概况

2018 年 1 月 3—8 日湘中以北出现低温雨雪冰冻天气过程，共 21 县市出现雨夹雪或雪，8 县市出现积雪，其中安化积雪深度最大（4 cm），积雪日数最多为 4 d（石门、安化）。根据 DB43/T 234—2004 中的冰冻监测标准，28 县市出现冰冻，冰冻最长持续时间为 5 d（桃江），最大电线积冰厚度为 8 mm（长沙，1 月 6 日）。湖南省平均气温为 2.4 ℃，最低气温为 −3.1 ℃（澧县），湖南省平均降水量为 32.7 mm。4 日降雪最为明显。

紧接着 1 月 24—31 日又出现几乎全省性的持续性低温雨雪冰冻天气过程，91 县市出现雪或雨夹雪，76 县市出现纯雪，6 县市出现暴雪（临湘、汨罗、益阳、桃江、沅江，岳阳），73 县市出现积雪，其中沅江积雪深度最大，为 8 cm。共 92 县市出现冰冻，冰冻范围为 2000 年以来第二高位，仅次于 2008 年。冰冻最长持续天数 7 d（南岳），长沙、马坡岭、衡阳县、永兴、双牌等 8 县市冰冻持续天数 6 d，最大电线积冰厚度为 29 mm（郴州，1 月 28、29、31 日）。湖南平均气温为 0.3 ℃，75 县市最低气温低于 −2 ℃，37 县市最低气温低于 −4 ℃（最低值 −6.0 ℃，临湘、汨罗）。

表 3.2　2018 年 1 月湖南两次持续性低温雨雪冰冻天气过程对比情况

天气过程	3—8 日过程	24—31 日过程
波及范围	12 个地市（州）	14 个地市（州）
持续时间	6 d	8 d
出现雨夹雪或雪县市	21 个	91 个
出现暴雪县市	0 个	6 个
出现积雪县市	8 个	73 个
最大积雪深度	4 cm（安化）	8 cm（沅江）
出现冰冻县市	28 个	92 个
最大电线积冰厚度	8 mm（长沙）	29 mm（郴州）
最大冰冻持续时间	5 d（桃江）	7 d（南岳）
过程平均气温	2.4 ℃	0.3 ℃
过程最低气温	−3.1 ℃（澧县）	−6.0 ℃（临湘、汨罗）
过程平均降水量	32.7 mm	15.4 mm

从表 3.2 的对比结果可知，2018 年 1 月 24—31 日出现的持续性低温雨雪冰冻天气过程较 3—8 日过程具有如下几个特点：① 影响范围广。24—31 日出现的持续性低温雨雪冰冻天气过程波及湖南省 14 个地市（州），而 3—8 日出现的持续性低温雨雪冰冻过程主要在湘中以北；② 持续时间更长。24—31 日出现的持续性低温雨雪冰冻天气前后持续了 8 d，而 3—8 日出现的低温雨雪冰冻过程持续了 6 d。③ 强度强。24—31 日最大积雪深度8 cm（沅江），最大电线积冰厚度 29 mm（郴州），而 3—8 日最大积雪深度 4 cm（安化），最大电线积冰厚度 8 mm（长沙）。

（2）预报分析

从形势场来看：两次过程在中高纬均为两槽一脊的大倒“Ω”形经向环流，乌拉尔山阻塞高压呈南北向分布，高压脊前有一横槽分布在新疆地区，随着横槽转竖，带动冷涡后部强冷空气南下影响湖南省（图 3.21）。1 月 3—8 日，在我国中部地区有低压槽存在，槽后的西北气流有利于引导上游地区的低涡和冷空气南下。低纬地区高压维持，稳定的西南气流向我国东部输送大量水汽。湖南省北部受弱槽影响，东北部有气旋性环流存在，低涡后侧的偏北气流与西南气流交汇于湘北地区，伴随着地面强冷空气的不断渗透南下，自北向南，造成湖南省此次雨雪天气。1 月 24—31 日，在我国东北部有冷涡存在，低纬地区高压维持，稳定的西南气流向我国东部输送大量水汽。湖南省东北部有气旋性环流存在，低涡后侧的偏北气流与南侧强盛的西南气流交汇于湘北地区，地面图上 50 °N 附近有一个强盛的冷高压存在，中心气压超过 1060 hPa，1025 hPa 等压线位于湘南地区，伴随着地面强冷空气的不断渗透南下，自北向南，造成此次湖南省雨雪天气。

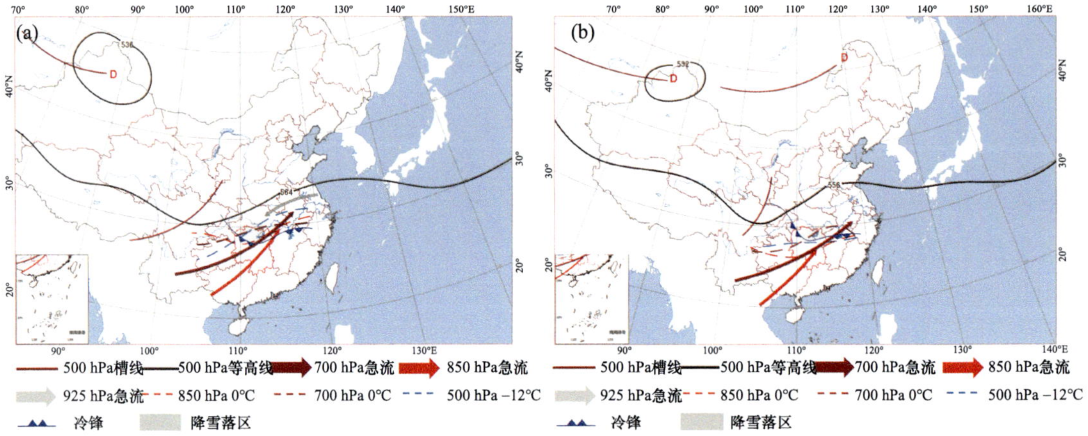

图 3.21　2018 年两次雨雪过程环流配置

(a)1 月 3—8 日雨雪过程；(b)1 月 24—31 日雨雪过程

考虑到 2018 年 1 月初过程的雨雪相态转换主要发生在 2—5 日，因此针对两次过程主要雨雪时段，从水汽、动力等方面进行诊断分析。从降雪的水汽条件来看：图 3.22 给出了湖南省区域平均的比湿在这两次低温雨雪冰冻过程中的时间剖面，两次过程比湿垂直伸展高度较高，湿层较为深厚，5 g · kg^{-1}的比湿线均位于700 hPa 附近，低层水汽条件很好，整个过程低层比

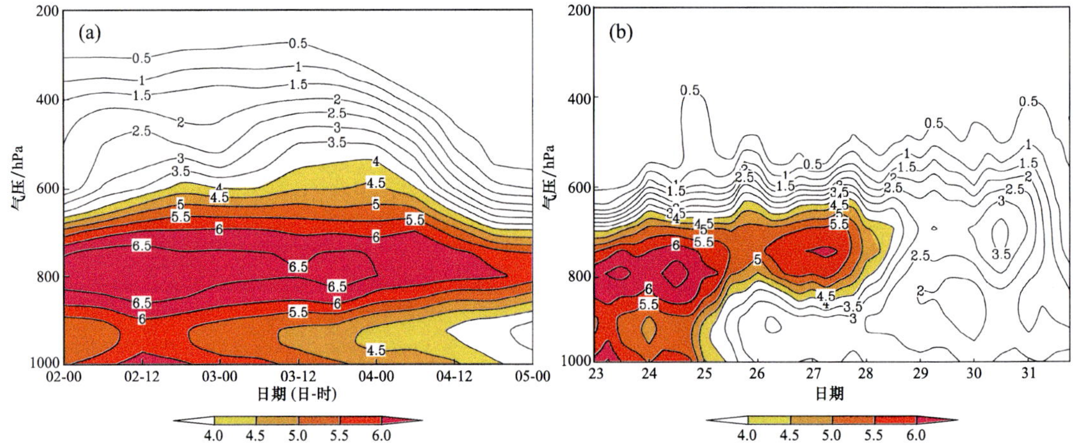

图 3.22　2018 年 1 月湖南省区域(108°—115 °E,25°—30 °N)平均比湿(单位:g · kg^{-1})时间剖面*

(a)2—5 日；(b)23—31 日

* 图 3.22、图 3.23、图 3.24 中标注的均为世界时。

湿都超过 5 g・kg^{-1}，为雨雪过程提供了较好的水汽条件。比湿变化与降水量的变化是对应的，24 日和 27 日降水较强，范围较广，对应比湿图上在该时段存在两个高值中心。

为了分析过程期间湖南省水汽条件的南北差异和输送情况，沿 113 °E 作水汽通量散度和水汽通量的剖面图，图 3.23a 显示出了 1 月初的过程中低层水汽的汇合区主要集中在 27.5 °N 以北的湘北地区，这与环流场上湘北的风场辐合区相对应。图 3.23b 表征低层水汽通量在过程前期相对较小，大值区也是位于湘北，为前期湘北的降水提供了水汽，随着冷空气南下和西南急流的加强，水汽通量明显增加，中心值超过 15 g・cm^{-1}・hPa^{-1}・s^{-1}，而且大值区呈现南北带状分布，说明了西南急流的水汽输送作用，对降水的增强和雨雪带的南压有影响。

从图 3.23c 和图 3.23d 可看出，1 月底的过程中低层水汽汇合时段为 26—28 日，汇合区自北向南逐渐移动，这与环流场上风场辐合区相对应，随着北风南压，冷暖气流的交汇区逐渐南移。低层水汽通量也在 26—28 日出现大值中心，这与该时段内西南急流的加强有关，随着冷空气南下和西南急流的加强，水汽通量明显增加，中心值超过 16 g・cm^{-1}・hPa^{-1}・s^{-1}，大值区也呈南北带状分布，表现出了西南急流的水汽输送作用，为雨雪过程提供有利的水汽条件。

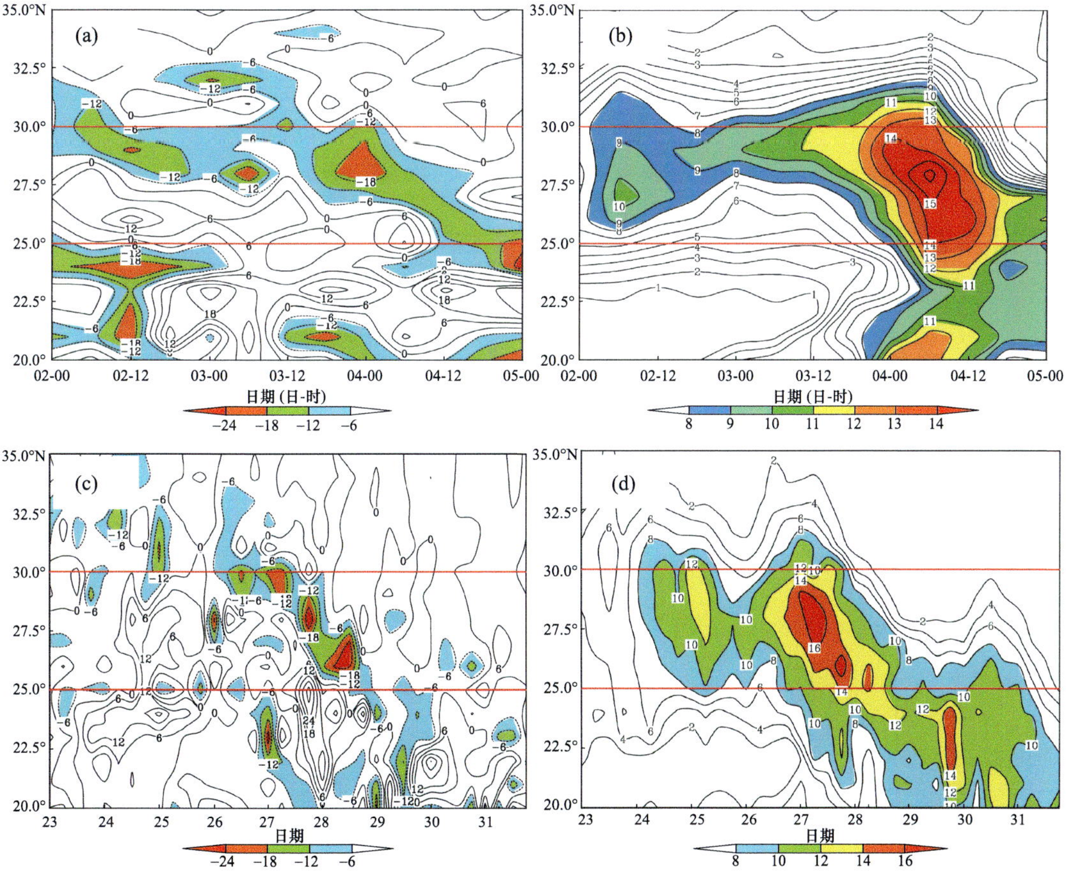

图 3.23　2018 年 1 月低层水汽通量散度(单位:kg・m^{-2}・hPa^{-1}・s^{-1})和水汽通量(单位:g・cm^{-1}・hPa^{-1}・s^{-1})沿 113 °E 的时间剖面(红色方框表示湖南省南北界线)

(a)2—5 日水汽通量散度;(b)2—5 日水汽通量;(c)23—31 日水汽通量散度;(d)23—31 日水汽通量

从降雪的动力条件来看：

分析两次低温雨雪冰冻天气过程中 850 hPa 经向风沿 113 °E 的时间剖面可发现（图 3.24），1 月初过程有强盛的冷空气与之伴随（图 3.24a），2—3 日冷空气中心位于湖南北部，偏北风达到 10 m · s^{-1}以上，随着时间的推移，冷空气逐渐南压并影响湖南，偏北风中心也逐渐南移，5 日晚上位于湘中地区。同时 5 日开始低层的西南气流明显加强，加强的偏南气流与北方南下的冷空气相遇，冷暖气团交汇于湖南中北部，风场辐合十分明显，风速梯度也显著加强，造成湘中以北雨雪天气。而 1 月底过程也有强盛的冷空气与之伴随（图 3.24c），27 日偏北风更为强盛，达 12 m · s^{-1}，携带冷空气向南发展并影响湖南省，偏北风中心也逐渐南移。加强的偏南气流与北方南下的冷空气相遇，冷暖气团的交汇和风场的辐合，造成湖南省大范围的雨雪天气。

这里定义 T_{26} 为 25°—27 °N、109°—114 °E 范围内的平均温度，T_{30} 为 29°—31 °N、109°—114 °E 范围内平均温度，T_{26} 和 T_{30} 之差即表征湖南省范围的锋区强度。从锋区的演变可以看出，1 月初过程中（图 3.24b）平均锋区的位置基本位于 800～900 hPa 附近，强度在 4 日有明显的加强，与经向风的变化以及冷空气的南下相对应。而 1 月底过程中（图 3.24d）平均锋区的位置基本也处于 800～900 hPa，强度较强并持续，与持续存在的偏北风相对应。

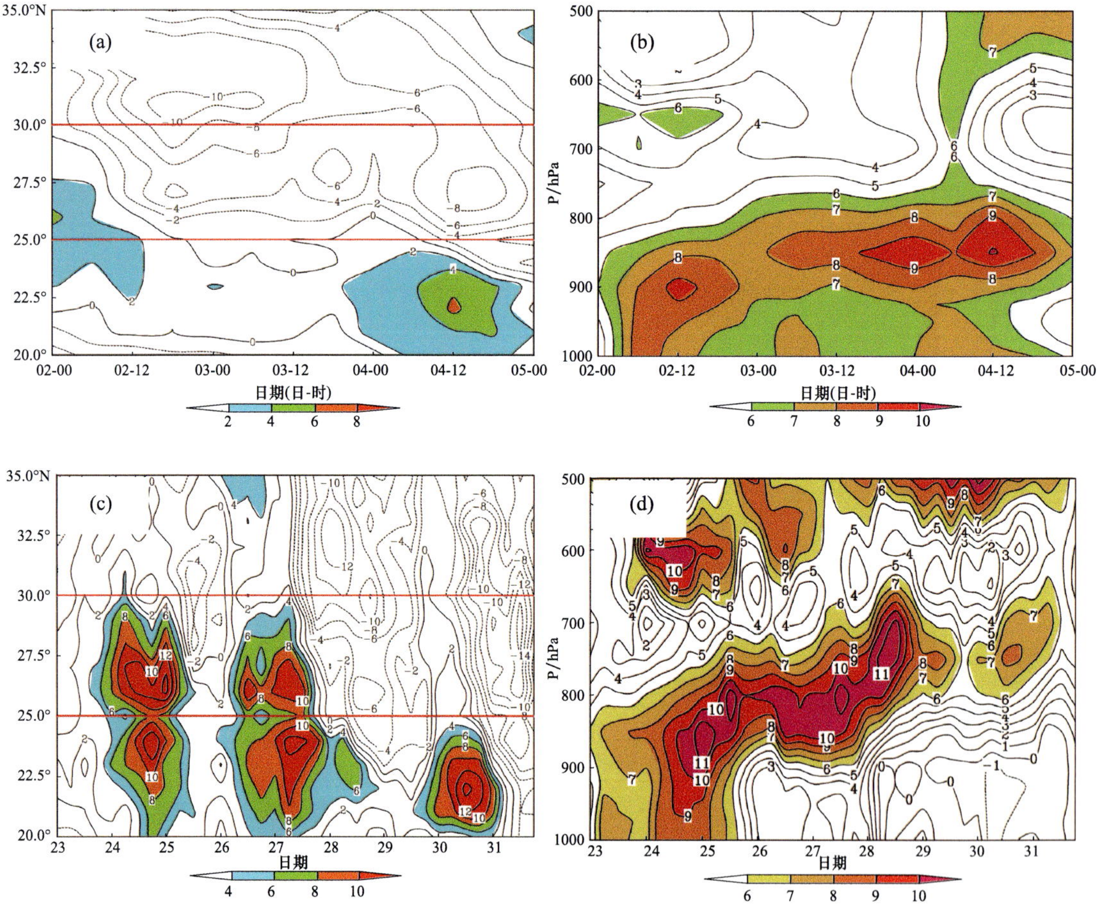

图 3.24　2018 年 1 月 850 hPa 经向风（单位：m · s^{-1}）沿 113 °E 的时间剖面图（红色方框表示湖南省南北界线）和湖南区域平均锋区强度（单位：℃）时间剖面图

（a）2—5 日 850 hPa 径向风；（b）2—5 日平均锋区强度；（c）23—31 日 850 hPa 径向风；（d）23—31 日平均锋区强度

综上分析，两次低温雨雪冰冻天气过程的风场变化和动力条件存在较为明显的差异，1 月初的过程冷空气相对较浅薄，暖空气沿着浅薄的冷垫爬升，850 hPa 经向风以南风为主，偏北风位于 850 hPa 之下，明显的风场辐合也出现在较低层；1 月底的过程冷空气相对较深厚，850 hPa上就表现出了较强的南北风辐合和冷暖气流交汇，相比于 1 月初的过程，更有利于低温雨雪冰冻过程的增强和持续。

从降雪的热力条件来看：假相当位温是体现温度、气压、湿度等综合物理量，其时间演变图显示出了地面锋区的位置和结构，图 3.25 给出了两次低温雨雪冰冻过程发生较强时刻 4 日和 27 日假相当位温的垂直剖面，从图 3.25a 看出，4 日 08 时假相当位温剖面上存在明显的等值线密集区，向底层伸展到 600 hPa，并随高度向冷空气一侧倾斜，说明有冷空气不断从北边侵入，冷空气势力较强，地面锋区位于 25 °N 附近。而 27 日 08 时的假相当位温剖面上也存在明显的等线密集区，向底层伸展到 700 hPa，地面锋区位于 23 °N 附近。两次过程在近地面的锋区坡度均明显增大，等位温线甚至接近垂直，均有利于锋区的加强和冰冻雨雪天气的发生。

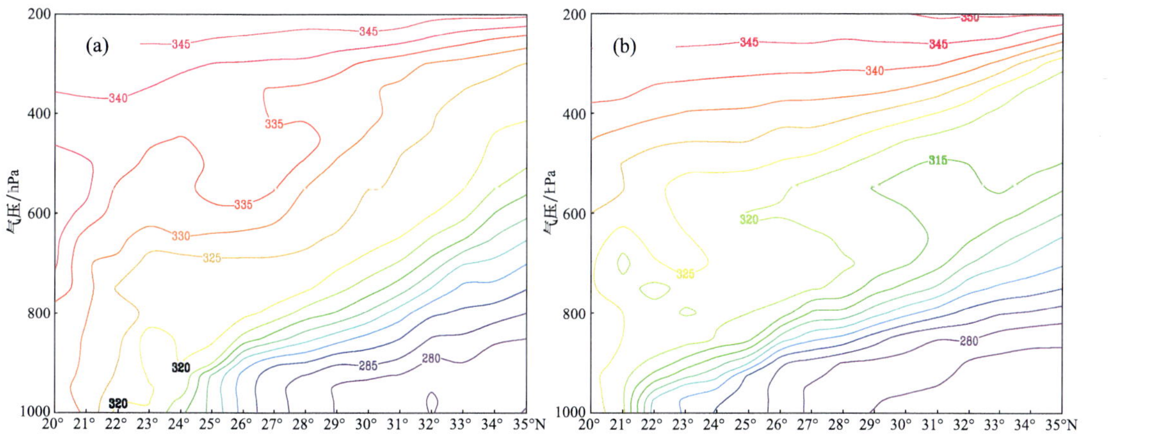

图 3.25 2018 年 1 月 4 日 08 时(a)和 27 日 08 时(b)的假相当位温沿 113 °E 的垂直剖面(单位:K)

两次低温过程的主要差异还表现在冷空气强度和降温情况上，这也是 1 月底冷空气过程造成湖南省范围内严重雨雪冰冻的根本原因。从区域平均温度、气压演变可以看出(图 3.26)，1 月底过程的冷空气强度明显强于月初的过程，1 月初过程区域温度的降幅在 10 ℃以内，低层和地面的最低温度并未降到 0 ℃，最高气压也在 1030 hPa 以下；而 1 月底过程的温

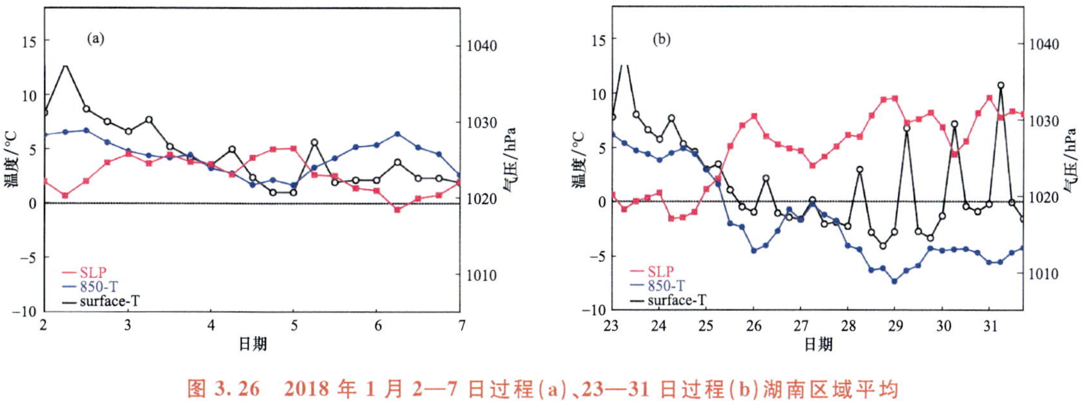

图 3.26 2018 年 1 月 2—7 日过程(a)、23—31 日过程(b)湖南区域平均(108°—115 °E,25°—30 °N)的 850 hPa 温度和气压的演变图

度降幅较为明显，超过 10 ℃，最低温度在 0 ℃以下，28 日晚上 850 hPa 的气温达到－8 ℃，26 日之后地面气压基本维持在 1030 hPa 附近。这种强盛冷空气影响，带来气温骤降、气压急升在 1 月底过程中表现得十分明显，同时也造成了湖南省大范围的冰冻天气。

从降雪的温度层结来看：

选取分别代表纯雪、冻雨、雨的代表站点 4 日 20 时的探空曲线分析，常德出现纯雪(图 3.27a)，显示地面温度在 0 ℃以下，800 hPa 附近有逆温存在，700 hPa 有较强的急流，850 hPa 以下均为偏北气流，冷垫深厚，低层有弱辐合，冷暖气流交汇，有利于纯雪的产生。长沙附近出现冻雨，该时刻探空曲线(图 3.27b)可以看出，925—800 hPa 存在明显的逆温层，800—700 hPa有一融化层，850 hPa 以下温度基本小于 0 ℃，形成了冻结层，低层偏北冷空气相对浅薄，但也存在冷暖空气的交汇和辐合，这有利于该地区冻雨的形成。怀化探空曲线(图 3.27c)也表现出了与长沙站类似的逆温层和融化层，但在融化层之下的冻结层过于浅薄，只在 900 hPa 附近出现了小于 0 ℃的浅薄冻结层，所以最终怀化站实况上没有明显的冻雨，而是以降雨现象为主。郴州(图 3.27d)附近 600 hPa 以下的温度皆高于 0 ℃，实况上表现为降雨。

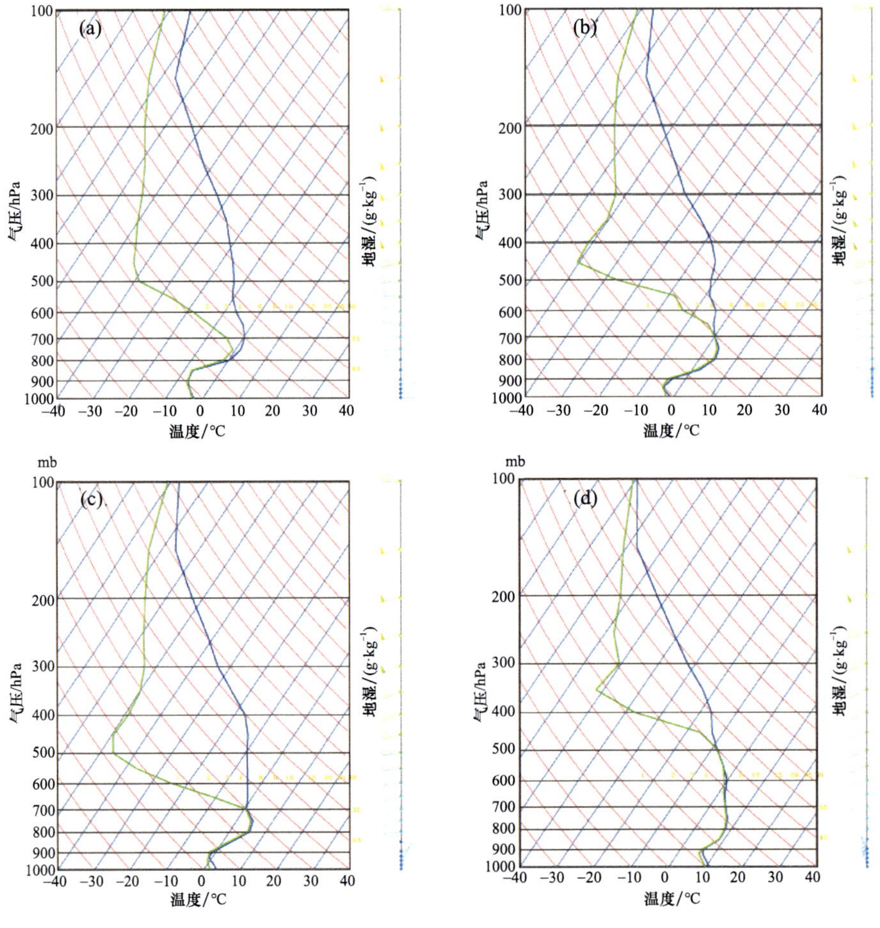

图 3.27　2018 年 1 月 4 日 20 时常德(a)、长沙(b)、怀化(c)和郴州(d)探空图

(3)预报着眼点

通过对比 2018 年 1 月两次雨雪过程发现，24—31 日过程比 3—8 日过程范围广、强度强和持续时间长，这主要是与动力条件和热力条件存在差异有关。这两次过程横槽偏西，暴雪期间横槽稳定维持，满足横槽＋短波槽型暴雪的天气学模型。预报策略重点考虑以下几点：

① 500 hPa 锋区、冷中心强度、850 hPa 冷平流强度、地面冷高压的强度及其前沿的气压梯度对初步判断冷空气的强度有较好指示意义。

② 700 hPa 湿度和温度层结对雨雪相态转换尤为关键。

③ 850 hPa 上有较强的南北风辐合和冷暖气流交汇时，雨雪强度较强。

3.2.4　横槽＋南支槽东出型暴雪

横槽＋南支槽东出型暴雪天气过程持续时间长，以纯雪、雨夹雪混合的“湿雪”为主。中高纬由一槽一脊型转为两槽一脊的大倒“Ω”形经向环流，东北冷涡中心移入海上时，关注东北地区至内蒙古一带的横槽东移，带动冷涡后部强冷空气旋转南下。低纬孟加拉湾南支槽加深东移，低压槽移速缓慢，湖南省受其影响，具备长时间降水的条件。对应中层西南暖湿气流强盛，低层至边界层东北回流建立，湖南省冷垫形成，此类过程高低空配置为湖南省典型的暴雪形势（图 3.28）。

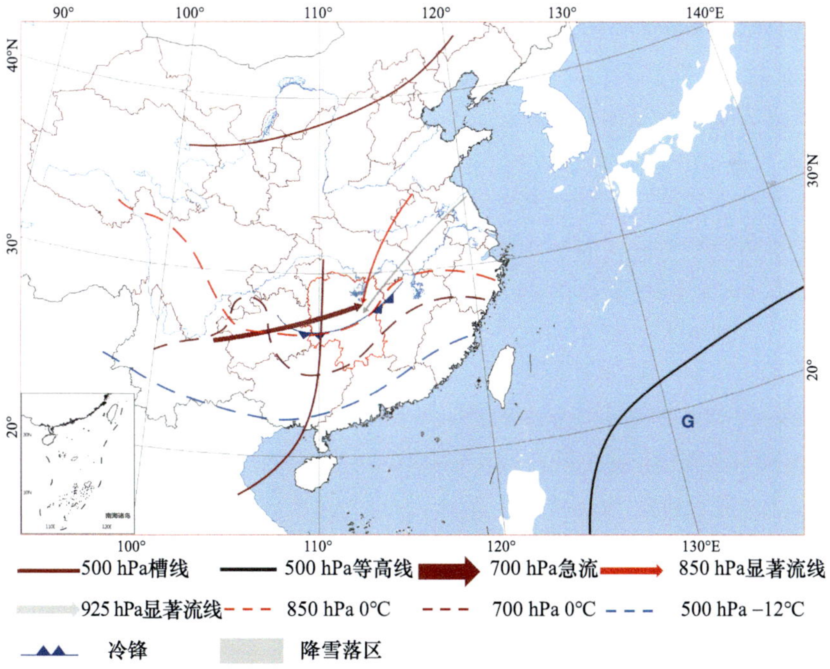

图 3.28　横槽＋南支槽东出型暴雪概念模型

3.2.4.1　2022 年 2 月 6 日—7 日暴雪过程

(1)过程实况

2022 年 2 月 6 日下午至 7 日白天湖南省出现了一次雨雪天气过程，6 日 20 时—7 日 20 时湘中、湘北共 10 个市州 43 个县市区出现降雪，其中张家界、常德、湘西州、益阳、岳阳、长沙共 24 个县市区出现暴雪，最大雪深为 15 cm(桃江，7 日 11 时)(图 3.29)。

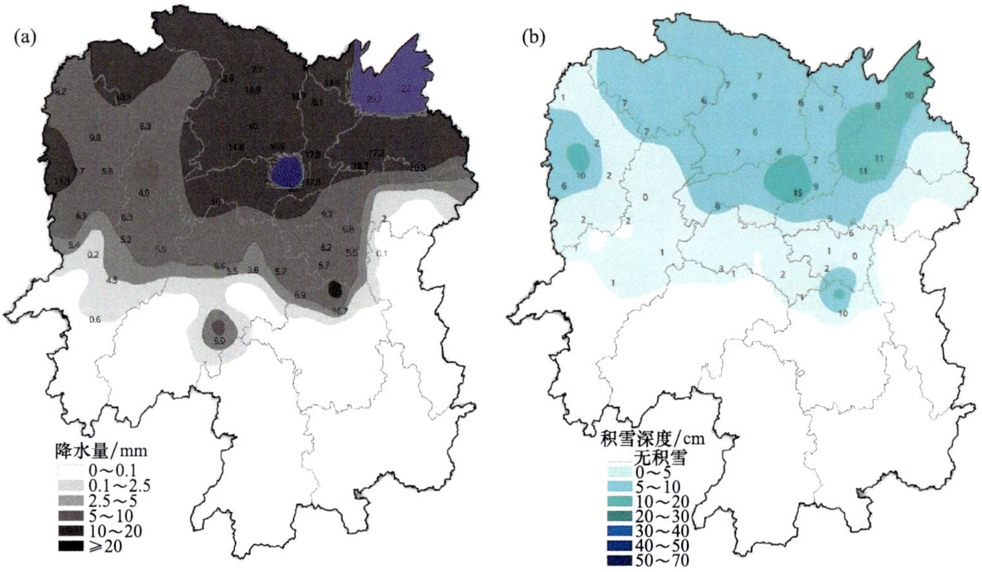

图 3.29　2022 年 2 月 6 日 20 时—7 日 20 时湖南降水量(a)和积雪深度分布(b)

(2)预报分析

从形势场预报来看：降雪发生前 500 hPa 中高纬稳定维持一槽一脊 3 d 以上，6 日 08 时模式起报 7 日 02 时形势预报表明(图 3.30a)，乌拉尔山高压脊发展加强，高压中心达 548 dagpm，中高纬长波调整为两槽一脊的大倒“Ω”形经向环流，东北冷涡中心(508 dagpm)移入海上，中心冷平流最强达－40 ℃，高压脊前横槽从我国东北地区延伸至内蒙古一带，随着横槽东移，带动冷涡后部冷空气旋转南下。中纬河套地区至四川存在一北支短波槽，低纬孟加拉湾南支槽不断加深，从 95 °E 缓慢东移至 100 °E，副热带高压主体位于海上，西脊点在 119 °E 附近，南支槽经向度大，并缓慢东移影响湖南省，满足横槽＋南支槽东出型暴雪形势。

另外，6 日 20 时 700 hPa 长江以南为一致的西南急流，最大风速 20 m·s^{-1}，850 hPa 湘中以南存在暖式切变，切变值约 6～10 m·s^{-1}，925 hPa 湘中以北偏东气流回流建立；7 日 02 时 700 hPa 西南急流显著加强，最大风速达 30 m·s^{-1}，对流层低层至边界层东北回流维持 4～6 m·s^{-1}，强盛的中层暖湿气流在冷垫上爬升，这也是湖南省有利降雪的典型形势。

7 日 02 时地面气压场上看出(图 3.30b)，西伯利亚冷高压中心达 1060 hPa，冷高压主体偏北，位于贝加尔湖与巴尔喀什湖之间，1025 hPa 线压至湖南省中北部地区，1030 hPa 降雪特征线未达湖南省境内。

从各层温度预报来看：从模式各层温度预报与实况温度对比看，中低层 0 ℃位置预报与实况较为一致，可应用参考。模式预报 6 日 14 时 500 hPa 湖南省温度均低于－10 ℃，850 hPa 0 ℃线压至湘中一带，700 hPa 0 ℃线位于湘北一线；地面温度湘西北低于 2 ℃(图 3.31a、b)。7 日 02 时 700 hPa、850 hPa、925 hPa 0 ℃线位置接近重合，压至湘中一带，T_{2m}温度湘中及以北地区小于 0 ℃(图 3.31c、d)。T_{500}气温在－10 ℃以下，地面湘北气温在 0 ℃左右。可见，此次过程湘北具备降雪温度条件。

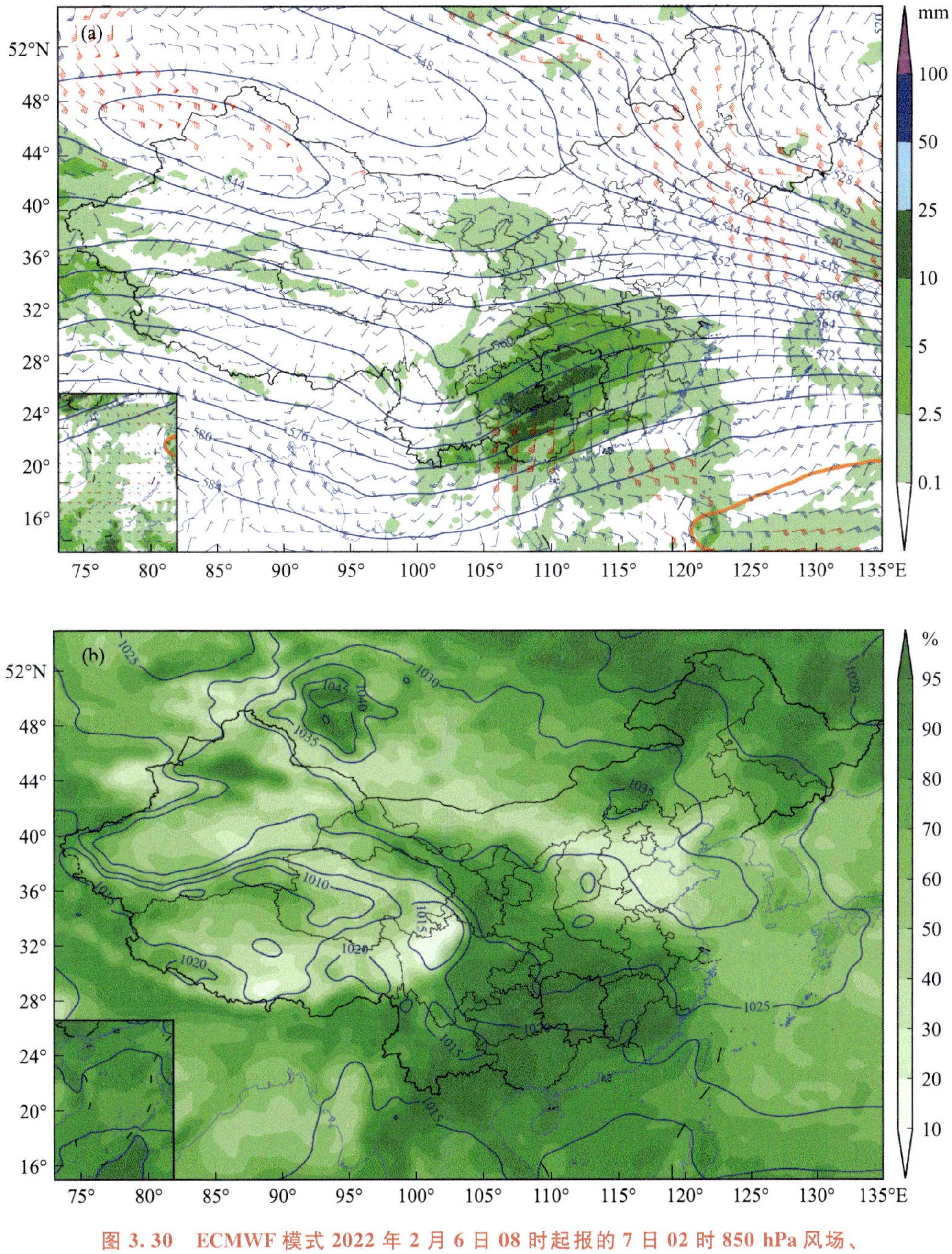

图 3.30　ECMWF 模式 2022 年 2 月 6 日 08 时起报的 7 日 02 时 850 hPa 风场、6 h 降水量预报叠加 500 hPa 高度场(a)及 7 日 02 时海平面气压场叠加 1000 hPa 相对湿度(b)

结合降水量和降雪量预报来看：预报员综合 ECMWF 模式 2 月 6 日 08 时起报 6 日 20 时—7 日 20 时降水量与降雪量预报(图 3.32)，湘北均预报了暴雪量级。省气象台主观预报雪线与实况基本一致，但湖南中部预报量级与暴雪落区均存在较大偏差，主要体现在长沙预报小雨夹雪，实况出现暴雪。

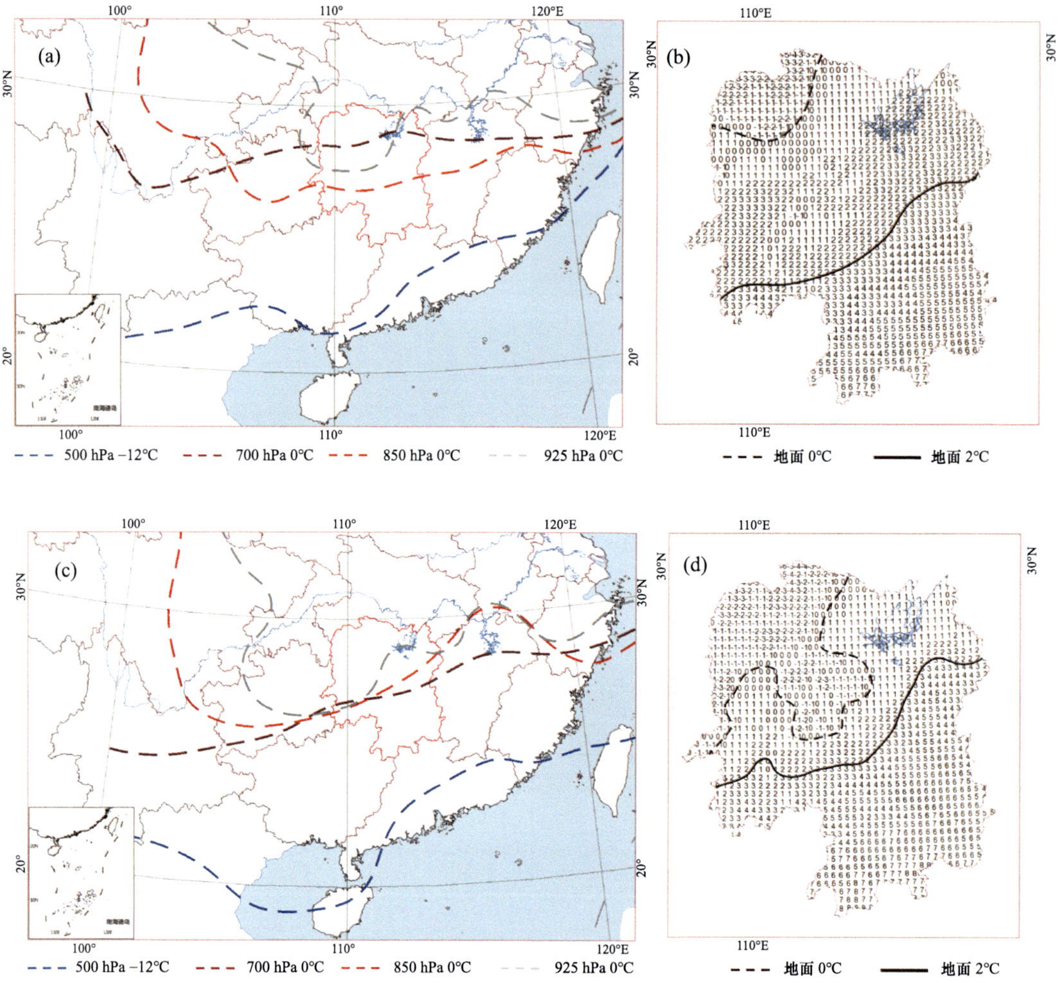

图 3.31　ECMWF 模式 2022 年 2 月 6 日 08 时起报的 6 日 14 时各层温度特征线分布预报(a)及湖南省 2 m 气温预报(b),7 日 02 时各层温度特征线分布预报(c)及湖南省 2 m 气温预报(d)

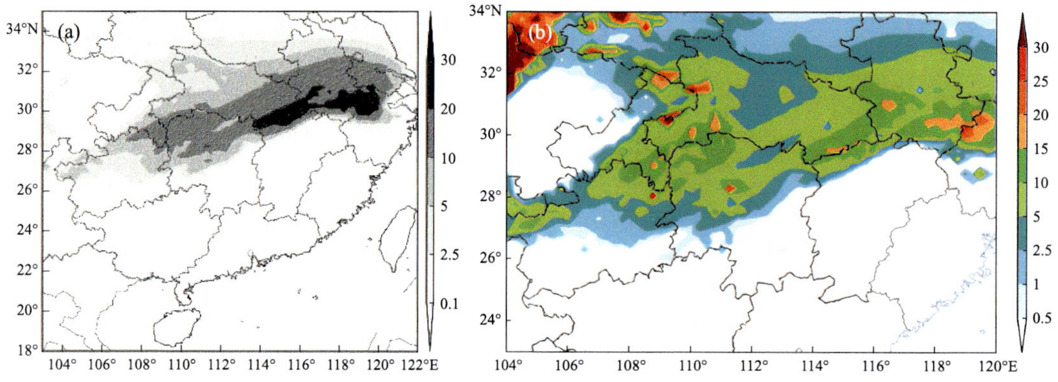

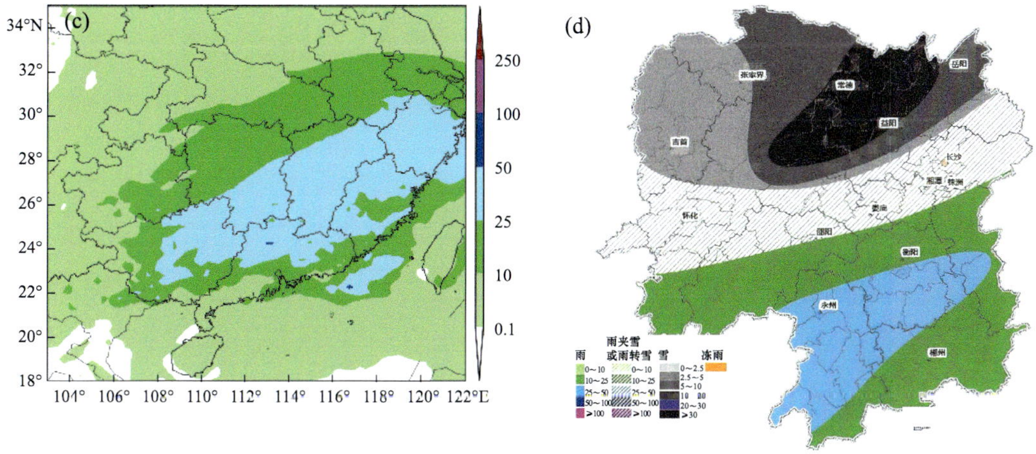

图 3.32　ECMWF 2022 年 2 月 6 日 08 时起报 6 日 20 时—7 日 20 时 24 h 降雪量(单位:mm)(a)及积雪深度(单位:cm)(b),6 日 20 时起报 6 日 20 时—7 日 20 时 24 h 降水量(单位:mm)(c)及 6 日 20 时—7 日 20 时 24 h 雨雪量(单位:mm)(d)及相态指导预报

预报难点:模式预报此次过程有冷空气影响,但强度不强,冷空气以渗透南下方式影响湖南省,1030 hPa 湖南省降雪特征线未出现,湘北地面气温在 1～2 ℃区域也出现了纯雪。

从前述分析知,此次过程模式预报 7 日 02 时湘中、湘北 2 m 气温低于 0 ℃,11 时 2 m 气温升至 2～4 ℃,预报员根据多年经验,整层达到 0 ℃以下维持时间不足 12 小时,结合模式降雪量预报偏小,预报员信心不足,未能预报长沙暴雪。

因此,可利用高时空分辨率的产品从温度、动力、冷空气影响时间找出偏差成因。从温度平流对暴雪的响应来看(图 3.33a),降雪前和降雪阶段对流层中低层为暖平流控制,850～600 hPa最强暖平流中心达 1.2×10^{-4} k·s^{-1}。边界层至地面 6 日 14 时左右开始受冷平流影响,到 7 日 02 时加强,最大达-6×10^{-5} k·s^{-1},此时高空冷平流也同步加强,500 hPa 冷平流 08 时达最大,受增强的高空冷平流和地面冷空气共同影响,中层暖平流厚度减小。可见,此次过程虽然地面温度在 0 ℃左右的时间不长,但中高层冷平流强,500 hPa 气温达－20～－16 ℃,有利于冰晶雪花快速增长并下落至地面。

长沙站垂直风廓线风场演变表明(图 3.33b),降雪发生前边界层从东南气流逐渐转为东北气流,7 日 02 时转雪时东北气流同时向上、向下扩展,冷垫厚度达 1500 m,边界层东北风约 4～6 m·s^{-1},地面风速增大至 8 m·s^{-1},暖湿气流沿冷垫爬升。04 时,3000 m 西南急流达最强为 28 m·s^{-1},地面偏北风速 20 m·s^{-1},垂直风切变增大,降雪加强,出现过程最大小时降雪量。7 日 08 时随着高空变干,风速变小,地面北风风速也进一步减小,降雪逐渐减弱停止。

从长沙站 2 月 6 日 08 时预报 7 日 02 时探空图可知(图 3.34a),长沙地面温度 2 ℃,湿层深厚,从近地层一直延展至 300 hPa,－18～16 ℃冰晶层湿度条件好,利于雪花产生降至地面;925 hPa 有弱的偏东气流,低层冷垫浅薄。结合模式垂直速度预报分析(图 3.34b),7 日白天长沙 850 hPa 以上为上升运动区,对流层中层 500 hPa 最大垂直速度达-1.2 Pa·s^{-1},对暴雪预报有一定指示作用。

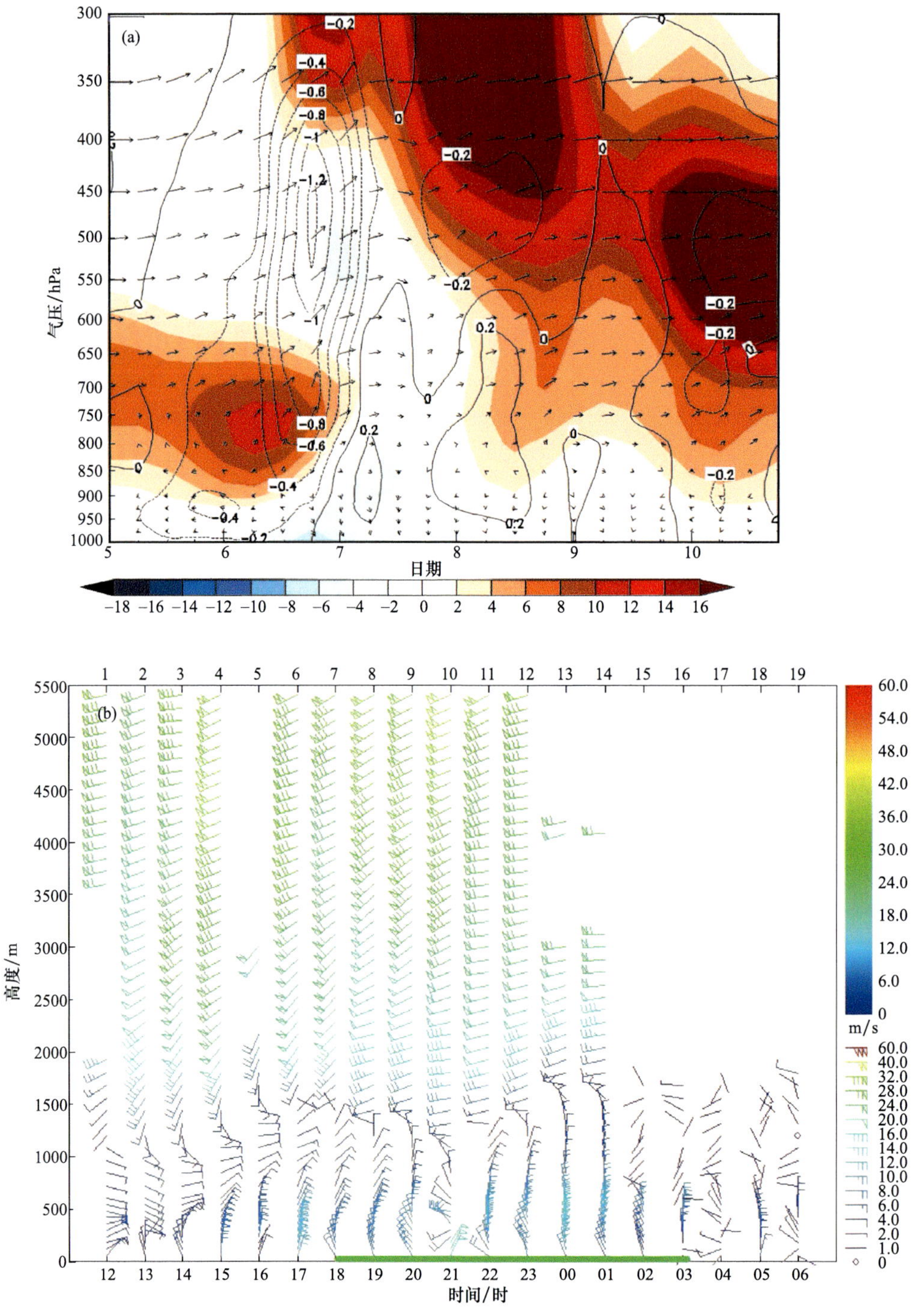

图 3.33　2022 年 2 月 5 日 08 时—11 日 08 时长沙站温度平流高度-时间剖面图（黑等值线：垂直速度，单位：$Pa \cdot s^{-1}$；色斑：温度平流，单位：$10^{-5}\ k \cdot s^{-1}$；箭头：风矢）(a)和 6 日 20 时—7 日 14 时垂直风廓线(b)

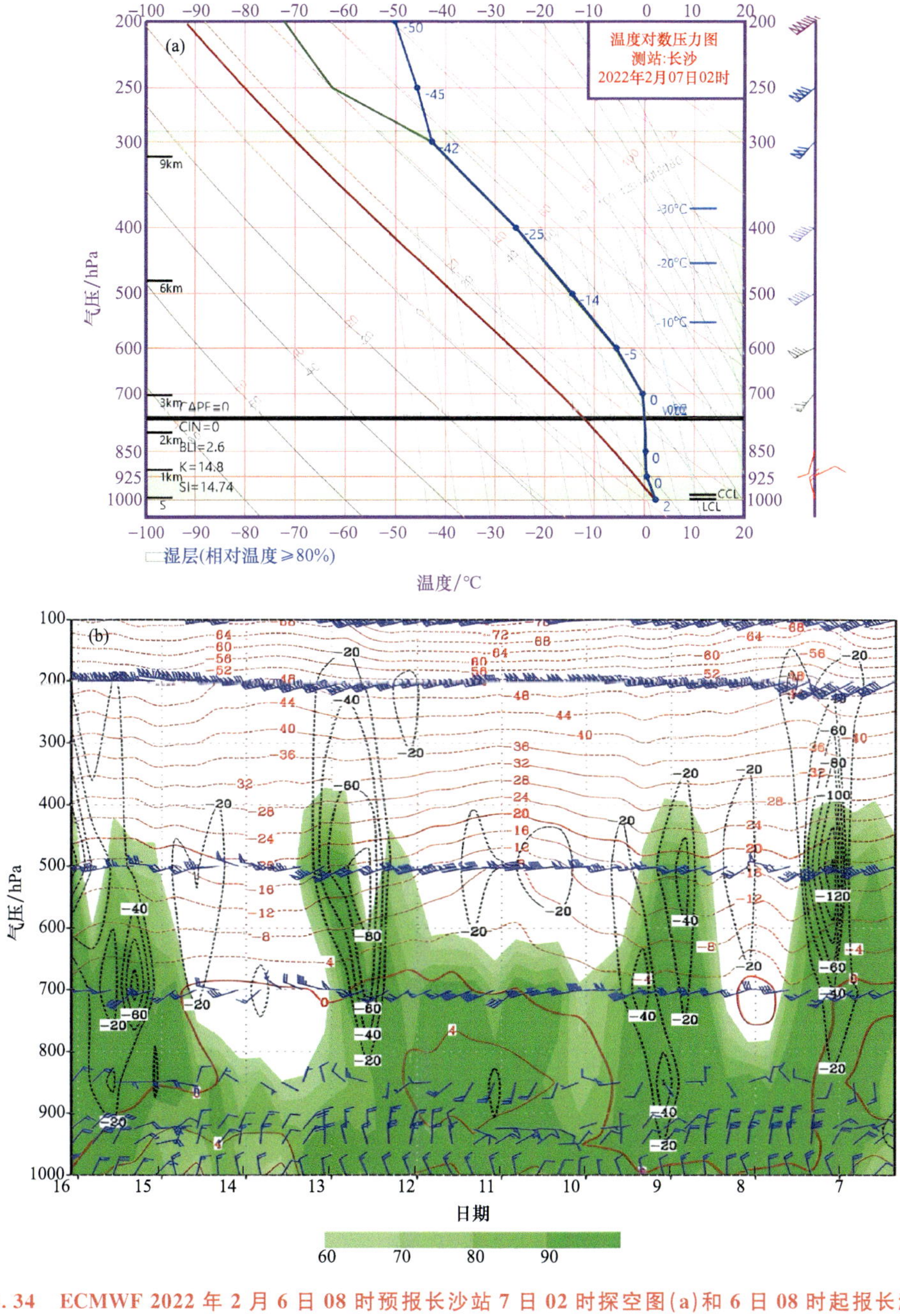

图 3.34　ECMWF 2022 年 2 月 6 日 08 时预报长沙站 7 日 02 时探空图(a)和 6 日 08 时起报长沙站未来 10 d 的垂直速度(单位:10^{-2} Pa·s^{-1})、相对湿度等高度-时间剖面图(b)

(3)预报着眼点

本次过程满足横槽+南支槽东出型暴雪的天气学模型。这是一次大尺度环流调整下,南支槽东出引发的暴雪过程,在满足前述环流配置下,采取以下预报策略:

① 环流形势:关注中高纬的长波调整,对雨转雪的时间有指示作用。

② 温度条件:当地面冷高压主体偏北、冷空气势力不强,气温在 0 ℃附近时,需关注

500 hPa气温，若 500 hPa 气温低于－16 ℃，高空冷平流强盛时，也会出现纯雪。

③ 降雪强度：重视垂直风廓线和模式探空预报产品在暴雪天气中的应用，垂直风切变加大可预报降雪加强。关注垂直速度演变，当有强上升运动且湿层深厚时，降雪加强，可能出现暴雪。

④ 模式订正：模式预报降雪量偏小一个量级，主观订正可在综合其他条件基础上，考虑加大预报量级。

3.2.5 横槽＋阶梯槽型暴雪

横槽＋阶梯槽型暴雪天气过程日雨雪量大，多呈阶段性雨雪特征。中高纬为稳定两槽一脊的大倒"Ω"形经向环流，乌拉尔山阻塞高压脊前横槽槽区宽广，东北冷涡持续加强；河套一带或高原东部有低压槽东移，孟加拉湾南支槽上分裂短波槽东出，北支槽移速快于南支槽，形成阶梯槽，北支槽后堆积的冷平流与南支槽前暖湿气流交汇，斜压性增强，中纬度强锋区建立（图 3.35）。当东北冷涡中心南落时，横槽带动北方冷空气南下，加之阶梯槽提供的动力和水汽条件，导致极端暴雪发生。

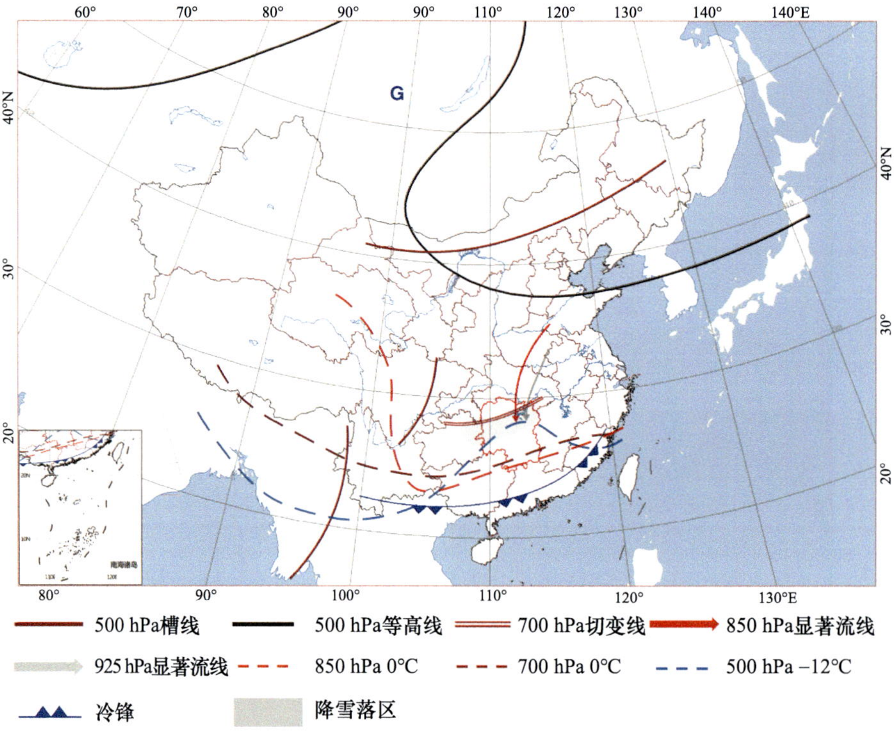

图 3.35 横槽＋阶梯槽型暴雪概念模型

3.2.5.1 2022 年 2 月 22 日极端暴雪过程

（1）过程实况

2022 年 2 月 17 日晚至 22 日湖南出现了一轮持续性低温雨雪天气过程，分为三个阶段

(图 3.36)：第一阶段为 17 日晚至 19 日白天，降雪区主要位于湘中以北；第二阶段为 19 日晚至 20 日，降雪区主要位于湘中及以南地区；第三阶段为 21 日晚至 22 日，为降雪最强时段，强降雪区主要位于湘中偏南地区。过程具有降雪强度大、强降雪时间长、多站雪深破极值等特点，过程最大积雪深度为 1961 年以来第 6 位，2011 年以来最强。过程以纯雪为主，雪线南压至 26 °N，未发生冰冻(除衡山站)。

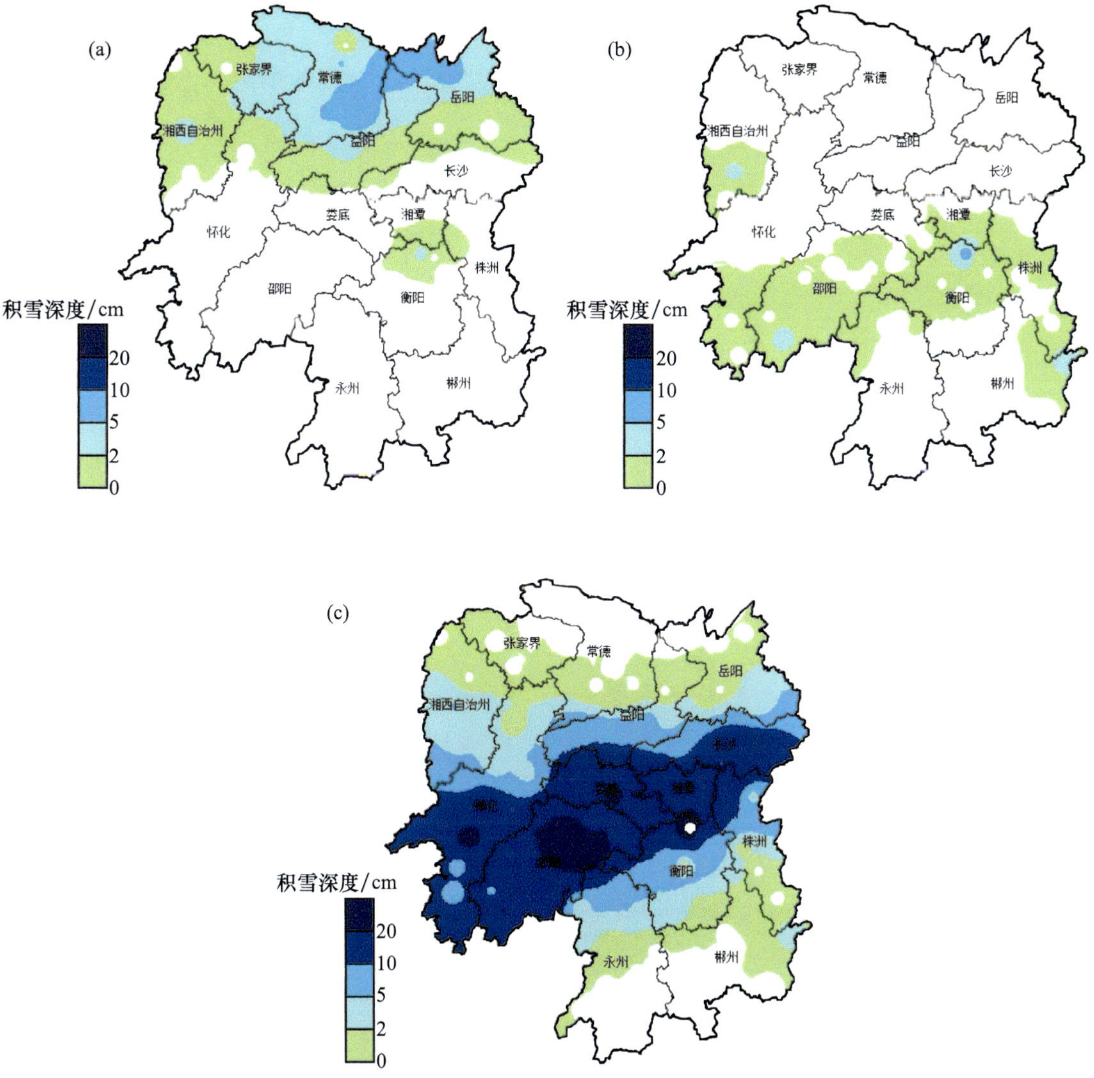

图 3.36　2022 年 2 月湖南积雪深度分布

(a)17 日 20 时—19 日 20 时；(b)19 日 20 时—20 日 20 时；(c)21 日 20 时—22 日 20 时

其中，第三阶段 21 日 20 时—22 日 20 时湖南省出现了罕见的极端大暴雪天气，21 日 17 时湖南省西部纯雪发展，22 日凌晨东扩至湖南省中部一带，强降雪维持 20 h 以上，至 23 日凌晨才减弱。共 77 个县(市、区)出现积雪，52 站出现暴雪至大暴雪，12 站特大暴雪(图 3.37)。日最大降雪量 34.9 mm(邵阳县)，降雪强度历史罕见，超过“2008 • 1”“2011 • 1”“2018 • 12”极端暴雪过程，洪江市、洞口、邵阳市区、隆回、邵阳县 5 个站最大积雪深度突破历史极值，其中邵阳县雪深达 30 cm。下面重点分析第三阶段极端暴雪。

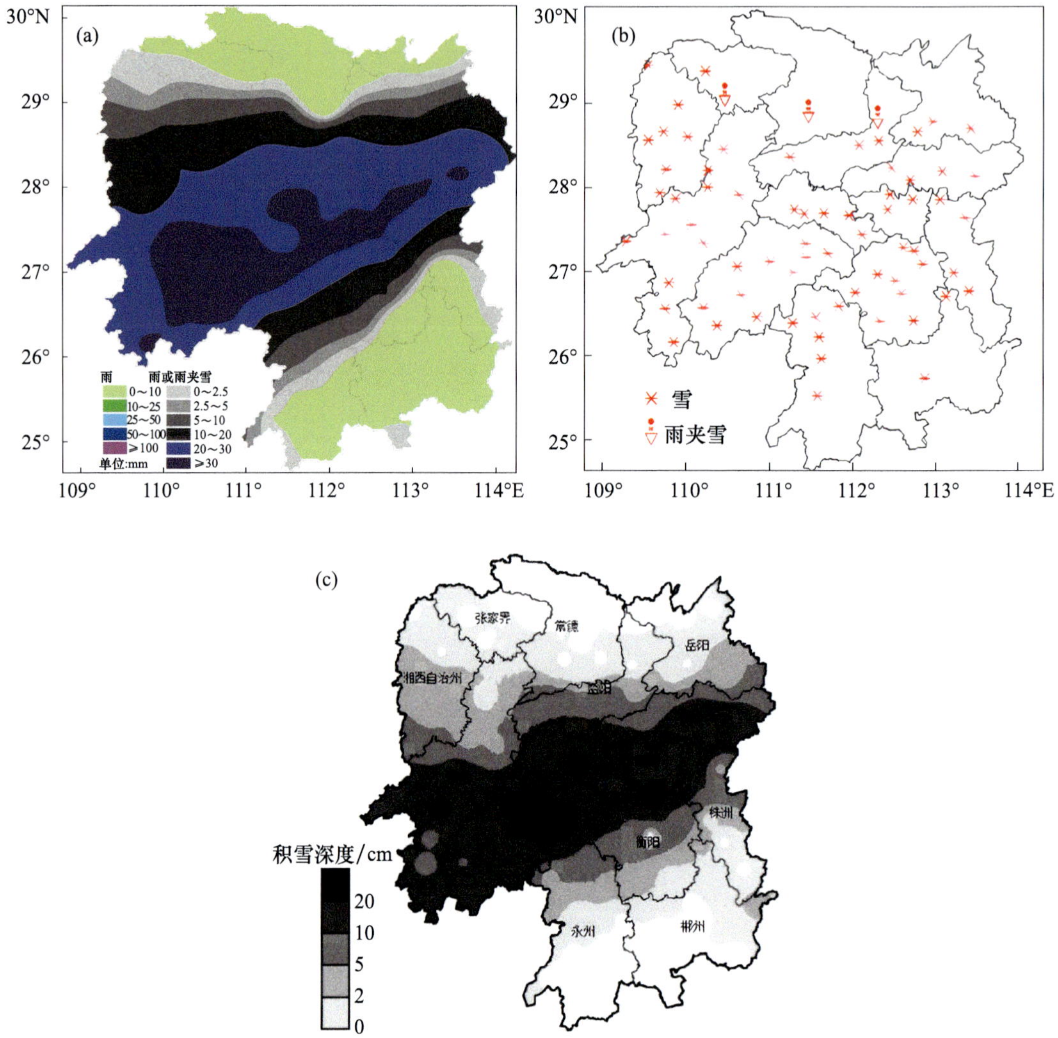

图 3.37　2022 年 2 月 21 日 20 时—22 日 20 时湖南降水量实况(a)、降雪落区(b)和最大积雪深度(c)

(2)预报分析

从形势场预报来看:过程开始前中高纬为两槽一脊的大倒“Ω”形经向环流,高压脊从乌拉尔山延伸至湖南、湖北一带,呈东北—西南向分布,脊前横槽中心位于东北地区,冷中心达−44 ℃,低纬青藏高原南部至孟加拉湾低压槽稳定少动,从 21 日 08 时起报的 22 日 08 时 500 hPa 高空形势图看出(图 3.38a),贝加尔湖高压脊强烈发展,脊前冷空气快速堆积,横槽加深缓慢东移,与高压脊对峙。中纬度河套地区至四川有阶梯槽东移,北支槽移速超前于南支槽,湖南省处南支槽前暖湿不稳定气流和北支槽后冷平流区内,有利于降雪持续加强。

另外,21 日 08 时起报的 22 日 08 时对流层中低层风场分析表明,700 hPa 始终维持强盛的西南急流,急流轴中心最大风速超过 24 $m \cdot s^{-1}$(图 3.38a)。850 hPa 风场可以看出

(图 3.38b)我国东北地区—黄海—长江中下游流域偏东气流通道建立，湖南省境内偏东回流风速快速增大，到整个强降雪时段湖南省中部、北部加强形成 12～16 m·s^{-1} 的偏东急流，迅速降温、形成冷垫。

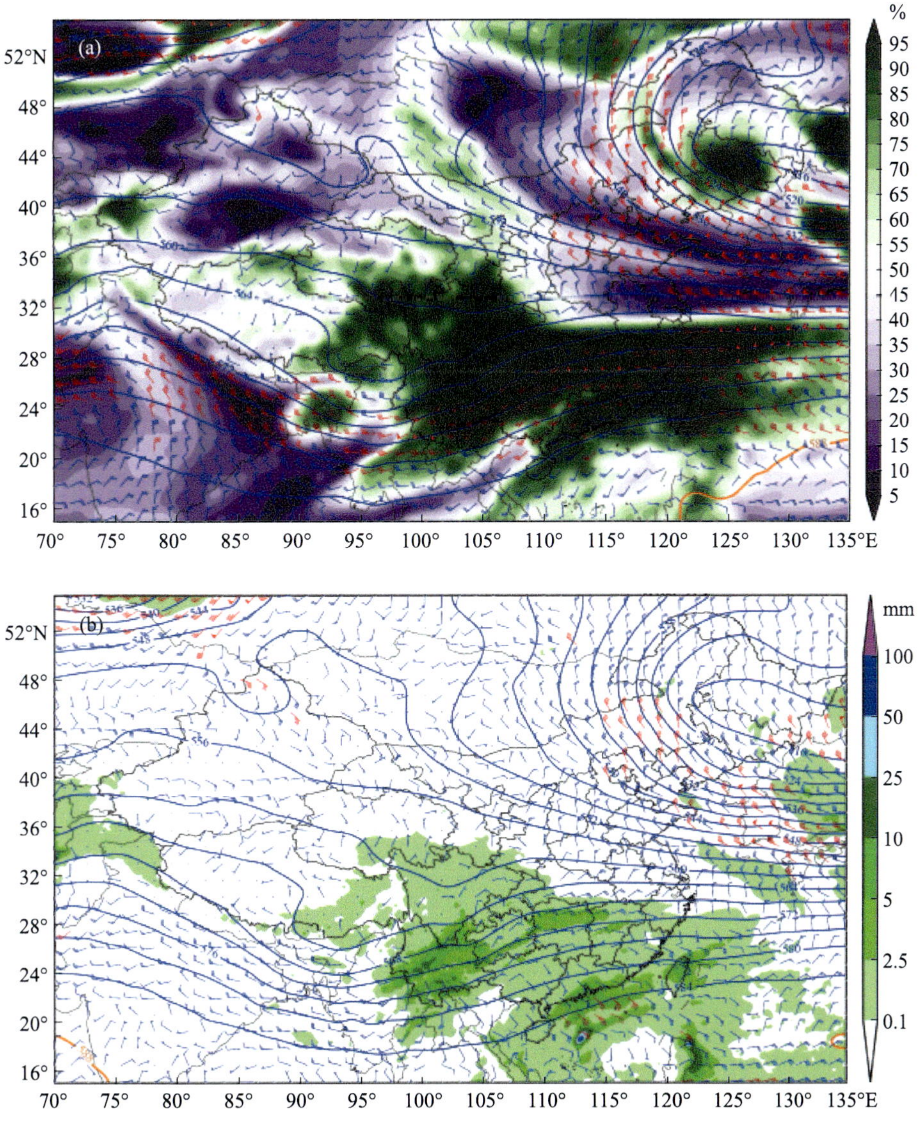

图 3.38　ECMWF 2022 年 2 月 21 日 08 时起报的 22 日 08 时 500 hPa 高度场、700 hPa 风场叠加相对湿度预报(a)和 500 hPa 高度场、850 hPa 风场叠加 6 h 降水量预报(b)

从各层温度预报来看：21 日傍晚开始随着冷空气补充南下，大部分地区地面气温降至 0 ℃附近或以下，满足降雪条件。模式预报 22 日 02 时(图 3.39a)925 hPa、850 hPa 0 ℃线均已压至永州、郴州，到 14 时(图 3.39b)700 hPa 0 ℃线继续南移 50～100 km，且 500 hPa 低于 −14 ℃，湘中、湘北各层温度均低于 0 ℃，达到湖南省降雪条件。

结合降雪量和积雪深度预报来看：ECMWF 模式连续两天稳定预报邵阳地区 24 h 降雪量大于 20 mm，局地超过 30 mm，雪深 15～30 cm，达到大暴雪或特大暴雪标准，且 EFI 指数达 0.9 以上(图 3.40)，出现极端降雪可能性大。

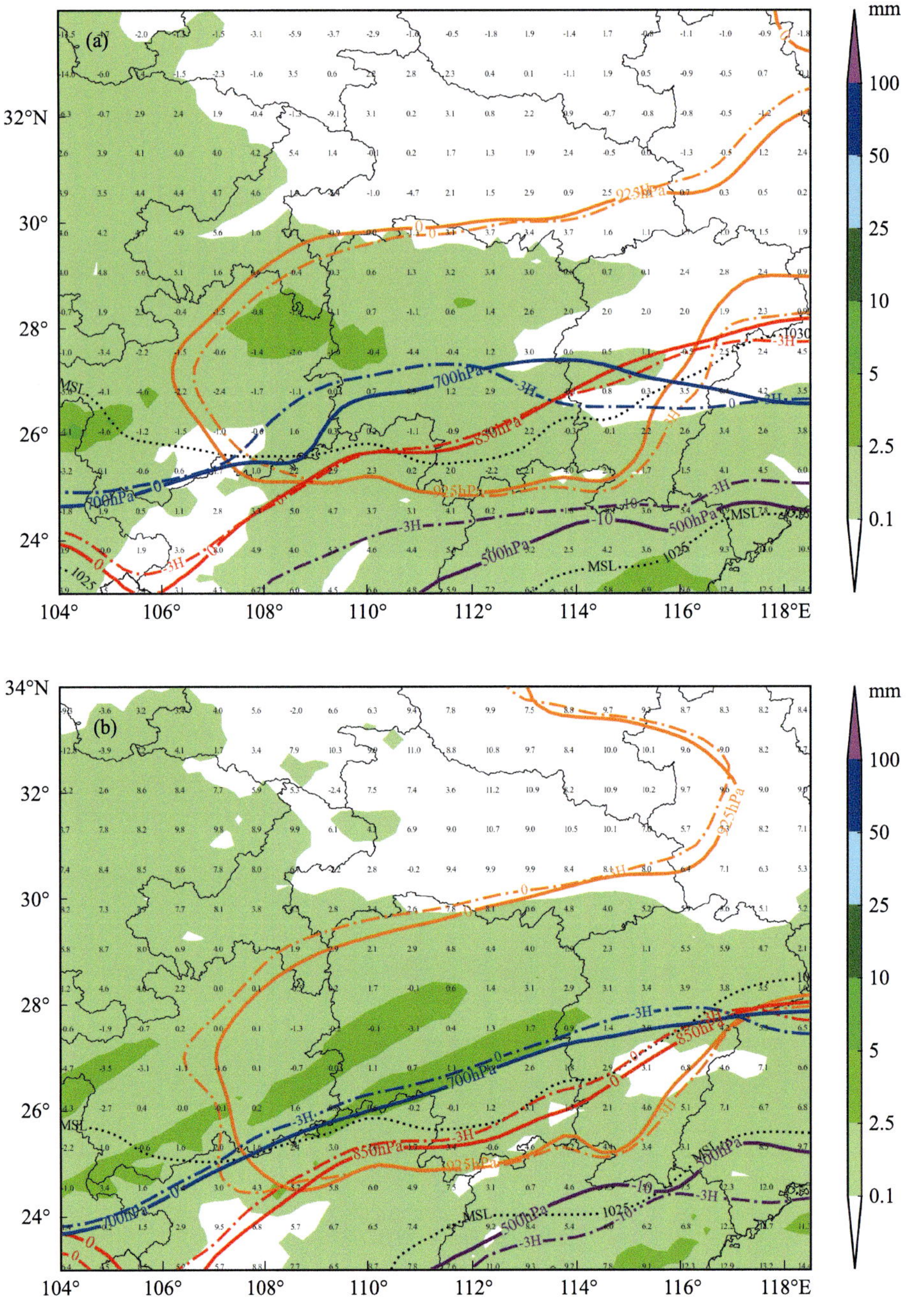

图 3.39　ECMWF 2022 年 2 月 21 日 08 时起报的 22 日 02 时(a)、22 日 14 时(b)3 h 降水量、2 m 温度叠加各层温度特征线

综合来看，环流配置、温度条件、降水预报都满足出现暴雪的条件，结合动力条件发现(图 3.41)，模式预报 22 日白天邵阳县站整层为上升运动区，500 hPa 最大垂直速度达 $-1.5\ \mathrm{Pa\cdot s^{-1}}$，这在湖南省冬季较为少见。结合怀化站探空预报分析，22 日白天湿层深厚，从近地层伸展至对流层中上层，且在 700～850 hPa 存在冷性逆温层。850 hPa 温度达 −5 ℃，低层冷平流强盛。

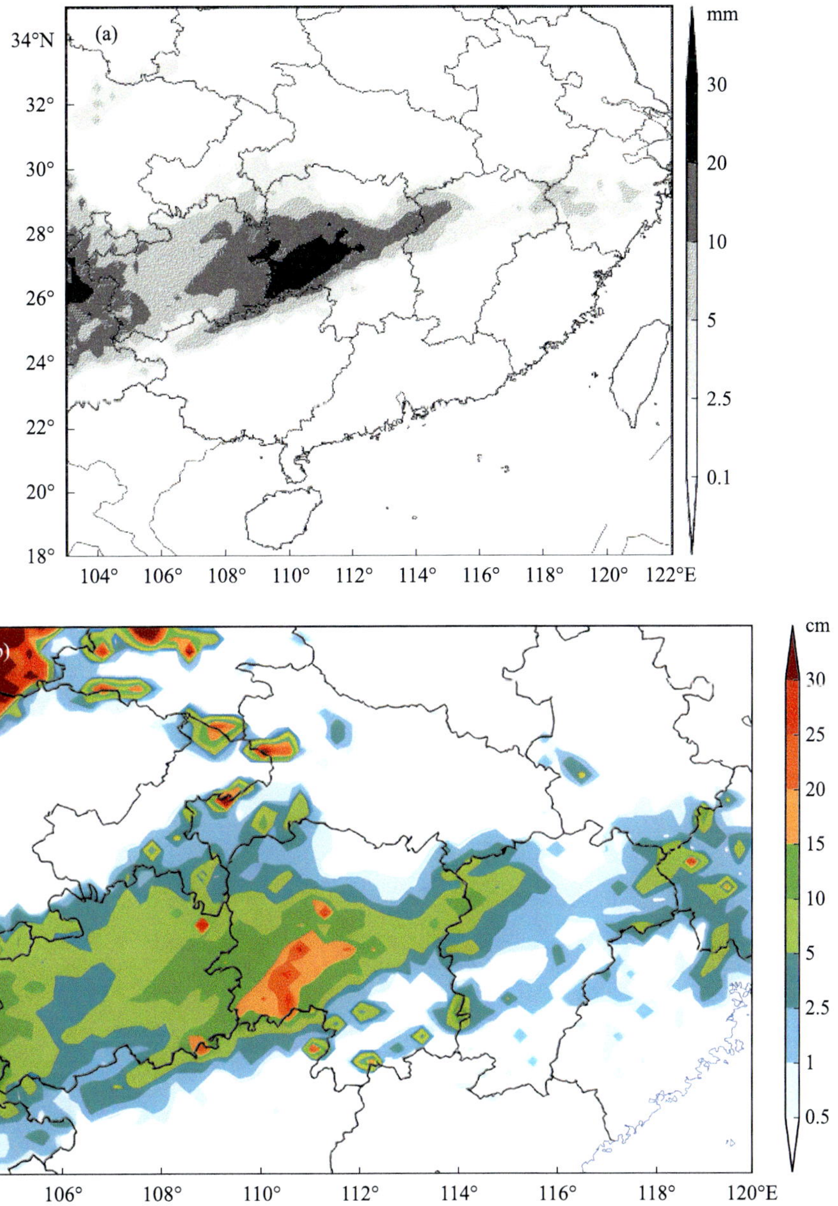

图 3.40　ECMWF 2022 年 2 月 21 日 20 时起报的 21 日 20 时—22 日 20 时 24 h 降雪量(a)及积雪深度(b)

预报员综合上述分析，预报出暴雪及大暴雪落区（图 3.42），此次过程是一次成功的极端降雪预报案例，各项特征指标对于湖南省特大暴雪量级的预报提供了重要思路。

(3)预报着眼点

本次过程满足横槽+阶梯槽型暴雪的天气学模型。这是一次横槽东移带动冷涡后部冷平流南下，阶梯槽东出共同作用引发的极端暴雪过程，在满足前述环流配置下，可采取以下预报策略：

① 环流形势：500 hPa 东北冷涡中心气压的持续降低或冷涡中心的南落，有利于低层东北

回流通道建立，对冷垫形成和降雪加强有重要作用；地面冷高压中心强度若未达到 1050 hPa 以上，但有分股南下的冷空气影响，需关注 1030 hPa 特征线是否到达湖南省。

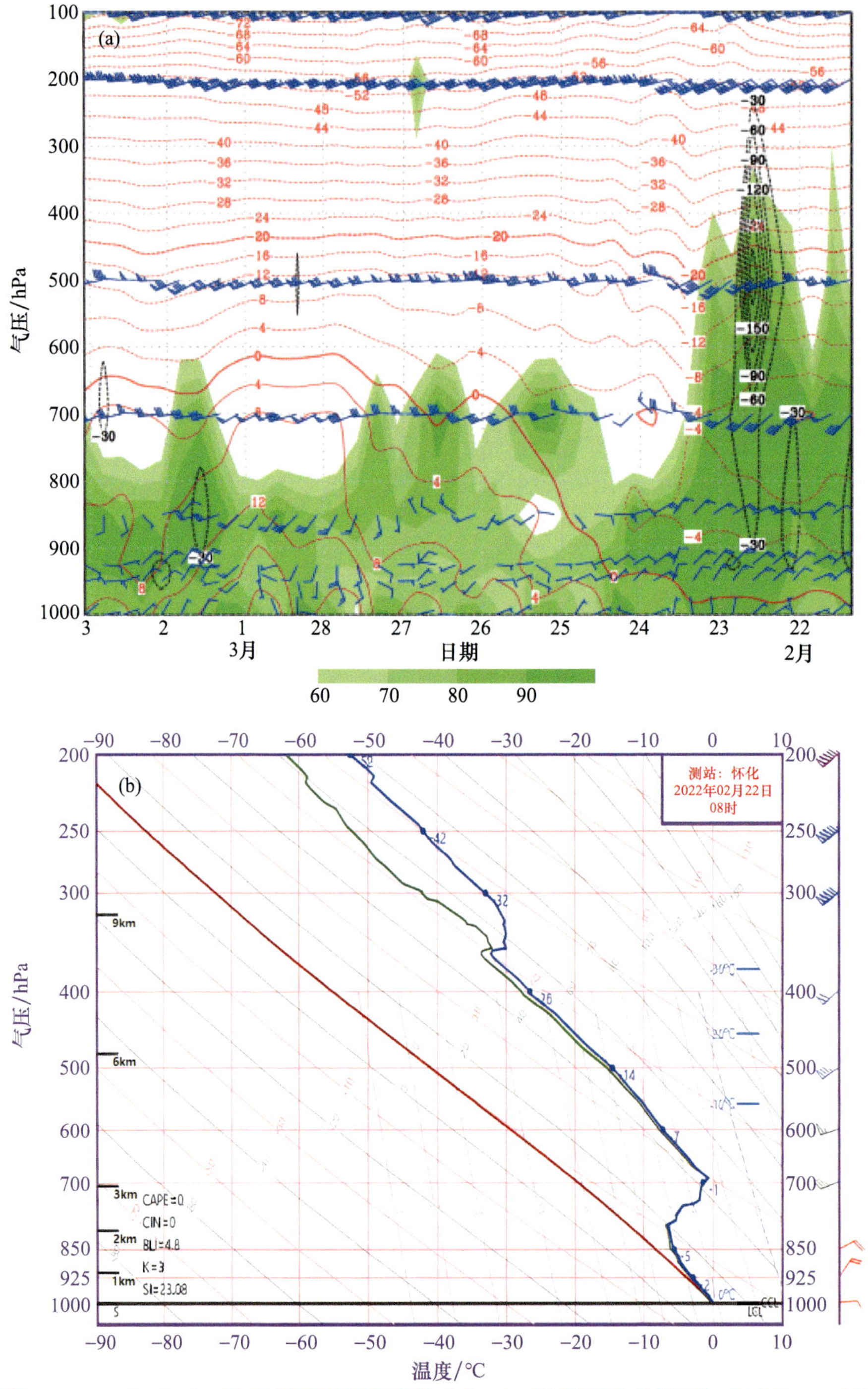

图 3.41 ECMWF 21 日 08 时预报邵阳县站未来 10 d 的垂直速度(单位：10^{-2} Pa·s^{-1})、相对湿度等高度—时间剖面图(a)和怀化站 22 日 08 时探空图(b)

② 强降雪时间：关注 850 hPa 偏东急流建立时间，冷垫增厚及垂直风切变增大时段均对暴雪预报有指示作用。

③ 模式订正：在综合考虑各家模式 24 h 降雪量和雪深预报基础上，还要关注 500 hPa 垂直速度大值区，单站垂直速度大于 $-1.5\ \mathrm{Pa\cdot s^{-1}}$，结合降雪 EFI>0.9，可预报大暴雪或特大暴雪。

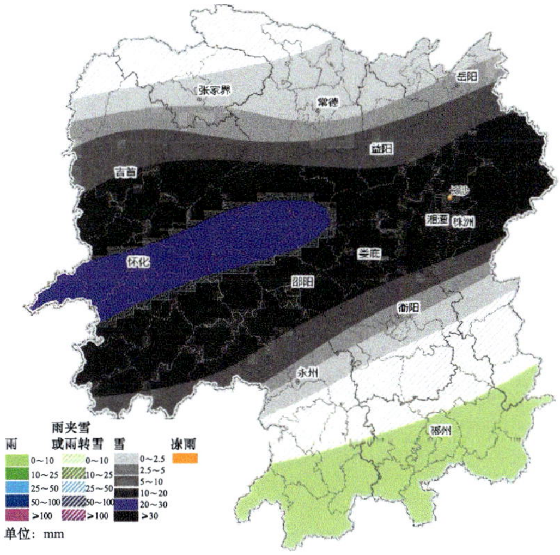

图 3.42　湖南 2022 年 2 月 21 日 20 时—22 日 20 时降水量指导预报图

3.2.5.2　2011 年 1 月 17—20 日暴雪过程

(1)过程实况

2011 年 1 月 17—20 日，湖南省出现了大范围持续的雨雪天气(图 3.43)。此次雨雪冰冻天气过程具有持续时间较长，降雪强度大，以降雪为主，冰冻强度不强等特点。17 日 08 时—21 日 08 时，过程平均降雨(雪)量为 23.9 mm，35 个县(市)过程降雨(雪)量在 30 mm 以上，69 个县(市)出现暴雪，最大过程降雨(雪)量为 46.2 mm(益阳站)。共 20 个县(市)积雪深度超过 20 cm，湘东北 3 县(市)积雪深度超过30 cm，其中汨罗积雪深度达 32 cm，湘西南、湘中和湘北部分地区积雪深度已突破或平当时历史最高纪录(图 3.44)。

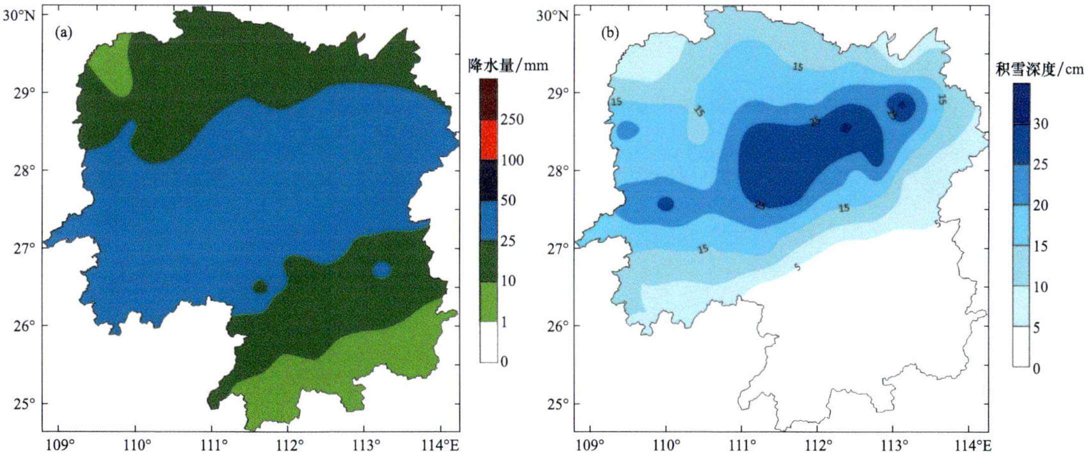

图 3.43　2011 年 1 月 17 日 08 时—21 日 08 时过程降水量(单位：mm)(a)及积雪深度分布图(单位：cm)(b)

(2)预报分析

从形势场来看：过程期间，中高纬为两槽一脊型(图 3.45a)，乌拉尔山阻塞高压强大，其前部鄂霍茨克海为低涡中心，南支槽以移动性低压槽为主，西太平洋副热带高压强度较常年偏弱，西南气流呈阶段性加强趋势，较强冷空气分股南下。高原槽及地面冷空气活动频繁，孟加拉湾南支系统活跃，分别于 18 日和 19 日两次分裂高空槽经孟加拉湾东移，冷暖气流在南方交汇，造成湖南省气温偏低、雨雪冰冻日数较多(姚蓉 等，2012)。500 hPa 孟加拉湾上空对应了 3 次正涡度东移(图 3.45b),南支低压槽呈阶段性加强并移出,以过程性雨雪冰冻天气为主(陈红专 等,2012)。

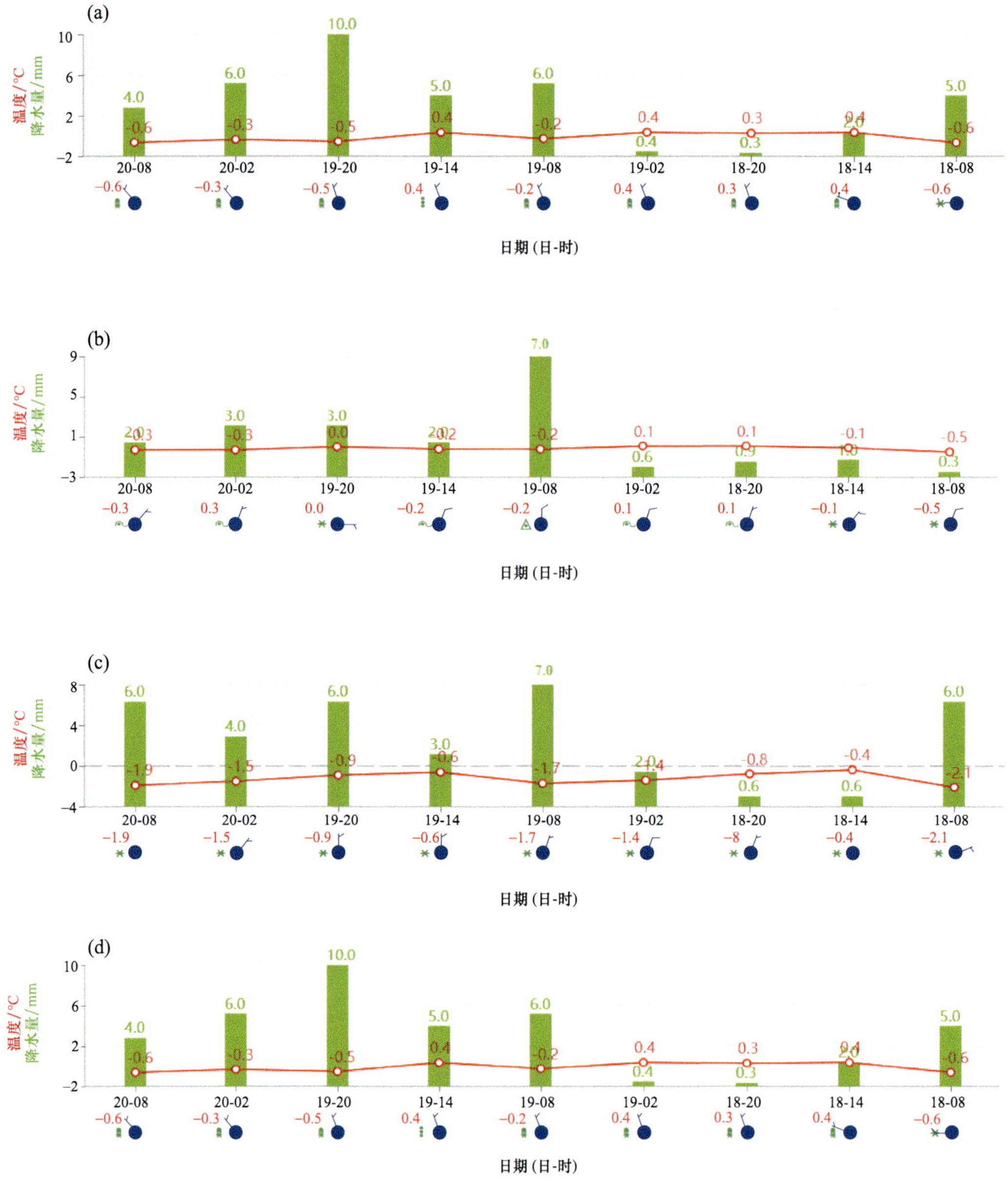

图 3.44　2011 年 1 月 18 日 08 时—20 日 08 时过程代表站雨(雪)时序图及气象要素时序图

(a)安化极端暴雪;(b)永州冻雨;(c)怀化极端暴雪;(d)长沙混合型

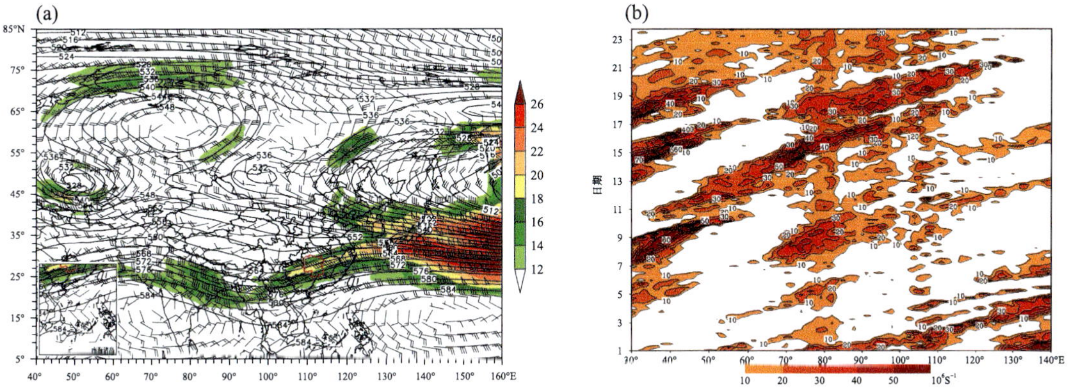

图 3.45　2021 年 1 月 17—20 日 500 hPa 高度平均场、700 hPa 平场风场和 700 hPa 全风速平均场（填色，单位：$m \cdot s^{-1}$）(a)，1 月 1—23 日 25°—35°N 区域的 500 hPa 平均相对涡度时间—经度剖面图 (b)

分析 17 日强降雪时段主要影响系统发现(图 3.46a)，南支槽与高原短波槽同位相叠加，低压槽经向度加大并缓慢东移，迫使副高东退至 120 °E 附近。此时 200 hPa 急流加强，南亚高压区向东传播，700 hPa 西南急流建立并加强，高低空急流共同作用产生的“抽吸”作用，有利于次级环流的形成，加强降雪产生的动力作用。此外，湖南省大部分地区处在 700～500 hPa 温差等值线＞12 ℃的区域内，表明大气静力稳定度较小，有利于上升运动加强。西南地区至江南一带中低层温度露点差≤3 ℃，大气已处于高湿状态下。同时，位于贝加尔湖以西的地面冷中心继续增强，中心强度达 1066 hPa，未呈现明显东移或南下而是分股不断扩散南下，冷暖空气势力相当，湖南省处于高压底部，锋区停滞时间较长，增大暴雪预报难度(图 3.46b)。18—19 日 700 hPa 西南急流持续加强，19 日 20 时怀化西南风速达 28 m/s，同时 850 hPa 锋区较长时间维持在 25 °N 附近，中低层切变线在湖南省内南北摆动，不但有利于水汽输送，还为强雨雪天气提供了良好的辐合抬升动力条件。这也是湖南省典型的暴雪天气经典模型。

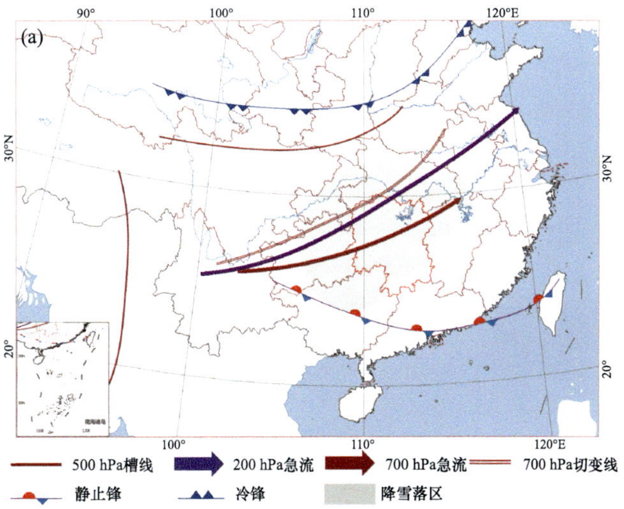

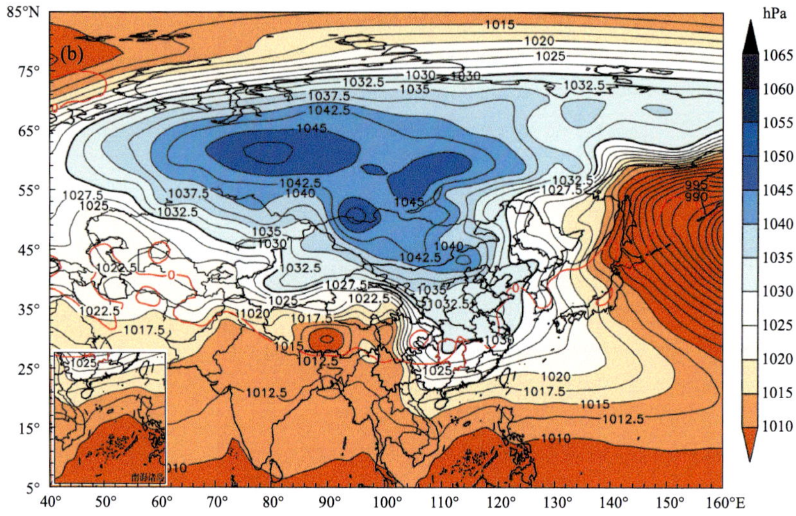

图 3.46　2021 年 1 月 17 日 08 时综合图(a)和 1 月 17—20 日海平面气压平均场(b)

从降雪的温度条件来看(图 3.47):1 月 17 日 20 时 925 hPa、850 hPa 0 ℃线已压至永州、郴州,湘西、湘北各层温度均小于 0 ℃,此时湘西、湘北出现纯雪。18 日晚地面 0 ℃线南压明显,19 日 08 时永州南部、郴州南部,存在暖性逆温层,气温在 1 ℃以上时出现降雨,而地面气温降至 0 ℃后才开始出现雨夹雪和冻雨天气;其余地区各层温度均小于 0 ℃,大部分地区出现

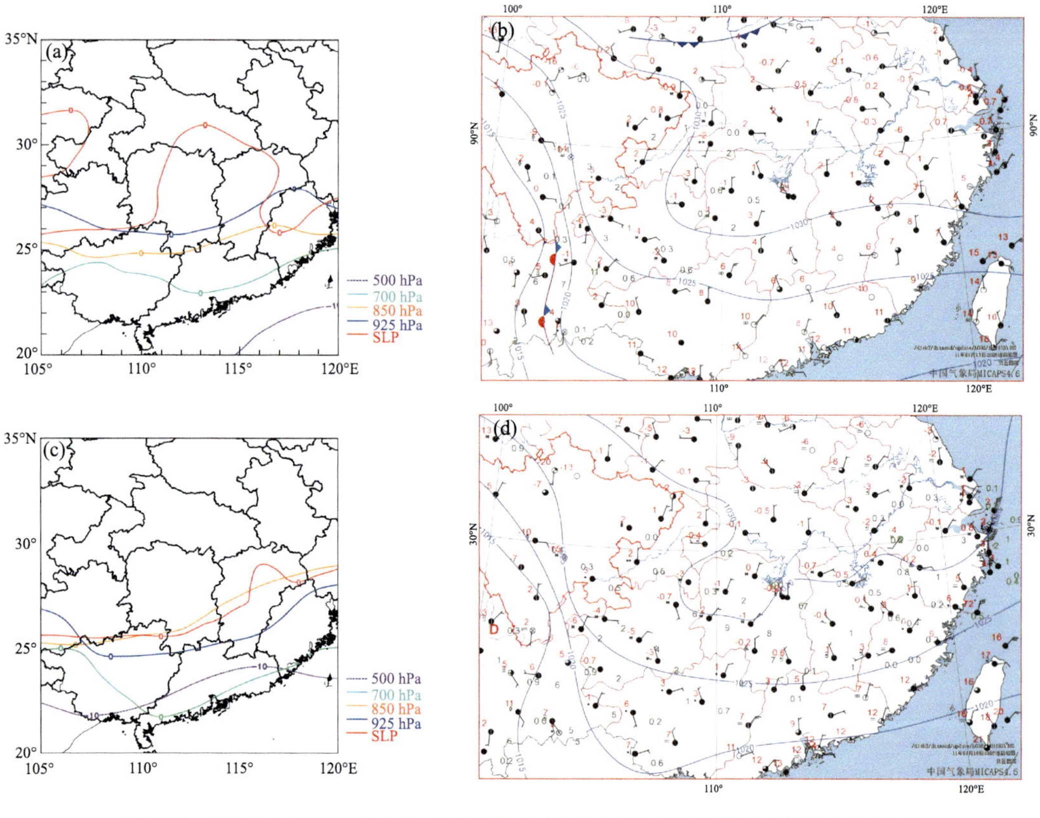

图 3.47　2011 年 1 月 17 日 20 时各层温度特征线分布(a)及湖南省地面填图(b),
19 日 08 时各层温度特征线分布(c)及湖南省地面填图(d)

小到中雪。可见满足一定固态降水条件，地面气温为 0 ℃是南方雨雪转换的重要条件之一。

预报难点：处于同样的有利于雨雪产生的大尺度环流背景下，为什么湖南省不同区域降水相态有所区别？

分析长沙、怀化、郴州三站 1 月 17—20 日温度场、风场及相对湿度场时序剖面图发现（图 3.48），怀化站 17 日 20 时—20 日 20 时中低层相对湿度高达 90％以上，中层西南气流强盛，低层为偏北气流，18—20 日整层大气温度在 0 ℃以下，无暖性逆温存在，故怀化以北地区无冰冻发生，且湿度加大后对应了相应时段怀化的强降雪天气；长沙 18 日 08 时—20 日 20 时近地面至 500 hPa 为深厚湿层，相对湿度达 80％～90％，900 hPa 以下为偏东北风，底层冷垫形成，900 hPa 以上为西南风急流，此时雨雪由西向东扩展并加强，19 日 14 时—20 日 02 时 800～700 hPa 出现了高于 0 ℃的融化层，逆温出现后长沙冰冻有所发展，但由于逆温较弱，故冰冻厚度小、维持时间较短。雨雪过程期间 700 hPa 维持强盛的西南风，地面不断有冷空气补充，形成了“冷垫”与“暖盖”稳定叠置降雪机制，配合南支分裂低压槽东移，使得长沙出现连续性暴雪天气。此外，位于湘东南的郴州站，18 日 14 时后整层相对湿度开始加大到 80％以上，900 hPa 以上为西南风，以下为偏北风，降水开始形成，17 日 14 时—21 日 08 时 900～700 hPa 出现了高于 0 ℃的融化层，但由于 19 日 02 时前 700 hPa 以下温度在 0 ℃以上，故以降雨天气为主，19 日 08 时后 900 hPa 至地面低于 0 ℃的冷垫形成，冷垫加强后湘东南以雨夹雪天气为

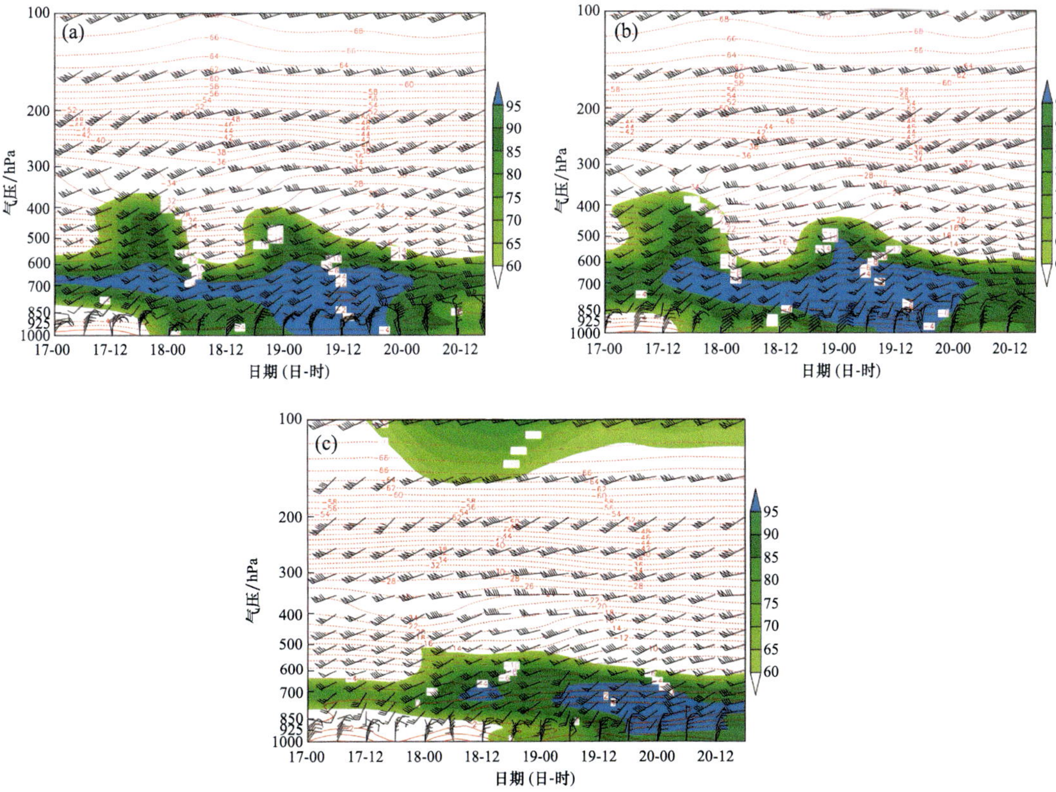

图 3.48　2011 年 1 月 17 日 00 时—20 日 12 时(世界时)温度场(红色虚线)、风场及相对湿度场(填色,%)时序剖面图

(a)长沙;(b)怀化;(c)郴州

主，冰冻开始形成和发展。同时，水汽饱和区的存在，是冰晶、雪晶淞附增长所需的环境场条件。当云层发展较厚，云中过冷却水含量较大，冰晶、雪晶的淞附增长在冷云降水中将起着重要的作用，可造成较强的降雪。此外，暖性逆温层结和冷垫形成是影响冰冻形成和发展的关键因子，700 hPa 风向风速、逆温强度及冷垫厚度对冰冻强度预报有很好的指示意义。

(3)预报着眼点

此次过程符合横槽＋阶梯槽型暴雪天气模型，采取以下预报策略：

① 环流形势：500 hPa 平均涡度演变与强降雪的发生发展有较好的对应关系。

② 相态变化：当中低层气温在 0 ℃以上时，降水以雨为主；当整层气温在 0 ℃以下时，降水以雪为主；当对流层中层出现暖性逆温，低层有冷垫，且地面气温在 0 ℃左右时，降水以雨夹雪或冰冻为主。

3.2.6 南支槽东出型暴雪

南支槽东出型暴雪天气过程持续时间长，累计雨雪量大，常先雨后雪，影响范围大。中高纬常为一槽一脊环流或纬向环流，低纬南支槽缓慢东出，中层维持强劲的西南暖湿气流向湖南省输送水汽，850 hPa 切变线在湖南省境内南北摆动，地面冷锋自北向南影响湖南省，冷空气南下速度较快，堆积在南岭(图 3.49)。随着南支槽东出，动力作用加强(罗布坚参 等，2019)，低空切变线每一次摆动都可能带来一次阶段性降雪天气，导致大范围暴雪天气。

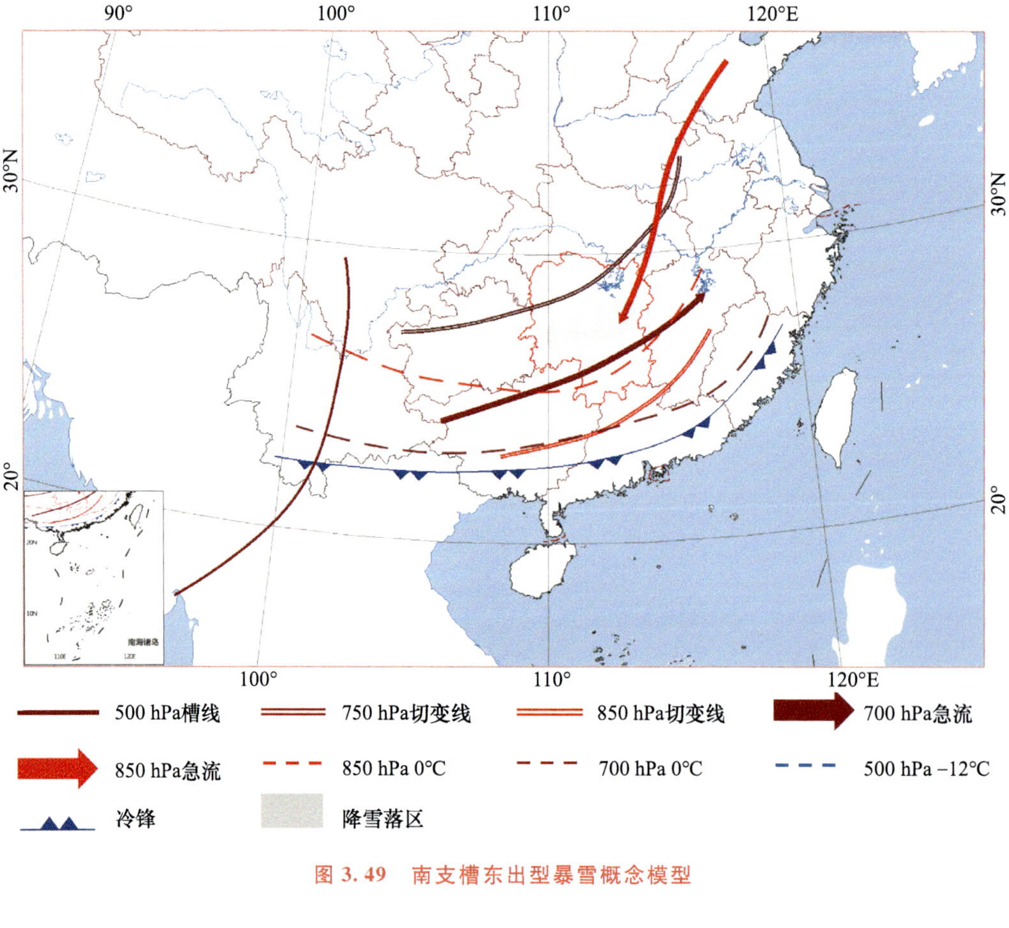

图 3.49 南支槽东出型暴雪概念模型

3.2.6.1　2014 年 2 月三次雨雪天气过程(2 月 17—18 日暴雪)

(1)过程实况

第一次雨雪过程从 2 月 6 日开始，10 日结束，湖南省自北向南出现相态转变，包括雨、雨夹雪、雪以及冻雨。其中 6—8 日降雪或雨夹雪主要出现在湘西北、湘北，9 日湖南省大范围出现降雪，湘南部分地区出现冻雨，10 日自北向南过程结束(图 3.50a)。

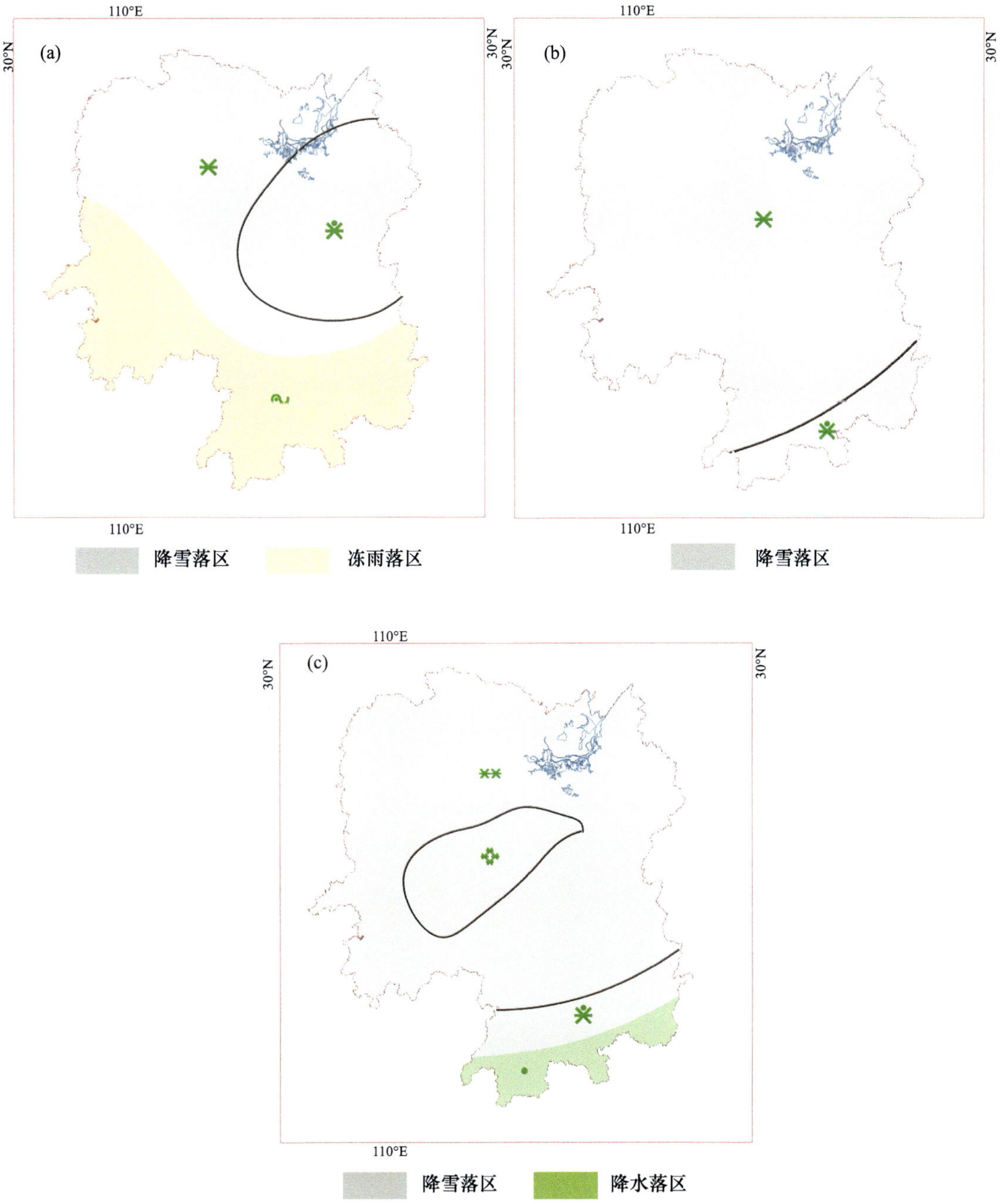

图 3.50　湖南省 2014 年 2 月 9 日(a)、12 日(b)、18 日(c)雨雪相态分布图

第二次雨雪过程(2 月 12 日):湖南省大部分地区出现降雪,其中湘东南局地中到大雪。过程雨雪时间短且量级小,主要降水相态表现为纯雪(图 3.50b)。

第三次雨雪过程(2 月 17 日晚至 18 日晚):湖南省自北向南转雪(湘东南局地雨夹雪),影响范围广,相比前两次过程而言,雨雪强度最强、湘中以南大部分地区出现中到大雪,湘中 8 个县市出现暴雪。此次过程降水相态以雪为主(图 3.50c)。

由上述知,过程一湘南部分地区出现冻雨,而其他两次过程大部分地区以纯雪为主。其中过程二开始便出现纯雪,过程一和过程三均先雨后雪,再由北向南湖南省逐渐转雪,过程三强度最强,出现暴雪。

(2)预报分析

从形势场来看:过程一和过程二 500 hPa 中低纬为阶梯槽,过程三为南支槽加深东出,动力条件更好,且 700 hPa 西南急流位置偏北,且偏南分量更明显。

过程一冷空气以偏东路径抵达湘南后停滞,形成近似准东西向的南岭静止锋,是出现冻雨的有利天气形势(图 3.51),符合湖南省混合性雨雪过程的概念模型。过程二与过程三巴尔喀什湖与贝加尔湖高压中心强度接近,均达 1055 hPa,湖南省降雪特征线(1030 hPa)均压至两广

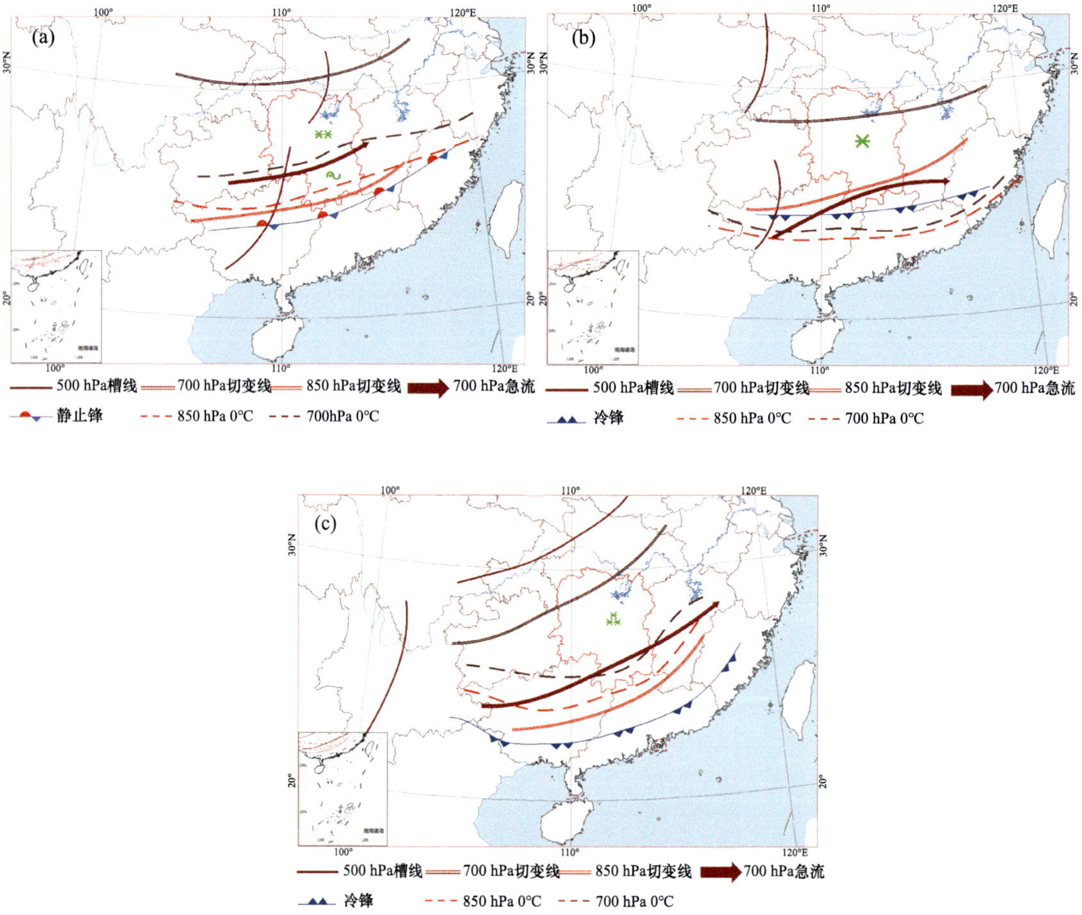

图 3.51 三次暴雪过程环流配置

(a)过程一;(b)过程二;(c)过程三

北部一带，地面冷锋也抵达两广地区。过程二冷空气从河套南部—四川省东部—湖南省以西路路径快速南下，迅速转为冷高压控制，导致降雪时间不够长，达不到暴雪量级；过程三符合湖南省典型暴雪概念模型，冷空气从华北—安徽一带以东路路径持续南下，地面冷锋南压至两广中部。

从降雪的温度条件来看：

对比三次过程桂阳、长沙、邵阳站温度层结分析（图 3.52、图 3.53），过程一桂阳 9 日 14 时出现冻雨，900～700 hPa 之间存在逆温层，850～700 hPa 存在融化层，925～850 hPa 温度均低于－4 ℃，地面温度 0 ℃，其他层均在 0 ℃以下，符合湖南省冻雨形成的条件（姚蓉 等，2014）。

过程二和过程三代表站地面温度 1 ℃左右，地面以上各层气温低于 0 ℃，且均存在冷性逆温层（<0 ℃），降雪相态为纯雪。其中过程二湖南省大部分地区地面温度接近 0 ℃左右，因此一开始便出现纯雪；过程三各层温度快速下降，24 h 500 hPa 从－10 ℃降至－16 ℃，为降雪维持提供温度条件。

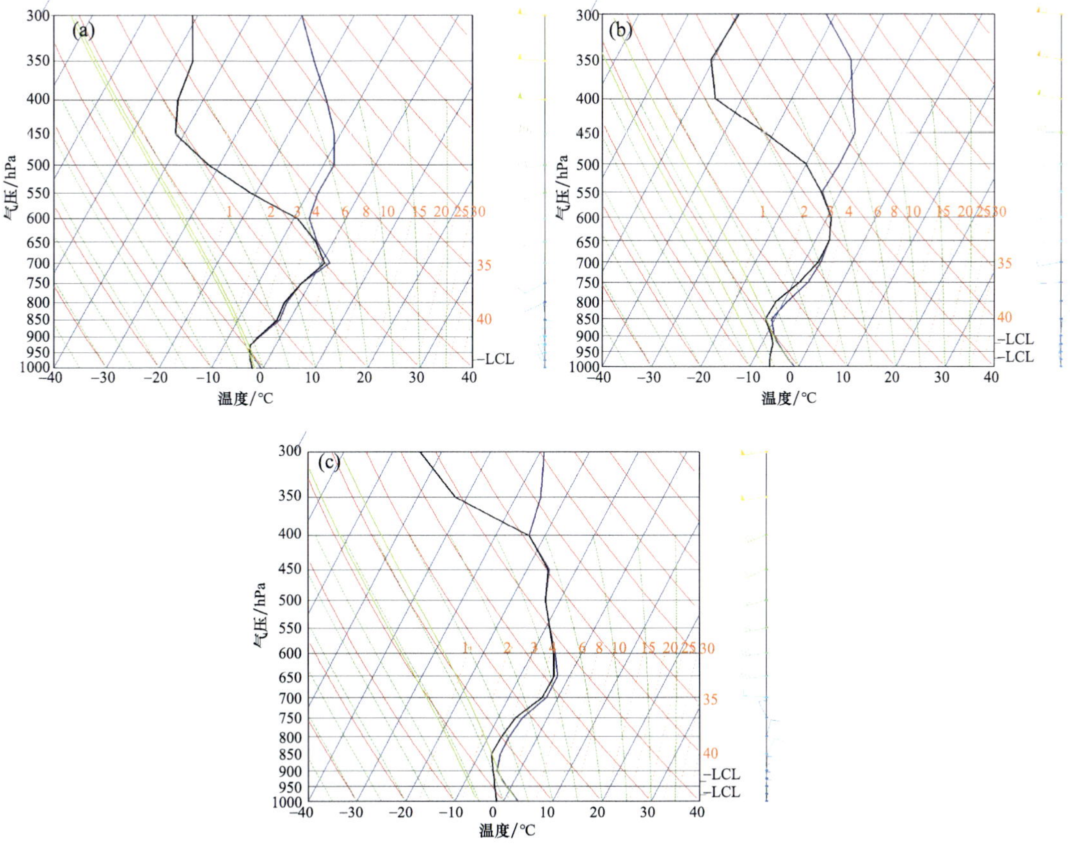

图 3.52　2014 年 2 月 9 日 14 时桂阳 (a)、12 日 14 时长沙(b)、18 日 14 时邵阳(c)探空图

从降雪的水汽条件来看：水汽输送对雨雪强度有重要作用。从水汽通量沿 113 °E 的剖面分析知（图 3.54a），过程一和过程三开始前，华南的水汽通量明显加强，并向北推进，尤其过程三水汽通量输送到达 28 °N，与低层西南急流北抬相对应，且在降水过程中，两次过程水汽通

量中心值超过 10 g·cm^{-1}·hPa·s^{-1}，给降水提供充足的水汽条件。过程二期间水汽通量的加强并不明显，位置也偏南，雨雪较弱。另外，比湿垂直伸展高度越高，水汽发展越旺盛，对应降雪强度越大，过程三比湿中心最大值超过 6 g·kg^{-1}，出现暴雪。

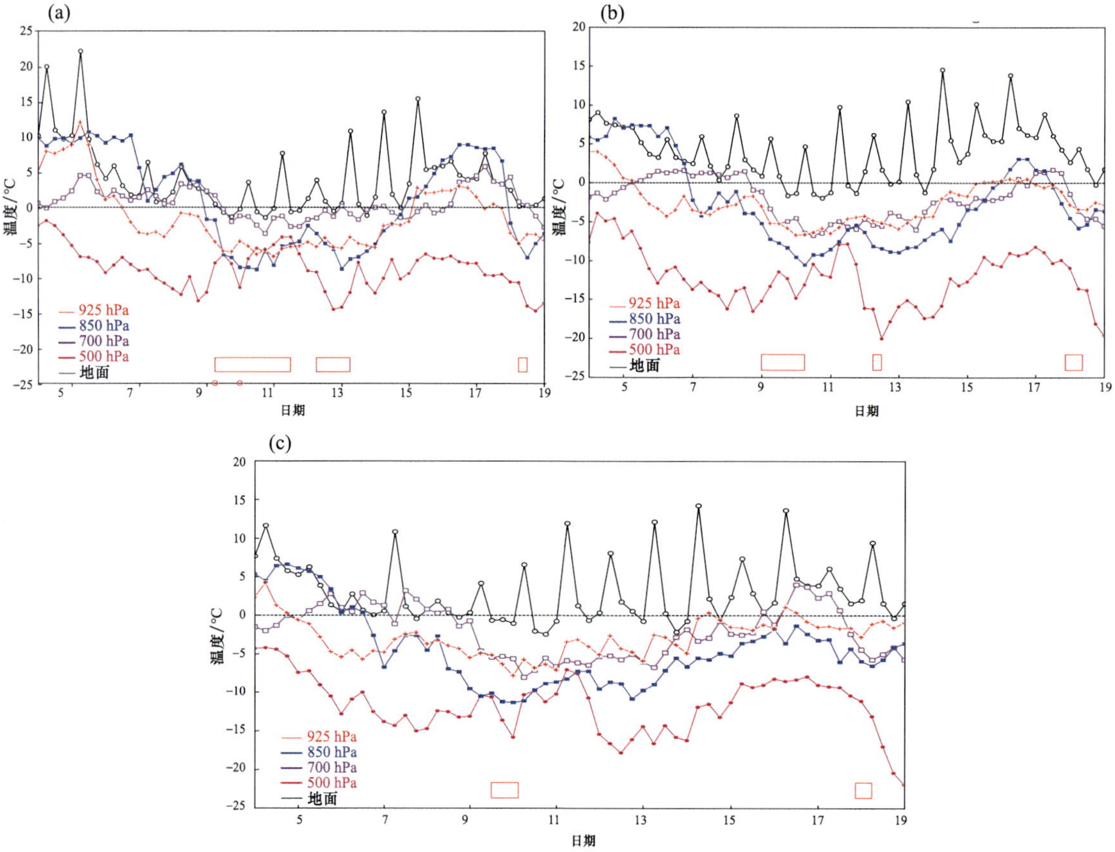

图 3.53　2014 年 2 月 9—19 日桂阳(a)、长沙(b)、怀化(c)温度时间序列图
(红色小圆圈表示冻雨，红色方框表示雪)

850 hPa 经向风的演变既可判断切变线的移动(图 3.54b)，也能反映低层南风加强的过程。三次雨雪天气过程对应三次低层切变线自北向南推进的过程。过程前南风加强，将低纬地区水汽和不稳定能量向北输送，为雨雪天气的发生提供源源不断的水汽。过程一开始前华南出现 12 m/s 南风中心，偏南气流北推至湖南省北部，8 日又有一股冷空气南下，使地面静止锋在湘南持续时间较长，造成此次低温阴雨雪天气持续时间较长。过程二开始前，偏南气流没有明显的加强，南风最大值为 6 m·s^{-1}，中低层切变线位置偏南，冷空气强度较弱，因而降雪较弱。过程三开始前，偏南气流特别强盛，南风中心超过 12 m·s^{-1}，急流轴向北伸展到 35 °N，降水量级最大。

(3)预报着眼点

南支槽东出型暴雪预报在满足前述环流配置下，预报策略如下：

① 关注东路是否有持续南下的冷空气影响。

② 在满足温度条件前提下，水汽加强、850 hPa 南风加大，预示降雪加强。

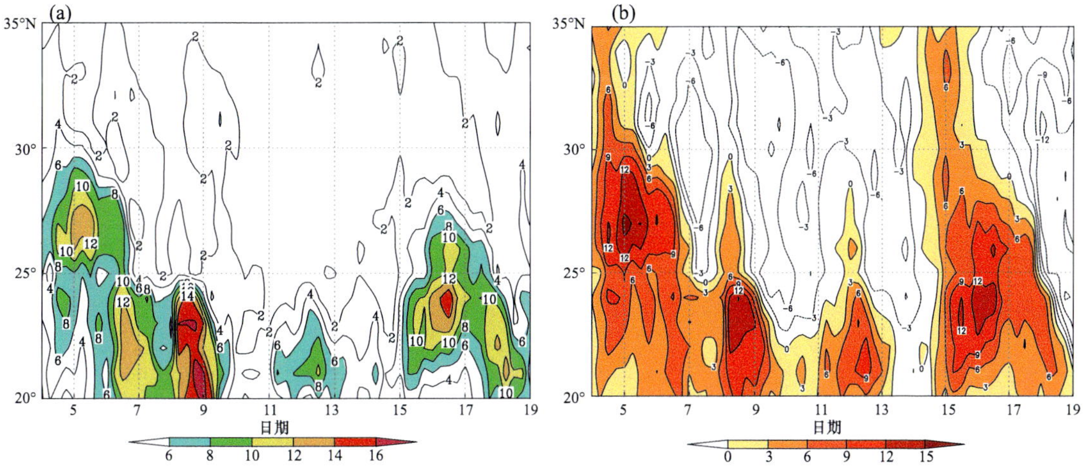

图 3.54 2014 年 2 月 4—19 日 850 hPa 水汽通量(单位:g·cm^{-1}·hPa^{-1}·s^{-1})沿 113 °E 剖面图(a)、经向风(单位:m·s^{-1})沿 113 °E 剖面图(b)

3.2.7 阻高崩溃+南支槽型暴雪

阻高崩溃+南支槽型暴雪天气过程的特点是:暴雪影响范围大、持续时间长、累计降雪量大,主要影响系统为阻塞高压、西太平洋副高及南支槽。副高较常年偏强、偏北,南支槽稳定少动,湖南省处于宽广槽区内,中高纬阻塞高压的崩溃带动冷空气南下,高原有短波槽东出,中层西南急流不断加强对应降雪强度加大,导致暴雪发生(图 3.55)。南支槽和阻塞高压的演变对于暴雪预报有很好的指示作用(熊秋芬 等,2018;姚蓉 等,2012;曾明剑 等,2008;高洋 等,2011)。

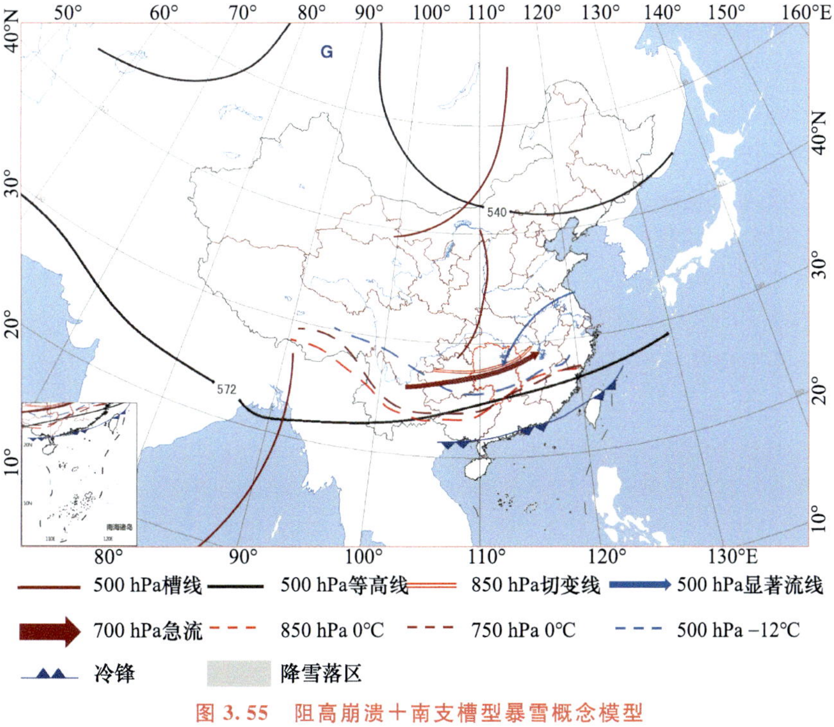

图 3.55 阻高崩溃+南支槽型暴雪概念模型

3.2.7.1 2008 年初两次阶段性暴雪过程

(1)过程实况

2008 年 1 月 13 日—2 月 2 日湖南省自北向南出现了有完整气象记录以来最严重的低温雨雪冰冻天气，其中 1 月 15 日湖南省中部、北部出现第一轮暴雪过程，常德、临澧、益阳积雪深度超过 10 cm，1 月 31 日—2 月 1 日中部、北部出现大雪或暴雪，部分站点大暴雪(图 3.56)。过程期间处于春运高峰，导致湖南省 3927.7 万人受灾，因灾死亡 20 人，湖南省直接经济损失 680 多亿元，综合评估为特大型气象灾害。

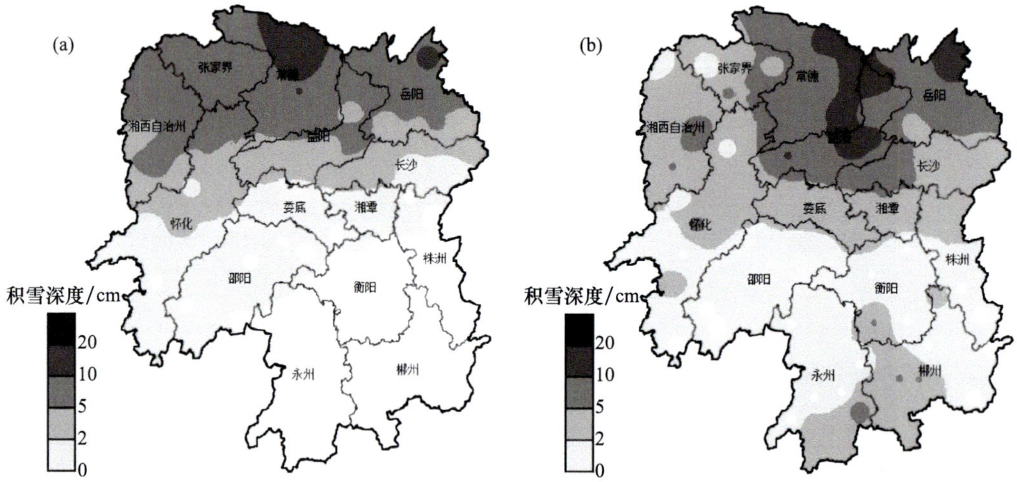

图 3.56 2008 年 1 月湖南省最大积雪深度分布

(a)15 日;(b)31 日

(2)预报分析

① 什么样的大尺度环流背景会导致长时间雨雪天气?

从环流场看，2008 年 1 月中高纬始终维持一脊一槽型(图 3.57)，长波脊位于乌拉尔山附近，1 月中下旬乌拉尔山阻塞高压经历了“建立—崩溃—重建—崩溃”过程。低纬南支槽稳定少动，不断有小槽分裂东移，槽前来自印度洋和孟加拉湾的暖湿气流向我国南方地区输送，副高较常年位置偏北，其西侧的偏南气流经南海向北输送暖湿空气，700 hPa 维持旺盛的西南气流，并且从 1 月上旬末开始地面不断有强冷空气南下影响，冷暖气流长时间在湖南省交汇，为持续雨雪天气提供了有利的动力和水汽条件。

② 重点分析两次阶段性暴雪与大暴雪过程

从环流形势对比来看(图 3.58)，15 日中高纬为两槽一脊的经向环流，强大的阻塞高压(以下简称阻高)稳定少动，副高势力异常偏强，588 dagpm 北界达 22 °N，湖南省处于南支槽前强盛暖湿气流中，南支槽上分裂短波槽东出。31 日随着东北冷涡主体入海，中高纬调整为一槽一脊型，阻高从南北向分布顺转为东北—西南向，预示着阻高即将崩溃；低纬副高减弱，南支槽加深，槽底 584 dagpm 最南达 14 °N，2 月 1 日 20 时阻高崩溃，其前部横槽逐渐向南延伸，高原北支槽与南支槽同位相叠加东移影响湖南省，副高较常年位置偏北，副高边缘暖湿气流为强降雪提供了充足的水汽条件。

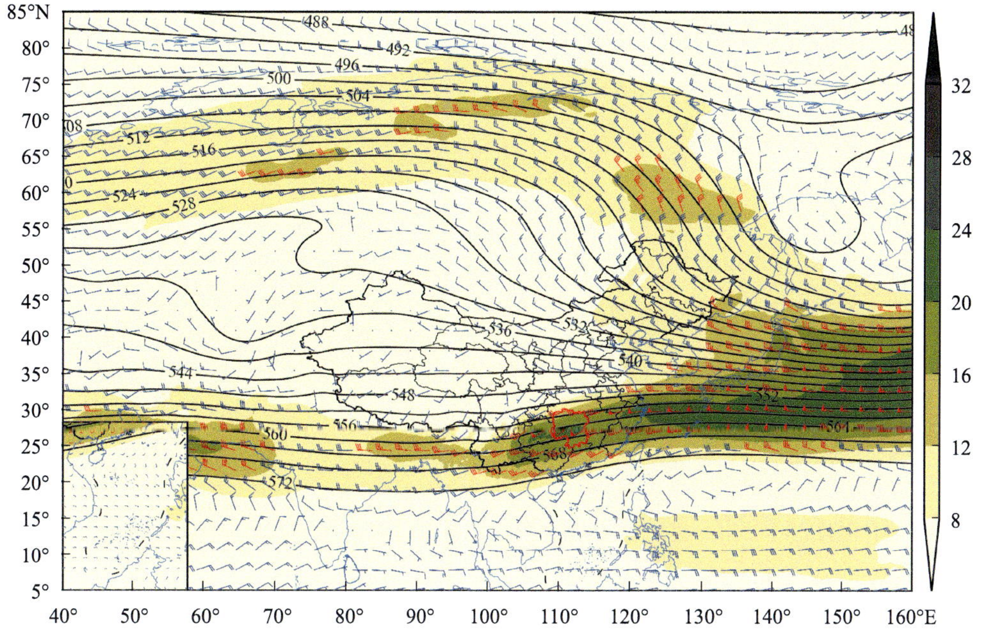

图 3.57　2008 年 1 月 13 日—2 月 2 日 500 hPa 高度平均场(单位:dagpm)、700 hPa 全风速平均场(填色,单位:m·s^{-1})

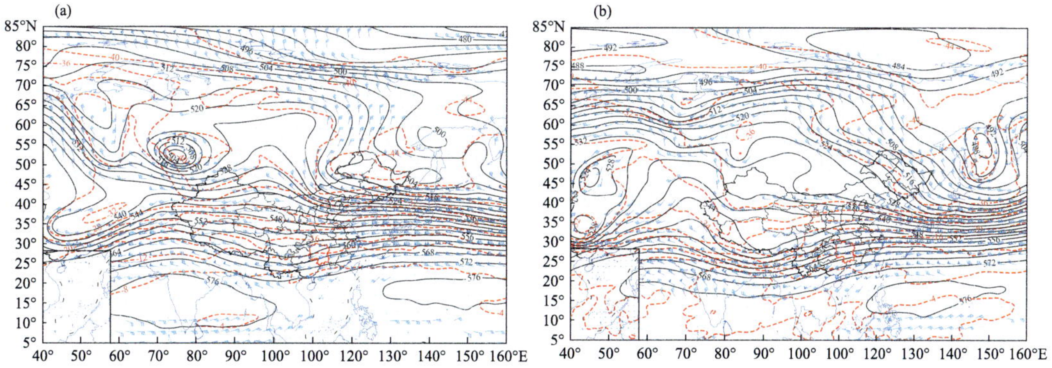

图 3.58　2008 年 1 月 500 hPa 高度场(黑色实线,单位:dagpm)与温度场(红色虚线,单位:℃)以及风场(单位:m·s^{-1})

(a)15 日 14 时;(b)31 日 20 时

1 月 15 日和 31 日 700 hPa 急流轴均贯穿湖南省中部,15 日急流核区最大风速达 18 m·s^{-1},31 日达 22 m·s^{-1}。850 hPa 15 日湖南省均为一致的东北风,洞庭湖区风速达 6 m·s^{-1},31 日东北气流从黄海经长江中下游地区,再以 8 m·s^{-1}偏东风传输影响湖南省,向暴雪区输送冷湿的气流,850 hPa 冷平流更强,0 ℃线较 15 日更偏南(图 3.59、图 3.60)。两次过程 0～3 km 垂直风切变最大时段对应了强降雪时段。

对比地面形势场(图 3.61),15 日贝湖以北冷高压中心为 1047.5 hPa,冷空气以东路路径分股南下,冷空气前锋已达两广沿海,副冷锋位于长江中下游一带,1030 hPa 降雪特征线已达湘南。31 日冷高压中心南落,1040 hPa 位于河套地区北部,1025 hPa 以北均出现纯雪。

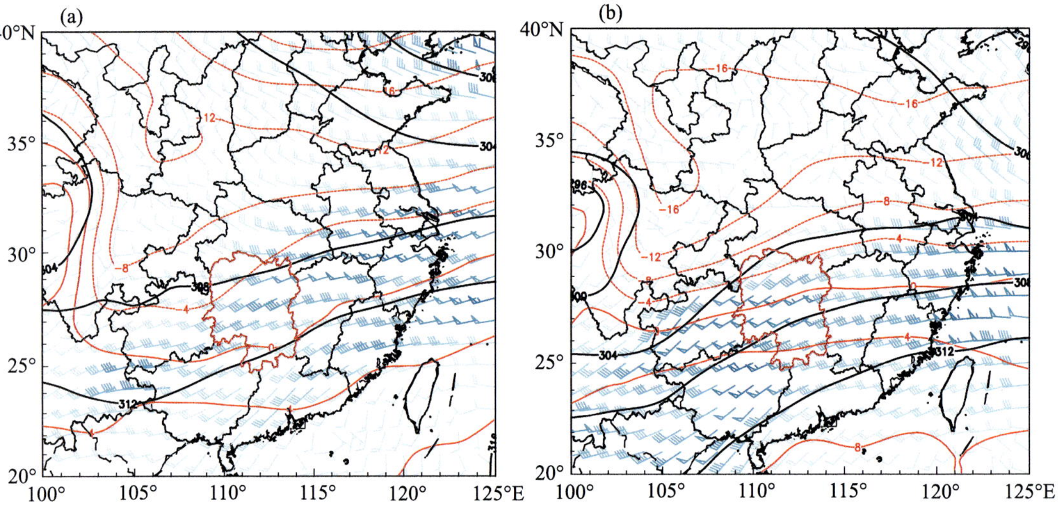

图 3.59　2008 年 1 月 700 hPa 高度场(黑色实线,单位:dagpm)与温度场(红色虚线,单位:℃)以及风场(单位:m · s⁻¹)

(a)15 日 14 时;(b)31 日 20 时

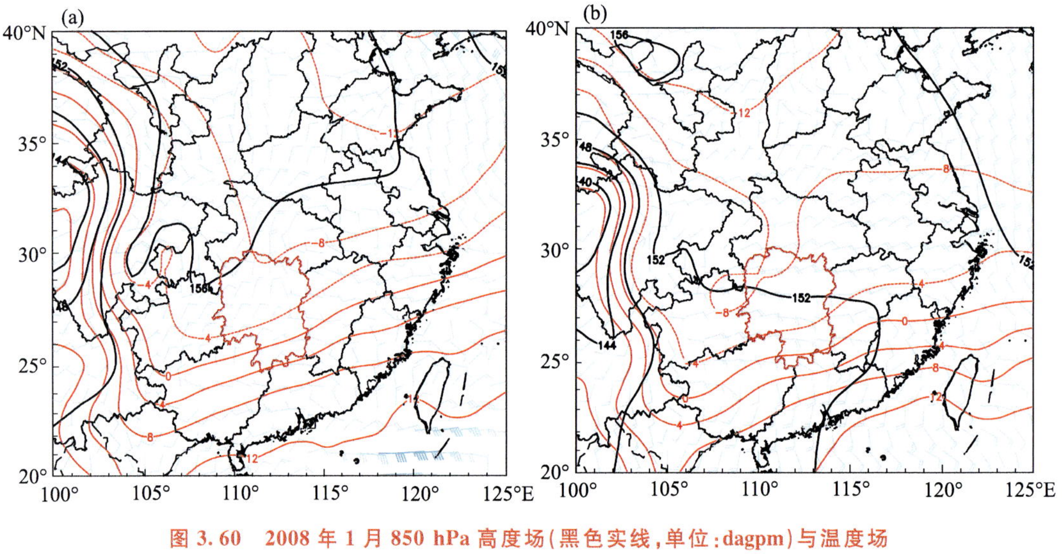

图 3.60　2008 年 1 月 850 hPa 高度场(黑色实线,单位:dagpm)与温度场(红色虚线,单位:℃)以及风场(单位:m · s⁻¹)

(a)15 日 14 时;(b)31 日 20 时

可见,南支槽上的小波动为暴雪提供了有力的动力条件,每一次小波动东出造成一次暴雪过程,但是持续时间长的大暴雪常对应阻高崩溃(形态从南北向转为东北—西南向),南支槽与北支槽叠加东移,中层急流更强盛(核区 20 m · s^{-1}以上)。特别关注 850 hPa 经黄海回流的偏东气流比东北气流造成湖南地区温度下降更快,温度更低,更有利达到降雪温度条件。地面冷高压的强度和 1030 hPa 特征线不是强降雪的必要条件,需要关注前期是否已有分股南下冷空气影响。

从温度条件来看,两次过程 925 hPa、850 hPa 0 ℃线已压至永州、郴州,南岭山脉以北区域各层温度均低于 0 ℃,500 hPa 低于−10 ℃,地面温度在−2～0 ℃,湖南省大部分地区均达降雪温度条件(图 3.62)。

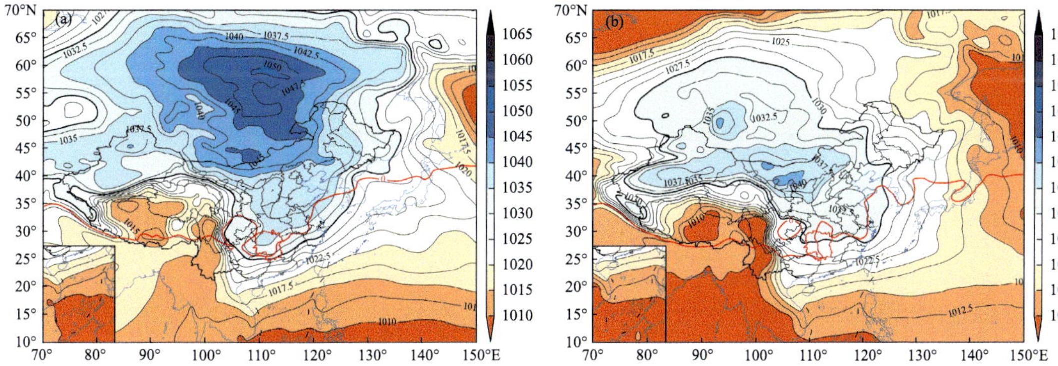

图 3.61　2008 年 1 月海平面气压(单位:hPa)、2 m 温度 0 ℃线(红色实线)

(a)15 日 14 时;(b)31 日 20 时

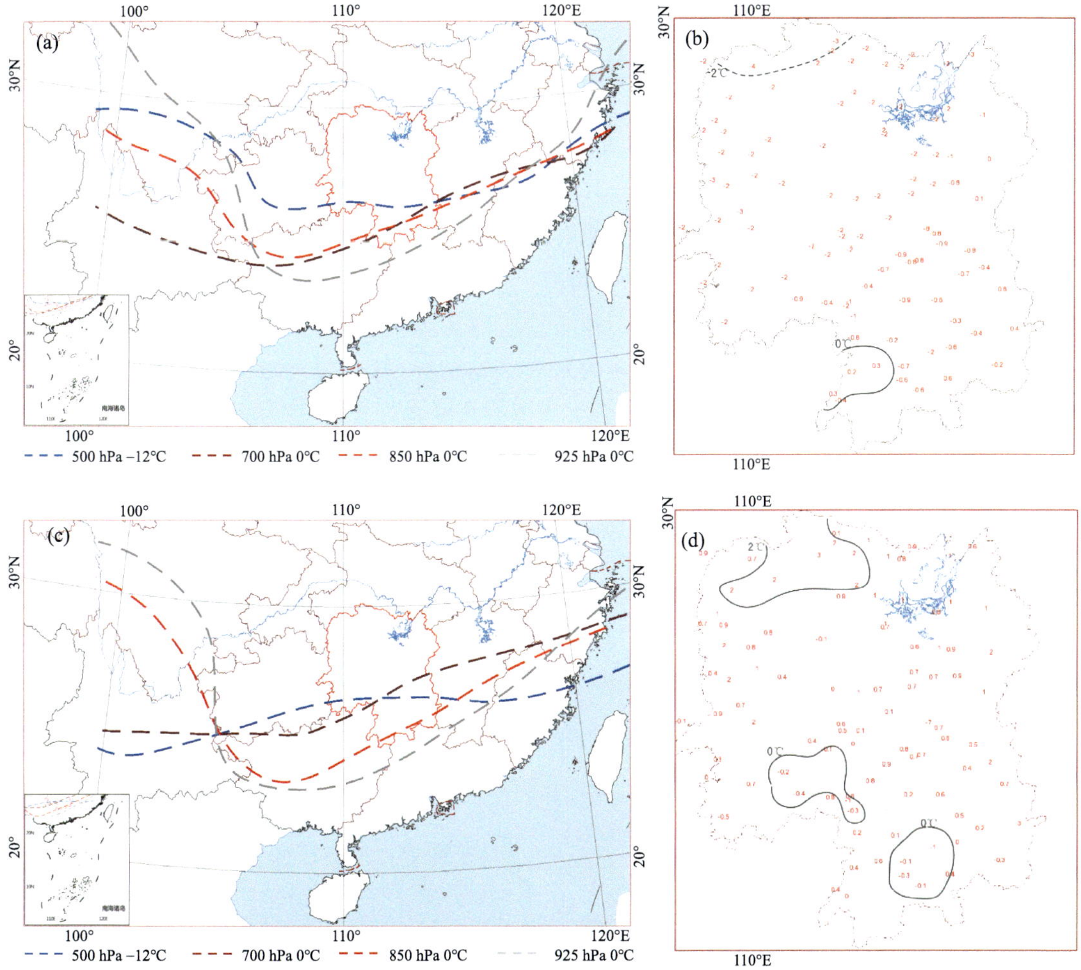

图 3.62　2008 年 1 月 15 日 08 时各层温度特征线分布(a)及湖南省地面温度(单位:℃)(b),

1 月 31 日 08 时各层温度特征线分布(c)及湖南省地面温度(单位:℃)(d)

(3)预报着眼点

2008 年 1 月出现的两次阶段性暴雪大暴雪过程,其中 1 月 31 日为典型的阻高崩溃+南支槽型大暴雪，在满足有利环流配置下，主要关注持续时间和阶段性降雪加强时段的预报，具体预报策略如下：

① 关注环流形势演变。阻高崩溃的时间是冷空气主体南下的关键因素，当其形态从南北向转为东北—西南向时，预示冷空气将南下影响。

② 850 hPa 黄海回流的偏东气流对于冷垫厚度形成有加强作用。

③ 当地面温度已经降至 0 ℃附近，冷空气以补充南下的形式影响湖南省，地面气压达 1025 hPa 以上即可能出现降雪。

④ 强降雪时间综合考虑北支槽与南支槽同位相东移叠加时间，以及 0～3 km 垂直风切变加大时段。

3.2.8 极端冰冻

对于 2008 年湖南大范围极端冰冻天气，已有专家从大尺度环流背景、动力、水汽等方面开展分析，姚蓉等研究发现西南急流增强时段与冰冻厚度增大时段一致，暖性逆温层和低层冷垫的厚度与冻雨厚度呈正相关(姚蓉 等，2008；黄小玉 等，2008)，冰冻期间湖南省气温垂直分布均表现为“冷—暖—冷”结构(姚晨 等，2018)。

2008 年湖南省均有冰冻发生，湘中以南出现大范围重度冰冻，持续时间长达 27 d。主要影响系统稳定的南支槽和副高，副高较常年偏强、偏北，南支槽异常偏强且稳定少动，湖南省处于宽广槽区内，中层西南急流强劲，地面不断有冷空气扩散南下，特别是长时间维持在南岭山脉附近的准东西向静止锋是导致持续冰冻的重要影响系统，其表现为对流层低层维持着一个假相当位温的密集区，冬季准静止锋较春季华南准静止锋强度更强(图 3.63)。

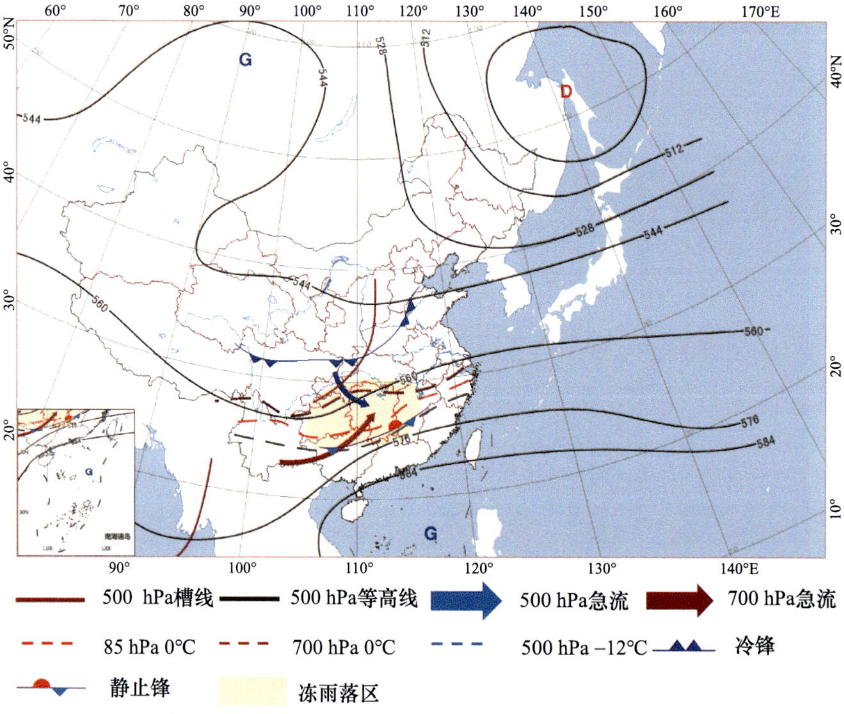

图 3.63 南支槽型冰冻概念模型

此次极端冰冻过程主要涵盖以下几个疑难问题：①出现长时间冰冻的成因？②哪些要素是影响冰冻形成及增长的关键因子？

3.2.8.1 2008 年 1 月极端冰冻天气过程

(1)过程实况

2008 年 1 月 13 日—2 月 8 日湖南省低温雨雪冰冻天气，其中 1 月 26 日－28 日为最强冰冻时段，冰冻站次最多，冰冻厚度最大，过程具有极端性(图 3.64)，冰冻持续时间长，最长达 28 d，为有连续气象记录以来的最大值，74 个县市达到连续冰冻 7 d 及以上的重度冰冻标准，本次过程低温冰冻评估指标创新中国成立以来极值。

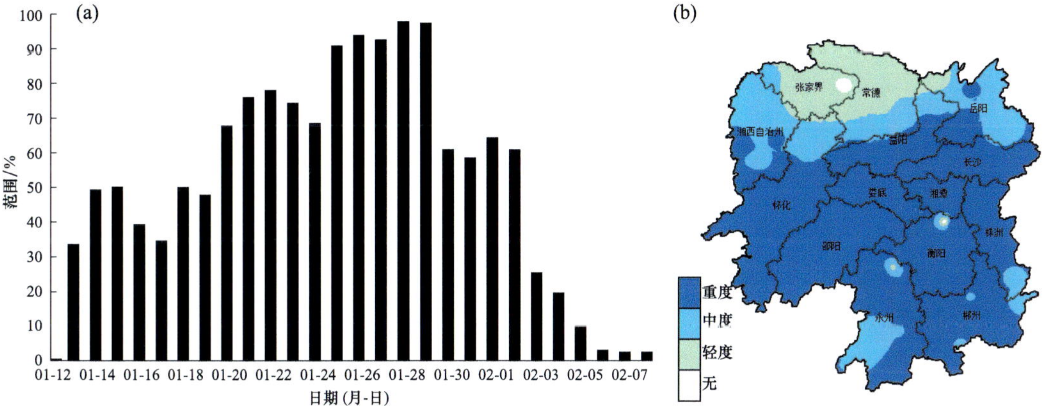

图 3.64 2008 年 1 月 12 日—2 月 8 日逐日冰冻站数百分率变化图(a)及冰冻程度分布图(b)

(2)预报分析

① 出现长时间冰冻的成因？

从环流形势来看(图 3.65～图 3.67)，500 hPa 中高纬稳定维持两槽一脊的经向环流，低纬孟加拉湾南支槽缓慢东移，我国中东部处槽前正涡度平流区；700 hPa 长江流域及以南地区维持强劲的西南气流；850 hPa 受切变影响，湘中、湘北处于切变北侧偏东气流或东北气流中，而湘南处切变南侧偏南气流中。

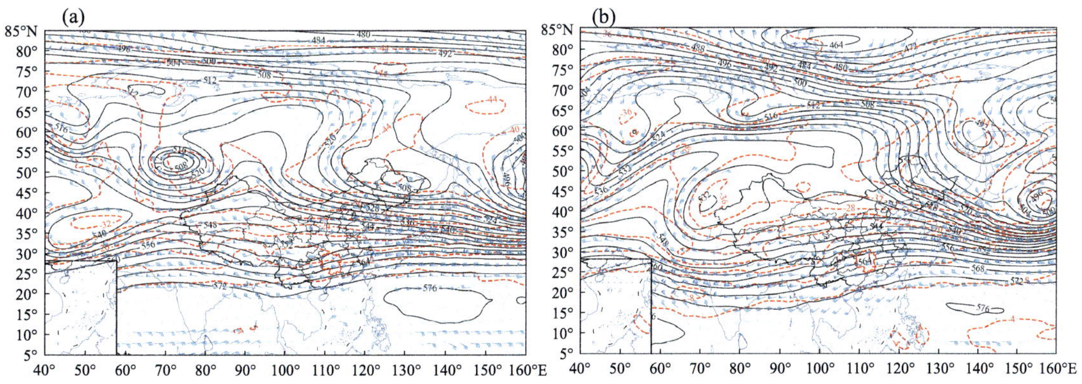

图 3.65 2008 年 1 月 500 hPa 高度场(黑色实线，单位：dagpm)与温度场
(红色实线，单位：℃)以及风场(单位：$m \cdot s^{-1}$)

(a)14 日 20 时；(b)25 日 14 时

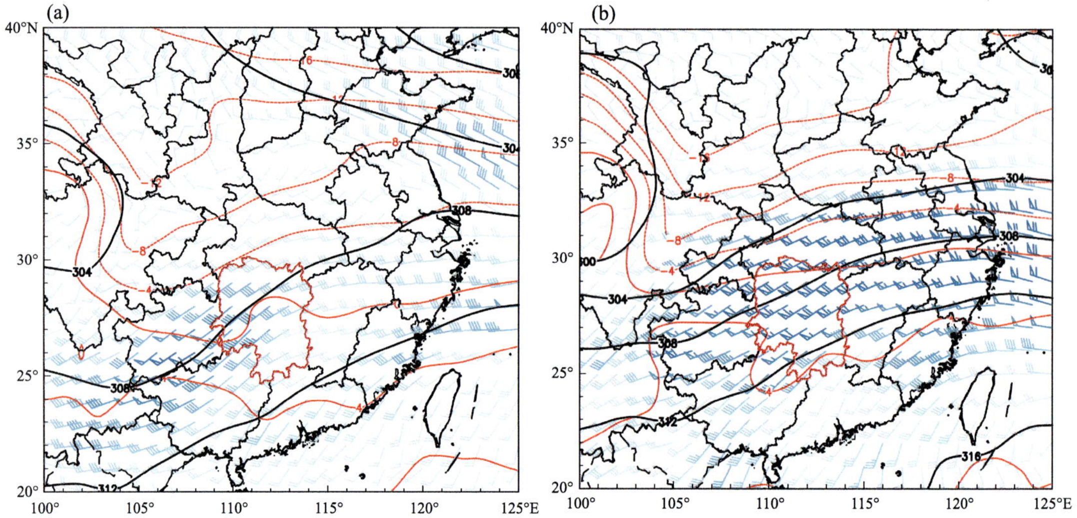

图 3.66　2008 年 1 月 700 hPa 高度场(黑色实线,单位:dagpm)、温度场

(红色实线,单位:℃)及风场(单位:m·s^{-1})叠加图

(a)14 日 20 时;(b)25 日 14 时

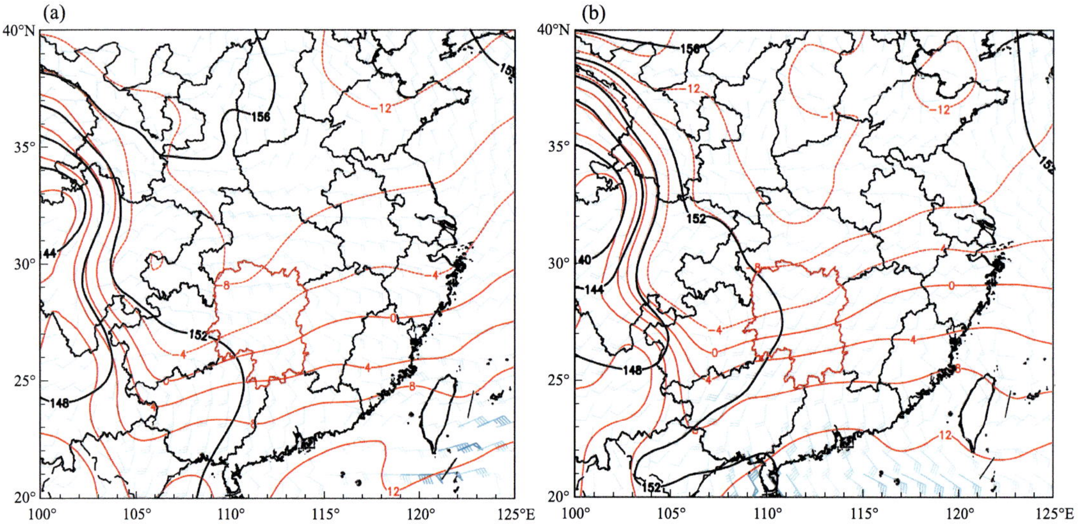

图 3.67　2008 年 1 月 850 hPa 高度场(黑色实线,单位:dagpm)、温度场

(红色实线,单位:℃)及风场(单位:m·s^{-1})叠加图

(a)14 日 20 时;(b)25 日 14 时

地面冷高压中心位于贝加尔湖以西,最大为 1045 hPa,冷空气从东路分股南下,30°—40°N 仅有 2～3 根等压线,冷空气势力相对较弱,到 1 月 26 日 1027.5 hPa 越过南岭山脉,27—28 日冷高压变性,省内地面气压下降,1030 hPa 特征线北抬至河套地区南部(图 3.68)。

稳定少动的南支槽和持续南下的东路冷空气影响是造成长时间冰冻的环流背景。

从温度层结来看,500 hPa 1 月 13 日开始湖南省大部分地区小于－10 ℃,700 hPa 0 ℃线在省内南北摆动,18 日以前位于湘中、湘南,之后持续北抬,25—26 日最北至 29 °N,之后

0 ℃线逐渐南落至湘南。850 hPa 湘中、湘北处于－4 ℃以下，0 ℃线大部分时段位于湘南。地面气温省内大部分地区在 0 ℃以下（图 3.65～图 3.68）。

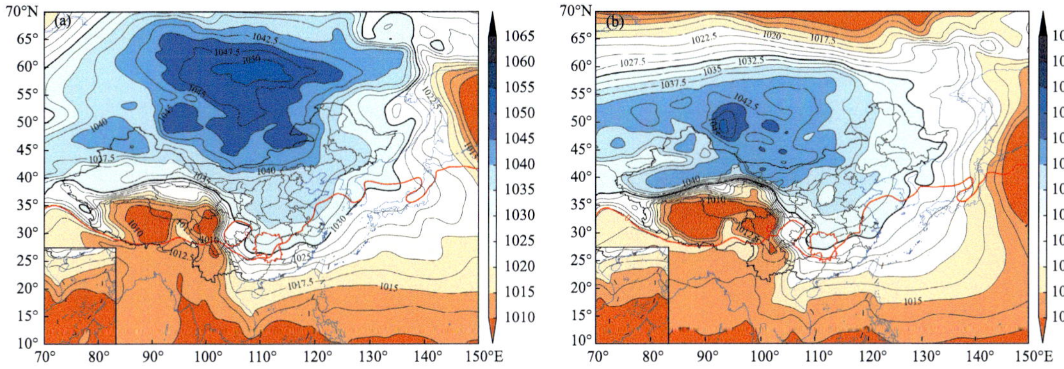

图 3.68　2008 年 1 月海平面气压（单位：hPa）、2 m 温度 0 ℃线（红色实线）

(a)14 日 20 时；(b)25 日 14 时

另外，从湘南代表站郴州 14 日 20 时与 25 日 20 时探空资料对比分析看（图 3.69），14 日 20 时 700 hPa 为 0 ℃，到 25 日 20 时，融化层厚度增大，700 hPa 为 4 ℃，850 hPa 为 7 ℃，1000 hPa为 0 ℃，逆温层强度达 7 ℃，该时次冰冻厚度明显增大。

由上述可知，大气层结中存在融化层，暖性逆温层位于 700 hPa 与 850 hPa 之间，当 700 hPa西南暖湿气流增强，850 hPa 冷垫增厚时，冰冻厚度更大（如 25—26 日）。

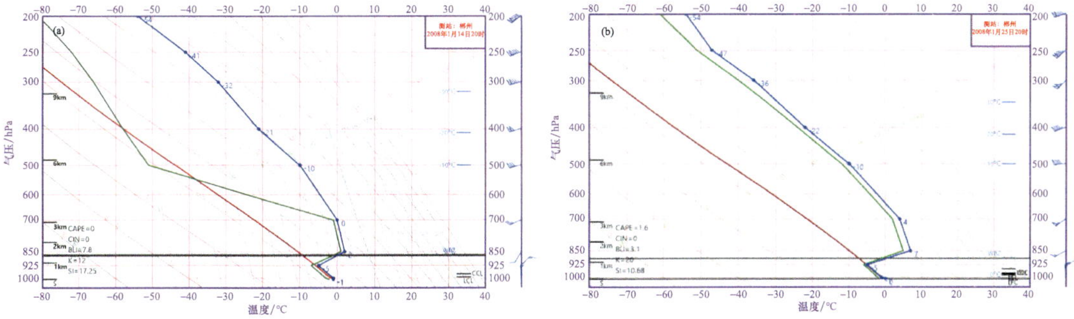

图 3.69　2008 年 1 月郴州站探空图

(a)14 日 20 时；(b)25 日 14 时

值得注意的是，此次过程，冰冻发生前期有冷空气影响，省内大部分地区地面气温已降至 0 ℃以下，后期即使高压变性，在地面气温未上升的情况下，冰冻维持。湘南地区逆温层位于 850 hPa 至地面之间，逆温层更浅薄，融化层高度往往更低，更容易在预报中被忽略。

② 当温度层结具备冰冻发生的条件时，哪些要素是影响冰冻形成及增长的关键因子？

从此次极端过程长沙站冰冻与气象要素的演变分析，表明冰冻增长是多种气象要素共同影响的结果。逆温越强、融化层越厚、暖层气温越高则冰冻厚度也越大（姚蓉 等，2014；黄小玉 等，2008；叶成志 等，2009；王东海 等，2008）。可总结如下指标：

当出现日降水量大于 0.1 mm 的大范围持续性毛毛雨、雨夹雪或霰时，有利于冰冻的发生；当降水达一定强度时，如果日平均温度在 0 ℃以下，冰冻加强发展；但降水量过大，由于冲刷作用，使得雨滴降落地面来不及凝固，反而不利于冰冻的发展。降水量与冰冻强度的关系受气温影响很大，如 17—20 日虽有一定强度的降水，但由于日平均气温回升至 0 ℃附近，冰冻强度不增反而减弱了。2 月 3 日之后虽仍有降水，但由于日平均气温快速回升至 0 ℃以上，冰冻强度迅速减弱。

从表 3.3 可知，2008 年 1 月中下旬地面日平均气温除 18—19 日和 31 日外，大部分时段在 0 ℃以下，其中 24—26 日气温下降明显，26 日湖南省日平均气温 −2.6 ℃（图 3.70），为本次过程最低。1 月下旬地面日平均气温比中旬低，冰冻范围也明显扩大，25—28 日地面日平均气温在 −2 ℃以下，冰冻范围占湖南省 80%以上，冰冻强度达最强阶段。冰冻厚度随着日平均气温的变化而变化，冰冻厚度与地面日平均气温高低相关性较好（姚晨 等，2018）。

地面平均风速一般小于 2 $m \cdot s^{-1}$，风速越小，冰冻越强。风向与电线走向越接近垂直，电线接触过冷水滴有效面积越大，冰冻厚度越容易获得增长。

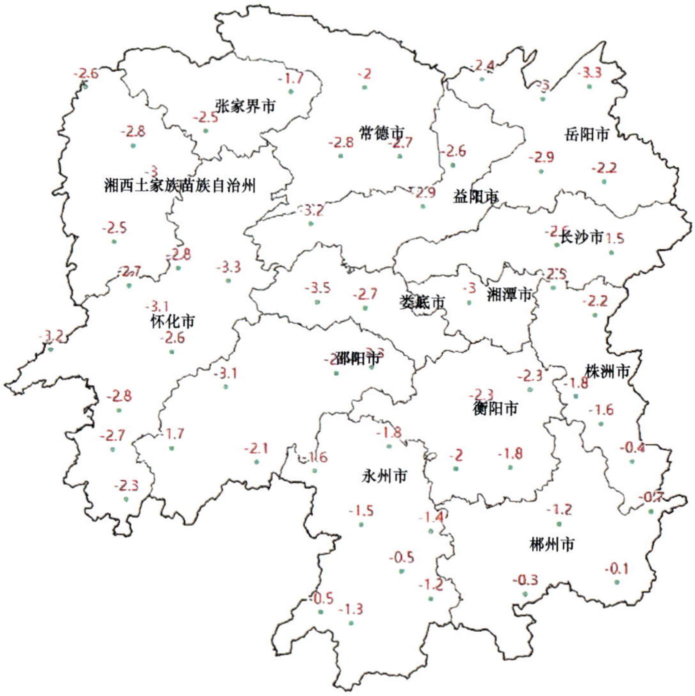

图 3.70　2008 年 1 月 26 日湖南省日平均气温（单位：℃）

表 3.3　2008 年长沙气象要素与冰冻厚度演变表（表中冰冻厚度已减掉电线直径）

长沙 日期	700 hPa 温度 /℃	850 hPa 温度 /℃	逆温强度 /℃	地面平均风速 /($m \cdot s^{-1}$)	降水量 /mm	冰冻厚度 /mm
13	−1	−5	4	−1	5	8
14	−1	−6	5	−2	11	6
15	−1	−6	5	−2	0	0
16	−2	−7	5	−1	4	0
17	−2	−7	5	0	0	0

续表

日期＼长沙	700 hPa 温度/℃	850 hPa 温度/℃	逆温强度/℃	地面平均风速/(m·s^{-1})	降水量/mm	冰冻厚度/mm
18	−1	−5	4	1	22	0
19	1	−3	4	0	9	12
20	0	−3	3	0	2	9
21	−1	−5	4	−1	3	10
22	−1	−6	5	−2	0	11
23	−1	−5	4	−1	0	11
24	1	−7	8	−2	2	12
25	1	−6	7	−3	3	16
26	2	−7	9	−3	4	19
27	3	−7	10	−2	6	21
28	2	−6	8	−2	22	22
29	−2	−6	4	0	0	8
30	−3	−8	5	0	1	14
31	−3	−7	4	1	5	7

(3)预报要点

此次过程是极端冰冻案例，在满足前述环流配置下，采取以下预报策略：

① 关注温度条件满足前提下，天气系统的配置。强冷空气南下，地面气温可降至 0 ℃以下，或 0 ℃附近；配合低压槽、低涡、切变活动影响，有降水发生。

② 温度层结配置：中层有暖性逆温层（$T>0$ ℃），低空有较深厚的冷垫（$T\leqslant0$ ℃）出现时，如有降水可预报冻雨。

③ 关注地形影响，冰冻随海拔高度增加而增加。峡谷、风口、朝向河流、湖泊、水库等地段以及山体北侧的迎风坡冰冻更重。

第4章

湖南大雾预报方法

雾是指悬浮在近地层大气中的大量微细乳白色水滴或冰晶的可见集合体。据国家标准《雾的预报等级》(GB/T 27964—2011),雾的等级依据能见度(V)划分,其中大雾、浓雾、强浓雾、特强浓雾的标准分别为:500 m$\leqslant V<$1000 m、200 m$\leqslant V<$500 m、50 m$\leqslant V<$200 m、$V<$50 m。根据湖南省业务规定,当天02—08时至少有10个国家站能见度在1000 m以下,且降水量<0.1 mm为区域大雾,其中大雾蓝色预警标准为未来24小时有10个及以上县市区将出现能见度≤1000 m的雾,且有能见度≤500 m的雾;黄色预警标准为未来24 h有10个及以上县市区将出现能见度≤500 m的雾,且有能见度≤200 m的雾。

大雾是湖南的主要灾害性天气之一,对交通运输、人体健康等有重要影响(陈翔翔 等,2018;牛生杰 等,2016)。湖南省大雾类型包括辐射雾、平流雾和雨雾,其中辐射雾最多,持续出现天数短,多为1~2 d,有明显的日变化;平流雾出现较少,持续出现天数较辐射雾长,多为2 d左右,日变化不明显;雨雾主要出现在冬季,最长持续时间可达7 d以上。

4.1 湖南大雾气候特征

从2015—2020年湖南省大雾日数空间分布(图4.1)来看,大雾日数呈现湘西、湘北多于湘东、湘南特征,一年四季均会出现,冬、春季大雾日数较多,平均分别达到59 d、67 d,秋季次之,为41 d,夏季最少,为31 d,冬、春季冷空气活动频繁,环境温度的降低造成水汽饱和度降低,在适宜条件下,更易形成大雾。各季节的大雾日数均表现为湘西、湘北多于湘东、湘南,山谷、湖区、高海拔区大雾日数多于其他地区。

冬、春季为大雾的高发季节,是需要重点加强防范的季节,选取冬季大雾出现次数作为分析对象,加强对大雾日变化特征的了解。分析资料以小时能见度在1000 m以下,且降水量<0.1 mm记1次大雾,对比分析2015—2020年冬季全天和08时(北京时,下同)湖南省大雾次数空间分布(图4.2)。结果表明,湘西、湘南部分站点08时出现大雾占全天的大雾比重较高,与辐射雾出现的主要时段相对应,可判断这些站点以辐射雾为主,而高山站(南岳站等)大雾全天出现频率均较高,08时仅占全天的6.0%,说明出现雾的种类较多。分析冬季湖南逐时大雾次数占比(图4.3)发现,湖南省大雾出现具有明显的日变化,大雾次数占比在20时后开始增多,这与夜间辐射降温冷却、水汽易达到饱和有关,08时后,随着气温升高,大雾占比呈显

著下降趋势，12 时降至 2.0%。23 时至次日 10 时出现次数明显多于其他时次。

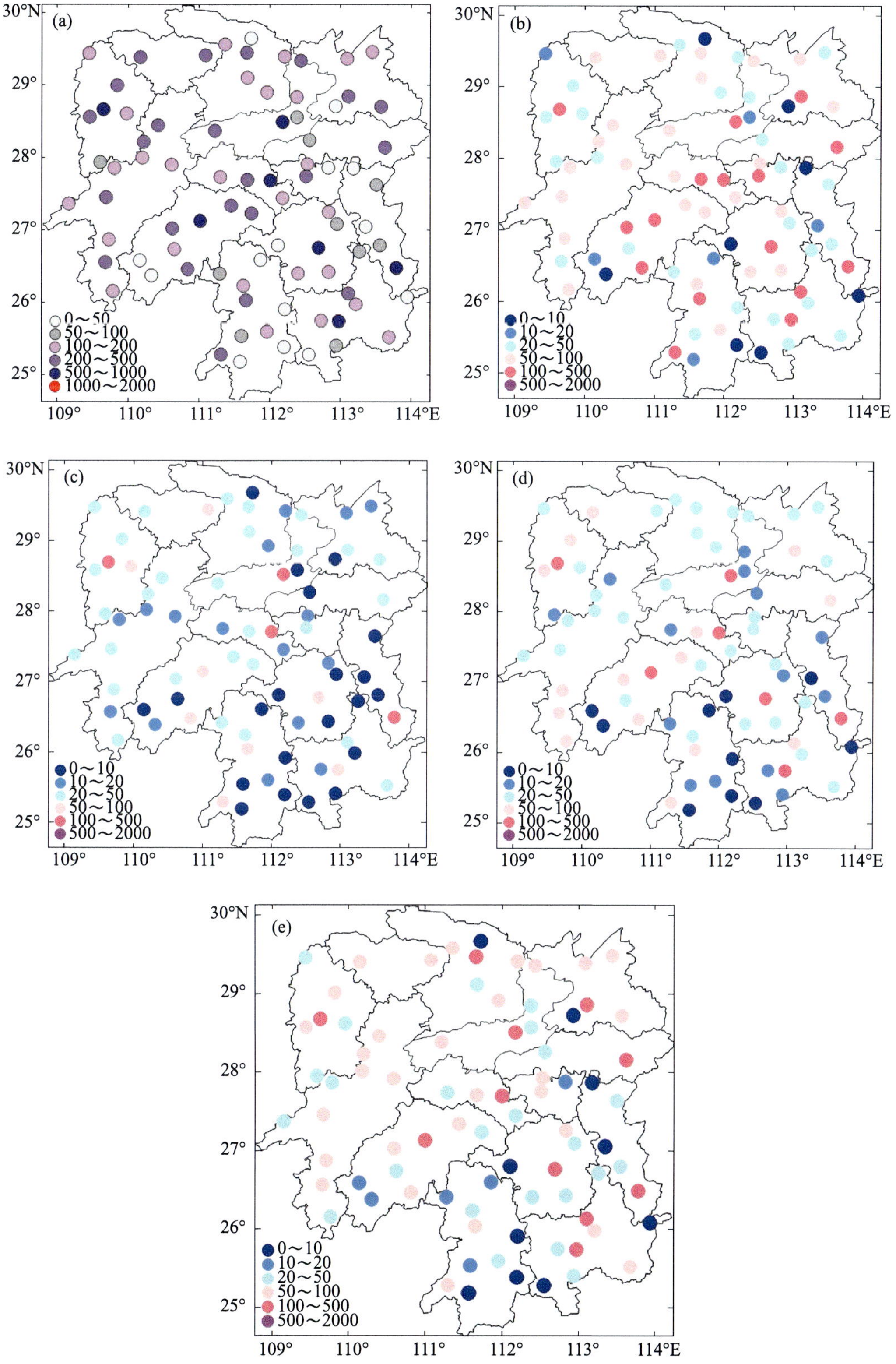

图 4.1　2015—2020 年全年(a)、春(b)、夏(c)、秋(d)、冬(e)大雾日数分布(单位:d)

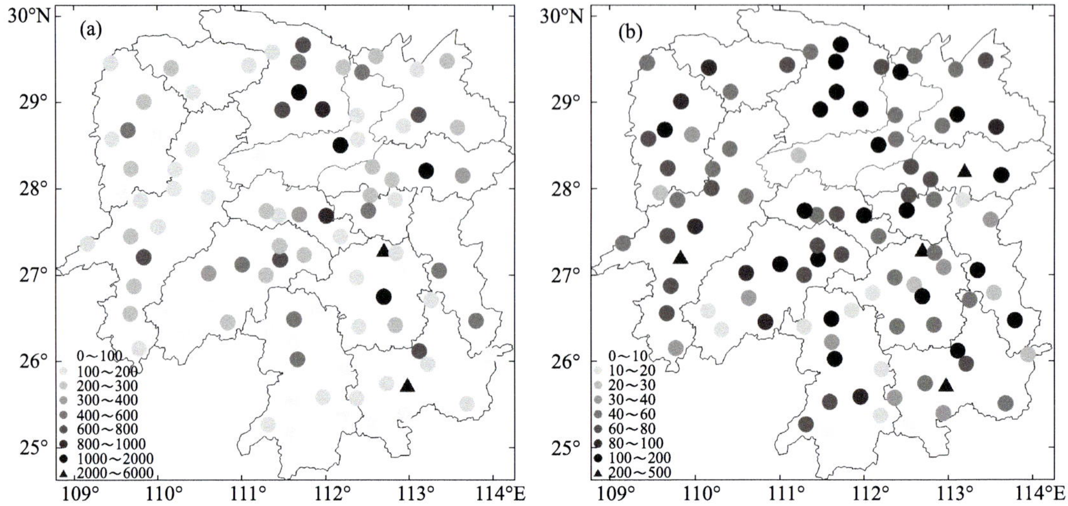

图 4.2　2015—2020 年冬季全天(a)、08 时(b)大雾出现次数分布(单位:次)

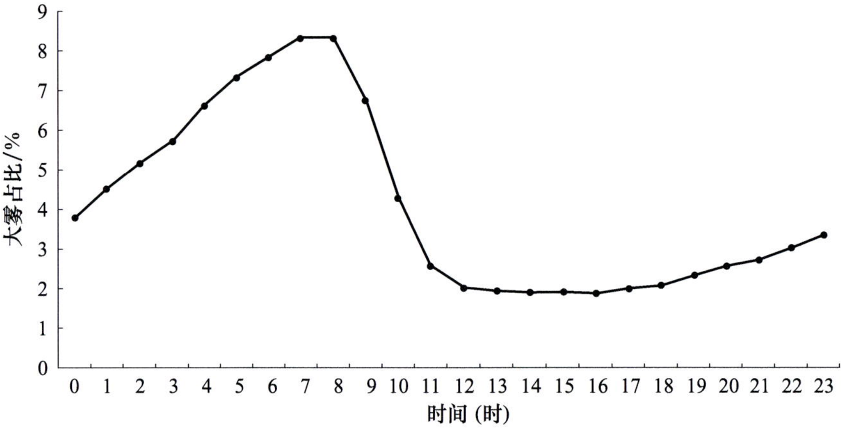

图 4.3　2015—2020 年冬季湖南省逐时大雾数占比

大雾强度变化表现为能见度变化,对 97 个国家气象站 08 时能见度与地面各要素作相关分析(图 4.4),结果显示,大部分站点能见度与海平面气压、气温、24 h 变温、24 h 最高气温变化、温度露点差、2 m 平均风速、10 m 平均风速、10 m 最大风速呈正相关关系,其中温度露点差中位数达 0.5,风速中位数均在 0.18 以上,其他因子在 0.1 以上。大部分站点能见度与 3 h 变压、24 h 最低气温变化、露点温度、10 m 相对湿度、水汽压呈负相关关系,其中相对湿度中位数达−0.5、其他因子在 0.1～0.3。以上因子均通过置信区间 95%的显著性检验,其中温度露点差、风速、相对湿度、3 h 变压、24 h 最低气温变化通过置信区间 99%的显著性检验。能见度与降水量和 24 h 变压没有显著相关关系。

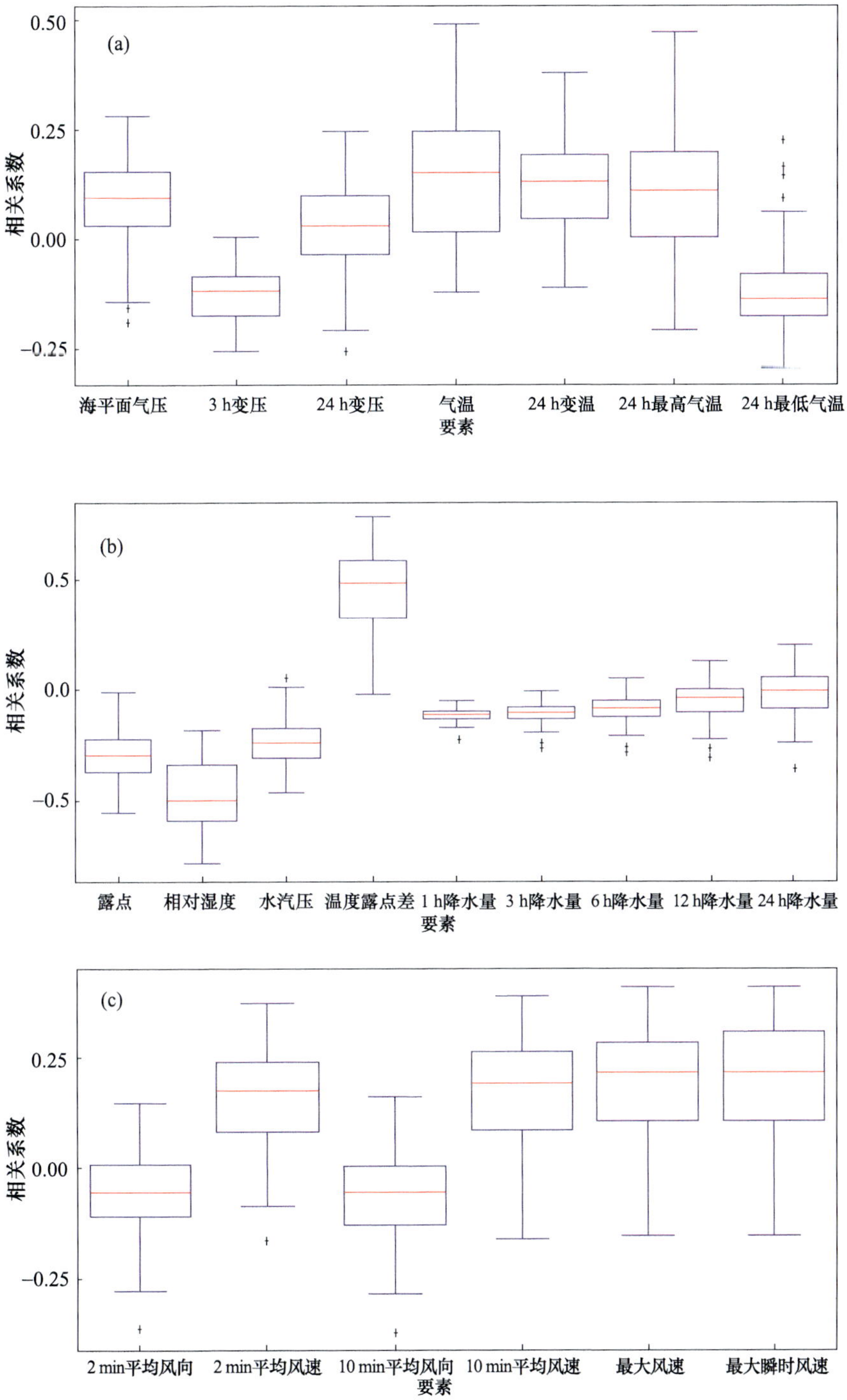

图 4.4　湖南省 97 个国家气象站能见度与地面要素相关系数箱线图(红色直线代表中位数)

4.2 湖南大雾预报思路及策略

大雾形成的一般气象条件一是微风，二是水汽充足，即大气中水汽含量达到90%以上，并且伴有冷凝，产生雾滴，三是近地层空气形成下冷上暖的逆温层，空气流动性差。下面重点介绍湖南省辐射雾、平流雾、混合雾及雨雾的预报方法。

4.2.1 辐射雾

辐射雾是由于地面辐射冷却，使近地面气层温度降低到露点以下，水汽凝结而形成的大雾，一般出现在晴朗无云、微风和近地面层结稳定的天气背景下，有明显的日变化规律，多在后半夜至清晨形成，日出前达到最大强度，之后随着气温升高和湍流交换作用的增强渐渐减弱，直至消散(章国材，2016；梁卫 等，2021)。一般预报思路如下(图4.5)：

① 特别关注雨转晴的时段，若在夜间转晴，有利辐射雾形成。

② 关注天气系统配置。500 hPa处于槽后或平直环流影响，中低层以偏东北风为主，地面为冷高压或均压场控制，出现区域性大雾可能性大。

③ 关注湿度层结预报。“上干下湿”层结有利大雾出现，一般700 hPa或850 hPa相对湿度在50%以下，近地面相对湿度在80%以上。

④ 关注云量预报。低云量或总云量预报在3成以下的少云或无云状态时，近地面辐射冷却有利于水汽向雾滴转化。

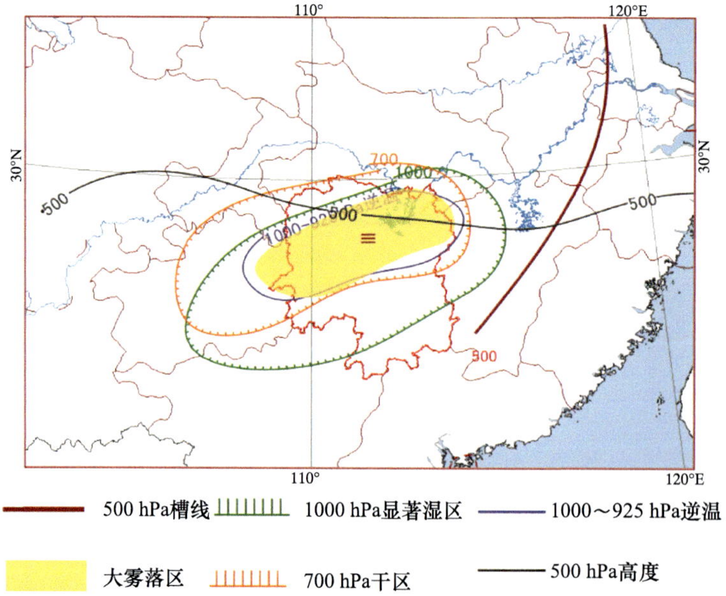

图4.5 辐射雾概念模型

⑤ 关注静稳条件。一般伴有贴地逆温或多层逆温，地面以静风或弱风速（2 m · s^{-1}以下）为主，有利于水汽在近地层聚积。

⑥ 关注地形。城市或水面的下风方、潮湿的山谷、洼地或盆地等地形地势均有利于大雾的形成。

⑦ 关注季节。由于夏季气温较高且湍流活动较强，不利于大雾形成，需重点关注冬、春、秋三季。

4.2.1.1　2022 年 1 月 11 日辐射雾分析

2022 年 1 月 11 日早晨，湖南省出现一次典型的区域性辐射雾天气过程。10 日白天湖南省出现大范围小雨天气，夜间自北向南降雨停歇，11 日早晨随着天气逐渐好转，省内湘中及以北出现大范围大雾天气，02—08 时为大雾主要发生时段，有 52 站能见度≤1000 m，超过一半湖南省国家气象站（97 站），49 站≤500 m，37 站≤200 m，1 站≤50 m，其中最小能见度为衡阳南岳站 20 m（10 日 20—21 时）。10 日 21 时大雾首先在湘北、湘中地区开始出现，之后大雾区域面积快速扩大，11 日 07 时影响范围达到最大，09 时后逐渐消散，单站持续时间一般为 6 h。

2022 年 1 月 11 日 08 时 500 hPa 湖南省受槽后西北气流控制，低层 850～925 hPa 为偏东北风，地面等压线稀疏为 2～3 m · s^{-1}微风且受地面弱高压控制。天气雨后转晴，尤其是 02—08 时全省降水停歇。由于前期的降水，使得近地面湿度增大。雾区探空长沙站、怀化站湿层分布为下湿上干，湿层浅薄（长沙站 950 hPa 以下，怀化站 925 hPa 以下），逆温层低（925 hPa 以下），低层东北风，在雾区形成了低的暖干层，使大气稳定层结得以维持，加之晴好的天空状况使得清晨近地面辐射降温，有利于近地面水汽凝结形成大雾；郴州逆温层高（850 hPa 以上），湿层深厚（1000～800 hPa）不利于大雾产生。因此，此次湘北湘中的大雾过程为一次典型的辐射雾过程，天气形势配置与辐射雾概念模型基本吻合，槽位置略偏东，槽后环流平直（图 4.6）。

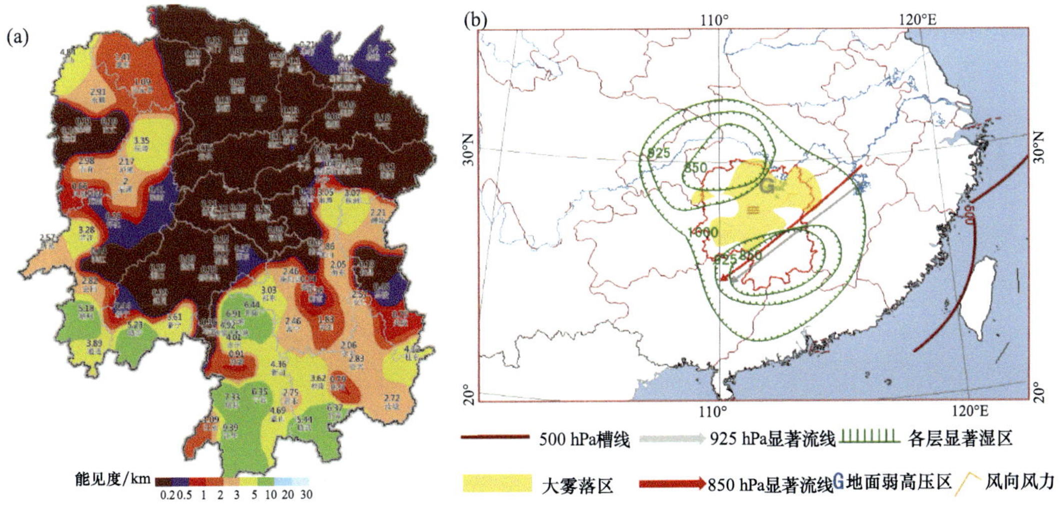

图 4.6　2022 年 1 月 11 日湖南省国家站日最小水平能见度(a)和 08 时天气形势配置(b)

辐射雾过程一般影响范围广、持续时间短，如 2021 年 2 月 12—13 日、2022 年 1 月 2 日、2022 年 1 月 19 日过程，出现能见度≤1000 m 的站次大于 50 站，持续时间较短。

4.2.1.2　2021 年 12 月 22 日大雾个例

(1)过程概况

2021 年 12 月 21 日夜间至 22 日早晨湖南省出现区域性大雾，02—08 时为大雾主要发生时段，有 32 站能见度≤1000 m，29 站≤500 m，17 站≤200 m，其中最小能见度为常德安乡站 35 m(22 日 05—06 时)，达到特强浓雾标准(去掉 02—08 时降水站点)。22 日 0 时大雾首先在湘南地区开始出现，之后快速发展，07 时影响范围达到最大，09 时后逐渐消散(图 4.7)。

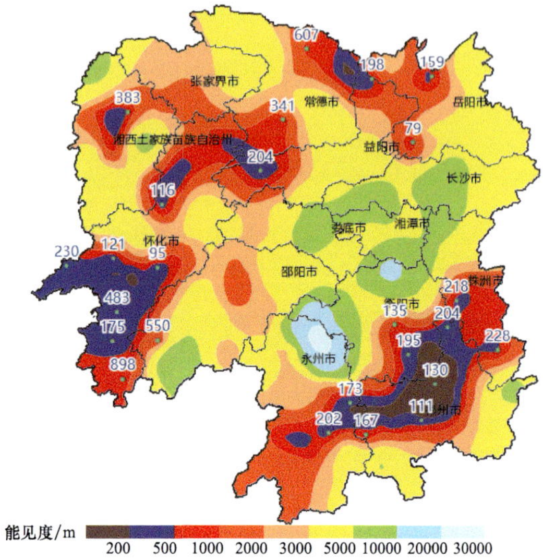

图 4.7　2021 年 12 月 22 日 02—08 时
湖南省国家站最小水平能见度

(2)预报分析

从模式形势场和风场预报(图 4.8)来看：21 日 08 时起报的 22 日 08 时 500 hPa 湖南省受高空弱脊控制，700 hPa 冷式切变线位于湘中偏南，850 hPa 以下以偏东北风为主；地面等压线稀疏，近地面风速较弱，在 2 m · s^{-1} 以下。同时结合降水实况和预报来看，21 日白天湘南降雨逐渐停止，夜间全省基本无雨，近地面湿度较大。总体符合辐射雾出现的大气环流形势条件。

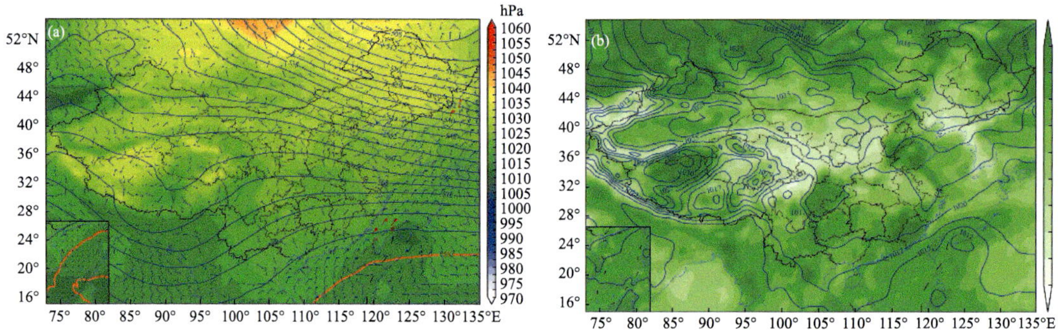

图 4.8　ECMWF 模式 2021 年 12 月 21 日 08 时起报 22 日 08 时 10 m 风场、
海平面气压和 500 hPa 高度(a)，2 m 相对湿度和海平面气压(b)

从模式湿度预报(图 4.9)来看：21 日 08 时起报的 22 日 08 时 700 hPa 以上相对湿度全省均在 40%以下，850 hPa 湘南 60%～70%，其他地区在 50%以下，1000 hPa 湘西、湘东南相对湿度在 80%以上，近地面湘东北高湿，湿度达 90%以上。整体来看，湘西、湘东南、湘东北均呈现为有利辐射雾形成的“上干下湿”层结。

从模式云量预报(图 4.10)来看：大部分地区云量在 2 成以下，晴空无云使得地面辐射冷却，形成“上暖下冷”的逆温层结，垂直交换作用减弱，利于大雾在边界层发展。但湘东北地区总云量和低云量均在 9 成以上，暂不考虑大雾。

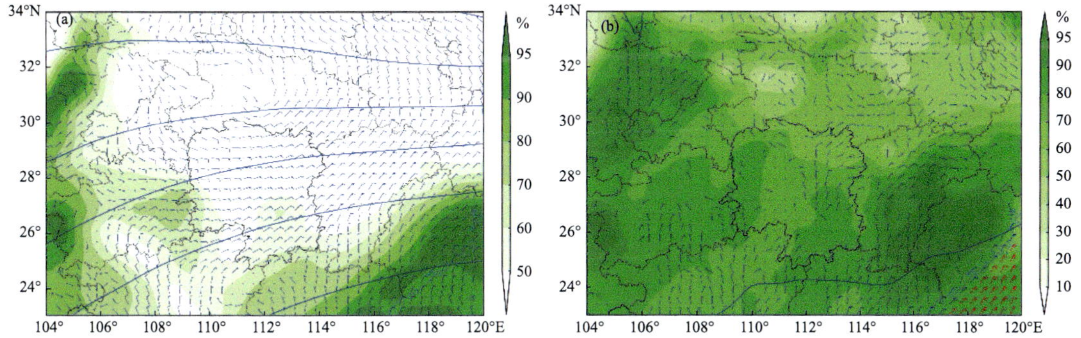

图 4.9　ECMWF 模式 2021 年 12 月 21 日 08 时起报 22 日 08 时 850 hPa 相对湿度、风场及 500 hPa 高度场(a),1000 hPa 相对湿度、风场和高度场(b)

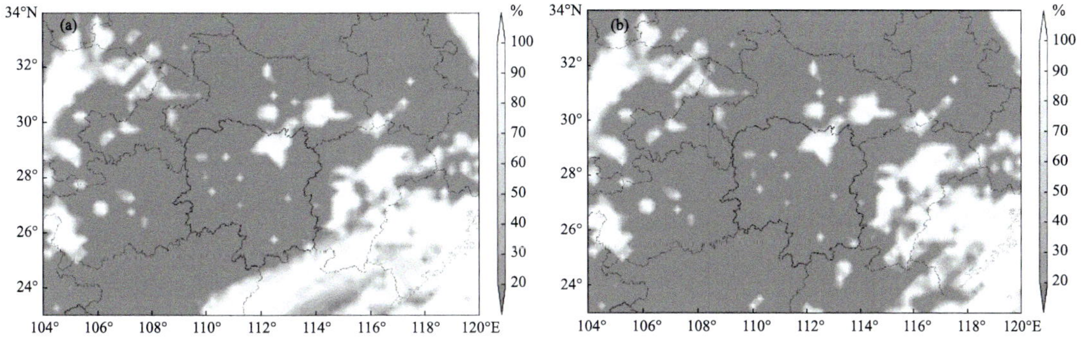

图 4.10　ECMWF 模式 2021 年 12 月 21 日 08 时起报 22 日 08 时总云量(a)和低云量(b)

从逆温层预报(图 4.11)来看:湘潭、衡阳地区有多层逆温,同时湘西地区 925 hPa 以下也有逆温层结,有利大雾形成。

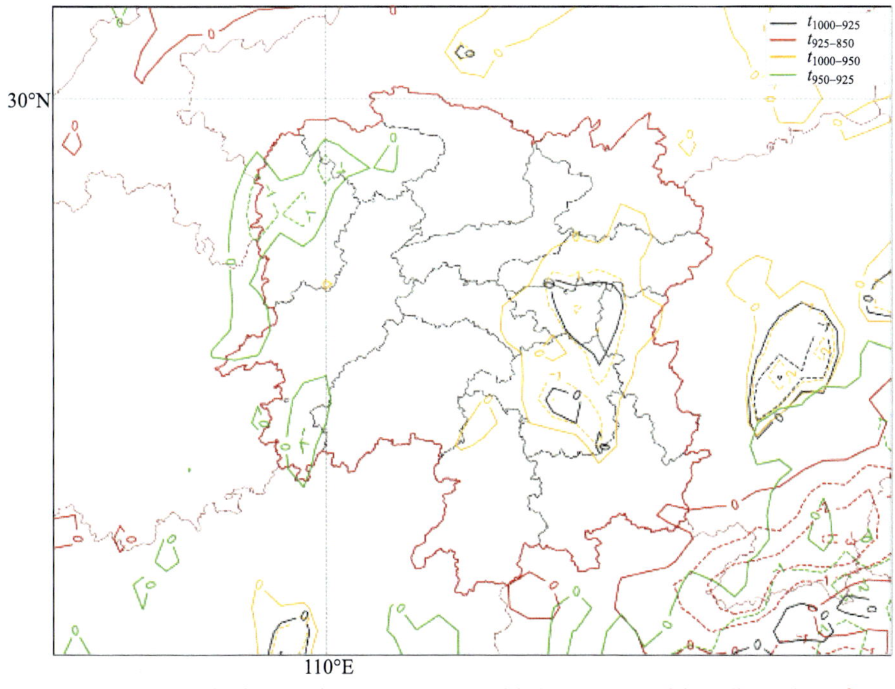

图 4.11　ECMWF 模式 2021 年 12 月 21 日 08 时起报 22 日 05 时各层逆温(单位:℃)

从模式能见度预报(图 4.12)来看:模式仅在湘东北预报了低能见度,结合云量预报来看,判断湘东北出现大雾的可能性小。

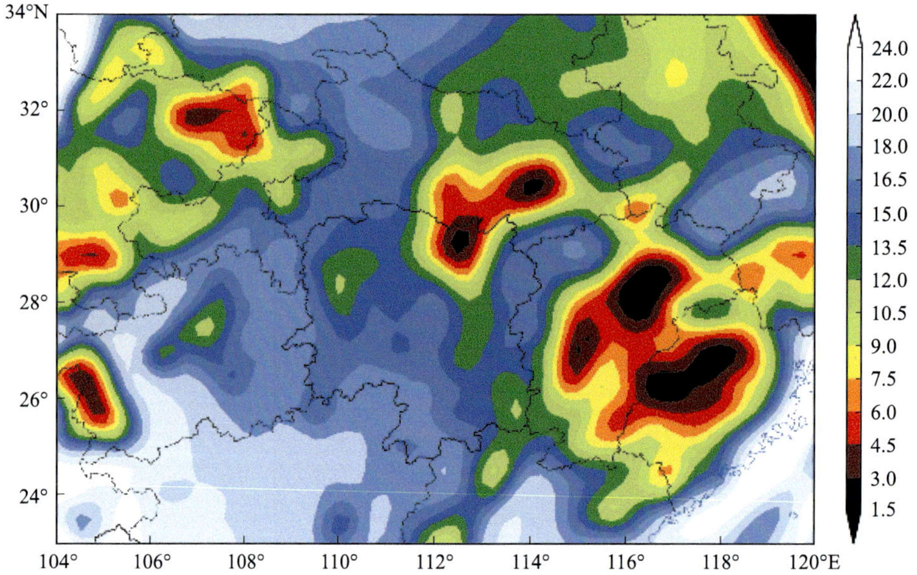

图 4.12　ECMWF 模式 2021 年 12 月 21 日 08 时起报 22 日 08 时能见度(单位:km)

综上所述,考虑在湘西、湘东南预报大雾。

预报检验分析:从预报场天气形势概念模型(图 4.13b)来看,此次过程受 500 hPa 平直环流控制,其他配置与辐射雾概念模型基本一致,近地面高湿和逆温对应大雾预报落区。湖南省气象台于 21 日 16 时发布大雾黄色预警(图 4.13a),预警范围包括永州、郴州、邵阳、衡阳、株洲南部以及怀化南部,实况达到湖南省大雾黄色预警标准,对湘南的大雾预报较为准确,在湘西南部分地区出现空报、湘北部分地区出现漏报。

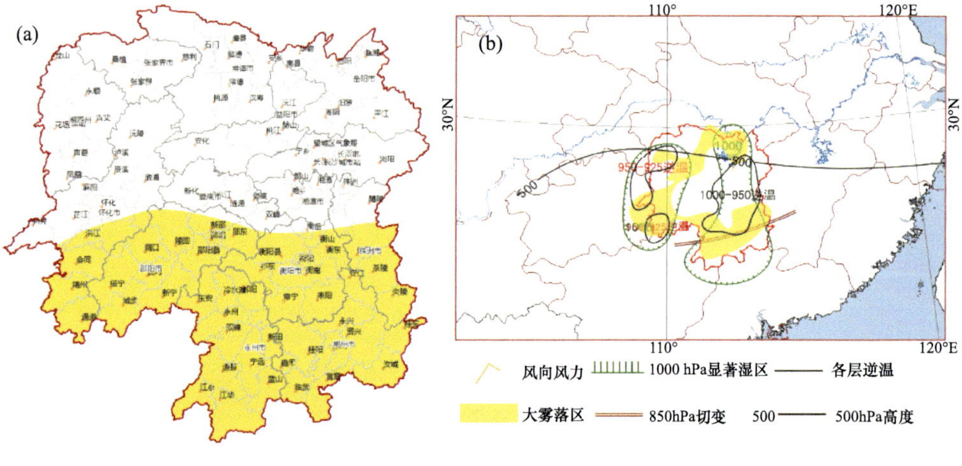

图 4.13　2021 年 12 月 21 日 16 时大雾预警发布情况(a)
及 22 日 08 时预报场天气形势配置(b)

(3)预报难点及预报策略

预报难点 1:在气温较低的情况下,且模式预报能见度较低和低云量较多时,如何判断洞庭湖区大雾出现的可能性?

本次过程中,湘东北地区出现大雾漏报,主要是对冬季洞庭湖区暖水面可能形成的蒸发雾认识不足。预报过程中,仅考虑辐射雾出现条件,将湘东北的云量高值区判断为辐射条件不足,且在 1000 hPa 和 2 m 相对湿度不一致的情况下,错误采信了 1000 hPa 的低相对湿度结论,造成大雾漏报。

预报策略:在预报冬季洞庭湖区大雾时,2 m 相对湿度较 1000 hPa 相对湿度更有参考性,低云量较高且能见度较低时应判断为低云贴地,出现蒸发雾可能性大,能见度预报在湘东北有较好的参考性。

预报难点 2:非“雨转晴”情况下,当要素预报向有利大雾出现的方向调整时,是否要预报大雾?

预报策略:辐射雾多发生在雨转晴的早晨,本次过程却在非雨转晴下,原因为处于寒冬时节,气温较低,水汽易凝结成雾,低层增湿对大雾形成有重要作用。在冬季气温较低时只要满足大雾发生的天气形势和气象要素条件,也能出现较大范围大雾。从实况来看,21 日早晨湘西北地区个别站已出现大雾天气,其主要分布在低层湿度较大和近地面逆温重叠区。22 日早晨模式预报的低层相对湿度大值区和近地面逆温区范围均有所扩大,并在湘西北地区重叠,因此可结合前期实况和要素预报演变趋势对湘西地区的大雾进行订正。

4.2.1.3　2022 年 4 月 23 日大雾个例

(1)过程概况

2022 年 4 月 22 日白天湖南省出现大范围降雨天气,夜间自西向东降雨停歇,23 日早晨随着天气逐渐好转,省内出现大范围大雾天气,04—08 时为大雾主要发生时段,有 31 站能见度≤1000 m,22 站≤500 m,9 站≤200 m,其中最小能见度为娄底涟源站 92 m(23 日 04—05 时),达到强浓雾标准。23 日 0 时大雾首先在湘西南地区开始出现,逐渐向湘中发展,06 时大雾影响范围达到最大,09 时之后大雾逐渐消散(图 4.14)。

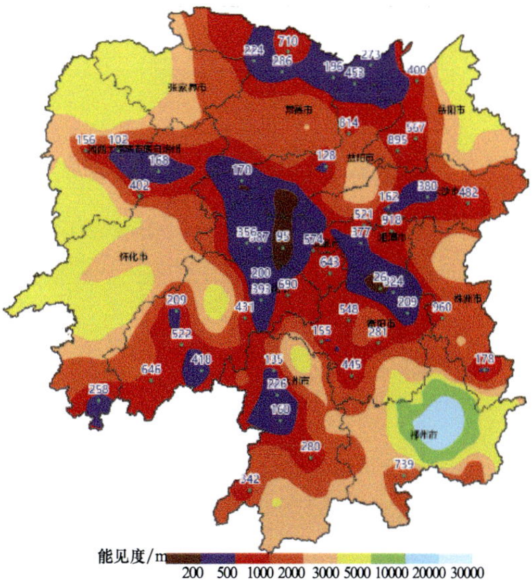

图 4.14　2022 年 4 月 23 日 02—08 时湖南省国家气象站最小水平能见度

(2)预报分析

从模式预报(图 4.15、图 4.16)来看:2022 年 4 月 22 日 08 时起报的 23 日 08 时,500 hPa 湘中、湘北受槽后偏北气流控制,天气由雨转好,且 05—08 时全省降水停歇,但湿层较厚,仅 700 hPa 在湘北相对湿度较小,约 50%。整体而言,符合“上干下湿”辐射雾产生的条件。

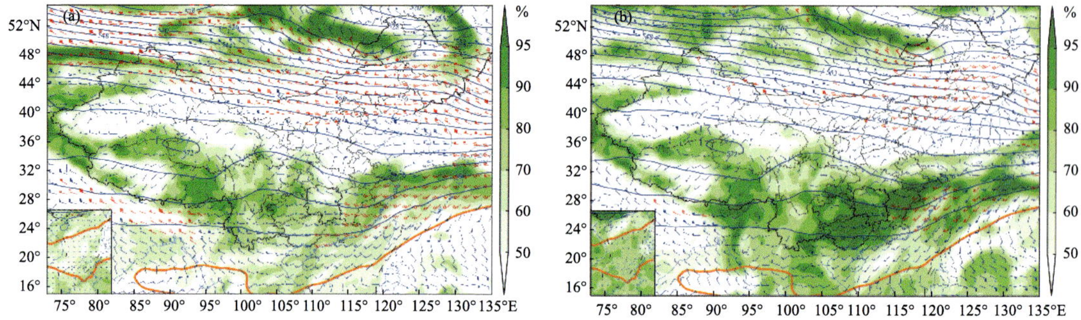

图 4.15 ECMWF 模式 2022 年 4 月 22 日 08 时起报的 23 日 08 时 500 hPa 高度场、700 hPa 风场和相对湿度(a),500 hPa 高度场、850 hPa 风场和相对湿度(b)

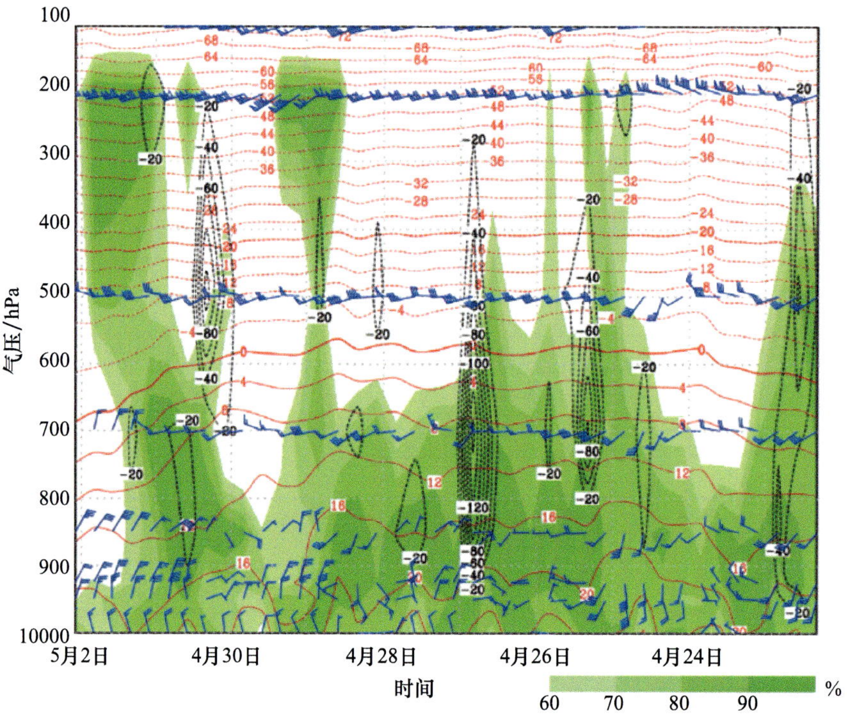

图 4.16 ECMWF 模式 2022 年 4 月 22 日 08 时起报长沙站 2022 年 4 月 23 日 08 时—5 月 2 日 08 时温度、相对湿度、垂直速度、风场垂直剖面随时间演变

从模式云量预报(图 4.17)来看:早晨总云量、低云量预报均较多,整体分析不利出现 10 站以上大雾。

从逆温层预报(图 4.18)来看:湖南省内无明显逆温区域,不利于大雾形成。

从模式能见度预报(图 4.19)来看:模式在湘西、湘东北预报了局地分散的低能见度天气,结合形势场分析、湿度层结预报,低能见度可能是因为降雨的原因,也可能是雾滴太浓凝结成雨滴产生的。

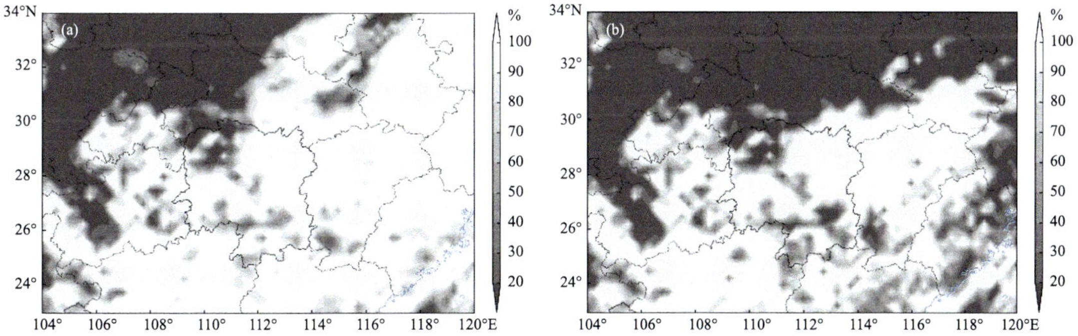

图 4.17 ECMWF 模式 2022 年 4 月 22 日 08 时起报 23 日 08 时总云量(a)和低云量(b)

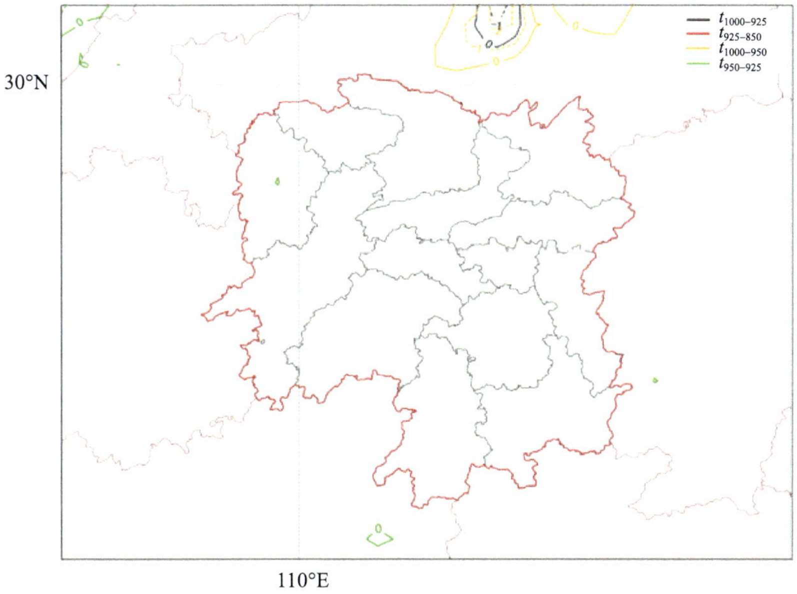

图 4.18 ECMWF 模式 2022 年 4 月 22 日 08 时起报 23 日 08 时各层逆温(单位:℃)

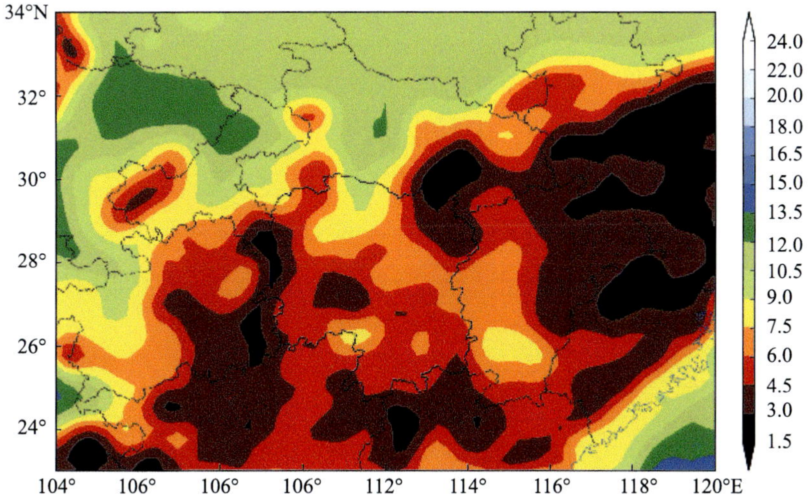

图 4.19 ECMWF 模式 2022 年 4 月 22 日 08 时起报 23 日 05 时能见度(单位:km)

综上所述，无 10 站以上大雾过程。

预报情况分析：从预报场天气形势概念模型（图 4.20）分析，预报场湿层深厚，无明显逆温，与辐射雾概念模型不匹配，因此，湖南省气象台未提前一天发布大雾预警，在 23 日 06 时补发湘中、湘北等地大雾黄色预警。

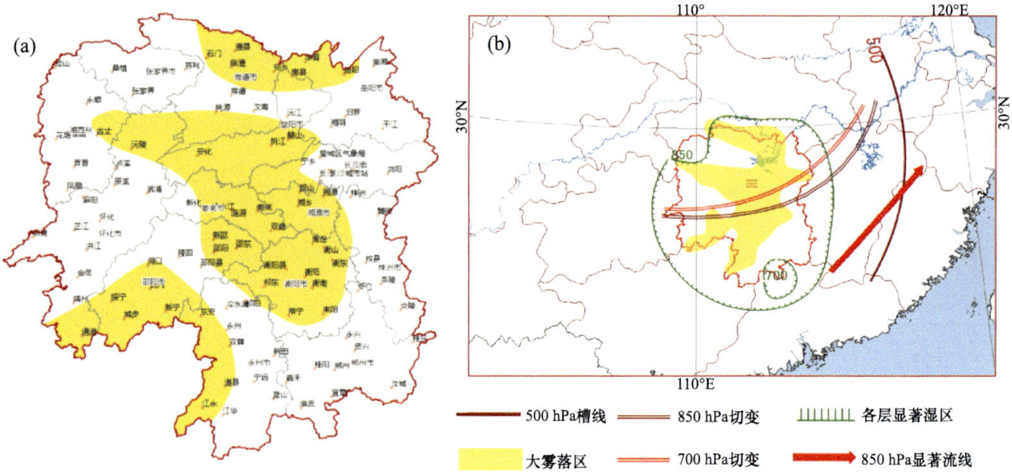

图 4.20　2022 年 4 月 23 日 06 时大雾预警发布情况(a)和 08 时预报场天气形势概念模型(b)

(3)预报难点及预报策略

预报难点：本次过程一是湿层厚，云系多，不符合典型的辐射雾预报指标；二是雨转晴时间点的预报很关键，夜间自西向东降雨停歇，23 日早晨天气是否能转好，给预报带来了难度。

雨后转晴多出现辐射雾，但 23 日早晨湿层厚、云量多，不符合典型大雾预报指标。长沙本站 23 日 05 时开始至 08 时连续出现大雾（图 4.21），从实况探空曲线（图 4.22）分析湿层较厚，为地面到 800 hPa，干层在 650 hPa 以上（500 hPa 为 1%），地面相对湿度达 100%，并出现多层逆温。

预报策略：槽后偏北气流下雨后转好天气，当地面处于弱气压场下，且相对湿度接近 100%，但 850 hPa 或 700 hPa 相对湿度在 50%以上时，如果干层在 700 hPa 以上，相对湿度在 10%以下，仍可报大雾过程。本次大雾过程模式探空预报无逆温，但实况探空图有弱逆温，说明模式对于湿层较厚一类的弱逆温预报仍显不足，在预报此类大雾过程时逆温不是必要条件。

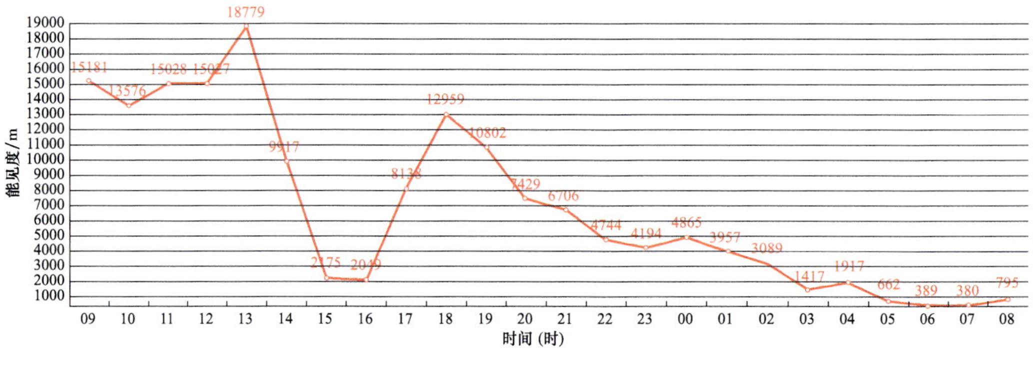

图 4.21　2022 年 4 月 22 日 09 时—23 日 08 时长沙黄花站水平能见度随时间演变

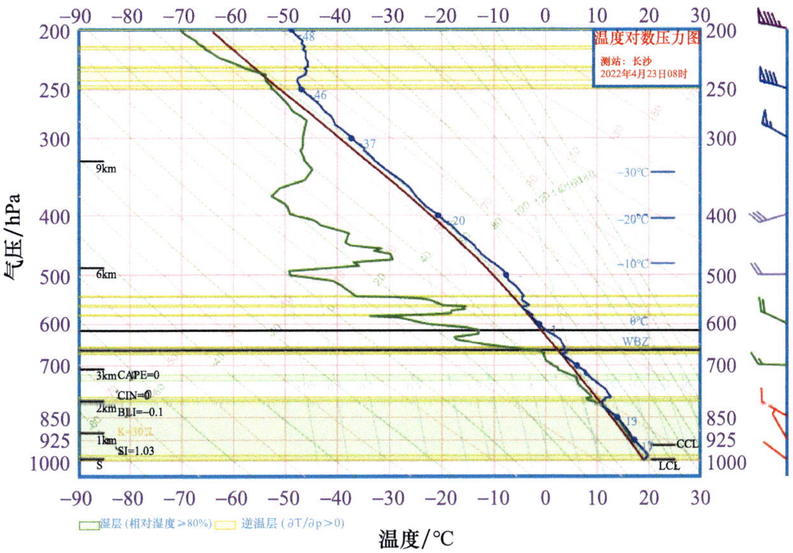

图 4.22 2022 年 4 月 23 日 08 时长沙探空图

4.2.2 平流雾

平流雾是暖湿空气流经冷的下垫面时逐渐冷却形成的大雾(图 4.23)。它生成的时间没有明显的日变化规律,1 d 之内任何时间均可出现。它的厚度较大,往往有几百米厚甚至和低云连在一起(邓英姿 等,2014)。这种雾对航空运输和环境质量影响较大。一般预报思路如下。

① 关注降水间歇期大雾的发生发展。

② 关注低层形势预报。低层的西南风或偏东风暖湿平流易产生平流雾。

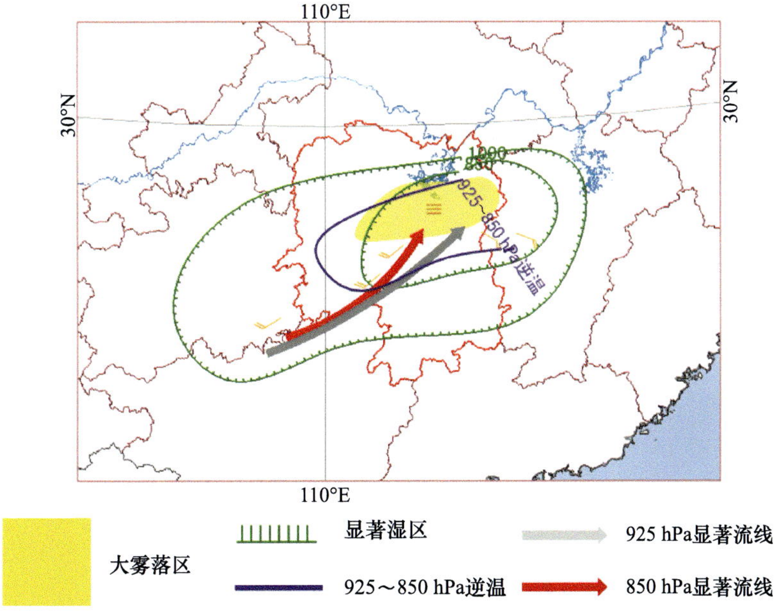

图 4.23 平流雾概念模型

③ 关注湿度层结预报。较厚湿层有利于平流雾出现。

④ 关注静稳条件。一般伴有逆温，但逆温高度较辐射雾更高。

⑤ 关注季节。冬、春之交，是平流雾的高发时间段。

4.2.2.1 2019 年 2 月 5 日平流雾分析

2019 年 2 月 5 日夜间至 6 日早晨湖南省出现一次典型平流雾过程。5 日 18 时—6 日 13 时为大雾主要发生时段（图 4.24），有 63 站能见度≤1000 m，54 站≤500 m，41 站≤200 m，其中最小能见度为衡阳市南岳站 50 m。5 日 18 时大雾首先在郴州开始出现，6 日 07 时范围达到最大，6 日 13 时之后大雾逐渐消散。

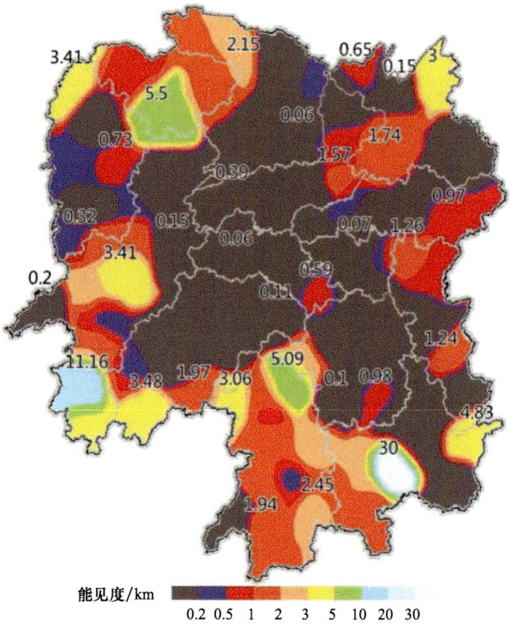

图 4.24 2019 年 2 月 5 日 18 时—6 日 13 时湖南省国家气象站最小水平能见度

分析 2019 年 2 月 6 日 08 时形势场（图 4.25a），500 hPa 湖南省受高空槽前西南气流影响，中低层受西南急流控制，并配合有暖脊，为湖南省地区输送暖湿气流，湘北和湘中存在地面辐合线，风速在 2～4 m·s^{-1}，利于水汽辐合及湿层向上发展，且云量多，部分地区总云量近 10 成，此外，湘中湘北温度均在 11 ℃以下，在近地面形成冷垫。这种冷垫效应与低层西南急流输送的暖湿平流相结合，使得暖湿气流在经过冷垫时逐渐冷却，为平流雾的形成提供了有利条件。从长沙本站探空曲线（图 4.25b）分析，低层受西南风控制，850 hPa 风速达 22 m·s^{-1}，在 850～1000 hPa 高度相对湿度＞80%，形成了深厚湿层，此外，在 925～1000 hPa 和 700～850 hPa 高度存在两层逆温层。

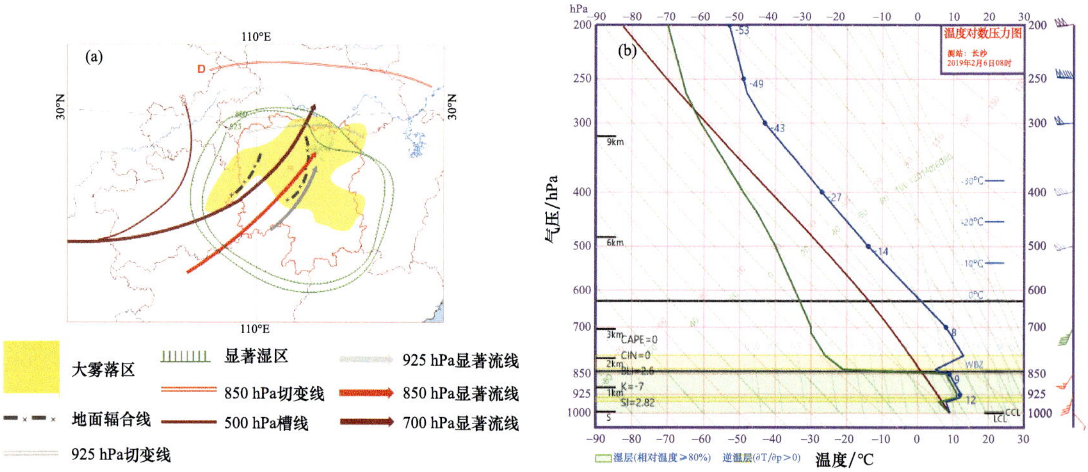

图 4.25 2019 年 2 月 6 日 08 时天气形势配置(a)和长沙探空图(b)

综上所述，本次大雾天气主要受到一致南风影响。雾区出现在高空槽前、地面辐合线附近、850 hPa 和 925 hPa 切变线以南 5 个纬距内的西南暖湿急流中，与低层 850 hPa 和 925 hPa 高湿区对应较好，存在不贴地的多层逆温，是一次典型的平流雾过程，天气形势配置与概念模型一致。

平流雾的持续时间通常长于辐射雾。如 2021 年 2 月 6 日、2016 年 3 月 31 日过程，出现能见度≤1000 m 的站次大于 40 站，持续时间均较长。

4.2.2.2　2021 年 4 月 13 日大雾个例

（1）过程概况

2021 年 4 月 13 日早晨湘西仍有小雨（图 4.26a），其他大部分地区天气好转，湘中、湘东北等地出现较大范围大雾天气，00—08 时为大雾主要发生时段（图 4.26b），能见度≤1000 m 出现 35 站次，≤500 m 出现 29 站次，≤200 m 出现 13 站次，最小能见度出现在常德安乡站，为 18 m（13 日 04—05 时），达到特强浓雾标准。0 时大雾首先在湘东北、湘中地区开始出现，逐渐向湘西南发展，06 时大雾影响范围达到最大，11 时之后大雾逐渐消失。

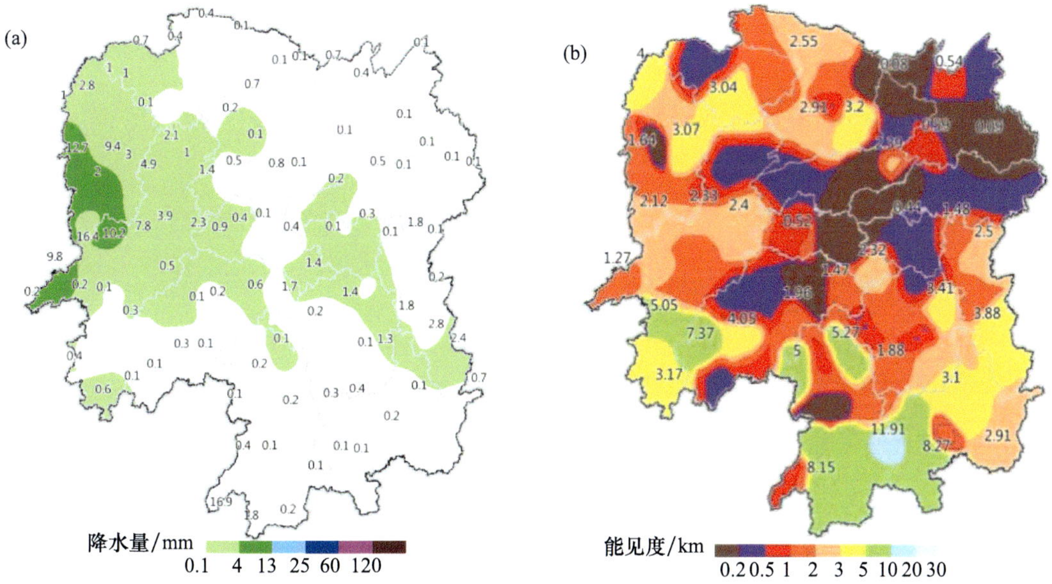

图 4.26　2021 年 4 月 13 日 02—08 时湖南省国家气象站累计降水量(a)和最小水平能见度(b)

（2）预报分析

从模式形势场和风场预报（图 4.27）来看：12 日 08 时起报的 13 日 08 时形势预报显示，500 hPa 湖南省受平直环流影响，850 hPa 湘北为偏北风，风速较小，在 2～4 $m \cdot s^{-1}$，湘中湘南为西南风。925 hPa 由偏北风转偏东风，相对湿度较大。10 m 风速小，地面有东路冷空气渗透南下，除湘西以外天气由雨转好，因此低能见度站点易出现在湖南省东部地区。

从模式云量预报（图 4.28）来看：湘东北地区总云量为 3 成，低云量接近 0，湘北总云量为 5～7 成，其他区域总云量和低云量近 10 成，湘东北的少云状况有利于辐射降温，在近地面形成冷垫，暖湿气流经过冷垫易形成雾滴，湘中和湘南云量多不利于成片大雾发生。

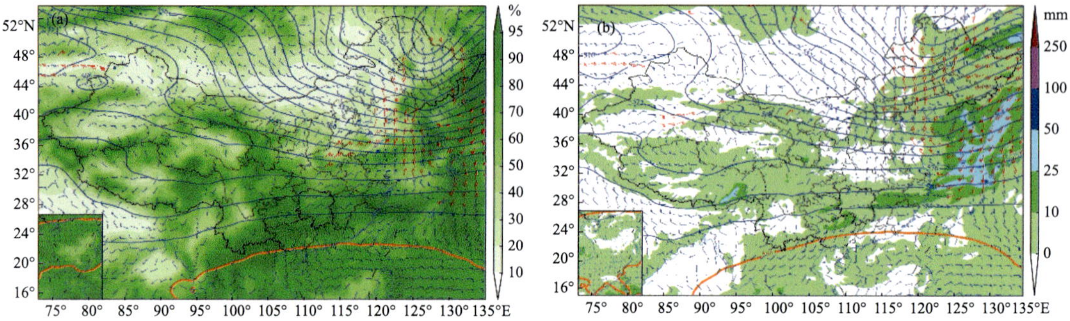

图 4.27 ECMWF 模式 2021 年 4 月 12 日 08 时起报的 13 日 08 时 925 hPa 相对湿度、风场和 500 hPa 高度场(a),24 h 降水量、850 hPa 风场和 500 hPa 高度场(b)

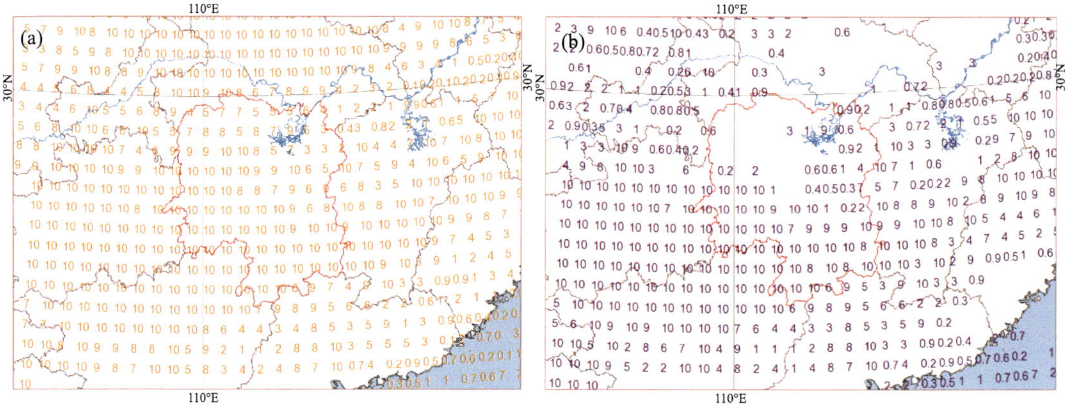

图 4.28 ECMWF 模式 2021 年 4 月 12 日 08 时起报的 13 日 08 时总云量(a)和低云量(b)

从降水预报和逆温层预报(图 4.29)来看:13 日 02—08 时湘东部分地区有降水间歇,湘东、湘南有逆温层结,有利大雾形成。

从模式能见度预报(图 4.30)来看:湘西和湘南部分地区能见度低于 3 km,结合形势场分析,降水可能是造成该区域低能见度的主要原因。

综上所述,地面有冷空气影响,且云量较多情况下,出现 10 站以上大雾可能性小,12 日下午未发布大雾预警。13 日早晨湘东北、湘中已有个别站出现大雾,再结合形势场和要素预报场分析考虑在湘中、湘东北将有较大范围大雾,因此 13 日早晨补发大雾蓝色预警。

预报情况分析:从预报场天气形势概念模型(图 4.31b)分析,预报场湿层深厚,逆温主要在湘中偏南,湘东北局地符合平流雾概念模型,不足以达到大雾预警发布标准,因此 12 日下午未发布大雾预警。13 日早晨湖南省气象台发布大雾蓝色预警(图 4.31a),预警范围包括长沙、湘潭、邵阳北部、岳阳、益阳、怀化东北部、娄底,实况也达到湖南省大雾蓝色预警标准,落区基本正确。

(3)预报难点及预报策略

预报难点 1:在长时间降水的短暂间歇期,模式预报有冷空气影响且云量较多时易漏报大雾。

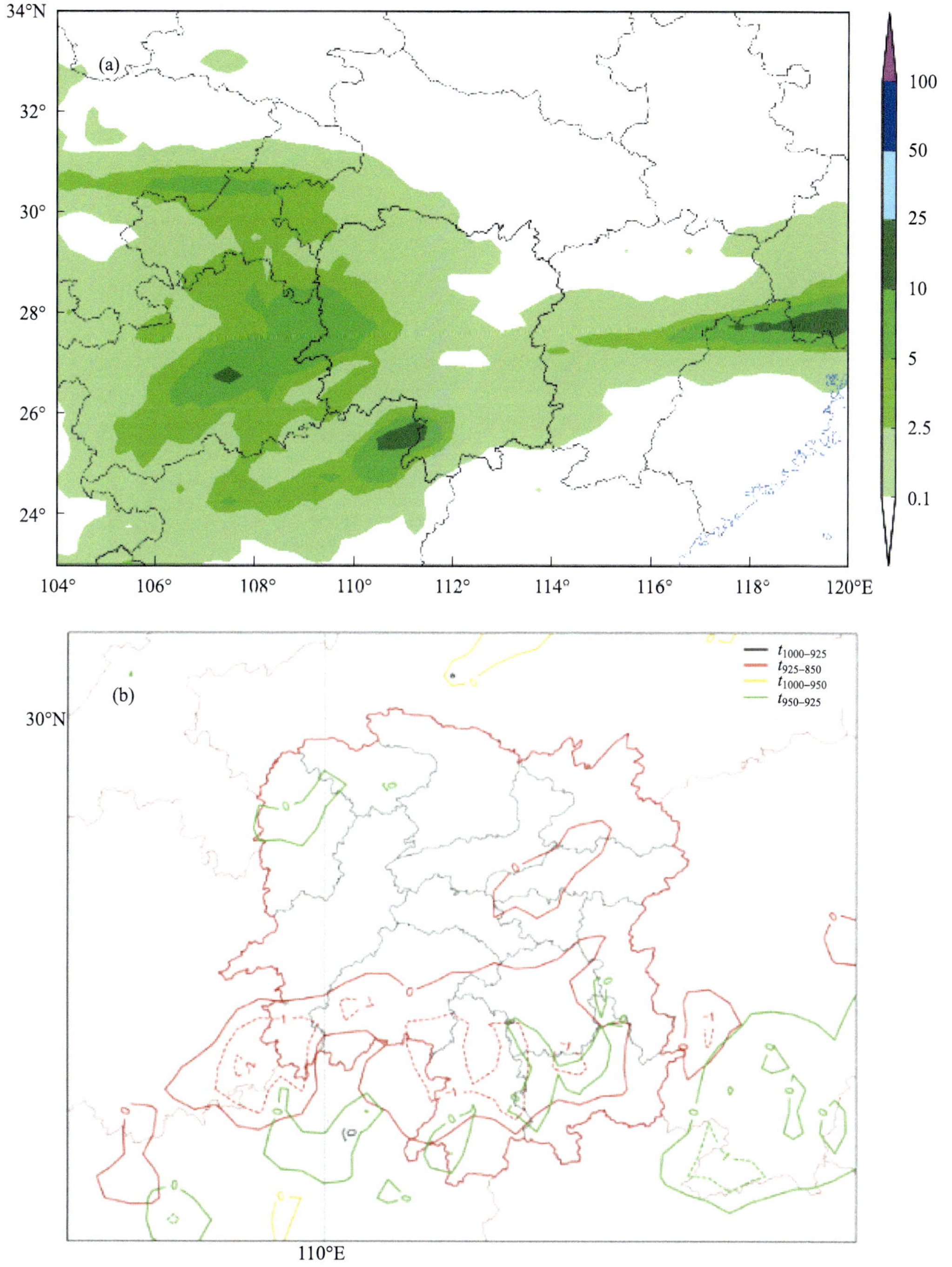

图 4.29 ECMWF 模式 2021 年 4 月 12 日 08 时起报的 13 日 02—08 时降水量(单位:mm)(a)和 13 日 05 时各层逆温(单位: ℃)(b)

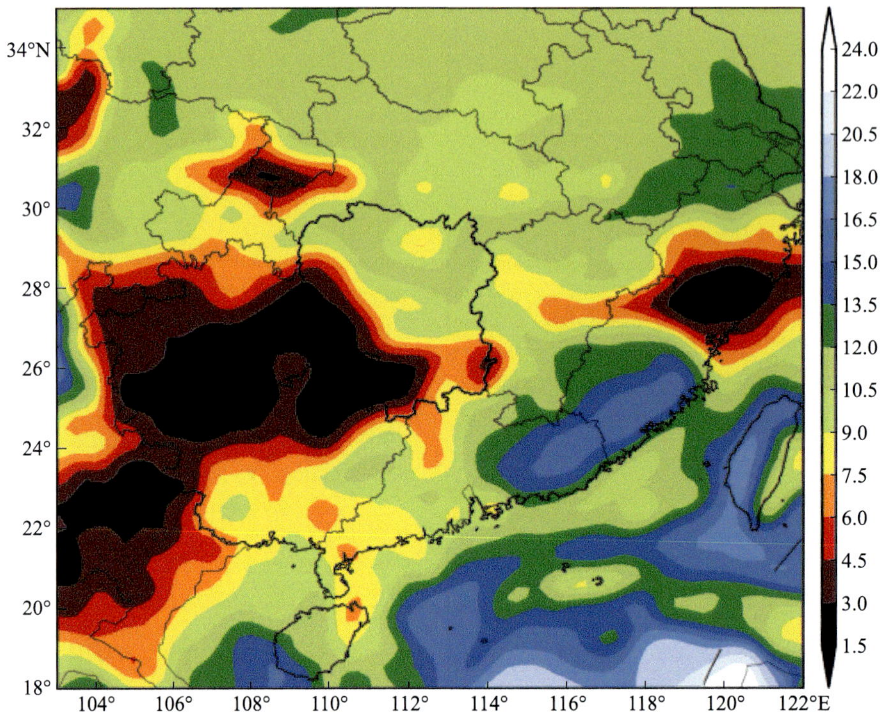

图 4.30　ECMWF 模式 2021 年 4 月 12 日 08 时起报的 13 日 08 时能见度(单位:km)

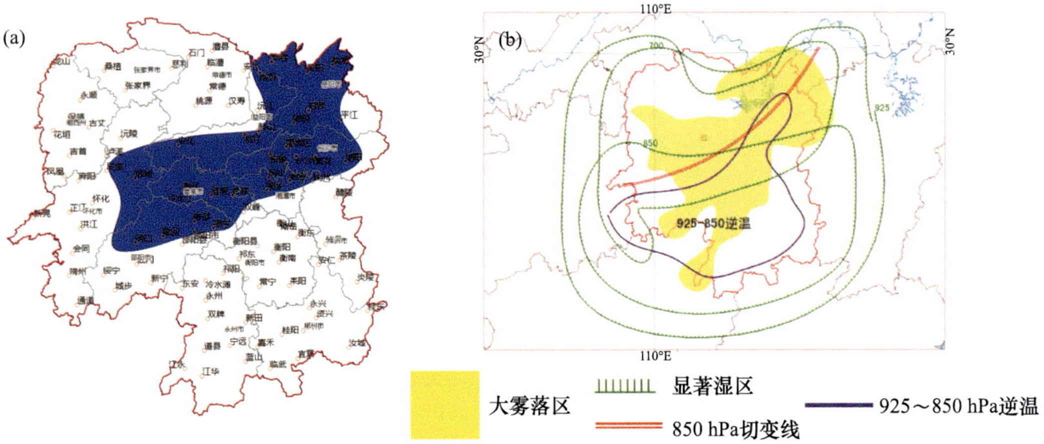

图 4.31　2021 年 4 月 13 日早晨大雾预警发布情况(a)和
08 时预报场天气形势配置(b)

预报难点 2:模式形势场和要素场与低能见度区预报不匹配的情况下,如何判断大雾落区?

预报策略:在前期有稳定降水,后期环流拉平、天气短暂好转的情况下,配合低层有西南或偏东风、地面有弱冷空气影响时,可考虑平流雾天气。

关注形势场和要素预报的演变，当降水出现短暂间歇期，模式预报的形势场和要素场所指示的大雾落区与低能见度落区预报不匹配时，以形势场和要素预报为主。重点关注地面高压所在区域，更有可能出现大雾天气。

从本次过程的实况分析发现，低层(925 hPa)一直有偏东风暖湿平流，有利平流雾发生。从长沙本站探空曲线(图 4.32)分析，湿层较厚，并出现多层逆温，13 日 01—08 时连续出现了大雾天气。

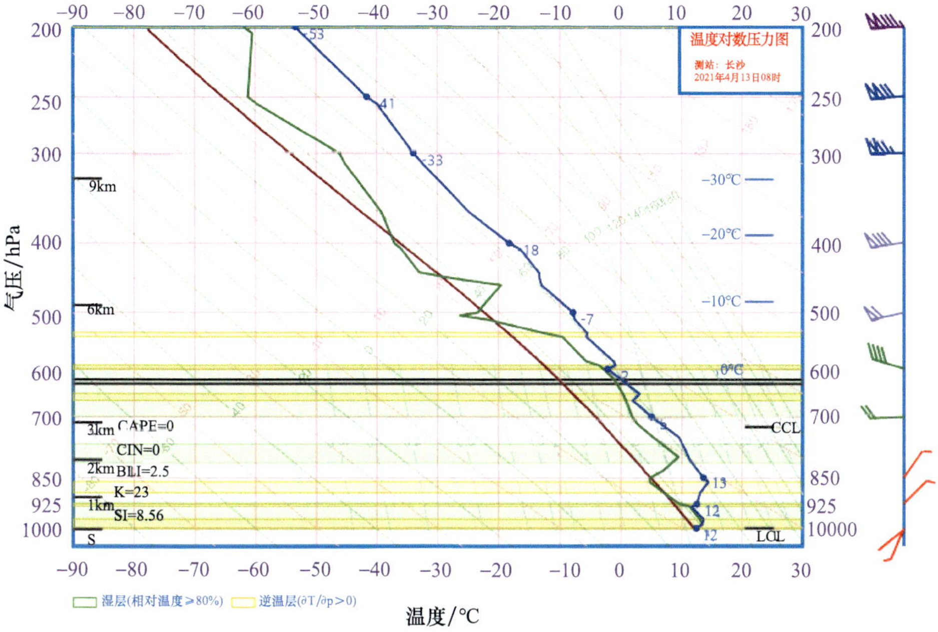

图 4.32 2021 年 4 月 13 日 08 时长沙探空图

边界层风廓线雷达风演变对大雾预警具有较好的指示作用(王春红 等，2021)。从 2021 年 4 月 13 日 08 时 00 分—10 时 18 分长沙大雾过程边界层风廓线雷达风演变(图 4.33)可以看出，08 时00—18 分在 200 m 以下为 4～6 $m \cdot s^{-1}$的南风，08 时 18 分—09 时 00 分转为 2～4 $m \cdot s^{-1}$的东南风，09—10 时转为 1～2 $m \cdot s^{-1}$的东北风。东南风的存在有利于空中增温，常使逆温层顶降低，逆温强度增大，或者使逆温层顶之上的等温层变厚。空中东南风层向下发展或大风层向下压低时，会导致稳定层结压低和加强，并使低层水汽向地面聚集，有利于浓雾的形成、维持或加强；由偏南风转为偏北风或偏北风加强时，会带来冷平流，导致地近地面降温冷却，有利于雾的出现和维持；当有西风带天气系统临近，中低层开始出现一致西北风时，往往预示扰动即将来临，有利于雾的减弱和消散。

从平流雾和辐射雾的日变化特征分析发现，二者的主要区别在持续时间和地面风速：从能见度时序演变来看，平流雾持续时间更长，可以整天出现、消散时间较晚(图 4.34、图 4.35)，辐射雾仅出现在早上辐射降温之时(图 4.36)；平流雾近地面风速较大(3～4 $m \cdot s^{-1}$)，辐射雾近地面风速较小(1～2 $m \cdot s^{-1}$)。

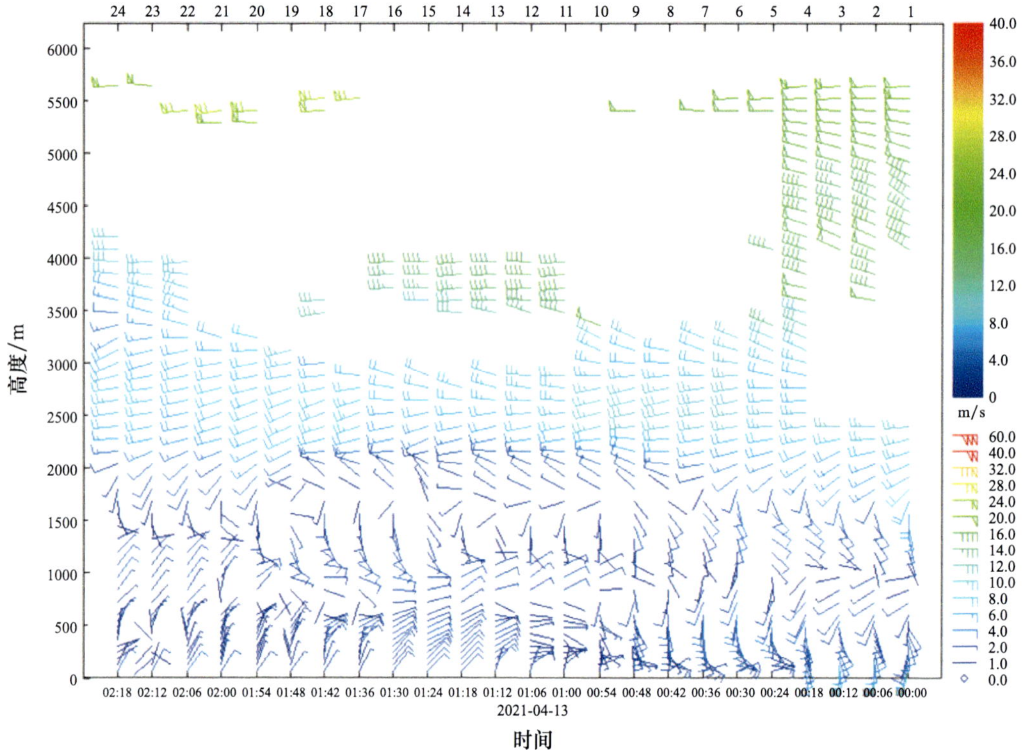

图 4.33 2021 年 4 月 13 日 08 时—10 时 18 分长沙风廓线(图中横坐标为世界时)

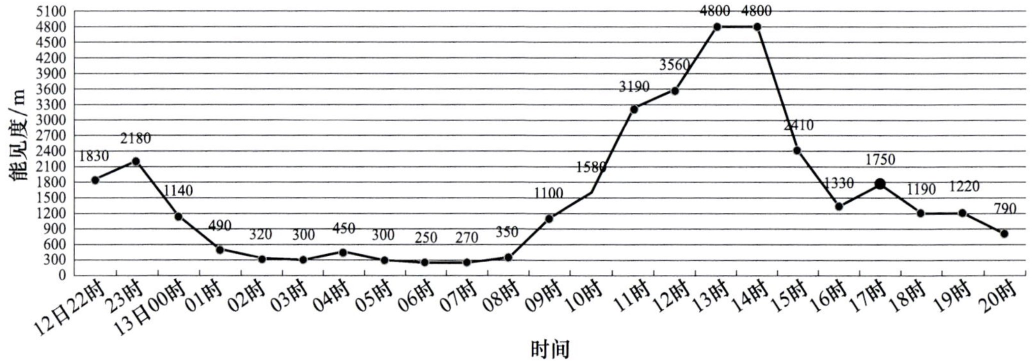

图 4.34 长沙黄花站 2021 年 4 月 12 日 22 时—13 日 20 时平流雾水平能见度随时间演变

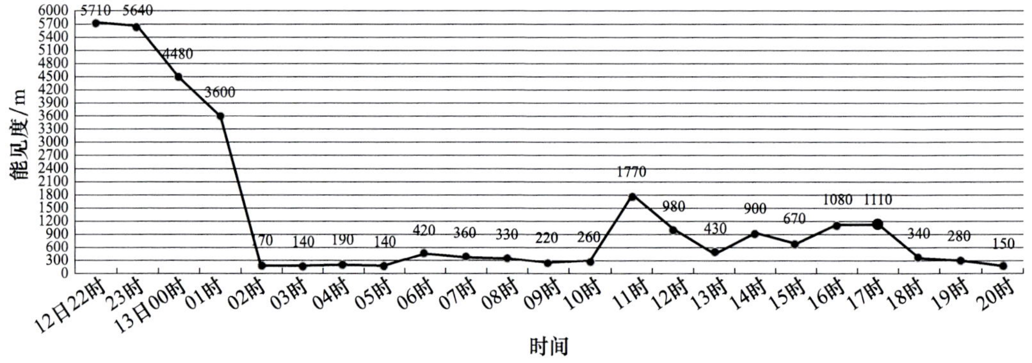

图 4.35 益阳桃江站 2021 年 4 月 12 日 22 时—13 日 20 时平流雾水平能见度随时间演变

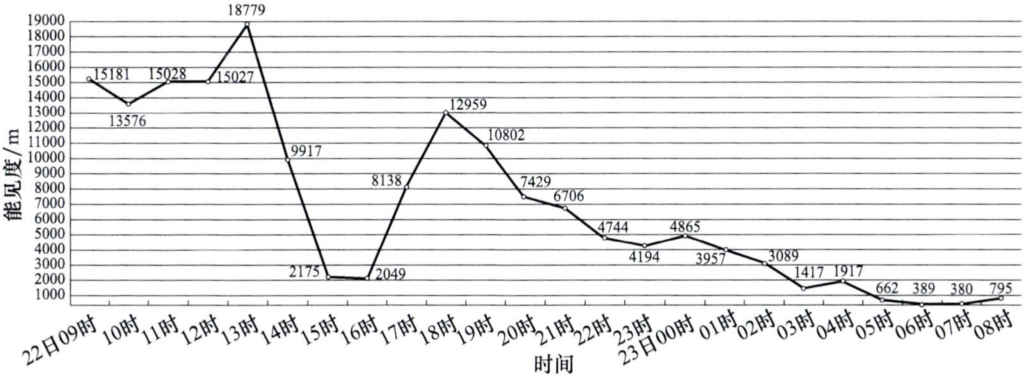

图 4.36　长沙黄花站 2021 年 4 月 22 日 09 时—23 日 08 时辐射雾水平能见度随时间演变

4.2.2.3　2021 年 12 月 23 日大雾个例

(1)过程概况

2021 年 12 月 22 日夜间至 23 日早晨湖南省出现区域性大雾,但落区较为分散。02—10 时为大雾主要发生时段(图 4.37),有 17 站能见度≤1000 m,15 站≤500 m,10 站≤200 m,其中最小能见度为湘西州保靖站 98 m(23 日 05—06 时),达到强浓雾标准。23 日 02 时大雾首先在湘南地区开始出现,09 时大雾影响范围达到最大,10 时之后大雾逐渐消散。

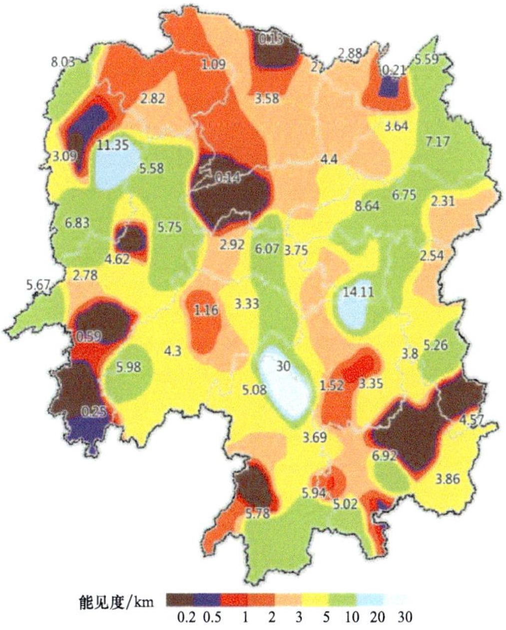

图 4.37　2021 年 12 月 23 日 02—10 时湖南省国家气象站最小水平能见度

(2)预报分析

从晴雨演变来看:在 22 日湖南省已经出现区域大雾,23 日湖南省仍处于降水间歇期,需要持续关注大雾的发生发展。

从模式形势场和风场预报(图 4.38)来看:22 日 08 时起报的 23 日 08 时形势预报显示,500 hPa 中高纬为两槽一脊,中低纬湖南省位于高空弱脊后部,700 hPa、850 hPa 由偏北风转为偏南风,中低层温湿条件转好,850 hPa 风速较弱,在 2～4 $m \cdot s^{-1}$。从地面形势来看,湖南省处于高压底后部,且等压线稀疏,近地面风速较弱或静风。以上天气形势较有利于大雾持续出现。

从模式湿度预报(图 4.39)来看:22 日 08 时起报的 23 日 08 时 700 hPa 以上相对湿度除湘西北,其他地区均在 40%以下,850 hPa 至 1000 hPa 湘中以南在 70%以上,850 hPa 湘东北在 40%以下,近地面湘东北高湿,湿度达 90%以上,湘西、湘东南略高于其他区域。整体来看,湘东北层结呈较为明显的上干下湿状态,其他地区湿层向上扩展。结合较为稳定的大气环流形势,可考虑湘东北、湘西、湘东南局地将出现大雾。

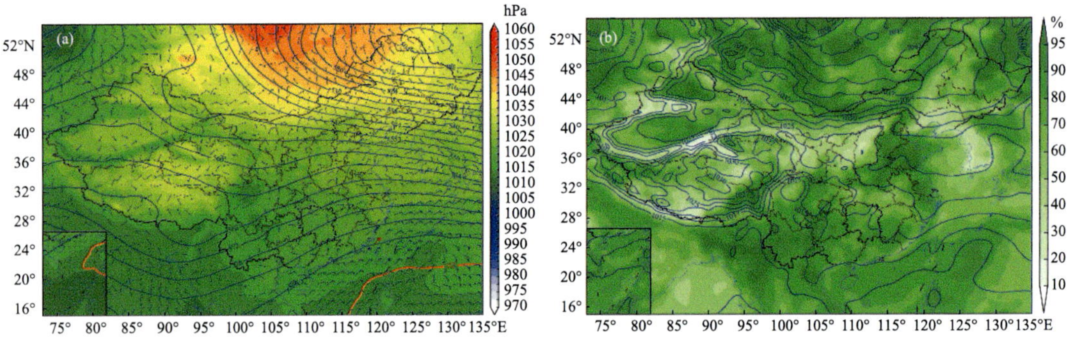

图 4.38　ECMWF 模式 2021 年 12 月 22 日 08 时起报的 23 日 08 时 10 m 风场、海平面气压和 500 hPa 高度(a),2 m 相对湿度和海平面气压(b)

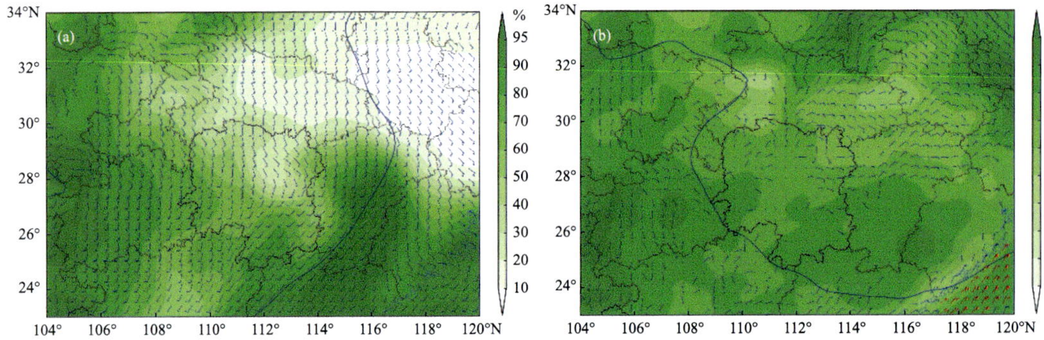

图 4.39　ECMWF 模式 2021 年 12 月 22 日 08 时起报的 23 日 08 时 850 hPa(a)和 1000 hPa(b)相对湿度、高度场和风场

从模式云量预报(图 4.40)来看:除湘东北局地外,其他区域总云量和低云量预报在 3 成以下,晴空无云有利于地面辐射冷却,在近地面形成浅薄冷垫,低层暖湿气流经过冷垫易凝结。

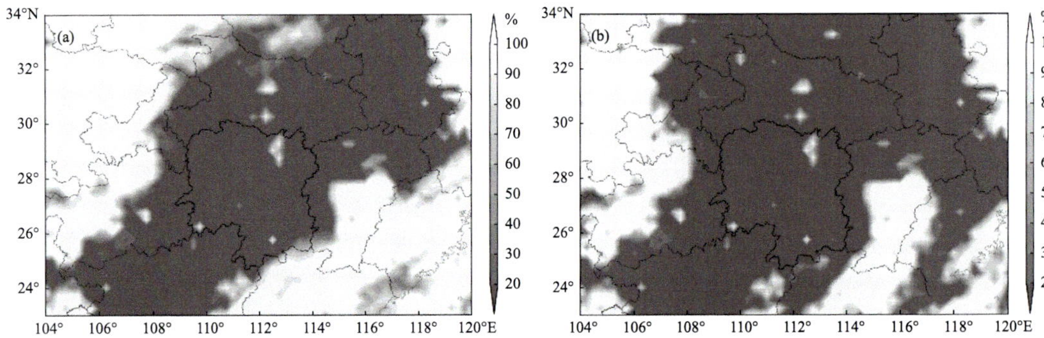

图 4.40　ECMWF 模式 2021 年 12 月 22 日 08 时起报的 23 日 08 时总云量(a)和低云量(b)

从逆温层预报(图 4.41)来看:常德、益阳、岳阳、湘潭、衡阳地区有多层逆温,同时湘西地区 925～950 hPa 高度也有逆温层结,有利于大雾形成。

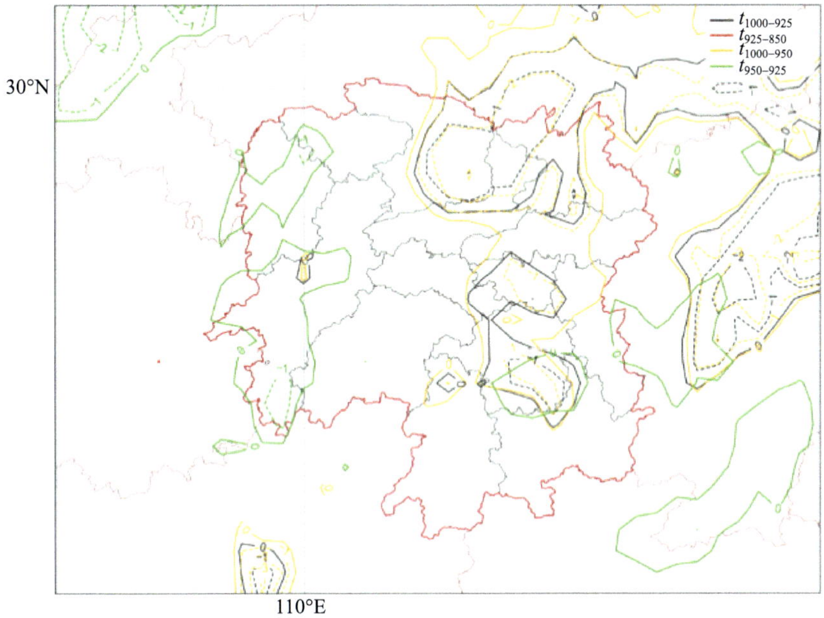

图 4.41　ECMWF 模式 2021 年 12 月 22 日 08 时起报的 23 日 08 时各层逆温(单位：℃)

从模式能见度预报(图 4.42)来看：模式仅在湘东北局地预报了相对低的能见度(≥6 km)，出现大雾的可能性小。对比大雾实况，模式能见度预报对本次大雾过程无预报指示作用。

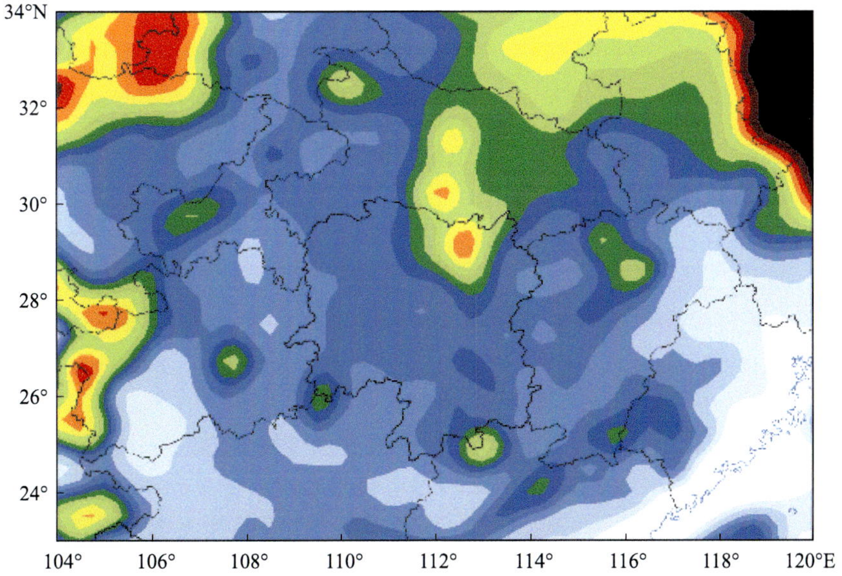

图 4.42　ECMWF 模式 2021 年 12 月 22 日 08 时起报的 23 日 08 时能见度(单位：km)

综上可知，在 22 日出现区域性大雾、23 日由高压控制转为高压底部控制的情况下，云量预报湖南省较低，辐射冷却条件较好，湘东北为上干下湿层结，可考虑湘东北会出现局地大雾，其他地区由于湿层向上扩展，850 hPa 较弱偏南风(2～4 m·s^{-1})流经近地面冷垫，结合

1000 hPa 和 850 hPa 的相对大的湿度重叠区，可考虑湘西、湘东南局地出现大雾，但是范围小于前 1 d。

预报情况分析：从预报场天气形势概念模型（图 4.43b）分析，湘西南部分地区受西南气流影响，预报场湿层深厚，有明显逆温，与实况平流雾概念模型基本一致，湖南省气象台于 22 日 16 时发布大雾蓝色预警（图 4.43a），预警范围包括郴州、衡阳、永州东部、株洲南部，以及怀化北部、湘西州东部等地，实况达到湖南省大雾黄色预警标准，预报员对湘西、湘东南的大雾预报落区把握较准确，强度预报偏弱，在湘西南、湘东北局地有所漏报。

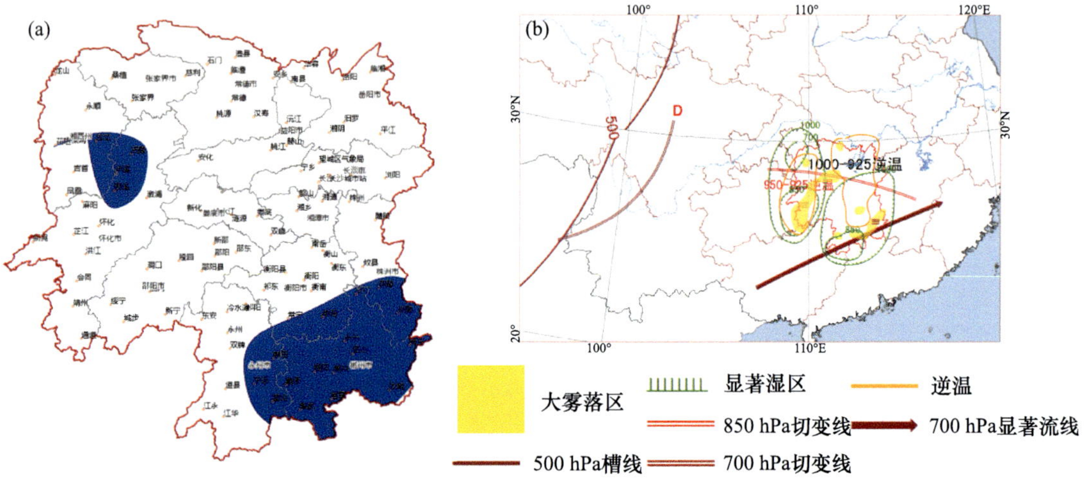

图 4.43　2021 年 12 月 22 日 16 时大雾预警发布情况(a)和 23 日 08 时预报场天气形势概念模型(b)

（3）预报难点及预报策略

预报难点：当前 1 d 已出现大范围大雾，次日中低层风场发生变化、地面转高压底后部时，是否还会有区域性大雾发生？暖湿气流流经浅薄冷垫会在哪些区域形成大雾？

预报着眼点：一是天气形势，如果前 1 d 出现大范围大雾天气，次日低层流场向有利于水汽输送的态势发生变化，且风速较小，仍需考虑大雾出现；二是水汽条件，低层偏东风转偏南风，水汽输送加上局地蒸发作用，近地面湿度较大，为大雾出现提供水汽条件，低层相对湿度大值重叠区可作为大雾落区参考；三是冷却条件，地面有弱的偏北风，在贴地面形成浅薄冷垫，低层转南风后暖湿气流向北输送经过冷垫冷却，结合中层干层少云造成的辐射冷却，有利于近地面水汽饱和；四是地形作用，在前述有利条件下，山谷、洼地等更利于冷空气堆积，暖湿气流在冷垫易形成大雾。如本次过程中，中低层转偏南风，700 hPa 或 850 hPa 较干（$<50\%$），850 hPa 风速较小（$2\sim4\ \mathrm{m\cdot s^{-1}}$），近地面有浅薄冷垫时，模式在低层的湿度预报大值重叠区（850 hPa$\geqslant70\%$、1000 hPa$\geqslant85\%$、2 m $\geqslant70\%$）对此类大雾落区预报有较好的指示意义。

预报策略：在冬季气温低情况下，若在低层发生风向转变，暖湿气流增强过程中，需要考虑地形对冷空气的积聚作用，近地面湿度预报偏小，重点关注 850 hPa 和 1000 hPa 的湿度大值重叠区。

4.2.3　混合雾

混合雾一般指兼有两种原因形成的雾，这种雾的形成原因相对复杂，可有多层逆温，在

1000 hPa 以下和 925～850 hPa 均可出现逆温、高湿区。

2016 年 1 月 18 日湖南省出现区域性大雾过程，17 日 23 时—18 日 11 时为大雾主要发生时段，能见度有 52 站≤1000 m，47 站≤500 m，39 站≤200 m，10 站≤50 m，主要集中在湘西湘中和湘东部分地区，其中最小能见度为娄底双峰站 50 m(18 日 04—06 时)，达到特强浓雾标准。从大雾出现、持续、消散时间上看，大雾在 17 日 23 时从湘中、湘东开始发生，逐渐向湘西发展，18 日 05 时强度达到最大，08 时影响范围最广，11 时逐渐消散，持续时间为 12 h(图 4.44)。

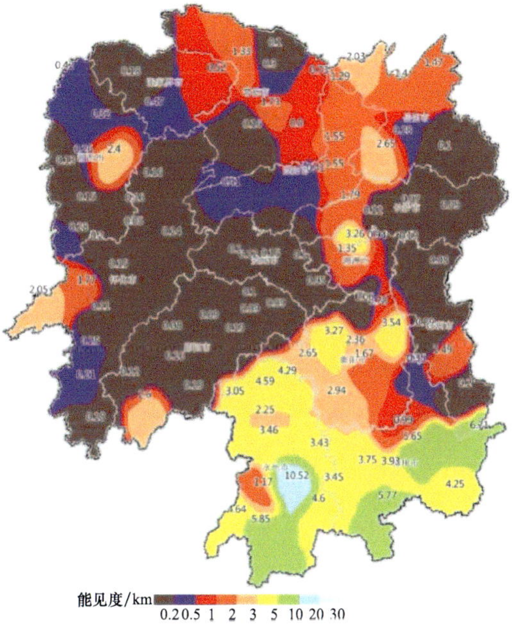

图 4.44　2016 年 1 月 18 日湖南省国家站日最小水平能见度

17 日夜间湖南省受 500 hPa 弱脊控制，低层 850～925 hPa 湘东为偏东风，湘西为偏北风，925 hPa 在湘东南地区有弱切变，冷锋底部位于陕豫一带，湖南位于高压底部，受弱偏北风控制。分析雾区怀化站和长沙站探空，怀化上空湿层较深厚，从近地面扩展到 850 hPa 高度，总云量观测为 3 成，低层的高湿区为辐射作用导致，近地面逆温 3 ℃；长沙上空有两层高湿区，一层在近地面，为辐射冷却作用导致，逆温强度为 5 ℃，一层在 925～850 hPa，为弱的暖平流造成平流辐射导致。两站均出现 850～700 hPa 的逆温区，湿度小，属于雾层上的“暖干层”，低层水汽不易扩散到高空，有利于大气稳定层结的维持。湘西北天空基本无云，雾的出现主要受辐射作用影响。因此，此次区域性大雾过程为一次较典型的平流辐射雾过程，概念模型如图 4.45。

混合雾大多是平流辐射雾混合，如 2021 年 1 月 29 日、2 月 3 日和 4 月 28 日过程，出现能见度≤1000 m 的站次在 30～40 站，强度一般弱于辐射雾。

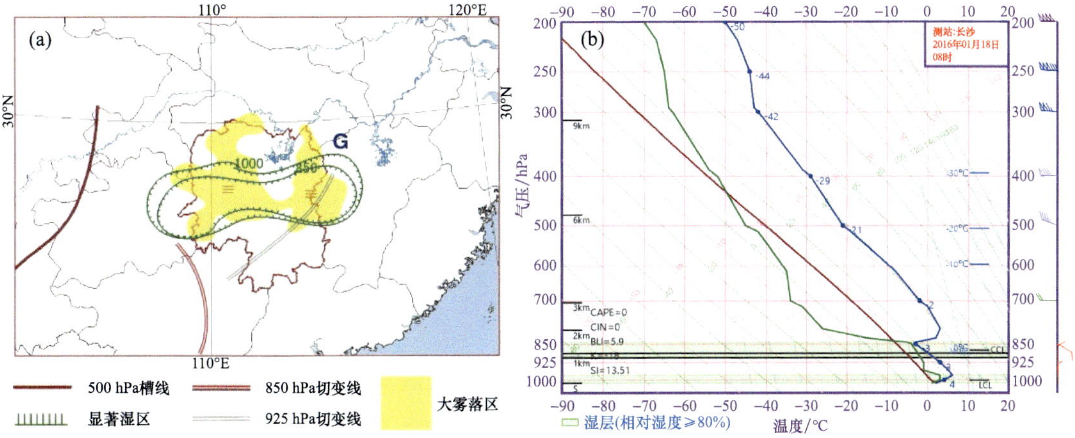

图 4.45　2016 年 1 月 18 日大雾天气形势配置(a)和 08 时长沙探空图(b)

4.2.3.1 2021 年 5 月 20 日大雾个例

混合雾成因复杂，往往还有一些非典型的混合雾，预报难度较大。以 2021 年 5 月 20 日湖南省北部辐射雾、湘中辐射雾与蒸发雾的混合大雾过程进行分析。

(1)过程概况

2021 年 5 月 20 日凌晨湖南省出现区域性大雾，0—08 时为大雾主要发生时段，有 31 站能见度≤1000 m，26 站≤500 m，9 站≤200 m，其中最小能见度为邵阳站 52 m(20 日 04—05 时)，达到强浓雾标准。20 日 0 时大雾首先在娄底开始出现，05 时大雾影响范围达到最大，主要集中在湘中偏东一带，08 时之后大雾逐渐消散(图 4.46)。

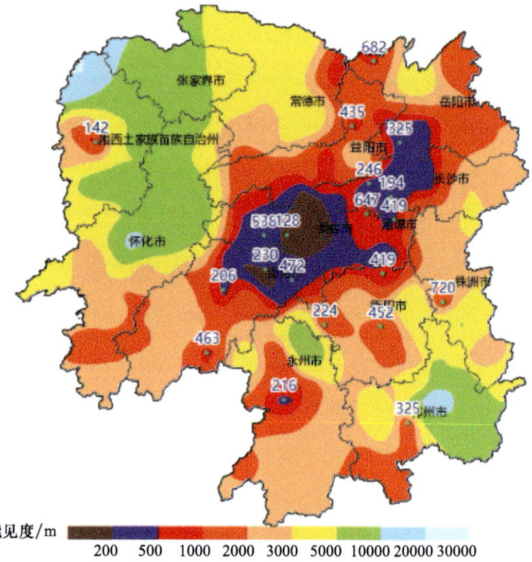

图 4.46 2021 年 5 月 20 日 02—08 时湖南省国家站最小水平能见度

(2)预报分析

从晴雨演变来看：19 日降雨带已逐步南压，湘中以北处于降雨间歇期，需关注降雨蒸发和辐射冷却作用造成的低能见度情况出现。

从模式形势场和风场预报(图 4.47)来看：19 日 08 时起报的 20 日 08 时形势预报显示，500 hPa 低压槽东出，中低纬受平直环流影响，地面湘中受弱高压控制，风速较弱或静风。这种较静稳的天气形势下，在前期降雨刚结束，需关注湘中以北雨滴蒸发和辐射冷却作用造成能见度下降的可能性。850 hPa 冷式切变南压至湘南地区，更低层切变线南压至湘东南，降雨带随之南压。湘中一带近地面为偏南风，低层为偏北风，中层干冷平流侵入，经过暖湿下垫面，有利于蒸发雾出现，随着湿层垂直结构的变化，高层转干，形成上干下湿结构，辐射冷却作用加强，蒸发雾转辐射雾。

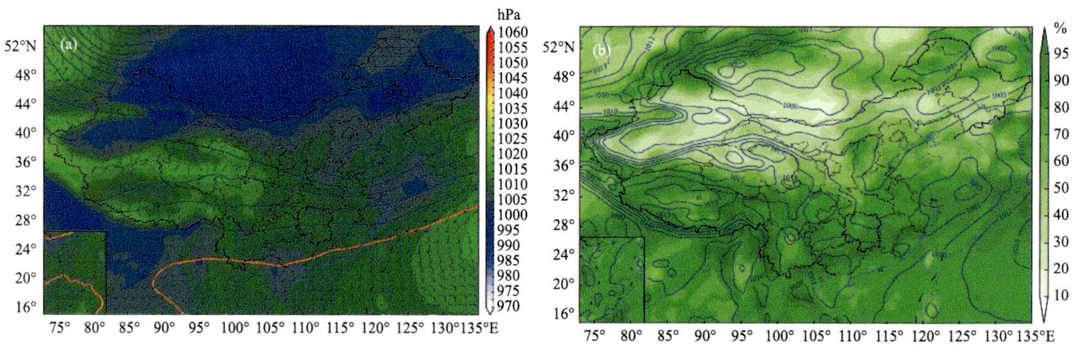

图 4.47 ECMWF 模式 2021 年 5 月 19 日 08 时起报的 20 日 08 时 10 m 风场、海平面气压和 500 hPa 高度(a)，2 m 相对湿度和海平面气压(b)

从模式湿度预报(图 4.48)来看：19 日 08 时起报的 20 日 08 时 700 hPa 以上湘北相对湿度小于 50%，其他地区均在 60%以下，850～1000 hPa 湘东北在 50%以下，近地面常德、益阳、张家界等地湿度偏低，在 70%以下，其他地区湿度较大。整体来看，湘北层结呈较为明显的上干下湿状态，结合大气环流形势，可考虑湘北将出现大雾。

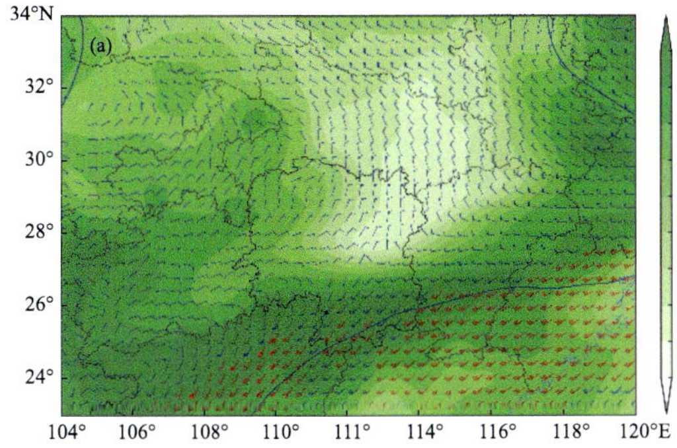

图 4.48　ECMWF 模式 2021 年 5 月 19 日 08 时起报的 20 日 08 时 850 hPa(a)和 1000 hPa(b)相对湿度、高度场和风场

从模式云量预报(图 4.49)来看：湘中以北总云量预报在 6 成以上、低云量预报无云，以高云为主，辐射冷却有利于地面积水蒸发后凝结成雾滴。其他地区总云量和低云量预报在 9 成以下。

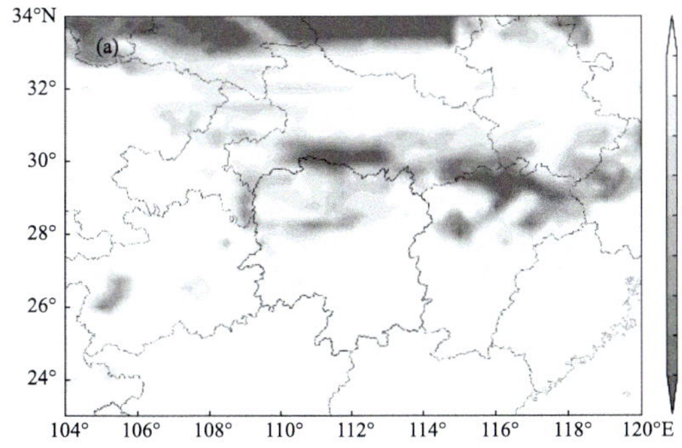

图 4.49　ECMWF 模式 2021 年 5 月 19 日 08 时起报的 20 日 08 时总云量(a)和低云量(b)

从逆温层预报(图 4.50)来看：常德、益阳、岳阳、长沙、湘潭、株洲北部地区有多层逆温，同时湘南地区在 850～925 hPa 高度也有逆温层结，有利大雾形成。

综上可知，在大气环流形势发生转折，特别是转为稳定形势控制下，要关注雨转晴的辐射作用和降雨蒸发造成的大雾天气出现，湘南整层较湿，配合较好的动力条件仍有降雨发生，湘中以北的上干下湿条件可考虑大雾出现。但是湘中以北部分地区近地面湿度较低(湘东北 1000 hPa 湿度小于 50%，张家界、常德、益阳西部及怀化北部 2 m 湿度小于 70%)，要考虑部分地区发生大雾的概率较低。

预报情况分析：从预报场天气形势概念模型(图 4.51)分析，湘东北部分地区近地面高湿、逆温，可考虑辐射雾，但是落区难以达到大雾预警发布标准，湖南省气象台未提前一天发布大雾预警，在 20 日 06 时补发湘中以北大雾黄色预警，张家界、常德、益阳西部及怀化北部的大雾出现明显空报，娄底、湘潭、邵阳北部出现漏报，其他地区的低能见度与降雨蒸发有关。

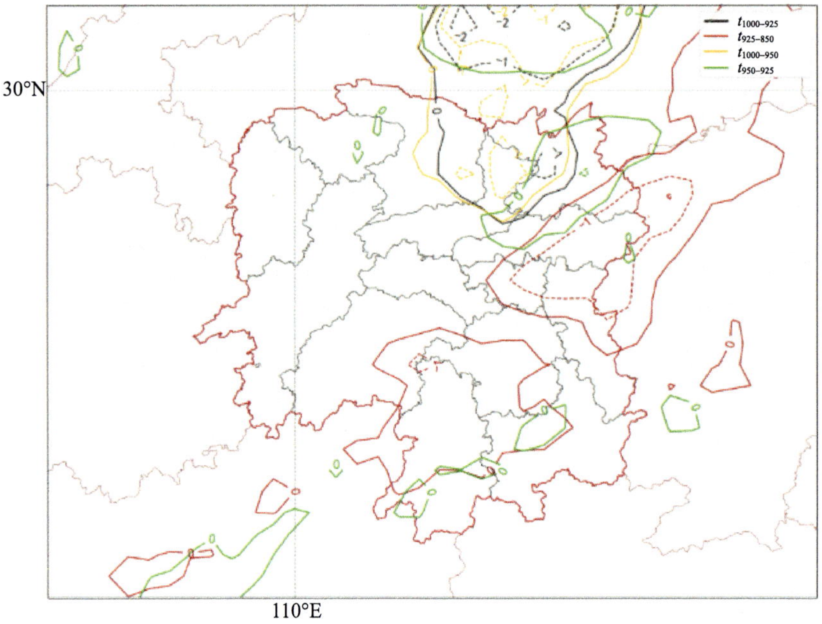

图 4.50　ECMWF 模式 2021 年 5 月 19 日 08 时起报的 20 日 08 时各层逆温(单位：℃)

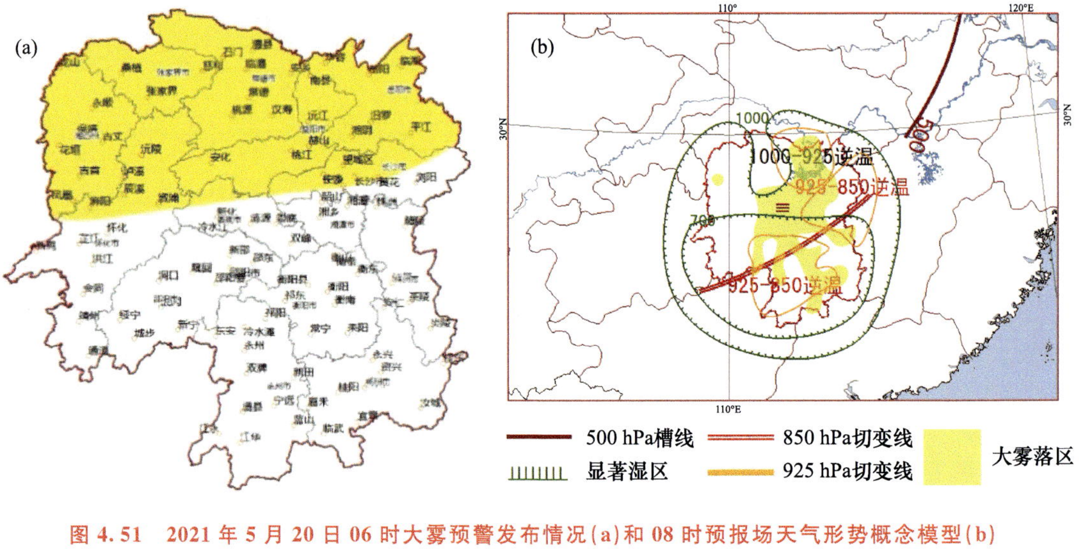

图 4.51　2021 年 5 月 20 日 06 时大雾预警发布情况(a)和 08 时预报场天气形势概念模型(b)

(3)预报难点及预报策略

预报难点：一是关注转折天气的出现时间，根据云量产品判断以高云量还是低云量为主，高云量仍然可以造成地面辐射降温；二是需关注近地面的湿度分布情况，1000 hPa 或 2 m 湿度低于 70%，可作为大雾发生概率较低的参考条件；三是湘中地区作为转折区域，较难判断是否会出现大雾或低能见度事件时，可结合前后时次的天气形势、湿度等预报产品的演变综合分析，如图 4.52，从 19 日 08 时起报的 19 日 20 时总云量和低云量预报来看，娄底、湘潭、邵阳北部等地区云量在 3 成以下，在前期降水的情况下，辐射冷却作用可能使降雨蒸发的水汽凝结成雾滴，可判断湘中部分地区有发生大雾的可能性，实况大雾也是从娄底开始发展。

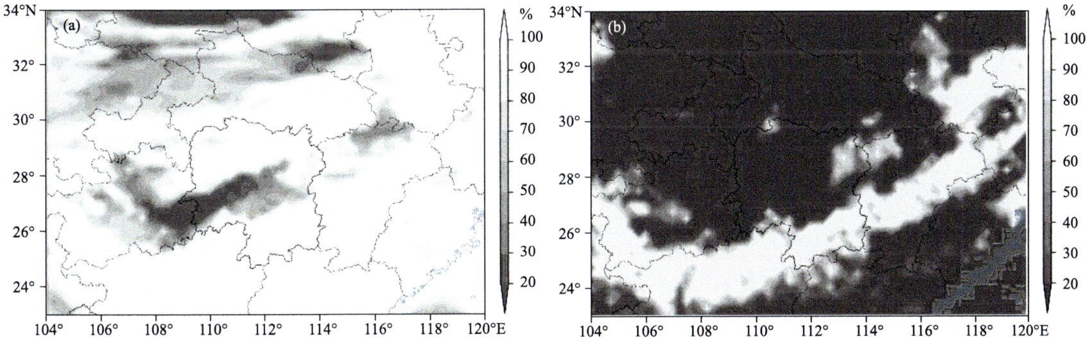

图 4.52　ECMWF 模式 2021 年 5 月 19 日 08 时起报 19 日 20 时总云量(a)和低云量(b)

预报着眼点:此次湘中一带大雾是一次辐射雾和蒸发雾的混合雾过程,预报员往往易忽视蒸发雾的预报,在做此类大雾预报过程中,重点关注雨后近地面暖垫上空冷平流的变化,雨后近地面湿度饱和,干冷平流侵入有利于雾滴析出,关注中高层湿度的变化,中高层转干,形成上干下湿垂直层结,辐射冷却作用加强,判断层结的变化有助于判断大雾性质的变化,同时关注云量预报,高云量对地面辐射冷却作用影响有限,当低云量预报偏少时,仍需考虑辐射雾的出现。

预报策略:降雨向间歇期转换过程中,特别是夏季夜间降雨结束期间的转折天气后可能出现的低能见度事件,要综合考虑天气形势、水汽、动力和层结的作用和演变特点,关注不同类型大雾发生的可能性。

4.2.4　雨雾

雨雾是一种既有降雨,又有能见度≤1000 m 大雾的天气现象,多发生在冬季。雨雾较多发生在夜间至第二天上午,也有部分地区全天都可能发生。雨雾发生时,中低空湿层深厚,干层一般位于 500 hPa 及以上高度。低空及近地面形势场上,由于弱冷空气入侵,使近地面气层温度降低到露点以下,造成水汽凝结而形成的大雾。低层的冷平流与高层的暖平流可形成逆温,有利于雾的形成和长时间维持,雨雾的持续时间可以长达一周以上(黄治勇 等,2012;邓英姿 等,2014;李宏宇等,2010;于华英,2014)。

雨雾一般在夜间降水发生期的下午至夜间形成,次日日出前达到最大强度,之后随着气温的升高、逆温减弱和湍流交换作用的增强渐渐减弱,直至消散(杨何著 等,2016)。

2016 年 11 月 19 日出现一次雨雾过程,影响范围较大,05—08 时为雨雾主要发生时段,有 36 站能见度≤1000 m,其中 33 站≤500 m,23 站≤200 m,达到强浓雾标准。18—19 日,湖南省部分地区有小雨,19 日 05 时大雾从湘中地区开始迅速蔓延,08 时大雾影响范围达到最大,湘中大部分地区能见度≤1000 m,局地能见度≤200 m,之后大雾范围逐渐缩小(见图 4.53)。

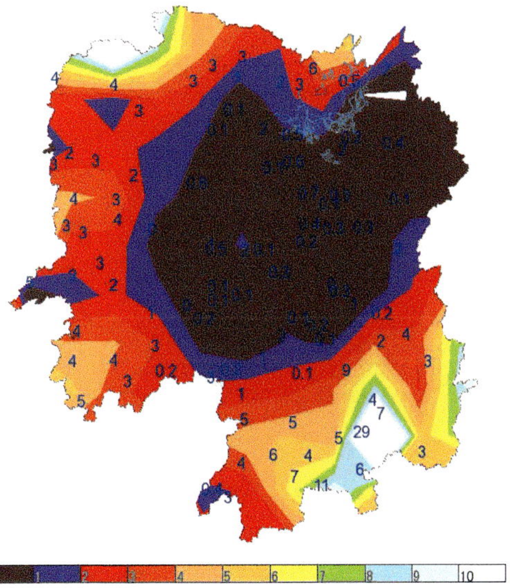

图 4.53　2016 年 11 月 19 日 08 时湖南省国家站水平能见度(单位:km)

2016 年 11 月 18 日 08 时，湖南省受 500 hPa 槽前较强西南气流控制，但低空抬升条件较差，只有部分地区有弱降水。19 日 08 时，高低空风速减弱，850～925 hPa 有明显湿区，从探空图上(图 4.54)可以看到，逆温层主要位于近地面至 925 hPa 高度，弱冷空气南下，地面辐合线位于湘东南地区。概念模型如图 4.54。

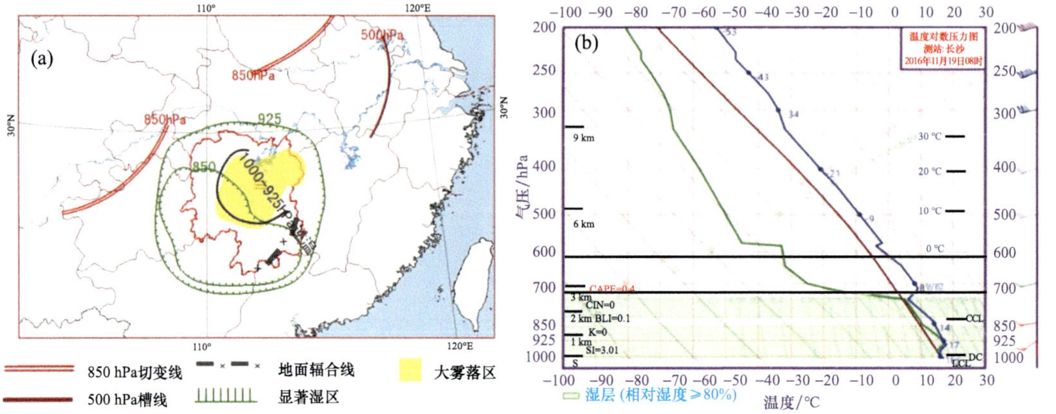

图 4.54　2016 年 11 月 19 日 08 时大雾概念模型(a)和长沙探空图(b)

4.2.4.1　2023 年 2 月 7—8 日大雾个例

对 2023 年 2 月 4—12 日湖南省出现的一次持续性雨雾天气过程进行预报情况分析，重点分析雨雾范围最广的 7—8 日。

(1)过程概况

2023 年 2 月 4—12 日持续性雨雾天气过程(图 4.55)，7—8 日影响范围最大，7 日 20 时—8 日 10 时为雨雾主要发生时段，有 73 站能见度≤1000 m，48 站≤500 m，23 站≤200 m，其中最小能见度为衡阳南岳站 25 m(8 日 09—10 时)，达到特强浓雾标准。7 日，湖南省大部分地区有小到中雨，20 时大雾从湘中以南地区开始迅速蔓延，8 日 05 时大雾影响范围达到最大，湘中及以北大部分地区能见度≤1000 m，其中长沙、娄底、衡阳、永州局地能见度≤200 m，10 时之后大雾范围逐渐缩小。

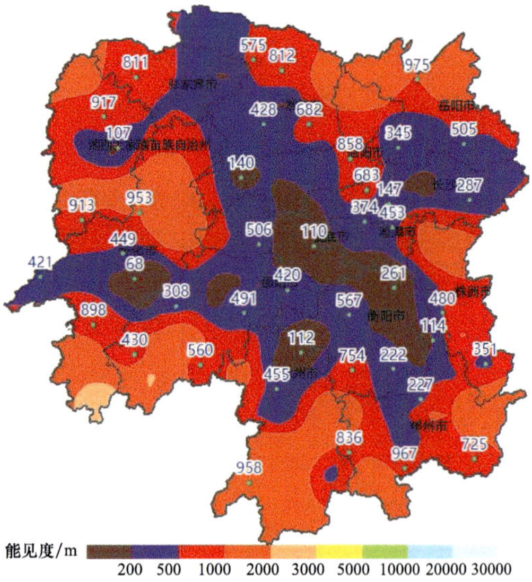

图 4.55　2023 年 2 月 7 日 20 时—8 日 20 时湖南省国家站最小水平能见度

(2)预报分析

从晴雨演变(图 4.56)来看：从数值模式 7 日 20 时—8 日 20 时降水量预报显示，7 日湖南省普遍预报有小到中雨，湘中局地有中到大雨，满足雨雾发生的条件之一，需关注降雨蒸发和南下冷空气作用造成的低能见度情况出现。

从模式形势场和风场预报(图 4.57)来看：7 日 08 时起报的 8 日 08 时形势预报显示，湖南省位于 500 hPa 槽前西南气流影响下，700 hPa 西南急流显著加强，风速达 20 m·s^{-1}以上，

850 hPa 切变线位于湘中地区，925 hPa 切变线南压至湘东南，近地面不断有冷空气补充南下，但风速较小。在前期降雨仍未结束，需关注湘中雨滴蒸发和冷空气降温作用造成能见度下降的可能性。9 日 08 时开始切变线位置南移，降雨带随之南压。

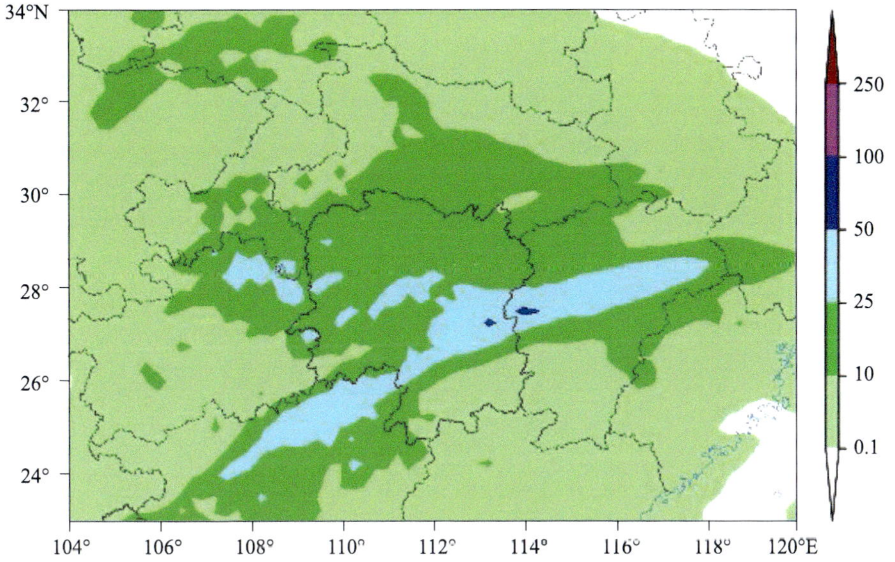

图 4.56　ECMWF 模式 2023 年 2 月 7 日 08 时起报的 7 日 20 时—8 日 20 时降水量预报(单位:mm)

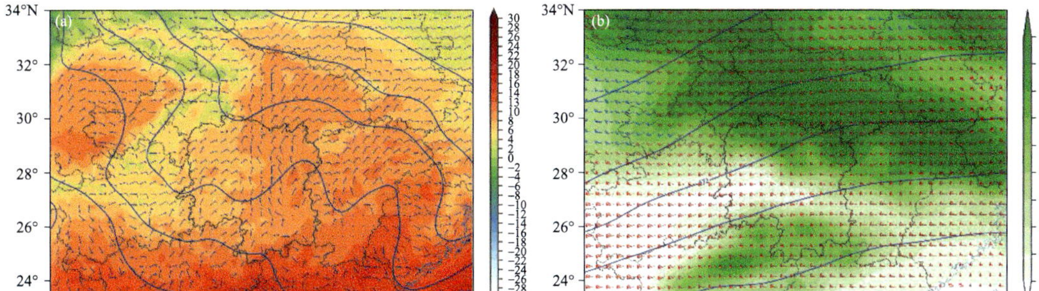

图 4.57　ECMWF 模式 2023 年 2 月 7 日 08 时起报的 8 日 08 时 10 m 风场、海平面气压和 2 m 气温(a),500 hPa 高度场、风场(b)

从模式湿度预报(图 4.58)来看:7 日 08 时起报的 8 日 08 时 500 hPa 湘中地区相对湿度小于 30%，其他地区均在 60%以上，850～1000 hPa 全省大部分地区在 80%以上，湿度较大。整体来看，湘中地区层结呈较为明显的上干下湿状态，结合大气环流形势，可考虑湘中将出现大雾。

从逆温层预报(图 4.59)来看:ECMWF 模式预报在低层未能预报逆温，华南区域模式预报湘中以南地区，850～925 hPa 高度存在明显的逆温区，大部分地区逆温达 2 ℃以上。显著的逆温区域结合其他气象条件，可以考虑较大范围雨雾天气。

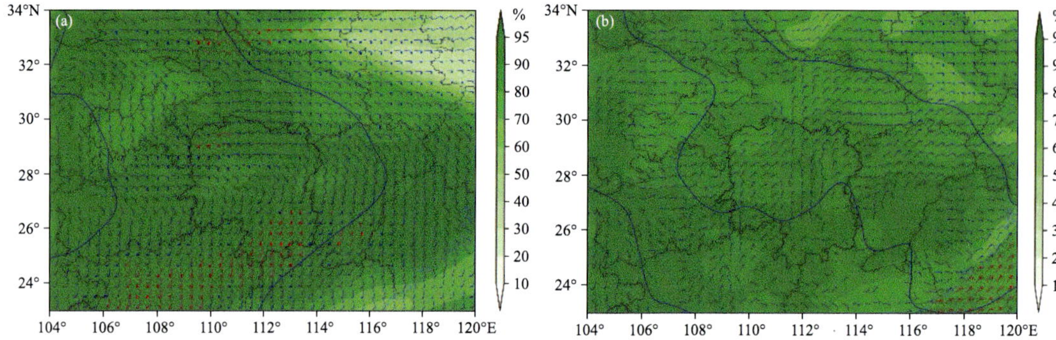

图 4.58 ECMWF 模式 2023 年 2 月 7 日 08 时起报的 8 日 08 时 850 hPa(a)和 1000 hPa(b)高度场、相对湿度场和风场

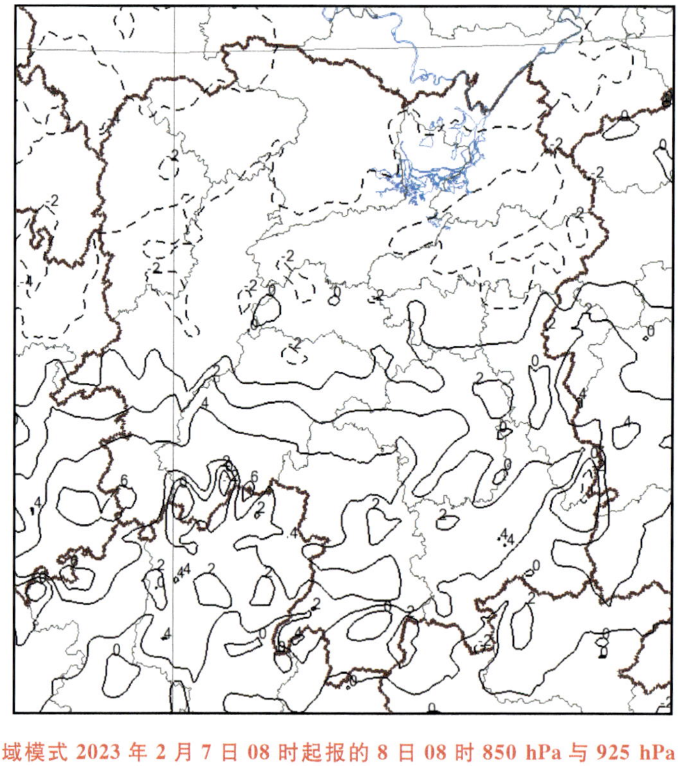

图 4.59 华南区域模式 2023 年 2 月 7 日 08 时起报的 8 日 08 时 850 hPa 与 925 hPa 气温差(单位 ℃)

从 7 日 08 时的长沙探空实况(图 4.60)来看,734 hPa 以下相对湿度 87%以上,500 hPa 相对湿度较低,为 15%,近地面多层逆温,最大 3 ℃,满足雨雾发生条件;从能见度观测实况来看,长沙及周边地区已出现雨雾,其中能见度日变化明显,7 日夜间至 8 日日出时最低,其中 04—05 时能见度≤100 m。同时,郴州站的探空可以看到,湿层更厚,且低层逆温达 7 ℃。

综上可知,在大气环流形势有利于持续性降水时,近地面风速较弱但有明显的冷空气南下,要关注冷空气降温作用和降雨蒸发造成的大雾天气出现,全省大部地区 500 hPa 高度以下湿层深厚,配合较好的动力条件仍有降雨发生,湘中地区的上干下湿条件可考虑大雾出现。

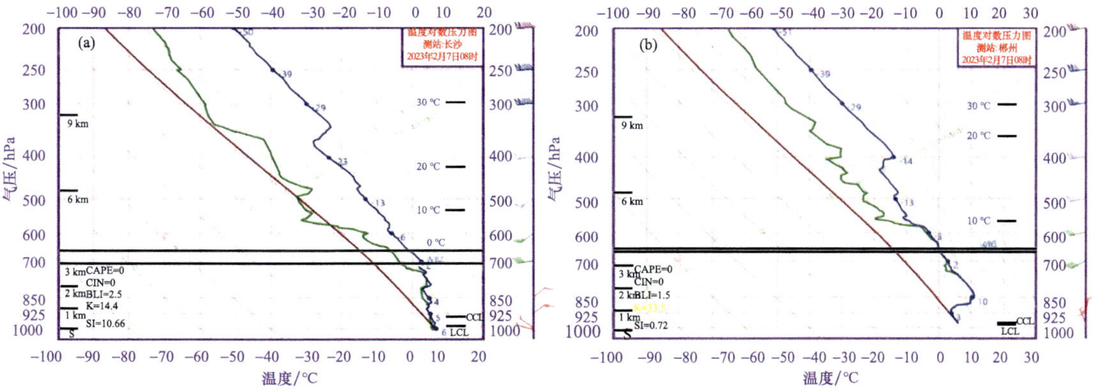

图 4.60　2023 年 2 月 7 日 08 时长沙(a)和郴州探空图(b)

预报情况分析：从 8 日 08 时的预报场天气形势概念模型(图 4.61)可以看出，850 hPa 及以下为显著湿区，850 hPa 切变线位于湘中以南地区，925 hPa 切变线位于湘南地区，700 hPa 急流位于湘中一线，850 hPa 低空急流位于湘东南。考虑到降雨影响，逆温条件、西南急流较强，且 500 hPa 以上相对湿度较小，湘中附近地区会有较大范围雨雾。湖南省气象台 7 日 10 时发布大雾蓝色预警，湘中附近大部分地区将出现能见度≤1000 m 的雨雾，且有成片≤500 m 的雨雾。预报与实况基本一致。

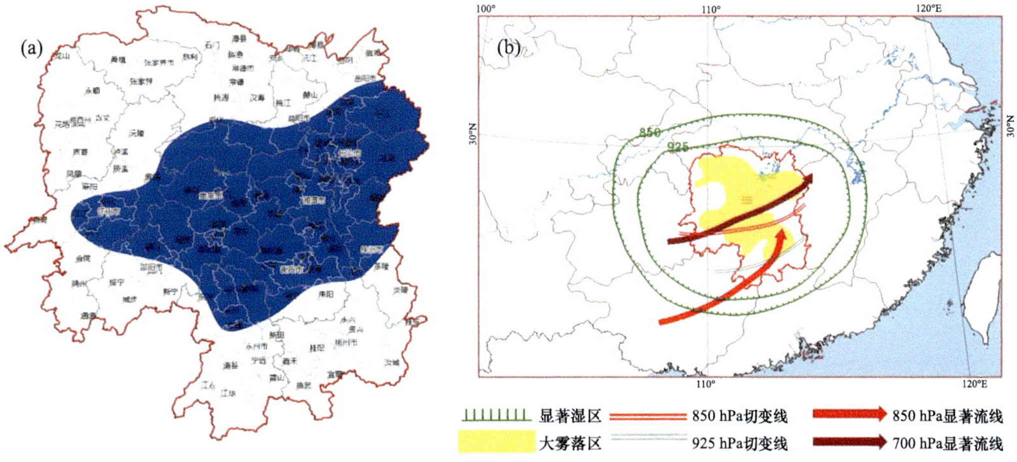

图 4.61　2023 年 2 月 7 日 10 时大雾预警发布情况(a)和 8 日 08 时预报场天气形势概念模型(b)

(3)预报难点及预报策略

预报难点：从高低空形势上看，整体处于西南气流中，湖南全省有雨，雨雾会有较大范围，从前一天探空实况来看，全省 3 站都有逆温，从数值预报探空上看，湘中及以南地区逆温较明显，不确定大雾范围是否会向北发展。

预报策略：一是关注模式是否预报有降水和中低层切变影响系统，当有持续降水时满足雨雾可能发生的条件之一；二是关注中低层存在西南暖湿急流，地面分股南下的冷空气影响区域，将有雨雾发生；三是需关注 700 hPa 及以下相对湿度高于 80%，500 hPa 湿度相对较低区域，可考虑区域性大雾的发生。

4.2.5 多类型雾并存

多类型雾并存是指某个区域中一部分发生了一类雾，另一部分发生了其他不同性质的雾。如天气逐渐转好时，北部有辐射雾，南部有雨雾这种两类雾并存的大雾过程可定义为多类型雾并存。以 2021 年 5 月 30 日一次北部辐射雾与南部雨雾并存的大雾过程进行分析。

(1)过程概况

2021 年 5 月 30 日早晨湘南、湘中的部分地区仍有小雨，湘西南局地中到大雨，其他大部分地区天气好转，湘北、湘中等地出现较大范围大雾天气。00—08 时为大雾主要发生时段，有 13 站能见度≤1000 m，10 站≤500 m，3 站≤200 m，其中最小能见度为邵阳大祥站 101 m(30 日 03—04 时)，达到强浓雾标准(图 4.62)。30 日 0 时大雾首先在湘中地区开始出现，逐渐向湘东、湘西北发展，10 时之后大雾逐渐消散(图 4.62)。

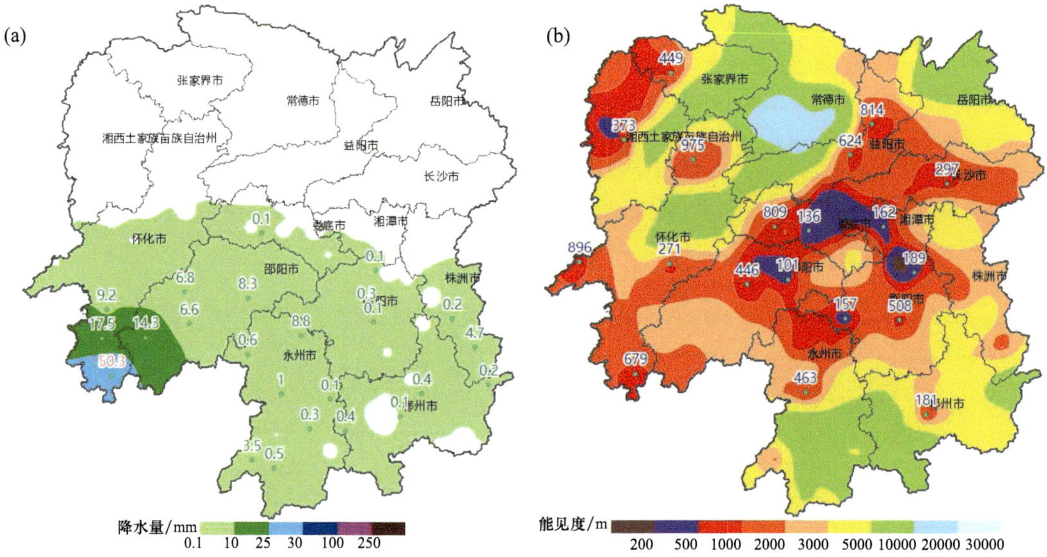

图 4.62　2021 年 5 月 30 日 02—08 时湖南省国家站累计降水量(a)和最小水平能见度(b)

(2)预报分析

从晴雨演变(图 4.63)来看：湖南省内已持续几天降水，29 日预报 30 日早上湘北天气将转好，南部降水持续，需要重点关注辐射雾和降雨蒸发后大雾的发生发展。

从模式形势场、风场和湿度场预报(图 4.64)来看：由 29 日 08 时起报的 30 日早晨形势预报可知，500 hPa 已转槽后偏北气流，700 hPa、850 hPa 冷式切变线从湘北逐渐南压至湘中，同时带来干冷空气，使得湿度降低至 30%以下。925 hPa 切变线维持在湘南地区，湘南湿度在 80%以上，其他地区相对湿度在 50%以下。湘南 700 hPa 以下湿度达 80%以上，而湘北、湘中整体呈现上干下湿层结，有利湘北辐射雾和湘中雨雾形成；湘南湿层深厚，有降雨发生，且无明显逆温，出现雨雾可能性较小。

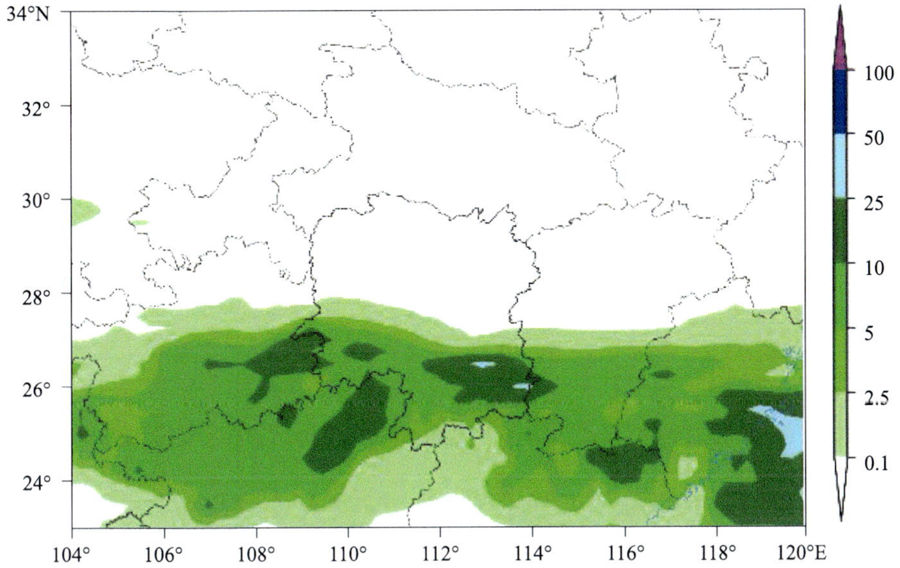

图 4.63 ECMWF 模式 2021 年 5 月 29 日 08 时起报的 30 日 08 时 6 h 降水(单位:mm)

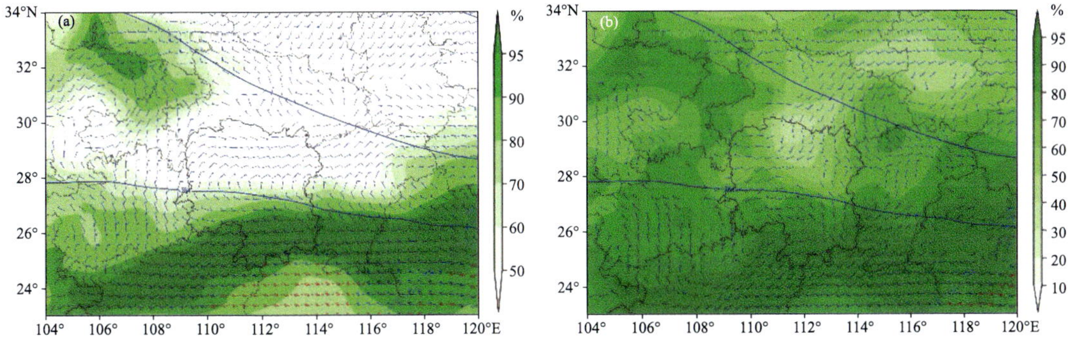

图 4.64 ECMWF 模式 2021 年 5 月 29 日 08 时起报的 30 日 08 时
850 hPa(a)和 925 hPa(b)相对湿度、风场和 500 hPa 高度场

从模式云量预报(图 4.65)来看:湘北总云量在 4 成以下,低云量无,此区域以高云为主。其他地区总云量在 9 成以上,其中湘中地区低云 4 成以下,湘南低云 9 成以上,说明湘南以低云为主。所以,应密切关注湘北少云区由于地面辐射降温冷却,使得水汽凝结成雾滴,形成大雾。

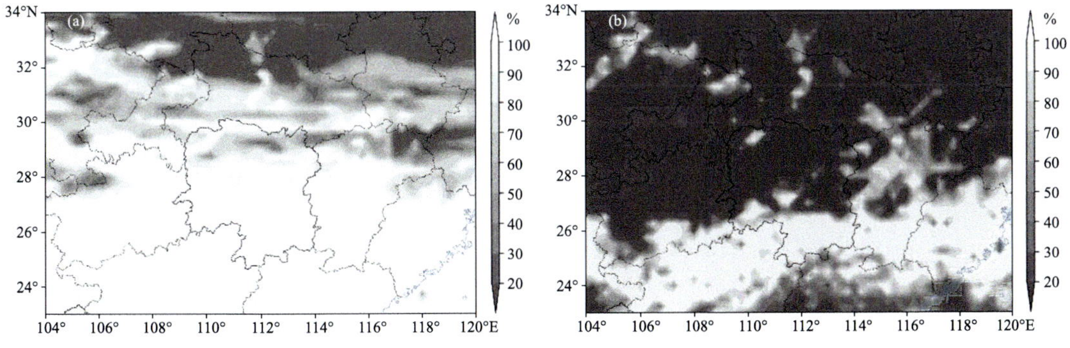

图 4.65 ECMWF 模式 2021 年 5 月 29 日 08 时起报的 30 日 08 时总云量(a)和低云量(b)

从逆温层预报(图 4.66)来看:湘西州、张家界、常德、益阳、岳阳、长沙、湘潭、株洲北部等地区有多层逆温,有利大雾形成。

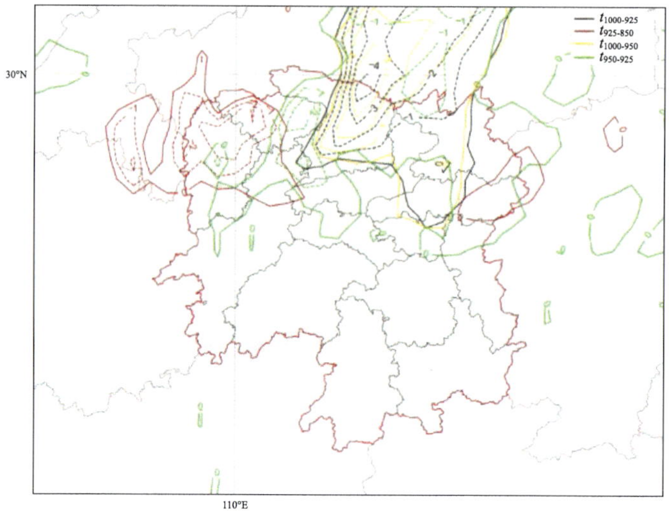

图 4.66　ECMWF 模式 2021 年 5 月 29 日 08 时起报的 30 日 08 时各层逆温(单位:℃)

从模式能见度预报(图 4.67)来看:模式主要在湘中、湘南地区预报了大面积的低能见度,结合前面的形势分析,湘南地区可能是由于降水造成的低能见度。需关注湘中地区预报的小范围低能见度大雾天气,结合形势分析,是可以采信的。

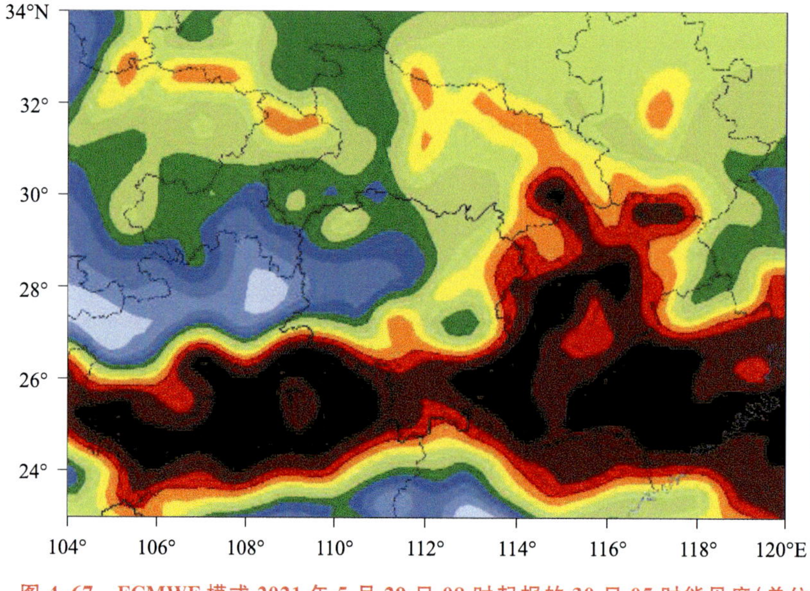

图 4.67　ECMWF 模式 2021 年 5 月 29 日 08 时起报的 30 日 05 时能见度(单位:km)

综上可知,结合预报场天气形势概念模型(图 4.68),本次大雾主要考虑在雨转晴后湘北的辐射雾,其他地区有雨,湘中偏北地区有弱逆温和干冷空气影响,可能出现雨雾天气,故大雾主要考虑在湘中湘北地区。

预报情况分析:湖南省气象台于 29 日 16 时发布大雾黄色预警(图 4.68),预警范围包括长沙、湘潭、娄底、株洲北部、衡阳东北部、邵阳东北部、岳阳南部、益阳南部、怀化北部、湘西州等地，实况达到湖南省大雾黄色预警标准，落区与实况基本一致，预警正确。

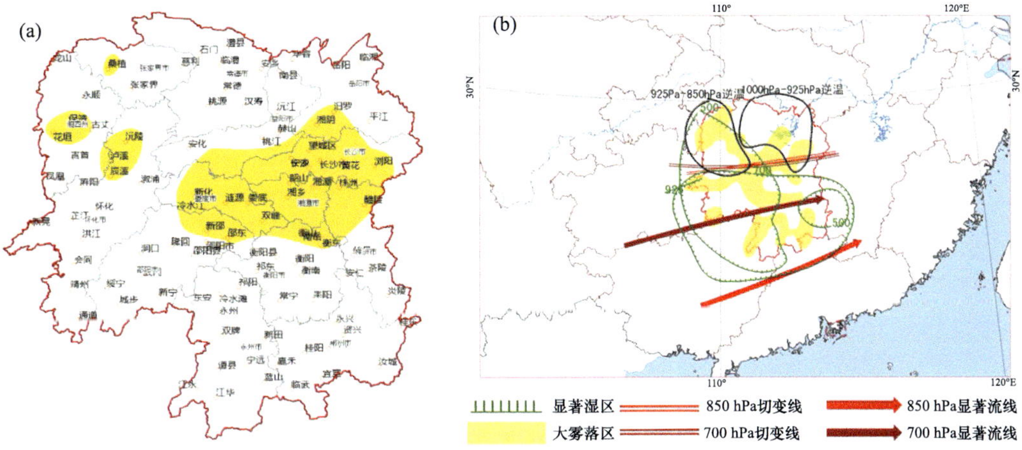

图 4.68　2021 年 5 月 29 日 16 时大雾预警发布情况(a)和 30 日 08 时预报场天气形势概念模型(b)

(3)预报难点及预报策略

预报难点：辐射雾与雨雾两类不同性质大雾在湖南省内共存造成大雾落区预报难以把握。

预报策略：重点关注雨转晴的时间和区域，需要关注降雨蒸发后大雾的发生发展，特别是湘中和湘北处于截然不同的形势场控制之下时，应分开分析。从天气形势和各层相对湿度预报可判断湘北天气转好，有辐射雾发生，在天气转好的站点和逆温区域，若有上干下湿层结对应，其重叠的区域可作为大雾预报落区；湘中受切变影响降水维持，并有弱逆温和干冷空气影响，且模式预报有低能见度出现，可考虑有雨雾发生，落区在低层高湿，高层较干的区域。

参考文献

陈红专，2021. 湖南极端降水的气候特征及天气系统分型研究[J]. 气象，47(10)：1219-1232.

陈红专，汤剑平，王爱珍，2008. 2008 年 1 月持续雨雪冰冻期 2 次暴雪过程分析[J]. 安徽农业科学，36(29)：12799-12802.

陈红专，叶成志，龙丽华，等，2012. 2011 年 1 月湖南罕见持续性暴雪天气成因分析[J]. 暴雨灾害，31(2)：141-148.

陈红专，叶成志，唐群，等，2016. 2013 年影响湖南省的两次相似路径台风暴雨对比分析[J]. 气象科学，36(4)：537-546.

陈见，赖珍权，罗小莉，等，2014. "尤特"超强台风残留低涡引发的广西特大暴雨成因分析[J]. 暴雨灾害，33(1)：19.

陈静静，叶成志，吴贤云，2016. 湖南省汛期暴雨天气过程环流客观分型技术研究[J]. 暴雨灾害，35(2)：119-125.

陈伟，彭智超，秦克强，等，2015. 1311 号"尤特"台风降水和水汽特征分析[J]. 农业与技术，35(20)：186-187.

陈翔翔，许爱华，许彬，等，2018. 2000—2012 年江西省三类区域性大雾时空分布及影响因素特征[J]. 气象与环境学报，34(3)：37-47.

程正泉，陈联寿，李英，2013. 大陆高压对强热带风暴"碧利斯"内陆强降水影响[J]. 应用气象学报，24(3)：257-267.

邓英姿，黎颖智，史彩霞，2014. 南宁平流雾并伴有毛毛雨天气的边界层特征[J]. 气象研究与应用，35(2)：19-22.

付炜，唐明晖，叶成志，2020. 强西南急流背景下湘桂边界两次预报失败的暖区暴雨个例分析[J]. 气象，46(8)：3-16.

高洋，吴统文，陈葆德，2011. 2008 年 1 月我国南方冻雨过程的热力异常及其形成原因[J]. 气象学报，30(6)：1526-1533.

宫宇，张楠，孙赫敏，等，2022. 一次华南准静止线状对流系统触发维持机制研究[J]. 暴雨灾害，41(1)：33-41.

郭达烽，包慧濛，郑劲光，等，2014. 台风"潭美"(2013)影响江西期间的路径和降水诊断分析[J]. 气象与减灾研究，37(1)：29-38.

郭凌曜，章新平，廖玉芳，等，2013. 湖南短时强降水事件气候特征[J]. 灾害学，28(2)：76-80.

何钰，陈小华，杨素雨，等，2018. 基于"配料法"的云南短时强降水预报概念模型建立[J]. 气象，44(12)：1542-1554.

黄小玉，黎祖贤，李超，等，2008a. 2008 年湖南极端冰冻特大灾害天气成因分析[J]. 气象，34(11)：47-53.

黄小玉，刘红武，李超，等，2008b. 2008 年湖南两次暴雪灾害过程初步分析[J]. 防灾科技学院学报，10(2)：15-19.

黄小玉，陈江民，叶成志，等，2010. "碧利斯"引发湘东南特大暴雨的多普勒雷达回波特征分析[J]. 大气科学学报，33(1)：7-13.

黄治勇，牛奔，杨军，等，2012. 湖北西南山地一次辐射雾和雨雾气象要素特征的对比分析[J]. 气候与环境研究，17(5)：532-540.

康志明，陈涛，钱传海，等，2008. 0604 号强热带风暴"碧利斯"特大暴雨的诊断研究[J]. 高原气象，27(3)：

596-607.
黎惠金,黄明策,覃昌柳,2015.1311号台风“尤特”后期曲折路径成因简析[J].应用海洋学学报,34(2):159-167.
李宏宇,胡朝霞,魏香,2010.雨雾、雪雾共生天气气象要素分析[J].大气科学,34(6):843-852.
李遥,牛生杰,吕晶晶,等,2019.2018年冬季南京三次暴雪过程微物理特征分析[J].大气科学,43(5):1095-1108.
梁卫,吴俊杰,邹海波,2021.南昌昌北机场雾的分类特征与统计分析[J].气象,47(10):1255-1265.
刘红武,李振,唐林,等,2020.2018年12月湖南极端低温暴雪环流特征及成因分析[J].暴雨灾害,39(5):487-495.
卢珊,王黎娟,管兆勇,等,2012.低纬季风涌影响登陆台风“榴莲”(0103)和“碧利斯”(0604)暴雨增幅的比较[J].大气科学学报,35(2):175-185.
罗布坚参,假拉,德庆,等,2019.南支槽影响下西藏高原南部3次暴雪天气特征分析[J].气象,45(6):862-870.
罗玲,娄小芬,胡亮,等,2013.0604号强热带风暴“碧利斯”结构特征及其暴雨成因分析[J].气象科学,33(2):208-214.
罗秋红,王凤,吴乃庚,2014.强台风“尤特”(1311)和季风连续暴雨过程分析[C]//第六届海峡论坛2014年两岸民生气象论坛.
牛生杰,陆春松,吕晶晶,等,2016.近年来中国雾研究进展[J].气象科技进展,6(2):6-19.
潘志祥,何逸,1992.湖南省台风暴雨的特征及其预报[J].气象,18(1):39-43.
漆梁波,2012.我国冬季冻雨和冰粒天气的形成机制及预报着眼点[J].气象,38(7):769-778.
漆梁波,张瑛,2012.中国东部地区冬季降水相态的识别判据研究[J].气象,38(1):96-102.
全国气象防灾减灾标准化技术委员会,2011.雾的预报等级:GB/T27964—2011[S].北京:中国标准出版社.
桑友伟,孟蕾,何娜,等,2020.1979—2018年湖南冰雹日数气候特征及影响因子分析[J].湖北农业科学,59(2):44-48,66.
孙继松,戴建华,何立富,等,2014.强对流天气预报的基本原理与技术方法:中国强对流天气预报手册[M].北京:气象出版社.
唐佳,叶成志,唐明晖,等,2021.弱天气尺度背景下湖南两次暖区暴雨对比分析[J].高原气象,40(4):815-828.
唐佳,张昆,唐明晖,等,2023.低层暖平流强迫下两次大冰雹超级单体风暴结构特征分析[J].暴雨灾害,42(1),37-46.
王春红,谭艳梅,王清平,等,2021.乌鲁木齐机场持续浓雾天气垂直风场特征分析[J].干旱气象,39(3):457-465.
王东海,柳崇健,刘英,等,2008.2008年1月中国南方低温雨雪冰冻天气特征及其天气动力学成因的初步分析[J].气象学报,66(3):405-421.
王建捷,李泽椿,2002.1998年一次梅雨锋暴雨中尺度对流系统的模拟与诊断分析[J].气象学报,(2):146-155.
王黎娟,任晨平,崔晓鹏,等,2013.“碧利斯”暴雨增幅高分辨率数值模拟及诊断分析[J].大气科学学报,36(002):147-157.
王起唤,姚蓉,周长青,等,2021.湖南春夏季混合强对流天气过程对比分析[J].湖北农业科学,60(19):65-74.
王晓芳,胡伯威,2007.地形对0604号“碧利斯”登陆台风暴雨的影响[J].暴雨灾害,26(2):97-102.
王秀明,俞小鼎,周小刚.2014.雷暴潜势预报中几个基本问题的讨论,气象,40(4):389-399.
韦春霞,赵金彪,刘万杰,2009.台风“圣帕”登陆后环流维持和路径变化的诊断分析[J].广东气象,31(1):45-47.

熊秋芬,张玉婷,姜晓飞,等,2018. 锢囚气旋钩状云区暴雪过程的水汽源地及输送分析[J]. 气象,44(10):1264-1274.

徐碧裕,简茂球,2023. 华南冬季准静止锋年际变异特征及其对东亚气候的影响[J]. 热带气象学报,39(4):581-592.

徐双柱,韦惠红 . 2016. 关于强对流天气预报的几点思考[J]. 暴雨灾害,35(3):197-202.

许爱华,孙继松,许东蓓,等,2014. 中国中东部强对流天气的天气形势分类和基本要素配置特征[J]. 气象,40(4):400-411.

许霖,姚蓉,王晓雷,等,2017. 湖南省雷暴大风的时空分布和变化特征[J]. 高原气象,36(4):993-1000.

杨贵名,孔期,毛冬艳,等,2008. 2008 年初"低温雨雪冰冻"灾害天气的持续性原因分析[J]. 气象学报,66(5):836-849.

杨何著,张唯,阿不都外力·阿不力克木,等,2016. 泰安山区一次夏季雨雾天气过程特征和气象要素分析[J]. 气象科技,44(6):1024-1029.

姚晨,杨祖祥,朱月佳,等,2018. 2018 年初安徽省两次罕见大暴雪过程的对比分析[J]. 暴雨灾害,37(5):401-409.

姚蓉,黎祖贤,戴泽军,等,2009. 2008 年初持续雨雪灾害过程分析[J]. 气象科学,29(6):838-843.

姚蓉,许霖,张海,等,2012a. 湖南 2008/2011 年两次低温雨雪冰冻灾害成因雨影响对比分析[J]. 灾害学,27(4):75-79.

姚蓉,叶成志,田莹,等,2012b. 2011 年初湖南暴雪过程的成因和数值模拟分析[J]. 气象,38(7):848-857.

姚蓉,黎祖贤,许霖,等,2014a. 湖南东移预报关键技术指标及应用[J]. 干旱气象,32(3):366-372.

姚蓉,唐佳,唐明晖,等,2014b. "14·02"湖南三次雨雪过程对比分析[J]. 气象,40(12):1500-1506.

姚蓉,唐佳,兰明才,等,2017. 一次混合强对流天气的环境条件及演变特征分析[J]. 暴雨灾害,36(3):217-226.

姚蓉,唐佳,王晓雷,等,2020. 湖南短时强降水时空分布及相关环境参数统计分析[J]. 灾害学,35(2):116-121.

叶成志,吴贤云,黄小玉,2009. 湖南省历史罕见的一次低温雨雪冰冻灾害天气分析[J]. 气象学报,67(3):489-500.

叶成志,李昀英,2011. 热带气旋"碧利斯"与南海季风相互作用的强水汽特征数值研究[J]. 气象学报,69(3):496-507.

于华英,2014. 南京冬季雨雾过程的环流分析与宏微观物理过程研究[D]. 南京:南京信息工程大学 .

俞小鼎 . 2011. 基于构成要素的预报方法:配料法[J]. 气象,37(8):913-918.

俞小鼎,周小刚,王秀明,2012. 雷暴与强对流临近天气预报技术进展[J]. 气象学报,70(3):311-337.

袁雅鸣,龚旭珍,李筱琳,1997. 1995,1996 年 6—7 月长江中下游持续性暴雨天气特征[J]. 水利水电快报,18(20):4.

曾明剑,陆维松,梁信忠,等,2008. 2008 年中国南方持续性冰冻雨雪灾害形成的温度场结构分析[J]. 气象学报,66(6):1043-1052.

张剑明,廖玉芳,段丽洁,等,2012. 湖南省近 50 年极端连续降水的气候变化趋势[J]. 地理研究,31(6):1004-1015.

张小玲,陶诗言,张顺利,等,2004. 1996 年 7 月洞庭湖流域持续性暴雨过程分析[J]. 应用气象学报,15(1):11.

章国材,2016. 中国雾的业务预报和应用[J]. 气象科技进展,6(2):42-48.

赵思雄,孙建华,2008. 2008 年初南方雨雪冰冻天气的环流场与多尺度特征[J]. 气候与环境研究,13(4):351-366.

赵娴婷,赵玉春,崔春光,等,2015. 强台风"尤特"登陆前后移动路径和强度变化特征分析[J]. 暴雨灾害,34(3):197-205.

郑福维，彭洁，朱国光，等，2014. 湘西北“天兔”台风和冷锋作用下大暴雨研究[J]. 云南大学学报(自然科学版)，36(S1)：45-52.

郑永光，陶祖钰，俞小鼎. 2017. 强对流天气预报的一些基本问题[J]. 气象，43(6)：641-652.

周慧，黄骄文，苏涛，等，2021. 2018 年 1 月湖南省两次低温雨雪冰冻过程对比分析[J]. 湖北农业科学，60(13)：68-73，96.

周瑾，1997. 9608 号台风对 1996 年长江中游特大洪水的影响[J]. 水利水电快报，18(19)：3.

朱健，2010. 强热带风暴“碧利斯”的暴雨特征和成因分析[J]. 气象科学，30(1)：93-98.

朱乾根，林锦瑞，寿绍文，等，1992. 天气学原理和方法(第三版)[M]. 气象出版社.

DOSWELL III C A, BROOKS H E, MADDOX R A, 1996. Flash flood forecasting: an ingredients-based methodology [J]. Wea Forecasting, 11(4): 560-581.

TANG J, XU L, YAO R, et al, 2022. Characteristics of Environmental Parameters of Compound and Single Type Severe Convection in Hunan [J]. Atmosphere, 13(11): 1-14.

WEISMAN M L, KLEMP J B, 1982. The dependence of numerically simulated convective storms on vertical wind shear and buoyancy[J]. Mon Wea Rev, 110(6): 504-520.

ZHAO E Y, YAO Q, PAN H S T, 2023. Weather system classification and water vapor transport characteristics of extreme value rainstorm in northwestern Hunan[J]. Journal of Water and Climate Change, 14(9/10): 3399-3416.